W0189352

Buch-Updates
Registrieren Sie dieses Buch auf unserer Verlagswebsite. Sie erhalten damit Buch-Updates und weitere, exklusive Informationen zum Thema.

Galileo BUCH UPDATE

Und so geht's

- > Einfach **www.sap-press.de** aufrufen
- <<< Auf das Logo **Buch-Updates** klicken
- > Unten genannten **Zugangscode** eingeben

Ihr persönlicher Zugang zu den Buch-Updates 108313031785

Disposition mit SAP®

SAP PRESS

SAP PRESS ist eine gemeinschaftliche Initiative von SAP und Galileo Press. Ziel ist es, Anwendern qualifiziertes SAP-Wissen zur Verfügung zu stellen. SAP PRESS vereint das fachliche Know-how der SAP und die verlegerische Kompetenz von Galileo Press. Die Bücher bieten Expertenwissen zu technischen wie auch zu betriebswirtschaftlichen SAP-Themen.

Marc Hoppe
Bestandsoptimierung mit SAP
707 S., 2., aktualisierte und erweiterte Auflage 2008, geb.
ISBN 978-3-8362-1082-9

Marc Hoppe, André Käber
Warehouse Management mit SAP
622 S., 2007, geb.
ISBN 978-3-89842-695-4

Mohamed Hamady, Anita Leitz
Supplier Collaboration mit SAP SNC
292 S., 2008, geb.
ISBN 978-3-8362-1152-9

Othmar Gau
Frachtabrechnung mit SAP Logistics Execution System
267 S., 2009, geb.
ISBN 978-3-8362-1186-4

Uwe Blumöhr, Manfred Münch, Marin Ukalovic
Variantenkonfiguration mit SAP
ca. 450 S., geb.
ISBN 978-3-8362-1202-1

Aktuelle Angaben zum gesamten SAP PRESS-Programm finden Sie unter *www.sap-press.de*.

Ferenc Gulyássy, Marc Hoppe, Martin Isermann, Oliver Köhler

Disposition mit SAP®

Galileo Press

Bonn • Boston

Liebe Leserin, lieber Leser,

vielen Dank, dass Sie sich für ein Buch von SAP PRESS entschieden haben.

Die Disposition ist das Bindeglied zwischen Einkauf, Vertrieb sowie Fertigung und stellt sicher, dass Ihr Unternehmen mit den benötigten Materialien pünktlich und in der richtigen Menge versorgt wird. Gleichzeitig steht die Disposition angesichts zunehmender Kostenzwänge vor der Herausforderung, einerseits für einen guten Servicelevel und andererseits für möglichst geringe Bestände Sorge zu tragen. Für die Bewältigung dieses Spagats bieten SAP ERP und SAP APO eine Reihe von Funktionalitäten, die Ihnen im Zusammenspiel eine möglichst reibungslose Disposition ermöglichen. Hier offenbart sich gleich die nächste Herausforderung, denn bei Einstellungen an »einem Ende« im Dispositionsprozess müssen Aus- und Wechselwirkungen am »anderen Ende« berücksichtigt werden.

Ferenc Gulyássy, Marc Hoppe, Martin Isermann und Oliver Köhler kennen aus ihrer täglichen Beratungspraxis vor Ort die besonderen Herausforderungen und Lösungsansätze der Disposition mit SAP. Mit diesem Buch legen sie Ihnen einen umfassenden Ratgeber zur Implementierung und Optimierung der Disposition mit SAP ERP und SAP APO vor, mit dem auch Sie Ihre Prozesse optimal gestalten können.

Wir freuen uns stets über Lob, aber auch über kritische Anmerkungen, die uns helfen, unsere Bücher besser zu machen. Am Ende dieses Buches finden Sie daher eine Postkarte, mit der Sie uns Ihre Meinung mitteilen können. Als Dankeschön verlosen wir unter den Einsendern regelmäßig Gutscheine für SAP PRESS-Bücher.

Ihr Frank Paschen
Lektorat SAP PRESS

Galileo Press
Rheinwerkallee 4
53227 Bonn

frank.paschen@galileo-press.de
www.sap-press.de

Auf einen Blick

Der Name Galileo Press geht auf den italienischen Mathematiker und Philosophen Galileo Galilei (1564–1642) zurück. Er gilt als Gründungsfigur der neuzeitlichen Wissenschaft und wurde berühmt als Verfechter des modernen, heliozentrischen Weltbilds. Legendär ist sein Ausspruch *Eppur se muove* (Und sie bewegt sich doch). Das Emblem von Galileo Press ist der Jupiter, umkreist von den vier Galileischen Monden. Galilei entdeckte die nach ihm benannten Monde 1610.

Gerne stehen wir Ihnen mit Rat und Tat zur Seite:
frank.paschen@galileo-press.de bei Fragen und Anmerkungen zum Inhalt des Buches
service@galileo-press.de für versandkostenfreie Bestellungen und Reklamationen
thomas.losch@galileo-press.de für Rezensionsexemplare

Lektorat Frank Paschen
Korrektorat Bettina Mosbach, Bonn
Einbandgestaltung Nadine Kohl
Titelbild Masterfile/RF
Typografie und Layout Vera Brauner
Herstellung Steffi Ehrentraut
Satz Typographie & Computer, Krefeld
Druck und Bindung Bercker Graphischer Betrieb, Kevelaer

Bibliografische Information der Deutschen Bibliothek
Die Deutsche Bibliothek verzeichnet diese Publikation in der Deutschen Nationalbibliografie; detaillierte bibliografische Daten sind im Internet über http://dnb.ddb.de abrufbar.

ISBN 978-3-8362-1221-2

1. Auflage 2009

Inhalt

TEIL II Dispositionsparameter im SAP-System und ihre Auswirkungen

Die Disposition ist das Bindeglied zwischen Vertrieb und Produktion. Sie muss einerseits für einen guten Servicelevel sorgen und andererseits die Bestände möglichst gering halten. Damit beeinflusst die Disposition nicht nur die Qualität der gesamten Supply Chain, sondern auch die Logistikkosten im Unternehmen. Daher verdient die Disposition im Unternehmen einen entsprechenden Stellenwert.

Einleitung

Die Reduzierung von Kosten und die Verbesserung des Servicelevels sind und bleiben die obersten Ziele des Supply Chain Managements. Die Umsetzung aller neuen Anforderungen, die sich aus geänderten Marktbedingungen ergeben (zum Beispiel die Forderung nach kürzeren Lieferzeiten, höherer Variantenvielfalt oder verbesserter Produktqualität), werden durch die beiden oben genannten Hauptziele (geringere Kosten bei gleichem Servicelevel oder gleiche Kosten bei höherem Servicelevel) geleitet. Da die Disposition ein zentraler Teilbereich des Supply Chain Managements ist, sind die Dispositionsabteilungen in den Unternehmen die entscheidenden Schaltstellen, um die Ziele zu erreichen. Da die Disposition die Materialbedarfe plant, spricht man auch oft von der Materialbedarfsplanung.

Um die genannten Ziele zu erreichen, werden in der Regel weitere Teilziele für die Disposition aufgestellt, zum Beispiel:

- Reduktion von Beständen bei gleichbleibendem Servicelevel
- effektivere Logistikprozesse
- Reduktion der fixen und variablen Logistikkosten

Diese Ziele kann die Disposition nur erreichen, wenn sie

- eine möglichst exakte Bestimmung des Materialbedarfs erreicht,
- optimale Losgrößen und Bestellmengen erzielt und
- die Bestände möglichst effektiv ausnutzt.

Der wirtschaftliche Erfolg bemisst sich also danach, dass das richtige Material in der richtigen Menge und Qualität am richtigen Ort zu den »richtigen« Kosten zum richtigen Zeitpunkt bereitgestellt wird.

Wird Material zu früh bereitgestellt, entstehen unnötige Lagerkosten. Wird Material zu spät bereitgestellt, kann es zu Produktionsunterbrechungen, Verzögerungen in der Auslieferung von Kundenaufträgen oder Stock-out-Situationen und damit zu Umsatzverlusten kommen.

In der Praxis hören wir immer wieder Äußerungen wie:

> *»Unsere Lager sind voll, aber unser Servicelevel ist schlecht.«*
>
> *»Wir müssen unsere Bestände um x % reduzieren. Aber wie sollen wir das machen, die sind doch schon so niedrig.«*
>
> *»Unser Vertrieb gibt uns nicht die richtigen Absatzzahlen, wie sollen wir da wissen, was und für wann wir Material produzieren und bestellen sollen.«*
>
> *»Die Produktion kann nicht pünktlich ausliefern, wie soll ich da was verkaufen.«*
>
> *»Das Problem sind unsere Lieferanten, die liefern nicht pünktlich.«*

All diese Probleme gründen in einer unzureichenden Transparenz der Planungs- und Dispositionsprozesse im Unternehmen. Im laufenden Tagesgeschäft hat die Disposition die Aufgabe, den eingehenden Kundenaufträgen (also den Bedarfen) ausreichende Bestände (also Bedarfsdecker) zuzuweisen und die Materialströme und Warenbestände so zu lenken, dass alle Aufträge zu minimalen Kosten zum gewünschten Liefertermin zuverlässig ausgeliefert werden.

Disposition mit SAP

Mit SAP ERP und SAP SCM stehen Ihnen zwei Lösungen zur Verfügung, um Ihre Disposition steuern und Ihre Bestände zu optimieren.

SAP ERP Central Component (SAP ECC, im Folgenden als SAP ERP bezeichnet) ist der Nachfolger des R/3-Systems und steuert als Backbone-System alle unternehmensrelevanten Prozesse im Rechnungswesen, im Personalwesen und in der Logistik. Im Rahmen von SAP ERP möchten wir auf die Möglichkeiten zur Disposition eingehen, die Sie ohne größere Investitionen nutzen können, indem Sie vorhandene Einstellungen ändern und Ihre Prozesse optimaler mit dem SAP-System verbinden.

SAP SCM ist eine ergänzende Lösung, mit der Sie Ihr Unternehmen flexibel auf die Herausforderungen im Umfeld des Supply Chain Managements ausrichten können. Im Rahmen von SAP SCM möchten wir uns auf die Dispositionsfunktionen und -prozesse beschränken, die Sie mithilfe der Komponente SAP APO (*Advanced Planning and Optimization*) ausschöpfen können.

Wenn in diesem Buch von SAP SCM die Rede ist, sind die Funktionen von SAP APO gemeint. Daher sind die Begriffe SCM und APO synonym zu verstehen.

Aufbau des Buchs

In ersten Teil des Buchs stellen wir die **Grundlagen und Prozesse der Disposition** dar.

Kapitel 1, »Grundlagen der Disposition«, geht zunächst auf die betriebswirtschaftlichen Grundlagen und die Ziele der Disposition ein. Anschließend wird der Dispositionsprozess, bestehend aus Bedarfsrechnung, Bestandsrechnung und Bestellrechnung, allgemein dargestellt. Darüber hinaus wird der Einfluss der Disposition auf die Bestände erläutert.

Kapitel 2, »Strategische versus operative Disposition«, erläutert die Unterschiede zwischen diesen beiden Herangehensweisen. Anschließend werden verschiedene Möglichkeiten der organisatorischen Eingliederung der Disposition ins Unternehmen dargestellt. Dabei werden unterschiedliche Organisationsmodelle besprochen, die sich alle in der Praxis bei unterschiedlichen Unternehmensgrößen finden.

Kapitel 3, »Artikelklassifizierung als Basis für Dispositionsentscheidungen«, widmet sich dann einem der wichtigsten Instrumente einer modernen Disposition: der Artikelstrukturierung. Wir erläutern die klassische ABC-Analyse, stellen die für die Disposition sehr wichtige XYZ-Analyse dar und erklären ausführlich die Kombination dieser Analysen. Abschließend wird dargelegt, was Sie für Ihren Dispositionsprozess ableiten können, und mit welchen Tools Sie die Artikelstrukturierung in der Praxis am besten durchführen. Selbst wenn Sie bereits ein Dispositionsexperte sind und die Grundlagen sehr gut kennen, werden Sie Kapitel 3 mit Gewinn lesen, da im Laufe des Buchs immer wieder auf die Artikelstrukturierung eingegangen wird.

In Kapitel 4, »Ablauf der Disposition in SAP«, wird der Dispositionsablauf von der Absatzplanung bis zur Auftragsrückmeldung zunächst aus betriebswirtschaftlicher Sicht beschrieben. Anschließend wird verdeutlicht, wie sich dieser Ablauf in SAP ERP konkret darstellt. Es werden sodann die Funktionen des SAP APO-Systems beschrieben, mit denen der Dispositionsprozess erweitert werden kann. Dabei wird insbesondere auf die Unterschiede zum SAP ERP-System eingegangen. So haben Sie am Ende von Kapitel 4 bereits einen guten Gesamtüberblick über das Themenumfeld der Disposition. Eine detaillierte Beschreibung der einzelnen Dispositionsfunktionen und -prozesse bieten die späteren Kapitel.

Der Hauptteil des Buchs, Teil II, behandelt die **Dispositionsparameter im SAP-System und ihre Auswirkungen**. Hier gehen wir ausführlich auf einzelne wichtige Teilbereiche der Disposition ein.

Kapitel 5, »Allgemeine Dispositionsstammdaten«, beantwortet die folgenden Fragen: Welche Stammdaten sind dispositionsrelevant? Wo sind diese in SAP zu finden? Welche Bedeutung haben die Stammdaten?

Kapitel 6, »Planungsstrategien und Bedarfsverrechnung«, beschreibt die für die Disposition wichtigen Planungsstrategien und die Bedarfsverrechnung zwischen Kundenbedarfen und Planprimärbedarfen in SAP. Hier werden die Planungsstrategien im Detail erklärt, deren Auswirkungen auf die Vorplanung ausgeführt und die Verrechnung der Bedarfe mit der Vorplanung diskutiert.

Kapitel 7, »Bedarfsermittlung durch Vorplanung und Prognosen«, zeigt auf, wie die Bedarfe für die Vorplanung entstehen, welche Vorplanungsmethoden SAP bereithält und mit welchen Hilfsmitteln und Abläufen Sie das Vorplanungsergebnis verbessern können. Außerdem wird ausführlich auf die Prognose in SAP eingegangen. Das Kapitel widmet sich nicht so sehr den mathematischen Formeln hinter den einzelnen Prognoseverfahren, sondern konzentriert sich primär auf ihre Anwendbarkeit, die Parameterkonfiguration und darauf, wie Sie das richtige Verfahren für Ihre Produkte auswählen.

Kapitel 8, »Dispositionsverfahren«, stellt dann die verschiedenen Dispositionsverfahren in SAP ERP und in SAP APO detailliert vor. Dabei werden die Auswirkungen der Dispositionsverfahren auf die Vorplanung und auf die Bedarfsverrechnung erläutert. Auch auf die Unterschiede zwischen dem SAP ERP- und dem SAP APO-System wird hingewiesen.

Kapitel 9 gibt dann einen detaillierten Einblick in die »Beschaffungsmengenermittlung« der Disposition, also die Losgrößenrechnung. Hier werden die verschiedenen Losgrößenverfahren in SAP und deren Einfluss auf den Dispositionsprozess beschrieben. Auch Einflussfaktoren wie die Ausschussmengenermittlung werden dargestellt.

Kapitel 10 gibt einen Einblick in die Aspekte der »Sicherheitsbestandsplanung« mit SAP. Es wird zuerst ein Überblick über die Definition und die Aufgabe des Sicherheitsbestands gegeben. Anschließend werden verschiedene Servicegrad-Definitionen vorgestellt. Des Weiteren wird kurz auf die Problematik der Festlegung von Sicherheitsbeständen in mehrstufigen MRP-Systemen eingegangen. Schließlich werden die Mechanismen zur Sicherheitsbestandsplanung zunächst in SAP ERP und anschließend in SAP APO erläutert.

Kapitel 11, »Ermittlung der Bezugsquellen«, erläutert, warum Sie Bezugsquellen benötigen, damit die Materialbedarfsplanung detaillierte Beschaffungsvorschläge anlegen kann. Außerdem werden die Verfahren zur Ermittlung der richtigen Bezugsquellen in SAP vorgestellt und diskutiert.

Kapitel 12 stellt die »Terminierungsparameter« und den Terminierungsablauf in SAP dar. Zunächst werden die je nach Beschaffungsart unterschiedlichen Strategien der Terminierung dargestellt. Anschließend wird der Ablauf der Terminierung und die Bestimmung der zeitlichen Lage des anzulegenden Bedarfsdeckers erklärt.

Kapitel 13, »Wechselwirkungen«, befasst sich mit den Kombinationsmöglichkeiten der vielfältigen Dispositionsparameter in SAP. Auf der Grundlage der bisher behandelten Verfahren und Parameter lässt sich ein Regelwerk erstellen (z.B. eine ABC/XYZ-Matrix, siehe Kapitel 3), das alle dispositionsrelevanten Verfahren und zugehörigen Parameter berücksichtigt. Neben den verschiedenen Einstellungen und Kombinationsmöglichkeiten der Parameter, anhand von unternehmensspezifischen Faktoren, sind die Wechselwirkungen der Parameter zu beachten, um unerwünschte Konstellationen zu vermeiden oder um Strategien zu entwickeln, die im Standard-SAP-ERP-System nicht vorgesehen und somit auch nicht realisierbar sind. Diese Wechselwirkungen werden hier vorgestellt.

Teil III des Buchs behandelt die **Dispositionsoptimierung**. Hier stellen wir Ansätze zur Optimierung und Verbesserung Ihrer Disposition dar. Moderne Ansätze zur Disposition wie kollaborative Verfahren werden vorgestellt, ebenso wie die Steigerung der Transparenz in der Disposition mithilfe eines modernen Dispositionscontrollings.

Kapitel 14, »Bearbeitung der Dispositionsergebnisse«, stellt die verschiedenen SAP-Hilfsmittel vor, die den Disponenten bei der täglichen Arbeit und bei der Langfristplanung von Materialien quantitativ und qualitativ unterstützen. Dabei wird auch auf die Stammdatenpflege, die Überwachung des Dispositionszyklus und auf weitere Auswertungen eingegangen.

Kapitel 15 stellt die »Verfügbarkeitsprüfung« in Rahmen der Disposition dar. In SAP ERP ist die Verfügbarkeitsprüfung in der Disposition eine einstufige Prüfung auf die terminliche Verfügbarkeit von Material. Es werden in diesem Kapitel die verschiedenen Vorgehensweisen der Verfügbarkeitsprüfung gegen ATP-Logik, gegen Vorplanung, gegen Kontingente und gegen Kapazität erläutert.

Kapitel 16 stellt »Kollaborative Dispositionsverfahren« nach dem Konzept des *Collaborative Planning, Forecasting and Replenishment* (CPFR) vor. CPFR ermöglicht präzise Prognosen von Angebot und Nachfrage, um auf dieser Grundlage die Strategien von Händlern, Zulieferern und Herstellern abzustimmen.

Um nun CPFR in die Praxis umzusetzen, haben sich Prozesse wie VMI (Vendor Managed Inventory) und SMI (Supplier Managed Inventory) etabliert. Diese beiden Prozesse und ihre Möglichkeiten mit SAP stehen im Mittelpunkt dieses Kapitels.

Kapitel 17, »Disposition mit Kanban-Steuerung«, erläutert das auf dem Just-in-Time-Konzept (JIT) basierende Kanban-Konzept. Die Disposition mit Kanban ist ein sich selbst steuerndes System nach dem Pull-Prinzip für Teile und Materialien. Die Disposition mit Kanban und die Unterschiede zur traditionellen Disposition nach dem Push-Prinzip werden hier erläutert, die jeweiligen Vor- und Nachteile werden gegenübergestellt.

Kapitel 18 geht auf das Thema »Bestandscontrolling« ein. Zunächst werden allgemeine Logistikcontrolling-Aspekte vorgestellt. Anschließend erläutern wir wichtige Kennzahlen aus dem Umfeld der Disposition und stellen die Möglichkeiten zur Auswertung mit SAP ERP, SAP APO und SAP NetWeaver BW vor.

In Kapitel 19 präsentieren wir schließlich die Möglichkeiten der »Dispositionsoptimierung« oder auch der Dispositionsverbesserung in der Praxis. Nachdem in den vorangegangenen Kapiteln die Möglichkeiten der Disposition in SAP detailliert beschrieben wurden, wird hier noch einmal auf einige Optimierungspotenziale im Detail eingegangen. Es werden auch Tools und Vorgehensweisen zur Dispositionsoptimierung erläutert.

Add-on Tools zu SAP ERP für die Disposition

Zusätzlich zur SAP-Standardfunktionalität in SAP ERP und SAP APO hat SAP Consulting rund um die Disposition spezielle Add-on Tools entwickelt, die den SAP-Standard hinsichtlich eines effektiven Bestandsmanagements gezielt unterstützen. Dazu gehören etwa der *Dispositionsmonitor*, der neben einer umfangreichen Artikelstrukturierung auch Bestandskennzahlen auswertet und anzeigt, oder der *Rückstandsmonitor*, der rückständige Kunden- und Fertigungsaufträge detailliert analysiert und Potenziale zur Rückstandsreduzierung aufzeigt. Eine Auflistung der im Buch beschriebenen Add-on Tools finden Sie im **Anhang**.

Dort finden Sie auch eine tabellarische Darstellung wichtiger Dispositionsparameter und Einflussgrößen, ein Literaturverzeichnis sowie praktische, auch für Ihr Unternehmen relevante Vorgehensweisen zur Dispositionsoptimierung.

Ferenc Gulyássy, **Marc Hoppe**, **Martin Isermann** und **Oliver Köhler**

TEIL I
Grundlagen und Prozesse der Disposition

Im einleitenden Teil dieses Buchs beschreiben wir die Grundlagen der Disposition. Dargestellt werden die Aufgaben und die Ziele der Disposition sowie die zentralen Prozessschritte. Insbesondere erläutern wir den Einfluss der verschiedenen Dispositionsparameter auf die Bestandssituation. Die täglichen Aufgaben der operativen Disposition beanspruchen oftmals einen Großteil der verfügbaren Kapazität. Wir zeigen Ihnen daher, wie wichtig eine strategische Ausrichtung und Optimierung der Disposition ist. Im letzten Kapitel dieses Teils beschreiben wir den Prozessablauf der Disposition, wie er in der betriebswirtschaftlichen Literatur zu finden ist und wie er in SAP ERP und SAP APO umgesetzt wird. Diese Beschreibung hilft Ihnen, die detaillierten Funktionsbeschreibungen des zweiten Teils in den Gesamtzusammenhang einzuordnen.

Die Disposition stellt sicher, dass ein Unternehmen mit den benötigten Materialien pünktlich und in der richtigen Menge versorgt wird. Sie ist das Bindeglied zwischen Vertrieb und Produktion, also zwischen »Demand« und »Supply«. Um die hier entstehenden Reibungspotenziale zu minimieren und die Bestandskosten im Griff zu behalten, ist ein effektiver Dispositionsprozess entscheidend.

1 Grundlagen der Disposition

In diesem Kapitel gehen wir zunächst auf die betriebswirtschaftlichen Grundlagen und die Ziele der Disposition ein. Anschließend erläutern wir den Dispositionsprozess, bestehend aus Bedarfsrechnung, Bestandsrechnung und Bestellrechnung. Wir klären den Einfluss der Disposition auf die Bestände und zeigen die Unterschiede zwischen der operativen und der strategischen Disposition auf. Bevor wir abschließend die Optimierungspotenziale diskutieren, erläutern wir Ihnen die Vielzahl der verschiedenen herkömmlichen Dispositionsstrategien sowie neue, moderne Dispositionsansätze.

1.1 Ziele und Aufgaben der Disposition

Die Disposition soll eine optimale Materialversorgung des Unternehmens sicherstellen. Dies bedeutet, dass sich die hohe Lieferbereitschaft einerseits und der Anspruch an geringe Kapitalbindungs- und Materialkosten andererseits ausgleichen müssen. Beide Ziele hemmen sich allerdings gegenseitig, da eine hohe Lieferbereitschaft den Aufbau möglichst hoher Lagerbestände bedingt, während geringe Kapitalbindungskosten den Abbau von Lagerbeständen voraussetzen. Diesen Zielkonflikt gilt es in der Disposition zu entschärfen.

Die Kernziele der Disposition sind daher:

- Maximierung des Servicegrads
- Maximierung der Materialverfügbarkeit
- Minimierung der Lagerbestände
- Minimierung der Logistikkosten (Beschaffung, Produktion, Distribution)

Um diese Ziele zu erreichen, muss die Disposition über eine Vielzahl von internen und externen Schnittstellen mit anderen Bereichen zusammenarbeiten. Interne Schnittstellen bestehen zum Verkauf, zum Einkauf, zur Warenverteilung, zur Lagerung, zur Konstruktion, zum Qualitätsmanagement, zur Arbeitsvorbereitung, zur Produktionsplanung und zur Fertigungssteuerung. Externe Schnittstellen existieren zu den Kunden und den Lieferanten. Die Disposition fungiert damit als zentrales Bindeglied zwischen diesen Unternehmensbereichen.

Um die genannten Kernziele sicherzustellen, muss die Disposition die folgenden Grundsatzaufgaben erfüllen:

- Durchführung der Brutto- und Nettobedarfsrechnung inklusive der Materialbedarfsauflösung über alle Produktionsstufen hinweg für alle eigengefertigten und fremdbezogenen Artikel
- Ermittlung der wirtschaftlichen Losgröße für interne und externe Bestellungen
- differenzierte Festlegung von Bestandsstrategien (z.B. von Sicherheitsbeständen) zur Absicherung des Servicegrades
- Management der Anlieferungs- und Abrufmodalitäten
- Überwachung der Materialverfügbarkeit und Sicherstellung der Lieferbereitschaft der verkaufsfähigen Artikel

In diesem Buch werden wir im Einzelnen erläutern, wie Sie die Ziele der Disposition erreichen und damit eine Dispositionsoptimierung erzielen können. In diesem Kapitel werden wir zunächst den Ablauf der Disposition und die drei Kernfunktionen der Disposition vorstellen: Bedarfsrechnung, Bestandsrechnung und Bestellrechnung.

1.2 Kernfunktionen der Disposition

Um die genannten Grundsatzaufgaben durchzuführen, bedient sich die Disposition der drei Teilfunktionen der Bedarfs-, Bestands- und Bestellrechnung. Abbildung 1.1 stellt diese drei Elemente innerhalb des Ablaufüberblicks dar.

Die *Bedarfsrechnung* ermittelt die gesamten Bedarfe, zum Beispiel Lagerbedarfe aus der Prognose, Kundenbedarfe aus Kundenaufträgen und Umlagerungsbedarfe aus der Distribution. Sie stellt dann den sogenannten *Bruttobedarf* dar. Dieser Bruttobedarf wird der *Bestandsrechnung* gegenübergestellt, die alle Bestände sowie Zugänge (Bestellungen, Fertigungsaufträge etc.) umfasst.

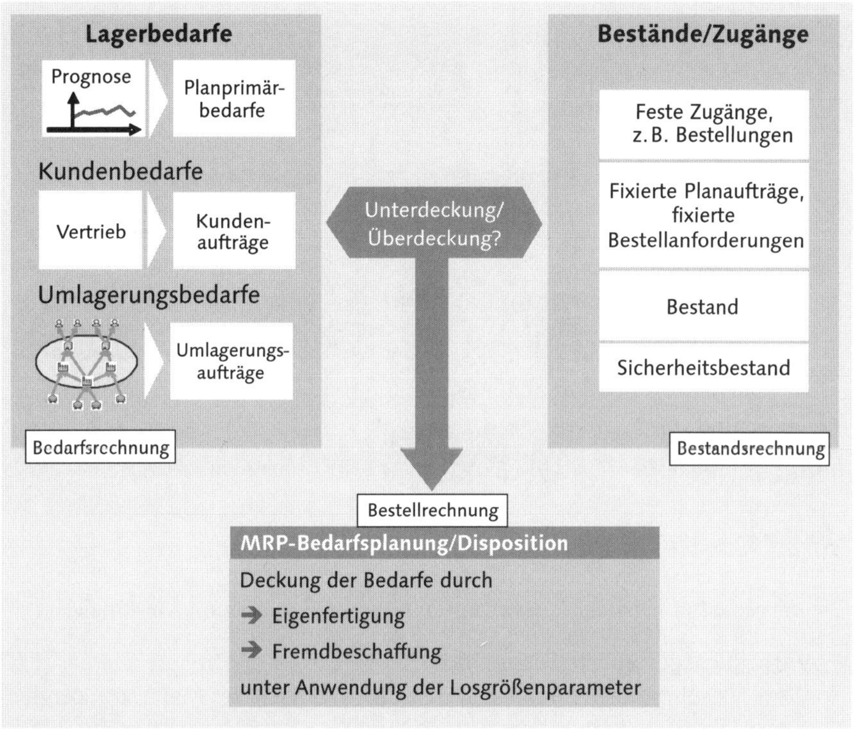

Abbildung 1.1 Überblick über den Ablauf der Disposition

Das Ergebnis ist der *Nettobedarf*. Die *MRP-Bedarfsplanung* (MRP = Material Requirements Planning) oder die *Bestellrechnung* versucht nun, diesen Nettobedarf unter Anwendung von Losgrößenparametern und sonstigen dispositionsrelevanten Einstellungen zu decken. In den folgenden Abschnitten stellen wir diese drei Funktionen der Disposition eingehend vor.

1.3 Bedarfsrechnung

Die *Bedarfsrechnung* ermittelt den Bruttobedarf. Dieser wird in der Praxis auf zwei Wegen ermittelt: in der plangesteuerten (deterministischen) Bedarfsermittlung und in der verbrauchsorientierten (stochastischen) Bedarfsermittlung. Neben diesen beiden für die Bedarfsrechnung wichtigen Dispositionsverfahren gibt es weitere Dispositionsverfahren (siehe Abbildung 1.2).

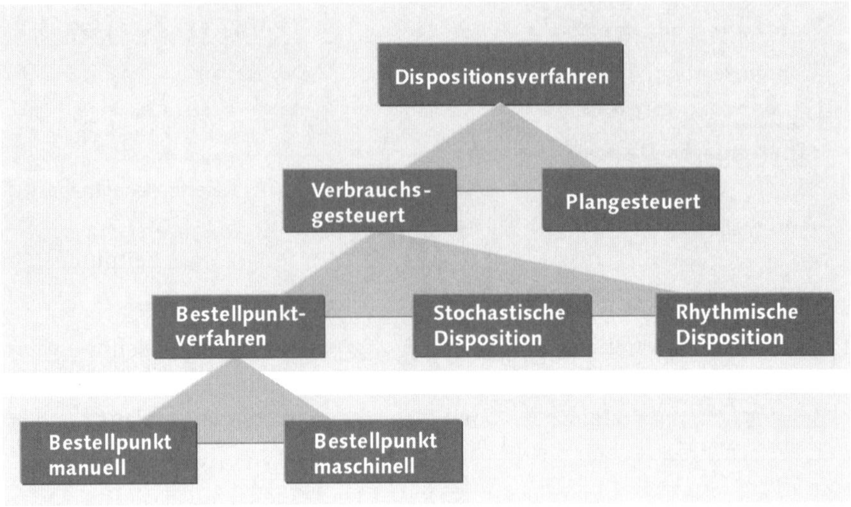

Abbildung 1.2 Dispositionsverfahren in der Bedarfsrechnung

Die dargestellten Dispositionsverfahren haben die folgenden Merkmale:

- **Verbrauchsgesteuerte Disposition**
  Diese Verfahren orientieren sich nur am Verbrauch des Materials. Kundenaufträge, Planprimärbedarfe, Reservierungen etc. sind in der Regel nicht dispositiv wirksam.
- **Plangesteuerte Disposition**
  Diese Verfahren benötigen eine Vorplanung in Form von Planprimärbedarfen oder bereits vorhandenen Kundenaufträgen, Reservierung etc., auf deren Basis dann Bedarfe direkt eingeplant werden.
- **Auftragsgesteuerte Disposition (nicht in der Abbildung zu sehen)**
  Dieses Verfahren orientiert sich an einzelnen Kundenbestellungen. Die Bedarfsermittlung wird also nur für diese Kundenbestellungen durchgeführt. Diese *Einzelbedarfsermittlung* kommt nur im Make-to-Order-(Kundeneinzelfertigungs-)Prozess vor.

Zu den verbrauchsgesteuerten Verfahren gehören:

- **Bestellpunktverfahren**
  Bei diesem Verfahren wird überprüft, ob der dispositiv verfügbare Bestand den für das Material festgelegten Meldebestand unterschreitet. Bei Unterschreitung des Meldebestands muss die Beschaffung eingeleitet werden. Der Meldebestand kann manuell festgelegt oder maschinell mithilfe der Prognose berechnet werden.

- **Stochastische Disposition**
  Bei der stochastischen Disposition wird der zukünftige Bedarf mithilfe der Prognose ebenfalls auf der Basis der Verbrauchswerte geschätzt und als Prognosebedarf direkt dispositiv wirksam.
- **Rhythmische Disposition**
  Bei der rhythmischen Disposition wird der zukünftige Bedarf ebenfalls mithilfe der Prognose auf der Basis der Verbrauchswerte geschätzt. Die Disposition wird in diesem Verfahren jedoch nur zu festgelegten Zeitpunkten in einem bestimmten zeitlichen Rhythmus durchgeführt.

Die Dispositionsverfahren werden pro Material und Werk (beziehungsweise pro Dispositionsbereich) festgelegt. Damit kann ein Material in unterschiedlichen Werken mit unterschiedlichen Dispositionsverfahren geplant werden. Die drei grundsätzlichen Dispositionsverfahren werden im Folgenden erläutert.

1.3.1 Plangesteuerte (deterministische) Bedarfsermittlung

Die *plangesteuerte Methode* (in der Literatur findet man auch häufig den Begriff der *programmorientierten Methode*) ist ein exaktes Verfahren der Bedarfsermittlung, das auf dem Produktionsprogramm basiert. Im Produktionsprogramm wird der Primär- oder Marktbedarf in Form von Lager- oder Kundenaufträgen geplant. Somit orientiert sich diese Methode an den vorhandenen Kundenbedarfen (Marktbedarf) oder an den vorgeplanten Prognosebedarfen (Lageraufträge) eines Artikels. Diese stellen die Primärbedarfe dar. Multipliziert man den Primärbedarf mit dem Bedarf je Erzeugniseinheit, so erhält man mithilfe der Stücklistenauflösung den Sekundärbedarf. Das dafür eingesetzte Verfahren nennt man *Dispositionsstufenverfahren*, weil es die einzelnen Stücklistenstufen von oben nach unten disponiert. Die Funktionsweise des Dispositionsstufenverfahrens verdeutlicht das Beispiel in Abbildung 1.3.

Sie sehen eine mehrstufige Stückliste zu einem Fertigartikel. Der Fertigartikel besteht aus den beiden Baugruppen 1 und 2. Die Baugruppe 2 beinhaltet zwei Rohteile. Die Baugruppe 1 besteht aus einem Rohteil und aus einer weiteren Baugruppe 3. Diese Baugruppe wird dreimal benötigt, um Baugruppe 1 zu fertigen. Die Baugruppe 1 wird nur einmal benötigt, um den Fertigartikel herzustellen. Daraus ergeben sich bei einem Kundenbedarf von 100 Stück die in Abbildung 1.3 dargestellten Bedarfe der untersten Stücklistenebene.

Die plangesteuerte Disposition bietet sich vor allem für die Planung von Enderzeugnissen, wichtigen Baugruppen und Komponenten (A-Teilen) an.

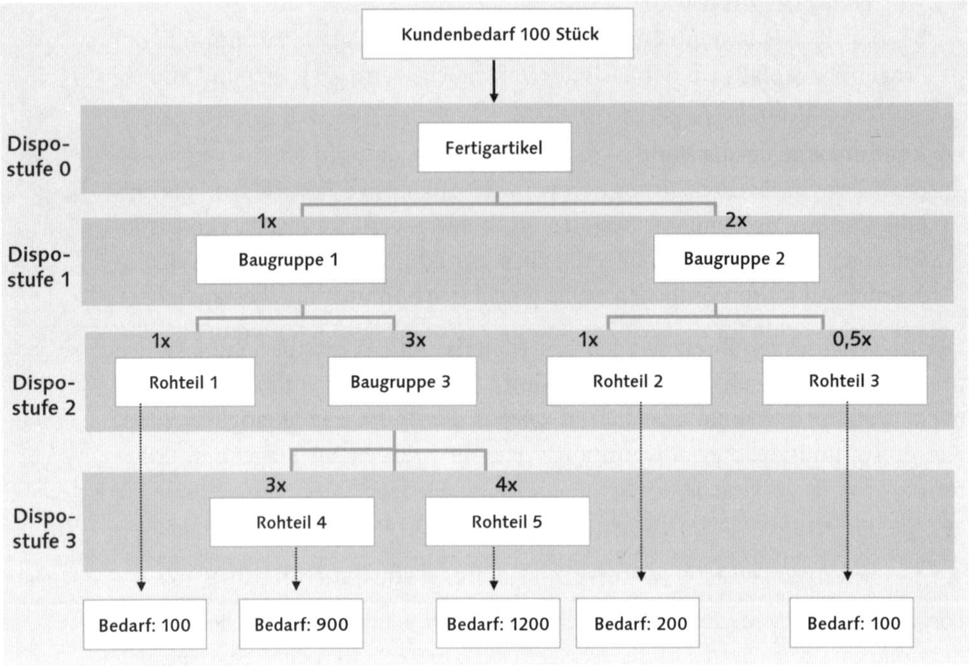

Abbildung 1.3 Stücklistenauflösung in der plangesteuerten Disposition

1.3.2 Verbrauchsorientierte (stochastische) Bedarfsermittlung

Die *verbrauchsgesteuerte Disposition* basiert auf den Verbrauchswerten der Vergangenheit und schließt mithilfe der Prognose oder statistischer Verfahren von diesen Werten auf den zukünftigen Bedarf. Die Verfahren der verbrauchsgesteuerten Disposition haben keinen direkten Bezug zum Produktionsplan. Die Bedarfsrechnung wird also nicht durch einen Primär- oder Sekundärbedarf angestoßen, sondern entweder durch Unterschreitung eines festgelegten Bestellpunkts (Meldebestand) oder durch Prognosebedarfe, die aus Vergangenheitsverbräuchen errechnet wurden.

Die Dispositionsverfahren der verbrauchsgesteuerten Disposition sind in der Handhabung einfache Verfahren der Bedarfsplanung, mit deren Hilfe die gesetzten Ziele mit verhältnismäßig geringem Aufwand erreicht werden können. Vorzugsweise werden verbrauchsgesteuerte Dispositionsverfahren in Bereichen ohne eigene Fertigung oder in Produktionsbetrieben für die Disposition der B- und C-Teile und der Hilfs- und Betriebsstoffe eingesetzt. Die Anwendbarkeit der Bedarfsermittlungsverfahren ist abhängig von der jeweiligen Materialklassifizierung. Die verbrauchsgesteuerte Disposition setzt eine gut funktionierende und stets aktuelle Bestandsführung voraus.

1.3.3 Auftragsgesteuerte Bedarfsermittlung

Eine dritte Möglichkeit der Bedarfsermittlung ist neben der plan- und der verbrauchsgesteuerten Bedarfsermittlung die *auftragsgesteuerte Bedarfsermittlung* (auch: *auftragsgesteuerte Disposition*). Hierbei wird aufgrund von einzelnen Kundenbestellungen die Bedarfsermittlung nur für diese Kundenbestellungen durchgeführt. Man hat es also mit der *Einzelbedarfsermittlung* zu tun. Dies ist der Fall, wenn es sich um eine Kundeneinzelfertigung (Make to Order) handelt, bei der ein Produkt nur einmalig für einen Kunden hergestellt wird. Ein weiterer Anwendungsfall liegt vor, wenn weder Überbestände noch Fehlbestände oder Sicherheitsbestände für den Artikel geführt werden sollen, oder wenn eine Bedarfsanforderung direkt in eine Bestellung umgewandelt werden soll.

In Sonderfällen ist aber auch hier eine *Sammelbedarfsermittlung* möglich, wenn zum Beispiel die gleichen Schrauben für mehrere individuelle Kundenprodukte benötigt werden. Diese lassen sich dann bei der Bedarfsermittlung zusammenfassen. Eine Einzelbedarfsermittlung ist erforderlich, wenn zum Beispiel die Beschaffung erst bei auftretendem Bedarf erfolgen soll, wenn Lagerbestand für den zu disponierenden Artikel nicht üblich ist oder wenn aufgrund der Berücksichtigung der Beschaffungszeit eine Einzelbestellung möglich ist.

1.4 Bestandsrechnung

Ausgehend vom Ergebnis der Bedarfsrechnung – dem Bruttobedarf – kann nun unter Berücksichtigung des verfügbaren Bestands der *Nettobedarf* errechnet werden. Bei dieser Mengenentscheidung ist zwischen Primär-, Sekundär- und Tertiärbedarf zu unterscheiden.

- **Primärbedarf**
  Der Primärbedarf ist der Bedarf an Erzeugnissen, verkaufsfähigen Baugruppen und Ersatzteilen in Form eines auch kapazitätsmäßig grob abgestimmten Produktionsprogramms, in dem Art, Menge und Fertigungstermine der Enderzeugnisse festgelegt sind. Dieser Bedarf wird von externen Faktoren wie Konsumentenverhalten, Jahreszeit und Konjunkturverlauf beeinflusst.
- **Sekundärbedarf**
  Der Sekundärbedarf ist der Bedarf an Rohstoffen, Einzelteilen und Baugruppen, die zur Erstellung des Primärbedarfs benötigt werden. Der Sekundärbedarf wird also vom Primärbedarf indiziert. Er leitet sich aus dem Primärbedarf durch technische Zusammenhänge (z.B. Stücklisten oder Produktionsanlagen) und planerische Zusammenhänge ab (z.B. Bestellverfahren oder Lagerstrategien).

- **Tertiärbedarf**
  Der Tertiärbedarf ist der Bedarf an Hilfsstoffen, Betriebsstoffen und Verschleißwerkzeugen, die zur Herstellung des Sekundär- und Primärbedarfs notwendig sind.

Neben diesen Bedarfsarten sind der Zusatz- und der Bruttobedarf zu nennen. Der *Zusatzbedarf* ist der Bedarf für Ausschuss, Verschleiß, Schwund oder Verschnitt. Dieser Bedarf wird durch einen prozentualen Aufschlag vom Sekundärbedarf oder als feste Menge, basierend auf Vergangenheitsdaten, ermittelt. Unter *Bruttobedarf* versteht man den periodenbezogenen Gesamtbedarf, der aus dem Sekundär- oder Tertiärbedarf und dem Zusatzbedarf zusammengefasst wird.

Vom Lagerbestand können zwei Lagerbestandsarten abgeleitet werden (siehe Kasten).

Formeln für Lagerbestandsarten

verfügbarer Lagerbestand = Lagerbestand + Werkstattbestand

planerisch verfügbarer Lagerbestand = Lagerbestand – Vormerkbestand + Bestellbestand + Werkstattbestand

Zusätzlich kann der Lagerbestand in mehrere Bestandselemente aufgeteilt werden:

- **Lagerbestand**
  Lagerzugänge und -abgänge sowie der buchgeführte und der physische Lagerbestand
- **Vormerkbestand**
  bereits reservierte und vorgemerkte Bestandsmengen für Kundenaufträge, Fertigungsaufträge und übergeordnete Baugruppen
- **Bestellbestand**
  Bestand offener Bestellungen, sowohl aus internen Aufträgen (Teilefertigung und Montage) als auch aus externen Lieferantenbestellungen (Bestellobligo)
- **Werkstattbestand**
  Buchung bei Freigabe eines Fertigungsauftrags bei langfristigen Fertigungsprozessen und fertigungssynchroner Lieferung

Der *Nettobedarf* wird errechnet, indem man vom Bruttobedarf den Lagerbestand und den Bestellbestand abzieht und die Reservierungen und den Sicherheitsbestand addiert.

Formel der Brutto-/Nettobedarfsrechnung

Bruttobedarf = Sekundärbedarf/Tertiärbedarf + Zusatzbedarf

Nettobedarf = Bruttobedarf – Lagerbestand + Reservierungen – Bestellbestand + Sicherheitsbestand

Bei positivem Nettobedarf muss Material beschafft werden, um diesen Bedarf zu erfüllen. Es muss also eine Bestellung oder ein Auftrag erzeugt werden. Ist der Nettobedarf negativ, so ist ausreichend Material vorhanden und es muss keine Bestellung ausgelöst werden. Diese Rechnung ist jedoch lediglich theoretischer Natur, weil nicht bei jedem Teil mit Sicherheitsbestand gearbeitet wird, und weil die Kalkulation von der Annahme ausgeht, dass der gesamte Bestellbestand tatsächlich zum richtigen Zeitpunkt, in der richtigen Menge und Qualität geliefert wird.

In der plangesteuerten Disposition wird beim Planungslauf eine Nettobedarfsrechnung durchgeführt, um festzustellen, ob für ein Material eine Unterdeckungssituation vorliegt. Dazu werden der Bestand und die bereits vorliegenden festen Zugänge (z.B. Bestellungen, Fertigungsaufträge, fixierte Bestellanforderungen und Planaufträge) dem Sicherheitsbestand und den Bedarfen gegenübergestellt. Das Ergebnis dieser Gegenüberstellung ist die sogenannte *dispositiv verfügbare Menge*.

Ist die dispositiv verfügbare Menge kleiner als 0, spricht man von einer *Unterdeckung*. Die Bedarfsplanung reagiert auf Unterdeckungssituationen mit dem Anlegen neuer Beschaffungsvorschläge, also abhängig von der Beschaffungsart mit dem Anlegen von Bestellanforderungen oder Planaufträgen. Die vorgeschlagene Beschaffungsmenge ergibt sich dabei aus dem Losgrößenverfahren, das im Material- oder Produktstamm eingestellt ist.

1.5 Bestellrechnung

Die *Bestellrechnung* oder *Bestellpolitik* ist ein Teilbereich der Beschaffung. Sie regelt, wann der Materialbedarf in der Materialwirtschaft eines Unternehmens durch eine Bestellung gedeckt wird (Bestellzeitpunkt) und wie viel bestellt wird (Bestellmenge oder Losgröße).

Durch die Kombination von fixer oder variabler Bestellmenge und Bestellperiode soll der richtige Bedarf ermittelt und ein Optimum in der Bestellpolitik erreicht werden. Für eine optimale Bestellpolitik muss das Unternehmen unter anderem bestellfixe Kosten (= die mit jeder Bestellung in gleicher Weise anfallen), Distributionskosten und Lagerhaltungskosten gegeneinander abwägen, um die Summenkosten zu minimieren.

Ein Unternehmen verfolgt jedoch nicht nur *eine* Bestellpolitik. Meist werden mehrere Varianten für verschiedene Materialgruppen kombiniert. So kommt es zu einem Strategie-Mix. Je höher der Verbrauch einzelner Materialgruppen ist, desto besser eignet sich eine Bestellpolitik mit variabler Bestellperiode. Materialien können mithilfe der ABC-Analyse und der XYZ-Analyse eingeteilt werden, um die jeweils optimale Politik auszuwählen (siehe Kapitel 3, »Artikelklassifizierung als Basis für Dispositionsentscheidungen«).

Die Kosten tragen einen entscheidenden Teil zur Wahl der Politik bei. Es gibt jedoch auch kostenunabhängige Entscheidungsfaktoren wie langfristige Planungen oder laufende Lieferverträge.

Aus den vier Ausprägungen Bestellmenge (q), Bestellperiode (t), Bestellgrenze bzw. Meldebestand (s) und Soll-Bestand (S), die jeweils fix oder variabel sein können, werden sechs Grundpolitiken der Bestellung abgeleitet. Diese Verfahren werden wir Ihnen im Folgenden vorstellen.

1.5.1 Bestellrhythmusverfahren

Das *Bestellrhythmusverfahren* gehört zu den verbrauchsorientierten Bestellverfahren. Es handelt sich um eine terminbezogene Bestellauslösung, bei der innerhalb konstanter Zeitintervalle (also zyklisch) eine Bestellung vorgenommen wird, wobei die Bestellmenge entweder fix vorgegeben ist oder variiert. Nach Ablauf des festen Bestellintervalls wird in jedem Fall nachbestellt, sofern Lagerbewegung stattgefunden hat.

Die beiden alternativen Varianten des Bestellrhythmusverfahrens werden im Folgenden vorgestellt.

t,q-Politik

Bei der *t,q-Politik* erfolgt die Bestellung innerhalb fixer Bestellperioden (t0) und für eine fixe Bestellmenge (q0) (siehe Abbildung 1.4).

Bestellmenge und -periode werden bei der t,q-Politik im Voraus festgelegt. Diese Politik wird daher auch *Bestellrhythmus-Losgrößen-Politik* genannt, da zu fixen Terminen fixe Mengen bestellt werden. Die t,q-Politik erfordert nur geringen Dispositionsaufwand und keine laufende Kontrolle des Lagerbestands. Sie kann allerdings bei Bedarfsschwankungen zu Fehlmengen oder zu hohen Lagerkosten (Überbeständen) führen.

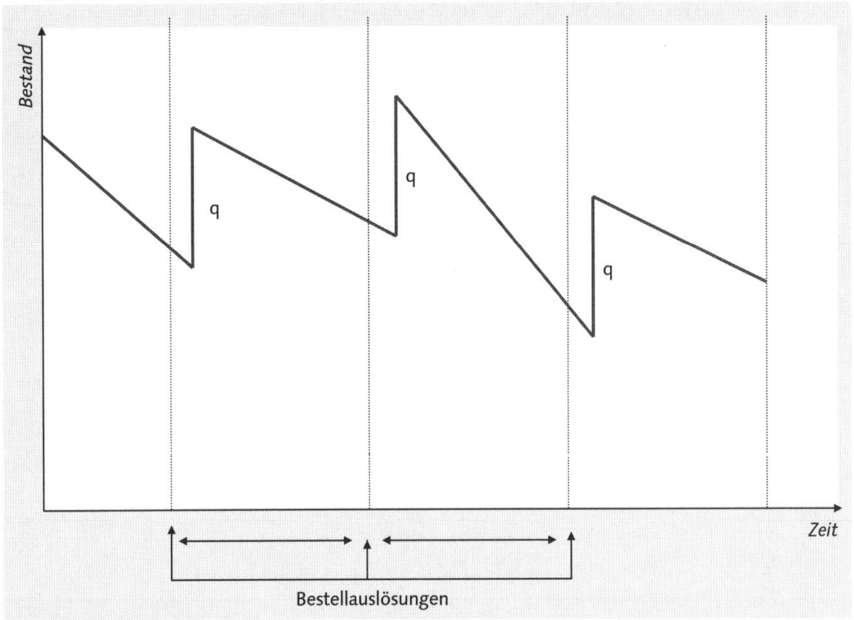

Abbildung 1.4 Die t,q-Politik

Hinweis

Die t,q-Politik ist sinnvoll, wenn der Bedarf über einen längeren Zeitraum konstant bleibt. Durch den geringeren Koordinationsaufwand können in diesem Bereich Kosten gespart werden.

Allerdings bringt diese Bestellpolitik auch einige Nachteile mit sich: Durch unzureichende Lagerbestandskontrolle kann es bei einem unregelmäßigen Bedarf zu Fehlbeständen kommen. Dies führt zu Fehlmengenkosten wie entgangenen Gewinnen, Konventionalstrafen, überhöhten Beschaffungskosten, Kosten des Maschinenstillstands oder Verlust von Goodwill. Zusätzlich birgt eine fixe Bestellmenge die Gefahr überhöhter Lagerbestände. Diese wiederum können Lagerhaltungskosten verursachen, etwa erhöhte Raumkosten durch steigenden Platzbedarf, Vorratshaltungskosten, erhöhte Prüfkosten oder steigende Zins- und Kapitalkosten. Das bewertete Risiko ist desto höher, je höher die Kapitalbindung ist.

t,S-Politik

Bei der *t,S-Politik* erfolgt die Bestellung innerhalb fixer Bestellintervalle (t0), jedoch mit variablen Bestellmengen (qi). Nach t0-Zeiteinheiten wird jeweils so viel bestellt, dass unter Berücksichtigung der normalen Lieferfrist und des jeweils noch vorhandenen Lagerbestands das Lager bis an seine Kapazitätsgrenze S aufgefüllt wird (siehe Abbildung 1.5).

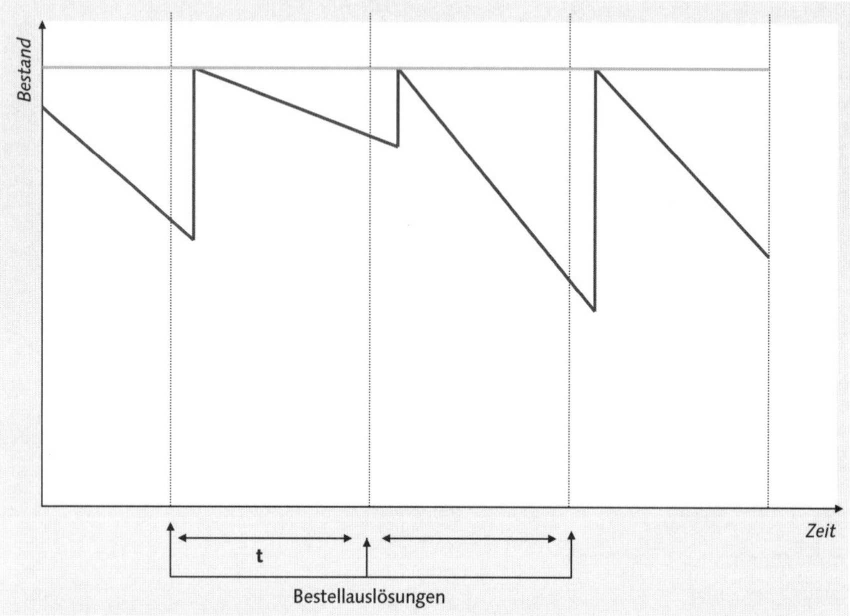

Abbildung 1.5 Die t,S-Politik

Dieses Niveau S muss ausreichen, um Nachfrageschwankungen auszugleichen, da zwischen den Perioden der Lagerbestand nicht kontrolliert wird.

Die Bestellmenge ist variabel, die Bestellperiode ist fix. Diese Politik wird auch als *Bestellrhythmus-Lagerniveau-Politik* bezeichnet, da zu fixen Bestellterminen die jeweils benötigte Menge bis zum Erreichen des Soll-Bestands bestellt wird. Die t,S-Politik wirkt der Gefahr der Überbestände entgegen: Der Lagerbestand ist mit dem Soll-Bestand nach oben begrenzt. Da es keinen Meldebestand gibt, der eine Bestellung auslöst, kann es jedoch zu Fehlmengen kommen.

Hinweis

Diese Politik ist sinnvoll, wenn zum Beispiel mehrere Artikel vom gleichen Lieferanten bezogen werden, da das Verfahren in diesem Fall eine koordinierte Bestellung ermöglicht.

Ein Vorteil dieses Verfahrens gegenüber dem Bestellpunktverfahren ist, dass durch Setzen einer Kapazitätsgrenze der Höchstbestand limitiert werden kann, was zu einer Verringerung der Lagerhaltungskosten führt. Da das Lagermaterial auf einem vorgegebenen Niveau S gehalten wird, können sowohl Zinskosten als auch Lager- und Handlingkosten reduziert werden. Ebenso wird das bewertete Risiko dezimiert, indem es zu einer eingeschränkten Kapitalbindung kommt.

Vorteilhaft ist auch, dass eher Sammelbestellungen für gleichartige Materialien gebildet werden können, für die unter Umständen bessere Konditionen zu erzielen sind. Ein weiterer Vorteil liegt im geringeren Kontrollaufwand, da während des Bestellintervalls keine Vorratsprüfungen vorgenommen werden.

Auch diese Bestellpolitik hat spezifische Nachteile: Bei einem unregelmäßigen Bedarf können aufgrund der fixen Bestellintervalle Fehlbestände auftreten, die zu Fehlmengenkosten führen können.

Nachteilig ist außerdem, dass der Verbrauch in der Zeit zwischen zwei Überprüfungsterminen zusätzlich zum Verbrauch während der Wiederbeschaffungszeit zu überbrücken ist und der Lagerbestand erhöht werden muss. Aus diesem Grund ist das Bestellrhythmussystem häufiger im Handel anzutreffen. Dort sind kurze Wiederbeschaffungszeiten durch koordinierte Lieferungen aus Zentrallagern möglich.

1.5.2 Bestellpunktverfahren

Das *Bestellpunktverfahren* (auch *Bestellpunktsystem*) ist ein Verfahren zur Bestimmung von Bestellzeitpunkt und Bestellmenge in der Lagerhaltung. Durch die Anwendung des Bestellpunktsystems wird sichergestellt, dass immer Ware im Lager verfügbar ist, wenn sie benötigt wird. Das Bestellpunktsystem ist ein Teilbereich der Bestellpolitik. Es gehört zu den verbrauchsorientierten Bestellverfahren, die wiederum in Bestellpunktsystem und Bestellrhythmussystem untergliedert werden können.

Beim Bestellpunktsystem wird eine Bestellung ausgelöst, sobald im Lager ein zuvor festgelegter Meldebestand (s = Bestellpunkt oder Mindestbestand) unterschritten wird. Diese Überprüfung erfolgt nach jedem Lagerabgang. Da die Bestelltermine nicht im Vorhinein definiert sind, spricht man von *variablen Bestellterminen*.

Die Höhe des Meldebestands ist abhängig vom typischen Verbrauch bis zum Eintreffen der bestellten Ware und einem Sicherheitsbestand (»eiserne Reserve«), falls es zu ungewöhnlichen Lieferzeiten oder höheren Verbräuchen kommt. Idealerweise trifft die bestellte Ware dann ein, wenn im Lager gerade der Sicherheitsbestand erreicht wurde.

Im Bestellpunktsystem werden zwei verschiedene Varianten eingesetzt, auf die wir im Folgenden eingehen.

s,q-Politik

Die Bestellmenge bei der *s,q-Politik* (*Bestellpunkt-Losgrößen-Politik*) ist fix, die Bestellperiode ist variabel (siehe Abbildung 1.6). Die Bestellpunkt-Losgrößen-Politik trägt ihren Namen, weil bei Erreichen des Meldebestands eine fixe Bestellmenge bestellt wird. Die s,q-Politik berücksichtigt Bedarfsschwankungen, daher kommt es nicht zu Fehlmengen und die Kapitalbindungskosten bleiben gering. Diese Politik erfordert allerdings einen sehr hohen Dispositionsaufwand und laufende Kontrollen des Lagers.

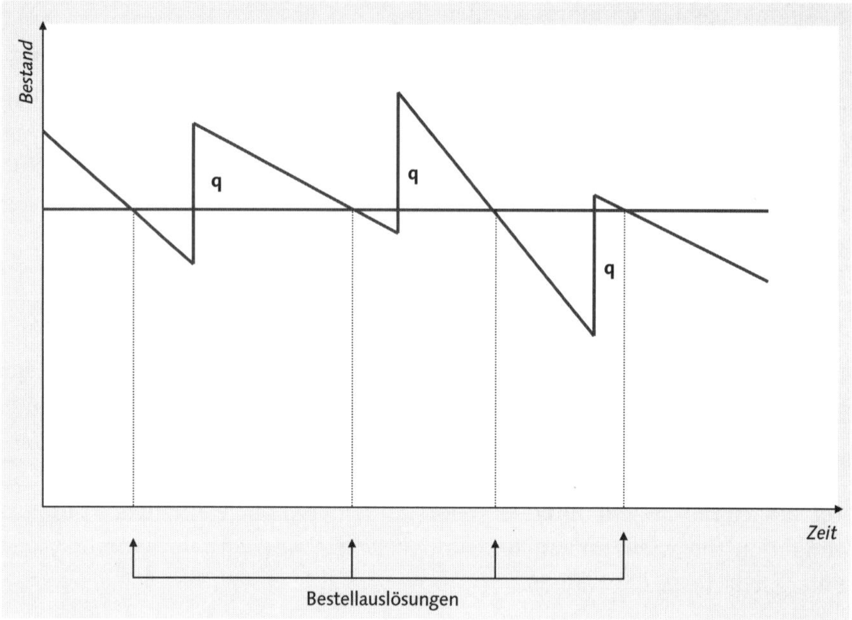

Abbildung 1.6 Die s,q-Politik

s,S-Politik

Bestellmenge und -periode sind bei der *s,S-Politik* variabel (siehe Abbildung 1.7). Diese Politik bezeichnet man auch als *Bestellpunkt-Lagerniveau-Politik*. Wenn der Meldebestand erreicht ist, wird eine Bestellung ausgelöst. Die Bestellmenge richtet sich nach dem Soll-Bestand, bis zu dem immer wieder aufgefüllt wird. Bei der s,S-Politik handelt es sich um eine sehr aufwendige Bestellpolitik, die laufende Kontrollen des Lagerbestands erforderlich macht. Die Kapitalbindung ist aber gering, und Fehlmengen werden vermieden.

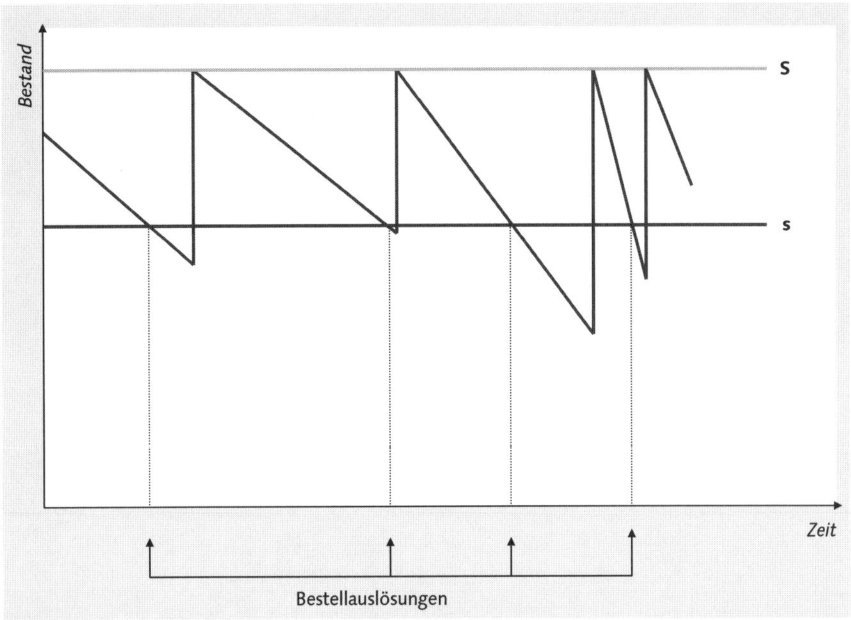

Abbildung 1.7 Die s,S-Politik

1.5.3 Mischverfahren

Die verschiedenen Verfahren lassen sich darüber hinaus miteinander kombinieren. In diesem Abschnitt lernen Sie die beiden Mischverfahren kennen, die in der Praxis am häufigsten anzutreffen sind.

t,s,S-Politik

Bei der *t,s,S-Politik* erfolgt in fixen Zeitabständen ein Vergleich des Lagerbestands mit dem Meldebestand (siehe Abbildung 1.8). Erreicht oder unterschreitet der Lagerbestand den Meldebestand, wird bis zum Soll-Bestand aufgefüllt. Die t,s,S-Politik verlangt eine ständige Überwachung des Lagers; dafür kommt es nicht zu Fehlmengen, und die Höhe des Lagerbestands wird durch den Soll-Bestand limitiert.

t,s,q-Politik

Die *t,s,q-Politik* kommt zum Einsatz, wenn eine fixe Menge zu einem fixen Zeitpunkt bestellt oder der Meldebestand erreicht oder unterschritten wird (siehe Abbildung 1.9). Die t,s,q-Politik vermeidet Fehlmengen, es kann aber durch die fixen Bestellmengen zu einer Überfüllung des Lagers kommen (denn nach oben gibt es keine Grenze), was wiederum zu hohen Kapitalbindungskosten führen kann. Die t,s,q-Politik wird bei stark schwankendem Verbrauch angewandt.

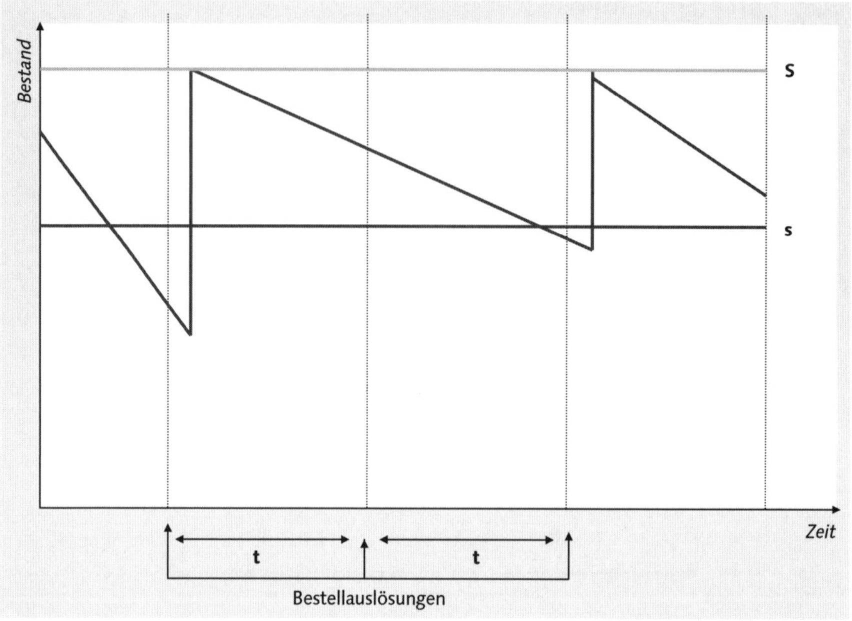

Abbildung 1.8 Die t,s,S-Politik

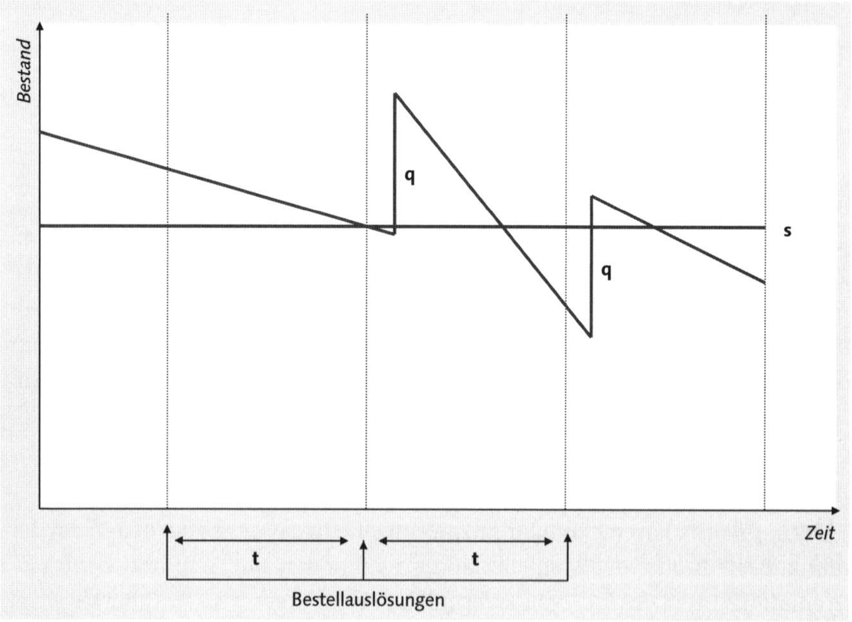

Abbildung 1.9 Die t,s,q-Politik

1.5.4 Bestellpolitiken im Überblick

In diesem Abschnitt fassen wir die Aussagen zur Bestellrechnung zusammen. Tabelle 1.1 zeigt Ihnen die verschiedenen Bestellpolitiken im Überblick.

		Bestell-menge (q)	Bestell-periode (t)	Bestellgrenze/ Meldebestand (s)	Soll-Bestand (S)
Bestellrhythmusverfahren	t,q-Politik	fix	fix	variabel	variabel
	t,s-Politik	fix	variabel	variabel	fix
Bestellpunktverfahren	s,q-Politik	variabel	fix	fix	variabel
	s,S-Politik	variabel	variabel	fix	fix
Mischverfahren	t,s,q-Politik	fix	fix	fix	variabel
	t,s,S-Politik	fix	variabel	fix	fix

Tabelle 1.1 Überblick über die Bestellpolitiken

Keines der bislang vorgestellten Verfahren erfüllt die Anforderungen der modernen Disposition, bei konstant hoher Lieferbereitschaft die Lager- und die Fehlmengenkosten zu senken. Ein Grund dafür ist, dass Parameter wie Meldebestand, Soll-Bestand, Losgröße und Bestellrhythmus nicht optimal bestimmt werden können. Das Ergebnis der Disposition ist immer abhängig von diesen Parametern und bestimmt nicht deren optimalen Wert. Wurden diese Parameter also nicht genau genug festgelegt, so wird das Ergebnis immer negative Auswirkungen auf die Lieferbereitschaft haben. Des Weiteren würde ein Auffüllen bis zum Soll-Bestand immer einen hohen durchschnittlichen Bestand verursachen. Darin liegt eine Schwäche der Politiken t,S, s,S und t,S,S.

Die Politiken t,S und t,q orientieren sich an einem festen vorgegebenen Bestellrhythmus und lösen damit unabhängig vom aktuellen Lagerbestand immer auch eine Bestellung aus. Auch dies führt zu durchschnittlich höheren Lagerbeständen.

Je dynamischer die Bedarfsentwicklung verläuft, desto dynamischer müssen auch die dispositionsrelevanten Parameter angepasst werden. Dies ist aber bei den vorliegenden Verfahren nicht der Fall. Insbesondere bei A- und B-Artikeln führt dieser Umstand zu höheren Lagerkosten.

Insgesamt eignen sich die genannten Verfahren in der modernen Disposition besonders für geringwertige, sporadische Artikel, also für sogenannte CZ-Artikel. Für die wichtigen A- und B-Artikel eignen sich diese Verfahren nicht; hier sind plangesteuerte Verfahren vorzuziehen. Hinweise zur ABC-/XYZ-Klassifizierung finden Sie in Kapitel 3, »Artikelklassifizierung als Basis für Dispositionsentscheidungen«.

1.6 Einfluss der Disposition auf die Bestände

Die Aufgabe der Bedarfsrechnung liegt, wie bereits beschrieben, in der Festlegung von Bedarfsmengen und Lieferterminen für die Endprodukte. Im Allgemeinen kann man in einem Produktions- oder Handelsunternehmen feststellen, dass viele verschiedene Materialien disponiert und gelagert werden müssen. Des Weiteren wird man feststellen, dass sowohl Fertigartikel als auch Halbfabrikate, Rohstoffe, Hilfs- und Betriebsstoffe, Handelswaren, Ersatzteile und weitere Artikelarten große Unterschiede aufweisen hinsichtlich Merkmalen wie Absatzvolumen, Beschaffungsmenge, Preis, Verbrauchsverhalten, Lebenszyklusbedingungen, Wiederbeschaffungszeiten und Produktionsbedingungen.

Daraus folgt, dass diese unterschiedlichen Artikel nicht alle mit den gleichen Prognosemodellen oder Dispositionsparametern geplant werden können. Das Dispositionsmodell muss flexibel auf die jeweiligen Anforderungen zugeschnitten werden. Die Vielzahl der Artikel muss so gesteuert werden, dass die Transparenz nicht verloren geht und der Pflegeaufwand zu bewältigen ist. Folglich müssen manche Artikel automatisiert geplant und disponiert werden, andere wiederum erfordern die volle Aufmerksamkeit des Disponenten. Diese Abstimmung und Feinjustierung ermöglicht die Dispositionsoptimierung.

Hinweis

Die Dispositionsoptimierung ist ein integrativer Beratungsansatz der SAP Consulting. Dieser Ansatz ermöglicht es, die Disposition unter Einbeziehung der Möglichkeiten der SAP-Standardsoftware und weiterer Add-on Tools bestmöglich einzustellen, unter optimaler Ausnutzung der SAP-Möglichkeiten.

Im Folgenden erfahren Sie, welche Themen bei der Dispositionsoptimierung eine Rolle spielen und welche Werkzeuge dazu eingesetzt werden können.

1.6.1 Auswahl der Fertigungsart

Die Auswahl der Fertigungsart ergibt sich aus dem Verhältnis zwischen Kundenwunschlieferzeit und der internen Durchlaufzeit für die Produktion der verkaufsfähigen Artikel. Wenn die gesamte Durchlaufzeit (also das Produkt aus Wiederbeschaffungszeit und Fertigungszeit) ausreicht, um nach Kundenauftragseingang zu beginnen und zum Kundenwunschliefertermin (in der vom Kunden/Markt akzeptierten Lieferzeit) das fertige Produkt auszuliefern, dann handelt es sich um eine *Kundenauftragsfertigung*. Würde der Fertigungsprozess erst nach der vom Kunden akzeptierten Lieferzeit enden (wäre die Durchlaufzeit also zu lang), dann müsste eine *Lagerfertigung* gewählt werden. Abbildung 1.10 stellt beide Szenarien schematisch dar.

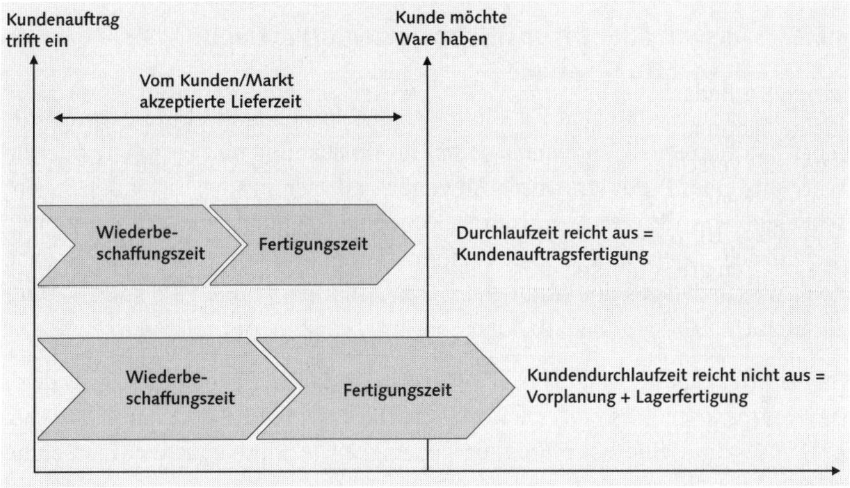

Abbildung 1.10 Auswahl der Fertigungsart

In der *Kundenauftragsfertigung* werden Bestellungen und Produktionsaufträge in der Regel erst erzeugt, wenn der Auftrag bereits eingegangen ist. Hier besteht häufig das Problem, dass die Lieferzeit zu lang ist und Lieferversprechen aufgrund von Engpässen beim Lieferanten oder in der Produktion nicht eingehalten werden können. Es kommt dann zur Verzögerung der Auslieferung und zu Stornierungen des Kunden.

In der kundenanonymen *Lagerfertigung* werden die Bedarfe zunächst als Vorplanungsbedarfe prognostiziert. Eine Planung aller für die Produktion notwendigen Materialien wird durchgeführt. Dabei entstehen Bestellungen bei den Lieferanten und Produktionsaufträge in der Fertigung. Eingehende Kundenaufträge verrechnen sich anschließend gegen diese Vorplanungsbedarfe, Bestellungen und Produktionsaufträge. War die Vorplanung zu optimistisch, kommt es zu Bestandsüberschüssen. Gehen mehr Kundenaufträge ein, als Vorplanungsbedarfe vorhanden sind, kommt es zu Lieferengpässen, sogenannten *Stock-out-Situationen*. In der Lagerfertigung muss die Aufmerksamkeit daher vor allem der Prognosegenauigkeit gelten.

Während es in der Lagerfertigung auf die richtige Planung und Sicherstellung der Verfügbarkeit ankommt, steht in der Kundenauftragsfertigung die Minimierung der Herstellungskosten und der Durchlaufzeiten im Vordergrund. Ist die Fertigungszeit im Verhältnis zur marktüblichen Lieferzeit relativ lang, sollten die Endprodukte oder bestimmte Baugruppen bereits vorgefertigt werden, bevor Kundenaufträge eintreffen. Auf diese Weise können Sie die Auftragsdurchlaufzeiten minimieren und die Lieferfähigkeit ausbauen.

1.6.2 Auswahl der Dispositionsstrategie/Festlegung der Bevorratungsebene

Die Dispositionsstrategien für die jeweiligen Produkte sind die betriebswirtschaftlich sinnvollen Vorgehensweisen für die Planung und Fertigung oder Beschaffung eines Produkts. Durch Anwendung dieser Strategien können Sie entscheiden, wie die Fertigung durch Kundenaufträge (Kundeneinzelfertigung) oder durch Lageraufträge (Lagerfertigung) angestoßen werden soll. Je nachdem, welche Dispositionsstrategien Sie verwenden, können Sie sowohl Über- als auch Unterbestände vermeiden und Ihre Bestände optimieren.

Im Falle der Lagerfertigung erstellen Sie das Produktionsprogramm anhand von *Absatzprognosen*. Besonders wichtig sind hier eine hohe Qualität der Absatzprognosen und eine hohe Prognosegenauigkeit. Anderenfalls werden Fehlbestände oder Überbestände disponiert.

Bei der Kundeneinzelfertigung erstellen Sie Ihr Produktionsprogramm anhand von *Kundenaufträgen*. In diesem Fall besteht das Produkt häufig aus komplexen und mehrstufigen Fertigungsstrukturen. Die Disposition muss daher hier insbesondere in der Lage sein, eine mehrstufige Abstimmung zwischen den Abteilungen Produktion, Beschaffung und Vertrieb sicherzustellen. Ohne eine solche abteilungsübergreifende Sicht entstehen an den Schnittstellen schnell Reibungsverluste. Zeigt ein Lieferant beispielsweise an, dass seine Rohstofflieferung zwei Tage später eintreffen wird, sollte die Produktion zeitnah darüber informiert werden, um den Produktionsauftrag umplanen zu können.

Sie können auch die Bevorratungsebene hinunter auf die *Baugruppenebene* verlagern, sodass erst die Endmontage durch den eintreffenden Kundenauftrag angestoßen wird. Alle anderen Baugruppen würden in diesem Fall schon vorfertigen, um die Auftragsdurchlaufzeiten zu reduzieren. In diesem Fall können auch Bestände und insbesondere Sicherheitsbestände auf die günstigere Bevorratungsebene hinuntergezogen werden, um die Bestandswerte zu senken.

Hat eine bestimmte Baugruppe sehr lange Wiederbeschaffungszeiten, so kann die Disposition für diese spezielle Baugruppe früher stattfinden als für den Rest des Enderzeugnisses. Damit können Auftragsdurchlaufzeiten ebenfalls reduziert und Lieferzeiten verkürzt werden.

Abbildung 1.11 zeigt die Kriterien für die Wahl der richtigen Bevorratungsebene im Überblick. Im Folgenden gehen wir genauer auf die einzelnen Strategien ein.

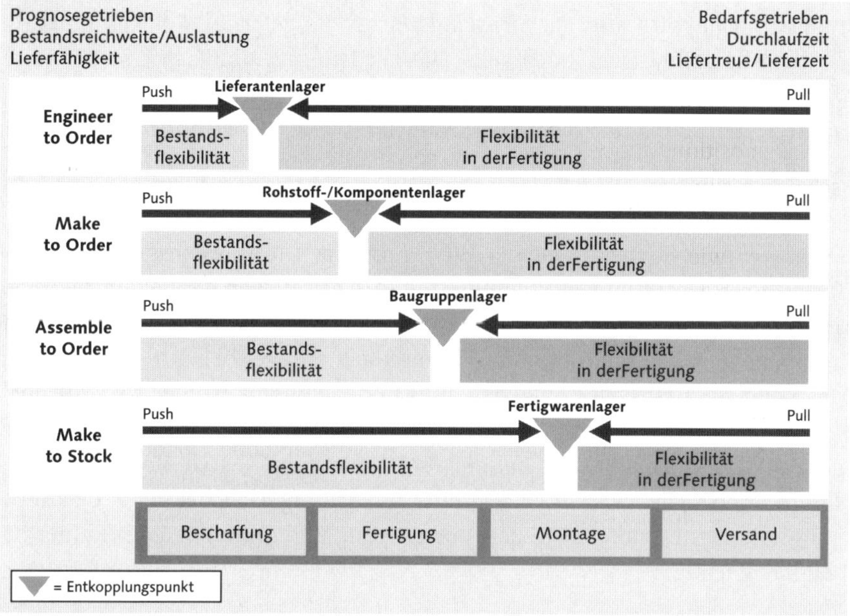

Abbildung 1.11 Bevorratungsstrategien

Im Falle der *Engineer-to-Order-Strategie* (Projektfertigung) wird in der Regel gar kein Bestand bevorratet, mit Ausnahme von wenigen wichtigen Rohstoffen oder Komponenten mit langen Wiederbeschaffungszeiten. Folglich verursacht diese Strategie geringe Lagerkosten. Ansonsten wird viel Bestandsverantwortung auf die Lieferanten übertragen, und Materialien werden erst nach Eingang des Kundenauftrags beschafft. Eine Vorfertigung findet in der Regel nicht statt, weil es sich hier um ganz individuelle Kundenprodukte handelt. Daher hat der Kunde in der Regel einen hohen Einfluss auf die Produktion. Somit wird auch die Steuerung der Disposition relativ komplex, da häufige Änderungen durch den Kunden wahrscheinlich sind. Die Bestandsflexibilität ist in diesem Fall sehr gering, die Fertigungsflexibilität muss sehr hoch sein, um sich auf die Kundenanforderungen einstellen zu können. Deshalb kommt es bei dieser bedarfsgetriebenen Bevorratungsstrategie darauf an, dass die Durchlaufzeit in der Fertigung möglichst minimiert wird. Gegenüber dem Kunden kommt es auf Kennzahlen wie *Liefertreue* und *Lieferzeit* an.

Im Fall der *Make-to-Stock-Strategie* (Lagerfertigung) wird möglichst viel bis zur Fertigwarenstufe vorgefertigt und auf Lager (hier: Fertigwarenlager) gelegt. Von dort wird dann abverkauft. Dabei entstehen hohe Lagerkosten, weil die Enderzeugnisse gelagert werden. Bei dieser prognosegetriebenen Bevorratungsstrategie wird also nach Bestandsreichweite gefertigt. Folglich muss die Bestandsflexibilität sehr hoch sein. Die Fertigungsflexibilität ist in der Regel wesentlich geringer als bei den anderen Bevorratungsstrategien, da hier meist große Serien oder Massenware vorproduziert werden. Gegenüber dem Kunden kommt es in erste Linie auf die Lieferfähigkeit an. Insgesamt steht die Disposition der Rohwaren im Mittelpunkt.

Die anderen beiden Strategien, *Make to Order* (Auftragsfertigung) und *Assemble to Order* (Montagefertigung), sind Mischstrategien der beiden zuvor beschriebenen Strategien. Bei der Assemble-to-Order-Strategie werden die Baugruppen bereits vorgefertigt, die Endmontage erfolgt aber erst nach Eingang des Kundenauftrags. Das Eingehen auf Kundenwünsche ist hier also nur noch im begrenzten Umfang möglich. Die Lagerkosten sind geringer als bei der Lagerfertigung, aber höher als bei der Projektfertigung. Durch die Vorfertigung sind die möglichen Varianten begrenzt, also geringer als bei der Projektfertigung. Die Abstimmung zwischen Vorfertigung und Endmontage sind hier besonders wichtig.

Bei der Make-to-Order-Strategie wird nur kundenspezifisch gefertigt. Die Produktion beginnt also erst, nachdem der Kundenauftrag eingegangen ist. Allerdings kann der Kunde nur zwischen »vorgedachten« Varianten wählen. Im Gegensatz zur Engineer-to-Order-Strategie wird bei dieser Strategie kein neues oder kundenindividuelles Produkt entwickelt. Der Kunde wählt sein »individuelles« Produkt lediglich aus einer Vielzahl von Kombinationsmöglichkeiten oder Varianten, wie dies zum Beispiel in der Automobilindustrie der Fall ist. Rohstoffe sind daher in der Regel schon im Lager, bevor der Kundenauftrag eintrifft. Liefertreue ist wichtiger als Lieferfähigkeit.

Bei der Entscheidung für eine Bevorratungsstrategie sind folgende Einflussgrößen zu berücksichtigen:

- das Verhältnis der Wiederbeschaffungszeit zur vom Kunden akzeptierten Lieferzeit der Fertigwaren
- die Wertigkeit des Materials, ob es sich also um einen A-, B- oder C-Artikel handelt
- die Verbrauchsschwankung des Materials, ob es sich also um einen X-, Y- oder Z-Artikel handelt
- die kumulierten Lagerhaltungskosten

- die Erzeugungsstruktur des Materials, also wie viele Fertigungsstufen vorhanden sind
- die Anwendung des Materials in unterschiedlichen Erzeugnissen, also ob es sich um häufig oder selten verwendete Komponenten handelt
- die Anforderungen des Kunden an die Lieferfähigkeit

Diese Punkte sollten Sie bei der Auswahl der richtigen Dispositionsstrategie und der richtigen Bevorratungsstrategie berücksichtigen, wenn Sie Bestände und Servicegrad in ein optimales Verhältnis bringen möchten.

In SAP ERP steht ein breites Spektrum von Dispositionsstrategien zur Verfügung, das zahlreiche Möglichkeiten von der reinen Kundeneinzelfertigung bis zur Lagerfertigung bietet. Darüber hinaus können Sie Dispositionsstrategien auch miteinander kombinieren. So besteht etwa die Möglichkeit, für ein Enderzeugnis die Planungsstrategie *Vorplanung mit Endmontage* zu wählen und für eine wichtige Baugruppe in der Stückliste dieses Enderzeugnisses mit der Strategie *Vorplanung auf Baugruppenebene* zu arbeiten.

Im Folgenden stellen wir deshalb zuerst die Lagerfertigungsstrategien vor, dann die Planungsstrategien für die Baugruppenvorplanung sowie die Strategien für die Kundeneinzelfertigung und schließlich die Strategien zur verbrauchsgesteuerten Disposition.

1.6.3 Auswahl der Verrechnungsparameter

Beachten Sie, dass es bei der Angabe der Verrechnungsparameter in der Praxis immer ein Delta zwischen Vorplanungsbedarfen und tatsächlichen Kundenaufträgen geben wird. Die Vorplanung ist letzten Endes eine Vorausschau in die Zukunft und wird nie ganz exakt sein. Mithilfe der Verrechnungsparameter können Sie dieses Delta jedoch minimieren und mit einem Delta aus einer anderen Periode ausgleichen. Wenn im Materialstamm keine Verrechnungsparameter gepflegt sind, verwendet das SAP ERP-System die Vorschlagswerte aus der Dispositionsgruppe. Sie sollten diese Verrechnungsparameter auf jeden Fall möglichst produktindividuell pflegen und keine Standardeinstellung verwenden, wenn Sie Ihre Bestände optimieren möchten. Dies gilt auch für alle folgenden Strategien.

1.6.4 Auswahl der Losgrößenparameter

Die Praxis zeigt, dass Sie mit dem Einsatz optimaler Losgrößenverfahren Bestände reduzieren und Ihren Disponenten die Arbeit deutlich erleichtern können. Dazu ist es wichtig, die Wirkungsweisen zu kennen und die vielfältigen Parametereinstellungen im SAP-System vornehmen zu können. Nur wenn die

Parametereinstellungen artikelspezifisch gemacht werden, kann ein Wertbeitrag nachhaltig erzielt werden. Es ist die Aufgabe des »strategischen Disponenten« (siehe Kapitel 2, »Strategische versus operative Disposition«), diese Rahmenbedingungen und Möglichkeiten auszuschöpfen. Als Beispiel für *falsche* (nicht optimale) Parametereinstellung sei hier die Wirkungsweise des Rundungswerts mit Mindestbestellmenge genannt (siehe Kasten). Im Fall A wird nur der Rundungswert zur Ermittlung der Bestellmenge genutzt, im besseren Fall B werden dagegen der Rundungswert und die Mindestbestellmenge zur Ermittlung der Bestellmenge genutzt.

Beispiel A: Rundungswert wird als Mindestbestellmenge eingesetzt

Bedarf 1 = 500 Stück

Bedarf 2 = 1.001 Stück

Rundungswert = 1.000

Mindestbestellmenge/Losgröße = 0

Ergebnis:

Losgröße für Bedarf 1 = 1.000 Stück

Losgröße für Bedarf 2 = 2.000 Stück

Beispiel B: Rundungswert und Mindestbestellmenge werden eingesetzt

Bedarf 1 = 500 Stück

Bedarf 2 = 1.001 Stück

Rundungswert = 100

Mindestbestellmenge/Losgröße = 1.000

Ergebnis:

Losgröße für Bedarf 1 = 1.000 Stück

Losgröße für Bedarf 2 = 1.100 Stück

Diese beiden Beispiele zeigen deutlich, dass in Fall B die durchschnittliche Bestellmenge wesentlich kleiner ist und somit die durchschnittlichen Bestände mit dem richtigen Einsatz der Dispositionsparameter gesenkt werden können.

Ein weiteres Beispiel ist das Außerkraftsetzen von Parametern. Wird zum Beispiel eine feste Bestellmenge (feste Losgröße) gepflegt, setzt diese den Rundungswert außer Kraft. Bei einem Rundungswert 100 und einem Bedarf von 20 würde die Bestellmenge auf 100 aufgerundet. Dies wäre auch bei einem Bedarf von 80 der Fall. Ist aber zusätzlich eine feste Losgröße von 60 festgelegt, würden bei einem Bedarf von 20 genau 60 Stück bestellt. Bei einem Bedarf von 80 würden anstelle von 100 Stück genau 120 Stück bestellt.

In Kapitel 9, »Beschaffungsmengenermittlung«, gehen wir im Detail auf die Losgrößenparameter ein und geben Ihnen Hinweise zur Optimierung der Parameter. Zur Auswahl der Losgrößenparameter sollten Sie ebenfalls die ABC-/XYZ-Analyse einsetzen, die in Kapitel 3, »Artikelklassifizierung als Basis für Dispositionsentscheidungen«, erläutert wird.

1.6.5 Auswahl der Sicherheitsbestandsverfahren

Es gibt eine Vielzahl von unterschiedlichen Sicherheitsbestandsstrategien (siehe Kapitel 10, »Sicherheitsbestandsplanung«). Diese Strategien adäquat einzusetzen, erfordert eine profunde Kenntnis der Zusammenhänge der Prozesse und ihrer Wirkungsweisen. Die artikelgenaue Analyse der Sicherheitsbestandsstrategien, ihre Bewertung und Einstellungsmöglichkeiten im SAP-System sowie die Analyse ihrer Auswirkungen auf Folgeprozesse muss ein strategischer Disponent durchführen, um daraus Vorgaben für die operative Disposition zu entwickeln. In der Praxis zeigt sich, dass der Sicherheitsbestand oftmals gar nicht eingesetzt wird, sondern im Meldebestand enthalten ist oder schlicht gar nicht gepflegt wird. Dies führt dann zu Intransparenz und zu häufigen Änderungen der vom System ermittelten Bestellmenge, weil der Disponent den Sicherheitsbestand manuell mitbestellen muss. Daraus entstehen häufig Stock-out-Situationen.

1.6.6 Auswahl der Prognosestrategien

Das Leben als Disponent oder Absatzplaner wäre einfacher, wenn sich ein bestimmtes Prognoseverfahren allgemeingültig als das beste herausstellen würde und alle anderen Verfahren vernachlässigt werden könnten. Leider ist das nicht möglich. In vielen Fällen kennen Disponenten die theoretischen oder praktischen Voraussetzungen nicht, unter denen die Verfahren sinnvoll eingesetzt werden können – entweder aufgrund von mangelhafter Schulung oder fehlender Zeit, sich mit den Themen zu beschäftigen. Akzeptiert man aber, dass es kein ideales Prognoseverfahren für alle Situationen gibt und dass ein Kriterium sich in einer Situation positiv, in einer anderen negativ auswirken kann, ist es sinnvoll, die Analyse und die Beurteilung der Prognoseverfahren für ein konkretes Produkt anhand eines geeigneten Vorgehensmodells durchzuführen.

Die strategische Disposition soll Ihnen dabei helfen, das richtige Prognosemodell für Ihre Produkte auszuwählen. Dazu müssen Sie artikelbezogene Verbrauchsanalysen, Prognoseanalysen und Abweichungsanalysen durchführen, für die der operative Disponent im Tagesgeschäft keine Zeit hat. Deshalb ist auch für diesen Anwendungsfall eine strategische Disposition sinnvoll.

1.6.7 Artikelklassifizierung und Sortimentsanalyse

Für das Supply Chain Management im Allgemeinen und die Disposition im Besonderen sind weitere Klassifizierungsmerkmale von Bedeutung, um die richtige Dispositionsstrategie zu wählen. Die Artikelklassifizierung hat nämlich Auswirkungen auf die Disposition, die Produktionsplanung, die Höhe der Nachschubmengen und Sicherheitsbestände oder auf die Auswahl der Lagerstrategien. Die Klassifizierungskriterien in Tabelle 1.2 sollten regelmäßig analysiert und überwacht werden. Die Dispositionsstrategie sollte auf diese Kriterien abgestimmt werden.

Artikelklassifizierungsmerkmal	Merkmalsausprägung
Lagerhaltigkeit	lagerhaltige und nicht lagerhaltige Artikel
Absatzgebiet	lokale, regionale und überregionale Produkte
Umsatz	A-, B- oder C-Artikel mit hohem, mittlerem oder geringem Umsatz
Verbrauch	X-, Y- oder Z-Artikel mit regelmäßigem, mittelmäßigem oder sporadischem Verbrauch
Wertigkeit	hochwertige, mittelwertige oder geringwertige Artikel (Preis des Artikels)
Einsatzzweck	Artikel für die Produktion, Ersatzteile, Verschleißteile, Investitionsgüter oder Verbrauchsgüter (Bleistift, Druckerpapier, Aktenordner etc.)
Verwendungsbreite	Standardartikel, Normteile, Kundenanfertigungen, Spezialartikel, Ersatzteile
Lebenszyklus	Befindet sich der Artikel in der Einführungs-, Wachstums-, Reife- oder Sättigungsphase?
Lebensdauer	Saisonartikel, langlebig (mehrere Jahre), einjährig, modisch
Haltbarkeitsanforderungen	verderbliche Ware, frische Ware, Temperaturanforderungen etc.
Fehlmengenkosten	Kosten der Nichtverfügbarkeit eines Artikels wie Gewinnausfall, Ersatzbeschaffungskosten, Stillstandskosten oder Verlust des Deckungsbeitrags
Zusammensetzung	Einprodukt-Artikel, Mehrprodukt-Artikel (Bundles), Systemartikel
Verpackungsart	lose Ware (Bulk-Ware), abgepackte Ware
Variantenvielfalt	Standardartikel, Variantenartikel

Tabelle 1.2 Artikelklassifizierungsmerkmale

Eine detaillierte Erläuterung der Artikelklassifizierung finden Sie in Kapitel 3, »Artikelklassifizierung als Basis für Dispositionsentscheidungen«.

1.7 Fazit

Die Disposition ist ein sehr komplexer Prozess, der immer wieder individuell im Unternehmen ausgeprägt werden muss. Sie ist darüber hinaus ein wichtiger Integrationspunkt zwischen Vertrieb, Produktion und Einkauf. Somit ist die Disposition entscheidend am Material- und Informationsfluss innerhalb der Supply Chain beteiligt. Aus all diesen Gründen sollte der Disposition eine besondere Rolle im Unternehmen zugedacht werden.

Die Disposition birgt in der Regel ein hohes Optimierungspotenzial, da die Disponenten meistens für zu viele Artikel zuständig sind und so leicht den Überblick verlieren. Transparenz ist daher eine essenzielle Bedingung, um schnell und koordiniert auf Änderungen des Marktes und auf Ausnahmesituationen reagieren zu können. Die Optimierung der Dispositionsparameter und die Erstellung einer Dispositionsmatrix können viel zur Optimierung innerhalb der Disposition beitragen. Im nächsten Kapitel werden den Unterschied zwischen strategischer und operativer Disposition genauer erläutern.

In vielen Unternehmen liegt der Schwerpunkt auf der operativen Disposition; strategische Aspekte wie eine aussagekräftige Artikelklassifizierung fallen aus Zeitmangel unter den Tisch. Dieses Kapitel verdeutlicht die Unterschiede zwischen beiden Positionen und zeigt die Vorteile der strategischen Disposition auf.

2 Strategische versus operative Disposition

Die Bedeutung der Disposition im Unternehmen hat in den letzten 25 Jahren stark zugenommen. Wurde die Disposition zuvor als Teilbereich des Einkaufs gesehen, der keinen direkten Einfluss auf die Strategie und langfristige Planung im Unternehmen hat (siehe Tempelmaier 2004), so änderte sich diese Sichtweise in den 1980er Jahren: Bedingt durch Globalisierung, die Fokussierung auf Kernkompetenzen in der Wertschöpfungskette mit den verbundenen In- und Outsourcing-Entscheidungen und neue Produktionsverfahren wurde erkannt, dass die Steuerung und Entwicklung von Lieferantenbeziehungen Wettbewerbsvorteile bewirken kann. Dem Einkauf und somit auch der Disposition kommt neben seiner operativen Rolle auch eine strategische Bedeutung zu.

In den 1990er Jahren wurden die strategische und die operative Disposition als funktional eigenständige Bereiche betrachtet und auch unabhängig vom Einkauf gesehen. Seitdem wird die Disposition zumeist der Logistik oder eben der Supply-Chain-Organisation im Unternehmen zugeordnet. Heute stellen viele Unternehmen die operative Steuerung und Optimierung des Materialflusses über alle Stufen der Lieferkette bis hin zum Endkunden in den Vordergrund. Ebenso wichtig ist die Optimierung von Bedarfsprognosen und -planungen aller an der Lieferkette beteiligten Partner mit dem Ziel, den Servicegrad zu optimieren und dabei Lagerbestände und Durchlaufzeiten zu minimieren.

2.1 Aufgaben der Disposition

Da die Aufgaben in der Disposition so vielfältig und komplex geworden sind, muss der Disponent über alle Fertigungs-Dispositionsstrategien und -parameter genau kennen. In der Regel hat ein Disponent, der im operativen Tagesgeschäft seine Ziele erreichen will, jedoch nicht genügend Zeit, sich dieses Wissen anzueignen. Er ist als Terminjäger und Fehlteillistenbearbeiter so sehr in das Tagesgeschäft eingebunden, dass er nicht zusätzlich strategische Aufgaben wahrnehmen kann. In einer modernen Dispositionsstrategie ist es daher dringend zu empfehlen, die Aufgaben der Disposition auch personell in eine operative und eine strategische Rolle zu teilen.

Während die operative Disposition, analog zur bisherigen Materialdisposition, weitestgehend für die operative Abwicklung des Tagesgeschäfts verantwortlich ist, hat die strategische Disposition die Aufgabe, die optimale Parametrisierung der Disposition und der dahinter stehenden Planungssysteme im laufenden Geschäft sicherzustellen und die Mittel- und Langfristplanungen durchzuführen und auszuwerten.

Der Aufgabenbereich der *operativen Disposition* besteht im Einzelnen aus folgenden Punkten:

- Konzentration auf den kurzfristigen Planungshorizont
- Der Fokus liegt in der Regel auf einer Stufe der Wertschöpfungskette (nur direkte Kunden und Lieferanten).
- sofortige Reaktion auf Veränderungen und Tagesprobleme
- Ergebnisabarbeitung der täglichen/wöchentlichen Planung per EDV
- hoher Anteil an Fehlteilemanagement
- tägliche Integration mit internen und externen Schnittstellen (Einkauf, Produktion, Lager etc.)

Der Aufgabenbereich der *strategischen Disposition* umfasst die folgenden Punkte:

- Konzentration auf den mittel- bis langfristigen Planungshorizont
- Der Fokus liegt in der Regel auf mehreren Stufen der Wertschöpfungskette (Kunden der Kunden, Lieferanten der Lieferanten).
- Unterstützung des operativen Disponenten bei Tagesproblemen
- Analyse und Optimierung der Ergebnisse der mittel- bis langfristigen Planung
- Management und Optimierung des gesamten Planungsprozesses
- Analyse und Bewertung der gesamten Liefer- und Wertschöpfungskette
- regelmäßige (z.B. monatliche) Abstimmungsrunden mit den internen und externen Schnittstellen (Einkauf, Produktion, Lager etc.)
- Definition und Festlegung der Dispositionsstrategien und -parameter

- Auswahl der anzuwendenden Prognosemodelle
- Durchführung des Dispositions-Controllings

Aus den genannten Aufgabenfeldern ergibt sich, dass die Anforderungen an einen strategischen Disponenten sich wesentlich von denen eines operativen Disponenten unterscheiden. Während der operative Disponent das Tagesgeschäft aus langjähriger Erfahrung kennt, muss der strategische Disponent sowohl analytische als auch mathematische Kenntnisse und Fähigkeiten mitbringen, um die ihm gestellten Aufgaben (z. B. die Auswahl der richtigen Prognoseverfahren) zu bewältigen. Die Parametrisierung der zu disponierenden Artikel erfolgt für den strategischen Disponenten aufgrund von ABC/XYZ-Analysen (siehe auch Kapitel 3, »Artikelklassifizierung als Basis für Dispositionsentscheidungen«) und weiteren Bestandskennzahlen, während der operative Disponent die Dispositionsparameter in der Regel allein aus Erfahrung festlegt. Der strategische Disponent sollte daher idealerweise eine Hochschulausbildung oder einen gleichwertigen Abschluss mitbringen und über Kenntnisse der Mathematik und Statistik verfügen. Außerdem muss der strategische Disponent ausgeprägte analytische und kommunikative Fähigkeiten besitzen.

2.2 Organisatorische Eingliederung der Disposition

Zur Frage der organisatorischen Eingliederung der strategischen Disposition im Unterschied zur operativen Disposition gibt es nun mehrere Möglichkeiten in Abhängigkeit von der Größe und Ausrichtung des Unternehmens. Die Eingliederung der strategischen Disposition hängt von verschiedenen Faktoren ab, beispielsweise davon, wie das *Supply Chain Management* (SCM), wie die Logistik derzeit im Unternehmen organisiert ist und welchen Stellenwert sie hat. Weitere Einflussfaktoren sind die Größe des Unternehmens, ob es sich um ein internationales Unternehmen handelt und wie hoch die Veränderungsbereitschaft innerhalb des Unternehmens ist.

Grundsätzlich unterscheidet man zwischen zentraler, dezentraler und einer gemischten (Matrix-)Organisationsform. In der *zentralen Organisationsform* ist jede Aufgabe genau einer Stelle zugeordnet. Es gibt also nur einen Vertrieb, eine Logistik und eine Disposition. Bei der *dezentralen Organisationsform* sind die Tätigkeiten mehreren Stellen zugeordnet, die sich nach regionalen oder produktgruppenspezifischen Aspekten gliedern. In diesem Fall gibt es beispielsweise eine Disposition für Produktgruppe 1 und eine Disposition für Produktgruppe 2. Bei einer *Matrix-Organisation* werden zwei Leitungssysteme miteinander kombiniert: Die Mitarbeiter stehen in mehreren Weisungsbeziehungen und sind sowohl den Leitern der verrichtungsbezogenen Abteilungen

Beschaffung, Produktion und Absatz unterstellt als auch den objektbezogenen Produktmanagern.

Im Folgenden stellen wie Ihnen drei verschiedene Möglichkeiten der Einbindung der strategischen Disposition in eine bestehende Unternehmensorganisation vor.

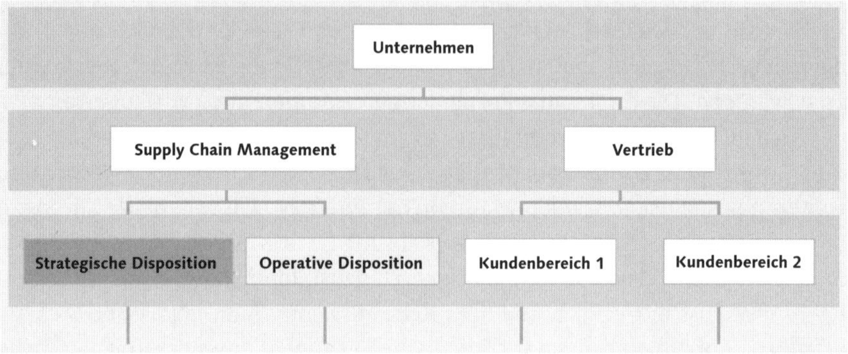

Abbildung 2.1 Disposition innerhalb eines mittelständischen Unternehmens

Abbildung 2.1 zeigt eine mögliche Organisationsstruktur für ein mittelständisches Unternehmen mit einer flachen Hierarchie. Hierbei sind die operative und die strategische Disposition im SCM-Bereich organisiert. In diesem Fall lässt sich keine Unterscheidung in dezentral und zentral vornehmen, da das Unternehmen für eine zentrale Funktion nicht die erforderliche Größe hat. Die Mitarbeiter der operativen und strategischen Disposition sitzen idealerweise im selben Büro, können sich jederzeit eng miteinander abstimmen und sich gegebenenfalls sogar wechselseitig vertreten. Dies alles sind Kennzeichen einer modernen Disposition.

Abbildung 2.2 zeigt ein großes, ebenfalls internationales Unternehmen mit einer eher dezentralen Organisation des Supply Chain Managements und damit auch der Disposition. In diesem Fall sind sowohl die operative als auch die strategische Disposition dezentral organisiert. Besonders bei dezentral organisierten Unternehmen ist dies zugleich die einfachste Form der Implementierung. Eine zentrale Form würde eine Umorganisation nach sich ziehen, vor der viele Unternehmen zurückschrecken. Bei der hier dargestellten dezentralen Organisation gibt es folglich die beiden Bereiche in jedem Land, in jeder Sparte und in jedem Geschäftsbereich. Die operative und die strategische Disposition unterstützen sich gegenseitig bei ihren Aufgaben. Ein Nachteil dieser Organisationsform ist, dass jeder Geschäftsbereich relativ isoliert arbeitet und es keinen Austausch zwischen den strategischen Disponenten gibt. Damit sind auch Standards und einheitliche Kennzahlsysteme nur sehr schwer zu implementieren und die Optimierungspotenziale können nicht ausgeschöpft werden.

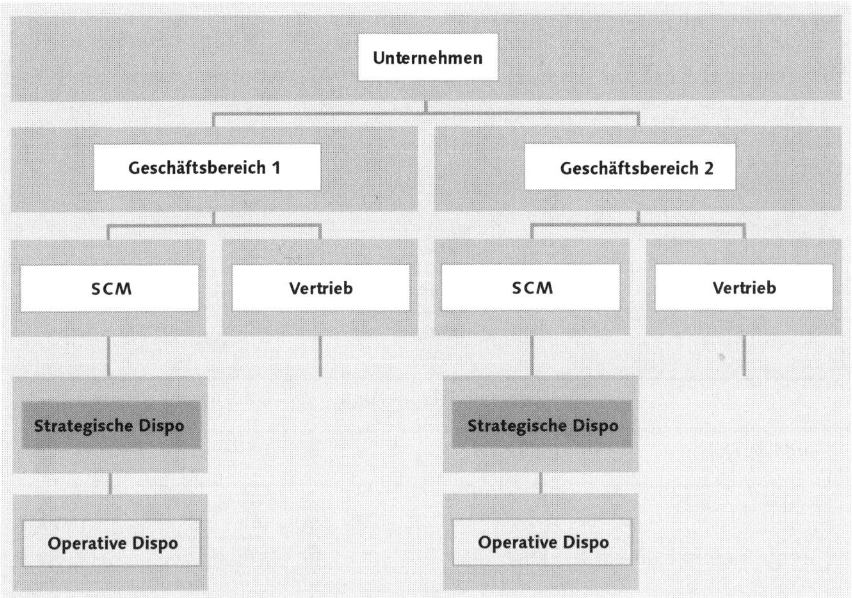

Abbildung 2.2 Disposition innerhalb eines großen Unternehmens

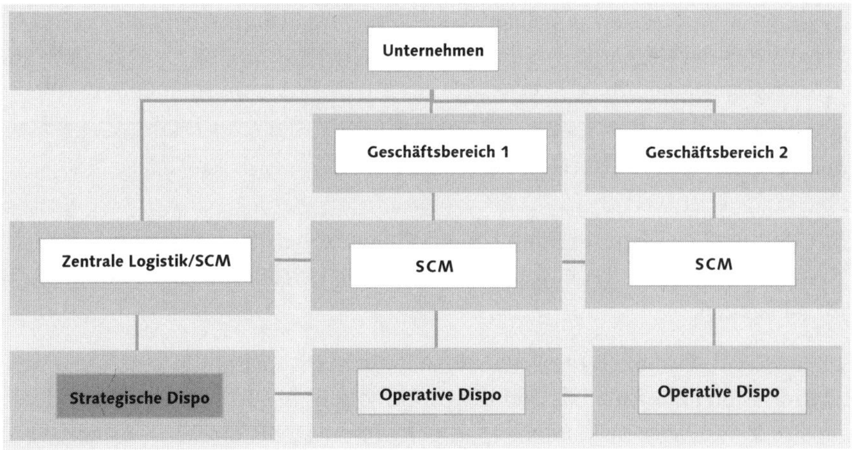

Abbildung 2.3 Disposition innerhalb eines Konzerns (Matrix-Organisation)

Abbildung 2.3 zeigt eine Matrix-Organisation, in der es ein zentrales Supply Chain Management mit einer zentralen strategischen Disposition gibt. Hier hat die strategische Disposition die Aufgabe, globale Standards etwa für die Parametrisierung der Artikelstammdaten oder der Prognoseverfahren vorzunehmen und zu überwachen. Die Matrix-Organisation ist sicher die komplexeste Organisationsstruktur und in der Regel nur bei sehr großen Unternehmen anzutreffen. Sie ist am schwersten zu implementieren, dafür bietet sie aber auch die größten Optimierungspotenziale.

Die Vor- und Nachteile der zentralen und der dezentralen Disposition haben wir in Abbildung 2.4 zusammengefasst gegenübergestellt.

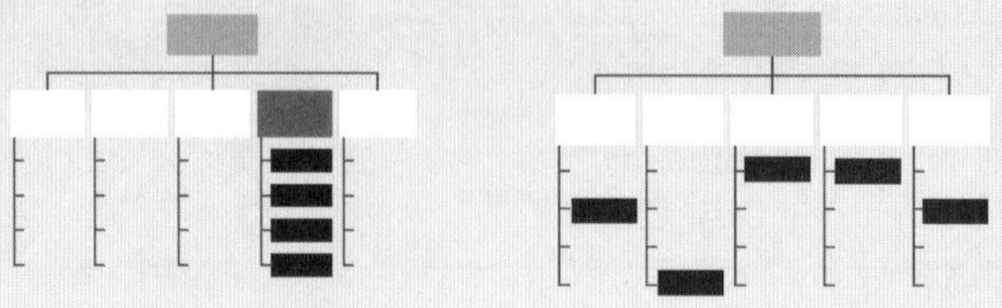

	Zentrale Disposition	Dezentrale Disposition
Einfluss/Macht	hoch	gering
Professionalität	hoch	gering
Spezialisierungsvorteile	hoch	gering
Motivation	hoch	gering
Flexibilität	gering	hoch
Reaktions-geschwindigkeit	gering	hoch
Koordinierungsbedarf	gering	hoch

Abbildung 2.4 Vor- und Nachteile der zentralen und dezentralen Disposition

Der Einfluss der Disposition im Unternehmen ist bei einer zentralen Organisation weitaus größer, da zentral Entscheidungen getroffen werden können, die für alle gelten.

In der Regel wird auch die Professionalität der Disposition in einer zentralen Organisation höher sein, da hier die Experten zentral versammelt sind und sich so direkt austauschen können. Man partizipiert somit direkt an Erfahrungen der Kollegen. In einer zentralen Disposition wird es normalerweise zu einer Spezialisierung kommen, das heißt ein Mitarbeiter wird Experte für ein bestimmtes Thema. Dies ist in einer dezentralen Disposition nicht möglich, da sich hier die Disponenten um alles kümmern müssen und daher der Generalisierungsgrad wesentlich höher ist.

Die Motivation der Disponenten ist sicher ein sehr relatives Kriterium. Wir haben es hier dennoch mit aufgenommen, da es stark vom ersten Punkt abhängt, dem Einfluss der Disposition im Unternehmen. Je höher der persönliche Einfluss, desto höher wird auch die persönliche Motivation sein.

Ein Nachteil der zentralen Disposition ist die wesentlich geringere Flexibilität: Oft sind die Entscheidungswege länger, interne Prozesse komplexer und die Kommunikations- und Reaktionswege in die dezentralen Vertriebs- und Produktionseinheiten wesentlich länger. Daher kann die dezentrale Disposition schneller auf Ausnahmesituationen reagieren und ist somit flexibler.

Damit ist auch schon die Reaktionsgeschwindigkeit angesprochen. Auch hier ist die dezentrale Disposition im Vorteil. Als Konsequenz daraus ist der Koordinationsaufwand in der dezentralen Disposition jedoch wesentlich höher als in einer zentralen Organisation. Die oben dargestellte Matrix-Organisation versucht, die Vorteile beider Organisationseinheiten zu nutzen.

2.3 Fazit

In vielen Unternehmen, besonders in mittelständischen Unternehmen, gibt es heute leider noch keine strategische Disposition. Stattdessen sollen die operativen Disponenten diese Aufgaben einfach mit erledigen. In der Regel ist dies aber aufgrund der Fülle und Komplexität der täglichen Aufgaben gar nicht möglich. In anderen Fällen ist eine strategische Disposition erst gar nicht vorhanden. Im ersten wie im zweiten Fall werden Optimierungspotenziale verschenkt, und zumeist leidet die Stammdaten- und Planungsqualität erheblich unter diesem Defizit. Deshalb empfehlen wir, die strategische Disposition auch personell unbedingt als eine eigene Rolle im Unternehmen zu verankern.

Im folgenden Kapitel stellen wir mit der Artikelklassifizierung das wichtigste Instrument der Disposition vor. Die Artikelklassifizierung bildet die Basis der Dispositionsoptimierung und ihr genaues Verständnis ist eine wesentliche Grundlage für die weiteren Kapitel.

Wie soll ein Disponent seine Artikel steuern? Welche Parameter soll er einstellen? Wie verschafft er sich den besten Überblick darüber, was bei welchem Artikel zu tun ist? Der Schlüssel zu diesen Fragen ist eine genaue Artikelklassifizierung, die Sie in diesem Kapitel kennenlernen werden.

3 Artikelklassifizierung als Basis für Dispositionsentscheidungen

Was ist ein »glücklicher« Disponent? Ein glücklicher Disponent ist ein Disponent, der »nur« etwa 500 Artikel steuern und überwachen soll. Die meisten Disponenten haben weitaus mehr Artikel, um die sie sich kümmern müssen – im Ersatzteilwesen sind es bis zu 10.000 Stück. Ein Disponent mit 500 Artikeln in seinem Verantwortungsbereich darf sich vor diesem Hintergrund durchaus glücklich schätzen.

Selbst ein »glücklicher« Disponent kann allerdings in der Praxis seine 500 Artikel nicht artikelspezifisch steuern und überwachen. Erlebt er bei einem seiner Artikel eine Stock-out-Situation (fehlende Verfügbarkeit), so wird er in der Regel die Einstellungen des Artikels verändern. In diesem Fall wird er den Sicherheitsbestand hoch setzen. Er weiß aber, dass es ähnliche Artikel gibt, die gleichsam die Brüder und Schwestern des veränderten Artikels sind. Ein erfahrener Disponent wird den Sicherheitsbestand der verwandten Artikel ebenfalls hoch setzen, um dort ein ähnliches Verfügbarkeitsproblem zu vermeiden. Bei der Vielzahl der Artikel (und seien es nur 500 Stück) kann er jedoch schon aus Zeitgründen nicht jeden Artikel individuell betrachten.

Um seine Artikel dennoch effektiv zu verwalten, muss der Disponent gleichartige Artikel in Artikelgruppen zusammenfassen, die er dann jeweils individuell steuern und überwachen kann. Indem er die vielfältigen Artikel mit ihren unterschiedlichen Verbrauchsverläufen in Gruppen zusammenfasst, kann er diese Gruppen je individuell steuern. Die Gruppenbildung – oder anders ausgedrückt: die Artikelklassifizierunst die Aufgabe des strategischen Disponenten, dessen Funktion wir im letzten Kapitel vorgestellt haben.

Dieses Kapitel stellt Ihnen die beiden Instrumente der Artikelklassifizierung vor: die *ABC-Analyse* und die *XYZ-Analyse*. Die XYZ-Analyse ist eine klassische

Sekundäranalyse, die auf der ABC-Analyse beruht. Die Kombination aus ABC- und XYZ-Analyse stellt die *ABC/XYZ-Matrix* dar. In diesem Kapitel werden wir auf die grundlegenden Instrumente der ABC- und der XYZ-Analyse eingehen. In Kapitel 9, »Beschaffungsmengenermittlung«, werden die Möglichkeiten der Bestandsanalyse noch detaillierter geschildert.

3.1 Möglichkeiten der Artikelklassifizierung

In diesem Abschnitt stellen wir Ihnen die beiden wichtigsten Möglichkeiten zur Artikelklassifizierung vor und erläutern kurz ihre jeweiligen Vor- und Nachteile.

3.1.1 ABC-Analyse

Die ABC-Analyse ist ein Ordnungsverfahren zur Klassifizierung großer Datenmengen. Bei diesen Daten kann es sich um Materialien oder um Prozesse handeln. Im Umfeld der Disposition werden in der Regel Bestandsdaten wie Materialverbräuche, Materialbewegungen oder Materialbestände ausgewertet. Dabei werden die Daten mittels einer Grobeinteilung in drei Klassen (A, B, C) eingeteilt.

Vor- und Nachteile der ABC-Analyse

Die Vorteile der ABC-Analyse sind:

- **Einfache Anwendbarkeit**
  Die ABC-Analyse lässt sich sehr leicht anwenden. Die Daten sind in der Regel vorhanden, und die meisten EDV-Systeme stellen Standard-ABC-Analysen zur Verfügung. Die Einteilung in drei Klassen lässt sich mit einfachsten Rechenmethoden durchführen.
- **Methodeneinsatz ist vom Untersuchungsgegenstand unabhängig**
  Mithilfe der ABC-Analyse können nicht nur Materialien, sondern auch Kunden- und Lieferantendaten sowie Prozessschritte oder Zahlungsströme untersucht werden.
- **Übersichtliche grafische Darstellung der Ergebnisse**
  Mithilfe der grafischen Darstellung der ABC-Analyse gewinnen Sie einen sehr schnellen und übersichtlichen Eindruck von den analysierten Daten. Sie werden Trends schneller erkennen als bei einer tabellarischen Darstellung.

Die ABC-Analyse hat auch einige Nachteile, die man dringend beachten sollte, wenn man sie zu einer Bestandsanalyse heranzieht:

- **Sehr grobe Klassifizierung**
  Die Einteilung in drei Klassen (A, B, C) ist sehr grob. Deshalb sollten Sie unbedingt nach einer ersten groben Analyse weiter ins Detail gehen und eventuell die Einteilung auf vier oder mehr Klassen erweitern. Dies ist nicht für jede der drei Klassen notwendig. Empfehlenswert jedoch eine weitere Untergliederung der C-Klasse (bei der XYZ-Analyse: der Z-Klasse), da sich in dieser Klasse in der Regel besonders viele Datensätze befinden.
- **Hohe Anforderungen an die Datenqualität**
  Ein Fallstrick der ABC-Analyse ist die Bereitstellung konsistenter Daten. Diese entscheiden über die Aussagekraft einer ABC-Analyse. Bei konsistenten Daten werden Sie mithilfe der ABC-Analyse viele Aufschlüsse über Ihre Produkt- oder Kundenstruktur bekommen. Sind die Daten nicht konsistent, kann die ABC-Analyse allerdings auch in die Irre führen. Achten Sie deshalb besonders auf die Datenqualität. Auch im SAP-System fehlen an dieser Stelle einige wichtige Konsistenz-Checks, sodass Sie auch hier selbst die Konsistenz Ihrer Daten überprüfen müssen.

Klassifizierung in A, B und C

Die Aufteilung in die drei Klassen A, B und C und deren typische Wert- und Mengenanteile können Sie gut anhand der sogenannten *Lorenzkurve* nachvollziehen (siehe Abbildung 3.1).

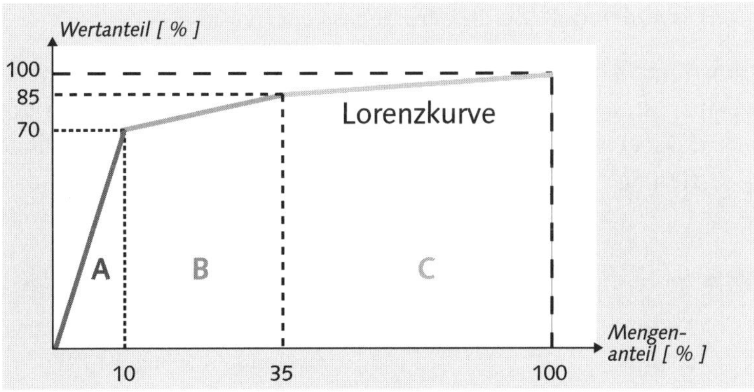

Abbildung 3.1 Einteilung in die Klassen A, B und C anhand der Lorenzkurve

Materialien der Klasse A haben in der Regel einen mengenmäßigen Anteil von circa 10% und einen wertmäßigen Anteil von etwa 70%. Diese Materialien sind somit am wichtigsten und haben auch das größte Optimierungspotenzial. Materialien der Klasse B haben einen mengenmäßigen Anteil von 25%, während solche der Klasse C einen mengenmäßigen Anteil von circa 65% haben. C-Materialien kommen also am häufigsten vor, steuern allerdings mit einem Anteil von circa 15% den kleinsten Wert bei. Hier geht es also vor allem darum, den Aufwand durch den Einsatz automatischer Prozesse möglichst gering zu halten.

Ein generelles Problem bei der Durchführung der ABC- und XYZ-Analyse besteht in der Festlegung der jeweiligen Klassengrenzen. Grundsätzlich sind weder die Anzahl der Klassen (A, B, C) noch die Klassengrenzen (A = 10%, B = 20%, C = 70%) fest vorgegeben. Die Festlegung der Klassengrenzen bei bestimmten kritischen Wertanteilen ist also eine subjektive Entscheidung und lässt sich je nach Verwendungszweck differenziert vornehmen. Im SAP-System werden zwar die Standardgrenzen vorgeschlagen, Sie können jedoch mit individuellen Klassengrenzen arbeiten (siehe Abbildung 3.12).

Beispiel

Eine relativ flache Lorenzkurve findet sich zum Beispiel beim Groß- und Einzelhandel, während eine steile Lorenzkurve bei technischen Erzeugnissen oder in der Fertigungsindustrie vorliegt. Je stärker die Lorenzkurve nach oben gebogen ist, desto sinnvoller ist eine unterschiedliche Behandlung der Teile.

Durch die ABC-Analyse soll eine Konzentration auf die wesentlichen Vorgänge in der Supply Chain erreicht werden. Ziel ist es, das Wesentliche vom Unwesentlichen zu trennen. Die Aktivitäten sollen schwerpunktmäßig auf den Bereich hoher wirtschaftlicher Bedeutung gelenkt werden (A-Teile), und gleichzeitig soll der Aufwand in den übrigen Bereichen durch Vereinfachungsmaßnahmen gesenkt werden (z. B. durch Verbrauchssteuerung).

Obwohl das Instrument der ABC-Analyse schon lange bekannt und auch sehr einfach zu handhaben ist, wird es in weiten Bereiche von Industrie und Handel noch nicht eingesetzt. Dabei ist die ABC-Analyse eine universell einsetzbare Methode für eine Klassifizierung von Objekten. Mögliche Objekte sind in Tabelle 3.1 dargestellt.

Objekt	Analyseziel	Klassifizierungskriterien
Kunde	Analyse der Verteilung der Kundenumsätze	Kundenumsatz, bezogen auf den Gesamtumsatz in einer Periode
Kunde	Analyse der Distributionskosten pro € Kundenumsatz	Distributionskosten pro Kunde, bezogen auf den Kundenumsatz
Lieferant	Analyse der monetären Beschaffungsvolumen pro Lieferant	Lieferantenbeschaffungsvolumen, bezogen auf das gesamte Beschaffungsvolumen in einer Periode

Tabelle 3.1 Mögliche Objekte für eine ABC-Analyse

Objekt	Analyseziel	Klassifizierungskriterien
Fertigprodukte	Analyse der Kapitalbindung durch Bestände, bezogen auf den Jahresumsatz	durchschnittlicher wertmäßiger Bestand, bezogen auf den Jahresumsatz pro Artikel
Vorprodukte	Analyse der Verteilung des Periodenverbrauchswerts pro Vorproduktart	Periodenverbrauchswert des Vorprodukts, bezogen auf sämtliche Periodenverbrauchswerte einer Periode

Tabelle 3.1 Mögliche Objekte für eine ABC-Analyse (Forts.)

Die Auswahl des Klassifizierungskriteriums ist bei der ABC-Analyse entscheidend. Wählen Sie das richtige Klassifizierungskriterium zu Ihrem Problem aus, können Sie aus dem Ergebnis richtige Entscheidungen ableiten. Wählen Sie das falsche Kriterium, so wird werden Sie kein zufriedenstellendes Ergebnis erzielen.

Am weitesten verbreitet ist die ABC-Analyse in der Materialwirtschaft und im Vertrieb eines Unternehmens. Dort dient sie zur Einteilung der zu beschaffenden und der zu verbrauchenden Materialarten und Erzeugnisse sowie zur Klassifizierung und Priorisierung der Kunden.

Tendenziell weist eine geringe Anzahl von Materialien einen hohen Anteil am gesamten Wert auf, wobei aber die konkreten Verhältnisse der Mengen und Werte betriebsindividuell unterschiedlich ausfallen können.

Die folgende typische Klassifizierung hat sich etabliert:

- **A-Materialien**
  Materialien der wertvollsten Klasse (A) machen 5–10% der Gesamtzahl aus und verursachen zusammen etwa 70–80% des gesamten Periodenverbrauchswerts. Es handelt sich um hochwertige Materialien, die besonders intensiv zu behandeln sind.

  Die vorrangige Behandlung von A-Materialien drückt sich unter anderem aus in der Nutzung von exakten, programmgesteuerten Bedarfsermittlungsverfahren, einer genauen Bestandsführung und -überwachung, einer intensiven Marktbeobachtung und im Abschluss von Rahmenverträgen mit besonders leistungsfähigen Lieferanten. Die Kostenstrukturen sind genauestens zu überwachen, und die Ermittlung der Bestellvorschläge sollte mit optimalen oder exakten Losgrößenverfahren erfolgen.

  Bei dem hohen Wert der A-Materialien ist es sehr wichtig, dass Sie jederzeit automatisch über Ausnahmesituationen, die im Prozess auftreten, in Realtime informiert und bei der Lösungssuche optimal unterstützt werden. SAP

ERP bietet im Logistikinformationssystem ein statisches Überwachungssystem. In SAP APO werden Sie mithilfe des Alert Monitors beim Auftreten einer Ausnahmemeldung für ein A-Artikel sofort informiert (siehe Abbildung 3.2).

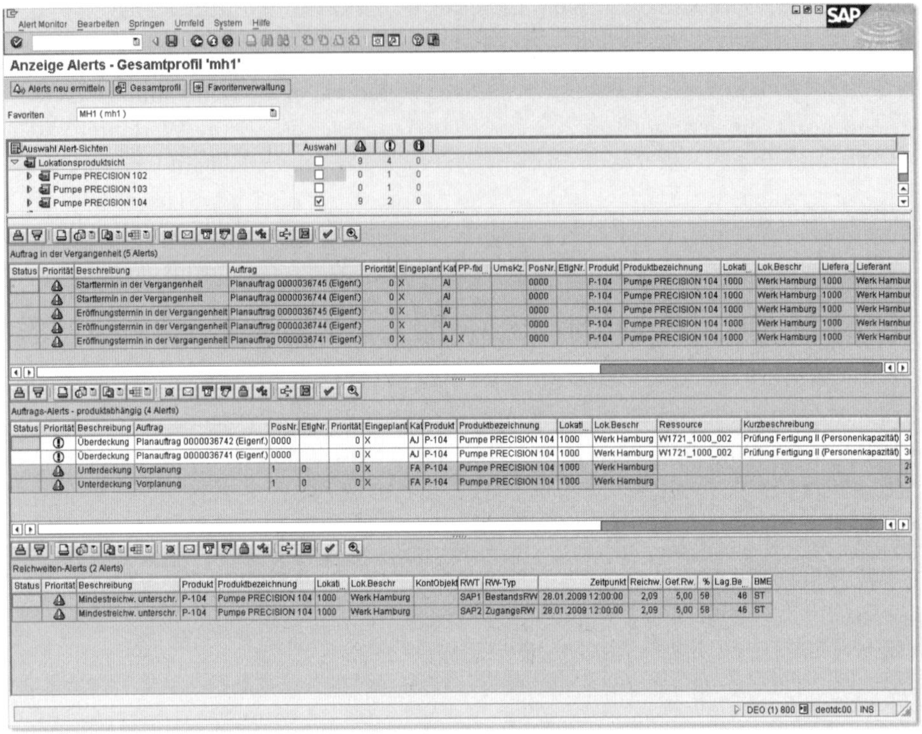

Abbildung 3.2 Alert Monitor in SAP APO mit Meldung über eine Unterdeckung

- **B-Materialien**
  Unter Klasse B fallen Materialarten, die 15–20% der Gesamtzahl ausmachen und 15–20% des gesamten Periodenverbrauchswerts verursachen. Für diese mittelwertigen Materialien ist eine differenzierte Vorgehensweise bei der Verarbeitung sinnvoll. Demnach müssen Sie für jede Materialgruppe oder sogar für jedes Material innerhalb der B-Klasse über entsprechende Planungs- und Analysemethoden separat entscheiden. Unter Umständen ist es sinnvoll, die Klasse der B-Materialien feiner in B1 und B2 zu untergliedern.
- **C-Materialien**
  Hierunter fallen Materialarten, die 70–80% der Gesamtzahl ausmachen und die restlichen 5–10% des gesamten Periodenverbrauchswerts verursachen. Die Klasse umfasst also geringwertige Materialien, bei deren Handhabung

Maßnahmen zur Aufwandsreduzierung in den Vordergrund gestellt werden sollten.

C-Materialien sind Renditefresser, die überproportional hohe Prozesskosten verursachen. Diese Materialien binden Kapazitäten und verursachen etwa 60% aller Bestellvorgänge. Hier sollten Sie über Strategien wie Single-Sourcing oder gar Outsourcing nachdenken.

C-Materialien sollten möglichst ohne großen manuellen Aufwand automatisiert durch die Supply Chain gesteuert werden, denn der kleine Wertanteil sollte durch manuelle Tätigkeiten nicht noch zusätzlich aufgebläht werden. C-Materialien werden meist mit festen oder periodischen Losgrößen geplant. Auf eine zeitintensive Bestandsanalyse sollten Sie möglichst verzichten. C-Materialien können allerdings auch einen großen Einfluss auf die Produktionskosten haben, wenn etwa ein C-Teil fehlt und so den weiteren Produktionsprozess behindert. Dies kann dann zu Ausfällen oder Verzögerungen bei B- oder A-Teilen führen.

Auch bei C-Teilen kann es bei Bedarf sinnvoll sein, eine feinere Unterteilung in C- und D-Materialien vorzunehmen, wobei D-Materialien wesentlich mehr Verbrauchsperioden mit Nullverbrauch haben als C-Materialien.

Tabelle 3.2 zeigt in einer Zusammenfassung die unterschiedliche Behandlung von A- und C-Teilen im Überblick.

	A-Teil	C-Teil
Beschaffungsmarktforschung	Global Sourcing	E-Procurement
Wertanalyse	unbedingt notwendig	nicht notwendig
Bedarfsermittlung	deterministisch	stochastisch
Inventur	permanent	einmal im Jahr
Sicherheitsbestand	klein	groß
Bestellzyklus	hoch – JiT (Just in Time)	größere Zyklen

Tabelle 3.2 A- und C-Teile bedürfen unterschiedlicher Strategien.

Der Aufwand für eine professionelle *Beschaffungsmarktforschung* ist nur bei hochwertigen A-Teilen sinnvoll. Bei C-Teilen wird man eher automatisierte und in der Abwicklung schlanke Beschaffungsprozesse wie E-Procurement einsetzen.

Eine genaue *Wertanalyse* ist bei A-Teilen wegen des hohen Wertanteils unbedingt erforderlich, während man bei den C-Teilen darauf verzichten kann.

Hinweis

Die *Bedarfsermittlung* bei A-Teilen sollte *deterministisch* erfolgen, während bei C-Teilen *stochastische* Methoden eingesetzt werden sollten.

Bei A-Teilen wird in der Regel eine permanente *Inventur* durchgeführt. Bei C-Teilen reicht die jährliche Inventur zum Geschäftsjahresabschluss aus.

Hinweis

Sicherheitsbestände sollten bei A-Teilen so gering wie möglich sein, da schon geringe Bestände einen hohen Bestandswert erzeugen. Auch bei C-Teilen sollte der Sicherheitsbestand nicht zu groß sein, er kann aber tendenziell mehr Puffer enthalten als bei den A-Teilen, da die C-Teile einen geringeren Wert haben.

A-Teile sollten regelmäßig in kurzen *Bestellzyklen* beschafft werden. C-Teile können mit festen Losgrößen wöchentlich oder monatlich bestellt werden.

3.1.2 XYZ-Analyse

Die ABC-Analyse stellt eine Primäranalyse dar. Auf ihrer Basis können Folgeanalysen, sogenannte *Sekundäranalysen* wie die Segmentierung oder die XYZ-Analyse, durchgeführt werden. Mithilfe der XYZ-Analyse nehmen Sie den nächsten Schritt der Bestandsanalyse vor. Mit der XYZ-Analyse analysieren Sie die Gewichtung der Teile nach ihrer Verbrauchsstruktur. Es wird also für jedes Teil eine Verbrauchsschwankungskennzahl ermittelt. Je nachdem, wie regelmäßig der Verbrauch eines Teils ist, wird es einer der drei Klassen X, Y oder Z zugeteilt. Im Einzelnen ist die Klassifizierung folgende:

- **X-Materialien**
  X-Materialien sind durch einen konstanten Verbrauch innerhalb des Zeitablaufs gekennzeichnet. Der Bedarf weist nur gelegentliche Schwankungen um ein konstantes Niveau auf, sodass der zukünftige Absatz im Allgemeinen sehr gut prognostizierbar ist. Leider werden in der Praxis selbst X-Produkte oft unnötig schlecht prognostiziert. Bei X-Produkten kommt es darauf an, Schwankungen sofort zu erkennen, um reagieren zu können. Eine Ausreißerkontrolle sollte deshalb beispielsweise im Bereich der Absatzplanung installiert werden (siehe Abbildung 3.3, obere Reihe).
- **Y-Materialien**
  Y-Materialien weisen weder einen konstanten noch einen sporadischen Verbrauchsverlauf auf. Stattdessen ist häufig ein trendförmig steigender oder sinkender oder auch saisonal schwankender Verlauf zu beobachten.

Eine gute Prognosegenauigkeit lässt sich bei diesen Materialien schwieriger als bei den X-Materialien erzielen (siehe Abbildung 3.3, Mitte).

- **Z-Materialien**
  Z-Materialien weisen einen unregelmäßigen Verbrauch auf. Der Verbrauch kann stark schwanken oder auch lediglich sporadisch auftreten. In diesen Fällen gibt es oftmals Perioden mit Nullverbräuchen. Die Erstellung einer Prognose ist äußerst anspruchsvoll. Es ist empfehlenswert, die Z-Materialien feiner zu unterscheiden in Z- und N-Materialien, wobei N-Materialien diejenigen sind, die noch unregelmäßiger auftreten als Z, also mehr Nullverbräuche in den Perioden ausweisen als die übrigen Z-Materialien. Daraus lassen sich dann besonders bei kritischen Materialien detaillierte Gegenmaßnahmen ableiten (siehe Abbildung 3.3, untere Reihe).

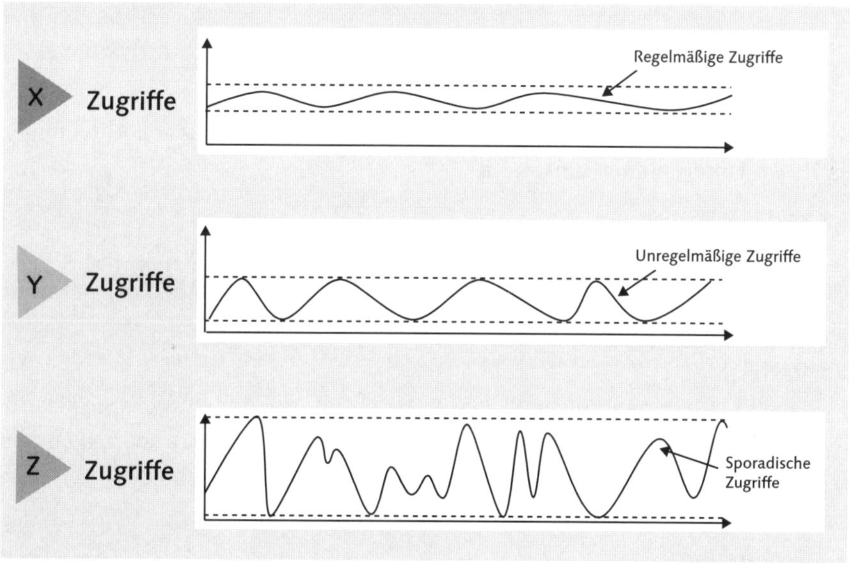

Abbildung 3.3 XYZ-Analyse mit den Zugriffs- bzw. Verbrauchsschwankungen von Materialien (Quelle: Forschungsinstitut für Rationalisierung e.V., FIR)

Die Qualität der Zugriffsschwankungen lässt sich auch mit einem Schwankungskoeffizienten ermitteln. Dieser erfasst die Abweichung des Zugriffsverlaufs der laufenden Periode im Vergleich zur Vorperiode. Wird der Schwankungskoeffizient größer, sinkt die Vorhersagegenauigkeit. X-Materialien haben einen Schwankungskoeffizienten von < 0,1, Y-Materialien liegen zwischen 0,1 und 0,25, und Z-Materialien liegen bei > 0,25 (siehe Abbildung 3.4).

In den folgenden Abschnitten gehen wir im Detail auf die ABC- und die XYZ-Analyse im SAP-System ein.

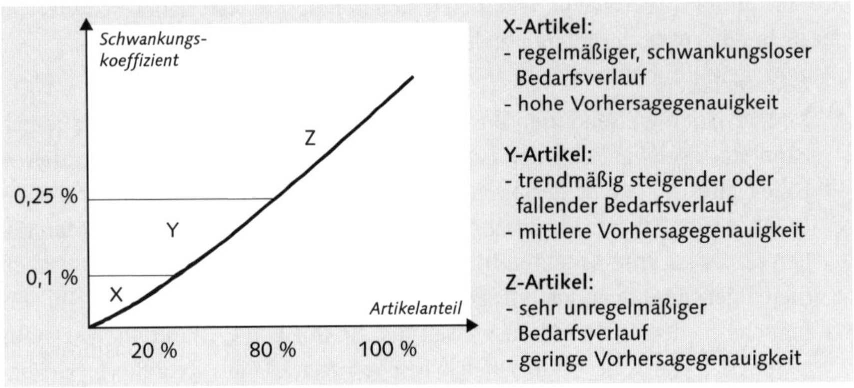

Abbildung 3.4 Schwankungskoeffizient in Relation zum Artikelanteil in einer XYZ-Analyse

3.2 ABC-Analyse mit SAP

Im SAP-System können Sie die ABC-Analyse für die verschiedenen Abteilungen in Ihrem Unternehmen einsetzen:

- **Einkauf**
  Für den Einkauf können Sie das Einkaufsinformationssystem nutzen. Sie klassifizieren mithilfe der ABC-Analyse Lieferanten bezüglich der Kennzahl *Rechnungsbetrag*.
- **Vertrieb**
  Für Ihren Vertrieb nutzen Sie das Vertriebsinformationssystem: Sie klassifizieren mithilfe der ABC-Analyse Verkaufsorganisationen bezüglich der Kennzahl *Auftragseingang* oder Materialien bezüglich der Kennzahl *Umsatz*.
- **Produktion**
  In der Produktion können Sie das Fertigungsinformationssystem nutzen. Sie klassifizieren mithilfe der ABC-Analyse Arbeitsplätze bezüglich der Kennzahl *Ausschussmenge*.
- **Instandhaltung**
  Für Ihre Instandhaltung nutzen Sie das Instandhaltungsinformationssystem. Sie klassifizieren mithilfe der ABC-Analyse Objektklassen bezüglich der Kennzahl *Ausfalldauer*.
- **Bestandscontrolling**
  Um für Ihre Disposition Ihre Bestände zu analysieren, nutzen Sie das Bestandscontrolling des SAP-Systems. Sie klassifizieren mithilfe der ABC-Analyse Materialien, Materialgruppen, Lagerorte oder ganze Werke.

Sie können beispielsweise Materialbewegungen pro Lagerort oder Abgangsmengen auf Fertigmaterialebene pro Werk miteinander vergleichen. Im SAP-System steht Ihnen standardmäßig eine ganze Reihe von Kennzahlen für die ABC- oder die XYZ-Analyse zur Verfügung, etwa *Verbrauchswerte*, *Zugangswerte*, *Sicherheitsbestände*, *Mittlere Bestandswerte* oder die *Anzahl der Materialbewegungen*. Kennzahlen wie *Verbrauch* kann man in Mengen- (kg, Stück) oder Werteinheiten (z.B. USD) messen.

3.2.1 Ablauf der Analyse skizzieren

Im SAP-System gibt es kein eigenes Dispositionscontrolling. Die Disposition greift hier auf das Bestandscontrolling zu, das alle für die Disposition wichtigen Auswertungen enthält. Im Folgenden werden wir Ihnen deshalb eine ABC-Analyse (und später die XYZ-Analyse) im Bestandscontrolling in SAP ERP vorstellen. Die Durchführung der ABC-Analyse wird anhand der folgenden Schritte vollzogen:

- Festlegung des Analyseziels
- Definition des Analysebereichs
- Berechnung der Datenbasis
- Auswahl der Analysebasis als Subset der Datenbasis
- Festlegung der ABC-Strategie und Definition der ABC-Klassengrenzen
- Definition der Rangfolgen und Zuordnung zur Klasse

3.2.2 Festlegung des Analyseziels

Zuerst legen Sie fest, welche Fragen die Analyse beantworten soll oder in welchen Supply-Chain-Bereichen Sie das größte Optimierungspotenzial vermuten. Im folgenden Beispiel soll zuerst eine ABC-Analyse, bezogen auf die Verbrauchsmenge, und anschließend eine Mengenstromanalyse der einzelnen Lagerorte innerhalb des Werks 1200 durchgeführt werden.

Wählen Sie zuerst im SAP ERP-Menü Logistik • Logistik-Controlling • Bestandscontrolling • Standardanalysen • Werk.

3.2.3 Definition des Analysebereichs

Wählen Sie nun die zu analysierenden Objekte (Materialien, Kunden) und den entsprechenden Zeithorizont (Jahr, Monat) aus, mit dem Sie die Analyse starten wollen. Sie können die Analyse später schrittweise erweitern.

Abbildung 3.5 zeigt Ihnen die Selektion einer ABC-Materialanalyse im Bereich des Bestandscontrollings im SAP ERP-System.

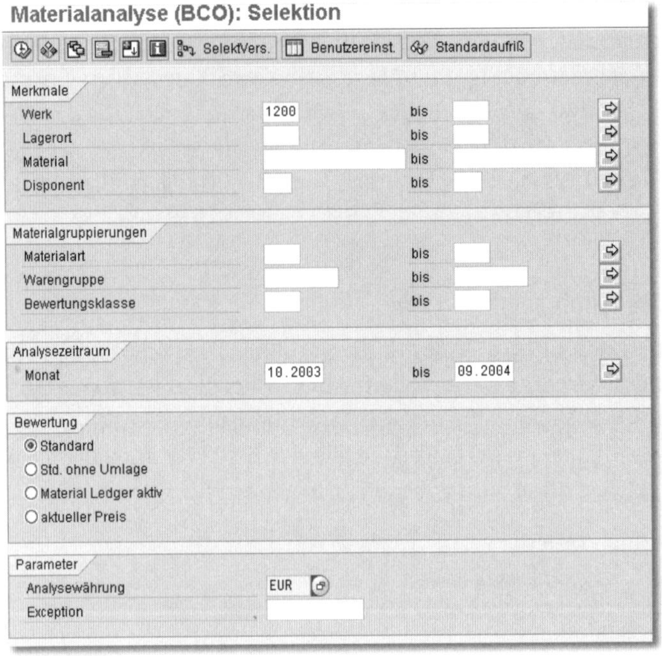

Abbildung 3.5 Selektion der ABC-Analyse in SAP ERP

Im oberen Bereich sehen Sie die Feldgruppe MERKMALE, in der Sie Ihre Objekte für die ABC-Analyse auswählen. Hier geben Sie für das Werk »1200« ein. Sie können die Selektion auch auf bestimmte Lagerorte eingrenzen oder bestimmte Lagerorte von der Selektion ausschließen, beispielsweise Konsignationslagerorte. Alternativ kann jeder Disponent für seine Materialien eine eigene ABC-Analyse durchführen, indem er an dieser Stelle einfach seinen Disponentenschlüssel eingibt.

In der Feldgruppe MATERIALGRUPPIERUNGEN können Sie weitere Einschränkungen der Selektion beispielsweise nach Materialarten (nur Fertigartikel) oder nach Warengruppen vornehmen.

Im ANALYSEZEITRAUM geben Sie den Zeithorizont für die ABC-Analyse ein. Bei Saisonartikeln sollten Sie mindestens ein komplettes Jahr angeben. Wenn Sie den Materialverbrauch nur innerhalb der Saison analysieren möchten, dann geben Sie als Zeitraum nur die Dauer einer Saison ein. Je länger der Zeitraum gewählt ist, desto aussagekräftiger wäre ein zu erkennender Trend. Bei Produkten mit einem sehr kurzen Produktlebenszyklus (z. B. Handys) sollten Sie den Zeitraum des Produktlebenszyklus wählen. Es ist sehr wichtig, dass Sie hier die richtige Analysebasis wählen.

Des Weiteren können Sie in der Feldgruppe BEWERTUNG festlegen, wie der Bestand bewertet werden soll. Selektieren Sie den Eintrag STANDARDPREIS, wenn der Standardpreis aus dem Materialstamm zur Bewertung herangezogen werden soll.

Die Ermittlung des Bestandswerts ist bei der ABC-Analyse von großer Bedeutung, weil damit die Einteilung in die Klassen A, B, und C vorgenommen wird. Ermitteln Sie dafür für jede einzelne Position in der Datenbasis einen Wert, zum Beispiel den Jahresbedarf in Stück x Einstandspreis/St.

Der nächste Schritt wird in SAP ERP automatisch aufgrund der Preise aus dem Materialstamm durchgeführt. In Abbildung 3.6 können Sie für das Material 972 im Materialstamm unter LOGISTIK • PRODUKTION • STAMMDATEN • MATERIALSTAMM • MATERIAL • ÄNDERN • SOFORT und dann in der Sicht BUCHHALTUNG 1 sehen, dass dieses Material standardpreisgesteuert ist (PREISSTEUERUNG = S). Der aktuelle STANDARDPREIS ist auf 22 € eingestellt.

Abbildung 3.6 Automatische Übernahme der Preise aus dem Materialstamm in SAP ERP

Es folgt der Bildschirm aus Abbildung 3.7. Er zeigt, dass das Material 972 in der ABC-Analyse mit einem Zugangswert von 110 € angegeben ist. Die Zugangsmenge von 5 ST wurde hier also mit dem Standardpreis von 22 € aus dem Materialstamm bewertet.

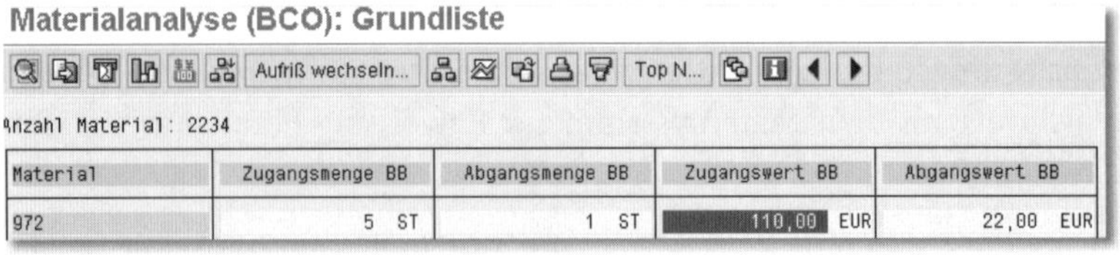

Abbildung 3.7 Berechnung der Kennzahlenwerte aus Mengen und Preisen

Als weiteren Parameter können Sie nun noch die ANALYSEWÄHRUNG festlegen. Wenn Sie eine Analysewährung angeben, werden die Werte aller Kennzahlen in die angegebene Währung umgerechnet und damit einheitlich ausgerechnet. Bei der Angabe einer Analysewährung ist mit einer Verlängerung der Laufzeit zu rechnen. Aus diesem Grund sollten Sie nur dann eine Analysewährung angeben, wenn Sie sicher sind, dass unterschiedliche Währungen ausgegeben werden könnten und Sie die Anzeige in einer einheitlichen Währung wünschen. Die Umrechnung erfolgt zu dem in den Benutzereinstellungen beziehungsweise im Customizing angegebenen Kurstyp zum Tageskurs des Systemdatums.

Bei den Parametern können Sie hier außerdem eine mithilfe des Frühwarnsystems definierte *Exception* (Ausnahmebedingung) angeben. In den Standardanalysen werden dann die in der Exception definierten Ausnahmesituationen mit unterschiedlichen Farben hervorgehoben. Voraussetzung ist, dass Standardanalyse und Exception auf der gleichen Informationsstruktur basieren und dass die Exception für die Standardanalysen aktiviert wurde. Durch die Farbgestaltung wird ein gezieltes Navigieren innerhalb der Standardanalyse ermöglicht. Treten etwa auf der Materialebene Ausnahmen auf (etwa bei einem Materialbestand von über 1 Mio. €), so wird dies bereits auf einer höheren Aggregationsebene (z.B. auf Werksebene) angezeigt.

3.2.4 Berechnung der Datenbasis

Stellen Sie eine konsistente Datenbasis sicher. Die Datenbasis besteht aus allen Merkmalen (z.B. Materialnummern) und allen Kennzahlen (z.B. *Verbrauchsmenge*, *Verbrauchswert*), die Sie für Ihre ABC-Analyse selektiert haben. Nehmen Sie sich für diesen Schritt bei der erstmaligen ABC-Analyse Zeit, und achten Sie auf Qualität. Der wiederkehrende Aufwand für die Bereitstellung der Datenbasis sollte so gering wie möglich sein, damit Sie die ABC-Analyse kontinuierlich durchführen können. Wichtig ist auch die Bereinigung der Daten. Oftmals gibt es in den ERP-Systemen noch »Materialleichen«, die fälschlicherweise in die Datenselektion einbezogen werden. Oder man selektiert Materialien mit, die zwar noch einen geringen Bestandswert haben, jedoch schon zum Löschen vorgemerkt sind.

Achten Sie aus diesen Gründen bei der Selektion und Bereinigung der Daten besonders auf die folgenden Punkte:

- Aussonderung von Materialien ohne Warenbewegung
- Löschen von zum Löschen vorgemerkten Materialien aus der Datenbasis
- Ergänzung der Daten um fehlende Preise, Mengeneinheiten etc.
- Aussonderung von Materialien mit negativen Werten

Schauen Sie sich zuerst Ihre Datenbasis an, und entscheiden Sie dann über die Kennzahlen, die Sie innerhalb der ABC-Analyse auswerten möchten. Wenn Sie die Datenbasis möglichst breit gewählt haben, können Sie jetzt Schritt für Schritt die ABC-Analyse eingrenzen und nach verschiedenen Kennzahlen auswerten. In unserem Beispiel wird das Ergebnis der Materialanalyse zuerst die Kennzahlen *Zugangsmenge*, *Abgangsmenge* und *Gesamtverbrauchsmenge* anzeigen. Diese Kennzahlen wurden zuvor im Standardselektionsprofil wie in Abbildung 3.8 eingestellt.

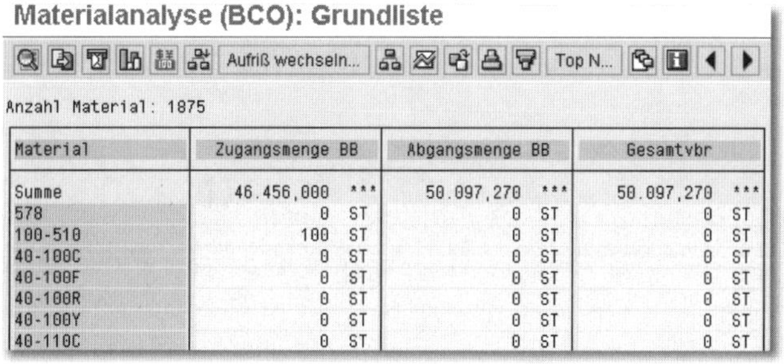
Materialanalyse (BCO): Grundliste

Aufriß wechseln... Top N...

Anzahl Material: 1875

Material	Zugangsmenge BB	Abgangsmenge BB	Gesamtvbr
Summe	46.456,000 ***	50.097,270 ***	50.097,270 ***
578	0 ST	0 ST	0 ST
100-510	100 ST	0 ST	0 ST
40-100C	0 ST	0 ST	0 ST
40-100F	0 ST	0 ST	0 ST
40-100R	0 ST	0 ST	0 ST
40-100Y	0 ST	0 ST	0 ST
40-110C	0 ST	0 ST	0 ST

Abbildung 3.8 Grundliste für die ABC-Analyse mit den Kennzahlen »Zugangsmenge«, »Abgangsmenge« und »Gesamtverbrauchsmenge«

Abbildung 3.9 zeigt die Festlegung der Kennzahlen in SAP ERP, auf deren Basis Sie eine ABC-Klassifizierung vornehmen möchten. Nachdem Sie die Datenbasis mit einer Auswahl von Kennzahlen selektiert haben, können Sie unter dem Menüpunkt SPRINGEN • KENNZAHLEN AUSWÄHLEN die Selektion vornehmen.

Sie erhalten dann den rechten Bildausschnitt mit allen verfügbaren Kennzahlen Ihrer Datenbasis (VORRAT) und den über die Pfeiltasten selektierten Kennzahlen (AUSWAHL). Für unsere ABC-Analyse wählen wir die Kennzahlen *Gesamtverbrauchsmenge* und *Gesamtverbrauchswert* aus.

Als Ergebnis erhalten Sie die Analyse mit den ausgewählten Kennzahlen. Nun kann vorab eine Sortierung auf der Ebene der Kennzahlen durchgeführt werden, um die Datenbasis vor der eigentlichen Durchführung der ABC-Klassifikation zu sichten und die ABC-Grenzen zu bestimmen (siehe Abbildung 3.10).

Markieren Sie dazu die Kennzahl, die Sie sortieren möchten, und klicken Sie dann auf den Button SORTIEREN.

Abbildung 3.9 Auswahl der Kennzahlen für die ABC-Analyse

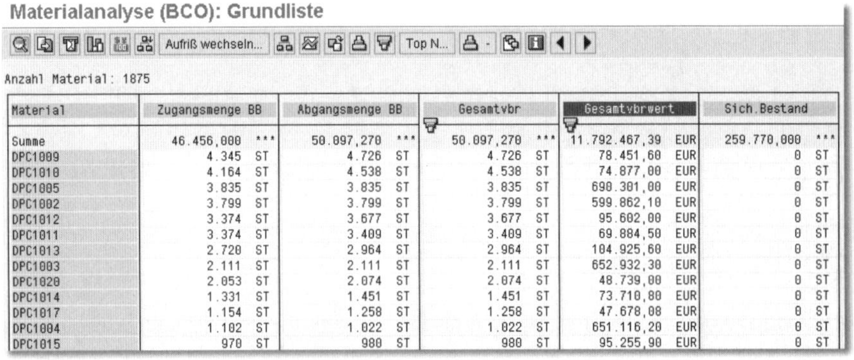
Materialanalyse (BCO): Grundliste

Anzahl Material: 1875

Material	Zugangsmenge BB		Abgangsmenge BB		Gesamtvbr		Gesamtvbrwert		Sich.Bestand	
Summe	46.456,000	***	50.097,270	***	50.097,270	***	11.792.467,39	EUR	259.770,000	***
DPC1009	4.345	ST	4.726	ST	4.726	ST	78.451,60	EUR	0	ST
DPC1010	4.164	ST	4.538	ST	4.538	ST	74.877,00	EUR	0	ST
DPC1005	3.835	ST	3.835	ST	3.835	ST	690.301,00	EUR	0	ST
DPC1002	3.799	ST	3.799	ST	3.799	ST	599.862,10	EUR	0	ST
DPC1012	3.374	ST	3.677	ST	3.677	ST	95.602,00	EUR	0	ST
DPC1011	3.374	ST	3.409	ST	3.409	ST	69.884,50	EUR	0	ST
DPC1013	2.720	ST	2.964	ST	2.964	ST	104.925,60	EUR	0	ST
DPC1003	2.111	ST	2.111	ST	2.111	ST	652.932,30	EUR	0	ST
DPC1020	2.053	ST	2.074	ST	2.074	ST	48.739,00	EUR	0	ST
DPC1014	1.331	ST	1.451	ST	1.451	ST	73.710,80	EUR	0	ST
DPC1017	1.154	ST	1.258	ST	1.258	ST	47.678,08	EUR	0	ST
DPC1004	1.102	ST	1.022	ST	1.022	ST	651.116,20	EUR	0	ST
DPC1015	970	ST	980	ST	980	ST	95.255,90	EUR	0	ST

Abbildung 3.10 Die Datenmenge kann nach ausgewählten Kennzahlen sortiert werden.

3.2.5 Festlegung der ABC-Strategie

Nachdem Sie die Datenbasis und die entsprechenden Kennzahlen für die ABC-Analyse festgelegt haben, wählen Sie als Nächstes die Strategie aus. Dazu müssen Sie wieder eine Kennzahl auswählen und im Menü den Eintrag BEARBEITEN • ABC-ANALYSE anklicken. Sie gelangen dann zur Auswahl der ABC-Strategie (siehe Abbildung 3.11).

Anschließend gelangen Sie zur Auswahl der ABC-Strategie-Parameter (siehe Abbildung 3.12).

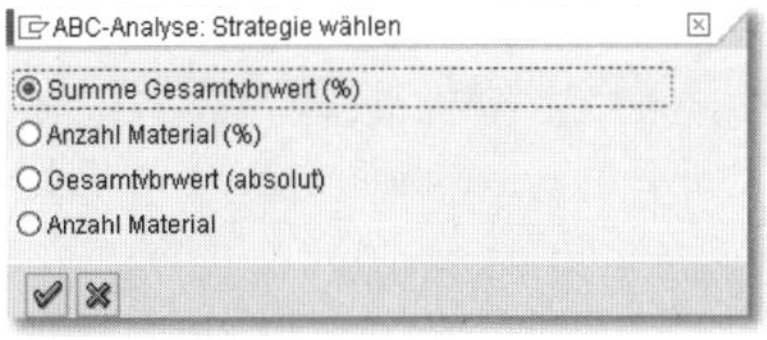

Abbildung 3.11 Auswahl der ABC-Strategie

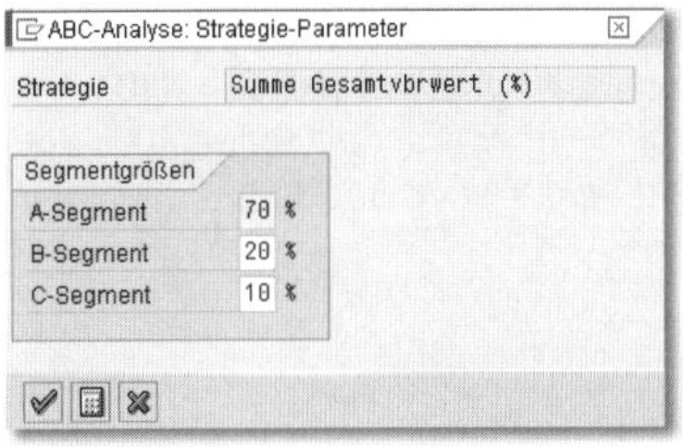

Abbildung 3.12 Auswahl der ABC-Strategie-Parameter

In Abbildung 3.11 und Abbildung 3.12 sehen Sie die Festlegung der Analysestrategie und der Klassengrenzen in SAP ERP für unser Fallbeispiel. Wir haben uns für die Standardstrategie *Summe der Zugangsmenge* und die Standardklassengrenzen A = 70%, B = 20% und C = 10% entschieden.

Vor der eigentlichen Ermittlung in der ABC-Analyse müssen Sie, wie oben beschrieben, die Analysestrategie festlegen. Dafür stehen Ihnen in SAP ERP die folgenden vier Strategien zur Verfügung: *Summe der Kennzahl in %*, *Anzahl der Merkmalswerte in %*, *Kennzahl (absolut)* und *Anzahl der Merkmalswerte*.

Summe der Kennzahl in %

Die dem A-, B- oder C-Segment zugeordneten Merkmalswerte (Materialien) sollen jeweils zusammen einen bestimmten Prozentanteil des Gesamtwerts der Kennzahl (im obigen Beispiel die Kennzahl *Gesamtverbrauchswert*) ergeben.

Beispiel

Für das A-Segment geben Sie 70% an, für das B-Segment 20% und für das C-Segment 10%. Diese Werte haben sich in der Praxis bewährt. Sie können jedoch leicht modifizierte Werte verwenden, wenn Sie die ABC-Analyse für die gleiche Datenbasis schon mehrmals durchgeführt haben und Sie zu dem Schluss gekommen sind, dass diese Einstellungen besser zur Datenbasis passen. Das System erstellt intern eine Liste, die absteigend nach dem Kennzahlenwert geordnet ist. Dem A-Segment werden alle Merkmalswerte zugeordnet, die 70% des Gesamtkennzahlenwerts ausmachen. Dem B-Segment werden die folgenden 20% zugeordnet und dem C-Segment die Merkmalswerte, die einen Anteil von 10% am Gesamtkennzahlenwert haben.

Anzahl der Merkmalswerte in %

Die Anzahl der Merkmalswerte (im obigen Beispiel die Anzahl der Materialien), die dem A-, B- und C-Segment zugeordnet werden, wird als Prozentanteil der Gesamtanzahl vorgegeben.

Beispiel

Für das A-Segment geben Sie 10% an, für das B-Segment 30% und für das C-Segment 60%. Das System erstellt intern eine Liste, die absteigend nach dem Kennzahlenwert geordnet ist. Dem A-Segment werden 10% der Gesamtanzahl der Merkmalswerte mit dem höchsten Kennzahlenwert zugeordnet, dem B-Segment die folgenden 30% der Merkmalswerte und dem C-Segment 60% der Merkmalswerte mit dem niedrigsten Kennzahlenwert.

Kennzahl (absolut)

Die Grenzen zwischen dem A/B-Segment und dem B/C-Segment werden vorgegeben.

Beispiel

Als Grenze zwischen dem A- und B-Segment geben Sie den Wert »500.000« an und als Grenze zwischen dem B- und C-Segment den Wert »150.000«. Dem A-Segment werden nun alle Merkmalswerte zugeordnet, bei denen der Kennzahlenwert über 500.000 liegt. Alle Merkmalswerte, bei denen der Kennzahlenwert zwischen 150.000 und 500.000 liegt, werden dem B-Segment zugeordnet. Alle Merkmalswerte, bei denen der Kennzahlenwert unter 150.000 liegt, werden dem C-Segment zugeordnet.

Diese Strategie sollten Sie nur dann wählen, wenn Sie Ihre Datenbasis sehr genau kennen und schon häufiger eine ABC-Analyse für diese Datenbasis durchgeführt haben. Mit dieser Strategie können Sie die ABC-Analyse feintunen oder detailliertere Analysen durchführen.

Anzahl der Merkmalswerte

Die Anzahl der Merkmalswerte für das A- und B-Segment wird vorgegeben. Alle übrigen Merkmalswerte werden dem C-Segment zugeordnet.

Beispiel

Für das A-Segment geben Sie den Wert »20« an und für das B-Segment den Wert »30«. Als Ergebnis der ABC-Analyse erstellt Ihnen das System intern eine Liste, die absteigend nach Kennzahlenwert sortiert ist. Die ersten 20 Merkmalswerte der Liste werden dem A-Segment zugeordnet, die folgenden 30 Merkmalswerte dem B-Segment und die restlichen dem C-Segment.

Auch diese Strategie sollten Sie nur dann wählen, wenn Sie Ihre Datenbasis sehr genau kennen und schon mehrmals eine ABC-Analyse für diese Datenbasis durchgeführt haben. Auch mit dieser Strategie können Sie die ABC-Analyse feintunen. Diese ABC-Strategie ist insbesondere dann sinnvoll, wenn Sie die Top 20 schnell herausfinden oder bei großen Datenmengen die ABC-Analyse beschleunigen möchten.

3.2.6 Klassengrenzen festlegen

Nachdem Sie die Strategie ausgewählt haben, legen Sie die Klassengrenzen fest. Beachten Sie hierbei, dass Ihnen das SAP-System lediglich einen Vorschlag macht – die endgültigen Klassengrenzen können Sie vollkommen variabel gestalten. Sie können auch mehr als nur drei Klassengrenzen definieren, in der Praxis hat sich diese Anzahl jedoch bewährt. Abbildung 3.13 zeigt alternativ die Festlegung von sechs individuellen Klassengrenzen:

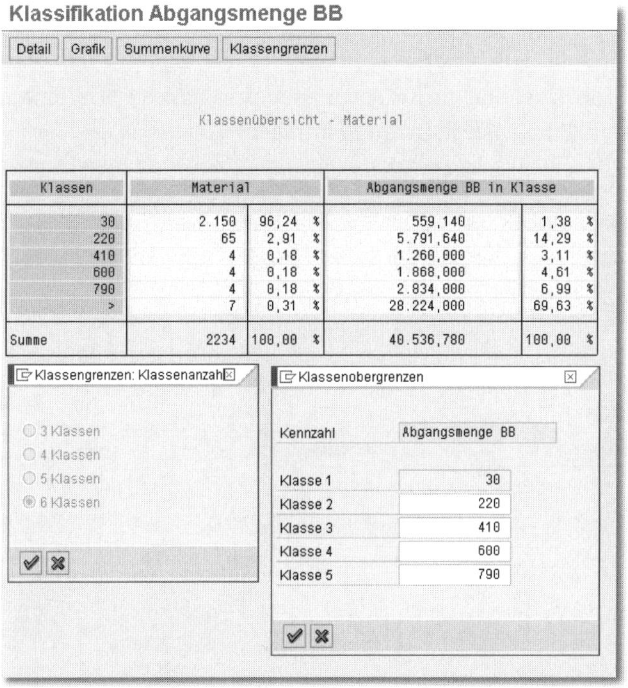

Abbildung 3.13 ABC-Analyse mit sechs individuellen Klassengrenzen

Sechs Klassengrenzen sind nur dann sinnvoll, wenn man genauer in die ABC-Analyse einsteigen will und die Standardklassen A, B, C feiner unterscheiden muss. Ein Anwendungsbeispiel wäre die genauere Aufteilung der C-Materialien. Bei der großen Menge an C-Materialien könnten Sie dann noch zwischen

C1-Materialien (Materialien mit geringem Wert) und C2-Materialien (Materialien mit sehr geringem Wert) unterscheiden.

Wenden wir uns nun aber wieder der ABC-Analyse mit den drei Standardklassengrenzen zu.

3.2.7 Klassen zuordnen

Das SAP-System legt den Rang der Werte fest (Rang Nr. 1 ist z.B. der höchste Jahresbedarf in €) und sortiert dementsprechend anschließend die Materialien in der ABC-Analyse. Dabei ist eine Berechnung kumulierter Werte hinsichtlich der Zuordnung nach ABC-Grenzen vorteilhaft. Das System berechnet den Rang oder das Material in Prozentanteilen vom Gesamtwert. Anschließend wird der kumulierte Prozentanteil vom Gesamtwert berechnet.

Die jeweiligen Materialien werden der vorher definierten Klasseneinteilung automatisch vom System zugeordnet. Als Ergebnis erhalten Sie die ABC-Klassifizierung. Das jeweils ermittelte Klassifizierungskriterium (A, B, oder C) kann vom System automatisch in den Materialstammdaten hinterlegt werden. Nutzen Sie diese Systemfunktionalität nicht, so müssen Sie die neu ermittelten ABC-Kennzeichen manuell im Materialstamm eintragen.

In Abbildung 3.14 sehen Sie das Ergebnis einer ABC-Analyse in SAP ERP, wählbar über den Menüeintrag BEARBEITEN • SEGMENTIERUNG.

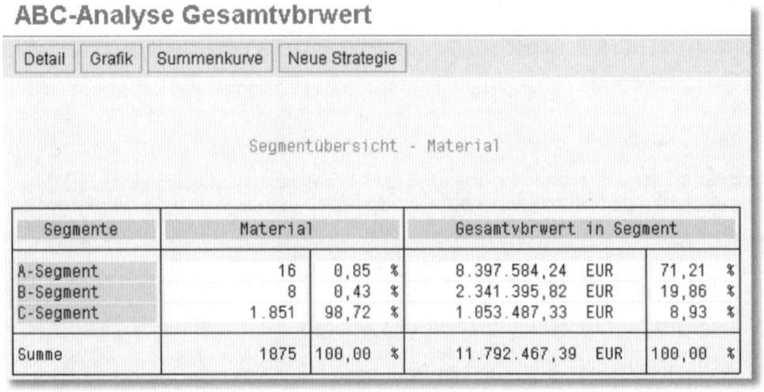

Segmente	Material		Gesamtvbrwert in Segment		
A-Segment	16	0,85 %	8.397.584,24	EUR	71,21 %
B-Segment	8	0,43 %	2.341.395,82	EUR	19,86 %
C-Segment	1.851	98,72 %	1.053.487,33	EUR	8,93 %
Summe	1875	100,00 %	11.792.467,39	EUR	100,00 %

Abbildung 3.14 Ergebnis der ABC-Analyse im Überblick

Hier sehen Sie die Klassengrenzen mit deren einzelnen absoluten, prozentualen und kumulierten Werten. Im obigen Beispiel machen 0,85% (16 Materialien) ganze 71,21% des gesamten Verbrauchswerts aus. Mit einem Doppelklick auf die jeweilige Klasse können Sie dann die einzelnen Materialien und deren Werte im Detail anzeigen lassen (siehe Abbildung 3.15).

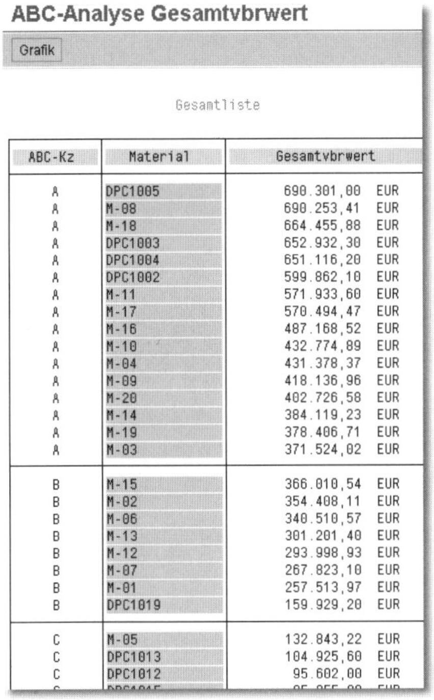

ABC-Analyse Gesamtvbrwert

Grafik

Gesamtliste

ABC-Kz	Material	Gesamtvbrwert
A	DPC1005	690.301,00 EUR
A	M-08	690.253,41 EUR
A	M-18	664.455,88 EUR
A	DPC1003	652.932,30 EUR
A	DPC1004	651.116,20 EUR
A	DPC1002	599.862,10 EUR
A	M-11	571.933,60 EUR
A	M-17	570.494,47 EUR
A	M-16	487.168,52 EUR
A	M-10	432.774,89 EUR
A	M-04	431.378,37 EUR
A	M-09	418.136,96 EUR
A	M-20	402.726,58 EUR
A	M-14	384.119,23 EUR
A	M-19	378.406,71 EUR
A	M-03	371.524,02 EUR
B	M-15	366.010,54 EUR
B	M-02	354.408,11 EUR
B	M-06	340.510,57 EUR
B	M-13	301.201,40 EUR
B	M-12	293.998,93 EUR
B	M-07	267.823,10 EUR
B	M-01	257.513,97 EUR
B	DPC1019	159.929,20 EUR
C	M-05	132.843,22 EUR
C	DPC1013	104.925,60 EUR
C	DPC1012	95.602,00 EUR

Abbildung 3.15 Ergebnis der ABC-Analyse im Detail

3.2.8 ABC-Analyse auswerten

Sie können sich die Ergebnisse der ABC-Analyse grafisch anhand einer Summenkurve oder in einer 3-D-Grafik anzeigen lassen.

Summenkurve

Die Summenkurve kann dabei für absolute Werte oder prozentual angezeigt werden. Sie gibt Auskunft über die relative Konzentration der Materialien. Auf der Abszisse wird die Anzahl der Materialien (bzw. Anzahl der Materialien in %) abgetragen, auf der Ordinate sehen Sie die kumulierten Verbrauchswerte/Bedarfswerte (bzw. Werte in %).

Die Summenkurve bietet Ihnen Informationen folgender Art: X (%) Materialien vereinigen Y (%) des kumulierten Kennzahlenwerts auf sich. Die Grafik vermittelt Ihnen damit einen Überblick, wie stark sich ein großer Anteil des Gesamtverbrauchswerts/Gesamtbedarfswerts auf wenige Materialien konzentriert.

Um eine Summenkurve aufzurufen, wählen Sie Bearbeiten • Summenkurve (Abs.) beziehungsweise Summenkurve (%).

3-D-Grafik

Mithilfe der 3-D-Grafik können Sie die Analyseergebnisse auch managementgerecht auswerten und entsprechend aufbereiten (siehe Abbildung 3.16).

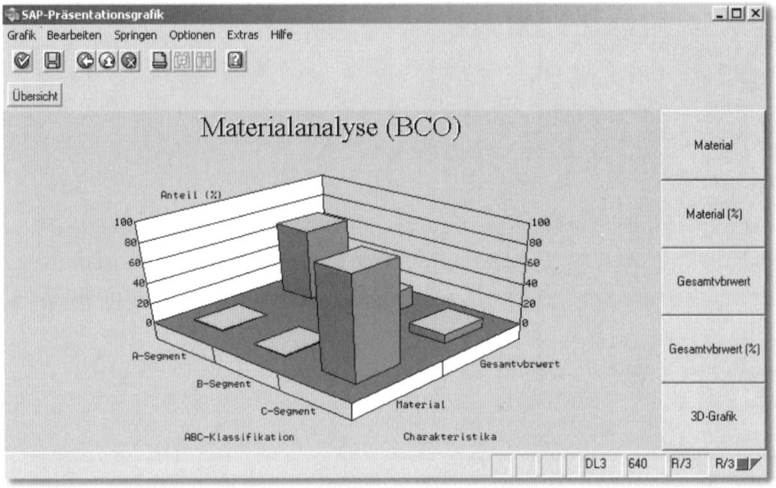

Abbildung 3.16 Grafische Auswertung einer ABC-Analyse

Das Ergebnis der ABC-Analyse können Sie auch in Excel importieren, um die Ergebnisse dort grafisch aufzubereiten.

3.2.9 ABC-Segmentierung durchführen

Sie können unterschiedliche ABC-Analysen miteinander kombinieren, um Zusammenhänge zwischen den Kennzahlen aufzuzeigen und mögliche Problembereiche deutlich zu machen. Dafür müssen Sie entweder in Excel umfangreiche Tabellen aufbauen oder die Segmentierung in SAP ERP verwenden.

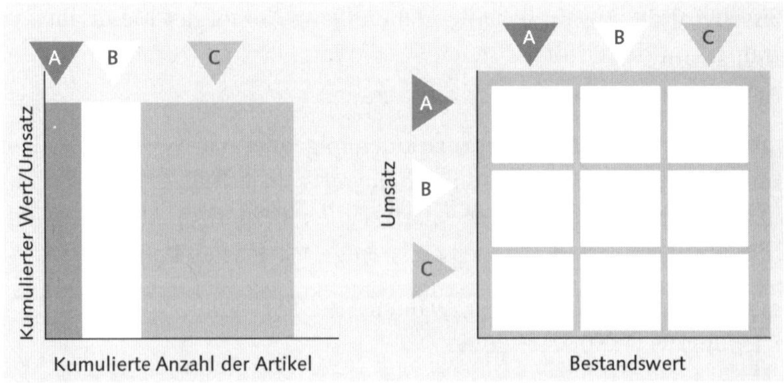

Abbildung 3.17 ABC-Matrix mit Umsatz und Bestandswert

Auf der linken Seite von Abbildung 3.17 sehen Sie die Kombinationsmöglichkeit der ABC-Analyse zum Umsatz und der ABC-Analyse zum Bestandswert. Bei einer solchen Segmentierung entstehen neun mögliche Kombinationen zur Auswertung (AA bis CC). Damit können Sie erkennen, welche Materialien mehr und welche weniger zum Umsatz beitragen und welchen Bestandswert diese Materialien aufweisen.

Das SAP ERP-System bietet Segmentierungen für die unterschiedlichen Unternehmensbereiche an:

- **Einkauf**
  Sie können Materialien für die Kennzahlen *Anzahl der Bestellpositionen* und *Bestellwert* in Klassen einteilen. Erkennbar werden so etwa Materialien mit relativ geringem Bestellwert und hoher Anzahl von Bestellpositionen. Unkritisch sind Materialien, die bezüglich der beiden Kennzahlenwerte in den oberen Klassen liegen.
- **Vertrieb**
  Sie können Kunden für die Kennzahlen *Anzahl der Aufträge* und *Umsatz* in Klassen einteilen. Erkennbar werden so Kunden mit relativ wenig Umsatz, aber einer hohen Anzahl von Aufträgen.
- **Bestandscontrolling**
  Sie können Materialien bezüglich der Kennzahlen *Wert des mittleren Bestandes bei Zugang* und *Reichweite des mittleren Bestandes bei Zugang* in Klassen einteilen. Sie ermitteln auf diese Weise beispielsweise Materialien, die bezüglich beider Kennzahlenwerte in den oberen Klassen liegen.
- **Fertigung**
  Sie können Arbeitsplätze für die Kennzahlen *Kapazitätsangebot* und *Kapazitätsbedarf* in Klassen einteilen. Bei der Segmentierung erkennen Sie zum Beispiel Arbeitsplätze, die einen hohen Kapazitätsbedarf haben, aber nur ein geringes Kapazitätsangebot. Unkritisch sind solche Arbeitsplätze, die bezüglich beider Kennzahlen in den oberen Klassen liegen.
- **Instandhaltung**
  Sie können Planergruppen für die Kennzahlen *Anzahl der erfassten Meldungen* und *Anzahl der abgeschlossenen Meldungen* in Klassen einteilen. Auf diese Weise werden etwa Planergruppen mit einer hohen Anzahl an erfassten Meldungen, aber einer geringen Anzahl an abgeschlossenen Meldungen deutlich.

Im folgenden Beispiel wurden die Kennzahlen *Verbrauchsmenge* und *Verbrauchswert* in Beziehung gesetzt, um zu überprüfen, welche Materialien mit einem niedrigen Verbrauchswert auch eine niedrige Verbrauchsmenge aufweisen, mit dem Ziel, eine Materialbereinigung durchführen zu können (siehe Abbildung 3.18).

Das Ergebnis der Segmentierung können Sie sich auch als 3-D-Grafik anzeigen lassen, wenn Sie den Button GRAFIK anklicken (siehe Abbildung 3.19). Hier wird auf einen Blick deutlich, dass in unserem Beispiel ein hoher Bedarf an Materialbereinigung vorhanden ist, da es einen sehr hohen Anteil an Materialien gibt, die weder einen hohen Verbrauchswert noch eine hohe Verbrauchsmenge aufweisen.

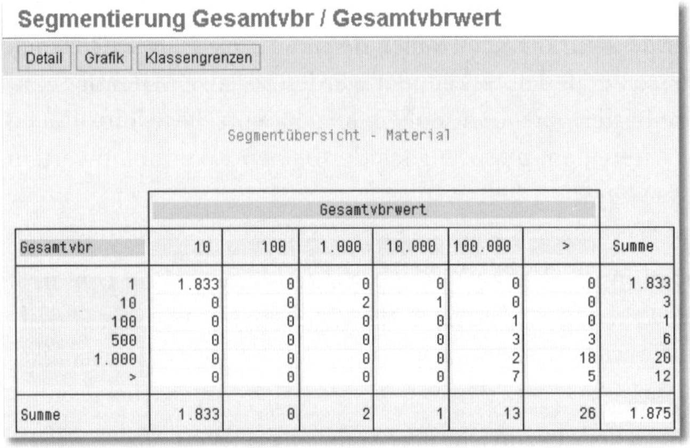

Segmentierung Gesamtvbr / Gesamtvbrwert

Detail | Grafik | Klassengrenzen

Segmentübersicht - Material

Gesamtvbr	Gesamtvbrwert 10	100	1.000	10.000	100.000	>	Summe
1	1.833	0	0	0	0	0	1.833
10	0	0	2	1	0	0	3
100	0	0	0	0	1	0	1
500	0	0	0	0	3	3	6
1.000	0	0	0	0	2	18	20
>	0	0	0	0	7	5	12
Summe	1.833	0	2	1	13	26	1.875

Abbildung 3.18 Segmentierung in der ABC-Analyse nach »Verbrauchsmenge« und »Verbrauchswert«

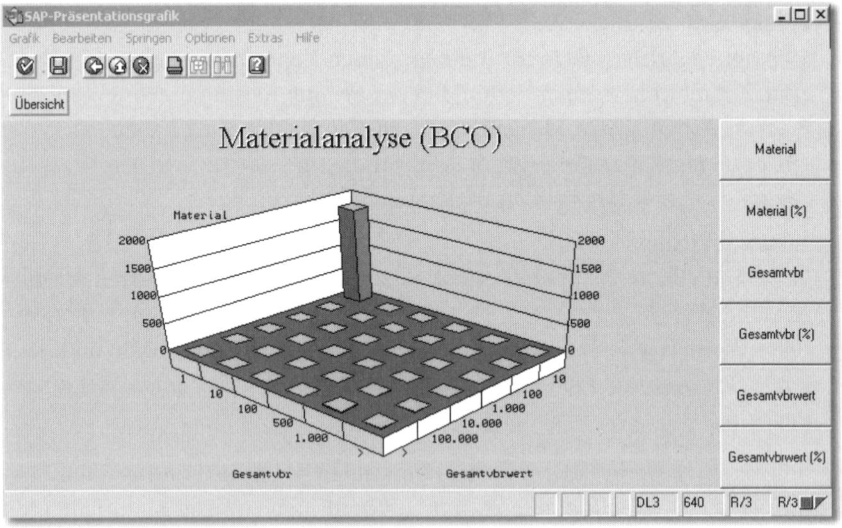

Abbildung 3.19 Beispiel als 3-D-Grafik. Ein hoher Anteil der Materialien weist weder einen hohen Verbrauchswert noch eine hohe Verbrauchsmenge auf.

3.2.10 Fallbeispiel: ABC-Analyse zur Lageroptimierung

Allein aufgrund der ABC-Analyse werden Sie die Potenziale nicht sofort erkennen. Es bedarf daher einer weiteren Analyse, um die Ursachen der Probleme aufzuspüren und Lösungsmöglichkeiten zu erarbeiten. Im Folgenden stellen wir ein Beispiel vor, wie die ABC-Analyse auch falsch interpretiert werden kann. Das Beispiel verdeutlicht, dass es besonders auf den richtigen Analysegegenstand ankommt, um valide Ergebnisse zu erhalten.

Im Fallbeispiel wurde zunächst die Kennzahl *Umsatzwert* analysiert. Aus den ermittelten Umsatzwerten wurden dann aber leider die falschen Maßnahmen abgeleitet. Später wurde dann die ABC-Analyse erneut, diesmal mit der Kennzahl *Zugriffshäufigkeit*, durchgeführt. Dies war in diesem Fall der richtige Analysegegenstand, und die abgeleiteten Maßnahmen führten zum Erfolg.

Unser Beispiel im Detail: Bei einem Gerätehersteller sollte das Lagermanagement reorganisiert werden. Das Ausgangsproblem war, dass das Unternehmen durch ein hohes Wachstum immer mehr Produkte ins Sortiment aufnahm und das Lager somit immer mehr Materialien ein- und auslagern musste. Durch die chaotische Lagerhaltung wurden die Wege im Lager immer länger, und die Effizienz begann zu sinken. Die Lagerorganisation musste deshalb optimiert durch eine optimale Verteilung der Materialien auf die vorhandenen Lagerplätze. Zu diesem Zweck wurde eine ABC-Analyse durchgeführt.

Zuerst wurde eine Materialliste mit den Umsatzmengen und Umsatzwerten aus dem SAP-System erstellt. Anschließend wurde diese Liste nach Umsatzwerten sortiert, und es wurden ABC-Kennzeichen vergeben (siehe Tabelle 3.3). Das Ergebnis war eine ABC-Klassifizierung der Materialien im Kommissionierlager nach dem Umsatzwert im Monat Mai.

Material-nummer	Material-bezeichnung	Zugriffs-häufigkeit	Preis in €	Umsatz-wert	Kumulierter Umsatzwert	ABC-Kenn-zeichen
M-500	Maschine 1500	850	75	63.750	34,43	A
M-100	Maschine 1100	120	500	60.000	66,83	A
M-400	Maschine 1400	75	400	30.000	83,03	A
M-200	Maschine 1200	250	75	18.750	93,16	B
S-09	Schmierstoff	2.200	3	6.600	96,72	C
S-10	Schrauben	4.400	0,5	2.200	97,91	C
M-300	Maschine 1300	50	40	2.000	98,99	C
M-600	Maschine 1600	75	25	1.875	100,00	C

Tabelle 3.3 ABC-Analyse zur Lageroptimierung nach Umsatzwert

Mithilfe dieser Analyse wurde das Lager nun entsprechend umgeräumt, sodass die A-Materialien ganz vorn, die B- und C-Materialien weiter hinten eingelagert wurden. Dies stellte sich jedoch als Fehlentscheidung heraus, da die Zugriffshäufigkeit auf die C-Materialien viel höher war und die Wege zum Ein- und Auslagern so insgesamt noch anstiegen. Mit externer Hilfe wurde eine erneute Analyse durchgeführt, nun jedoch mit dem Kriterium der *Zugriffshäufigkeit*. Dies erbrachte schließlich die erhofften Einsparungen (siehe Tabelle 3.4).

Materialnummer	Materialbezeichnung	Zugriffshäufigkeit	Preis in €	Umsatzwert	Kumulierte Umsatzmenge	ABC-Kennzeichen
S-10	Schrauben	4.400	0,5	2.200	54,86284289	A
S-09	Schmierstoff	2.200	3	6.600	82,29426434	A
M-500	Maschine 1500	850	75	63.750	92,89276808	B
M-200	Maschine 1200	250	75	18.750	96,00997506	B
M-100	Maschine 1100	120	500	60.000	97,50623441	C
M-400	Maschine 1400	75	400	30.000	98,44139651	C
M-600	Maschine 1600	75	25	1.875	99,3765586	C
M-300	Maschine 1300	50	40	2.000	100,00	C

Tabelle 3.4 ABC-Analyse zur Lageroptimierung nach Zugriffshäufigkeit

Das Fallbeispiel zeigt, dass schon bei eindimensionalen Kriterien leicht Fehler unterlaufen. Noch schwieriger wird es, wenn mehrdimensionale Kriterien untersucht werden müssen. Zum Beispiel werden Lieferanten nicht nur nach dem Einkaufsvolumen, sondern auch nach Qualität, Liefertreue, Lieferzeiten und Ersetzbarkeit beurteilt. Dies erfordert eine genaue Auseinandersetzung mit dem Problem und den jeweiligen Klassifizierungskriterien.

3.2.11 Fallbeispiel: ABC-Mengenstromanalyse

In SAP ERP können Sie mithilfe der ABC-Analyse die Mengenströme der einzelnen Lagerorte wie folgt untersuchen: Mit der *Mengenstromanalyse* erhalten Sie Auskunft darüber, welche Mengenströme in den einzelnen und zwischen den einzelnen Lagerorten bearbeitet werden müssen und ob zum Beispiel die Zuordnung der Materialien zum Lagerort oder des Personals zum Lagerort optimiert werden muss. Sie erreichen die Mengenstromanalyse im Menü unter Logistik • Logistik Controlling • Bestandscontrolling • Standardanalysen • Mengenstrom. Es erscheint der Selektionsbildschirm aus Abbildung 3.20.

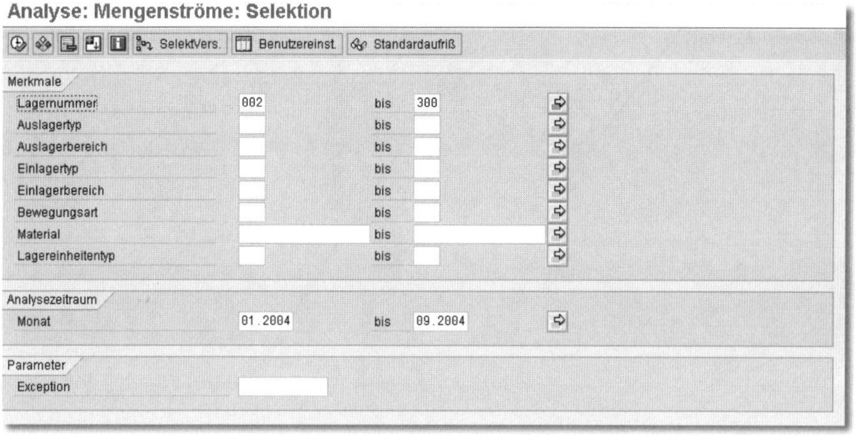

Abbildung 3.20 Selektion der Mengenstromanalyse in SAP ERP

Hier selektieren Sie als MERKMALE die Lagerorte, die Sie im Rahmen der Mengenstromanalyse auswerten möchten. Sie können auch alle Lagerorte zu einem Einlagertyp oder zu einem Material auswählen. Wichtig ist dabei natürlich der ANALYSEZEITRAUM, den Sie angeben müssen. Optional können Sie den Parameter für die Ausnahmemeldungen wie schon in der Standard-ABC-Analyse angeben.

Ein mögliches Ergebnis der Mengenstromanalyse sehen Sie in Abbildung 3.21. Angezeigt wird eine tabellarische Übersicht über alle Lagerorte und die benötigten Kennzahlen wie *Bewegte Mengen* und *Anzahl der Bewegungen*.

Analyse: Mengenströme: Grundliste

Aufriß wechseln... Top N...

Anzahl Lagernummer: 12

Lagernummer	Bewegtes Gewicht	Bewegte Menge	Anz. Bew.	Anz.echteD	Echte Diffmenge
Summe	77.247,572 KG	5.835,090 ***	188	2	2,000 ***
009	4.335 KG	857 ST	12	0	0 ST
010	62.316,200 KG	826,000 ***	24	0	0,000 ***
011	560,024 KG	14 ST	3	0	0 ST
012	472,975 KG	40,090 ***	16	0	0,000 ***
020	73 KG	33 ST	10	0	0 ST
022	168 KG	10 ST	1	0	0 ST
038	2.879,600 KG	490,000 ***	16	0	0,000 ***
050	2.723,814 KG	1.201 EA	41	0	0 EA
092	275,783 KG	608 EA	9	0	0 EA
095	63,504 KG	140 EA	14	2	2 EA
100	2.241,200 KG	896 ST	33	0	0 ST
300	1.138,472 KG	720,000 ***	9	0	0,000 ***

Abbildung 3.21 Ergebnis einer Mengenstromanalyse in SAP ERP

Das tabellarische Ergebnis lässt sich über den Menüeintrag SPRINGEN • PORTFOLIOMATRIX auch als Portfoliomatrix darstellen (siehe Abbildung 3.22).

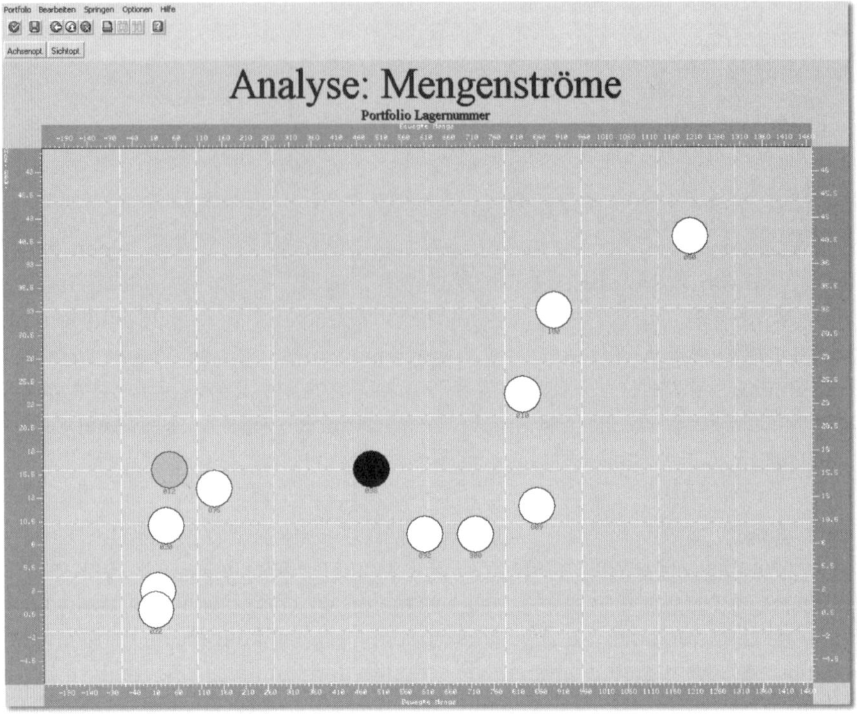

Abbildung 3.22 Das Ergebnis einer Mengenstromanalyse als Portfoliomatrix

In der Portfoliomatrix in Abbildung 3.22 sind die Kennzahlen *Bewegte Mengen* (Koordinate unten) und *Anzahl der Bewegungen* (Koordinate links) gegenübergestellt. Sie erkennen zum Beispiel auf den ersten Blick, dass der Lagerort 038 (schwarz) wesentlich effektiver arbeitet als der Lagerort 012 (grau), der die gleiche Menge mit wesentlich mehr Bewegungen bearbeitet. Mit einer weiterführenden Detailanalyse könnten Sie herausfinden, warum dies so ist. Der nächste Schritt könnte eine ABC-Analyse für beide Lagerorte sein.

3.3 XYZ-Analyse im SAP-System

Einleitend wurde bereits erwähnt, dass die XYZ-Analyse eine klassische Sekundäranalyse ist, die auf der ABC-Analyse beruht. Es handelt sich um eine Methode zur Gewichtung der Teile nach ihrer Verbrauchsstruktur. Somit wird für jedes Teil eine Verbrauchsschwankungskennzahl ermittelt. Hieraus ergibt sich die Notwendigkeit eines Sicherheitsbestands. Die Ziele der XYZ-Analyse sind:

- Identifizierung gut disponierbarer Artikel mit hohem Wertanteil
- Reduzierung des Lagerbestands, insbesondere bei AX-Artikeln

- Reduzierung von Bestands- und Prozesskosten, indem der individuelle Dispositionsaufwand bei AX-Artikeln erhöht und bei CZ-Artikeln deutlich reduziert wird
- Unterstützung der Prognoseauswahl

3.3.1 Analysieren mit SAP ERP

Die XYZ-Analyse ist im SAP ERP-Standard nicht vorhanden. Wir zeigen Ihnen daher eine SAP Consulting-Lösung, die es Ihnen erlaubt, eine XYZ-Analyse durchzuführen. Diese Lösung ermöglicht es Ihnen auch, gleich eine kombinierte ABC/XYZ-Analyse durchzuführen und so eine ABC/XYZ-Matrix zu erstellen. Aus diesem Grund gehen wir hier nur auf die Grundlagen der XYZ-Analyse ein und erläutern im nächsten Abschnitt die kombinierte ABC/XYZ-Analyse mit SAP ERP.

Um eine XYZ-Analyse zu erstellen, müssen die Materialbewegungen analysiert werden. Dazu wird die Schwankungsbreite der Materialverbräuche innerhalb mit ihrer Zeitreihen ermittelt. Dann wird die Standardabweichung und daraus folgend der Variationskoeffizient ermittelt.

Der Variationskoeffizient gibt an, wie groß die Standardabweichung der Verbrauchsreihe zum arithmetischen Mittelwert der Verbrauchsreihe ist. Für die Ermittlung der Standardabweichung verwenden Sie die folgende Formel:

$$\tilde{s} = \sqrt{\tilde{s}^2} = \sqrt{\frac{1}{n}\sum_{i=1}^{n}(x_i - \bar{x})^2}$$

Ermitteln Sie anschließend den Mittelwert der Periodenwerte mit der folgenden Formel:

$$\bar{x} = \frac{1}{n}\sum_{i=1}^{n} x_i$$

Nun berechnen Sie den Variationskoeffizienten mit der folgenden Formel:

Variationskoeffizient = Standardabweichung/Mittelwert

$$V = \frac{\tilde{s}}{\bar{x}} = \frac{\sqrt{\frac{1}{n}(\sum_{i=1}^{n} x_i - \bar{x})^2}}{\frac{1}{n}\sum_{i=1}^{n} x_i}$$

Beispiel

Verbrauchsreihe:

Januar	Februar	März	April	Mai
100	120	80	80	120

Standardabweichung: $\sqrt{\frac{\sum(X-\overline{X})^2}{(n-1)}} = \underline{20}$

Mittelwert: $\frac{100+120+80+80+120}{5} = \underline{100}$

Variationskoeffizient: $\frac{20}{100} = \underline{\underline{0{,}2}}$

In diesem Beispiel wurde ein Variationskoeffizient von 0,2 berechnet und würde somit, unter Annahme der Klassifizierung in Abbildung 3.3, als X-Material klassifiziert werden.

Der Variationskoeffizient steigt mit der Zunahme der Schwankungen innerhalb der Verbrauchswerte.

Bei der XYZ-Analyse ist die Analyseperiode entscheidend. Schwankungen werden durch die Wahl einer größeren Periode reduziert. Dies soll anhand der folgenden beiden Beispiele erklärt werden.

In Tabelle 3.5 sehen Sie das Ergebnis der XYZ-Klassifizierung, wenn Sie die Periode *Woche* gewählt haben.

Material	KW1	KW2	KW3	KW4	KW5	KW6	KW7	KW8	Mittelwert	Standardabweichung	Koeffizient	XYZ
L-80c	15	20	25	30	20	15	15	20	20	5,34	26,72	X
L-80d	10	2	4	25	1	23	33	2	12,5	12,63	101,10	Z
L80-e	20	30	15	30	15	35	5	10	20	10,69	53,45	Y

Tabelle 3.5 XYZ-Klassifizierung mit Periode »Woche«

In Tabelle 3.6 sehen Sie die gleiche XYZ-Klassifizierung mit der Periode *Monat*.

Material	Monat1	Monat2	Mittelwert	Standardabweichung	Koeffizient	XYZ
L-80c	90	70	80	14,14	17,67	x
L-80d	41	59	50	12,72	25,45	x
L80-e	95	65	80	21,21	26,51	x

Tabelle 3.6 XYZ-Klassifizierung mit Periode »Monat«

3.4 ABC- und XYZ-Analyse kombinieren

In der ABC/XYZ-Matrix kombinieren Sie die Ergebnisse beider Analysen. Auf diese Weise können Sie wichtige Informationen über Ihre Materialien und Ihre Bestände erhalten und daraus geeignete Maßnahmen zur Bestandsoptimierung ableiten.

Die Zusammenführung von ABC- und XYZ-Analyse ist der dritte Schritt im Rahmen einer grundlegenden Bestandsanalyse. Abbildung 3.23 zeigt noch einmal den gesamten Ablauf: Schritt ❶ ist die ABC-Analyse, Schritt ❷ die XYZ-Analyse und Schritt ❸ die Aufstellung einer ABC/XYZ-Matrix.

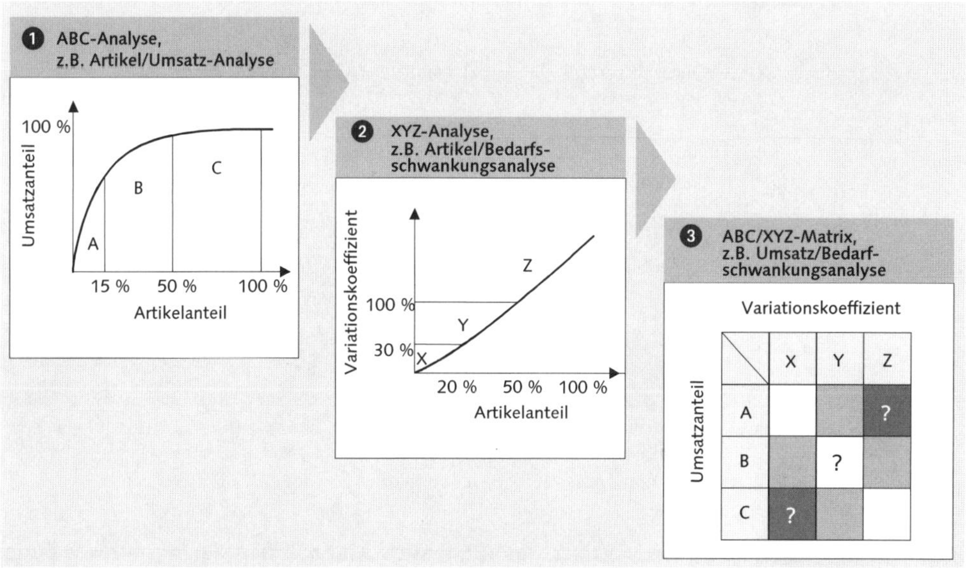

Abbildung 3.23 Die drei Schritte zur ABC/XYZ-Matrix (Quelle: FIR)

3.4.1 Optimieren mit der ABC/XYZ-Matrix

Die Zusammenlegung beider Analysen führt zu einer Matrix mit neun verschiedenen Ausprägungen. Damit ermöglichen Sie eine für jede Ausprägung spezifische Vorgehensweise zur Bestandsoptimierung. Erfahrungen in der Praxis zeigen deutlich, dass damit erhebliche Optimierungspotenziale aufgedeckt werden können.

Optimierungspotenziale ableiten

Mithilfe der ABC/XYZ-Matrix können Sie Maßnahmen zur Bestandsoptimierung ableiten. So können Sie erkennen, dass AX-Materialien ein hohes Rationalisierungspotenzial bergen, CZ-Materialien dagegen nur ein geringes Einsparpotenzial. CZ-Materialien sollten also vollautomatisch geplant werden. Ihre Planer sollten möglichst wenig Zeit mit diesen Materialien verbringen – andernfalls gibt es an dieser Stelle Potenzial zur Prozessoptimierung.

Hinweis

Grundsätzlich ist das Optimierungspotenzial (O) bei A- und B-Materialien am höchsten. Der Steuerungsaufwand (S) ist bei den Y- und Z-Materialien am höchsten (siehe Abbildung 3.24).

	A	B	C
X	O hoher Wertanteil konstanter Bedarf hoher Vorhersagewert	O mittlerer Wertanteil konstanter Bedarf hoher Vorhersagewert	geringer Wertanteil konstanter Bedarf hoher Vorhersagewert
Y	O S hoher Wertanteil schwankender Bedarf mittl. Vorhersagewert	mittlerer Wertanteil schwankender Bedarf mittl. Vorhersagewert	geringer Wertanteil schwankender Bedarf mittl. Vorhersagewert
Z	S hoher Wertanteil unregelmäßiger Bedarf niedriger Vorhersagewert	S mittlerer Wertanteil unregelmäßiger Bedarf niedriger Vorhersagewert	geringer Wertanteil unregelmäßiger Bedarf niedriger Vorhersagewert

O = Optimierungspotenzial   S = Steuerungsaufwand

Abbildung 3.24 Optimierungspotenziale, abgeleitet aus der ABC/XYZ-Matrix

Aus der ABC/XYZ-Matrix können Sie auch Maßnahmen zur Bestandsoptimierung ableiten (siehe Abbildung 3.25).

AX-Materialien sollten möglichst automatisiert geplant werden. Hier ist es wichtig, dass der Planer über Abweichungen und Ausnahmesituationen sofort informiert wird. Auf AZ-Materialien sollte der Planer sein Augenmerk richten und möglichst manuell eingreifen, da sich Z-Materialien aufgrund ihrer Verbrauchsschwankungen schwer automatisch planen lassen. Hier entsteht ein für die Disposition wichtiges Bestandssenkungspotenzial.

So stehen die AX-Materialien an der Stelle, an der es das höchste Bestandsoptimierungspotenzial gibt, da einerseits der Verbrauch und andererseits der Wert am höchsten ist (siehe Abbildung 3.26).

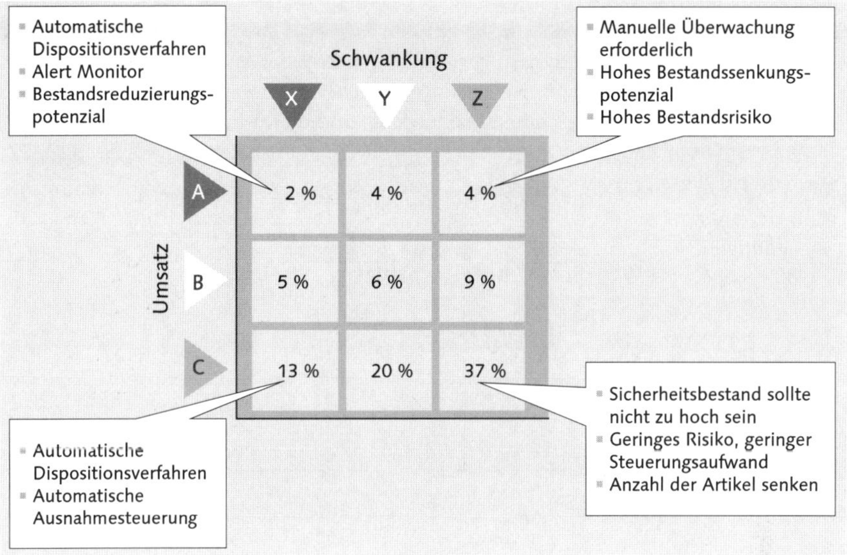

Abbildung 3.25 Maßnahmen zur Bestandsoptimierung, abgeleitet aus der ABC/XYZ-Matrix

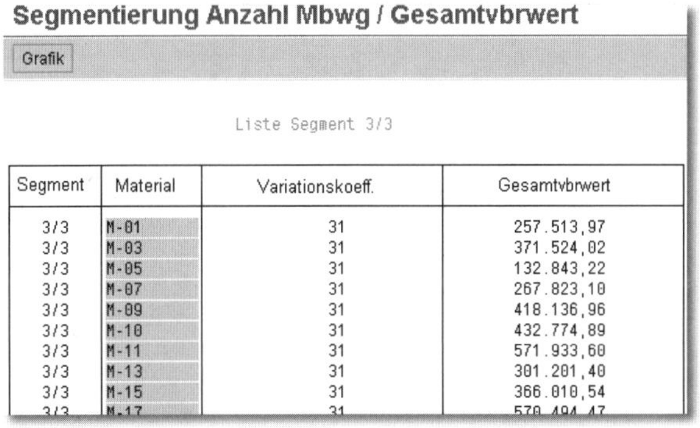
Segmentierung Anzahl Mbwg / Gesamtvbrwert

Grafik

Liste Segment 3/3

Segment	Material	Variationskoeff.	Gesamtvbrwert
3/3	M-01	31	257.513,97
3/3	M-03	31	371.524,02
3/3	M-05	31	132.843,22
3/3	M-07	31	267.823,10
3/3	M-09	31	418.136,96
3/3	M-10	31	432.774,89
3/3	M-11	31	571.933,60
3/3	M-13	31	301.201,40
3/3	M-15	31	366.010,54
3/3	M-17	31	570.494,47

Abbildung 3.26 AX-Materialien bergen das höchste Bestandsoptimierungpotenzial

Ein weiteres Segment sind die AZ-Materialien. Auf diese Gruppe sollte der Disponent ein besonderes Augenmerk richten, weil diese Materialien einen hohen Wert und einen unregelmäßigen Verbrauch aufweisen. Hier kommt es auf ein intelligentes Überwachungssystem an, das den Disponenten automatisch auf Ausnahmesituationen aufmerksam macht.

Des Weiteren möchte ich auf den Einfluss des Produktlebenszyklus auf die ABC/XYZ-Klassifizierung hinweisen.

Hinweis

Bei der ABC/XYZ-Klassifizierung sollten Sie darauf achten, dass ein Artikel im Lauf der Zeit die Klasse wechseln kann, weil sein Verbrauchsverhalten sich ändert. Jeder Artikel unterliegt dabei einem Produktlebenszyklus, und dieser hat Einfluss auf das Verbrauchsverhalten und damit auch auf die ABC/XYZ-Klassifizierung. Abbildung 3.27 verdeutlicht diesen Zusammenhang.

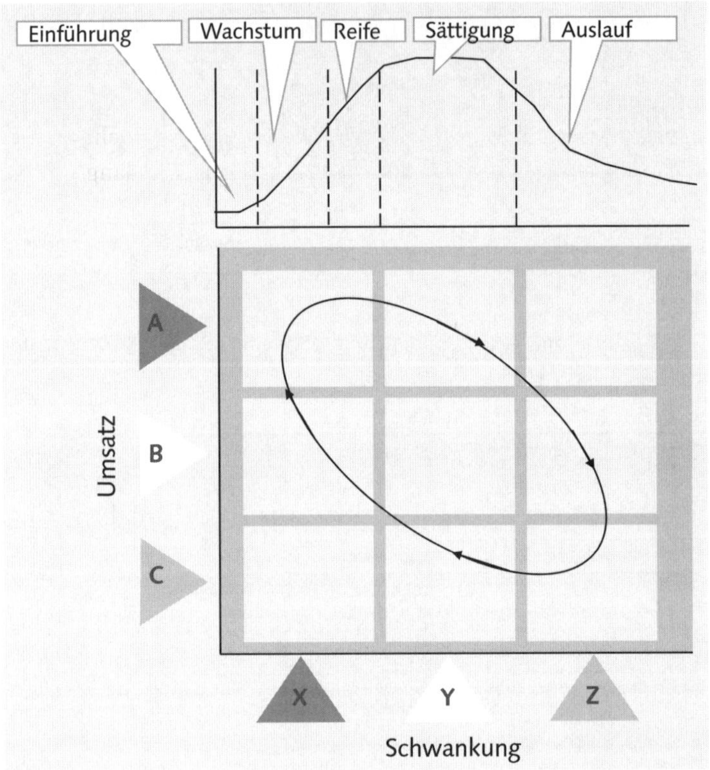

Abbildung 3.27 Einfluss des Produktlebenszyklus auf die ABC/XYZ-Klassifizierung

Abbildung 3.27 zeigt im oberen Teil die Lebenszyklusphasen eines Artikels und im unteren die ABC/XYZ-Klassifizierung mit dem in der Matrix dargestellten Kreislauf.

Ein Produkt befindet sich immer in einem Produktlebenszyklus. Dieser besteht aus fünf verschiedenen Lebensphasen:

1. **Einführungsphase**
   In dieser Phase wird das Produkt zur Marktreife gebracht und in den Markt eingeführt. In der Einführungsphase ist der Abverkauf noch häufig sehr

schwankend, verursacht durch Promotionsaktionen oder durch die schrittweise Einführung in verschiedene Regionen oder Märkte.

2. **Wachstumsphase**
   Wird das Produkt vom Markt angenommen, erfährt es überproportionales Wachstum.
3. **Reifephase**
   Das starke Wachstum wird sich irgendwann abschwächen. Das Produkt hat seine Marktreife erlangt und wird nun kontinuierlich abverkauft. Der Absatz steigt weiterhin an.
4. **Sättigungsphase**
   In der Sättigungsphase steigt der Absatz normalerweise nicht mehr an. Der Marktbedarf scheint weitestgehend mit dem Angebot in Einklang gekommen zu sein. Er lässt sogar leicht nac, und es sind keine weiteren Steigerungsraten im vorhandenen Markt zu erwarten. In manchen Märkten kann es auch zu Schwankungen im Absatzverhalten oder zu Saisonverhalten kommen. Dann wird ebenfalls wieder eine neue Klassifizierung notwendig.
5. **Degenerationsphase**
   Der Absatz des Produkts sinkt, es verkauft sich schlechter. Neuere Produkte substituieren das vorhandene ältere Produkt. Die Marktteilnehmer verlieren zunehmend das Interesse an dem Produkt.

Je nachdem, in welcher Produktlebensphase ein Produkt ist, wird die Klassifizierung zu anderen Ergebnissen kommen. Ein häufiges Phänomen ist zum Beispiel, dass ein neues Produkt (in der Einführungsphase) als CZ-Artikel klassifiziert wird, weil der Absatz erst ein paar Wochen oder Monate angelaufen ist. Die Bedarfszahlen sich noch nicht kontinuierlich, die Verkaufsmengen noch nicht hoch genug für eine A- oder B-Klassifizierung. Wechselt das Produkt in die Wachstumsphase, wird es eher zu einem B-Produkt und der Absatz wird kontinuierlicher. In der Reifephase kann das Produkt durchaus eine AX-Klassifizierung bekommen. Dies sollten Sie automatisch systemgestützt erkennen können.

Abbildung 3.28 zeigt die Systematik, nach der ein Klassenwechsel vorgenommen werden sollte.

Hier ist zu unterscheiden, ob ein Artikel (im Beispiel oben der Artikel 4711) nur einmalig die Klassen wechselt oder kontinuierlich (im Beispiel oben der Artikel 0815). Es kann immer wieder Ausreißerartikel geben, die die Klassenzuordnung nur einmalig wechseln. Dies kann viele Gründe haben, etwa Produktionsengpässe oder ein außergewöhnliches Kundenverhalten. In diesen Fällen darf die Klassifizierung nicht geändert werden, sodass auch keine anderen Dispositionsstrategien oder Prognosestrategien angewandt werden.

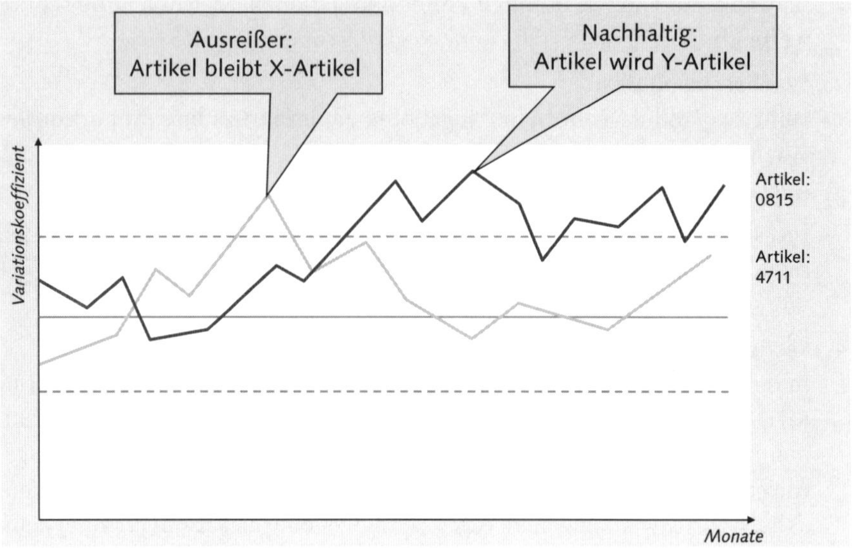

Abbildung 3.28 Klassenwechsel

Bei der nachhaltigen Änderung der Klassifizierung (z.B. über drei aufeinanderfolgende Perioden) sollte ein Klassenwechsel vorgenommen werden.

Wichtig ist auch die Tatsache, dass Sie die ABC/XYZ-Klassifizierung auf unterschiedlichen Ebenen durchführen können. Diese Klassifizierungen können dann zu ganz unterschiedlichen Ergebnissen führen, die interpretiert werden müssen. Abbildung 3.29 zeigt ein Beispiel.

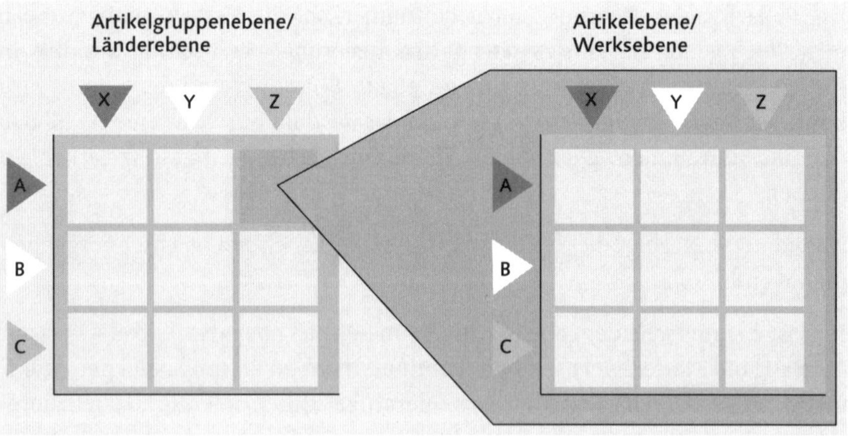

Abbildung 3.29 Artikelklassifizierung auf Gruppen- und Detailebene

Sie können zum Beispiel eine ABC/XYZ-Analyse zunächst auf Länderebene oder auf Artikelgruppenebene durchführen, um daraus Maßnahmen und Strategien für das Land oder die Artikelgruppe abzuleiten. Anschließend machen Sie eine detaillierte ABC/XYZ-Analyse für das Land auf Werksebene, also für jedes Werk in diesem Land separat. Oder Sie führen die Klassifizierung für die Artikelgruppe auf Artikelebene aus. In diesem Fall kann es vorkommen, dass eine Artikelgruppe mit 100 Artikeln als AZ-Gruppe klassifiziert wurde, die einzelnen Artikel dieser Artikelgruppe jedoch alle Klassifikationen zwischen AX und CZ erhalten haben. Die daraus abgeleiteten Maßnahmen können also ganz unterschiedlich sein. In diesem Fall müssen Sie sehr genau zu definieren, wozu eine Analyse auf Detailebene oder auf Gruppenebene dienen soll.

Ein Beispiel aus dem Handel

Ein weiteres Praxisbeispiel aus dem Handel zeigt die Maßnahmenableitung aufgrund des Lagervolumens, bezogen auf die Beschaffungskosten (siehe Abbildung 3.30) . Sind die Beschaffungskosten hoch (A) und handelt es sich um großvolumige Materialien (X), sollte die Lagerreichweite möglichst klein sein (< 30 Tage), damit die Kapitalbindung möglichst gering ist und wenig Lagerfläche in Anspruch genommen wird. Bei Materialien mit geringen Beschaffungskosten (C) und geringem Lagerplatzbedarf (Z) kann die Lagerreichweite < 120 Tage betragen.

Die ABC/XYZ-Analysen gehören zu den wichtigsten Instrumenten der Bestandsanalyse und sollten deshalb regelmäßig eingesetzt werden. Im Laufe dieses Buchs werden wir noch häufiger auf die ABC-Analysen zurückkommen.

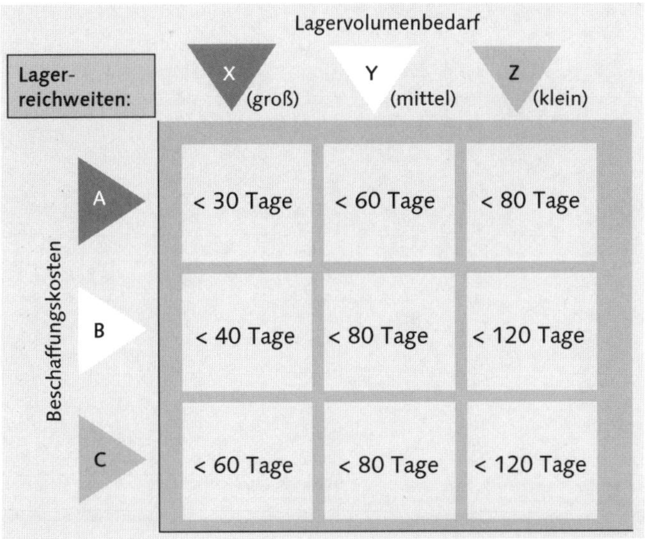

Abbildung 3.30 Lagerreichweiten für den Handel, abgeleitet aus der ABC/XYZ-Matrix (Praxisbeispiel)

3.4.2 Eine ABC/XYZ-Matrix mit SAP ERP erstellen

In SAP ERP steht im Standard-Logistikinformationssystem (LIS) nur eine ABC-Analyse zur Verfügung, wie in Abschnitt 3.2, »ABC-Analyse mit SAP«, erläutert. Um eine ABC/XYZ-Matrix im SAP-System zu erstellen, müssen Sie eine eigene LIS-Infostruktur aufbauen und diese mit Daten füllen. Da dies sehr aufwendig sein kann, zeigen wir Ihnen eine SAP Consulting-Lösung, den *Dispomonitor*. Im Folgenden erfahren Sie, wie Sie mithilfe des Dispomonitors in SAP ERP eine ABC/XYZ-Analyse erstellen können.

Hinweis

Falls Sie den Dispomonitor im Detail kennenlernen oder einsetzen möchten, wenden Sie sich bitte an SAP Consulting oder an einen der Autoren dieses Buchs.

Nach der Installation des Dispomonitors führen Sie folgende Schritte durch:

1. Rufen Sie zunächst den Report Z_ABCXYZ_Analyse auf. Es erscheint der Selektionsbildschirm in Abbildung 3.31.

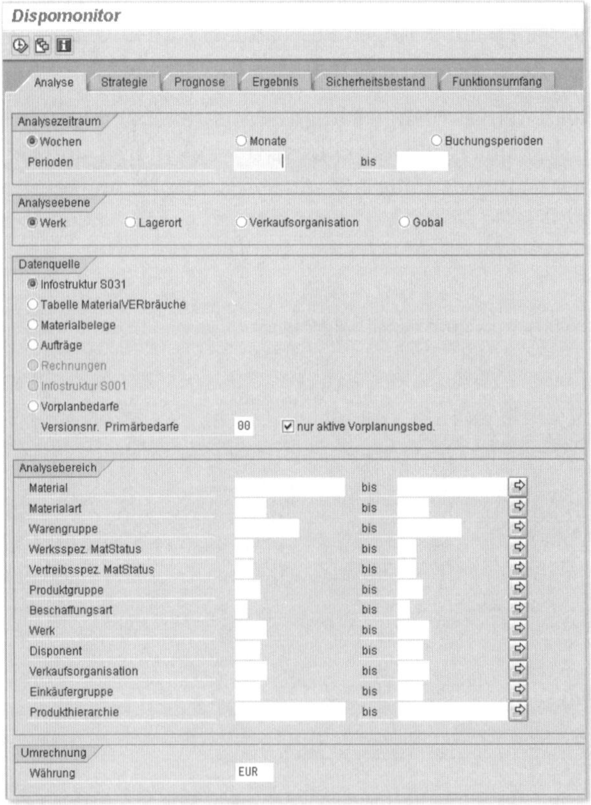

Abbildung 3.31 Selektionsbildschirm des Dispomonitors – Analyse

2. Geben Sie hier zunächst den Analysezeitraum ein.
3. Wählen Sie nun die Analyseebene. Sie können die ABC/XYZ-Analyse wahlweise auf Werks- oder auf Lagerortebene durchführen, also entweder für ein oder mehrere Werke oder für einen oder mehrere Lagerorte.
4. Bei Datenquelle können Sie angeben, welche Daten (Kundenaufträge, Verbrauchsdaten oder Materialbelege) Sie als Grundlage der Analyse selektieren wollen.
5. Des Weiteren können Sie angeben, ob zur Klassifizierung die Vorplanungsbedarfe herangezogen werden sollen. Dies kann bei der Klassifizierung neuer Materialien sinnvoll sein.
6. Anschließend wählen Sie den Analysebereich aus. Hier müssen Sie angeben, für welche Werke, Lagerorte, Materialien oder Disponenten Sie die Analyse durchführen möchten.
7. Für die Bewertung von Beständen müssen Sie noch die Analysewährung angeben, mit der die Werteberechnung stattfinden soll. Damit sind alle notwendigen Eingaben für die ABC/XYZ-Analyse vorgenommen.
8. Klicken Sie dann auf die nächste Registerkarte STRATEGIE, um weitere Einstellungen vorzunehmen (siehe Abbildung 3.32).
9. Hier können Sie angeben, ob Materialien, die zur Löschung vorgesehen sind, in einer separaten Tabelle analysiert werden oder mit in die ABC/XYZ-Analyse eingehen sollen (Checkbox MATERIALIEN MIT LÖSCHVORMERKUNGEN). Das Gleiche gilt für neue Materialien, Materialien ohne Verbrauch und sonstige Sonderfälle. Analysieren Sie diese Materialien am besten separat, weil sie die Datenmenge für die ABC/XYZ-Analyse verfälschen könnten.
10. Für neue Materialien können Sie einstellen, ab wann ein Material als neu betrachtet werden soll.
11. Des Weiteren geben Sie die Grenzen zur ABC-Klassifizierung an (siehe Abschnitt 3.2.5, »Festlegung der ABC-Strategie«). Die Kennzahl *Verbrauchswert* entscheidet über die ABC-Klassifizierung. Die kumulierten Verbrauchswerte aller C-Materialien machen 10% der Grundgesamtheit aus, B-Materialien verbrauchen gemeinsam 20% des kompletten selektierten Verbrauchs, und A-Materialien verbrauchen insgesamt circa 70% des Gesamtverbrauchswerts.

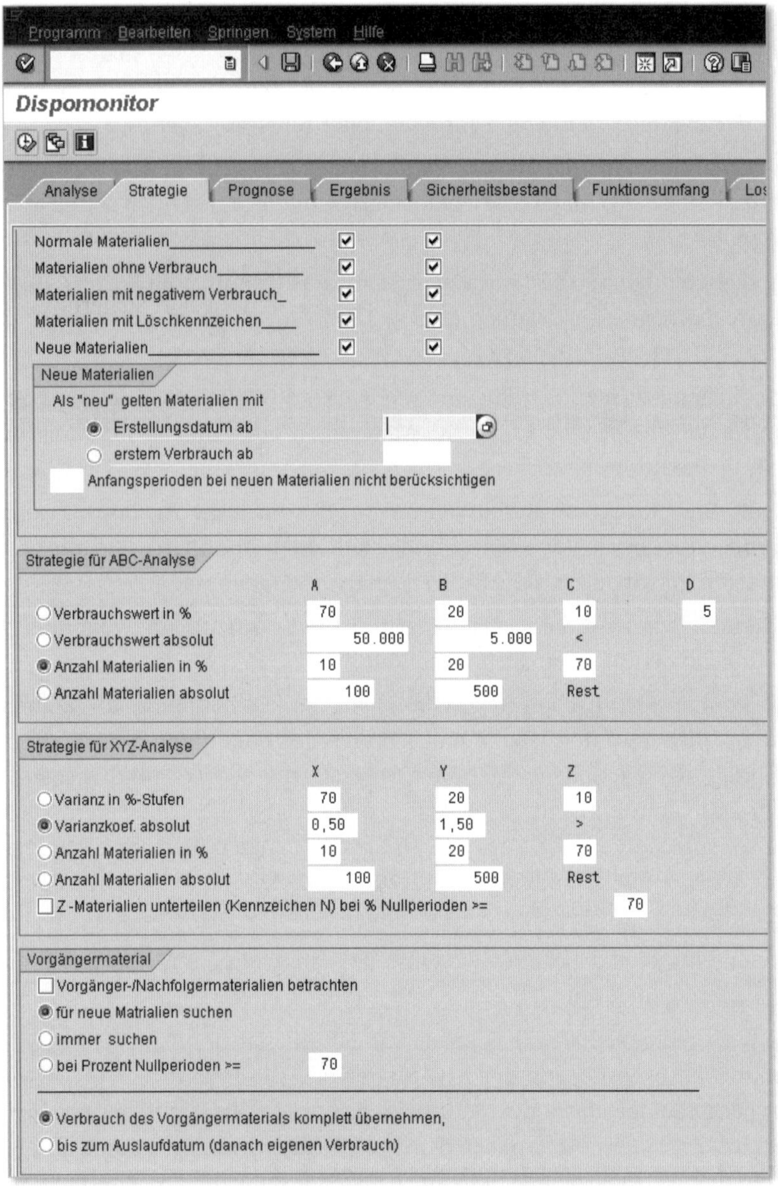

Abbildung 3.32 Selektionsbildschirm des Dispomonitors – Strategie

12. Die Kennzahl *Variationskoeffizient* zeigt die XYZ-Klassifizierung an. Sie sagt etwas über die Stetigkeit des Materialverbrauchs aus. Ein hoher Wert weist auf ein X-Material hin, ein geringer auf ein Z-Material. Die Materialbewegungen wurden in diesem Fall schon mit einem Variationskoeffizienten in SAP ERP realisiert und entsprechend ausgewertet. X-Materialien sind der

Klasse mit dem Variationskoeffizienten bis 30 zugewiesen. In der Klasse mit dem Variationskoeffizienten zwischen 30 und 100 finden sich die Y-Materialien. Der Klasse ab dem Variationskoeffizienten 100 sind die Z-Materialien zugeordnet. Die Grenzen der ABC-Klassifizierung und der XYZ-Klassifizierung können individuell vorgegeben werden.

Da die ABC/XYZ-Analyse mithilfe des Dispomonitors neben der reinen Klassifizierung auch gleich eine Analyse der Dispositionsstammdaten, also auch eine Berechnung des optimalen Sicherheitsbestands, vornimmt, erläutere ich diese ebenfalls. Die Eingabemaske für die Berechnung des optimalen Sicherheitsbestands sehen Sie in Abbildung 3.33.

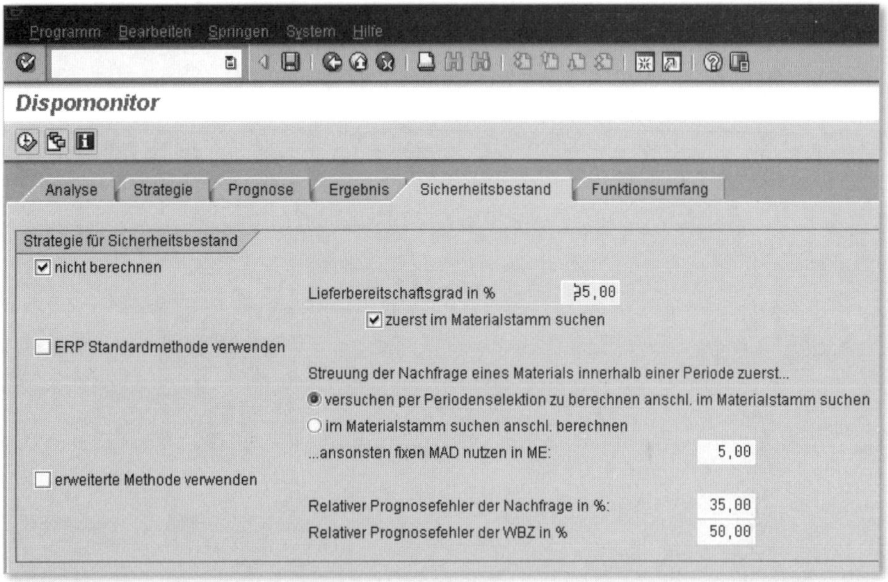

Abbildung 3.33 Berechnung des optimalen Sicherheitsbestands im Dispomonitor

Die folgenden Eingaben benötigen Sie für die Ermittlung des optimalen Sicherheitsbestandes:

Zunächst können Sie sich entscheiden, ob Sie den optimalen Sicherheitsbestand berechnen wollen oder nicht. Dann können Sie entscheiden, ob Sie dazu die SAP-Standardmethode aus dem SAP ERP-System oder aus dem SAP APO-System verwenden wollen oder beide. Zu jeder Methode können Sie den Lieferbereitschaftsgrad aus dem Materialstamm verwenden, oder einen eigenen vorgeben. Dies kann für Simulationszwecke sehr sinnvoll sein.

Damit können Sie nun berechnen, wie sich der Lagerbestand entwickeln wird, wenn Sie den Lieferbereitschaftsgrad erhöhen oder absenken. Das gleiche gilt für den Prognosefehler. Dieser kann aus dem Materialstamm verwendet werden, vorgegeben werden oder während der Ausführung der ABC/XYZ-Analyse im Dispomonitor berechnet werden. Die Wiederbeschaffungszeiten sollten vorher analysiert werden und das Analyseergebnis sollte hier mit einfließen.

Zum Schluss können Sie unter dem Registerkarte ERGEBNIS auch eingeben, ob Sie die Selektion abspeichern möchten, um das Ergebnis zu einem späteren Zeitpunkt wieder aufrufen oder zwei Ergebnisse miteinander vergleichen zu können. Die übrigen Registerkarten sind für die Berechnung der ABC/XYZ-Analyse von untergeordneter Bedeutung und werden daher hier nicht weiter erläutert.

Sie haben nun alle notwendigen Eingaben für die ABC/XYZ-Analyse vorgenommen. Wenn Sie nun auf AUSFÜHREN klicken, erhalten Sie das Ergebnis der ABC/XYZ-Analyse, die ABC/XYZ-Matrix (siehe Abbildung 3.34).

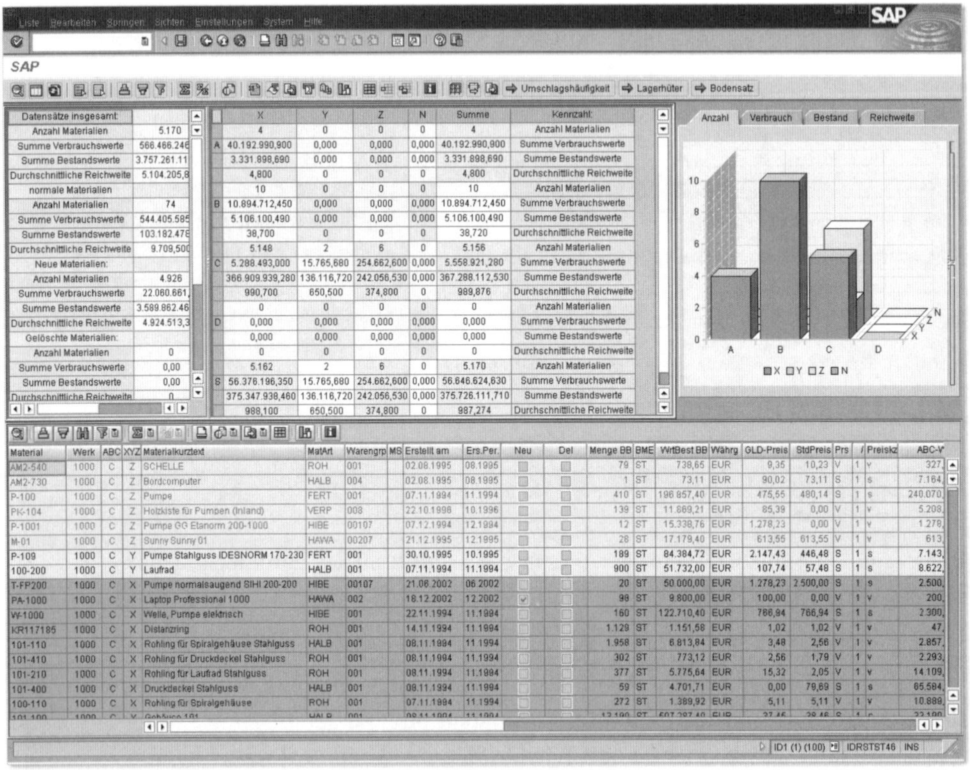

Abbildung 3.34 Dispomonitor – Ergebnis

Im linken Bildabschnitt werden die Datensätze insgesamt gezeigt, also die Datensätze für die normalen, die neuen und die gelöschten Materialien. Mit einem Doppelklick auf einen Datensatz im linken Bildausschnitt wird dann für die jeweilige Selektion die ABCD/XYZN-Matrix in der mittleren Bildhälfte angezeigt. Dort sehen Sie die 16-Feld-Matrix mit jeweils vier Einträgen pro Feld: Anzahl der Materialien, Summe der Verbrauchswerte im Analysezeitraum, Summe der Bestandswerte und die durchschnittliche Reichweite. Klicken Sie auf einen dieser vier Einträge, so wird rechts davon die entsprechende 3-D-Grafik angezeigt.

Wenn Sie von dieser Übersicht in die Detailsicht springen, etwa indem Sie einfach auf eines der 16 Felder in der Matrix klicken (z.B. auf die Spalte C), dann zeigt die Detailsicht im unteren Bildabschnitt alle C-Materialien mit deren dispositionsrelevanten Parametern und Stammdaten an.

Sie können die Detailsicht auch als ganzen Bildschirm anzeigen, indem Sie einfach auf eines der 16 Felder in der Matrix doppelklicken (z.B. auf die Spalte Z). Die Detailsicht zeigt alle Z-Materialien mit deren dispositionsrelevanten Parametern und Stammdaten an (siehe Abbildung 3.35).

Hier können Sie jetzt alle dispositionsrelevanten Parameter anzeigen, miteinander vergleichen und auswerten. Zusätzlich werden der berechnete optimale Sicherheitsbestand, der Anteil der Nullperioden und weitere Bestandsanalysen, wie zum Beispiel Bestandsreichweiten, die Lagerhüteranalyse, die Umschlagshäufigkeit und die Bodensatzanalyse, angezeigt. Damit behalten Sie jederzeit den Überblick über die dispositionsrelevanten Parameter und Stammdaten und können die Stammdatenqualität kontrollieren.

Hinweis

Die Auswahl der Dispositionsstammdaten und die Optimierung der Dispositionsparameter auf Basis der ABC/XYZ-Klassifizierung erläutert Kapitel 19, »Dispositionsoptimierung«, im Detail.

Das Ergebnis der ABC/XYZ-Klassifizierung mithilfe des Dispomonitors kann in den Materialstamm fortgeschrieben werden (siehe Abbildung 3.36).

Im markierten Bereich sehen Sie das Feld ABC-XYZ-VERBRAUCH-NEU-LÖSCH. Hier kann das ABC/XYZ-Kennzeichen automatisch vom Dispomonitor eingetragen werden. Ebenfalls möglich sind Klassifizierungsmerkmale für gelöschte und neue Materialien oder Materialien ohne Verbrauch.

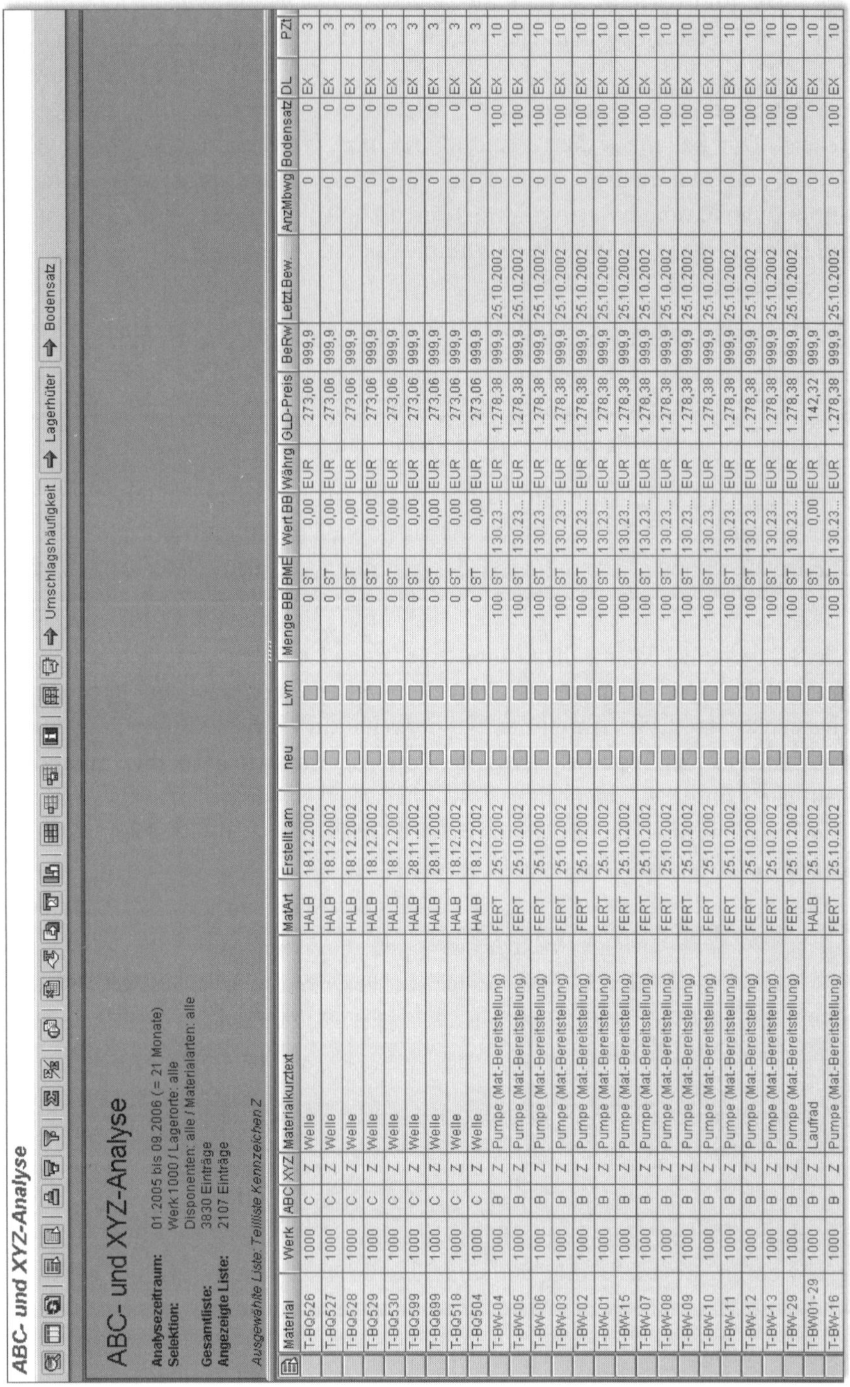

ABC- und XYZ-Analyse

ABC- und XYZ-Analyse

Analysezeitraum: 01.2005 bis 09.2006 (= 21 Monate)
Selektion: Werk 1000 / Lagerorte: alle
Disponenten: alle / Materialarten: alle
Gesamtliste: 3830 Einträge
Angezeigte Liste: 2107 Einträge

Ausgewählte Liste: Teilliste Kennzeichen Z

Material	Werk	ABC	XYZ	Materialkurztext	MatArt	Erstellt am	neu	Lvm	Menge BB	BME	Wert BB	Währg	GLD-Preis	BeRw	Letzt.Bew.	AnzMbwg	Bodensatz	DL	PZt
T-BQ526	1000	C	Z	Welle	HALB	18.12.2002			0	ST	0,00	EUR	273,06	999,9		0	0	EX	3
T-BQ527	1000	C	Z	Welle	HALB	18.12.2002			0	ST	0,00	EUR	273,06	999,9		0	0	EX	3
T-BQ528	1000	C	Z	Welle	HALB	18.12.2002			0	ST	0,00	EUR	273,06	999,9		0	0	EX	3
T-BQ529	1000	C	Z	Welle	HALB	18.12.2002			0	ST	0,00	EUR	273,06	999,9		0	0	EX	3
T-BQ530	1000	C	Z	Welle	HALB	18.12.2002			0	ST	0,00	EUR	273,06	999,9		0	0	EX	3
T-BQ599	1000	C	Z	Welle	HALB	28.11.2002			0	ST	0,00	EUR	273,06	999,9		0	0	EX	3
T-BQ699	1000	C	Z	Welle	HALB	28.11.2002			0	ST	0,00	EUR	273,06	999,9		0	0	EX	3
T-BQ518	1000	C	Z	Welle	HALB	18.12.2002			0	ST	0,00	EUR	273,06	999,9		0	0	EX	3
T-BQ504	1000	C	Z	Welle	HALB	18.12.2002			0	ST	0,00	EUR	273,06	999,9		0	0	EX	3
T-BW-04	1000	B	Z	Pumpe (Mat.-Bereitstellung)	FERT	25.10.2002			100	ST	130.23...	EUR	1.278,38	999,9	25.10.2002	0	100	EX	10
T-BW-05	1000	B	Z	Pumpe (Mat.-Bereitstellung)	FERT	25.10.2002			100	ST	130.23...	EUR	1.278,38	999,9	25.10.2002	0	100	EX	10
T-BW-06	1000	B	Z	Pumpe (Mat.-Bereitstellung)	FERT	25.10.2002			100	ST	130.23...	EUR	1.278,38	999,9	25.10.2002	0	100	EX	10
T-BW-03	1000	B	Z	Pumpe (Mat.-Bereitstellung)	FERT	25.10.2002			100	ST	130.23...	EUR	1.278,38	999,9	25.10.2002	0	100	EX	10
T-BW-02	1000	B	Z	Pumpe (Mat.-Bereitstellung)	FERT	25.10.2002			100	ST	130.23...	EUR	1.278,38	999,9	25.10.2002	0	100	EX	10
T-BW-01	1000	B	Z	Pumpe (Mat.-Bereitstellung)	FERT	25.10.2002			100	ST	130.23...	EUR	1.278,38	999,9	25.10.2002	0	100	EX	10
T-BW-15	1000	B	Z	Pumpe (Mat.-Bereitstellung)	FERT	25.10.2002			100	ST	130.23...	EUR	1.278,38	999,9	25.10.2002	0	100	EX	10
T-BW-07	1000	B	Z	Pumpe (Mat.-Bereitstellung)	FERT	25.10.2002			100	ST	130.23...	EUR	1.278,38	999,9	25.10.2002	0	100	EX	10
T-BW-08	1000	B	Z	Pumpe (Mat.-Bereitstellung)	FERT	25.10.2002			100	ST	130.23...	EUR	1.278,38	999,9	25.10.2002	0	100	EX	10
T-BW-09	1000	B	Z	Pumpe (Mat.-Bereitstellung)	FERT	25.10.2002			100	ST	130.23...	EUR	1.278,38	999,9	25.10.2002	0	100	EX	10
T-BW-10	1000	B	Z	Pumpe (Mat.-Bereitstellung)	FERT	25.10.2002			100	ST	130.23...	EUR	1.278,38	999,9	25.10.2002	0	100	EX	10
T-BW-11	1000	B	Z	Pumpe (Mat.-Bereitstellung)	FERT	25.10.2002			100	ST	130.23...	EUR	1.278,38	999,9	25.10.2002	0	100	EX	10
T-BW-12	1000	B	Z	Pumpe (Mat.-Bereitstellung)	FERT	25.10.2002			100	ST	130.23...	EUR	1.278,38	999,9	25.10.2002	0	100	EX	10
T-BW-13	1000	B	Z	Pumpe (Mat.-Bereitstellung)	FERT	25.10.2002			100	ST	130.23...	EUR	1.278,38	999,9	25.10.2002	0	100	EX	10
T-BW-29	1000	B	Z	Pumpe (Mat.-Bereitstellung)	FERT	25.10.2002			100	ST	130.23...	EUR	1.278,38	999,9	25.10.2002	0	100	EX	10
T-BW01-29	1000	B	Z	Laufrad	HALB	25.10.2002			0	ST	0,00	EUR	142,32	999,9		0	0	EX	10
T-BW-16	1000	B	Z	Pumpe (Mat.-Bereitstellung)	FERT	25.10.2002			100	ST	130.23...	EUR	1.278,38	999,9	25.10.2002	0	100	EX	10

Abbildung 3.35 Dispomonitor – Ergebnis »Detailliste«

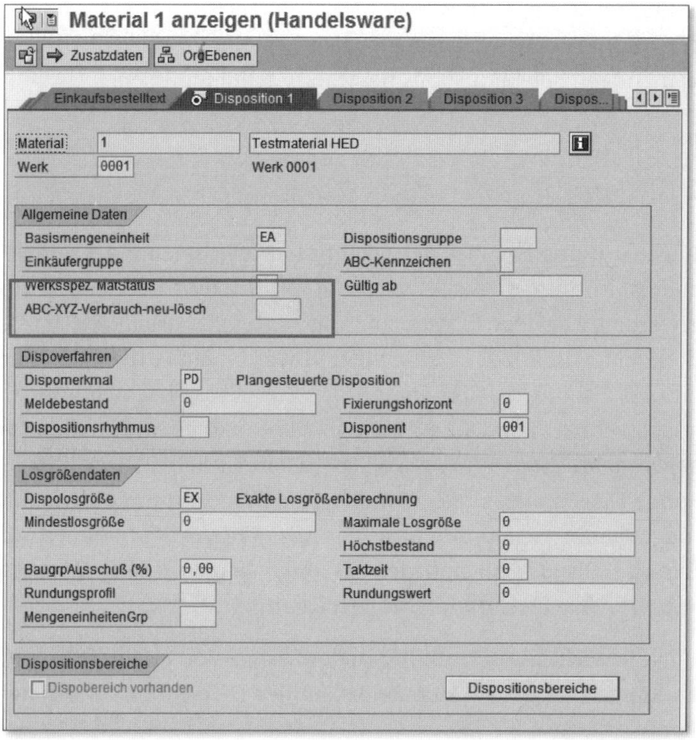

Abbildung 3.36 ABC/XYZ-Klassifizierungsmerkmal im Materialstamm – Sicht »Disposition 1«

Noch einige abschließende Anmerkungen zur Nutzung einer ABC/XYZ-Analyse:

Die Selektion der Artikel entscheidet über die Aussagekraft der ABC/XYZ-Analyse. In der Regel ist es durchaus sinnvoll, die Artikel nur eines Werks zu selektieren und zu analysieren. Wenn ein Artikel in mehreren Werken produziert oder gelagert wird, kann es durchaus vorkommen, dass derselbe Artikel im Distributionszentrum ein A-Artikel ist und im Produktionswerk nur ein B-Artikel. Selektiert man also beispielsweise Artikel 4711 aus Werk 100, so kann der Artikel ein A-Artikel sein. Selektiert man Artikel 4711 jedoch aus allen Werken, zum Beispiel aus Werk 100 und 200, so kann derselbe Artikel als B-Artikel klassifiziert werden, weil nun die Verbräuche von beiden Werken zusammen betrachtet werden. Es kommt also auf die selektierte Grundgesamtheit an. Die Selektionsbasis stellt die Grundgesamtheit dar und ist je nach Selektion unterschiedlich. Deshalb kann es zu unterschiedlichen Ergebnissen kommen. Ein anderes Beispiel ist die Selektion nach Materialart. Selektiert man nur die fremdbeschafften Artikel und anschließend *alle* Artikel, so kann ein Artikel, der bei der ersten Selektion noch ein A-Artikel war, nun plötzlich ein C-Artikel sein. Das Ergebnis der ABC/XYZ-Klassifizierung ist also dynamisch, weshalb Sie auf die Auswahl der richtigen Selektionsbasis besonders achten müssen.

3.5 Fazit

Die ABC/XYZ-Klassifizierung ist eines der wichtigsten Instrumente des Supply Chain Managements. Mithilfe dieser Analyse können Artikel bewertet und separat gesteuert werden. Die Transparenz und die Prozesssicherheit im Unternehmen steigen deutlich, und jeder weiß, wie und warum ein Artikel oder ein Material geplant und disponiert wird. Die ABC/XYZ-Analyse lässt sich mit der Taktik beim Fußball vergleichen: Ohne Taktik gewinnt man nicht. Auf die Disposition übertragen heißt das: Ohne Artikelklassifizierung keine Dispositionsstrategie – und ohne Dispositionsstrategie werden Sie Dispositionsziele wie Bestandsreduzierung nicht erreichen. Auf Basis der ABC/XYZ-Analyse können Sie also die Strategie der Disposition und des gesamten Supply Chain Managements entwickeln, um Ihre Ziele optimal zu erreichen.

Nachdem wir nun die wichtigsten Grundlagen der Disposition erläutert haben, soll im nächsten Kapitel der grundsätzliche Ablauf der Disposition in SAP beschrieben werden.

Die Disposition besteht aus den vier Hauptphasen Programmplanung, Materialbedarfsplanung, Termin- und Kapazitätsplanung sowie Auftragsveranlassung und -überwachung. Das Kapitel führt diesen Ablauf in SAP vor.

4 Ablauf der Disposition in SAP

In diesem Kapitel beschreiben wir den grundsätzlichen Ablauf der Disposition von der Absatzplanung bis zur Auftragsrückmeldung. Dabei skizzieren wir den Ablauf zunächst aus betriebswirtschaftlicher Sicht und verdeutlichen dann, wie er sich im ERP-System widerspiegelt. Das Kapitel verschafft Ihnen somit einen Gesamtüberblick über den Dispositionsprozess und erleichtert Ihnen die Einordnung der folgenden Kapitel. Da die einzelnen Funktionen dort noch im Detail beschrieben werden, gehen wir hier jeweils nur kurz darauf ein. Im letzten Teil des Kapitels lernen Sie Funktionen des APO-Systems kennen, mit denen Sie den Dispositionsprozess erweitern können. Dabei gehen wir insbesondere auf die Unterschiede zu SAP ERP ein.

4.1 Betriebswirtschaftlicher Überblick

Die Phasen des Dispositionsprozesses lassen sich in vier Phasen einteilen (siehe Abbildung 4.1):

1. Programmplanung
2. Materialbedarfsplanung
3. Termin- und Kapazitätsplanung
4. Auftragsveranlassung und -überwachung

Auf diese Phasen gehen wir in den folgenden Abschnitten ausführlich ein.

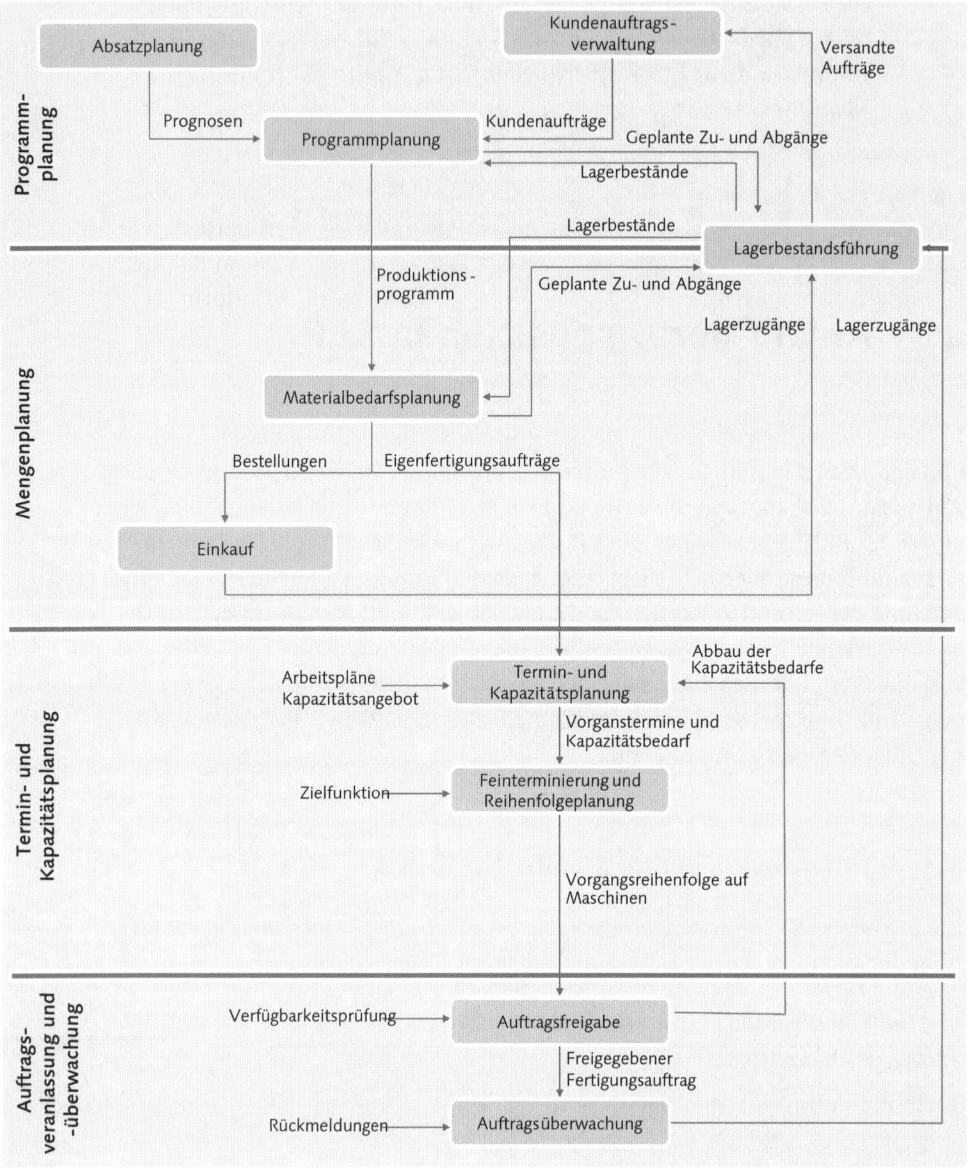

Abbildung 4.1 Die vier Phasen des Dispositionsprozesses

4.1.1 Programmplanung

Aufgabe der Programmplanung ist es, die zukünftigen Bedarfe des Marktes an Enderzeugnissen und Ersatzteilen nach Art, Menge und Termin zu planen. Die Programmplanung ist der Ausgangspunkt für die Disposition von Kaufteilen und die Planung des Produktionsablaufs und stellt somit die Grundlage für alle weiteren Planungsschritte dar. Die Planungsqualität des Produktionsprogramms bestimmt die Effizienz des gesamten Planungsprozesses bis zur Auslieferung.

Die in der Programmplanung ermittelten Bedarfe werden als *Primärbedarfe* bezeichnet. Sie setzen sich zusammen aus den bereits erteilten Aufträgen (Kundenprimärbedarfe) und den prognostizierten Bedarfen (Planprimärbedarfe). Die prognostizierten Bedarfe, also die Planprimärbedarfe, werden im Rahmen der Absatzplanung festgelegt. Folgende Quellen kommen für die Planprimärbedarfe unter anderem in Frage:

- Schätzung des Bedarfs durch Marketing und Vertrieb
- Analyse von Marktreaktionen auf Vertriebsmaßnahmen
- Extrapolation der Vergangenheit durch mathematische Prognoseverfahren

Für eine möglichst präzise Prognose sollte die Programmplanung *alle* Primärbedarfe, also auch Ersatzteile, Demonstrations- oder Versuchsmuster enthalten.

Bei der Festlegung der Planprimärbedarfe durch eine Prognose oder durch Schätzungen ist die *Festlegung der Planungsebene* entscheidend. So kann es für Endprodukte oder Varianten sinnvoll sein, eine aggregierte Planungsebene (z.B. Produktgruppen) zu schaffen, auf der die zukünftigen Bedarfe prognostiziert werden. Der Umfang der zu planenden Positionen bleibt so überschaubar und kann vom Vertrieb gut geplant werden. Zusätzlich können sich auf der aggregierten Ebene Bedarfsschwankungen der einzelnen Endprodukte ausgleichen. In anderen Fällen kann es sinnvoller sein, Baugruppen anstatt von Fertigerzeugnissen zu planen, zum Beispiel wenn eine Vielzahl von Endprodukten die gleichen Baugruppen verwendet.

Ein grundsätzliches Problem der Supply-Chain-Planung liegt darin, dass die vom Kunden geforderte Lieferfrist oft kürzer ist als die Fertigungs- oder Durchlaufzeit des Produkts. Um dieses Problem zu lösen, müssen normalerweise Bestände bzw. Sicherheitsbestände auf Komponenten- oder Enderzeugnisebene in Werken oder Distributionszentren aufgebaut werden. Grundsätzlich sollte die tatsächliche Disposition von Materialien aufgrund des damit verbundenen Absatzrisikos und der Kapitalbindung so spät wie möglich erfolgen – möglichst nur aufgrund echter Kundenaufträge. Oftmals ist jedoch die vom Kunden erwartete Lieferzeit kürzer als die eigene Durchlaufzeit aller Dispositionsstufen. Daher ist eine Dispostufe der Fertigung zu definieren, bis zu der auf Lager produziert und beschafft wird. Alle weiteren Stufen können dann innerhalb der Lieferzeit kundenauftragsbezogen abgewickelt werden. An dieser Stelle findet die Entkopplung von anonymer Lagerfertigung (Push-Strategien) und Kundenauftragsfertigung (Pull-Strategien) statt. Diese Ebene wird als Bevorratungsebene bezeichnet. Weitere Gründe für eine Bevorratung können eine gleichmäßige Auslastung der Produktionskapazitäten sein. Kriterien zur Festlegung der Bevorratungsebene sind:

- Mehrfachverwendbarkeit der Komponenten zur Reduzierung des Absatzrisikos
- Durchlaufzeit liegt unter der vom Kunden erwarteten Lieferzeit
- Flexibilität der Einplanung und Abwicklung kundenauftragsbezogener Beschaffung und Fertigung

4.1.2 Materialbedarfsplanung

Da in der Programmplanung nur Primärbedarfe für Enderzeugnisse und Ersatzteile geplant werden, muss als zweites eine Materialbedarfsplanung erfolgen. In diesem Schritt werden aus den Primärbedarfen die Bedarfsmengen für Rohstoffe, Einzelteile und Baugruppen abgeleitet. Diese abhängigen Bedarfe werden als *Sekundärbedarfe* bezeichnet.

In diesem Zusammenhang werden plangesteuerte und verbrauchsgesteuerte Bedarfsermittlungsverfahren unterschieden.

Ablauf der plangesteuerten Disposition

Bei der plangesteuerten Disposition werden die Materialbedarfe exakt mit Menge und Termin ermittelt. Die Mengenermittlung erfolgt mithilfe von Stücklisten und die Terminermittlung mithilfe von Fertigungsdurchlaufzeiten und Pufferzeiten (z.B. aus Arbeitsplänen). Die Planungsreihenfolge der Materialien wird mithilfe des Dispostufenverfahrens bestimmt.

Die Dispostufe ist die tiefste Stufe in einer Stückliste auf der ein Material vorkommt. Die Materialien werden während des Planungslaufs nach absteigender Dispostufe sortiert geplant. Zuerst werden Materialien geplant, die nur als Stücklistenköpfe auftreten, zuletzt die Rohstoffe auf den unteren Ebenen. Somit wird ein Material erst dann geplant, wenn alle Sekundärbedarfe von höheren Dispostufen bekannt sind.

Wenn alle Bruttobedarfe für ein Material ermittelt wurden, kann der Nettobedarf ermittelt werden. Hierzu werden den ermittelten Bedarfen (die eventuell auch einen zusätzlichen Sicherheitsbestand enthalten) die Bestände und bereits geplanten Zugänge gegenübergestellt und es werden Unterdeckungsmengen ermittelt.

In einem weiteren Schritt erfolgt die Losgrößenrechnung. Hier versucht man, die Unterdeckungsmengen durch die Ermittlung wirtschaftlicher Bestellmengen möglichst kostengünstig zu decken. Ziel ist die Minimierung der Summe aus Bestell- und Lagerhaltungskosten. In der Praxis werden jedoch auch häufig fixe oder periodische Bestellmengen benutzt.

Ablauf der verbrauchsgesteuerten Disposition

Bei der verbrauchsgesteuerten Disposition wird der Bedarf nicht aus einem zentralen Fertigungs- oder Lieferprogramm im Planungslauf abgeleitet. Vielmehr wird die Beschaffung oder Produktion pro Material auf der Basis von Vergangenheitsverbräuchen und einfachen Bestellpolitiken geplant.

Eine Bestellpolitik legt fest, wann und in welchen Umfang ein Material beschafft oder produziert werden soll. Der Zeitpunkt kann zum Beispiel mit dem Ablauf eines bestimmten Zeitintervalls (zyklische Disposition) oder mit dem Unterschreiten eines kritischen Lagerbestands festgelegt sein. Die Losgröße kann entweder fixiert sein oder vom aktuellen Lagerbestand abhängen (Auffüllen auf einen Höchstbestand). Somit ergeben sich die in Tabelle 4.1 gezeigten Bestellpolitiken sowie weitere Mischformen, die hier jedoch nicht weiter beschrieben werden.

		Bestellzeitpunkt	
		Zeitintervall	**Meldebestand**
Bestellmenge	**fix**	t,q-Regel	s,q-Regel
	Auffüllen auf Höchstbestand	t,S-Regel	s,S-Regel

Tabelle 4.1 Dispositionsregeln

4.1.3 Termin- und Kapazitätsplanung

Die Termin- und Kapazitätsplanung hat mehrere Aufgaben. Sie bestimmt die Starttermine der Vorgänge der Fertigungsaufträge (Durchlaufterminierung), ermittelt den Kapazitätsbedarf (Kapazitätsbedarfsplanung) und führt bei Kapazitätsüberlastungen einen Kapazitätsabgleich durch. Das Ergebnis sind somit Plan-Starttermine für die einzelnen Vorgänge der Aufträge und das Kapazitätsbelastungsprofil an den einzelnen Arbeitsplätzen.

Im Rahmen der Durchlaufterminierung werden für jeden Arbeitsgang die Anfangs- und Endtermine berechnet, ohne dabei Kapazitätsrestriktionen zu berücksichtigen. Oft ermittelt man die Starttermine über eine Rückwärtsterminierung, ausgehend vom gewünschten Endtermin. Alternativ können Sie auch eine Vorwärts- oder Mittelpunktsterminierung durchführen. Mithilfe der Vorgangstermine können Sie nun in der Kapazitätsplanung den Kapazitätsbedarf pro Planungsperiode ermitteln. Übersteigt der Kapazitätsbedarf die Normalkapazität, so muss ein Kapazitätsabgleich durchgeführt werden.

Im Rahmen des Kapazitätsabgleichs können folgende Maßnahmen durchgeführt werden:

- Anpassung der Kapazitäten an den Bedarf (z.B. durch Überstunden, Zusatzschichten, Umschichtung von Personal, Reservemaschinen)
- Anpassung des Bedarfs an die Kapazitäten (z.B. durch zeitliche Verschiebung, Mengenreduzierung, Fremdvergabe, alternative Arbeitsplätze)

Im Rahmen der Kapazitätsplanung kann auch zusätzlich eine Feinterminierung und Reihenfolgeplanung erfolgen. Aufgabe der Feinterminierung ist es, die Arbeitsvorgänge zeitgenau unter Festlegung einer Reihenfolge auf den Maschinen einzuplanen. Die Reihenfolge der Arbeitsvorgänge bestimmt man dabei entweder interaktiv durch den Feinplaner in einem Leitstand, über heuristische Reihenfolgeregeln (z.B. First-Come-First-Serve) oder mithilfe einer Optimierung bezüglich einer festgelegten Zielfunktion. An dieser Stelle können auch Rüstabhängigkeiten berücksichtigt werden.

4.1.4 Auftragsveranlassung und -überwachung

Die zwei wichtigen Prozessschritte sind hier die Auftragsveranlassung und die Auftragsüberwachung. Zur Auftragsveranlassung gehört die Auftragsfreigabe. Sie erfolgt, nachdem alle planerischen Schritte abgeschlossen sind. Mit der Auftragsfreigabe wird die Produktion angestoßen. Hierzu sollte eine Verfügbarkeitsprüfung der zur Auftragserfüllung erforderlichen Materialien, Betriebsmittel, Vorrichtungen und Werkzeuge durchgeführt werden, damit die Fertigung nicht mit unausführbaren Aufträgen belastet wird. Durch die Auftragsfreigabe werden oftmals auch die Materialbereitstellung und Umrüstungen gesteuert.

Als letzter Schritt der Disposition überprüft die Auftragsüberwachung, ob die Einhaltung der Plandaten gewährleistet ist. Liegen durch Störungen verursachte Abweichungen über definierten Toleranzgrenzen, so sind stabilisierende Maßnahmen zu ergreifen. Damit ein Vergleich von Soll- und Ist-Daten erfolgen kann, ist eine aktuelle Rückmeldung von Daten entscheidend. Im Rahmen der Rückmeldung werden auftragsbezogene Daten (Produktionszeiten, Gutmengen, Ausschussmengen), personalbezogene Mengen (geleistete Stunden), maschinenbezogene Daten (Rüstzeiten, Stillstandszeiten) und materialbezogene Daten (Bestandszugänge der Fertigteile und Entnahmen der Komponenten) erfasst. Diese Daten sind wiederum Grundlage für den Dispositionsprozess, da sie die Lagerbestandsführung und die Kapazitätsplanung direkt beeinflussen.

4.2 Übersicht über den Dispositionsprozess im SAP-System

Die Disposition kann auch im SAP-System in die vier oben beschriebenen Schritte unterteilt werden. Für deren Ausführung können verschiedene Funktionen des ERP- und des APO-Systems genutzt werden. Die Integration zwischen den Systemen erfolgt über die sogenannte *CIF-Schnittstelle* (Core Interface). Hier können Stamm- und Bewegungsdaten in Echtzeit oder periodisch übertragen werden. Es ist möglich und sinnvoll, beide Systeme in einem integrierten Verbund zur Planung einzusetzen. Mögliche Integrationsmöglichkeiten für die einzelnen Funktionen werden in Abschnitt 4.4, »Dispositionsprozess in SAP APO«, noch im Detail beschrieben.

Im Folgenden erläutern wir den in Abbildung 4.2 dargestellten Ablauf der Planung in einem SAP ERP- und APO-Systemverbund.

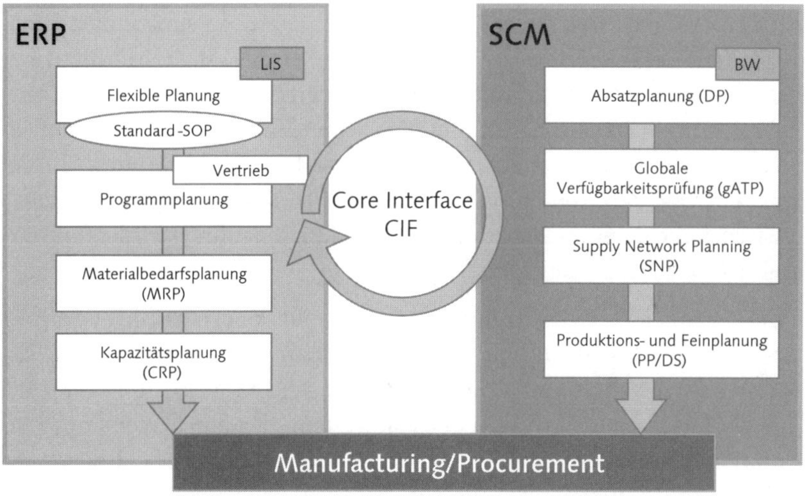

Abbildung 4.2 Ablauf der Disposition in SAP ERP und SAP SCM/APO

Im ersten Schritt der Programmplanung muss eine Absatzplanung als Ausgangspunkt der Disposition erstellt werden. Für diesen Schritt gibt es mehrere Integrationsmöglichkeiten beider Systeme. Auf der ERP-Seite kann eine Absatzplanung im Rahmen der *flexiblen Planung* erstellt werden. Ein Spezialfall der *flexiblen Planung* ist die *Standard-SOP* (SOP = Sales and Operations Planning). Mit diesen beiden Tools kann, etwa aus den Absatzzahlen der Vergangenheit, das zukünftige Produktionsprogramm abgeleitet werden. Anschließend können die Planprimärbedarfe entweder zur weiteren Planung in SAP ERP verbleiben oder per CIF an das APO-System übergeben werden. Alternativ kann die Absatzplanung auch auf APO-Seite im Demand Planning (DP) erstellt werden.

Da die Planung im APO-DP auf Grundlage eines APO-internen BW (im Gegensatz zu den LIS-Strukturen im ERP) erstellt wird, bieten sich hier zahlreiche Zusatzmöglichkeiten im Vergleich zur flexiblen Planung in SAP ERP. Diese Vorteile werden in Abschnitt 4.4.1, »Demand Planning (DP)«, im Einzelnen erläutert. Die Vorplanbedarfe können anschließend per CIF an das ERP-System übertragen werden oder zur weiteren Planung im APO-System verbleiben.

Der zweite Teil der Programmplanung, die Erfassung von Kundenbedarfen, findet auf ERP-Seite statt. Kundenaufträge werden grundsätzlich im Bereich Vertrieb des ERP-Systems erfasst. Die Verfügbarkeitsprüfung im Kundenauftrag, Available-to-Promise-(ATP)-Prüfung, kann jedoch entweder in SAP ERP oder in SAP APO erfolgen. Wird die Verfügbarkeitsprüfung im APO-System aktiviert, so springt das ERP-System bei der ATP-Prüfung im Kundenauftrag automatisch in das APO-System ab. Während bei der ATP-Prüfung in SAP ERP nur eine einstufige Prüfung (oder eine Montageabwicklung) erfolgen kann, gibt es im APO-System wieder zahlreiche Zusatzmöglichkeiten. So kann zum Beispiel eine mehrstufige Prüfung, eine globale Prüfung innerhalb des Supply-Chain-Netzwerks oder auch eine regelbasierte Prüfung zum Beispiel auf Substitutionsmaterialien erfolgen. Gleichzeitig ist auch eine Integration mit der Produktions- und Feinplanung (PP/DS) möglich. Bei dem sogenannten Capable-to-Promise-(CTP)-Verfahren kann sofort bei Kundenauftragserfassung eine Auftragsanlage und Terminierung der Produktion unter Berücksichtigung von Komponentenverfügbarkeit und Kapazitäten erfolgen. Dem Kundenauftrag wird somit ein machbarer Liefertermin gemeldet.

Bevor die eigentliche Materialbedarfsplanung pro Werk beginnt, bietet das SAP APO-System die Möglichkeit, eine kompletten Planung des Liefer- und Beschaffungsnetzwerks mit der Supply-Network-Planung (SNP) durchzuführen. Mithilfe des SNP wird ein netzwerkweiter Plan erstellt, der durch Produktion im Werk, durch Umlagerung aus einem anderen Produktionswerk oder durch die Beschaffung der Komponenten oder Rohstoffe die Planprimärbedarfe der Absatzplanung und die bereits erteilten Kundenaufträge deckt. Dabei können die Kapazitätsrestriktionen des Netzwerks berücksichtigt werden. Diese Funktion steht in SAP ERP nicht zur Verfügung.

Der zweite Schritt der Disposition, die Materialbedarfsplanung, kann wieder auf ERP- oder auf APO-Seite ausgeführt werden. In einem typischen Szenario der integrierten Produktionsplanung werden plangesteuerte Materialien in SAP APO disponiert und verbrauchsgesteuerte Materialien in SAP ERP. Der Planungslauf und auch die Transparenz der Beschaffungssituation im APO-System bieten wieder einige Vorteile gegenüber dem ERP-System.

Die Termin- und Kapazitätsplanung, die sich direkt an die Materialbedarfsplanung anschließt, kann wieder im ERP- und im APO-System ausgeführt werden.

Ist das Ziel dieses Schritts ein finiter Produktionsplan, so überwiegen in diesem Fall aber klar die erweiterte Möglichkeiten der Kapazitätsplanung in SAP APO. Dieses System bietet die Funktionen der grafischen Plantafel, Feinplanungsheuristiken und den Optimierer. Die Möglichkeiten einer finiten Feinplanung in SAP ERP sind dagegen begrenzt.

Der Schritt der Auftragsveranlassung und -überwachung, also die spätere Abwicklung der Fremdbeschaffung und der Produktionsaufträge, findet im Bereich des Procurements und des Manufacturing des ERP-Systems statt; also im Materials Management (MM), im Production Planning (PP) und gegebenenfalls in einem angeschlossenen BDE-System.

SAP APO ist zwar ein reines Planungs-Tool. Störungen und zeitliche Verschiebungen in der Fertigung werden jedoch in SAP APO berücksichtigt.

4.3 Dispositionsprozess in SAP ERP

In diesem Abschnitt beschreiben wir den Ablauf einer Disposition, für die nur ein SAP ERP-System genutzt wird. Für jeden der oben beschriebenen vier Schritte zeigen wir, welche Funktionen SAP ERP bietet.

4.3.1 Programmplanung

Zu den Schritten der Programmplanung gehört auch in SAP ERP die Erfassung der Planprimärbedarfe im Rahmen der Absatzplanung, die Erfassung von Kundenprimärbedarfen durch Kundenaufträge in SD und das Zusammenspiel beider Bedarfsarten, das in der Planungsstrategie festgelegt wird.

Absatzplanung

In SAP ERP steht Sales & Operations Planning (SOP) als Instrument zur Verfügung, um den Prozess der Absatz- und Produktionsplanung zu unterstützen. Das Ergebnis der SOP sind Bedarfsprognosen auf der Ebene der Verteilzentren oder Produktionswerke, die später an die Disposition weitergegeben werden können. Prognose und Planung können sich dabei auf Vergangenheitsdaten, laufende Daten und geschätzte Zukunftsdaten stützen.

SOP umfasst zwei Anwendungskomponenten:

- Standardabsatz-/Grobplanung (kurz: Standard-SOP)
- flexible Planung

Standard-SOP ist bei Auslieferung des Systems weitestgehend voreingestellt und kann ohne großen Aufwand genutzt werden. Die Funktionen sind jedoch auf den Standard begrenzt. Bei der flexiblen Planung hingegen können viele Funktionen gecustomized werden. Sie bietet somit eine Vielzahl von Möglichkeiten, die Absatzplanung auf die kundenspezifische Planungsweise anzupassen (siehe Tabelle 4.2). Dabei können Sie auf jeder organisatorischen Ebene planen sowie Inhalt und Layout der Planungsbilder bestimmen.

Flexible Planung	Standard-SOP
vielfältige Möglichkeiten für benutzereigene Konfiguration	weitgehend voreingestellt
Planungshierarchien	Produktgruppen
konsistente Planung oder Stufenplanung	Stufenplanung
Inhalt und Layout des Planungstableaus über Planungstyp einstellbar	Standard-Planungstableau

Tabelle 4.2 Unterschiede zwischen der flexiblen Planung und Standard-SOP

In der Absatzplanung wird eine Prognose in der Regel auf Basis von aggregierten Vergangenheitsdaten ausgeführt. Die Vergangenheitsdaten können dabei beispielsweise aus SAP ERP-LIS (Logistikinformationssystem) stammen. Die Strukturierung und Aufbereitung der Planzahlen kann mit den jeweiligen Datenstrukturen des LIS flexibel festgelegt werden. Sie basiert auf der Verwendung sogenannter Merkmale (z.B. *Werk* und *Auftraggeber*), nach denen die Kennzahlen (z.B. *Produktionsmenge*) aufgeschlüsselt werden können.

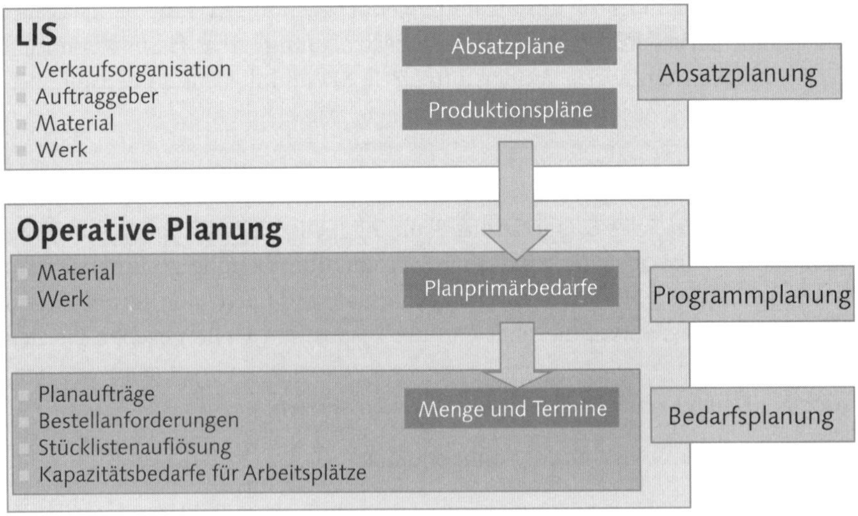

Abbildung 4.3 Ablauf der Absatzplanung

Eine Absatzplanung kann Ausgangspunkt für den gesamten Produktionsplanungsprozess sein. Zum Beispiel können im Rahmen der Absatzplanung sogenannte *Produktionspläne* erstellt werden (z.B. in einer Kennzahl *Produktion*), die später als Planprimärbedarfe an die operative Planung übergeben werden. Die Planprimärbedarfe bilden also die Grundlage für die Beschaffungs- und Produktionsplanung und können je nach gewählter Planungsstrategie zum Beispiel mit den aktuellen Kundenaufträgen verrechnet werden. Dieser Ablauf ist noch einmal in Abbildung 4.3 dargestellt.

Planungsstrategien in der Programmplanung

Wie bereits in den Abschnitten 4.1.1 und 4.3.1 beschrieben wurde, bestehen die Primärbedarfe aus Planprimärbedarfen und realen Kundenaufträgen. In der Programmplanung des SAP ERP-Systems wird nun das Zusammenspiel dieser Primärbedarfe festgelegt. Die Art und Weise, wie sich Primärbedarfe in der Bedarfsplanung verhalten (ob sie bedarfswirksam sind und ob sie sich mit anderen Bedarfen verrechnen), wird durch ihre Bedarfsart beziehungsweise die Planungsstrategie festgelegt (siehe Abbildung 4.4).

Planprimärbedarfe sind Lagerbedarfe, die sich aus einer Prognose der zukünftigen Bedarfssituation ableiten. In der Lagerfertigung möchte man die Beschaffung der jeweiligen Materialien einleiten, ohne auf konkrete Kundenaufträge zu warten. Durch ein solches Vorgehen können Lieferzeiten verkürzt und die eigenen Produktionsressourcen aufgrund vorausschauender Planung gleichmäßig belastet werden.

Kundenprimärbedarfe (Kundenaufträge) werden vom Vertrieb erfasst. Abhängig von der eingestellten Bedarfsart können Kundenbedarfe direkt in die Bedarfsplanung eingehen. Das ist immer dann erwünscht, wenn kundenspezifisch geplant werden soll. Kundenaufträge können als alleinige Bedarfsquellen dienen, für die dann spezifisch die Beschaffung angestoßen wird (Kundeneinzelfertigung), oder sie können zusammen mit Planprimärbedarfen den Gesamtbedarf stellen. Auch eine Verrechnung von Kundenaufträgen mit Planprimärbedarfen ist möglich.

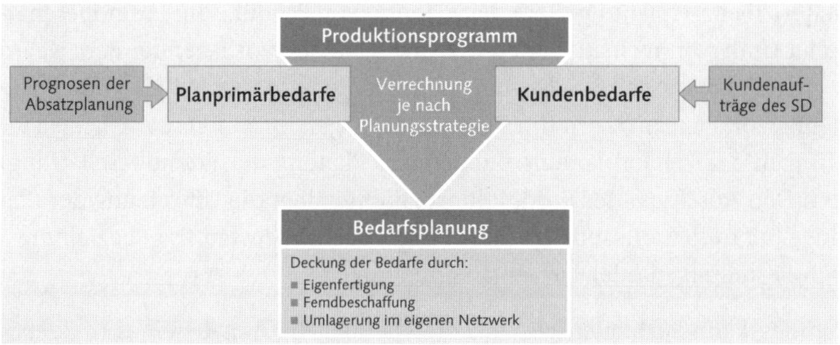

Abbildung 4.4 Primärbedarfe des Produktionsprogramms

Als Strategien zur Erstellung des Produktionsprogramms bietet das ERP-System folgende grundsätzliche Möglichkeiten:

- **Lagerfertigung**
  Produktion aufgrund kundenauftragsanonymer Vorplanung, Befriedigung der Bedarfe vom Lager
- **Baugruppenvorplanung**
  Lagerfertigung für Baugruppen durch Vorplanung
- **auftragsbezogene Produktion**
  Produktion der Enderzeugnisse mittels Kundeneinzelfertigung, gegebenenfalls Produktion von Baugruppen mittels Lagerfertigung auf Lager

Wenn Strategien zur Lagerfertigung verwendet werden, so findet die Produktion in der Regel statt, auch ohne dass bereits Kundenaufträge für das betreffende Material vorliegen müssen. Gehen dann Kundenaufträge ein, so können diese vom Lager beliefert werden, sodass kurze Lieferzeiten realisiert werden können. Außerdem ist es in der Lagerfertigung möglich, einen möglichst gleichmäßigen Produktionsverlauf unabhängig von der aktuellen Nachfrage zu realisieren.

Eine Lagerfertigung kann auch für Baugruppen ausgeführt werden. In diesem Fall werden nicht die Endprodukte selbst auf Lager produziert, sondern es werden vielmehr nur die benötigten Baugruppen beschafft. Ein Kundenauftrag für ein Endprodukt kann dann in der Regel rasch erfüllt werden, weil nur noch die Endmontage ausgeführt werden muss, die Baugruppen aber bereits vorliegen.

Bei der kundenauftragsbezogenen Produktion findet keine Vorplanung im eigentlichen Sinn statt; es wird vielmehr erst für einen konkret vorliegenden Kundenauftrag beschafft. Oftmals wird die Kundeneinzelfertigung in Verbindung mit einer Baugruppenvorplanung für die Komponenten verwendet, um die Lieferzeiten möglichst kurz zu halten.

4.3.2 Materialbedarfsplanung

Die Materialbedarfsplanung dient der Planung von Produktion, Fremdbeschaffung oder Umlagerungen aus anderen Werken anhand vorliegender Bedarfe im Werk (abhängig von der Beschaffungsart). Die Bedarfe werden also durch die Erzeugung von Planaufträgen (für Planung der Eigenfertigung) sowie Bestellanforderungen oder Lieferplaneinteilungen (für Planung der Fremdbeschaffung) gedeckt. Den Abschluss der Produktionsplanung bildet die Umsetzung der Planaufträge in Produktionsaufträge (Fertigungs- oder Prozessauftrag) beziehungsweise in Bestellungen oder Lieferplaneinteilungen.

Die Planung kann verbrauchsgesteuert (etwa über die Angabe eines Meldebestands) oder plangesteuert erfolgen. Die grundsätzliche Art der Disposition wird pro Material mit dem Dispositionsmerkmal festgelegt, das in der Registerkarte DISPOSITION 1 des Materialstamms eingetragen wird. Über das Dispositionsmerkmal kann ein Material auch von der Disposition ausgeschlossen werden. Abbildung 4.5 zeigt eine Übersicht der Dispositionsverfahren in SAP ERP.

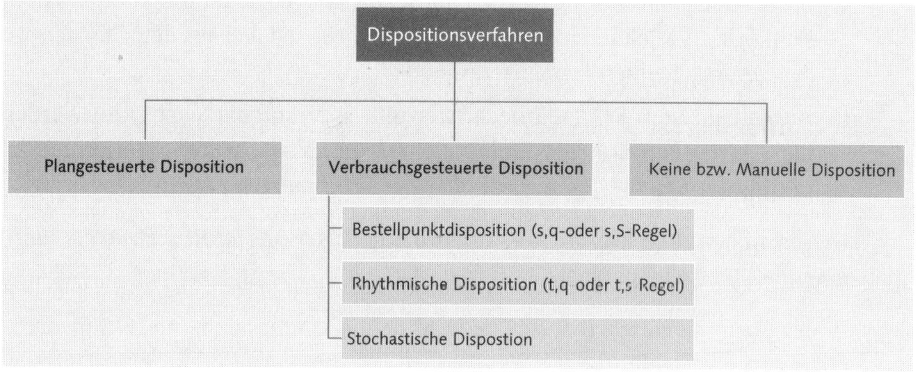

Abbildung 4.5 Überblick über die Dispositionsverfahren in SAP ERP

Die plangesteuerte Disposition orientiert sich am aktuellen und zukünftigen Absatz und findet über die gesamte Stücklistenstruktur hinweg statt (siehe Abbildung 4.6).

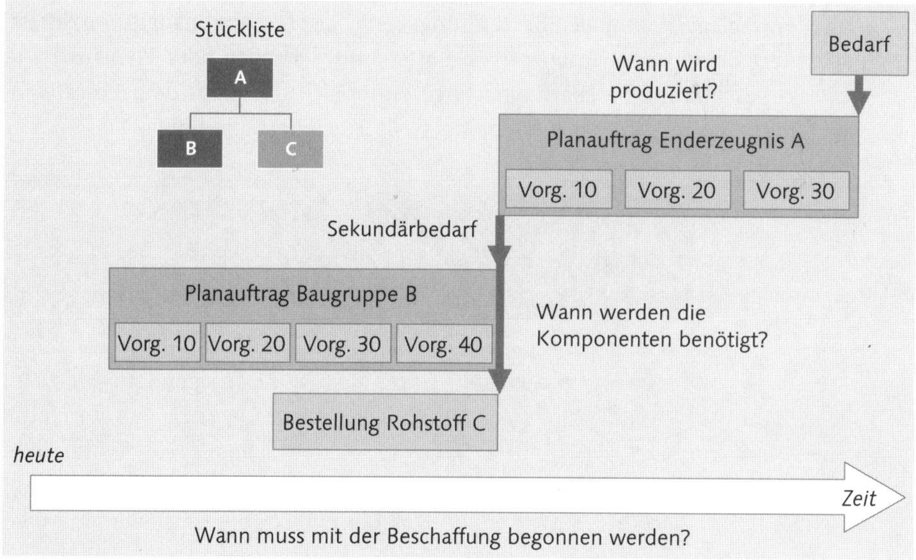

Abbildung 4.6 Ablauf der Planung im mehrstufigen MRP

- Die geplanten Bedarfsmengen (in Form von Planprimärbedarfen oder Kundenaufträgen) geben den Anstoß für die Bedarfsrechnung.

- Die plangesteuerte Disposition verwendet grundsätzlich die Rückwärtsterminierung, bei der aus einem vorgegebenen Endtermin die dazu notwendigen Starttermine ermittelt werden.
- Die Beschaffungsvorschläge für das Enderzeugnis werden erstellt, und über die Stücklistenauflösung werden die Sekundärbedarfe für die Komponenten ermittelt. Der Sekundärbedarfstermin ergibt sich dabei aus dem Starttermin des verursachenden Planauftrags.
- Ausgehend vom Sekundärbedarfstermin als Verfügbarkeitstermin werden die Auftragstermine der Komponenten in einer Rückwärtsterminierung mittels der Eigenfertigungszeit oder der Planlieferzeit ermittelt.

Dieser mehrstufige Planungsablauf wird auch als *Material Requirements Planning* (MRP) bezeichnet.

In der plangesteuerten Disposition wird beim Planungslauf eine Nettobedarfsrechnung durchgeführt, um festzustellen, ob für ein Material eine Unterdeckungssituation vorliegt. Dazu werden der Bestand und die bereits vorliegenden festen Zugänge (Bestellungen, fixierte Bestellanforderungen und Fertigungsaufträge, Planaufträge) dem Sicherheitsbestand und den Bedarfen gegenübergestellt. Das Ergebnis dieser Gegenüberstellung ist die sogenannte *dispositiv verfügbare Menge*. Ist die dispositiv verfügbare Menge kleiner als Null, so spricht man von einer Unterdeckung. Die Bedarfsplanung reagiert auf Unterdeckungssituationen mit dem Anlegen von neuen Beschaffungsvorschlägen, also abhängig von der Beschaffungsart mit dem Anlegen von Bestellanforderungen oder Planaufträgen. Die vorgeschlagene Beschaffungsmenge ergibt sich dabei aus dem Losgrößenverfahren, das im Materialstamm eingestellt ist (siehe Abbildung 4.7).

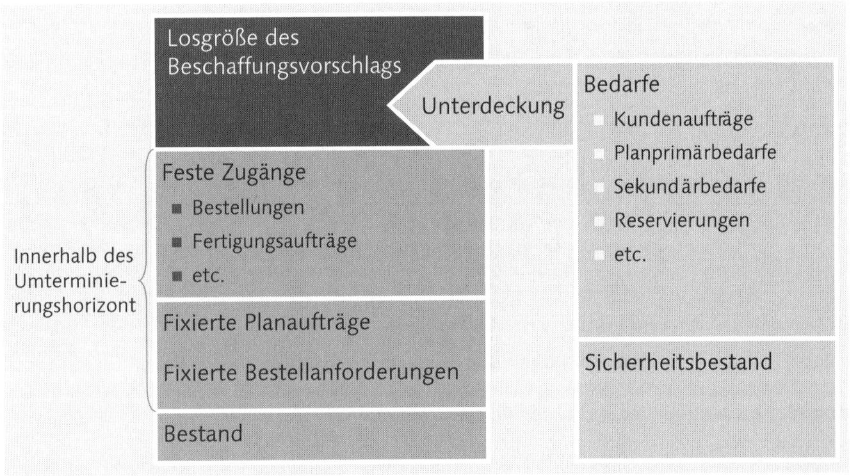

Abbildung 4.7 Nettobedarfsrechnung

Die verbrauchsgesteuerte Disposition hingegen basiert auf den Verbrauchswerten der Vergangenheit und schließt mithilfe der Prognose oder statistischer Verfahren auf den zukünftigen Bedarf. Die verbrauchsgesteuerte Disposition zeichnet sich aus durch ihre Einfachheit und findet vorwiegend für sogenannte B- und C-Teile Verwendung, also für Teile mit niedrigem Wertanteil.

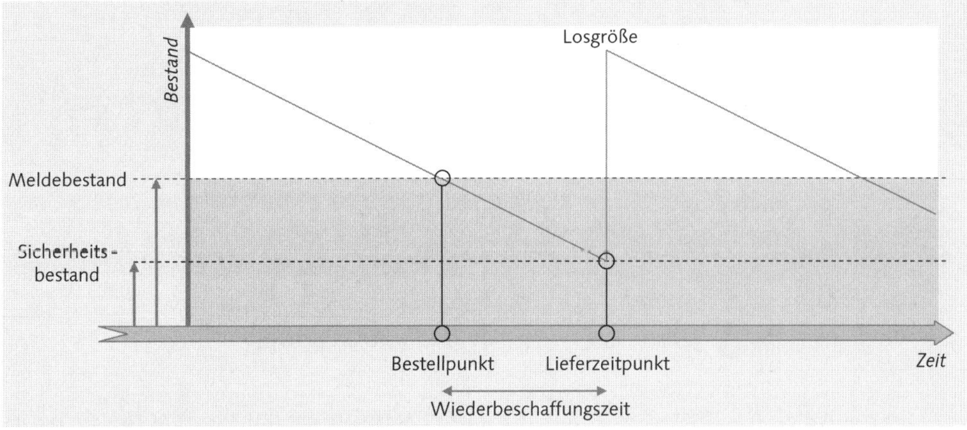

Abbildung 4.8 Verbrauchsgesteuerte Disposition

Die in Abbildung 4.8 dargestellt manuelle Bestellpunktdisposition ist ein typisches Verfahren der verbrauchsgesteuerten Disposition. Gesteuert wird die Disposition durch einen manuell anzugebenden Meldebestand (z.B. 50 Stück). Das System prüft beim Planungslauf dann lediglich, ob dieser Meldebestand unterschritten ist oder nicht (ob also weniger als 50 Stück auf Lager sind). Im Fall der Unterschreitung wird die Beschaffung in Höhe der Losgröße (etwa fixe Losgröße von 500 Stück) angestoßen. Dieses Vorgehen entspricht der in Abschnitt 4.1.2 beschriebenen s,q-Bestellpolitik.

4.3.3 Termin- und Kapazitätsplanung

Bei der Materialbedarfsplanung können über den Arbeitsplan die sich aus den Planaufträgen ergebenden Kapazitätsbedarfe berechnet werden. Vorraussetzung für diese Berechnung ist, dass beim MRP-Planungslauf als Terminierungsparameter 2 »Durchlaufterminierung und Kapazitätsplanung« gewählt wurde (siehe Abbildung 4.9). Nur dann werden neben den Eckterminen der Planaufträge auch die Vorgangstermine über den Arbeitsplan terminiert.

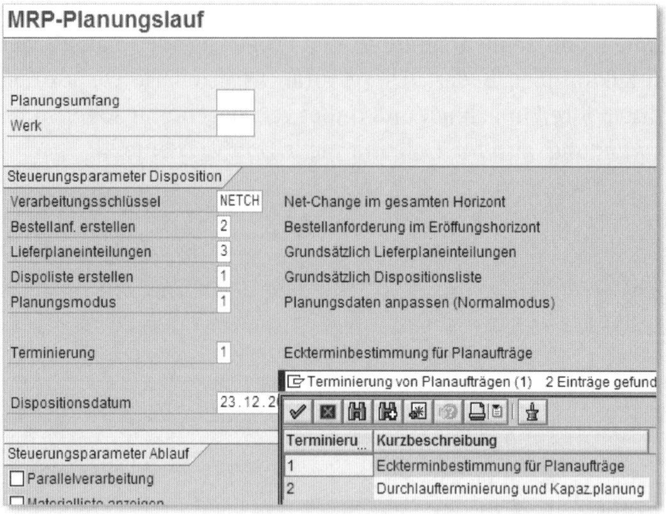

Abbildung 4.9 Terminierungsparameter beim MRP-Planungslauf

Im ersten Schritt erzeugt die infinite Bedarfsplanung nur die Kapazitätsbedarfe. Diese werden anhand der im Arbeitsplan hinterlegten Zeiten und der Annahme unendlicher Kapazitäten terminiert. Eine Prüfung, ob zu den jeweiligen Terminen der Arbeitsplatz noch zur Verfügung steht, findet zunächst nicht statt.

Im zweiten Schritt ist zu prüfen, ob die Planung kapazitiv realisiert werden kann. Diese Prüfung findet im Rahmen der in der Regel arbeitsplatzbezogenen Kapazitätsplanung statt. Ziel der Kapazitätsplanung ist es, sämtliche Arbeitsvorgänge der Plan- oder Produktionsaufträge so einzuplanen, dass der Produktionsplan erfüllt werden kann. Durch die Einplanung können sich nun noch Terminverschiebungen ergeben.

Mit den Funktionen der Kapazitätsauswertung werden Kapazitätsangebote und Kapazitätsbedarfe ermittelt und in Listen oder Grafiken einander gegenübergestellt. Durch den sich anschließenden Kapazitätsabgleich können Unter- und Überbelastungen an den Arbeitsplätzen ausgeglichen werden; eine optimale Belegungsreihenfolge von Maschinen und Fertigungslinien kann erfolgen und geeignete Ressourcen können ausgewählt werden. Mithilfe der tabellarischen und der grafischen Plantafel können Vorgänge nun so eingeplant werden, dass ihre Durchführung kapazitiv möglich ist (siehe Abbildung 4.10).

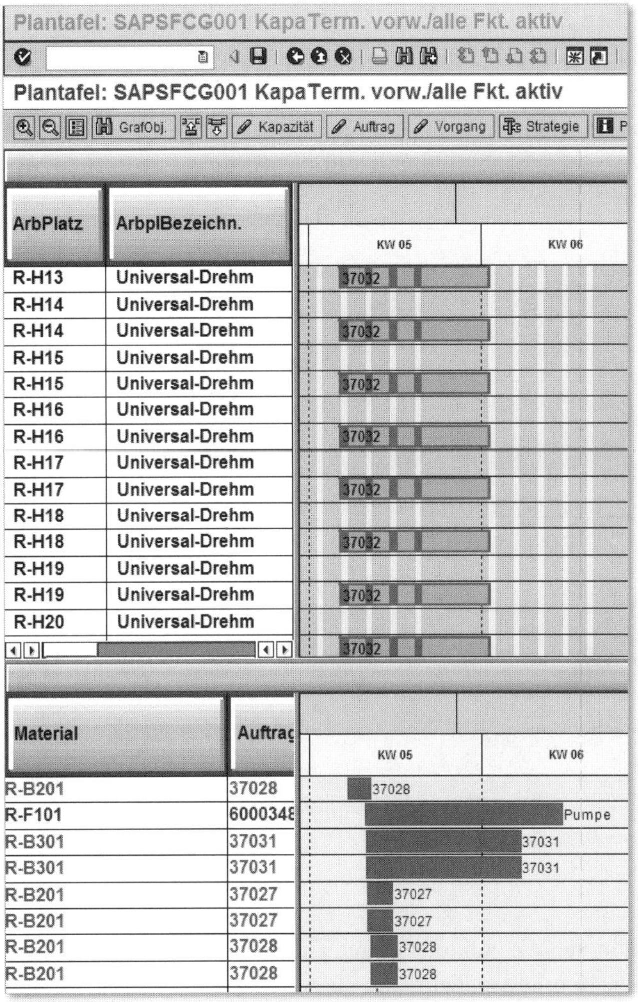

Abbildung 4.10 Grafische Plantafel in SAP ERP

Hier kann auch eine bestimmte Regel für die Einplanungsreihenfolge berücksichtigt werden. Für Arbeitsplätze mit mehreren Einzelkapazitäten kann eine Zuordnung und Splittung auf die Einzelkapazitäten erfolgen. Zur Erstellung eines finiten Produktionsplans ist das APO-System jedoch weitaus hilfreicher, da dort ein Optimierer und Einplanungsheuristiken zur Verfügung stehen (siehe hierzu auch Abschnitt 4.4.3, »Produktions- und Feinplanung (PP/DS)«).

4.3.4 Auftragsveranlassung und -überwachung

Mit der Umwandlung eines Planauftrags in einen Fertigungsauftrag beginnt die Fertigungssteuerung. Planaufträge können entweder manuell durch den Planer umgesetzt werden oder mithilfe eines Horizonts per Sammelbearbeitung. Wie Sie in Abbildung 4.11 sehen können, durchläuft ein Fertigungsauftrag in SAP ERP eine Vielzahl von Phasen.

Abbildung 4.11 Lebenszyklus eines Fertigungsauftrags in SAP ERP

Die mit * gekennzeichneten Aktivitäten können automatisiert oder per Hintergrundverarbeitung ablaufen, sodass der manuelle Aufwand zur Auftragsverwaltung minimiert wird. Work-in-Progress-Ermittlung, Abweichungsermittlung und Abrechnung sind in der Regel periodische Arbeiten für die Kostenträgerrechnung, die per Hintergrundverarbeitung bearbeitet werden. Wichtige Grundfunktionen eines Fertigungsauftrags in SAP ERP sind:

- Statusverwaltung
- Terminierung
- Berechnung von Kapazitätsbedarfen
- Kalkulation
- Verfügbarkeitsprüfung von Komponenten, Fertigungshilfsmitteln und Kapazitäten
- Drucken von Auftragspapieren

- Materialbereitstellung über Reservierungen
- Rückmeldung von Mengen, Leistungen und Zeitereignissen (variable Rückmeldeverfahren)
- Wareneingang (Lagerzugang)
- Periodenabschluss (Prozesskostenverrechnung, Gemeinkostenzuschläge, WIP-Ermittlung, Abweichungsermittlung, Auftragsabrechnung)

Bevor die Fertigung beginnen kann, muss ein Fertigungsauftrag freigegeben werden. Ab diesem Moment können Warenbewegungen zum Auftrag gebucht, Papiere gedruckt, Rückmeldungen erfasst sowie eine Verfügbarkeitsprüfung automatisch durchgeführt werden. Die Verfügbarkeitsprüfung kann für Materialkomponenten, Kapazität und Fertigungshilfsmittel durchgeführt werden.

Der Fortschritt der Fertigung wird über Rückmeldungen erfasst. Diese sind Grundlage der Fortschrittskontrolle und einer folgenden Kapazitätsplanung. Deshalb sind echtzeitnahe und exakte Rückmeldungen wichtig. Die Auftragsrückmeldung dient gleichzeitig der Erfassung innerbetrieblicher Leistungen, die für den Auftrag erbracht wurden. Rückmeldungen werden grundsätzlich im ERP-System durchgeführt. Mit einer Rückmeldung werden verschiedene Funktionen ausgeführt (siehe auch Abbildung 4.12).

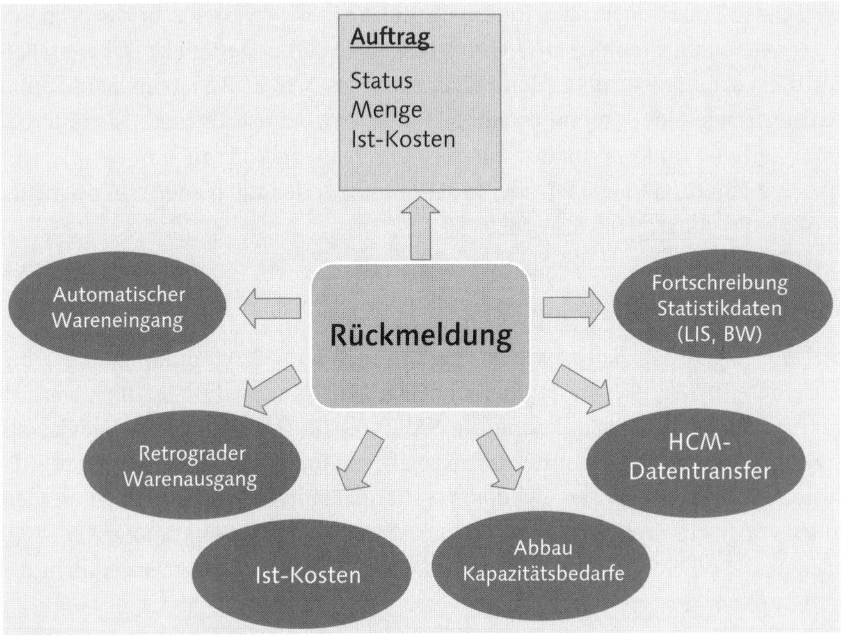

Abbildung 4.12 Funktionen der Rückmeldung

- Jede Rückmeldung wird mit einem Status erfasst (z.B. *teilrückgemeldet* oder *rückgemeldet*).
- In den Fertigungsauftrag werden die rückgemeldete Menge und Ist-Kosten geschrieben.
- Eine Rückmeldung kann mit automatischem Wareneingang erfolgen.
- Materialentnahmen können auch automatisch per retrograder Entnahme gebucht werden.
- Die Rückmeldung reduziert ebenfalls die Kapazitätsbedarfe des Fertigungsauftrags.

Erfolgen die Wareneingangs- und Warenausgangsbuchungen nicht gekoppelt mit der Rückmeldung, so müssen sie manuell gebucht werden. Diese Buchungen sind entscheidend für die Qualität der Disposition, da sie für die Bestandsveränderungen und den Abbau von Reservierungen sorgen.

4.4 Dispositionsprozess in SAP APO

Im Folgenden beschreiben wir die SAP APO-Funktionen *Demand Planning* (DP), *Supply Network Planning* (SNP) und *Produktions- und Feinplanung* (PP/DS). Diese Funktionen sind innerhalb des SAP SCM-Systems in der Komponente *Advanced Planning and Optimization* (APO) angesiedelt. Dabei stellen wir die Vorteile gegenüber den Funktionen des SAP ERP-Systems heraus und erläutern, wie eine Integration mit SAP ERP möglich ist. Es bietet sich hierbei eine Vielzahl von Kombinationsmöglichkeiten an. So können zum Beispiel nur einzelne Funktionen wie DP oder PP/DS genutzt oder alle planerischen Schritte in SAP APO durchgeführt werden.

4.4.1 Demand Planning (DP)

Die Absatzplanung kann, wie in Abschnitt 4.3.1, »Programmplanung«, beschrieben, in SAP ERP im Rahmen der flexiblen Planung durchgeführt werden oder mit zusätzlichen Funktionen in SAP APO-DP. Die Planprimärbedarfe als Ergebnis von DP können entweder zur weiteren Programmplanung an das ERP-System übergeben werden, wenn die weiteren Schritte dort ausgeführt werden sollen, oder zur weiteren Planung in SAP APO an die Funktionen APO-SNP oder APO-PP/DS freigegeben werden. Diesen Zusammenhang verdeutlicht die Abbildung 4.13.

Die APO-Absatzplanung erfolgt auf Basis der Vergangenheitsdaten des internen Business Warehouse (BW).

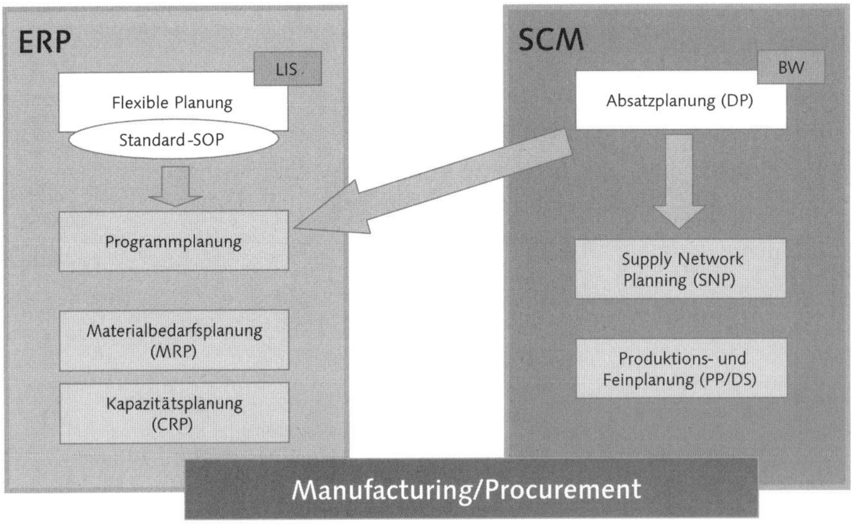

Abbildung 4.13 Integration des Demand Plannings (DP)

Die umfangreichen, mit dem internen BW ausgelieferten Extraktoren werden genutzt, um Vergangenheitsdaten aus verschiedenen Quellsystemen (SAP ERP, Flatfiles, SAP NetWeaver BW oder Fremdsysteme) in das interne BW zu laden. Es können auch eigene Extraktoren für kundenspezifische Daten angelegt werden.

In der Absatzplanung können sowohl mengen- als auch wertebasierte Prognosen erstellt werden. Die Planung (z.B. statistische Prognosen) kann auf aggregierten Vergangenheitsdaten wie zum Beispiel Auftrags- oder auch Fakturamengen beruhen. APO-DP bietet zusätzlich die Möglichkeit, kooperierende Prognosen der Vertriebsbüros über Portale zu erstellen und eine Promotionsplanung zu berücksichtigen.

Die Planungsebenen können frei gewählt werden, Bedarfe können also zum Beispiel für Produkthierarchien, kundenspezifisch, regional oder für unterschiedliche Verkaufsorganisationen erfasst werden. Analog zur flexiblen Planung werden die Planungsebenen über Merkmale im System definiert. Mit Bezug zu den Merkmalen können betriebliche Daten aggregiert, disaggregiert und ausgewertet werden. Auch die Zeitraster zur Planung sind frei definierbar. Ebenfalls analog zur flexiblen Planung werden Plandaten als Kennzahlen abgelegt. Kennzahlen enthalten numerische Werte, die entweder eine Menge oder einen Wert bezeichnen, zum Beispiel den zukünftigen Absatzwert in Euro oder zukünftige Absatzmengen in Paletten.

Den Abschluss bildet die Freigabe des Absatzplans mit den Merkmalen *Produkt* und *Lokation* an die nun folgenden Funktionen (entweder das Supply Network

Planning oder die Produktionsplanung). Abbildung 4.14 fasst den gesamten Ablauf noch einmal zusammen.

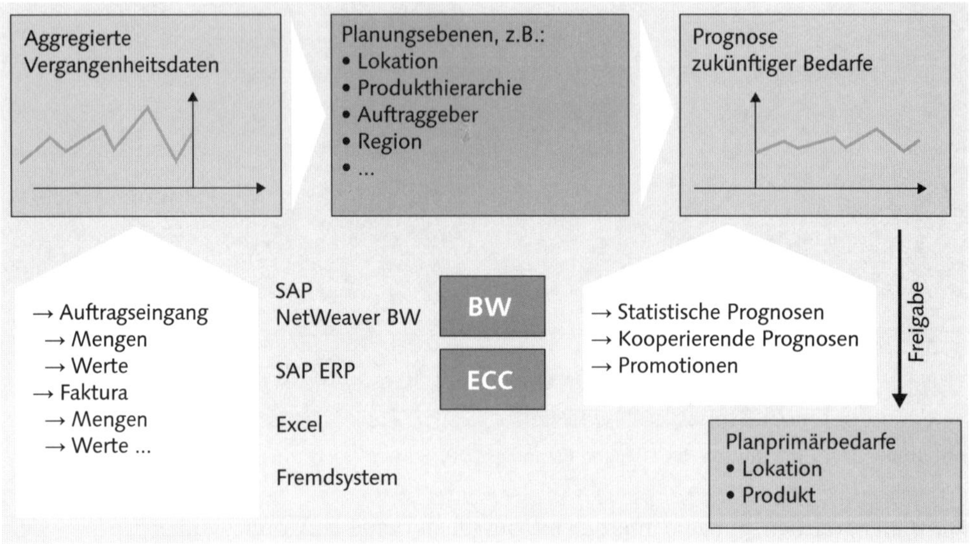

Abbildung 4.14 Konzept der Absatzplanung im SAP-System

Im Folgenden werden die zentralen Vorteile der Absatzplanung im APO-DP im Vergleich zu SAP ERP erläutert.

Die Business-Information-(BI)-Infrastruktur, auf der das APO-DP beruht, umfasst komfortable Extraktionsmöglichkeiten aller Daten der ausführenden Systeme und die Analyse der Daten über den BW-Explorer. Über Makros können komplexe Berechnungen, Bedingungen und Ausnahmemeldungen definiert werden. Es können automatisch Mails versendet und Status abgefragt werden. Der mehrdimensionale Charakter der Datenspeicher bietet in Verbindung mit den Auswahl-, Drill-up- und Drill-down-Funktionen der Absatzplanung umfassende Möglichkeiten der Datenanalyse.

Zur Prognose stehen verschiedene statistische Verfahren zur Verfügung: Konstant-, Trend-, Saison-, Trend-Saison- und Croston-Modelle mit exponentieller Glättung und linearer Regression sowie kausale Modelle über multilineare Regression. Sie können auch externe Prognoseverfahren anschließen werden. Unter einer Like-Modellierung versteht man die Prognose neuer Produkte mit Vergangenheitsdaten alter Produkte sowie die Definition von Lebenszyklen. Jede Planungsmappe können Sie im Internet für Kunden oder Lieferanten zugänglich machen, um aktuelle Daten möglichst früh und schnell austauschen zu können.

Im SOP-Szenario wird der machbare Produktionsplan aus SNP oder PP/DS mit dem ursprünglichen Absatzplan verglichen. Abweichungen werden automatisch ermittelt und dem Planer mitgeteilt.

Zusammenfassend lassen sich folgende Vorteile des APO-Systems gegenüber dem ERP-System festhalten:

- umfassende Möglichkeiten der BI-Infrastruktur
- integriertes Ausnahmehandling, Definition eigener Alerts
- Integration mit der Produktionsplanung (SOP-Szenario)
- hauptspeicherbasierte Planung
- flexible Navigation im Plantableau, variabler Drill-down
- umfangreiche Prognoseverfahren
- Promotionsplanung und -bewertung, Like-Modellierung
- kooperierende Planung über Internet

4.4.2 Supply Network Planning (SNP)

Ein weiterer möglicher Schritt zwischen der Programmplanung und der werksspezifischen Materialbedarfsplanung ist in SAP APO die werksübergreifende Planung des kompletten Liefer- und Beschaffungsnetzwerks. Dieser Schritt wird als Supply Network Planning (SNP) bezeichnet und steht in SAP ERP in dieser Form nicht zur Verfügung. Mithilfe des SNP wird ein netzwerkweiter Plan erstellt, der die Planprimärbedarfe der Absatzplanung und die bereits erteilten Kundenaufträge durch Produktion im Werk, Umlagerung aus einem anderen Produktionswerk oder durch die Beschaffung der Komponenten oder Rohstoffe deckt. Dabei können die Kapazitätsrestriktionen des Netzwerks berücksichtigt werden. Die Beschaffung wird in SNP im mittelfristigen Zeitbereich grob geplant. Die Zeitraster, die in SNP betrachtet werden können (Buckets), sind mindestens einen Tag lang.

Wie in Abbildung 4.15 zu sehen ist, können die Bedarfe, die das SNP bei der Planung des Beschaffungsnetzwerks berücksichtigt, entweder aus der Programmplanung des ERP-Systems (inklusive Planprimärbedarfe der flexiblen Planung und Kundenaufträge) stammen, oder es werden nur Kundenaufträge aus SAP ERP übertragen und die Planprimärbedarfe kommen direkt aus SAP APO-DP.

Das Ergebnis aus APO-SNP, zum Beispiel Bedarfe zur Umlagerung zwischen Werken, Planaufträge oder Bestellanforderungen, kann direkt in der Produktions- und Feinplanung (APO-PP/DS) verwendet werden, sodass dort eine werksspezifische Materialbedarfsplanung und eine kurzfristige, auftragsbasierte Planung nach Reihenfolgen und Rüstzeiten erfolgt. Alternativ können die

Bewegungsdaten auch direkt an die Materialbedarfsplanung des SAP ERP-Systems übergeben werden.

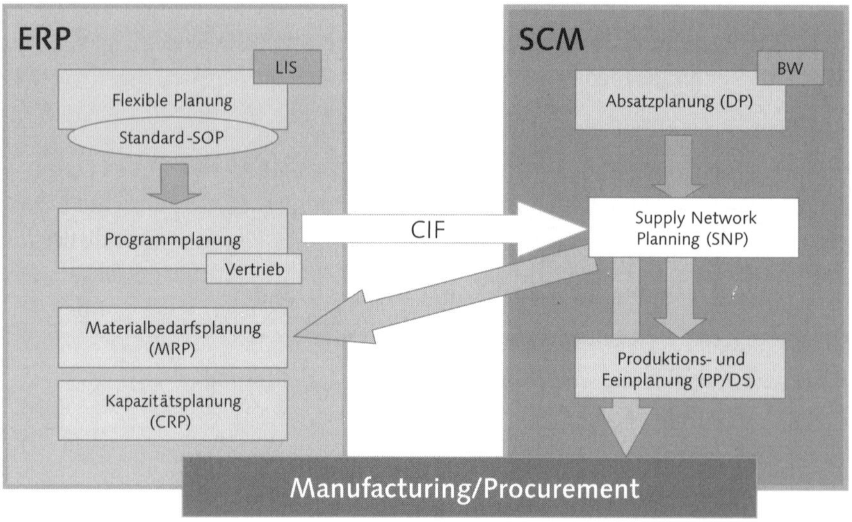

Abbildung 4.15 Integration des Supply Network Plannings

Supply Network Planning bietet drei verschiedene Planungsmethoden:

- Heuristik
- Capable to Match (CTM)
- Optimierer

Mithilfe der *Heuristik* kann eine mengenbasierte, schnelle und werksübergreifende Netzwerkplanung gegen infinite Kapazitäten erfolgen. Eine Verletzung von Material- und Ressourcenverfügbarkeit muss interaktiv vom Planer korrigiert werden.

Die *Capable-to-Match*-(CTM)-Methode ermöglicht eine regelgesteuerte, werksübergreifende Planung, die Randbedingungen wie Kapazitätsangebote und Materialverfügbarkeit im Planungslauf berücksichtigen kann (finite Planung). Die Machbarkeit der Zugänge wird nach Prioritäten oder Quotierungen sukzessive geprüft, und die erste machbare Lösung wird eingeplant. Die auftragsbasierte Planung ermöglicht eine Rückverfolgung der Aufträge zum Einzelbedarf (die Verknüpfung von Bedarfen mit Bedarfsdeckern wird als *Pegging* bezeichnet). Es wird also keine optimale Lösung ermittelt, sondern die machbare Lösung mit der höchsten Priorität.

Der *SNP-Optimierer* hingegen ist ein kostenbasiertes, werksübergreifendes Planungsverfahren, das Randbedingungen wie Kapazitätsangebote und Materialverfügbarkeit im Planungslauf berücksichtigt (finite Planung). Der Optimierungslauf ist, wie der Heuristiklauf, eine mengenbezogene und keine auftragsbezogene Planung. Eine eindeutige Zuordnung von geplanten Produktionsaufträgen oder Bestellanforderungen zum ursprünglichen Kundenauftrag ist nicht möglich. Der Optimierer verwendet die Methode der linearen Programmierung, um alle relevanten Faktoren simultan zu berücksichtigen. Er vergleicht alternative Lösungen anhand der jeweils anfallenden Kosten und schlägt die beste zulässige Lösung vor. In einer einfachen Konfiguration des Optimierers werden die Kosten als Lenkungskosten benutzt, um das gewünschte Ergebnis zu erhalten. Weitaus aufwendiger ist die Verwendung von realistischen Kosten für Beschaffung, Produktion, Transport und Lagerung. In diesem Fall müssen gleichzeitig der Umsatzverlust und die Kundenverärgerung über Verspätungs- und Nichtlieferungskosten modelliert werden.

Das Supply Network Planning hat die folgenden Vorteile:

- werksübergreifende mittelfristige Grobplanung
- simultane Material- und finite Kapazitätsplanung von Produktions-, Lager- und Transportressourcen
- Transparenz der Auswirkungen von Engpässen auf die Supply Chain
- Planung von kritischen Komponenten auf Engpassressourcen
- werksübergreifende Optimierung der Ressourcenauslastung
- Priorisierung von Bedarfen und Zugängen
- kooperierende Beschaffungsplanung über das Internet
- Distributionsfeinplanung (Deployment)
- Gruppierung von Umlagerungsbestellanforderungen

4.4.3 Produktions- und Feinplanung (PP/DS)

In der Absatzplanung wurde eine Absatzprognose erstellt, die dann als Planprimärbedarf in die Distributionszentren und Produktionswerke übergeben wurde. Nachdem APO-SNP die Bedarfe über Umlagerungen an die Produktionswerke übergeben hat, müssen nun im Produktionswerk die Produktionsmengen und -kapazitäten geplant werden. Diese Aufgabe kann nun einerseits in der Materialbedarfs- und Kapazitätsplanung des ERP-Systems oder in SAP APO-PP/DS durchgeführt werden.

Wie in Abbildung 4.16 zu sehen, bilden die Primärbedarfe den Ausgangspunkt der Produktionsplanung in PP/DS. Die Kundenprimärbedarfe werden immer als Kundenaufträge im SAP ERP-System erfasst und von dort zur Planung an das SAP

APO-System übergeben. Die Planprimärbedarfe hingegen können entweder aus dem SAP ERP-System oder alternativ direkt aus APO-DP abgeleitet werden.

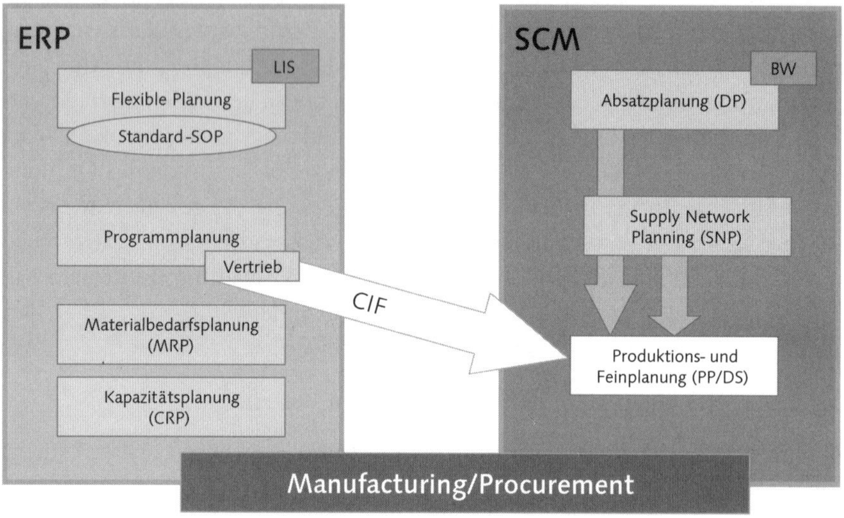

Abbildung 4.16 Integration der Produktions- und Feinplanung

Zusätzlich können aus einer werksübergreifenden Planung im Rahmen des APO-SNP zusätzlich Umlagerungsbedarfe abgeleitet werden, die durch die PP/DS-Planung gedeckt werden müssen.

Die spätere Abwicklung der Produktionsaufträge (Fertigungs- oder Prozessaufträge) findet im Bereich des Manufacturings (also im Production Planning (PP) und eventuell einem angeschlossenen BDE-System) des SAP ERP-Systems statt. SAP APO ist ein reines Planungstool. Störungen und zeitliche Verschiebungen in der Fertigung werden jedoch in SAP APO berücksichtigt.

Innerhalb des PP/DS-Horizonts, der die SNP-Planung von der Produktionsplanung trennt, steht die Produktionsplanung (PP, Production Planning) schwerpunktmäßig für eine losgrößenorientierte Planung im Sinne einer mengenorientierten Bedarfsplanung. Die eigentliche Realisierbarkeit/Machbarkeit entscheidet sich erst bei der kapazitiven Einlastung (DS, Detailed Scheduling) innerhalb eines kurzfristigen Zeitfensters (siehe Abbildung 4.17). Dies lässt sich in vielen Fällen grob über den Fixierungshorizont charakterisieren. Der Fixierungshorizont kann den Zuständigkeitsbereich der Mengenplanung (MRP-Funktionalität) von der eigentlichen Feinplanung abgrenzen, indem Elemente im Fixierungshorizont nicht vom Bedarfsplanungslauf geändert werden dürfen, während eine Feinplanung hinsichtlich der Termine erfolgen kann. Diese Trennung ist analog zur betriebswirtschaftlichen Trennung von Mengenplanung und Feinplanung.

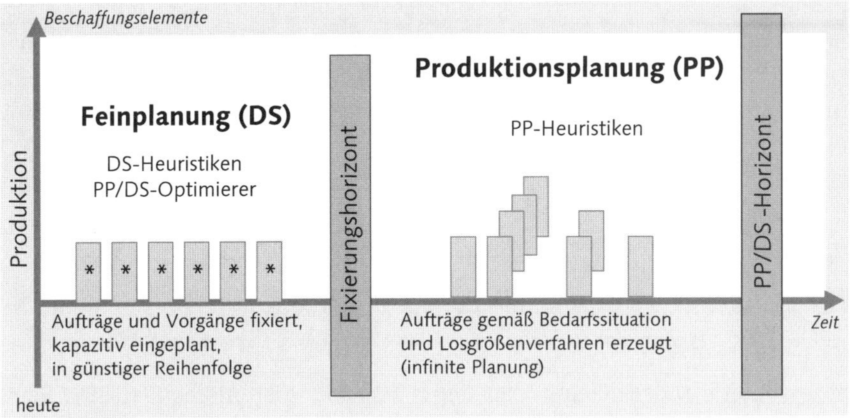

Abbildung 4.17 Unterschied zwischen Produktions- und Feinplanung

Die Produktionsplanung erfolgt unter Verwendung von Hintergrundplanungsläufen und interaktiven Werkzeugen (wie der Produktsicht) mit PP-Heuristiken, welche eine Nettobedarfsrechnung ausführen und das Losgrößenverfahren abbilden. Diese Planung ist infinit, berücksichtigt also etwaig entstehende Überlasten auf Ressourcen nicht. Die Feinplanung zur Reihenfolgebildung können Sie nachfolgend unter Verwendung von Hintergrundplanungsläufen oder interaktiv unter Verwendung der Feinplanungsplantafel vornehmen. Als automatisierende Hilfsmittel stehen Ihnen hier die Feinplantafel, DS-Heuristiken sowie der PP/DS-Optimierer zur Verfügung.

Der folgende Abschnitt gibt einen Überblick über zusätzliche Funktionen und Vorteile des APO-PP/DS im Vergleich zum SAP ERP-System.

Ein sehr hilfreiches Werkzeug innerhalb des APO-PP/DS ist das Capable-to-Promise-(CTP)-Verfahren. Als *Capable to Promise* wird eine simultane Material- und Kapazitätsplanung bezeichnet. Dieses Verfahren kann zum Beispiel bei der Verfügbarkeitsprüfung im Kundenauftrag genutzt werden. Dabei wird sofort bei Kundenauftragsanlage durch das CTP-Verfahren ein machbarer Liefertermin vorgeschlagen, in dem finite Kapazitäten und Materialverfügbarkeit von Komponenten bei der Verfügbarkeitsprüfung berücksichtigt werden. Auf finit definierten Ressourcen werden Vorgänge nur dann angelegt, wenn zum entsprechenden Termin für die Auftragsmenge ausreichend Kapazität verfügbar ist. Bei Nichtverfügbarkeit von Kapazität sucht das System einen Termin, zu dem der Auftragsvorgang unter Berücksichtigung der Kapazitätssituation eingelastet werden kann. Dieser Termin wird im Kundenauftrag als Liefertermin vorgeschlagen.

Ein weiter großer Vorteil des APO-PP/DS ist das bidirektionale Planungsverfahren. Bei dieser Planung werden Planabweichungen, die sich bei der Top-down-

Planung auf unteren Ebenen ergeben, in einer anschließenden Bottom-up-Planung automatisch auf den höheren Dispostufen berücksichtigt. Beginnt das SAP ERP-System einen Planauftrag für eine Komponente in der Vergangenheit, so schaltet die Planung um auf Vorwärtsterminierung. Der darüber liegende Planauftrag für das Enderzeugnis wird aber nicht umterminiert. In SAP APO können Sie beispielsweise über eine Bottom-up-Heuristik dafür sorgen, dass der Planauftrag für das Enderzeugnis erst beginnt, wenn die Komponente fertiggestellt ist.

Zusammenfassend sind folgende Vorteile der Produktionsfeinplanung in SAP APO-PP/DS zu nennen:

- erweiterte Möglichkeiten der Kapazitätsplanung (grafische Plantafel, Feinplanungsheuristiken, Optimierer, finite Planungsstrategie)
- umfangreiche Standard-Heuristiken zur flexiblen Gestaltung der Planungsabläufe (z. B. eine Bottom-up-Heuristik für die bidirektionale Planung)
- Zuordnung von Planaufträgen zu Fertigungslinien nach Kosten und Terminkriterien
- automatische Bezugsquellenauswahl bei Fremdbeschaffung nach Kosten und Terminkriterien
- mehrstufige Betrachtung der Material- und Kapazitätsverfügbarkeit (Pegging)
- mehrstufige Kundenauftragsplanung mit dem Capable-to-Promise-Verfahren (CTP)
- Optimierungsverfahren im Rahmen der Feinplanung (Minimierung von Rüstzeiten, Rüstkosten, Terminverzüge, alternative Ressourcenauswahl)
- uhrzeitgenaue Bedarfsplanung (Stunden, Minuten), auch für Sekundärbedarfe
- dynamische Ausnahmemeldungen (Alerts)

MRP-based Detailed-Scheduling-Szenario

Bislang haben wir ein Szenario beschrieben, in dem sowohl die Mengen- als auch die Kapazitätsplanung in APO-PP/DS durchgeführt wird. Sie können jedoch auch den MRP-Planungslauf (und somit die gesamte Produktionsplanung) im SAP ERP-System belassen. In SAP APO erfolgt dann anschließend nur noch die Kapazitäts- und Feinplanung.

Hierzu werden die Ergebnisse des Planungslaufs, also Planaufträge, Fertigungsaufträge und Bestellanforderungen, an das APO-System übertragen. Dort erfolgt dann für die Eigenfertigungsaufträge eine kapazitive Feinplanung, etwa durch Nutzung der interaktiven Feinplantafel, der Feinplanungsheuristiken oder des Optimierers. Anschließend werden die veränderten Termine zurück an das SAP ERP-System übertragen, wo die Umsetzung und Ausführung stattfindet (siehe Abbildung 4.18).

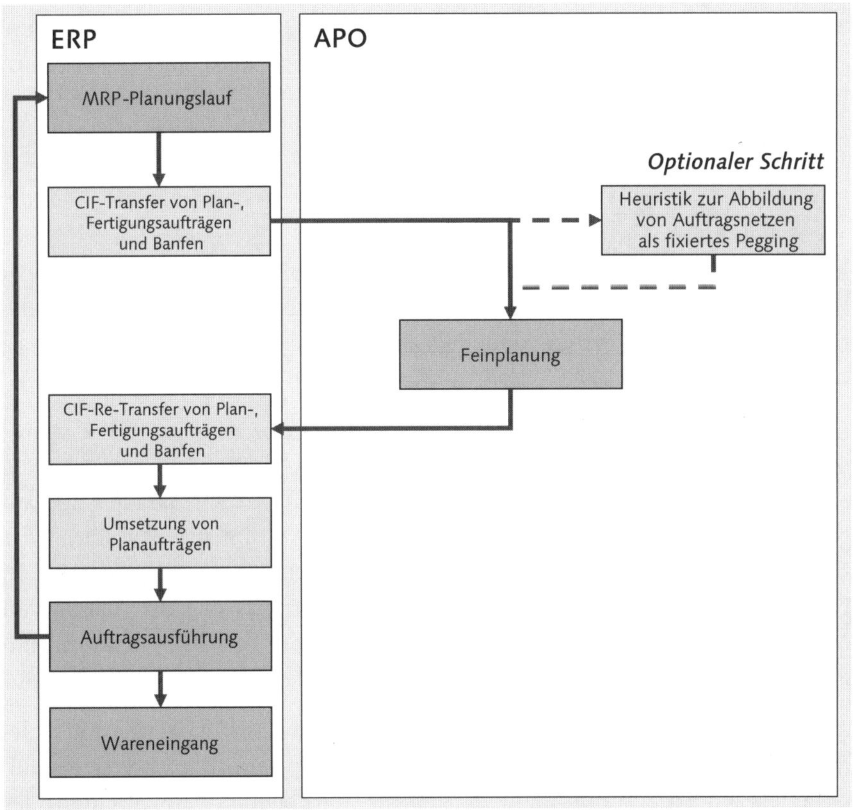

Abbildung 4.18 Planungsablauf »MRP-based Detailed-Scheduling-Szenario«

Der Vorteil dieses Szenarios liegt darin, dass APO-PP/DS nur für die Funktionen genutzt wird, die die größten Vorteile bieten. Zu diesen gehören im Vergleich zu SAP ERP:

- verbesserte Möglichkeiten der finiten Kapazitätsplanung (Pegging, Feinplanungsheuristiken, Optimierer)
- dynamisches Alert-Monitoring
- Simulationsmöglichkeiten

Gleichzeitig ergibt sich ein geringerer Einführungsaufwand, da sich weniger Änderungen zum bestehenden SAP ERP-Prozess ergeben und weniger Stammdaten nach SAP APO übertragen werden müssen. So müssen keine Fertigungsversionen vom SAP ERP-System per CIF übertragen werden. Die vom ERP-System übertragenen Plan- und Fertigungsauftragsobjekte enthalten bereits selbst die Komponenten- und Vorgangsinformationen. Aus diesem Grund sind im APO keine eigenen Eigenfertigungsbezugsquellen wie Produktionsdatenstrukturen (PDS) oder Produktionsprozessmodelle (PPM) notwendig. Insbesondere für kleinere und mittlere Unternehmen, die ihre Kapazitätsplanung verbessern möchten, kann dieses Szenario sinnvoll sein.

4.5 Fazit

In Abschnitt 4.1, »Betriebswirtschaftlicher Überblick«, haben wir die vier Hauptschritte des Dispositionsprozesses aufgezeigt: Programmplanung, Materialbedarfsplanung, Termin- und Kapazitätsplanung sowie Auftragsveranlassung und -überwachung.

In Abschnitt 4.2, »Übersicht über den Dispositionsprozess im SAP-System«, haben Sie gesehen, in welchen Funktionen des SAP ERP- oder des SAP APO-Systems diese Schritte wiederzufinden sind. Dabei sind wir darauf eingegangen, dass beide Systeme über das Core Interface (CIF) integrierbar sind. Über diese Schnittstelle werden Stamm- und Bewegungsdaten ausgetauscht. In einem Systemverbund von SAP ERP und SAP APO gibt es eine Vielzahl von Möglichkeiten, die unterschiedlichen Funktionen der beiden Systeme zu nutzen und miteinander zu kombinieren.

Anschließend sind wir in Abschnitt 4.3, »Dispositionsprozess in SAP ERP«, detailliert auf die vorhandenen Funktionen innerhalb des SAP ERP-Systems eingegangen. Im Vordergrund stand dabei nicht eine detaillierte Beschreibung der einzelnen Funktionen, sondern eine Einordnung in den Gesamtprozess. Die detaillierte Beschreibung folgt in Teil II und III dieses Buchs.

In Abschnitt 4.4, »Dispositionsprozess in SAP APO«, wurden die Funktionen der SCM-Komponente APO erläutert, mit denen der Dispositionsprozess effizienter gestaltet werden kann. Auch hier ging es nicht um eine detaillierte Funktionsbeschreibung, sondern um eine Eingliederung und ein Aufzeigen der Unterschiede zu SAP ERP.

Nach der Lektüre dieses Kapitels können Sie die unterschiedlichen Dispositionsthemen, die in den Kapiteln der Teile II und III detailliert beschrieben werden, besser in den Gesamtzusammenhang einordnen. Außerdem wissen Sie nun, was sich hinter den Begrifflichkeiten und Abkürzungen der Funktionen beider Systeme verbirgt.

TEIL II
Dispositionsparameter im SAP-System und ihre Auswirkungen

In vielen Unternehmen wird nur ein geringer Teil der Funktionen des SAP-Systems für die tägliche Disposition genutzt. Aufgrund der Komplexität der verschiedenen Einstellungsmöglichkeiten und Wechselwirkungen der Dispositionsparameter greift man meist auf die langjährige Erfahrung der Disponenten zurück. Damit Sie in Zukunft die zahlreichen Funktionen des SAP-Systems für die Optimierung Ihres Dispositionsprozesses nutzen können, geben wir Ihnen in diesem Teil einen ganzheitlichen Überblick über die Dispositionsparameter in SAP ERP und SAP APO. Wir beschreiben für jede Funktion, wie Sie die entsprechenden Stammdaten pflegen müssen, welche Customizing-Einstellungen notwendig sind und welche Wechselwirkungen Sie berücksichtigen müssen. Der Aufbau dieses Teils orientiert sich an dem in Teil I beschriebenen Ablauf der Disposition.

Dieses Kapitel verschafft Ihnen einen ersten Überblick über die allgemeinen Dispositionsstammdaten in SAP ERP und SAP APO, die dann in den folgenden Kapiteln im Detail betrachtet werden.

5 Allgemeine Dispositionsstammdaten

Allein in SAP ERP befinden sich mehr als 200 dispositionsrelevante Parameter, mit denen Disponenten die Planung und Umsetzung der Disposition steuern können. In den weiteren Kapiteln dieses zweiten Teils werden wir Ihnen die Dispositionsparameter im SAP-System und ihre Auswirkungen detailliert vorstellen. Dieses Kapitel möchte Ihnen zunächst einen Überblick über die allgemeinen Dispositionsstammdaten in SAP ERP und SAP APO verschaffen.

Hinweis

In Anhang A finden Sie eine Auflistung aller einzelnen Dispositionsparameter und Einflussgrößen.

Der Fokus der folgenden Abschnitte liegt auf dem Bereich der Stammdatenpflege: Welche Hilfsmittel bietet die SAP-Software? Massenpflege und Profile sind wichtige Stichwörter in diesem Zusammenhang. Wie kann der Disponent die Qualität der Stammdaten prüfen und sicherstellen? Welche Unterschiede gibt es bei der Stammdatenpflege zwischen SAP ERP und SAP APO?

5.1 Unterschiede zwischen SAP ERP und SAP APO

Dieser Abschnitt beschäftigt sich mit den Unterschieden zwischen den Dispositions- und Stammdateneinstellungen in SAP ERP und SAP APO. In der Literatur ebenso wie in vielen Unternehmen fokussiert man oft einseitig die Disposition mit SAP ERP und vernachlässigt die weiterführenden Modelle und Parameter in SAP APO. Dies resultiert aus der längeren Erfahrung der Unternehmen mit SAP ERP und dem geringen Wissen über die erweiterten Modelle des APO-Systems. SAP ERP bietet systemseitig viele Möglichkeiten, die Disposition zu steuern und zu optimieren. Dieses Potenzial sollten Sie auch zuerst ausschöpfen. Darauf aufbauend aber können Sie mit SAP APO die Möglichkeiten der Dispositionssteuerung durch spezifische Verfahren in den Bereichen Bedarfsplanung und Vorplanung erweitern.

Zunächst gilt es, die Zusammenarbeit und die Datenübertragung zwischen dem ERP- und dem APO-System umfassend zu verstehen. Grundsätzlich werden die Stammdaten im ausführenden SAP ERP-System angelegt und bearbeitet. Damit diese Stammdaten in den Planungsfunktionen in SAP APO zur Verfügung stehen, müssen diese und auch die Änderungen zeitnah übertragen werden. Die Übertragung erfolgt über das APO Core Interface (CIF). CIF ist die zentrale Schnittstelle für die Anbindung des APO-Systems an die ERP-Systemumgebung (siehe Abbildung 5.1).

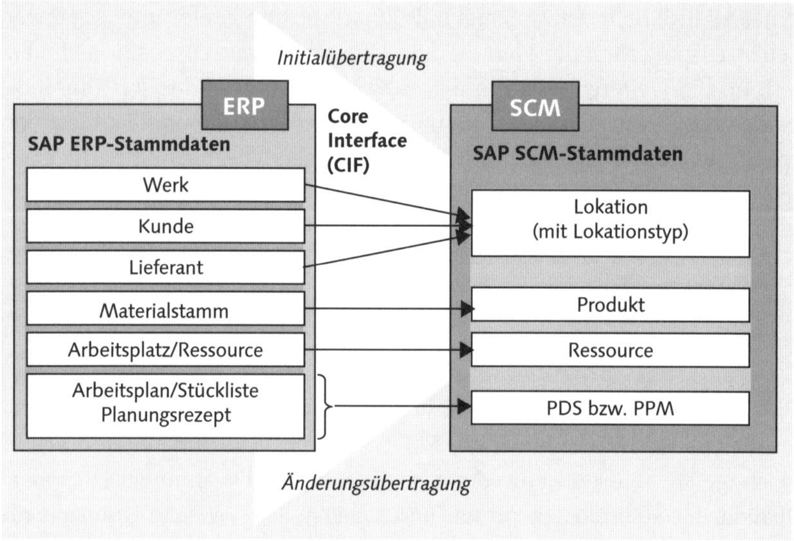

Abbildung 5.1 Anbindung des APO-Systems an SAP ERP via CIF

Die Stammdatenobjekte in SAP APO sind überwiegend nicht deckungsgleich mit den ERP-Stammdaten. Bei der Datenübernahme werden vielmehr die relevanten ERP-Daten auf entsprechende Planungsstammdaten des APO-Systems abgebildet. Nicht alle Stammdaten aus dem SAP ERP-System werden übernommen; so sind vertriebsspezifische und buchhalterische Stammdaten für das APO-System nicht relevant, da es primär um Beschaffung, Fertigung und Lagerung geht. Beachten Sie bitte, das SAP ERP bei der Anbindung von SAP APO das führende System für die Stammdaten bleibt. Lediglich spezielle APO-Stammdaten, für die es im ERP-System keine Entsprechung gibt, werden direkt in SAP APO angelegt.

Damit Materialien in SAP APO geplant werden können, müssen bestimmte Regeln in SAP ERP eingehalten werden. Um Materialien von der Materialbedarfsplanung im ERP-System auszuschließen, müssen Sie das Dispositionsmerkmal »X0« setzen. Dadurch werden Bedarfe in SAP ERP erzeugt, jedoch von SAP APO geplant. Abbildung 5.2 zeigt Ihnen ein Beispiel einer Stückliste, die in SAP ERP und in SAP APO geplant wird. Die Stammdaten der vier Stücklistenkomponenten (A bis D) sind zentral im ERP-System gepflegt. Anhand des Dispositionsmerkmals »X0« wird definiert, dass die Komponenten (A, B, C) im APO-System geplant werden. Die Stücklistenauflösung findet im ERP-System statt. Material D wird als einzige Komponente mit einem manuellen Bestellpunktverfahren im ERP-System geplant, dabei kann es sich um ein unkritisches Material mit geringem Wert handeln (Verpackungsmaterial oder Materialien mit Mehrfachverwendung wie Schrauben, Schaltkreise etc.).

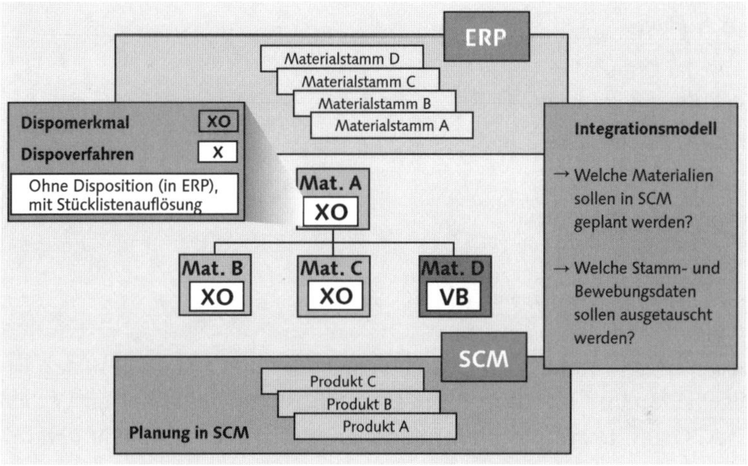

Abbildung 5.2 Disposition mit SAP ERP oder SAP APO

SAP APO kann die Disposition mit SAP ERP komplett ablösen, jedoch ist es nicht sinnvoll, alle Materialien im APO-System zu planen. Kritische Produkte und Komponenten sollten Sie in SAP APO planen und unkritische Produkte und Komponenten in SAP ERP. Unkritische Produkte lassen sich automatisch oder mit einem einfachen Dispositionsverfahren und geringem Aufwand disponieren – hierfür reichen die Verfahren im ERP-System aus. SAP APO bietet umfangreichere Verfahren und Vorplanungsmöglichkeiten, die besonders bei werthaltigen und kritischen Produkten bessere Ergebnisse erzielen, die den zusätzlichen Aufwand rechtfertigen. Wenn Sie allerdings eine Komponente im APO-System planen, müssen Sie alle dazugehörigen, in der Stückliste darüberliegenden Komponenten bis zum Enderzeugnis ebenfalls in SAP APO planen. Analog gilt: Wird eine Komponente im ERP-System geplant, so müssen auch alle zugehörigen, in der Stückliste darunterliegenden Ebenen im ERP-System geplant werden. Tabelle 5.1 gibt Ihnen einen Überblick über die Produkte, die Sie in SAP APO planen können.

Planung von Produkten in SAP APO	empfohlen	möglich	nicht empfohlen	nicht möglich
fremdbeschaffte Produkte mit langen Wiederbeschaffungszeiten	X			
auf einer Engpassressource in Eigenfertigung hergestellte Produkte	X			
mit MRP in einem selbständigem OLTP-System geplante Produkte		X		
mit Bestellpunktdisposition geplante (unkritische) Produkte			X	
mit stochastischer Disposition geplante (unkritische) Produkte			X	
mit rhythmischer Disposition geplante (unkritische) Produkte				X
mit Kanban geplante (unkritische) Produkte				X

Tabelle 5.1 Planung von Produkten in SAP APO

Tabelle 5.2 stellt die Unterschiede zwischen SAP ERP und SAP APO in den Bereichen Disposition und Planung gegenüber und listet die erweiterten Verfahren in SAP APO auf. Detaillierte Informationen hierzu erhalten Sie in den folgenden Kapiteln.

	SAP ERP	SAP APO
Bedarfsstrategien	▸ Lagerfertigung ▸ Vorplanung ▸ Losfertigung ▸ Kundeneinzelfertigung	▸ anonyme Lagerfertigung ▸ Vorplanung ▸ Vorplanungsprodukt ▸ Vendor Managed Inventory
Prognosemodelle	univariate Prognose	▸ univariate Prognose (Zeitreihenmodell) ▸ multiple lineare Regression und/oder ▸ kombinierte Prognose ▸ mit flexiblen Simulationsmöglichkeiten

Tabelle 5.2 Unterschiede zwischen SAP ERP und SAP APO in den Bereichen Disposition und Planung sowie Erweiterungen in SAP APO

	SAP ERP	SAP APO
Einkauf	optimierte Bezugsquellenfindung	SNP-Optimierer
Sicherheitsbestandsplanung		SNP-Sicherheitsbestandsplanung unter Berücksichtigung von Constraints und Strafkosten für Nichtlieferung/Verspätung und Unterschreitung SB

Tabelle 5.2 Unterschiede zwischen SAP ERP und SAP APO in den Bereichen Disposition und Planung sowie Erweiterungen in SAP APO (Forts.)

5.2 Massenpflege von Dispositionsstammdaten

In diesen Abschnitt stellen wir die Werkzeuge zur Pflege und besonders zur Massenpflege der Materialstammdaten vor. Jeder Materialstamm kann spezifisch auf globaler Ebene, auf Werksebene, auf Lagerortebene oder je nach Dispositionsbereich gepflegt werden. Diese Fülle an Einstellmöglichkeiten hilft dem Disponenten, die Materialeigenschaften systemseitig abzubilden. Allerdings ist dies mit einem sehr hohen Aufwand verbunden, besonders wenn das Materialspektrum nicht nur einige hundert, sondern hunderttausende Materialien umfasst. Eine manuelle Massenpflege ist in solchen Fällen unmöglich.

Hinweis

In der Praxis überlässt man die Pflege der Materialien häufig den jeweiligen Disponenten. Die Einstellungen werden dann je nach Bedarf und also meist zu spät geändert. Dies verschlechtert die Qualität der Stammdaten und mindert die Transparenz. Solche Ad-hoc-Änderungen sollten die Ausnahme bleiben – ein koordiniertes und überlegtes Handeln, das sich an transparenten Dispositionsregeln orientiert, muss überwiegen.

SAP stellt dem Disponenten verschiedene Werkzeuge für die Massenpflege zur Verfügung, zum Beispiel die Dispositionsgruppe, das Dispositionsprofil und Massenänderungen über die Transaktion MASSD (Massenpflege). Alle Werkzeuge haben ihre Vorteile, sind aber nur sinnvoll, wenn sie kenntnisreich und nach einem definierten Regelwerk eingesetzt werden.

5.2.1 Dispositionsgruppe

Über die Transaktion OPPR (Dispositionsgruppe) können Sie in SAP ERP Dispositionsgruppen auf Werksebene anlegen. Die Dispositionsgruppe ist ein Organisationsobjekt, mit dem einer Gruppe von Materialien spezielle Steuerungsparameter für die Disposition zugeordnet werden können. Sie können

Dispositionsgruppen pflegen, wenn für Ihre betrieblichen Belange eine Steuerung der Planung pro Werk zu grob ist und Sie bestimmten Materialgruppen von der Werksdefinition abweichende Steuerungsparameter zuordnen wollen. Hierzu werden Dispositionsgruppen mit diesen spezifischeren Steuerungsparametern definiert und den entsprechenden Materialgruppen im Materialstammsatz (Dispositionsdatenbild 1) zugeordnet (siehe Abbildung 5.3).

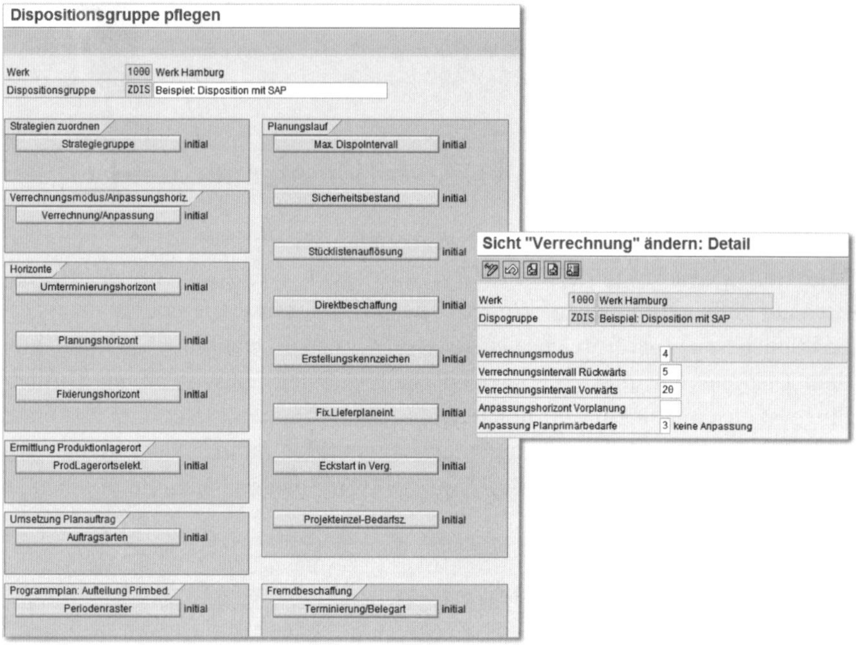

Abbildung 5.3 Dispositionsgruppe

Für den Gesamtplanungslauf können zum Beispiel folgende Steuerungsparameter mit der Dispogruppe eingestellt werden:

- die Erstellungskennzeichen für den Planungslauf
- der Planungshorizont
- der Verrechnungsmodus

Beachten Sie auch, dass bei der Disposition (Planungslauf) immer die Parameter aus der Dispositionsgruppe gezogen werden. Parallel existierende Parameter im Materialstamm werden ignoriert.

5.2.2 Dispositionsprofil

Dispositionsparameter können über Profile gepflegt werden. Die in einem Profil hinterlegten Informationen sind Standardinformationen, die bei der Pflege unterschiedlicher Objekte immer wieder in ähnlicher Konstellation benötigt werden. Ein Profil dient also als Erfassungshilfe und erleichtert die Verwaltung von Objektdaten. Ebenso ist das Dispositionsprofil vorteilhaft, wenn man mit einer Materialklassifizierung arbeitet, für jedes Segment ein Profil erstellt und diesen Profilen dann die klassifizierten Materialien zuordnet (siehe Abbildung 5.4).

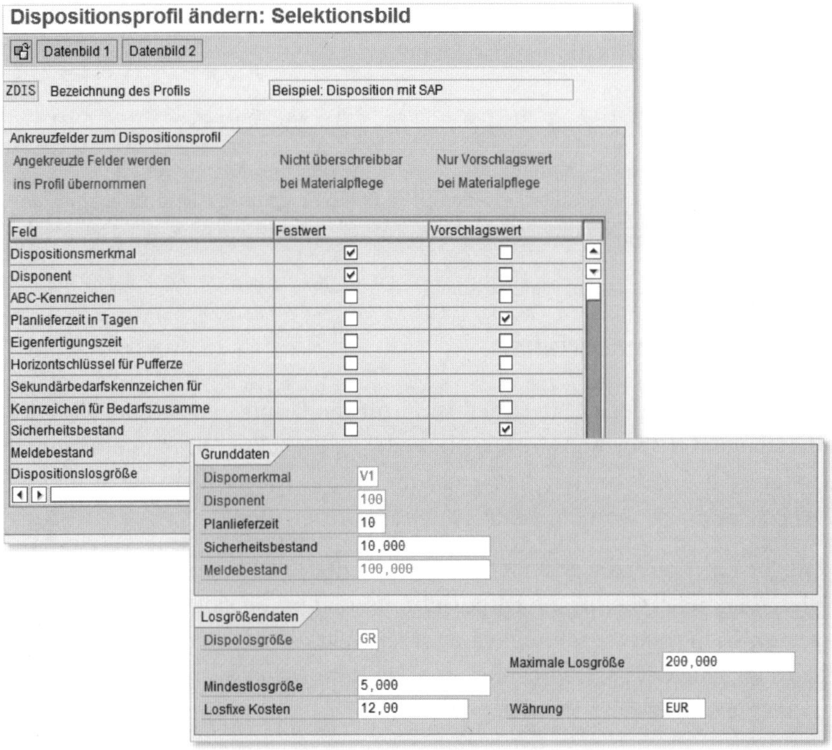

Abbildung 5.4 Dispositionsprofil

Beim Anlegen von Materialstammsätzen stellen Sie durch die Eingabe eines Profils eine Zuordnung zwischen Materialstammsatz und Profil her. Diese Zuordnung bewirkt, dass die Festwerte, die aus dem Profil in das jeweilige Datenbild übernommen werden, in den Materialstammsätzen nicht geändert werden können. Die übernommenen Vorschlagswerte dagegen können Sie überschreiben. Beim Sichern der Materialstammsätze werden die Werte in den Materialstammsatz geschrieben.

Mit der Transaktion MMD1 (*Dispositionsprofile anlegen*) können Sie in SAP ERP ein Dispoprofil anlegen und dieses dann im Materialstamm bei der Dispositionssicht über BEARBEITEN • DISPOPROFIL mit dem Material verknüpfen. Alternativ ordnen Sie über die Massenpflege dem klassifizierten Material das entsprechende Profil zu.

5.2.3 Transaktion MASSD

Die Massenpflege ist ein anwendungsübergreifendes Werkzeug, das eingesetzt werden kann, um große Datenmengen anzulegen oder anzupassen. Die Massenpflege ist insbesondere dann sinnvoll, wenn Sie vorhandene Datenbestände an eine veränderte Situation anpassen müssen.

Beispiel

Eine Einkäufergruppe wird durch eine andere abgelöst, und Sie müssen in einem bestimmten Werk alle Materialien, die der alten Einkäufergruppe zugeordnet sind, der neuen Einkäufergruppe zuordnen.

5.3 Sondermaterialien

Neben den »normalen« Materialien ist es für die Disposition wichtig, Sondermaterialien im Dispositionsprozess entweder zu berücksichtigen oder komplett zu ignorieren. Sondermaterialien sind zum Beispiel Materialien, die in anderen Werken disponiert werden, Schüttgut oder Konsignation.

Wenn Sie ein Material werksübergreifend in unterschiedlichen Werken planen wollen, benötigen Sie für die Disposition besondere Einstellungen im Materialstamm. Die Produktion in einem anderen Werk wird über einen Sonderbeschaffungsschlüssel gesteuert, über den Sie dem Material im Materialstammsatz das Planungswerk zuordnen.

Als Schüttgut wird eine Materialkomponente gekennzeichnet, über die direkt am Arbeitsplatz verfügt werden kann (loses Material, z. B. für Schmierfett oder Unterlegscheiben). Das Kennzeichen Schüttgut kann im Materialstammsatz (Sicht Disposition 2) gepflegt werden. Wird ein Material als Schüttgut gekennzeichnet, dann ist der Sekundärbedarf dieses Materials nicht dispositionsrelevant; Schüttgutmaterialien sollten daher verbrauchsgesteuert disponiert werden.

Konsignation bedeutet, dass ein Lieferant Ihnen Material zur Verfügung stellt, das bei Ihnen lagert. Der Lieferant bleibt so lange Eigentümer des Materials, bis Sie etwas aus dem Konsignationslager entnehmen. Wichtig für die Disposition ist dabei, dass Sie den Sonderbeschaffungsschlüssel für Konsignation pflegen, sodass durch die Sonderbeschaffungsart ermittelt werden kann, dass die Materialbeschaffung fremdgesteuert wird. Somit wird das Konsignationsmaterial wie jedes andere Material disponiert – es erhöht jedoch nicht den bewerteten Bestand, da es bis zur Entnahme Eigentum des Lieferanten bleibt.

5.4 Fazit

Stammdatenpflege wird beim überwiegenden Teil der Unternehmen, die mit SAP ERP oder SAP APO arbeiten, als notwendiges Übel angesehen. Dies liegt zum einen am fehlenden Wissen über die verschiedenen Hilfsmittel zur einfachen und automatischen Pflege der Stammdatenparameter, wie dem Dispoprofil oder der Massenpflege. Zum anderen werden Optimierungspotenziale und die positiven Auswirkungen von richtig gepflegten Stammdaten unterschätzt. Unternehmen mit hoher Stammdatenqualität identifizieren schneller Änderungen im Materialverhalten und können effektiver und transparenter Bestände reduzieren oder den Lieferservice verbessern.

In den folgenden Kapiteln werden wir Ihnen die wichtigsten Bereiche der Disposition, deren Möglichkeiten, Ausprägungen und Parameter beschreiben. Disposition gliedert sich im SAP-System in die Bereiche Planungsstrategien, Vorplanung, Dispositionsverfahren, Losgrößenberechnung, Sicherheitsbestandsberechnung und Terminierung. Die Reihenfolge dieser Aufzählung wurde nicht ohne Grund gewählt, denn alle genannten Bereiche bauen aufeinander auf und stehen in wechselseitiger Abhängigkeit. Durch die jeweiligen Parameterausprägungen beeinflussen sie die Gesamtstrategie. Dies wird besonders in Kapitel 13, »Wechselwirkungen«, deutlich.

Der Begriff *Parameter* wird im Zusammenhang mit der Disposition noch öfter fallen, denn er gilt als Synonym für Stammdaten und nur optimal gepflegte Stammdaten ermöglichen auch eine optimale Disposition!

Die Planungsstrategie bestimmt das Zusammenspiel der beiden Primärbedarfsarten, die in der Programmplanung erfasst werden. Dies sind einerseits die Planprimärbedarfe aus der Absatzplanung und andererseits die Kundenprimärbedarfe aus dem Vertrieb. Die Planungsstrategie kann eine Verrechnung der beiden Bedarfsarten erlauben; es können aber auch beide oder nur eine Bedarfsart disporelevant sein.

6 Planungsstrategien und Bedarfsverrechnung

Wie in Kapitel 4, »Ablauf der Disposition in SAP«, beschrieben, werden im Rahmen der Programmplanung einerseits Kundenbedarfe aus der Kundenauftragsverwaltung und andererseits Planprimärbedarfe aus der Absatzplanung erfasst. Die Planungsstrategie bestimmt das Zusammenspiel dieser beiden Bedarfsarten und ist damit eine Vorgehensweise zur Planung eines Materials. Entscheidend sind dabei die Bedarfswirksamkeit der beiden Bedarfsarten, die unterschiedlichen Verrechnungsweisen von Planprimärbedarfen mit Kunden- und Sekundärbedarfen sowie der Primärbedarfsabbau. Über die Planungsstrategie erhalten einerseits die Kundenbedarfe und andererseits die Planprimärbedarfe automatisch eine Bedarfsart zugeordnet, die das weitere Verhalten steuert. Es gibt Strategien für die Vorplanung auf Endproduktebene und Strategien für die Vorplanung auf Baugruppenebene. Zu unterscheiden sind außerdem Strategien für die Kundeneinzelfertigung und die anonyme Lagerfertigung und Strategien für konfigurierbare Produkte. Im Folgenden erklären wir zuerst die Systemeinstellungen, die eine Planungsstrategie bestimmen. Anschließend geben wir einen Überblick über die Standard-Planungsstrategien in SAP ERP. Abschließend zeigen wir, welche Einstellungen in SAP APO die Planungsstrategien bestimmen.

6.1 Systemeinstellungen in SAP ERP

Das Zusammenspiel von Planprimärbedarfen und Kundenbedarfen wird in SAP ERP über die Parameter der beiden Bedarfsklassen gesteuert. Jeder Bedarf, der für ein Material erfasst wird, besitzt eine Bedarfsklasse. Diesen Zusammenhang erklären wir im folgenden Abschnitt. Außerdem erläutern wir, wie Sie Bedarfsklassen einem Material oder einem bestimmten Bedarf zuordnen. Schließlich geben wir einen Überblick über die Verrechnungsparameter.

6.1.1 Zusammenhang von Strategie und Bedarfsklasse

Eine *Planungsstrategiegruppe* fasst eine Hauptstrategie und mehrere Nebenstrategien zusammen. Die Hauptstrategie wird dabei vom SAP-System in der Programmplanung vorgeschlagen und als Planungsstrategie verwendet. Sie kann manuell in die Nebenstrategien abgeändert werden.

Eine *Planungsstrategie* beinhaltet eine Bedarfsart für die Planprimärbedarfe und eine Bedarfsart für die Kundenbedarfe. Entscheidend ist die sinnvolle Kombination beider Bedarfsarten. Jede der im Folgenden beschriebenen Planungsstrategien besteht also aus einer Kombination von zwei Bedarfsarten. Eine Bedarfsart wiederum besitzt eine Bedarfsklasse. Die Bedarfsklasse ist die Ebene, auf der im Customizing wichtige Einstellungen zur Verrechnung und zum Dispositionsverhalten der Bedarfe vorgenommen werden. Dieser komplexe Zusammenhang ist noch einmal hierarchisch in Abbildung 6.1 dargestellt.

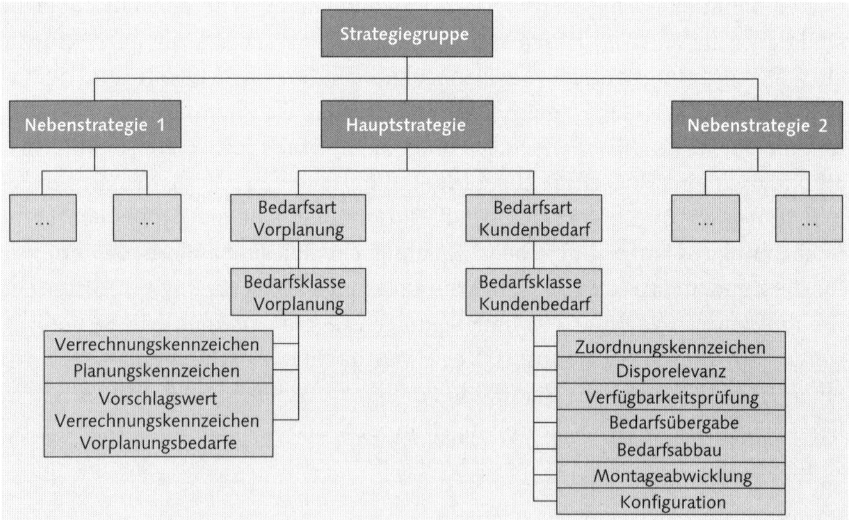

Abbildung 6.1 Überblick über das Customizing der Planungsstrategien

Im Folgenden beschreiben wir die wichtigsten Parameter der Bedarfsklasse im Detail (siehe Abbildung 6.2).

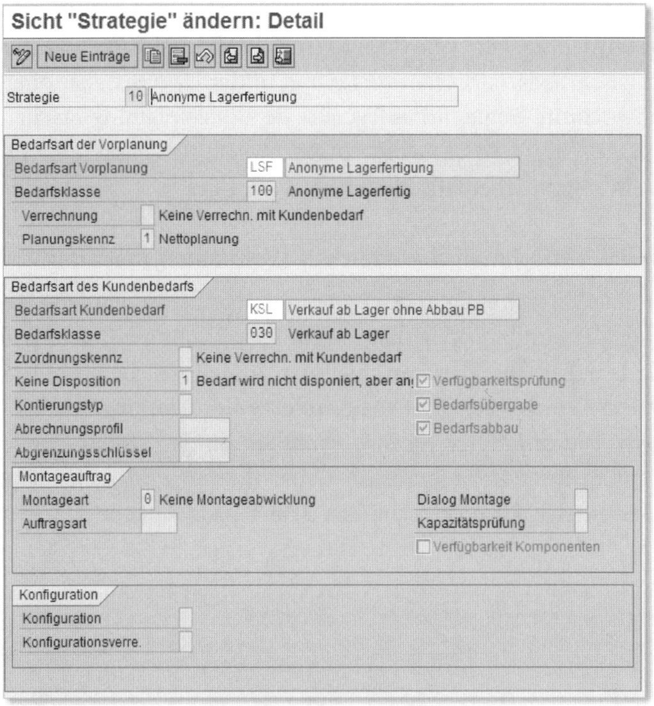

Abbildung 6.2 Customizing der Planungsstrategie

Verrechnungskennzeichen/Zuordnungskennzeichen

Voraussetzung für eine Verrechnung von Vorplanung mit Kundenbedarfen ist, dass das Verrechnungskennzeichen des Planprimärbedarfs mit dem Zuordnungskennzeichen des Kundenbedarfs übereinstimmt und die Verrechnung vorsieht (Werte »1«, »2« oder »3«). Überprüfen können Sie diese Werte, indem Sie in der Bedarfs-/Bestandsliste das Detail-Popup zum entsprechenden Dispoelement aufrufen (siehe Abbildung 6.3). Für Kundenbedarfe, die keine Verrechnung vorsehen (Zuordnungskennzeichen »blank«) wird das Feld nicht angezeigt.

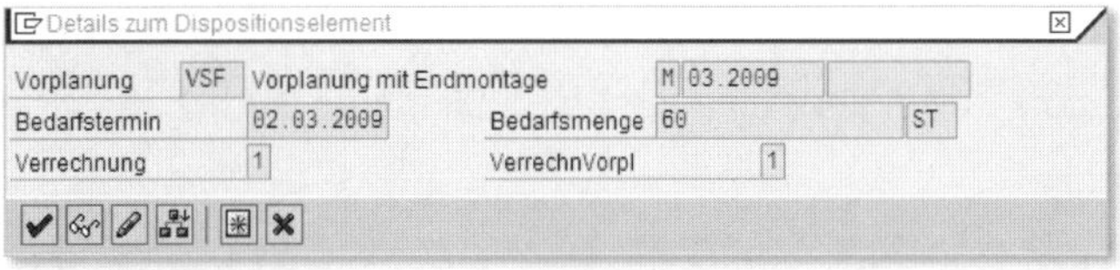

Abbildung 6.3 Pop-up in der Transaktion MD04 mit Verrechnungskennzeichen

Planungskennzeichen

Im Planungskennzeichen wird festgelegt, ob eine Nettorechnung durchgeführt wird. Bei der Nettoplanung werden der dispositiv verfügbare Lagerbestand sowie Zugangselemente in der Nettobedarfsrechnung berücksichtigt. Bei der Bruttoplanung wird hingegen kein Lagerbestand berücksichtigt, hierfür wird in der der aktuellen Bedarfs-/Bestandsliste und in der Dispoliste automatisch ein separater Abschnitt (Segment) anlegt. Bei der Einzelplanung erscheinen die Bedarfe im Abschnitt VORPLANUNG OHNE MONTAGE. In diesem Abschnitt wird der Werkbestand ebenfalls nicht berücksichtigt.

Vorschlagswert für das Verrechnungskennzeichen »Vorplanungsbedarfe«

Eine Bedingung für eine Verrechnung in der Programmplanung ist, dass das Zuordnungskennzeichen der Kundenbedarfsklasse dem Verrechnungskennzeichen des Planprimärbedarfs entspricht. Darüber hinaus ist zusätzlich sicherzustellen, dass das VERRECHNUNGSKENNZEICHEN VORPLANUNG eine Verrechnung mit Kundenbedarfen vorsieht. Dieses können Sie sich ebenfalls auf dem Detail-Popup zum Primärbedarf in der Bedarfs-/Bestandsliste (MD04) anzeigen lassen (siehe Abbildung 6.4) oder in der Positionssicht der Primärbedarfspflege (MD61, MD62, MD63).

Abbildung 6.4 Verrechnungskennzeichen »Vorplanungsbedarfe«

Eine Änderung dieses Kennzeichens wirkt sich unmittelbar auf die Verrechnung aus. Es gibt folgende Möglichkeiten:

- Verrechnung nur gegen Kundenbedarf
- Verrechnung gegen Reservierungen und Sekundärbedarfe
- Verrechnung gegen Kundenbedarfe, Reservierungen und Sekundärbedarfe
- Flexible Verrechnung gegen verschiedene Dispo-Elemente (BAdI)
- keine Verrechnung

Im Customizing ist pro Bedarfsklasse ein Verrechnungskennzeichen als Vorschlagswert definiert (siehe Abbildung 6.5). In der Transaktion MD61 können Sie dieses jedoch manuell übersteuern. Bei der Strategie 70 (*Baugruppenvorplanung*) ist zum Beispiel eine Verrechnung gegen Reservierungen und Sekundärbedarfe eingestellt.

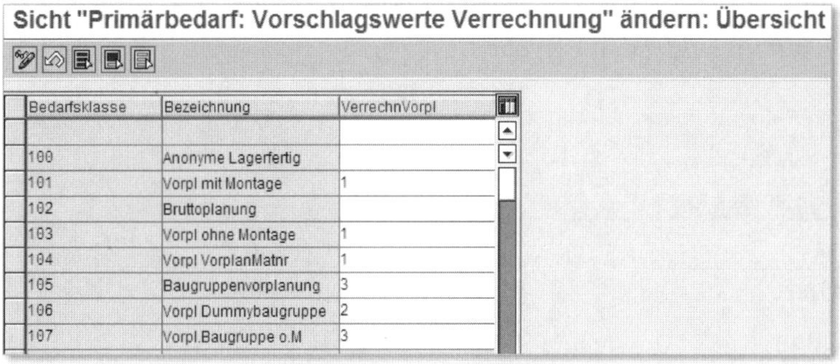

Sicht "Primärbedarf: Vorschlagswerte Verrechnung" ändern: Übersicht

Bedarfsklasse	Bezeichnung	VerrechnVorpl
100	Anonyme Lagerfertig	
101	Vorpl mit Montage	1
102	Bruttoplanung	
103	Vorpl ohne Montage	1
104	Vorpl VorplanMatnr	1
105	Baugruppenvorplanung	3
106	Vorpl Dummybaugruppe	2
107	Vorpl.Baugruppe o.M	3

Abbildung 6.5 Vorschlagswert »Verrechnungskennzeichen«

Disporelevanz

Das Kennzeichen DISPORELEVANZ legt fest, ob Kundenbedarfe in der Bedarfsplanung dispositionsrelevant sind, ob sie also in der Nettobedarfsrechnung mitgerechnet werden. Es gibt folgende Möglichkeiten:

- Kundenbedarfe sind dispositionsrelevant.
- Kundenbedarfe sind nicht dispositionsrelevant, werden aber angezeigt.
- Kundenbedarfe sind weder dispositionsrelevant, noch werden sie angezeigt.

So sind bei der Strategie 10 (*anonyme Lagerfertigung*) die Kundenaufträge nicht dispositionsrelevant. Die Produktionsmengen werden nur durch Vorplanungsbedarfe bestimmt.

6.1.2 Zuweisung einer Planungsstrategie zum Material

Über die Dispogruppe können Sie eine Planungsstrategie einem Material zuordnen. In diesem Fall muss im Customizing der Dispositionsgruppe eine Planungsstrategie hinterlegt sein, und die Dispogruppe muss im Material eingetragen sein (siehe Abbildung 6.6).

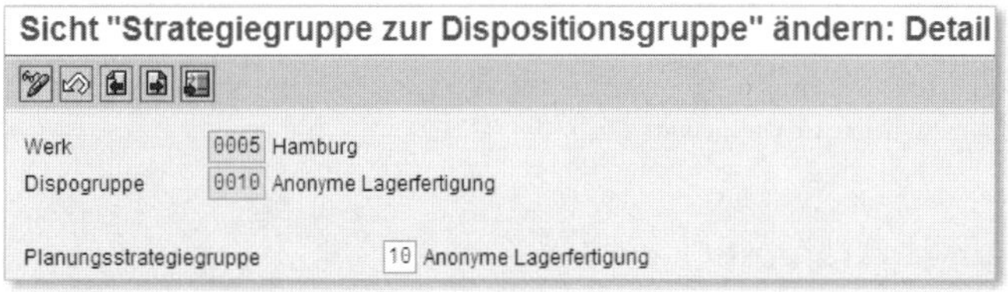

Abbildung 6.6 Pflege der Planungsstrategie in der Dispogruppe

Höhere Priorität hat jedoch die Planungsstrategie, die direkt im Materialstamm auf der Registerkarte DISPOSITION 3 eingetragen wird (siehe Abbildung 6.7).

Hier können auch zusätzlich die weiteren Vorplanungsparameter angeben werden, auf die wir im Folgenden eingehen.

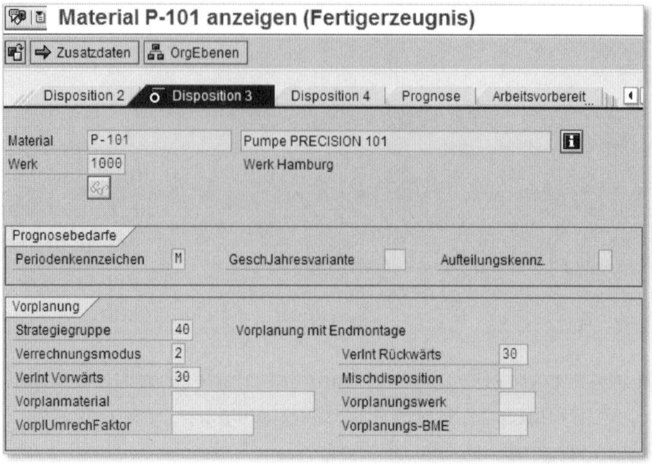

Abbildung 6.7 Parameter der Planungsstrategie im Materialstamm

Ist weder in der Dispogruppe noch im Materialstamm eine Planungsstrategie hinterlegt, so wird in der Kundenauftragsverwaltung der Komponente *Sales and Distribution* (SD) bei der Ermittlung der Bedarfsart anhand des Positionstyp und des Dispomerkmals im SD Customizing (Tabelle TVEPZ) die Bedarfsklasse ermittelt. Die Customizing-Transaktion ist in Abbildung 6.8 dargestellt.

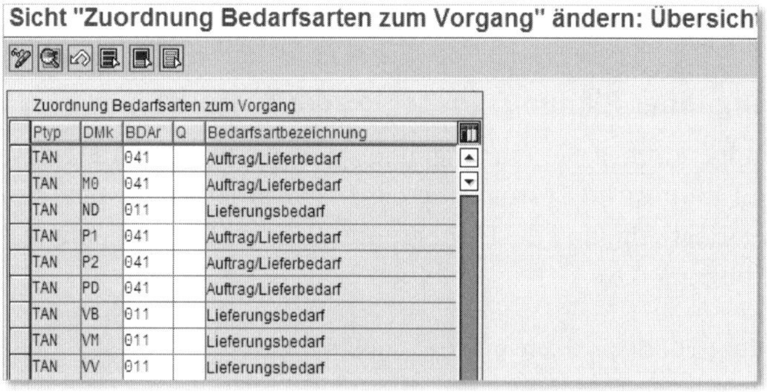

Abbildung 6.8 SD-Customizing zur Bedarfsart (Tabelle TVEPZ)

6.1.3 Verrechnungsparameter

Die Verrechnung von Planprimärbedarfen mit Kundenbedarfen wird über die Parameter *Verrechnungsmodus* und *Verrechnungsintervalle* (rückwärts, vorwärts) gesteuert.

Verrechnungsmodus

Der Verrechnungsmodus legt fest, in welche Richtung auf der Zeitachse sich eintreffende Kundenaufträge mit der Vorplanung verrechnen. Bei der Rückwärtsverrechnung (Modus 1) verrechnet sich der Kundenbedarf nur mit Vorplanungsbedarfen, die in der Vergangenheit liegen. Bei der Vorwärtsverrechnung (Modus 3) verrechnet sich der Kundenbedarf nur mit Vorplanungsbedarfen, die zeitlich nach dem Kundebedarf liegen. Zusätzlich gibt es die Modi 2 und 4, die eine Kombination von Vor- und Rückwärtsverrechnung darstellen. Bei Modus 2 wird zuerst nach Vorplanungsbedarfen geschaut, die zeitlich vor dem Kundenbedarf liegen. Wenn dort nicht bereits ausreichende Mengen vorhanden waren, so wird nach Vorplanungsbedarfen gesucht, die zeitlich nach dem Kundenbedarf liegen. Bei Modus 4 ist die Reihenfolge umgekehrt.

Verrechnungsintervalle

Das Verrechnungsintervall rückwärts wird in Arbeitstagen angegeben und legt fest, wie weit auf der Zeitachse in die Vergangenheit geschaut werden kann, um Vorplanungsbedarfe zur Verrechnung zu finden. Das Verrechnungsintervall vorwärts hingegen bestimmt, wie weit in die Zukunft geschaut werden kann. Die höchste Priorität haben wieder die Einstellungen im Materialstamm. Ist dort kein Verrechnungsmodus angegeben, so werden die Verrechnungsparameter aus der Dispogruppe herangezogen, die dem Material zugeordnet ist. Ist auch dort kein Verrechnungsmodus gepflegt, so wird der Verrechnungsmodus zwangsweise auf »1« (ausschließlich Rückwärtsverrechnung) mit einem Verrechnungsintervall rückwärts von 999 Tagen gesetzt. Eine Deaktivierung der Verrechnung durch Nichtpflege der Verrechnungsparameter ist somit nicht möglich.

Bei der Eingabe von Vorplanungsbedarfen (z.B. über die Transaktion MD61) für ein Material wird die Bedarfsart anhand der dem Material zugewiesenen Strategie ermittelt. Gleichzeitig wird das Verrechnungskennzeichen aus dem Customizing der Bedarfsklassse ermittelt. Beachten Sie dabei: Solange noch alte Vorplanungsbedarfe zu einem Material in der Tabelle PBIM existieren, übersteuern diese Einträge die neuen Vorschlagswerte. Zusätzlich können in den Benutzerparametern der Transaktion MD61 manuell Werte eingegeben werden, die die Vorschlagswerte aus dem Customizing übersteuern (siehe Abbildung 6.9).

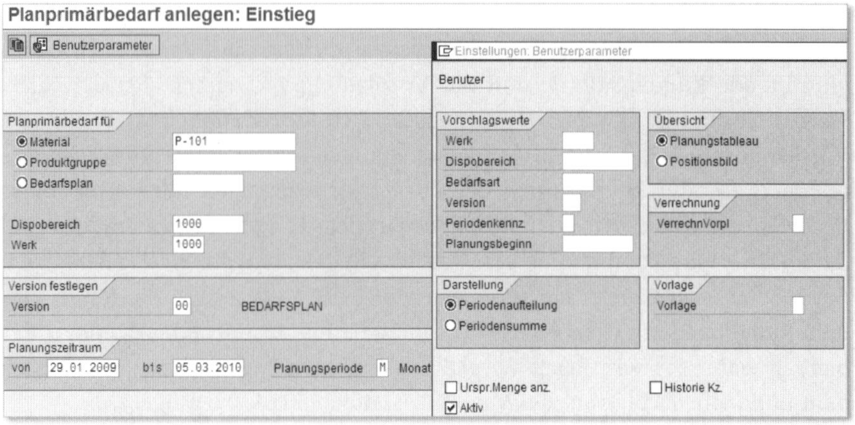

Abbildung 6.9 Benutzerparameter bei der Eingabe von Vorplanungsbedarfen

6.2 Planungsstrategien in SAP ERP

Das Spektrum der Vorplanungsstrategien reicht von der Lagerfertigung, bei der die Produktion des Enderzeugnisses nur anhand von Vorplanungsbedarfen gesteuert wird und Kundenaufträge vom Lager bedient werden, bis hin zur reinen Kundeneinzelfertigung, bei der keine Vorplanung erfolgt und erst bei Kundenauftragseingang die Produktion und Beschaffung angestoßen wird (siehe Abbildung 6.10).

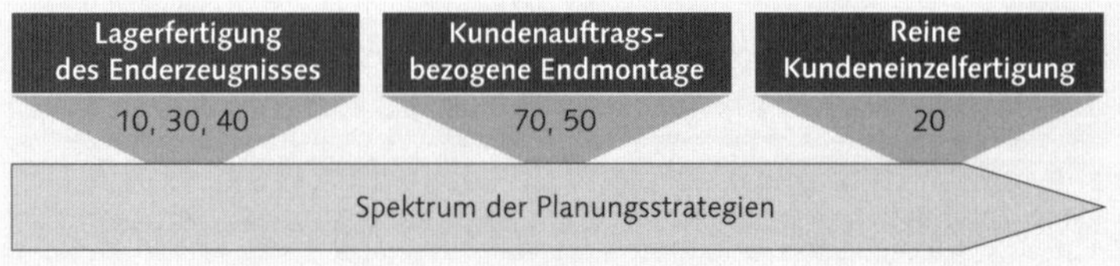

Abbildung 6.10 Spektrum der Planungsstrategien

Zu den *Lagerfertigungsstrategien* gehört die *anonyme Lagerfertigung* (Strategie 10), bei der die Fertigung der Enderzeugnisse lediglich durch Vorplanungsbedarfe gesteuert wird. Kundenaufträge sind dispositiv nicht relevant und werden vom Lagerbestand bedient. Auch die *Losfertigung* (Strategie 30) ist eine Lagerfertigungsstrategie. Hier sind neben den Vorplanungsbedarfen jedoch zusätzlich Kundenbedarfe dispositiv wirksam. Eine Verrechnung mit den Vorplanungsbedarfen erfolgt nicht. Des Weiteren erfolgt bei der *Vorplanung mit Endmontage* (Strategie 40) eine Planung des Enderzeugnisses anhand von Vorplanungsbedarfen. Bei dieser Strategie findet jedoch eine Verrechnung von Kunden- und Vorplanungsbedarfen statt.

Zu den Strategien der *kundenauftragsbezogenen Endmontage* zählt die *Vorplanung auf Baugruppenebene* (Strategie 70). Bei dieser Strategie liegt die Bevorratungsebene nicht auf dem Enderzeugnis, sondern auf der Baugruppenebene. Es wird eine Vorplanung für Baugruppen erstellt und damit die Fertigung und Beschaffung dieser Gruppen angestoßen. Die Montage des Enderzeugnisses erfolgt erst bei Kundenauftragseingang. Auf der Baugruppenebene verrechnet sich die Vorplanung mit den Sekundärbedarfen der Planaufträge des Enderzeugnisses, die vom Material Requirement Planning (MRP) aufgrund eingetroffener Kundenaufträge erzeugt wurden.

Eine ähnliche Planungsstrategie ist die *Vorplanung ohne Endmontage* (Strategie 50). In diesem Fall wird zwar das Enderzeugnis vorgeplant. Allerdings erzeugt der MRP bei dieser Strategie Planaufträge, die lediglich der Weitergabe der Bedarfe an die Baugruppen dienen. Sie können nicht in Fertigungsaufträge umgesetzt werden. In diesem Fall werden also ebenfalls Baugruppen bevorratet, jedoch wird in diesem Fall die Vorplanung für Enderzeugnisse erstellt.

Am Ende des Spektrums der Planungsstrategien befindet sich die reine *Kundeneinzelfertigung* (Strategie 20). Hier erfolgt keine Vorplanung, und die Fertigung des Enderzeugnisses wird erst nach Kundenauftragseingang angestoßen.

6.2.1 Strategien für die Lagerfertigung

Ziel der Lagerfertigungsstrategien ist es, die Produktion unabhängig von Nachfrage- und Absatzschwankungen zu planen. Somit kann eine gleichmäßige und optimale Kapazitätsauslastung erreicht werden. Da in diesem Fall die Vorplanungsbedarfe die Produktion direkt steuern, ist eine sehr gute Absatz- oder Prognoseplanung wichtig. Wurden die richtigen Endproduktmengen geplant, so ermöglicht diese Strategie sehr kurze Lieferzeiten, da bis zur letzten Dispostufe bevorratet wird. Vorraussetzung für eine Lagerfertigungsstrategie ist, dass Materialien keinem bestimmten Kundenauftrag zuzuordnen sind und auch Kosten nicht auf Kundenauftragsebene verfolgt werden müssen.

Anonyme Lagerfertigung (Strategie 10)

Bei der *anonymen Lagerfertigung* wird das Produktionsprogramm ohne Bezug zu Kundenaufträgen vorgegeben. Kundenaufträge sind nicht dispositionsrelevant, können aber zu Informationszwecken angezeigt werden. Dies müssen Sie, wie bereits beschrieben, im Feld KEINE DISPOSITION im Customizing der entsprechenden Bedarfsklasse einstellen.

Kundenaufträge werden vom Lager bedient, und eine Warenentnahme auf einen Kundenauftrag baut den jeweiligen Kundenauftrag ab. Der Abbau der Planprimärbedarfe erfolgt beim Warenausgang.

Hinweis

Voraussetzung für den Abbau des Produktionsprogramms durch die Auslieferung an einen Kundenauftrag ist das Kennzeichen PBEDABBAU im Customizing der Kundenbedarfsklasse 30.

Es wird gemäß FIFO-Prinzip (First-in, First-out) über den Bedarfstermin der älteste Planprimärbedarf zuerst abgebaut. Planprimärbedarfe in der Zukunft werden ebenfalls durch Warenausgänge abgebaut, sofern das VERRECHNUNGSINTERVALL VORWÄRTS im Materialstamm dies zulässt.

Bruttoplanung (Strategie 11)

Eine Variante der Strategie 10 ist die *Bruttoplanung* (Strategie 11). Der einzige Unterschied besteht darin, dass bei der Bruttoplanung der Lagerbestand nicht berücksichtigt wird. Es werden beim Planungslauf somit nur Zugangselemente betrachtet. Die Planung wird in den Transaktionen MD04 und MD05 in einem separaten Bruttoabschnitt angelegt. Bezüglich der in Abschnitt 6.1, »Systemeinstellungen in SAP ERP«, beschriebenen Einstellungen ist der Unterschied zur Strategie 10 das Planungskennzeichen = 2 (*Bruttoplanung*) im Customizing der Bedarfsklasse.

In der Strategiegruppe des Materialstamms (Registerkarte DISPOSITION 3) müssen Sie die Strategie 11 (*Bruttoplanung*) eintragen und das MISCHDISPOSITIONSKENNZEICHEN muss auf »Bruttoplanung« gesetzt sein.

Losfertigung (Strategie 30)

Im Unterschied zur Strategie 10 (*anonyme Lagerfertigung*) sind bei der Losfertigung (Strategie 30) Kundebedarfe zusätzlich zu Vorplanungsbedarfen dispositiv wirksam. Da jedoch keine Verrechnung erfolgt, sollten in diesem Fall nur Zusatzbedarfe als Vorplanungsbedarfe erfasst werden, die nicht als Kundenaufträge eintreffen. Der Gesamtbedarf entspricht der Summe aus Kundenbedarfen und Vorplanungsbedarfen. Die beiden Bedarfe können über ein geeignetes Losgrößenverfahren (z.B. periodische Losgröße) mit einem gemeinsamen Beschaffungselement (z.B. Planauftrag) in einem Los beschafft werden.

Kundenaufträge werden vom Lager bedient, und der Warenausgang zum Kundenauftrag baut den Kundenbedarf ab. Die von der Programmplanung zusätzlich eingeplanten Lageraufträge werden durch den Warenausgang zum Lagerauftrag, zum Beispiel an Kostenstelle, reduziert (die Reduzierung erfolgt analog zur Planungsstrategie 10 nach der FIFO-Regel).

Anwendung findet diese Strategie etwa, wenn Aufträge für Großkunden und gleichzeitig Fabrikverkauf von Lager abgebildet werden sollen.

Vorplanung mit Endmontage (Strategie 40)

Bei der Vorplanung mit Endmontage (Strategie 40) steht die flexible und schnelle Reaktion auf Kundenwünsche im Vordergrund. Darüber hinaus wird ein möglichst glatter Produktionsverlauf angestrebt. Die Beschaffung und Produktion aller Komponenten und Baugruppen inklusive deren Endmontage erfolgt bereits vor dem Eintreffen der Kundenaufträge durch Planprimärbedarfe. Über die Programmplanung werden Vorplanungsbedarfe für das Enderzeugnis eingestellt. In diesem Fall verrechnen sich die Vorplanungsbedarfe allerdings mit eintreffenden Kundenaufträgen nach den Verrechnungsparametern. Nicht verrechnete Vorplanungsbedarfe können zum Beispiel periodisch auf Null gesetzt werden (Transaktion MD74). Ansonsten bleiben diese die Kundenaufträge übersteigenden Vorplanungsbedarfe bedarfswirksam.

6.2.2 Kundenauftragsbezogene Endmontage

Bei den Strategien der *kundenauftragsbezogenen Endmontage* wird die Vorplanung nicht dazu verwendet, das Endprodukt selbst bereits zu beschaffen, sondern es werden nur die entsprechenden Mengen der benötigten Baugruppen beschafft. Die Endmontage wird erst durch das Eintreffen des Kundenauftrags (der sich mit der Vorplanung verrechnet) angestoßen. Die Bevorratungsebene liegt somit auf einer tieferen Dispostufe. Die Bevorratungsebene kann, wie später auch genauer beschrieben wird, über das Einzel-/Sammelkennzeichen flexibel festgelegt werden.

Die Planungsebene, also die Ebene auf der Vorplanungsbedarfe erfasst werden, kann davon unabhängig entweder auf dem Enderzeugnis oder auf Baugruppenebene liegen.

Baugruppenvorplanung (Strategie 70)

Die *Vorplanung auf Baugruppenebene* (Strategie 70 + Mischdispokennzeichen »1«) bietet sich zum Beispiel für Variantenfertiger an, wenn für bestimmte Baugruppen eher eine gesicherte Bedarfsprognose abgegeben werden kann als für die Variantenvielfalt der Enderzeugnisse. Es stellt sich hier also die Frage, welche Dispostufe am besten für die Prognose geeignet ist.

Bei dieser Planungsstrategie wird der Vorplanungsbedarf auf Baugruppenebene eingegeben und stößt die Fertigung der Baugruppe an. Treffen Kundenaufträge für das Enderzeugnis ein, wird für das Enderzeugnis die Stückliste aufgelöst. Ebenso werden durch Plan- oder Fertigungsaufträge für das Enderzeugnis Sekundärbedarfe oder Reservierungen für die Baugruppe erzeugt. Sie verrechnen sich mit der Vorplanung der Baugruppe. Falls durch Kundenaufträge, Plan- oder Fertigungsaufträge auf Enderzeugnisebene die Sekundärbedarfe oder Reservierungen den Vorplanungsbedarf der Baugruppe übersteigen, wird mit dem nächsten Planungslauf ein zusätzlicher Planauftrag für die Baugruppe angelegt. Dieser Ablauf ist in Abbildung 6.11 noch einmal dargestellt. Beachten Sie, dass das Verrechnungskennzeichen im Positionsbild des Planprimärbedarfs eine Verrechnung gegen Reservierungen und Sekundärbedarfe zulässt (»2« oder »3«, siehe Abschnitt 6.1, »Systemeinstellungen in SAP ERP«).

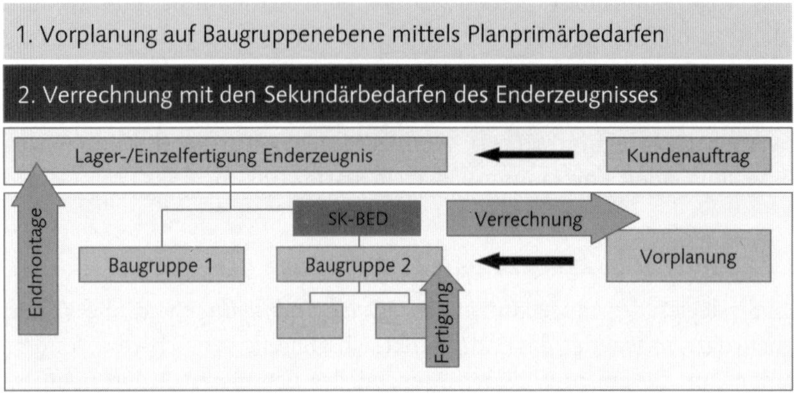

Abbildung 6.11 Ablauf der Strategie 70

Vorplanung für Dummy-Baugruppen (Strategie 59)

Um die Baugruppen-Vorplanung auch für Dummy-Baugruppen verwenden zu können, muss die Planungsstrategie 59 verwendet werden. In diesem Fall müssen ausnahmsweise Sekundärbedarfe für Dummy-Baugruppen erzeugt werden, damit diese sich mit den Vorplanungsbedarfen verrechnen können. Aus planerischer Sicht ist diese Strategie jedoch identisch zur Baugruppen-Vorplanung.

Folgende Stammdaten-Einstellungen sind nötig:

- Im Materialstamm der Dummy-Baugruppe setzen Sie die Strategie 59, das Mischdispositionskennzeichen »1« und den Sonderbeschaffungsschlüssel »50«.
- Alle Komponenten der Dummy-Baugruppe müssen retrograd entnommen werden. Dies ist notwendig, um einen parallelen Abbau von Vorplanungsbedarfen der Reservierung auf der Dummy-Baugruppe und den Reservierungen der Dummy-Baugruppenkomponenten zu ermöglichen. Dazu muss das Kennzeichen RETROGRADE ENTNAHME in den Materialstämmen der Dummy-Baugruppenkomponenten auf »1« oder »2« gesetzt werden (siehe Abbildung 6.12). Wenn »2« gewählt wurde, dann muss das Kennzeichen im relevanten Arbeitsplatz eingestellt sein. Zusätzlich müssen alle Komponenten der Baugruppe demselben Vorgang im Arbeitsplan zugewiesen sein.

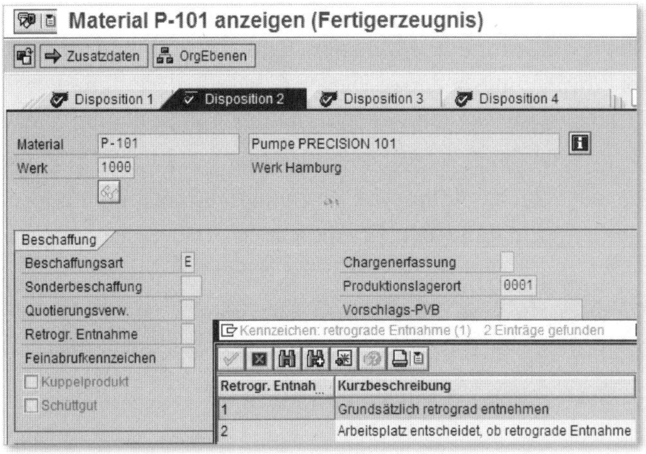

Abbildung 6.12 Kennzeichen »retrograde Entnahme«

- Auch müssen Sie das Einzel-/Sammelkennzeichen auf »2« (*Sammelbedarf*) setzten, wenn die Beschaffung/Fertigung bereits angestoßen werden soll. Alternativ kann die die Bevorratungsebene auch noch eine Dispostufe tiefer liegen, wenn im Materialstamm der Komponente *Einzelbedarf* eingestellt ist. Dann werden auch auf der Komponente nicht umsetzbare Planaufträge der Auftragsart VP erzeugt (siehe dazu Strategie 50).

Der Ablauf der Strategie 59 ist analog zu Strategie 70, durch die zusätzliche Dummy-Ebene jedoch technisch etwas komplizierter:

1. Die Vorplanungsbedarfe werden auf der Dummy-Baugruppe eingestellt.
2. Der MRP erzeugt Planaufträge der Auftragsart VP für die Dummy-Baugruppe und somit Sekundärbedarfe für die Komponenten der Dummy-Baugruppe (siehe Abbildung 6.13).
3. Nun wird für das Endprodukt der Kundenbedarf erfasst (siehe Abbildung 6.14). Der Planungslauf erzeugt, abweichend zum normalen Verhalten bei Dummy-Baugruppen, einen Sekundärbedarf auf der Dummy-Baugruppe. In diesem Fall ist das jedoch notwendig, damit sich die Sekundärbedarfe mit der Vorplanung verrechnen können. Wenn der Planauftrag für das Endprodukt umgesetzt wird, ergibt sich eine Auftragsreservierung.
4. Wie man in Transaktion MD04 der Dummy-Baugruppe sieht, verrechnet sich die Auftragsreservierung auf der Dummy-Baugruppe (siehe Abbildung 6.15). Der Vorplanungsbedarf wird reduziert. Die Reservierung ist jedoch dispositiv nicht wirksam. Dies ist auch korrekt, da der Fertigungsauftrag des Enderzeugnisses nun zusätzlich direkt eine Reservierung auf Komponentenebene absetzt.

5. Auf Komponentenebene finden sich nun die Auftragsreservierung des Fertigungsauftrags sowie die Sekundärbedarfe der Dummy-Baugruppe für noch nicht verrechnete Vorplanungsbedarfe. Dieser Gesamtbedarf steuert nun die Produktion beziehungsweise die Beschaffung der Komponenten (siehe Abbildung 6.16).
6. Schließlich erfolgt eine Rückmeldung des Fertigungsauftrags des Endprodukts mit retrograder Entnahme der Komponenten. Dabei erfolgen folgende Schritte:
   - Abbau des Planprimärbedarfs der Dummy-Baugruppe
   - Abbau der Reservierung der Dummy-Baugruppe
   - Abbau der Reservierung der Komponenten

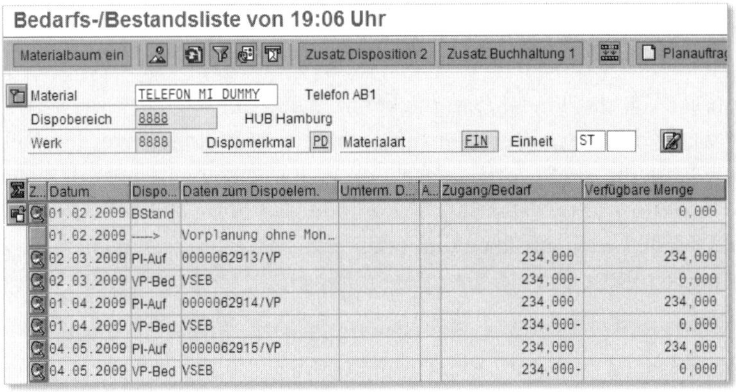

Abbildung 6.13 Vorplanungsbedarfe auf Dummy-Baugruppe

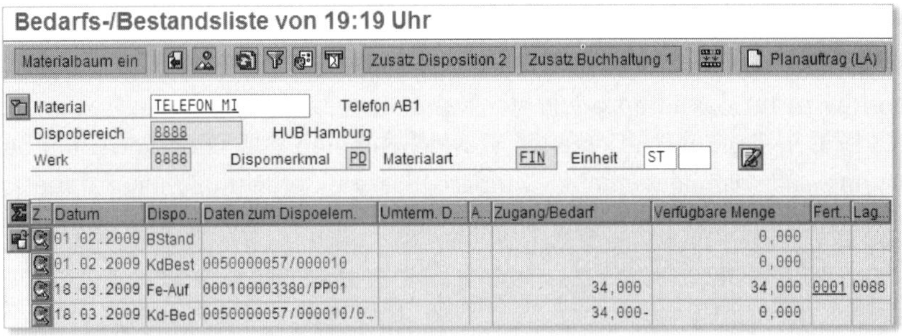

Abbildung 6.14 Erfassen des Kundenbedarfs

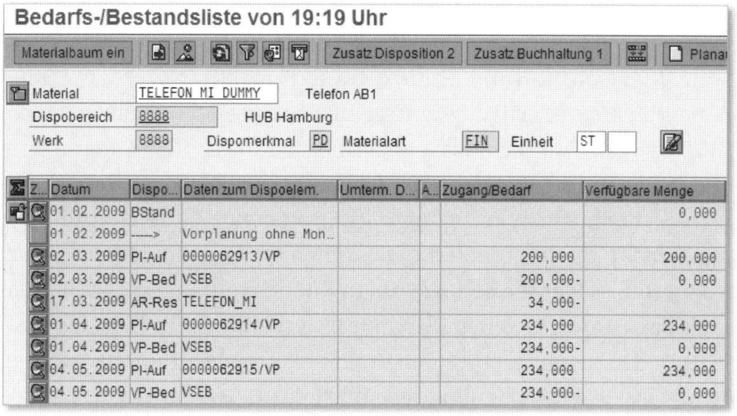

Abbildung 6.15 Verrechnung auf der Dummy Baugruppe

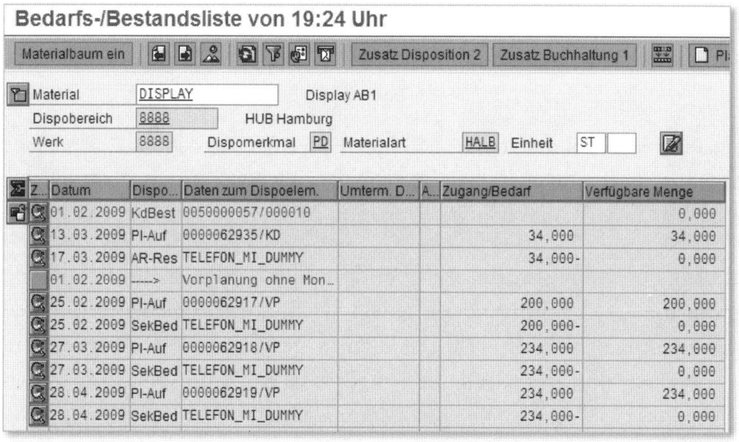

Bedarfs-/Bestandsliste von 19:24 Uhr
Materialbaum ein
Zusatz Disposition 2
Zusatz Buchhaltung 1
Material DISPLAY Display AB1
Dispobereich 8888 HUB Hamburg
Werk 8888 Dispomerkmal PD Materialart HALB Einheit ST
Z... Datum Dispo... Daten zum Dispoelem. Umterm. D... A... Zugang/Bedarf Verfügbare Menge
01.02.2009 KdBest 0050000057/000010 0,000
13.03.2009 Pl-Auf 0000062935/KD 34,000 34,000
17.03.2009 AR-Res TELEFON_MI_DUMMY 34,000- 0,000
01.02.2009 ----> Vorplanung ohne Mon...
25.02.2009 Pl-Auf 0000062917/VP 200,000 200,000
25.02.2009 SekBed TELEFON_MI_DUMMY 200,000- 0,000
27.03.2009 Pl-Auf 0000062918/VP 234,000 234,000
27.03.2009 SekBed TELEFON_MI_DUMMY 234,000- 0,000
28.04.2009 Pl-Auf 0000062919/VP 234,000 234,000
28.04.2009 SekBed TELEFON_MI_DUMMY 234,000- 0,000

Abbildung 6.16 Bedarfssituation auf Komponentenebene

Vorplanung ohne Endmontage (Strategie 50 und Strategie 52)

Wie bei der Kundeneinzelfertigung wird auch bei der *Vorplanung ohne Endmontage* (Strategie 50) ein Produkt speziell für einen Kunden gefertigt. Zusätzlich zur auftragsgesteuerten Kundeneinzelfertigung sollen aber bestimmte Baugruppen bereits vorgefertigt oder beschafft werden. Das Material wird bis zur Fertigungsstufe vor der Endmontage produziert. Die Baugruppen und Komponenten werden also bis zum Eintreffen des Kundenauftrags auf Lager gelegt, und die Endmontage wird erst durch das Eintreffen des Kundenauftrags angestoßen. Diese Strategie bietet sich an, wenn ein Großteil des Wertschöpfungsprozesses bei der Endmontage anfällt. Zusätzlich ermöglicht diese Strategie kurze Lieferzeiten, da die Produktion bei Auftragseingang ohne Zeitverzug auf vorhandene Baugruppen und Komponenten zugreifen kann.

Eine Vorplanung erfolgt auf Enderzeugnisebene mit vom Kundenauftrag unabhängigen Planprimärbedarfen. Der Bedarfsplanungslauf erzeugt in dem speziellen Abschnitt VORPLANUNG OHNE ENDMONTAGE Planaufträge für das Enderzeugnis, die nicht in einen Fertigungsauftrag umsetzbar sind (Planaufträge der Auftragsart *VP*, die kein Umsetzungskennzeichen besitzen). Auf Baugruppen- und Komponentenebene erzeugt der Bedarfsplanungslauf bei Unterdeckung jedoch Planaufträge, die in einen Fertigungsauftrag oder eine Bestellanforderung umsetzbar sind, da für die unteren Fertigungsstufen die Fertigung und Beschaffung bereits angestoßen werden soll, bevor ein Kundenauftrag eingeht. Für das Endprodukt ist das Umsetzen eines Planauftrags erst mit Eintreffen des Kundenauftrags und der damit verbundenen Erstellung des Kundeneinzelabschnitts möglich. Der nächste Planungslauf führt dazu, dass im Kundeneinzelabschnitt ein umsetzungsfähiger Planauftrag erzeugt wird. Hierdurch wird die Endmontage ermöglicht. Gleichzeitig wird im Vorplanungsabschnitt die Planauftragsmenge des VP-Planauftrags ohne Umsetzungskennzeichen entsprechend reduziert.

Hinweis

Der Kundenauftrag wird bei der Strategie 50 innerhalb eines Kundeneinzelplanungsabschnitts geführt. Ist dies nicht erwünscht, kann der Kundenauftrag auch im Nettoplanungsabschnitt verwaltet werden. Hierzu müssen Sie die Strategie 52 verwenden.

Bei Verwendung der Strategie 50 muss ebenfalls entschieden werden, auf welche Dispostufe die Bevorratungsebene gelegt wird. Dieses wird mithilfe des Einzel-/Sammelkennzeichens im Materialstamm gesteuert. Die Baugruppen, die bereits vor Eintreffen des Kundenauftrages beschafft und bevorratet werden sollen, erhalten das Kennzeichen »2« (*Sammelbedarf*). Somit werden die Sekundärbedarfe der VP-Planaufträge im Nettoabschnitt abgebildet und sind dispositiv wirksam. Sollen spezielle Baugruppen ebenfalls erst durch das Eintreffen eines Kundenauftrags angestoßen werden, bietet sich die Verwendung des Kennzeichens »blank« oder »1« an. In diesem Fall sind die Sekundärbedarfe ebenfalls im Abschnitt VORPLANUNG OHNE ENDMONTAGE eingetragen, und die Planauftrage erhalten die Auftragsart VP. Somit werden zwar bereits die Komponenten der Baugruppen beschafft, aber die Montage der Baugruppe erfolgt, analog zur Montage des Endprodukts, erst bei Kundenauftragseingang. Dieser Zusammenhang ist in Abbildung 6.17 dargestellt.

Das wichtigste Kriterium zur Festlegung der Bevorratungsebene ist der Wertschöpfungsprozess. Ist der Fertigungsprozess einer Baugruppe besonders kostenintensiv, so sollten die Komponenten bevorratet werden, wenn die Lieferzeit dies zulässt.

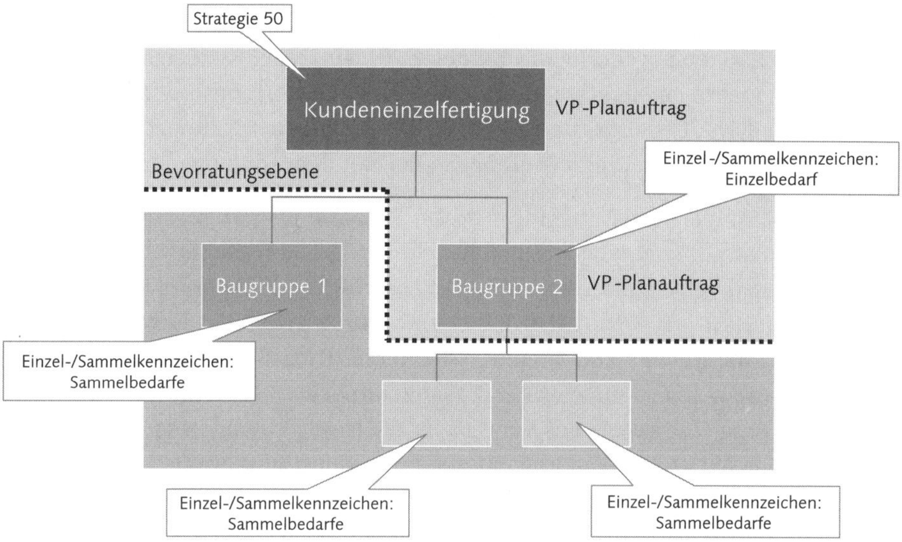

Abbildung 6.17 Festlegung der Bevorratungsebene bei Strategie 50

Vorplanung für Baugruppen ohne Endmontage (Strategie 74)

Die Strategie 74 ist eine Kombination der Strategien 70 und 52 bzw. 50. Bei der Vorplanung für Baugruppen ohne Endmontage wird analog zur Strategie 70 eine Vorplanung für eine Baugruppe erstellt. Diese befindet sich im Vorplanungsabschnitt, und auf dieser Ebene verrechnen sich die Vorplanungsbedarfe mit den Sekundärbedarfen und mit den Reservierungen der Enderzeugnisse. Es wird im Unterschied zur Strategie 70 durch die Vorplanungsbedarfe jedoch nicht die Fertigung der Baugruppen angestoßen, sondern nur durch nicht umsetzbare VP-Planaufträge die Beschaffung der Komponenten angestoßen. Die Montage der Baugruppe erfolgt erst nach dem Eintreffen des Plan- oder Fertigungsauftrags des Endprodukts. Dieses Verhalten ähnelt somit der Strategie 52 bzw. 50, bei der durch die Vorplanungsbedarfe auf Enderzeugnis-Ebene ebenfalls nur die Beschaffung der Komponenten angestoßen wird und die Endmontage erst bei Auftragseingang erfolgt.

Die Sekundärbedarfe und Reservierungen der Baugruppe sowie die hierzu gehörenden Planaufträge zur Baugruppe erscheinen je nach Strategie des Endprodukts und Einzel-/Sammelkennzeichens der Baugruppe im Nettoabschnitt oder in einem Kundeneinzelabschnitt. Sekundärbedarfe und Reservierungen im Nettoabschnitt oder einem Kundeneinzelplanungsabschnitt führen in der Bedarfsplanung zu umsetzungsfähigen Planaufträgen, die die Montage der Baugruppe ermöglichen. Im Vorplanungsabschnitt hingegen wird die Planauftragsmenge des Planauftrags mit der Auftragsart VP entsprechend der neuen Bedarfssituation reduziert.

6.2.3 Kundeneinzelfertigung

Bei der Kundeneinzelfertigung (Strategie 20) wird jeder Kundenauftrag einzeln geplant und in einem eigenen Abschnitt in der Dispositionsliste oder der aktuellen Bedarfs-/Bestandsliste verwaltet. Es erfolgt keine Nettobedarfsrechnung zwischen einzelnen Kundenaufträgen oder mit dem anonymen Lagerbestand.

Bei der Kundeneinzelfertigung wird im Standard als Losgrößenverfahren die exakte Losgröße verwendet, unabhängig von der Eingabe im Materialstamm. Sie können jedoch im Customizing des Losgrößenverfahrens im Feld LOSGRÖSSENRECHNUNG BEI KUNDENEINZELPLANUNG die Auswahl des Losgrößenverfahrens für die Kundeneinzelplanung definieren. Gemäß der Einstellung des im Materialstamm verwendeten Losgrößenkennzeichens kann für die Kundeneinzelfertigung eine andere Losgröße als für die Lagerfertigung eingesetzt werden. Die produzierten Mengen sind unter den einzelnen Kundenaufträgen nicht austauschbar, die gefertigten Mengen werden bestandsmäßig direkt für den einzelnen Kundenauftrag (im Kundeneinzelbestand) verwaltet. Der Kundeneinzelbestand und der Bedarf werden durch einen Warenausgang auf den Kundenauftrag abgebaut. Sobald der Kundenauftrag abgeschlossen und der Kundeneinzelbestand erschöpft ist, verschwindet der Kundeneinzelabschnitt aus der aktuellen Bedarfs-/Bestandsliste beziehungsweise aus der Dispoliste.

Das Einzel-/Sammelbedarfskennzeichen im Materialstamm bestimmt, ob eine Komponente für einen speziellen Kundenbedarf ebenfalls im Einzelabschnitt beschafft wird:

- Das Kennzeichen »1« (*Einzelbedarf*) bedeutet, dass das Material speziell für einen Kundenauftrag produziert bzw. beschafft wird. Ein spezieller Einzelabschnitt wird für jeden Bedarf erzeugt. Ein Einzelbedarf wird nur erzeugt, wenn das übergeordnete Material keinen Sammelbedarf erzeugt.
- Das Kennzeichen »2« (*Sammelbedarf*) bedeutet, dass dieses Material für verschiedene Bedarfe produziert bzw. beschafft wird. Die Bedarfe finden sich im Nettobedarfsabschnitt.
- Das Kennzeichen »blank« (*Leerzeichen*) bedeutet, dass die Komponente in der gleichen Art geplant wird, wie die übergeordnete Baugruppe also entweder im Einzelabschnitt oder im Sammelabschnitt.

6.2.4 Vorplanung mit Vorplanmaterial

Mit diesen Strategien können sogenannte Gleichteile auf der Basis der Planprimärbedarfe eines Vorplanungsmaterials beschafft werden. Als Gleichteile werden Materialien bezeichnet, die in den Stücklisten vieler Endprodukte verwendet werden, zum Beispiel Normteile. Die Fertigung des Enderzeugnisses basiert jedoch auf tatsächlichen Kundenaufträgen. Mit dieser Strategie kann schnell auf Kundenanforderungen reagiert werden, auch wenn das Enderzeugnis eine lange Gesamtdurchlaufzeit hat. Der Wertschöpfungsprozess beginnt erst, wenn ein Kundenauftrag erteilt wird.

Vorplanung mit Vorplanungsmaterial ohne Kundeneinzelfertigung (Strategie 63)

Vorplanung mit Vorplanungsmaterial ohne Kundeneinzelfertigung (Strategie 63) weist die gleichen grundlegenden Eigenschaften auf, wie die Strategie *Vorplanung ohne Endmontage und ohne Kundeneinzelfertigung* (Strategie 52). Der Unterschied besteht jedoch darin, dass die Vorplanungsbedarfe nicht auf dem Enderzeugnis (in diesem Umfeld auch »Variantenerzeugnis« genannt) eingegeben werden, sondern auf einem »künstlichen« Vorplanmaterial.

Um diese Strategie nutzen zu können, müssen Sie folgende Einstellungen für das Vorplanmaterial vornehmen:

- Im Materialstamm muss die Strategie 63 gepflegt sein. Zusätzlich müssen die Verrechnungsparameter angegeben werden, damit der Vorplanungsbedarf des Vorplanmaterials den Kundenbedarf auf dem Variantenerzeugnis findet.

  Sie können ein existierendes reales Material als Vorplanmaterial nutzen; allerdings ist es oft sinnvoller, ein spezielles Vorplanmaterial anzulegen. Die Stückliste des Vorplanungsmaterials kann dann alle Gleichteile enthalten, die durch das Vorplanmaterial geplant werden sollen.
- Im Materialstamm des Variantenerzeugnisses ist ebenfalls die Strategie 63 einzutragen. Zusätzlich müssen die folgenden Felder gefüllt werden:
  - VORPLANMATERIAL
    mit der Materialnummer des Vorplanmaterials
  - VORPLANUNGSWERK
    mit dem Werk, in dem die Vorplanungsbedarfe eingegeben werden
  - VORPLUMRECHFAKTOR
    mit einem Umrechnungsfaktor, wenn die beiden Materialien unterschiedliche Basismengeneinheiten haben. Standardmäßig ist dies jedoch »1«.
- Analog zur Strategie 52 muss für die Baugruppen, die Teil der Vorplanungsstückliste sind, das Einzel-/Sammelkennzeichen gesetzt werden.

  Wenn die Produktion für die Komponente/Baugruppe bereits anhand von Vorplanungsbedarfen angestoßen werden soll, so ist »2« (*Sammelbedarfe*) einzutragen. Wenn die Baugruppe nicht bevorratet werden soll, sondern nur die Sekundärbedarfe weitergegeben werden sollen, so muss »blank«

oder »1« eingetragen werden. In diesem Fall werden auch für die Baugruppe nur VP-Planaufträge angelegt.

- Die Nicht-Gleichteile, die nicht in der Vorplanungsstückliste enthalten sind, müssen über die Baugruppenvorplanung oder über die verbrauchsgesteuerte Disposition geplant werden.

Die Vorplanung läuft nun wie folgt ab:

1. Erfassen Sie die Vorplanungsbedarfe für das Vorplanmaterial.
2. Durch den MRP werden zur Deckung VP-Planaufträge erzeugt, die Sekundärbedarfe auf alle Baugruppen der Vorplanungsstückliste absetzen (siehe Abbildung 6.18, mit 3 Planaufrägen über 234 Stück)

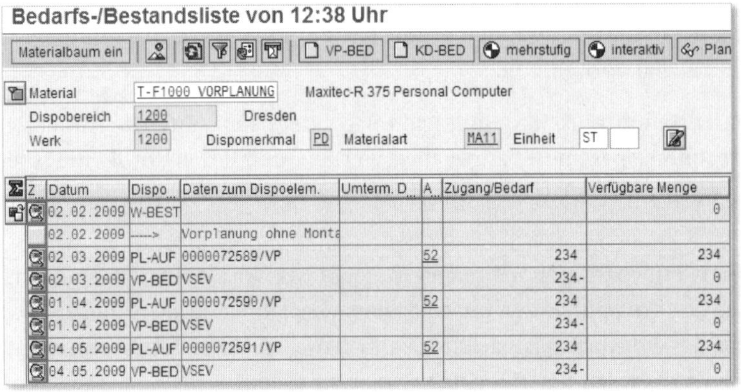

Abbildung 6.18 Planungssituation des Vorplanmaterials

3. Auf den Baugruppen werden zur Deckung der Sekundärbedarfe durch den Planungslauf Beschaffungselemente angelegt oder bei Einzel-/Sammelkenzeichen ungleich »2« weitere VP-Planaufträge angelegt.
4. Auf dem Variantenerzeugnis erfassen Sie nun einen Kundenbedarf (in diesem Beispiel über 34 Stück). Dieser verrechnet sich mit den Vorplanungsbedarfen des Vorplanmaterials. Auf den Baugruppen verringern sich somit nun die Sekundärbedarfe des Vorplanmaterials um 34 Stück und die des Variantenmaterials erhöhen sich um 34 Stück (siehe Abbildung 6.19).
5. Bei Warenausgang für die Lieferung erfolgt der Abbau des Kundebedarfs auf dem Variantenerzeugnis und des Vorplanungsbedarfs auf dem Vorplanmaterial.

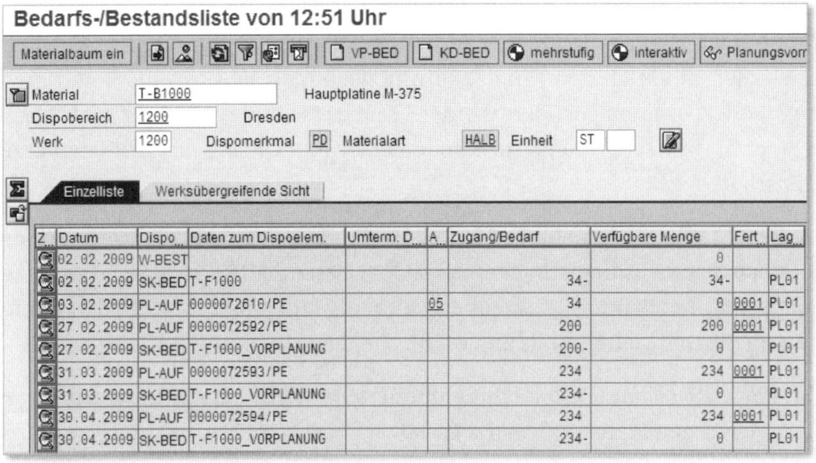

Z	Datum	Dispo	Daten zum Dispoelem.	Umterm. D	A	Zugang/Bedarf	Verfügbare Menge	Fert	Lag
	02.02.2009	W-BEST					0		
	02.02.2009	SK-BED	T-F1000			34-	34-		PL01
	03.02.2009	PL-AUF	0000072610/PE		05	34	0	0001	PL01
	27.02.2009	PL-AUF	0000072592/PE			200	200	0001	PL01
	27.02.2009	SK-BED	T-F1000_VORPLANUNG			200-	0		PL01
	31.03.2009	PL-AUF	0000072593/PE			234	234	0001	PL01
	31.03.2009	SK-BED	T-F1000_VORPLANUNG			234-	0		PL01
	30.04.2009	PL-AUF	0000072594/PE			234	234	0001	PL01
	30.04.2009	SK-BED	T-F1000_VORPLANUNG			234-	0		PL01

Abbildung 6.19 Transaktion MD04 der Baugruppe mit Bedarfen von Vorplan- und Variantenmaterial

Vorplanung mit Vorplanungsmaterial (Strategie 60)

Der einzige Unterschied der Strategie *Vorplanung mit Vorplanungsmaterial* (Strategie 60) zur Strategie 63 besteht darin, dass die Kundenbedarfe im Kundeneinzelabschnitt geführt werden. Die Bedarfsklasse der Vorplanungsbedarfe ist jedoch identisch und die Verrechnung erfolgt ebenfalls analog zur Strategie 63.

6.2.5 Montageabwicklung

Die Montageabwicklung ist eher eine Form der Kundenauftragsabwicklung als eine Vorplanungsstrategie. Bei der Montageabwicklung wird das Produkt erst nach Eingang des entsprechenden Kundenauftrags montiert oder zusammengestellt. Zeitgleich wird mit der Anlage eines Kundenauftrags bereits ein Beschaffungselement (Planauftrag, Fertigungsauftrag, Netzplan) angelegt. Schlüsselkomponenten werden in Erwartung des Kundenauftrags geplant und gelagert. Nach Erfassung des Kundenauftrags wird die Verfügbarkeit dieser Komponenten geprüft und ein mögliches Lieferdatum ermittelt. Das Ergebnis der Verfügbarkeitsprüfung sieht folgendermaßen aus:

- Die zugesagte Auftragsmenge des Kundenauftrags basiert auf der Komponente mit der kleinsten verfügbaren Menge.
- Das bestätigte Lieferdatum des Kundenauftrags basiert auf dem Verfügbarkeitsdatum der Komponente, die als Letzte verfügbar sein wird.

Die Montageabwicklung ist dann sinnvoll, wenn eine große Anzahl von Enderzeugnissen aus gleichen Komponenten montiert werden kann. In der Montageabwicklung haben der Kundenauftrag und das Beschaffungselement eine feste Verbindung. Termin- und Mengenänderungen bei der Fertigung oder Beschaffung werden direkt an den Kundenauftrag weitergegeben, wo die bestätigten Mengen oder Termine geändert werden. Andererseits werden aber auch Mengen- oder Terminänderungen im Kundenauftrag an die Beschaffungselemente weitergeleitet.

Eine detaillierte Beschreibung der Einstellungen zur Montageabwicklung würde den Rahmen dieses Buches sprengen. Festzuhalten ist, dass je nach zu erzeugendem Beschaffungselement eine der folgenden drei Strategien verwendet werden kann (siehe Abbildung 6.20):

- Strategie 81: *Montageabwicklung mit Serienfertigung* (bei Kundenauftragsanlage werden Planaufträge erzeugt)
- Strategie 82: *Montageabwicklung mit Fertigungsaufträgen* (bei Kundenauftragsanlage werden Fertigungsaufträge erzeugt)
- Strategie 83: *Montageabwicklung mit Netzplänen* (bei Kundenauftragsanlage werden Netzpläne erzeugt)

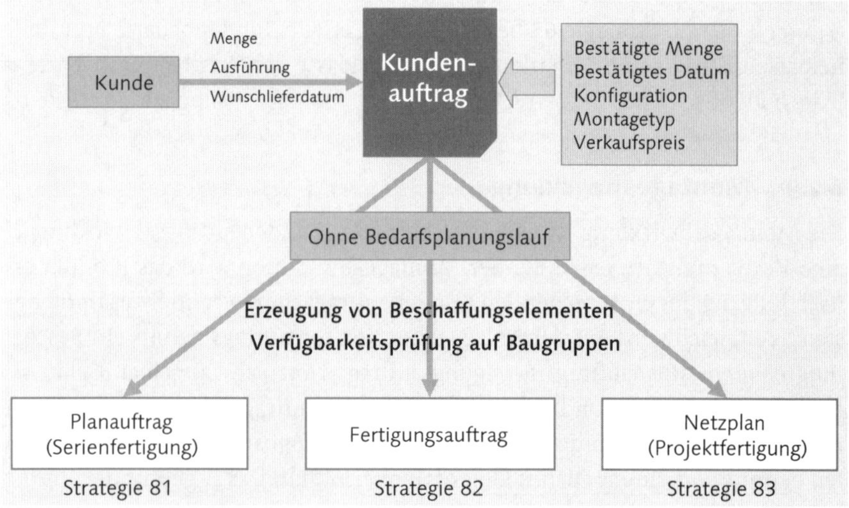

Abbildung 6.20 Strategien der Montageabwicklung

6.2.6 Strategien für konfigurierbare Materialien

Die Strategien für konfigurierbare Materialien gliedern sich in Strategien für Materialvarianten und Strategien für Merkmalsvorplanung. Eine Materialvariante ist eine auskonfigurierte Variante eines konfigurierbaren Materials. Strategien für Materialvarianten bieten sich somit nur für Materialien mit einer begrenzten

Anzahl möglicher Kombinationen von Merkmalen und Kombinationsschlüsseln an. Für diese Kombinationen kann dann eine Materialvariante angelegt werden, für die anschließend Vorplanungsbedarfe angelegt werden können. Diese Materialvariante wird später in Kundenaufträgen ausgewählt, sodass eine Verrechnung auf Variantenebene stattfindet. Die zu verwendenden Strategien unterscheiden sich nicht von den bereits beschriebenen Strategien. Sie müssen nur berücksichtigen, dass die Kundenbedarfsklasse eine Konfiguration zulässt.

Interessant sind jedoch die Strategien der Merkmalsvorplanung, die eine Planung von Erzeugnissen mit einer hohen Anzahl an möglichen Kombinationen von Merkmalen und Kombinationsschlüsseln ermöglichen. Typische Beispiele dafür sind kundenspezifische Produkte in den Bereichen Automobil, Maschinenbau und Elektrotechnik Die Vorplanung erfolgt durch die Eingabe von Einsatzwahrscheinlichkeiten für bestimmte Kombinationsschlüssel.

Beispielsweise kann mit der Strategie 56 eine Vorplanung ohne Endmontage durchgeführt werden. Dazu muss im konfigurierbaren Material die Strategie 56 eingetragen sein. Zusätzlich muss für das Material ein Vorplanungsprofil erstellt werden, in dem die vorzuplanenden Merkmale des konfigurierbaren Materials als vorplanungsrelevant gekennzeichnet sein (Transaktion MDPH, siehe Abbildung 6.21). Grundlage des Vorplanungsprofils sind Vorplantabellen. Sie können diese Tabellen automatisch anhand der Klasse des Materials erstellen (Transaktion MDP6) oder manuell anlegen (siehe hierzu den SAP-Hinweis 772859).

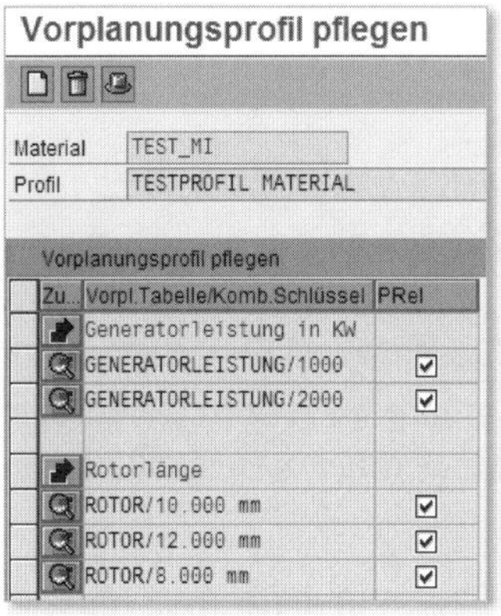

Abbildung 6.21 Anlage des Vorplanungsprofils

Bei der Pflege der Vorplanungsbedarfe in Transaktion MD61 geben Sie zuerst wie gewohnt eine Einteilung mit der gewünschten Menge und dem Termin an (siehe Abbildung 6.22, 100 Stück zum 05.03.2009).

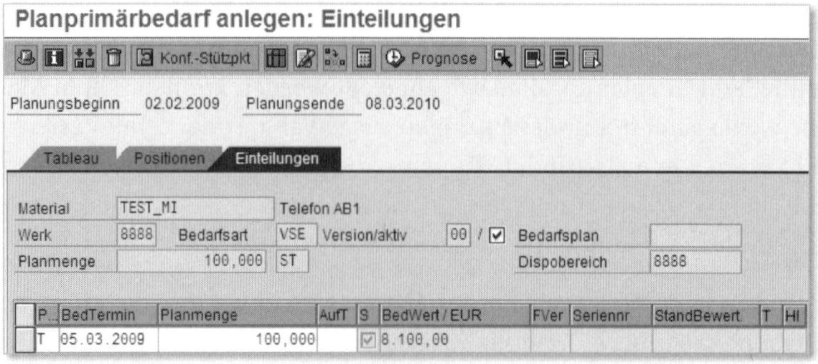

Abbildung 6.22 Pflege einer Einteilung

Anschließend können Sie nun über den Button Konfigurations-Stützpunkt zu den Kombinationsschlüsseln eines Merkmals die Einsatzwahrscheinlichkeit pflegen (siehe Abbildung 6.23).

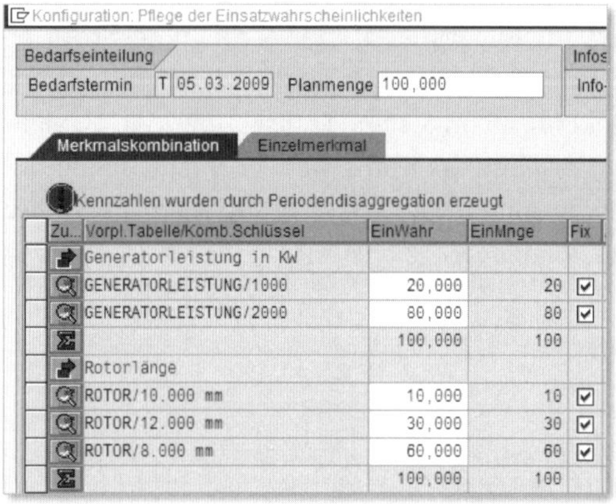

Abbildung 6.23 Pflege der Einsatzwahrscheinlichkeiten pro Einteilungen

Der Bedarf für Komponenten wird automatisch berechnet, indem die Komponentenmenge mit der Einsatzwahrscheinlichkeit multipliziert wird. Außerdem werden auch die Abhängigkeiten zwischen Merkmalen bei dieser Kalkulation berücksichtigt.

Bei Kundenauftragseingang (siehe Abbildung 6.24, Kundenauftrag über 1 Stück) verrechnen sich nun auf Endprodukt-Ebene die Kundenbedarfe des konfigurierten Materials mit den Vorplanungsbedarfen. Der Kundenauftrag bzw. der erzeugte Planauftrag erzeugt anhand der »wahren« Konfiguration Sekundärbedarfe auf den Komponenten. Die Sekundärbedarfe der Vorplanungsbedarfe mit den eingegebenen Einsatzwahrscheinlichkeiten werden neu berechnet, nun mit einer reduzierten Gesamtmenge von 99 Stück. Dies führt dazu, dass durch den Kundenauftrag alle Komponenten anteilig abgebaut werden – auch Komponenten, die durch die »wahre« Konfiguration im Kundenauftrag nicht ausgewählt wurden.

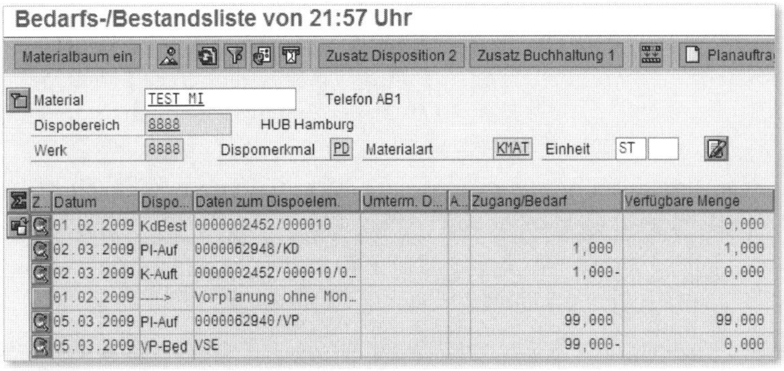

Abbildung 6.24 Verrechnung des Endprodukts

6.2.7 Abbau von Planprimärbedarfen

Nachdem die Vorplanungsbedarfe zu einem Anstoß der Bereitstellung oder der Fertigung auf den verschiedenen Dispostufen geführt haben und anschließend der Warenausgang erfolgt ist, ist ein Abbau der Planprimärbedarfe von zentraler Bedeutung.

Tabelle 6.1 gibt eine Übersicht der Ereignisse, bei denen die Planprimärbedarfe abgebaut werden.

	Strategie	Primärbedarfsabbau (Kundenauftrag und/oder Planprimärbedarf)
10	Anonyme Lagerfertigung (Nettoplanung)	Warenausgang (Kundenauftrag und anonymer Abbau der Planprimärbedarfe nach FIFO). Auch Planprimärbedarfe in der Zukunft werden abgebaut, wenn die Verrechnung dieses zulässt.
11	Anonyme Lagerfertigung (Bruttoplanung)	Abbau von Planprimärbedarfen erfolgt bereits beim Wareneingang.
20	Kundeneinzelfertigung	Warenausgang zum Kundenauftrag baut den Kundenauftrag ab.
30	Losfertigung	Abbau des Kundenauftrags durch Warenausgang zum Auftrag Abbau des Planprimärbedarfs durch Verkauf ab Lager
40	Vorplanung mit Endmontage	Warenausgang zum Kundenauftrag baut Planprimärbedarf und Kundenauftrag ab.

Tabelle 6.1 Primärbedarfsabbau bei Planungsstrategien

	Strategie	Primärbedarfsabbau (Kundenauftrag und/oder Planprimärbedarf)
50	Vorplanung ohne Endmontage	Warenausgang zum Kundenauftrag baut Planprimärbedarf und Kundenauftrag ab.
59	Vorplanung Dummy-Baugruppen	Rückmeldung des Fertigungsauftrags des Endprodukts und damit verbundene retrograde Entnahme der Komponenten der Dummy-Baugruppe baut Planprimärbedarf ab.
60	Vorplanung mit Vorplanungsmaterial	Warenausgang Kundenauftrag baut Planprimärbedarf und Kundenauftrag ab.
70	Vorplanung Baugruppen	Warenausgang für den Fertigungsauftrag des Endprodukts baut Planprimärbedarf ab.
74	Vorplanung Baugruppen ohne Endmontage	Warenausgang für den Fertigungsauftrag des Endprodukts baut Planprimärbedarf ab.
82	Montageabwicklung mit Fertigungsauftrag	Warenausgang zum Kundenauftrag baut Kundenauftrag ab.

Tabelle 6.1 Primärbedarfsabbau bei Planungsstrategien (Forts.)

Beachten Sie, dass pro Bewegungsart im Customizing ein Bedarfsabbau ausgeschlossen werden kann. Zudem werden nur Planprimärbedarfe abgebaut, die die Bedarfsklasse der Hauptstrategie der Strategiegruppe des Materials besitzen.

6.2.8 Anpassung und Reorganisation von Planprimärbedarfen

Mithilfe des Anpassungshorizonts können Vorplanungsbedarfe für einen bestimmten Zeitraum dispositiv unwirksam gemacht werden (siehe Abbildung 6.25). Sie werden dadurch jedoch nicht gelöscht und bleiben auf der Datenbank erhalten.

Sie können den Anpassungshorizont in der Dispogruppe pflegen. Dort geben Sie mithilfe des Anpassungskennzeichens an, ob der Horizont in der Vergangenheit oder in der Zukunft liegt. Zusätzlich kann entschieden werden, ob alle Vorplanungsbedarfe oder nur die mit Verrechnung dispositiv unwirksam sein sollen. So könnten Sie zum Beispiel festlegen, dass nur Vorplanungsbedarfe in der Disposition berücksichtigt werden sollen, die mehr als vier Wochen in der Zukunft liegen, da davon auszugehen ist, dass für die nächsten vier Wochen alle Kundenbedarfe vorliegen.

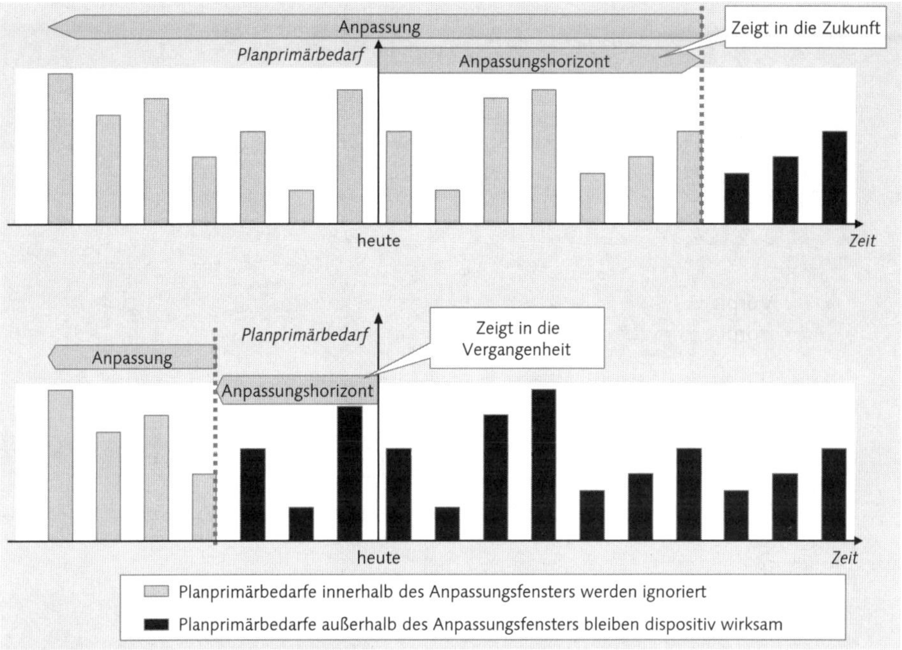

Abbildung 6.25 Anpassungshorizont

Um die Vorplanungsbedarfe endgültig von der Datenbank zu löschen, sind drei Schritte notwendig, die zum Beispiel periodisch in Jobs eingeplant werden können:

1. Zuerst müssen Sie mit der Bedarfsanpassung (Transaktion MD74) nicht zugeordnete Vorplanungsbedarfsmengen vor dem in der Transaktion festzulegenden Stichtag (kann auch in der Zukunft liegen) auf Null setzen.
2. Anschließend können Sie mit der Reorganisation (Transaktion MD75) Einteilungen mit der Menge Null von der Datenbank löschen.
3. Zum Abschluss können Sie mit der Transaktion MD76 die Historie der Vorplanungsbedarfe vor dem Stichtag löschen.

Alternativ zur Angabe eines Stichtags bei den genannten drei Schritten kann für ein Werk auch ein Reorganisationsintervall im Customizing angegeben werden (Transaktion OMP8).

6.2.9 Tabellarische Zusammenfassung

Tabelle 6.2 gibt noch einmal einen Überblick über den Ablauf, die Festlegung von Planungs- und Bevorratungsebene sowie die Vor- und Nachteile der beschriebenen Planungsstrategien:

Kategorie	Strategie	Strategienummer	Kurzbeschreibung	Planungsebene	Bevorratungsebene	Vorteile	Nachteile
Strategien für die Lagerfertigung	Anonyme Lagerfertigung	10	▶ Vorgabe des Produktionsprogramms nur über Vorplanungsbedarfe ohne Bezug zu Kundenaufträgen ▶ Kundenaufträge sind nicht dispositionsrelevant, können aber zu Informationszwecken angezeigt werden. ▶ Kundenaufträge werden vom Lager bedient.	Endprodukt	Endprodukt	▶ gleichmäßige und optimale Kapazitätsauslastung der Produktion unabhängig von Nachfrage- und Absatzschwankungen ▶ Kurze Lieferzeiten	▶ hohes Absatzrisiko ▶ hohe Bestandskosten ▶ Güte der Absatz- oder Prognoseplanung sehr wichtig
	Bruttoplanung	11	▶ analog zu Strategie 10, aber keine Berücksichtigung des Lagerbestands	Endprodukt	Endprodukt	▶ siehe Strategie 10	▶ siehe Strategie 10
	Losfertigung	30	▶ Kundenbedarfe sind dispositiv wirksam. ▶ Vorplanungsbedarfe als Zusatzbedarfe sind ebenfalls dispositiv wirksam. ▶ keine Verrechnung der beiden Bedarfe	Endprodukt	Endprodukt	▶ sinnvoll, wenn Kundenaufträge für Großkunden erfasst werden und gleichzeitig Fabrikverkauf vom Lager stattfindet	▶ Gefahr der Doppelerfassung von Bedarfen
	Vorplanung mit Endmontage	40	▶ Eingabe der Vorplanungsbedarfe auf Endproduktebene ▶ Anstoß der Beschaffung von Baugruppen und Montage der Endprodukte durch Planprimärbedarfe ▶ Verrechnung der Vorplanungsbedarfe mit eintreffenden Kundenaufträgen nach den Verrechnungsparametern	Endprodukt	Endprodukt	▶ flexible und schnelle Reaktion auf Kundenwünsche ▶ zusätzlich Glättung der Produktionskapazitäten möglich ▶ regelmäßige Anpassung von nicht verrechneten Vorplanungsbedarfen zur Verringerung des Absatzrisikos möglich	▶ bei falscher Vorplanung hohe Bestandskosten

Tabelle 6.2 Überblick über die Planungsstrategien

Kategorie	Strategie	Strategienummer	Kurzbeschreibung	Planungsebene	Bevorratungsebene	Vorteile	Nachteile
Kundenauftragsbezogene Endmontage	Baugruppenvorplanung	70	▶ Eingabe der Vorplanungsbedarfe auf Baugruppenebene und Anstoß der Fertigung der Baugruppe ▶ Kundenaufträge werden für das Enderzeugnis erfasst. ▶ Sekundärbedarfe bzw. Reservierungen auf Baugruppeebene verrechnen sich mit der Vorplanung der Baugruppe.	Baugruppe	Baugruppe oder tiefer	▶ sinnvoll, wenn für bestimmte Baugruppen eine bessere Bedarfsprognose möglich ist, z.B. bei Variantenvielfalt der Enderzeugnisse ▶ flexible Festlegung der Bevorratungsebene durch das Einzel-/Sammelkennzeichen	▶ nur möglich, wenn Lieferzeiten eine Endmontage nach Kundenauftragseingang erlaubt
	Vorplanung für Dummy-Baugruppen	59	▶ analog zu Strategie 70, jedoch Eingabe der Vorplanungsbedarfe auf einer Dummy-Baugruppe	Dummy-Baugruppe	Baugruppe oder tiefer	▶ siehe Strategie 70 ▶ flexible Festlegung der Bevorratungsebene durch das Einzel-/Sammelkennzeichen	▶ hohe Systemkomplexität (z.B. retrograde Entnahme der Komponenten notwendig) ▶ aufgrund fehlender Verbräuche auf Dummy-Baugruppen keine Material-Prognose möglich ▶ siehe Strategie 70
	Vorplanung ohne Endmontage mit KDE	50	▶ Eingabe der Vorplanung auf Enderzeugnisebene ▶ Bedarfsplanungslauf erzeugt im Abschnitt »VORPLANUNG OHNE ENDMONTAGE« nicht umsetzbare VP-Planaufträge für das Enderzeugnis. ▶ Beschaffung und Produktion der Baugruppen ▶ Anstoß der Montage des Endprodukts nach Kundenauftragseingang ▶ Verrechnung der Kundenaufträge mit der Vorplanung	Endprodukt	Baugruppe oder tiefer	▶ sinnvoll, wenn ein Großteil des Wertschöpfungsprozesses bei der Endmontage anfällt ▶ flexible Festlegung der Bevorratungsebene durch das Einzel-/Sammelkennzeichen	▶ nur möglich, wenn Lieferzeiten eine Endmontage nach Kundenauftragseingang erlaubt

Tabelle 6.2 Überblick über die Planungsstrategien (Forts.)

Kategorie	Strategie	Strategienummer	Kurzbeschreibung	Planungsebene	Bevorratungsebene	Vorteile	Nachteile
	Vorplanung ohne Endmontage ohne KDE	52	▶ analog zu Strategie 50, aber Kundenaufträge erscheinen im anonymen Nettoabschnitt	Endprodukt	Baugruppe oder tiefer	▶ siehe Strategie 50	▶ siehe Strategie 50
	Vorplanung für Baugruppen ohne Endmontage	74	▶ Kombination der Strategie 70 und der Strategie 52 bzw. 50 ▶ Erstellung der Vorplanung für eine Baugruppe ▶ Verrechnung der Vorplanungsbedarfe auf Baugruppenebende mit den Sekundärbedarfen sowie Reservierungen der Enderzeugnisse ▶ Planungslauf erstellt VP-Planaufträge zur Deckung der Vorplanungsbedarfe. ▶ Beschaffung der Komponenten der Baugruppe ▶ Montage der Baugruppe erst nach dem Eintreffen des Planauftrags bzw. Fertigungsauftrags des Endprodukts	Baugruppe	Baugruppe oder tiefer	▶ siehe Strategie 70 ▶ da Bevorratungsebene noch tiefer liegt, geringere Bestandskosten, aber längere Lieferzeiten	▶ nur möglich, wenn Lieferzeiten eine Endmontage der Baugruppe und des Endprodukts nach Kundenauftragseingang erlaubt
Kundeneinzelfertigung	Kundeneinzelfertigung	20	▶ Kundenauftrag wird einzeln geplant und in einem eigenen Abschnitt in der Dispositionsliste bzw. der aktuellen Bedarfs-/Bestandsliste verwaltet. ▶ keine Nettobedarfsrechnung zwischen einzelnen Kundenaufträgen oder mit dem anonymen Lagerbestand ▶ keine Erfassung von Vorplanungsbedarfen	keine	keine Bevorratung des Enderzeugnisses, evtl. Bevorratung von Komponenten durch andere Strategien	▶ sehr geringe Bestandskosten und geringes Absatzrisiko ▶ Komponenten können z.B. durch Strategie 70 vorgeplant werden.	▶ lange Lieferzeiten (kompletter Fertigungsprozess)

Tabelle 6.2 Überblick über die Planungsstrategien (Forts.)

Kategorie	Strategie	Strategie-nummer	Kurzbeschreibung	Planungs-ebene	Bevorratungs-ebene	Vorteile	Nachteile
Vorplanung mit Vorplanmaterial	Vorplanung mit Vorplanungsmaterial ohne KDE	63	▶ analog zu Strategie 52 ▶ aber: Erfassung der Vorplanungsbedarfe auf einem »extra« Vorplanmaterial und nicht direkt auf dem Enderzeugnis ▶ Stückliste des Vorplanmaterials enthält die Gleichteile der zusammengefassten Endprodukte.	Vorplanmaterial	Baugruppen der Vorplanungsstückliste	▶ sinnvoll bei hoher Varianz von Endprodukten, die in mehrere Stellvertreter-Gruppen eingeteilt werden können und ähnliche Baugruppen (Gleichteile) beinhalten ▶ ermöglicht eine Reduzierung der Lieferzeiten durch Bevorratung von Komponenten mit langer WBZ	▶ Vorplanmaterialien mit Gleichteile-Stückliste müssen erstellt werden ▶ Stammdaten müssen genau gepflegt werden ▶ Nicht-Gleichteile (Teile, die nicht in Vorplanungsstücklisten enthalten sind) müssen gesondert vorgeplant und verbrauchsgesteuert disponiert werden.
	Vorplanung mit Vorplanungsmaterial mit KDE	60	▶ analog zu Strategie 63, aber Kundenaufträge erscheinen im Einzelabschnitt	Vorplanmaterial	Baugruppen der Vorplanungsstückliste	▶ siehe Strategie 63	▶ siehe Strategie 60
Montageabwicklung	Montageabwicklung mit Serienfertigung	81	▶ Bei Erfassung des Kundenauftrags wird automatisch ein Planauftrag angelegt. ▶ evtl. Verfügbarkeitsprüfung der Komponenten	keine	keine Bevorratung des Enderzeugnisses, evtl. Bevorratung von Komponenten durch andere Strategien	▶ sinnvoll, wenn eine große Anzahl von Enderzeugnissen aus gleichen Komponenten montiert werden kann ▶ Kundenauftrag und Beschaffungselement haben eine feste Verbindung. ▶ Termin- und Mengenänderungen bei der Fertigung bzw. Beschaffung werden direkt an den Kundenauftrag weitergegeben und vice versa.	▶ Baugruppen müssen über eigene Strategien vorgeplant werden

Tabelle 6.2 Überblick über die Planungsstrategien (Forts.)

Kategorie	Strategie	Strategienummer	Kurzbeschreibung	Planungsebene	Bevorratungsebene	Vorteile	Nachteile
	Montageabwicklung mit Fertigungsaufträgen	82	▶ Bei Erfassung des Kundenauftrags wird automatisch ein Fertigungsauftrag angelegt. ▶ evtl. Verfügbarkeitsprüfung der Komponenten	keine	keine Bevorratung des Enderzeugnisses, evtl. Bevorratung von Komponenten durch andere Strategien		
	Montageabwicklung mit Netzplänen	83	▶ Bei Erfassung des Kundenauftrags wird automatisch ein Netzplan angelegt. ▶ evtl. Verfügbarkeitsprüfung der Komponenten	keine	keine Bevorratung des Enderzeugnisses, evtl. Bevorratung von Komponenten durch andere Strategien		
Strategien für konfigurierbare Materialien	Merkmalsvorplanung ohne Endmontage	56	▶ analog zu Strategie 50, jedoch für konfigurierbares Material ▶ Eingabe der Vorplanungsbedarfe für das Enderzeugnis mithilfe eines Vorplanungsprofils unter Eingabe von Einsatzwahrscheinlichkeit zu den Kombinationsschlüsseln eines Merkmals. ▶ Kundenaufträge mit der »wahren« Konfiguration verrechnen sich mit den Vorplanungsbedarfen.	Endprodukt	Baugruppe oder tiefer	▶ Erlaubt eine Vorplanung von Erzeugnissen mit hoher Anzahl an möglichen Kombinationen von Merkmalen und Kombinationsschlüsseln. ▶ z.B. kundenspezifische Produkte in den Bereichen Automobil, Maschinenbau und Elektrotechnik	▶ hohe Komplexität ▶ Bei der Vorplanung müssen Einsatzwahrscheinlichkeiten gepflegt werden. ▶ »Wahre« Konfiguration kann von geplanten Einsatzwahrscheinlichkeiten abweichen, sodass falsche Komponenten bevorratet werden.

Tabelle 6.2 Überblick über die Planungsstrategien (Forts.)

6.3 Planungsstrategien in SAP APO

Aus planerischer Sicht werden in SAP APO die gleichen Strategien angeboten. Daher verzichten wir an dieser Stelle auf eine Wiederholung und verweisen Sie auf den Abschnitt 6.2, »Planungsstrategien in SAP ERP«. Im Folgenden gehen wir auf die technischen Unterschiede zwischen SAP ERP und SAP APO im Hinblick auf die Planungsstrategien ein.

Wichtig zu erwähnen ist, dass Kundenaufträge immer im ERP-System erfasst werden und dort ihre Parameter zur Verrechnung mit der Bedarfsklasse erhalten. Die Bedarfsklasse wird über die Planungsstrategie im Materialstamm ermittelt. Der Kundenauftrag wird an SAP APO übertragen und erhält dort den der Bedarfsklasse entsprechenden Prüfmodus. Die Bestimmung der Steuerungsparameter für die Kundenaufträge erfolgt also ausschließlich über das ERP-System.

Die Planprimärbedarfe, die in SAP ERP erfasst und an SAP APO übergeben werden oder die direkt in APO über die APO-Absatzplanung erzeugt werden, erhalten ihre verrechnungsrelevanten Steuerungsparameter stets über die im APO-Produktstamm eingetragene Bedarfsstrategie. Die Bestimmung der Steuerungsparameter für die Planprimärbedarfe erfolgt also über das APO-System. Somit steuert die APO-Bedarfsstrategie nur das Verhalten der Planprimärbedarfe, nicht das der Kundenaufträge. Hieraus wird auch erkenntlich, dass nicht Vorplanungsbedarfe zu einem Material erfasst werden können, die unterschiedliche Verrechnungseigenschaften aufweisen. Dies ist im ERP-System möglich durch Erfassung unterschiedlicher Positionen in der Transaktion MD61.

6.3.1 Bedarfsklasse und Prüfmodus

In SAP ERP wird das Verhalten eines Kundenauftrags über die Bedarfsart und die Bedarfsklasse gesteuert. Bei der Übertragung per CIF (Core Interface) erhält der Kundenbedarf den im APO gleich bezeichneten Prüfmodus. Dafür müssen die Prüfmodi in SAP APO bekannt sein. Dies kann zum Beispiel durch eine Übertragung des ATP-Customizings per CIF erreicht werden.

So wird zum Beispiel ein unter *Vorplanung mit Endmontage* (Strategie 40) im ERP-System erfasster Kundenauftrag mit der Bedarfsklasse 050 (*Kundenauftrag mit Verrechnung*) auf den Prüfmodus 050 im APO-System abgebildet.

Im Customizing des Prüfmodus wird der Zuordnungsmodus des Kundenbedarfs festgelegt (siehe Abbildung 6.26). Dieser muss identisch mit dem des Vorplanungsbedarfs sein, damit eine Verrechnung stattfindet.

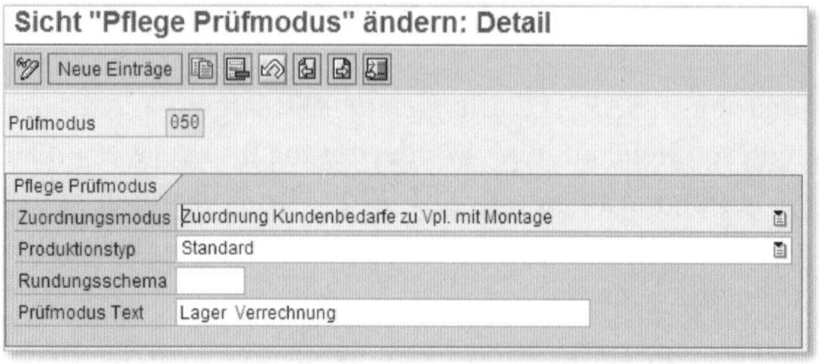

Abbildung 6.26 Customizing des Prüfmodus

6.3.2 Customizing von Planungsstrategien

In SAP APO bezieht sich die Planungsstrategie im Unterschied zum ERP-System nur auf die Planprimärbedarfe. Die Planungsstrategie wird daher im APO-System *Bedarfsstrategie* genannt. Im Customizing jeder Strategie wird festgelegt, in welchem Planungsabschnitt sich die Vorplanungsbedarfe befinden (Nettoabschnitt, Vorplanung ohne Endmontage mit Kundenaufträgen im Einzelabschnitt oder im Nettoabschnitt). Zusätzlich wird der Verrechnungsmodus angegeben sowie eine Kategoriegruppe, die angibt, mit welchen Dispoelementen eine Verrechnung möglich ist. Der Verrechnungsmodus muss mit dem des Kundenbedarfs identisch sein, damit eine Verrechnung möglich ist. Durch die Kategoriegruppe kann zum Beispiel flexibel gesteuert werden, dass sich Vorplanungsbedarfe nur gegen Kundenbedarfe oder auch gegen Sekundärbedarfe und Reservierungen verrechnen. Abbildung 6.27 zeigt das Customizing der Bedarfsstrategie 10.

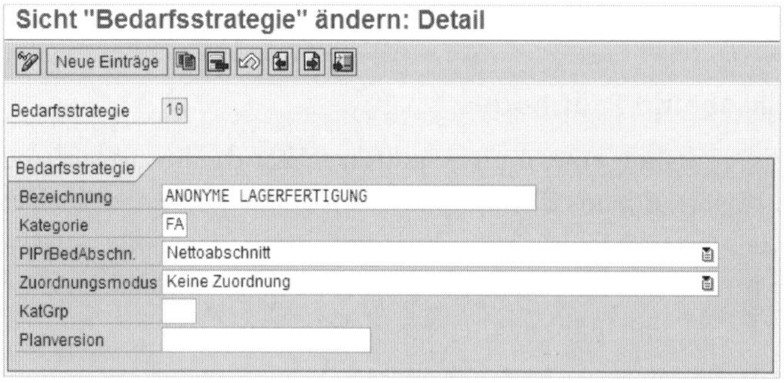

Abbildung 6.27 Customizing der Planungsstrategie in SAP APO

6.3.3 Vorplanungsparameter im Produktstamm

Alle Vorplanungsparameter befinden sich im Produktstamm auf der Registerkarte BEDARF, die wiederum die Registerkarte BEDARFSSTRATEGIE enthält (siehe Abbildung 6.28). Lediglich die Hauptstrategie der im ERP-System eingetragenen

Strategie wird in das APO-Feld VORSCHLAGSSTRATEGIE übernommen. Dabei muss die unterschiedliche Benennung der APO-Strategien berücksichtigt werden. Das Einzel-/Sammelbedarfskennzeichen aus dem ERP-System wird ebenfalls übernommen: »2« (*Sammelbedarf*) bedeutet im APO-System »immer Sammelbedarf« und »blank« oder »1« bedeuten im APO-System »evtl. Kundeneinzelbedarf«.

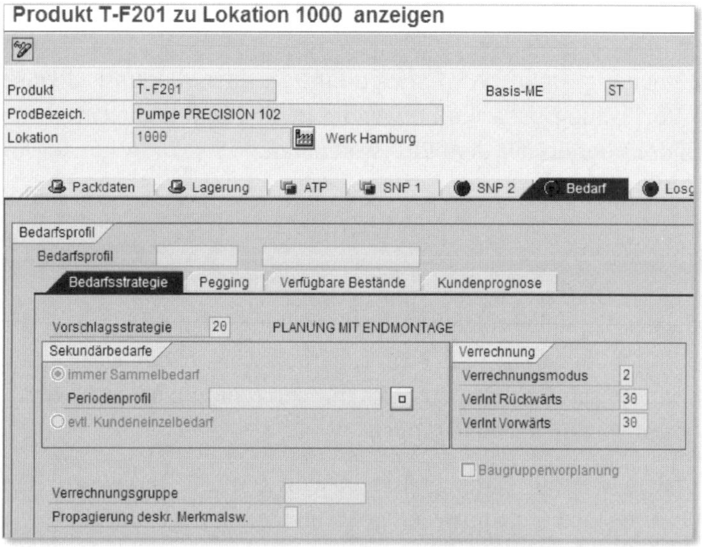

Abbildung 6.28 Vorplanungsparameter im Produktstamm

Die Verrechnungsparameter werden per CIF in den APO-Produktstamm übertragen. Dabei werden sowohl die direkt im Material eingetragenen Werte als auch Werte aus der Dispogruppe übernommen, wenn die Werte an dieser Stelle gepflegt wurden.

6.3.4 Benennung von Planungsstrategien in SAP ERP und SAP APO

Die Bezeichnungen der Strategien im APO-System unterscheiden sich von den Bezeichnungen im ERP-System. Tabelle 6.3 gibt Ihnen einen Überblick über die sich entsprechenden Strategien.

SAP ERP	Bezeichnung	SAP APO
10	Anonyme Lagerfertigung	10
20	Reine Kundeneinzelfertigung	blank
40	Vorplanung mit Endmontage	20

Tabelle 6.3 Benennung von Planungsstrategien in SAP ERP und SAP APO

SAP ERP	Bezeichnung	SAP APO
50	Vorplanung ohne Endmontage	30
60	Vorplanungsmaterial	40
70	Baugruppenvorplanung	20 + Kennzeichen »Baugruppenvorplanung«

Tabelle 6.3 Benennung von Planungsstrategien in SAP ERP und SAP APO (Forts.)

Die Strategie 20 benötigt in SAP APO keinen Eintrag, da in diesem Fall keine Steuerung von Vorplanungsbedarfen notwendig ist. Die Kundenbedarfe bringen ihren Prüfmodus bereits aus dem ERP-System mit.

6.4 Fazit

Wir haben in diesem Kapitel gezeigt, welche Einstellungen im SAP-System das Verhalten von Kundenbedarfen und Planprimärbedarfen in der Disposition steuern. Insbesondere auf die Parameter, die die Verrechnung beider Bedarfsarten steuern, wurde detailliert eingegangen.

Anschließend haben wir die Planungsstrategien in SAP ERP erläutert. Hier haben wir den Prozessablauf, die notwendige Stammdatenpflege und geeignete Einsatzbereiche beschrieben. Die Planungsstrategien haben wir wie folgt untergliedert:

- **Strategien für die Lagerfertigung**
  Bei diesen Strategien liegt die Bevorratungsebene auf der höchsten Ebene, dem Endprodukt. Diese Strategien können also als *Push-Strategien* bezeichnet werden. Die Disposition beruht entweder nur auf Vorplanungsbedarfen oder auf zusätzlichen oder sich verrechnenden Kundenaufträgen.
- **Strategien für die kundenauftragsbezogene Endmontage**
  Bei diesen Strategien erfolgt ebenfalls eine Vorplanung. Jedoch liegt die Bevorratungsebene auf der Baugruppen-Ebene oder noch tiefer in der Dispostufen-Struktur. Bei diesen Strategien findet also auf einer bestimmten Stufe die Entkopplung von Pull- und Push-Strategien statt.
- **Strategien für die Kundeneinzelfertigung**
  Bei diesen Pull-Strategien findet eine rein auftragsgesteuerte Disposition statt. Es sind nur Kundenbedarfe dispositiv relevant. In Kombination mit anderen Strategien für Baugruppen kann jedoch auch in diesem Fall eine Vorplanung stattfinden.

- **Strategien mit Vorplanungsmaterial**
  Bei diesen Strategien können viele verschiedene Enderzeugnisse über ein gemeinsames Vorplanmaterial vorgeplant werden. Dies ist dann sinnvoll, wenn sehr viele Varianten die gleichen Baugruppen beinhalten.
- **Montageabwicklungen**
  Bei dieser besonderen Form der Planungsstrategien wird bei Kundenauftragsanlage sofort ein Beschaffungselement erzeugt, das mit dem Kundenauftrag fest verbunden ist. Es kann eine Verfügbarkeitsprüfung für die Komponenten erfolgen. Eine Vorplanung im engen Sinne kann nur für Komponenten erfolgen.
- **Strategien für konfigurierbare Materialien**
  Diese Strategien behandeln die Besonderheiten konfigurierbarer Materialien. Beispielhaft beschrieben wurde hier die Merkmalsvorplanung ohne Endmontage.

Im Anschluss haben wir gezeigt, welche Parameter auf APO-Seite das Verhalten von Vorplanungsbedarfen und Kundenbedarfen bestimmen und welche ERP-Strategien jeweils mit welchen APO-Strategien korrespondieren.

Sie sind damit nun in der Lage, die vorhandenen SAP-Planungsstrategien entsprechend Ihren spezifischen Anforderungen zu bewerten und mögliche Einsatzbereiche in Ihrem Unternehmen zu erkennen. Des Weiteren sollten Sie die erforderlichen Stammdaten umstellen können und den Prozessablauf verstehen. Die Systemparameter sollten Sie gut genug erfassen, um kleinere Anpassungen an den Standard-Planungsstrategien vornehmen zu können.

Das folgende Kapitel 7, »Bedarfsermittlung durch Vorplanung und Prognosen«, zeigt, welche Möglichkeiten Sie haben, um Planprimärbedarfe im SAP-System zu erstellen und an die Disposition zu übergeben. Erläutert werden insbesondere die verschiedenen Prognoseverfahren.

Dieses Kapitel befasst sich mit der Bedarfsermittlung durch Vorplanung und Prognosen: Welche Möglichkeiten der Planung haben Sie in SAP ERP und in SAP APO? Wie erzielen Sie ein optimales Ergebnis?

7 Bedarfsermittlung durch Vorplanung und Prognosen

In der Vorplanung geht es darum, den zukünftigen Bedarf an Ihren Produkten vorherzusehen, damit Sie Beschaffung und Produktion an diesem Bedarf ausrichten können. Bei einer schlechten Vorplanung müssen Sie in der Disposition mehr Aufwand investieren und Schwankungen durch höhere Bestände abfedern. SAP bietet Ihnen Hilfsmittel und Abläufe mit denen Sie Ihr Vorplanungsergebnis verbessern können. Diese Hilfsmittel, Abläufe und ihre Auswirkungen auf die Disposition werden wir in den folgenden Abschnitten beschreiben.

Der Begriff *Prognose* wird oft fälschlich mit dem der Vorplanung gleichgesetzt. Die Prognose ist jedoch nur ein Teil der Vorplanung, eigentlich sogar nur ein Hilfsmittel. Erst aus der Kombination der korrigierten Vergangenheitsdaten mit dem Prognoseergebnis und der Kompetenz des Planers sowie mit den verschiedenen Produkt- und Prozesseinflüssen entstehen die Vorplanung und das Vorplanungsergebnis.

7.1 Prognose in SAP ERP und in SAP APO allgemein

In diesem Abschnitt geht es weniger um die mathematischen Formeln hinter den einzelnen Prognoseverfahren, sondern primär um deren Anwendbarkeit, um die Parameterkonfiguration und darum, wie Sie das richtige Verfahren für Ihre Produkte auswählen.

Zuerst sollten Sie sich entscheiden, wie und mit welchem System Sie die Prognose durchführen wollen. Es gibt einige Unterschiede zwischen der Prognose in SAP ERP und in SAP APO, sowohl bezüglich der Auswahl an Prognosemodellen und Fehlermaßen als auch hinsichtlich der verfügbaren Sonderprozesse (Like-Modellierung, kombinierte Prognose etc.). SAP APO bietet Ihnen hier mehr Möglichkeiten als SAP ERP. Sollten Sie jedoch nur mit SAP ERP arbeiten, müssen Sie sich zwischen der Prognose im Materialstamm und der Prognose mit der *flexiblen Planung* (SOP = Sales and Operations Planning) entscheiden (siehe Abbildung 7.1).

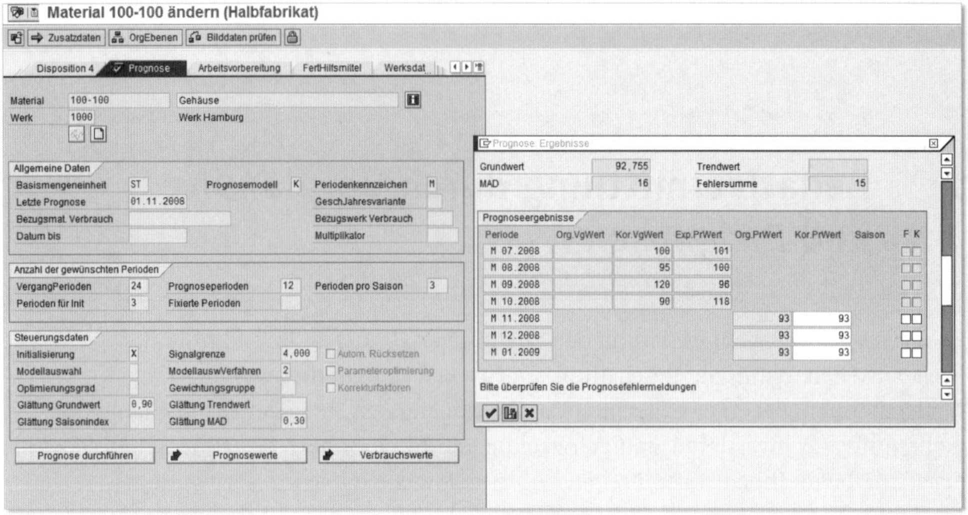

Abbildung 7.1 Prognose im SAP ERP-Materialstamm

Die Nachteile der Materialstammplanung liegen in ihren starren Anwendungsmöglichkeiten und in der flachen Prognoseebene. Sie können nur auf Ebene des Materials und auf Basis der Verbrauchsdaten prognostizieren. Auch eine akzeptable Bedienbarkeit ist nicht gegeben, da bei der Prognoseauswertung zwischen den Materialien und dem Materialstamm gewechselt werden muss. Ein Prognosecontrolling ist nicht möglich, und als Fehlermaß wird nur die MAD (mittlere absolute Abweichung, siehe Abschnitt 7.2.2) ausgegeben.

Bei der flexiblen Planung können Sie die Prognosebasis und -ebene selbst definieren und weitere Kennzahlen mit in die Prognose einfließen lassen (siehe Abbildung 7.2). Dadurch können Sie dem Disponenten Kennzahlen zur Verfügung stellen wie den aktuellen Lagerbestand, den Materialverbrauch des Vorjahres oder die Umsatzzahlen. Diese Datengrundlage ermöglich dem Disponenten Schlussfolgerungen aus der Vergangenheit und aus der aktuellen Situation, die er in seine Planung einfließen lassen kann.

Sie können eigendefinierte Kennzahlen und somit Ihr eigenes Prognosecontrolling erstellen und bei Abweichungen im Hintergrund Fehlermeldungen generieren lassen (Alerting). Aufgrund ihrer Flexibilität und umfangreicheren Planungsmöglichkeiten sollte die flexible Planung in der Materialstammprognose bevorzugt werden.

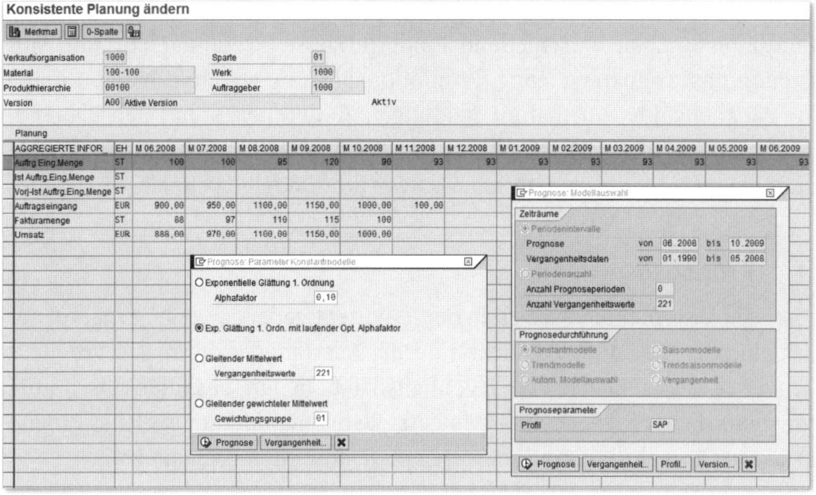

Abbildung 7.2 Prognose mit der flexiblen Planung

Neben den Standard-Planungsinstrumenten im ERP-System gibt es ein weiterentwickeltes und umfangreicheres Planungsinstrument in SAP APO – die Komponente *Absatzplanung* (Demand Planning, DP).

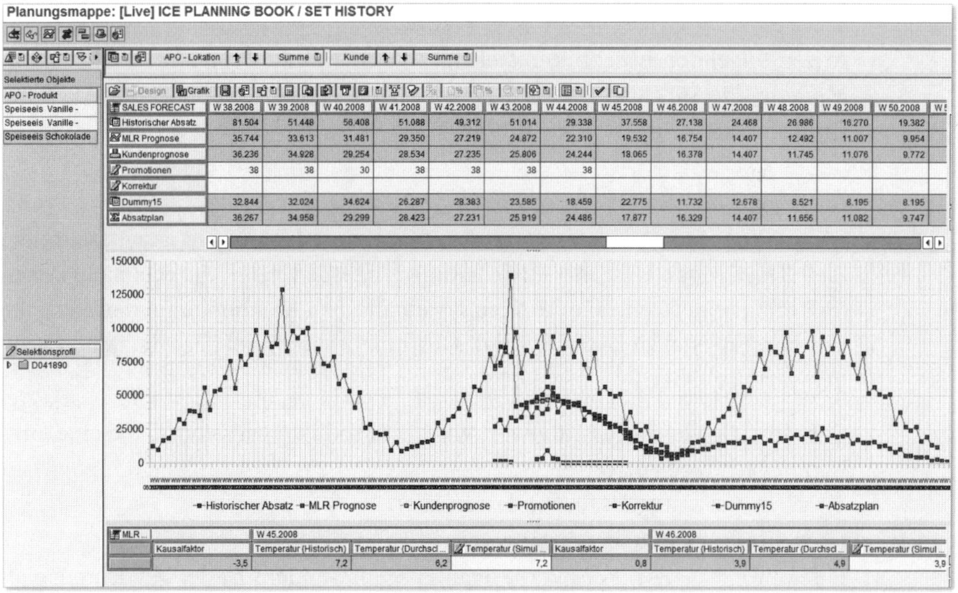

Abbildung 7.3 Prognose mit SAP APO-DP (Demand Planning)

SAP APO-DP bietet mehr planungsunterstützende Funktionen als die flexible Planung im ERP-System, mehr Prognoseverfahren (kausale und kombinierte

Prognosen) und mehr Möglichkeiten zur Berechnung von Prognosefehlern. Zudem unterstützt sie verschiedene Sonderprozesse (Produktanlauf- und -auslaufsteuerung, Produktersetzung, Promotionsplanung etc.) und bietet umfangreiche Möglichkeiten, Ausnahmemeldungen zu definieren und den Planer zu informieren. Das integrierte Business Intelligence Warehouse in SAP APO bietet zudem einfache und dynamische Auswertungsmöglichkeiten.

7.1.1 Prognoseverfahren

Die meisten Unternehmen setzen in der Praxis entweder gar keine Prognoseverfahren ein oder die falschen. Wichtig für die Auswahl der optimalen Prognosestrategie ist die Qualität der Vergangenheitsdaten. In den folgenden Abschnitten werden wir Ihnen Prognoseverfahren vorstellen und erläutern, welches Prognoseverfahren für welche Produkteigenschaften am besten geeignet ist.

Univariate Prognosemodelle (Zeitreihenanalyse)

Ein univariates Prognosemodell geht davon aus, dass der Verbrauchsverlauf einem spezifischen Muster folgt. Das Prognoseergebnis definiert sich aus der Folgerung, dass zukünftige Verbrauchsreihen Wiederholungen vergangener Reihen ist sind. Der Vorteil dieser Methode ist, dass nur Beobachtungen der Nachfrage in der Vergangenheit benötigt werden.

In den folgenden Abschnitten stellen wir ausgewählte Prognoseverfahren vor. Modelle, die Sie nur mit SAP APO einsetzen können, werden mit (APO) gekennzeichnet.

Gleitender Mittelwert

Dieses Prognosemodell berechnet den Mittelwert der Vergangenheitszeitreihe. Ziel dieses Modells ist die Ausschaltung zufallsbedingter Unregelmäßigkeiten im Verlauf einer Zeitreihe. Um die systematischen Komponenten der Zeitreihe klar hervortreten zu lassen, wird das arithmetische Mittel der *n* letzten Zeitreihenwerte gebildet.

Der einfache gleitende Mittelwert wird für Produkte verwendet, die eine konstante Nachfrage vorweisen.

Gewichteter gleitender Mittelwert

Eine optimierte Form des vorherigen Prognosemodells ist der gewichtete gleitende Mittelwert. Über Gewichtungsfaktoren werden hier die einzelnen Vergangenheitswerte unterschiedlich berücksichtigt. Die Gewichtungsfaktoren werden in einer Gewichtungsgruppe definiert und bilden neben den Vergangenheitswerten die Prognosegrundlage.

Wenn die zu prognostizierende Zeitreihe trendähnliche Schwankungen enthält, so erzielt man mit dem Modell des gewichteten gleitenden Mittelwerts bessere Ergebnisse als mit dem Modell des gleitenden Mittelwerts. Der Grund dafür ist, dass die Gewichtungsfaktoren entsprechend dem Trendverlauf gewählt werden können. Daher erfolgt eine schnellere Anpassung an eine Niveauänderung.

Das Modell liefert nur dann gute Ergebnisse, wenn sich die Charakteristik der Vergangenheitsdaten nicht ändert. Andernfalls müssten die Gewichtungsfaktoren immer wieder angepasst werden, was einen hohen manuellen Aufwand bedeutet und zudem die Prognosegenauigkeit beeinträchtigt.

Notwendige Parameter
Gewichtungsgruppe gleit. Durchschnitt

Konstantmodell mit exponentieller Glättung 1. Ordnung
Eine Weiterentwicklung des gewichteten gleitenden Mittelwerts ist das Modell der exponentiellen Glättung. Die exponentielle Glättung erster Ordnung basiert auf folgenden Prinzipien:

- Das Gewicht der Zeitreihenwerte für die Prognose soll mit zunehmendem Alter der Werte abnehmen.
- Der Prognosefehler der Gegenwart wird bei den folgenden Prognosen berücksichtigt.

Zur Berechnung des Prognosewerts verwendet das System die Vergangenheitswerte und den Glättungsfaktor *Alpha* (siehe Abschnitt 7.1.2, »Prognoseparameter«). Wie schnell das Prognosemodell auf Änderungen im Verbrauchsverlauf reagiert, ist abhängig von Alphafaktor.

Das Konstantmodell mit exponentieller Glättung erster Ordnung eignet sich für Vergangenheitsdaten, die einen horizontalen Verlauf aufweisen. Für Verläufe, die einen Trend aufweisen oder gar saisonalen Charakter haben, ist das Modell ungeeignet.

Notwendige Parameter
Alphafaktor

Lineare exponentieller Glättung (Trendmodell)
Die Prognose erfolgt nach dem Verfahren nach Holt. Bei dem Verfahren nach Holt wird neben der Berücksichtigung des Alphafaktors ein weiterer Glättungsfaktor berücksichtigt. Der Betafaktor glättet die Vergangenheitswerte bezüglich

des Trendverlaufs. Aufgrund der zwei Glättungsfaktoren kann dieses Modell bei trendförmigen Verläufen bessere Ergebnisse als das Konstantmodell erzielen. Hierzu müssen jedoch die Parameter optimal konfiguriert werden.

Wählen Sie dieses Prognosemodell, wenn sich die Vergangenheitswerte durch einen steigenden oder fallenden Trend beschreiben lassen.

Notwendige Parameter

- Alphafaktor
- Betafaktor

Saisonale exponentieller Glättung (Saisonmodell nach Winters)
Das Saisonmodell nach Winters berücksichtigt analog dem Trendmodell zwei Glättungsfaktoren: Alpha und den Saisonfaktor Gamma, welcher die Vergangenheitswerte nach Saisonindex glättet.

Wählen Sie diese Strategie, falls Ihre Vergangenheitswerte saisonale Schwankungen (z.B. jährlich) um einen konstanten Grundwert herum aufweisen.

Notwendige Parameter

- Alphafaktor
- Gammafaktor
- Perioden pro Saison

Trendsaisonale exponentielle Glättung
Die Prognosestrategie der *trendsaisonalen exponentiellen Glättung* erfolgt nach dem multiplikativen Verfahren von Winter/Holt. Hier kommen drei Glättungsparameter zum Einsatz: Alpha für den Achsenabschnitt, Beta für die Steigung und Gamma für die Saisonfaktoren.

Die Prognosestrategie unterstellt einen linearen Trend, der mit der Saison verknüpft ist. Der Grundwert wird mit dem Saisonfaktor, der Trendwert mit dem Steigungsfaktor und der Saisonindex wird mit dem Saisonfaktor geglättet. Abbildung 7.4 verdeutlicht grafisch den Unterschied zwischen den drei Werten.

Das Modell ist geeignet, wenn die Vergangenheitswerte saisonal um einen steigenden oder fallenden Trend schwanken. Dabei hängt die Stärke der Schwankung von der Höhe des Trends ab.

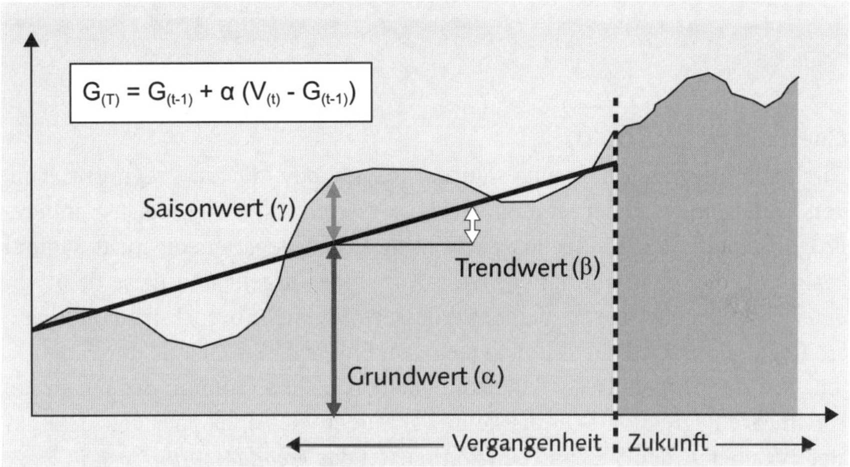

Abbildung 7.4 Glättung mit Trend/Saison-Index

Notwendige Parameter

- Alphafaktor
- Betafaktor
- Gammafaktor
- Perioden pro Saison

Modelle mit exponentieller Glättung zweiter Ordnung

Das Modell der exponentiellen Glättung zweiter Ordnung geht von einem linearen Trend aus und besteht aus zwei Schritten. Im ersten Schritt wendet man das Verfahren der exponentiellen Glättung erster Ordnung auf die Vergangenheitsdaten an. Im zweiten Schritt wird dasselbe Glättungsverfahren auf die berechneten Mittelwerte erneut angewendet. Man erhält exponentiell geglättete Mittelwerte zweiter Ordnung, also Durchschnitte aus den Durchschnittswerten erster Ordnung.

Weist eine Zeitreihe über mehrere Perioden hinweg eine trendförmige Änderung des Mittelwerts auf, so hinken die Prognosewerte bei dem Verfahren der exponentiellen Glättung erster Ordnung stets um eine oder mehrere Perioden hinterher. Schnelle oder starke Änderungen werden folglich erst spät erkannt, der Planer muss manuell eingreifen oder die Unterschiede mit einem höheren Prognosefehler und die daraus resultierenden höheren Bestände akzeptieren. Durch die Methode der exponentiellen Glättung zweiter Ordnung können Sie eine schnellere Anpassung der Prognose an den tatsächlichen Verlauf der Verbrauchswerte erreichen.

Notwendige Parameter
Alphafaktor

Lineare Regression (APO)

Die lineare Regression ist eine statistische Methode, die zur Prognostizierung von Trends angewendet werden kann. Im Gegensatz zu den meisten anderen Prognosemethoden für Trends werden die Prognoseparameter nicht dadurch bestimmt, dass man von einer ersten Annahme ausgeht und diese dann von einer Periode zur nächsten weiter verbessert. Vielmehr berücksichtigt die lineare Regression sämtliche Daten gemeinsam und legt eine Gerade durch die Daten, mit dem Ergebnis des kleinstmöglichen Fehlers (Summe der Quadrate). Die lineare Regression benötigt keine Parameter wie Alpha oder Beta. Der einzige Parameter, den Sie eingeben können, ist das *Trenddämpfungsprofil*. Es erfolgt keine Modellinitialisierung, sodass Sie alle Vergangenheitsdaten zur Berechnung der Prognose heranziehen können.

Verwenden Sie das Verfahren nicht bei stark schwankenden Vergangenheitsdaten – bei klar zu erkennenden Verläufen liefert dieses Modell jedoch die besten Ergebnisse.

Saisonale lineare Regression (APO)

Die saisonale lineare Regression kann alternativ zum Saisontest oder zum Verfahren nach Winters (saisonale exponentielle Glättung) verwendet werden. Dabei führt das System zuerst einen Saisontest durch und bestimmt je nach Autokorrelationsfaktoren, ob es sich um einen saisonalen Verlauf handelt oder nicht. Wird keine Saison festgestellt, wird die lineare Regression angewendet.

Wird eine Saison ermittelt, so wird in vier Schritten die Prognosezeitreihe berechnet:

1. Ermittlung der Saisonfaktoren anhand der Vergangenheitswerte
2. Desaisonalisierung der Vergangenheitswerte: Die Vergangenheitsdaten werden um die saisonalen Indizes korrigiert, sodass eine lineare Kurve entsteht.
3. Durchführung einer linearen Regression auf der entstandenen desaisonalisierten Kurve
4. Kombination der Prognoseergebnisse mit den Saisonindizes, wodurch sich dann wieder ein saisonaler Verlauf ergibt

Verwenden Sie die saisonale lineare Regression vor allem dann, wenn die Vergangenheitszeitreihe viele Nullen oder sehr kleine Werte enthält.

Notwendige Parameter
Perioden pro Saison

Croston (APO)
Die Croston-Methode wurde speziell für sporadische Verläufe entwickelt. Ein Verlauf ist sporadisch, wenn Perioden ohne Nachfrage beobachtbar sind, und die Verteilung der Nachfrage abhängig von der Dauer seit dem letzten Auftreten der Nachfrage ist.

Die Croston-Methode umfasst zwei Schritte: Zunächst werden aus der mittleren Bedarfshöhe separate, auf der exponentiellen Glättung basierende Schätzwerte abgeleitet. Anschließend erfolgt die Berechnung der mittleren Dauer zwischen Nachfragen. Diese wird dann in Form eines Konstantmodells zur Vorhersage des künftigen Bedarfs herangezogen.

Das Prognoseergebnis kann in zwei verschiedenen Formen dargestellt werden: Entweder wird die Prognosemenge über alle Perioden verteilt (konstant), oder das System verteilt die Menge entsprechend eines vorher berechneten Intervalls. Eine Verteilung nach Intervall ist besonders dann sinnvoll, wenn eine Kontinuität erkennbar oder bekannt ist, etwa bei regelmäßigen Intercompany-Aufträgen oder Produktionszyklen.

Verwenden Sie also die Croston-Methode, wenn Ihre Bedarfe meist zufällig auftauchen, und dort, wo statistische Prognosemodelle einen hohen Prognosefehler erzeugen. Ein solches Verhalten kann man zum Beispiel bei Ersatzteilen oder bei Variantenkomponenten erkennen, die keine Gleichteile sind.

Notwendige Parameter
Alphafaktor

Automatische Modellauswahl
Neben den bisher genannten Prognosestrategien, die der Planer manuell den Produkten zuweisen kann, gibt es im SAP-System die Möglichkeit, das Prognosemodell vom System automatisch bestimmen und berechnen zu lassen. Diese Strategie bietet sich an, wenn Sie bei der Auswahl des richtigen Prognosemodells unsicher sind. Allerdings hat die automatische Modellauswahl auch Nachteile, auf die wir am Ende des Abschnitts eingehen werden.

Damit die automatische Modellauswahl erfolgreiche Ergebnisse liefern kann, muss eine Reihe von Voraussetzungen erfüllt sein. Die wichtigsten Voraussetzungen sind: eine hohe Qualität der Vergangenheitsdaten sowie der erfahrene und korrekte Umgang mit allen notwendigen Prognoseparametern. Die automatische Modellauswahl können Sie nicht für alle Materialien anwenden, am besten klassifizieren Sie vorher Ihr Produktspektrum. Ebenso wichtig ist es, ausreichende Vergangenheitsdaten zur Verfügung zu stellen, für den Saisontest oder für längere Initialisierungsperioden (siehe Abschnitt 7.1.2, »Prognoseparameter«).

Sie haben in SAP ERP und in SAP APO die Wahl zwischen zwei verschiedenen Modellauswahlverfahren. Das *automatische Modellauswahlverfahren 1* testet die Vergangenheitswerte auf konstante, linear-trendförmige, saisonale und trendsaisonale Verlaufsformen. Sie können so zwischen verschiedenen statischen Tests beziehungsweise Testkombinationen wählen. Die richtige Wahl ist dabei abhängig von Ihrem Wissen über den historischen Zeitreihenverlauf. Tabelle 7.1 zeigt Ihnen, anhand welcher Informationen Sie welchen Test auswählen müssen.

Zeitreihenverlauf	Test
Keine Information	Test auf Trend und Saison
Kein Trend	Test auf Saison
Keine Saison	Test auf Trend
Trend	Test auf Saison
Saison	Test auf Trend

Tabelle 7.1 Testauswahl für die automatische Modellauswahl 1

Haben Sie keine Informationen über den historischen Zeitreihenverlauf, so sollten Sie lieber die automatische Modellauswahl 2 verwenden, da es bei dem Durchführen eines Tests auf Trend und Saison zu Problemen kommen kann. Zufällige Schwankungen in der Initialisierungsphase können den Saisontest erfolgreich enden lassen und somit auch dann zum Saisonmodell führen, wenn langfristig ein konstanter Verlauf vorliegt. Ein weiteres Problem sind auch die zu pflegenden Parameter. Jeder Test benötigt unterschiedliche Parameter. Werden keine Parameter gepflegt oder Parameter falsch angewendet, kann das System zu falschen Annahmen gelangen.

In Tabelle 7.2 erhalten Sie eine Übersicht über die Strategien, welche die automatische Modellauswahl 1 einsetzen.

Das *automatische Modellauswahlverfahren 2* rechnet mit unterschiedlichen Parametereinstellungen alle möglichen Modelle durch, passt also Daten wie die Glättungsfaktore, an. Dabei geht es schrittweise vor und ermittelt bei jeder Variante den Prognosefehler. Am Ende der Berechnungen wird das Modell mit dem geringsten Prognosefehler und somit mit der höchsten Prognosegüte ausgewählt.

Modellauswahl 1	Trend positiv	Saison positiv	Auswahl Modell
50 – Automatische Selektion 1	Nein	Nein	10 – Konstant
	Ja	Nein	20 – Trend
	Nein	Ja	30 – Saison
	Ja	Ja	40 – Trend-Saison
51 – Test auf Trend	Ja	N/A	20 – Trend
	Nein		10 – Konstant
52 – Test auf Saison	N/A	Ja	30 – Saison
		Nein	10 – Konstant
53 – Test auf Trend und Saison	Nein	Nein	10 – Konstant
	Ja	Nein	20 – Trend
	Nein	Ja	30 – Saison
	Ja	Ja	40 – Trend-Saison
53 – Saisonmodell + Test auf Trend	Nein	Ja	30 – Saison
	Ja		40 – Trend-Saison

Tabelle 7.2 Übersicht der Strategien mit der automatischen Modellauswahl 1

Als Fehlermaß wird im Standard die MAD (mittlere absolute Abweichung) verwendet, jedoch können Sie in SAP APO andere Fehlermaße als Berechnungsgrundlage verwenden oder eine kundenindividuelle Berechnung implementieren.

Verfahren 2 rechnet genauer als Verfahren 1, ist dafür aber auch wesentlich zeitaufwendiger.

In Tabelle 7.3 erhalten Sie eine Übersicht über die Strategien, welche die automatische Modellauswahl 2 einsetzen.

Modellauswahl 2	Test auf sporadische Daten	Trendtest	Saisontest
Croston-Modell (APO)	X		
Trendmodell			X
Saisonmodell		X	
Trend-Saison		A	A

Tabelle 7.3 Strategien der automatischen Modellauswahl 2

Modellauswahl 2	Test auf sporadische Daten	Trendtest	Saisontest
Lineare Regression (APO)		O	X
Saisonale lineare Regression (APO)		A	A
X – Das Modell wird verwendet, wenn der Test positiv ist. A – Das Modell wird verwendet, wenn alle Tests positiv sind. O – Das Modell wird verwendet, wenn dieser Test negativ ist.			

Tabelle 7.3 Strategien der automatischen Modellauswahl 2 (Forts.)

Die Vorteile der automatischen Modellauswahl liegen auf der Hand: Die Implementierung ist relativ einfach, und das System liefert das (vermeintlich) richtige Prognosemodell. Angesichts dieser Vorzüge scheinen die performance-intensive Berechnung und der Aufwand für die Parameterpflege eigentlich vertretbar. Die entscheidenden Nachteile der automatischen Modellauswahl erkennt man erst bei genauerer Betrachtung: Das Verfahren ist intransparent und die Aussagekraft des Auswahlergebnisses ist mangelhaft. Nicht alle Schritte der Auswahl sind dokumentiert oder für den Planer nachvollziehbar. Dies gilt etwa für die Länge der einzelnen Prognosephasen (Initialisierung, Parameteroptimierung, Ex-post) oder für die Frage, welche Modell- oder Parameterkombinationen gewählt wurden. Auch die Aussagekraft des Prognosefehlers ist strittig, da es sich um einen absoluten Fehler handelt. Prozentuale Modelle wie der MAPE (mittlerer absoluter prozentualer Fehler, siehe Abschnitt 7.2.6, »Mittlerer absoluter prozentualer Fehler (MAPE)«) würden vielleicht eine bessere Aussage liefern. Berechnet die Modellauswahl jede Prognoseperiode ein neues Modell, so ist die Aussagekraft sehr gering und ein Prognose-Controlling unmöglich.

Verwenden Sie die automatische Modellauswahl daher bitte nicht, um sich den Zeitaufwand einer manuellen Auswahl zu ersparen oder weil dieser Verfahren einfacher erscheint. Nutzen Sie die Modellauswahl vielmehr als Richtgröße für Vergleiche. Klassifizieren Sie Ihr Produktspektrum, und verwenden Sie automatische Verfahren dort, wo manuelle Verfahren an ihre Grenzen stoßen oder nur eine geringe Prognosegüte liefern. CY-Materialien könnten sich aufgrund ihrer geringen Werthaltigkeit und schwankenden Verläufe für die automatische Modellauswahl eignen.

Notwendige Parameter – automatische Modellauswahl 1
▸ Alphafaktor ▸ Betafaktor ▸ Gammafaktor ▸ Perioden pro Saison ▸ Trenddämpfungsprofil

Notwendige Parameter – automatische Modellauswahl 2
Perioden pro Saison

Kausalprognose (APO)

Das zweite statistische Prognoseverfahren ist die Kausalprognose. Als Grundvoraussetzung für die Anwendung von Kausalmodellen muss der Absatz eines bestimmten Produkts oder Service eng mit Veränderungen einer oder mehrerer anderer Variablen verknüpft sein. Sobald das Wesen dieser Verknüpfung oder Beziehung quantifizierbar ist, kann daher die Information über die andere(n) Variable(n) zur Erstellung einer Absatzprognose herangezogen werden. Sie können zum Beispiel abschätzen, welchen Preis Sie setzen müssen, um ein bestimmtes Absatzvolumen zu erzielen.

Bei dieser Art von Prognose wird davon ausgegangen, dass die Nachfrage durch einige bekannte Faktoren bestimmt wird. Neben dem Preis können dies noch andere Faktoren sein. Diese Faktoren/Variablen werden nicht vom System berechnet, sondern Sie entscheiden, welche Variablen zugrunde liegen sollen. Zum Beispiel hängt die Nachfrage nach Eis von der Temperatur eines bestimmten Tages ab. Daher ist in diesem Beispiel die Temperatur der Hauptindikator für die Nachfrage nach dem Produkt. Sind genügend Beobachtungen der Nachfrage und der Temperatur vorhanden, so kann das zugrunde liegende Modell geschätzt werden.

Da für das Schätzen der Parameter in Kausalmodellen die vergangenen Nachfragezahlen und eine Zeitreihe von Indikatoren benötigt werden, ist die erforderliche Datenmenge um einiges höher als bei den univariaten Modellen. Diese einfachen Zeitreihenmodelle erzeugen dann bessere Prognosen als komplexe Kausalmodelle, wenn stochastische Schwankungen als Struktur interpretiert werden und sich so ein systematischer Fehler in das Modell einschleicht. Deshalb muss bei den Kausalmodellen besonderer Wert auf die Analyse gelegt werden. Grundsätzlich aber liefern Kausalmodelle bessere Ergebnisse als univariate Modelle, sofern ausreichend historische Daten vorhanden sind und diese Daten richtig genutzt werden.

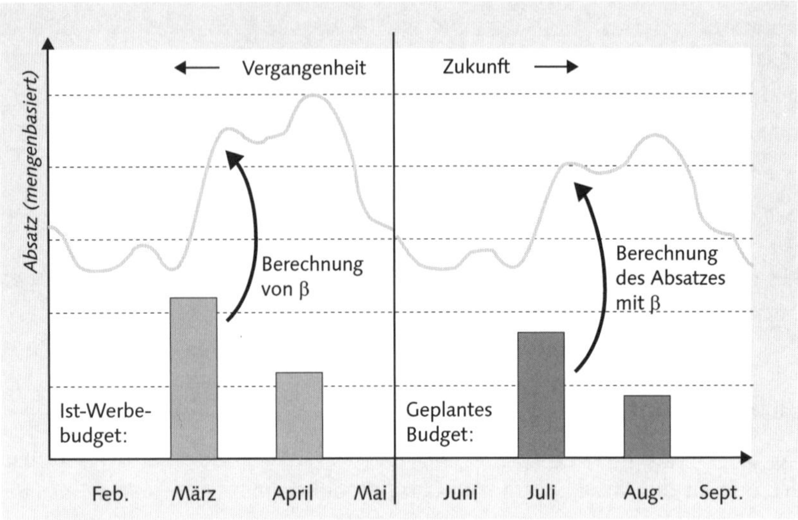

Abbildung 7.5 Kausalanalyse nach Werbebudget

In SAP ERP ist eine Kausalanalyse nicht möglich, dafür gibt es in SAP APO das Prognosemodell der *multiplen linearen Regression* (MLR). Über ein MLR-Profil entscheiden Sie, welche Verteilung verwendet werden soll und ob die Varianz für alle Beobachtungen konstant oder variabel ist.

Kombinierte Prognose (APO)

Eine Möglichkeit zur Prognose von Produkten ist die kombinierte Prognose. Dies ist keine neue Methode, sondern eine Kombination aus den bereits erläuterten Modellen. Ziel dieser Methode ist es, die Stärken der einzelnen Prognosen in einer einzigen Prognose zu kombinieren. Sie können entweder den arithmetischen Mittelwert der Prognosen durch gleiche Gewichtung der Einzelprognosen bilden oder jede Prognose anders gewichten. Alternativ können Sie auch die Gewichtung der einzelnen Prognosen über die Zeit ändern. Durch die Kombination der Prognosemethoden soll eine möglichst gute Prognose für ein Unternehmen erzielt werden. Es hat sich gezeigt, dass die kombinierte Prognose, die auf verschiedenen mathematischen und/oder Schätzverfahren beruht, häufig den Einzelprognosen und dem ihnen jeweils zugrunde liegenden Verfahren überlegen ist.

Mit SAP APO können Sie mehrere Prognosen erstellen und aus diesen eine kombinierte Prognose ermitteln. Dabei können Sie Durchschnittswerte bilden, aber auch unterschiedliche Gewichtungsfaktoren wählen (siehe Abbildung 7.6).

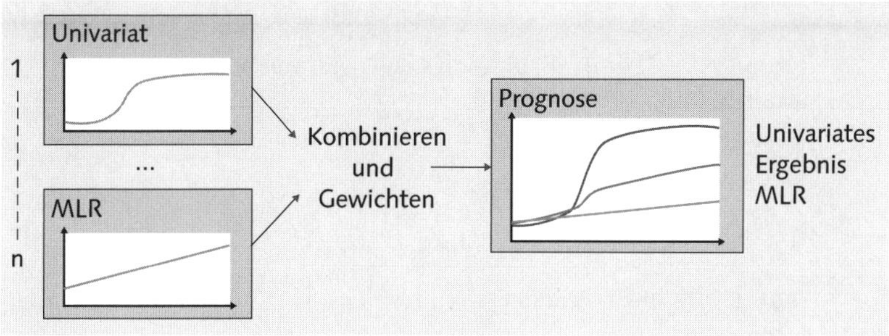

Abbildung 7.6 Kombiniertes Prognoseverfahren

Übersicht über die Prognosemodelle in SAP ERP und SAP APO

In Tabelle 7.4 finden Sie noch einmal eine Zusammenfassung aller Prognosemodelle, die in SAP ERP und in SAP APO zur Verfügung stehen.

Modelle	Methoden	Strategien	ERP/APO
Univariate Prognose	Konstant	10 – Konstantmodell	X
		11 – Exp. Glättung 1. Ordnung	X
		12 – Konstantmodell mit auto. Alpha-Anpassung (1. Ord.)	X
		13 – Gleitender Mittelwert	X
		14 – Gewichteter gleitender Mittelwert	X
	Trend	20 – Prognose mit Trendmodell	X
		21 – Exp. Glättung 1. Ordnung	X
		22 – Exp. Glättung 2. Ordnung	X
		23 – Trendmodell mit auto. Alpha-Anpassung (2. Ord.)	X
	Saison	30 – Prognose mit Saisonmodell	X
		31 – Methode nach Winters	X
		35 – Saisonale lineare Regression	APO
	Trendsaion	40 – Prognose mit Trend-Saison-Modell	X
		41 – Exp. Glättung 1. Ordnung	X

Tabelle 7.4 Alle verfügbaren Prognosemodelle in SAP ERP und SAP APO

Modelle	Methoden	Strategien	ERP/APO
	Auto. Modell-auswahl 1	50 – Test auf Konstant, Trend, Saison und Trend-Saison	X
		51 – Trendtest	X
		52 – Saisontest	X
		53 – Trendtest und Saisontest	X
	Auto. Modell-auswahl 2	56 – Parametervollsuche	X
	Manuelle Modell-auswahl	54 – Saisonmodell und Trendtest	X
		55 – Trendmodell und Saisontest	X
		60 – Vergangenheitsdaten übernehmen	X
	Manuelle Prognose	70 – Manuelle Prognose	APO
	Sporadisch	80 – Croston-Methode	APO
	Lineare Regression	94 – Einfache lineare Regression	APO
Kausale Prognose		Multilineare Regression (MLR)	APO
Kombinierte Prognose		Kombination zwischen univariaten Modellen und MLR möglich	APO
Externe Prognose		Lebenszyklusplanfunktion und andere kunden-individuelle Modelle	APO

Tabelle 7.4 Alle verfügbaren Prognosemodelle in SAP ERP und SAP APO (Forts.)

7.1.2 Prognoseparameter

Wie bereits im vorherigen Abschnitt beschrieben, bildet neben den Vergangenheitsdaten die richtige Einstellung der Prognoseparameter die Grundlage einer optimalen Prognose. Je nach Prognosemodell gibt es obligatorische und optionale Parameter; welche Parameter notwendig sind, wird vom System angegeben oder im Fehlerprotokoll dokumentiert.

Bevor Sie sich mit den Prognoseparametern beschäftigen, sollten Sie zunächst den Prognoseprozess mit SAP genau betrachten. Eine Prognose wird grundsätzlich in drei Schritten durchgeführt:

1. Anpassung der Vergangenheitswerte
2. Systemprognose
3. Anpassung der Prognoseergebnisse

Der zweite Schritt der Systemprognose untergliedert sich dabei nochmals in drei einzelne Prozessschritte, die sogenannten *Prognosephasen*. In der ersten Phase wird eine Initialisierung des Prognosemodells anhand der Vergangenheitswerte durchgeführt. Bei der zweiten Phase wird eine so genannte Ex-post-Prognose erstellt, um die Prognosegenauigkeit des gewählten Prognosemodells anhand der tatsächlichen Vergangenheitswerte zu ermitteln. Abschließend werden je nach Modell die Prognosewerte ermittelt. Diese resultieren auch aus den Erkenntnissen der Initialisierungs- und der Ex-post-Phase (siehe Abbildung 7.7).

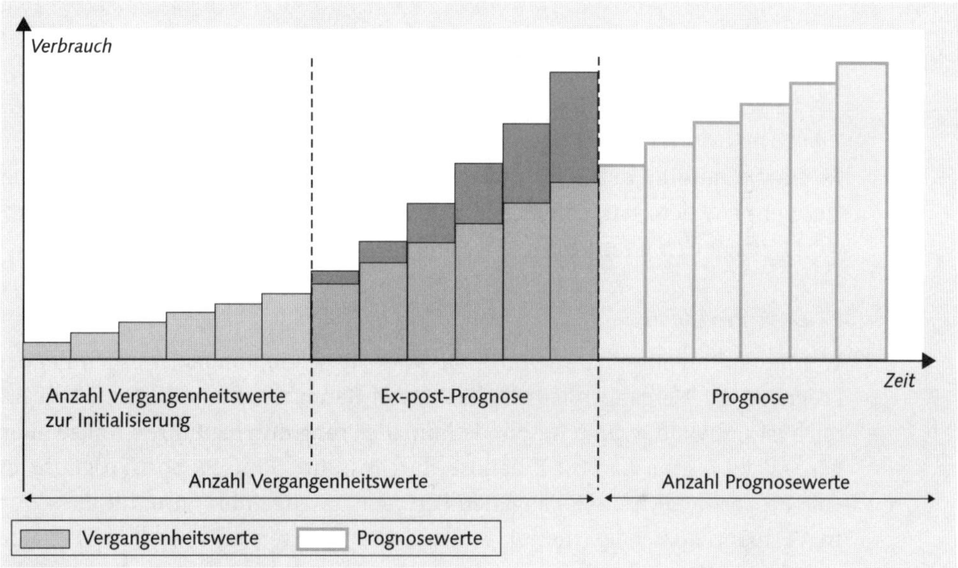

Abbildung 7.7 Prognosephasen

Initialisierungszeitraum

Der Initialisierungszeitraum (auch Modellinitialisierung), ist die Ermittlung der für das jeweilige Prognosemodell notwendigen Modellparameter, wie Grundwert, Trendwert, Saisonindizes. Die Initialisierung findet jeweils bei der ersten Prognose eines Materials statt. Außerdem muss sie bei einem Strukturbruch durchgeführt werden, wenn also das bisherige Prognosemodell seine Gültigkeit verliert.

In der Regel wird das Prognosemodell maschinell initialisiert. Dazu benötigt das System für das jeweilige Modell eine bestimmte Anzahl von Vergangenheitswerten. Dieser Zusammenhang ist in Tabelle 7.5 dargestellt.

Modell	Anzahl der Vergangenheitswerte
Durchschnitt	1
Gleitender Durchschnitt	Ordnung des gleitenden Durchschnitts
Gewichteter gleitender Durchschnitt	Ordnung des gleitenden Durchschnitts
Lineare Regression	2
Konstantmodell	1
Trendmodell	3
Saisonmodell	1 Saisonlänge
Trend-Saison-Modell	2 Saisonlängen

Tabelle 7.5 Mindestzahl der Vergangenheitswerte pro Modell

Den *Grundwert* ermittelt das System auf der Basis der Mittelwertbildung, den *Trendwert* mithilfe der Regressionsanalyse. Die Saisonindizes ergeben sich als Quotient aus dem tatsächlichen Vergangenheitswert und den um den Trendwert korrigierten Grundwert.

Ex-post-Prognose

Wie Sie in Prognosephasen von Abbildung 7.7 sehen können, werden bei der Prognose die Vergangenheitsdaten in zwei Bereiche unterteilt. Der erste Bereich ist notwendig, um eine Modellinitialisierung durchzuführen. Im zweiten Bereich wird eine Ex-post-Prognose durchgeführt. Eine Ex-post-Prognose ist eine Prognose, die mit vergangenen Perioden durchgeführt wird, für die schon Ist-Verbrauchsdaten existieren. Anhand der Differenzen zwischen Ist-Daten und Ex-post-Daten kann das System die Prognosegenauigkeit für das gewählte Prognosemodell berechnen und somit eine Aussage über die Prognosequalität in der Zukunft liefern.

Die Ex-post-Prognose ist im SAP ERP-Standard ein wichtiges Verfahren, um die mittlere absolute Abweichung (MAD) zu berechnen. Dieses berechnete Fehlermaß hat Auswirkungen auf den Sicherheitsbestand des Materials, falls Sie die automatische Sicherheitsbestandsberechnung verwenden. Neben der MAD werden bei jeder Ex-post-Prognose Grundwert, Trendwert und Saisonindex geändert. Diese Werte werden zur Berechnung der Ergebnisse der Zukunft herangezogen.

Bei der Ex-post-Prognose wird jede Periode anhand der Vergangenheitsdaten einzeln berechnet. Dies hört sich besser an als es im Ergebnis ist. Die Ex-post-Prognose liefert eine exakte Aussage lediglich über die nächste Prognoseperiode. Wenn Sie eine rollierende Planung für jede Prognoseperiode verwenden und die aktuellen Planzahlen immer bedarfswirksam werden, ist diese Reichweite der Prognose ausreichend. Wollen Sie jedoch langfristig planen, kann sich die Ex-post-Prognose als ungenügend erweisen. Dieser Punkt ist nicht kritisch, Sie sollten jedoch besonders bei hochwertigeren Materialien zusätzliche Prüfregeln hinterlegen und ein individuelles Prognosecontrolling einsetzen.

Gewichtungsgruppe

Die Gewichtungsgruppe müssen Sie nur dann pflegen, wenn Sie das Prognosemodell *gewichteter gleitender Mittelwert* gewählt haben. Dieser Schlüssel gibt an, wie viele Vergangenheitswerte bei der Prognose berücksichtigt werden und mit welchem Gewicht diese in die Prognoserechnung eingehen.

Perioden pro Saisonzyklus

Die Angabe der Perioden pro Saison ist nur bei einem saisonalen Modell erfor derlich oder wenn das System einen Saisontest durchführen soll. Dieser Wert sollte natürlich mit der Anzahl der Perioden pro Saison der Vergangenheitsdaten kongruent sein. Wenn Ihre Saison über 12 Monate geht und Sie »3 Monate« eingeben, so wird der Saisontest negativ ausfallen. Ebenso sollten Sie sicherstellen, dass ausreichend Saisonzyklen und Vergangenheitswerte dem System zur Verfügung gestellt werden. Grundsätzlich 2–3 Saisonzyklen und 2–3 Jahre historische Werte (bei einer Prognose auf monatlicher Basis) sind erforderlich.

Alphafaktor

Den Alphafaktor verwendet das System zur Glättung des Grundwerts. Ein kleines Alpha glättet die Zeitreihe stärker als ein großes Alpha. Mit einem größeren Alphawert wird die nahe Vergangenheit (neue Vergangenheitswerte) stärker berücksichtigt und Anpassungen am Verlauf können schneller erkannt werden. Geben Sie keinen Alphafaktor vor, so verwendet das System automatisch den im Profil definierten Alphafaktor (0,2). Alpha kann anhand von Erfahrungswerten oder anhand des Prognosefehlers bestimmt werden. In SAP ERP gibt es die Möglichkeit, Alpha mit Simulationen berechnen zu lassen und dabei den Faktor mit dem geringsten Prognosefehler auszuwählen.

In SAP APO kann der Alphafaktor in jeder Vergangenheitsperiode automatisch entsprechend der mittleren absoluten Abweichung (MAD) und der Fehlersumme (ET) angepasst werden.

Betafaktor

Den Betafaktor verwendet das System zur Glättung des Trendwerts. Ein kleines Beta glättet den Trendwert stärker als ein großes Beta. Folglich werden Trendveränderungen bei einem kleinen Betafaktor langsamer durchgeführt als bei einem großen Faktor. Geben Sie keinen Betafaktor vor, so verwendet das System automatisch den im Profil definierten Betafaktor (0,1).

Gammafaktor

Den Gammafaktor verwendet das System zur Glättung des Saisonindexes. Analog zu den ersten beiden Faktoren glättet ein kleiner Wert stärker, sodass auch die Änderungen im saisonalen Verhalten erst später realisiert bzw. langsamer durchgeführt werden. Geben Sie keinen Gammafaktor vor, so verwendet das System automatisch den im Profil definierten Gammafaktor (0,3).

Deltafaktor

Zur Glättung des absoluten Mittelwerts (Glättung des Prognosefehlers) verwendet das System den Deltafaktor 0,3.

Sigmafaktor (Ausreißerkorrektur)

Damit eine hohe Prognosequalität erzielt werden kann, muss die Datenbasis der Vergangenheitswerte korrigiert werden (siehe Abbildung 7.8). Dabei sollte man zuerst »Ausreißer« glätten oder aus den Vergangenheitsdaten löschen. Als »Ausreißer« bezeichnet man nicht wiederkehrende Bedarfsmengen (z.B. Produktionsausfälle) und andere ungewöhnliche Werte, die sich durch das gewählte Prognosemodell nicht erklären lassen. Solche Werte können das Prognoseergebnis stark verzerren und sollten daher entfernt werden.

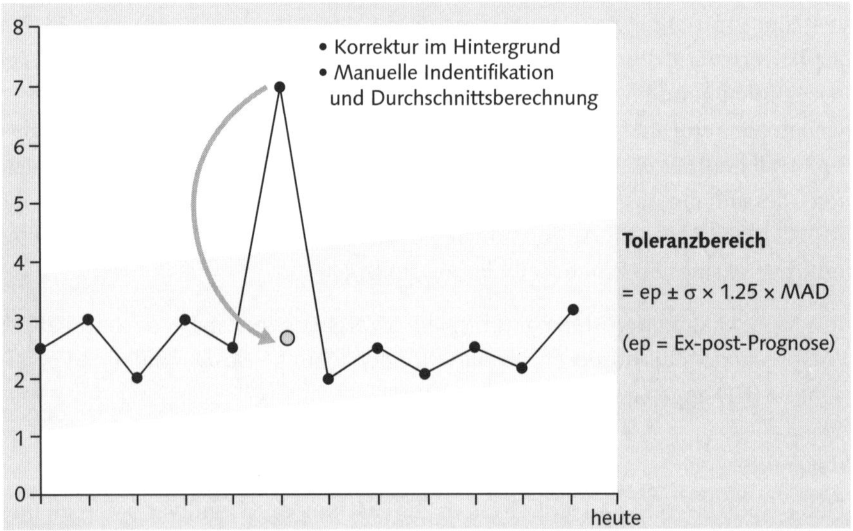

Abbildung 7.8 Ausreißerkorrektur

Das System kann Ausreißerwerte in den Vergangenheitsdaten identifizieren und ersetzen. Dabei berechnet das Prognoseverfahren Prognosewerte im Vergangenheitszeitraum und vergleicht diese mit den Beobachtungswerten. Wenn die Differenz, das sogenannte *Residuum*, einen bestimmten Grenzwert überschreitet, wird der Beobachtungswert durch den Ex-post-Prognosewert des zugehörigen Zeitpunkts ersetzt. Nach dieser Korrektur wird die Prognoseberechnung mit den berichtigten Vergangenheitsdaten erneut durchgeführt.

Für die Bestimmung des Grenzwerts können Sie den Sigmafaktor festlegen. Die Breite des Toleranzbereichs wird durch den Sigmafaktor definiert. Dieser legt die Anzahl zulässiger Standardabweichungen fest. Je kleiner der Sigmafaktor, desto geringer die Toleranz und größer die Anzahl ermittelter und korrigierter Ausreißer. Der Standard-Sigmafaktor beträgt 1,25. Wenn Sie Ihren eigenen Sigmafaktor einstellen, empfiehlt SAP eine Einstellung zwischen 0,6 und 2.

Tracking-Signal

Mit dem Tracking-Signal wird in SAP ERP und in SAP APO eine Überwachung des eingesetzten Prognosemodells durchgeführt. Mithilfe dieses Signals ermittelt das System automatisch, ob das verwendete Prognosemodell noch zum historischen Verlauf des Produkts passt, oder ob sich die Zeitreihencharakteristik so stark verändert hat, dass ein anderes Modell vielleicht bessere Resultate liefern würde. Der Schwellwert für das Tracking-Signal wird im Materialstamm oder im Prognoseprofil hinterlegt. In jedem Prognoselauf errechnet das System das Tracking-Signal neu. Ist der Quotient aus der Fehlersumme (ET) und der mittleren absoluten Abweichung (MAD) größer als der hinterlegte Schwellwert, so wird eine Warnmeldung in das Prognoseprotokoll geschrieben, dass das Prognosemodell überprüft werden muss.

Das Tracking-Signal ist eine bewährte Methode zur Kontrolle des Prognosemodells und definiert einen Fehlertoleranzbereich, in dem sich ein Modell aufhalten darf. Es kann aber keine Aussage über die wirkliche Prognosequalität liefern. Zu diesem Zweck sollten Sie ein passendes Verfahren zur Prognosefehlerberechnung auswählen und jeden Prognoselauf vergleichen.

7.2 Prognosegenauigkeit

Die Prognosegenauigkeit eines Materials lässt sich über die Differenz zwischen Plan- und Ist-Werten darstellen. Treffen Sie mit Ihren Prognosewerten fast immer den zukünftigen Absatz, so haben Sie eine hohe Prognosegenauigkeit erzielt. Damit Sie nicht immer manuell die Prognosegenauigkeit bzw. den Prognosefehler ermitteln müssen, gibt es im SAP-System die Möglichkeit, verschiedene Prognosefehler automatisch berechnen zu lassen. Dazu wird basierend auf den Vergangenheitsdaten bei der Ex-post-Prognose je nach Berechnung der Prognosefehler ermittelt. Es gibt verschiedene Prognosefehler mit unterschiedlicher Aussagekraft, damit Sie je nach Produkteigenschaften den geeigneten Prognosefehler wählen können.

Im SAP ERP-Standard werden zwei Prognosefehler berechnet: die Fehlersumme (ET) und die mittlere absolute Abweichung (MAD). Jedoch können die anderen Methoden als kundeneigenes Fehlermaß nachgebildet oder, wenn Sie die flexible Planung verwenden, kann über eine Makroberechnung das fehlende Fehlermaß als Kennzahl Ihrem Planungstableau hinzugefügt werden.

Grundsätzlich lassen sich die Prognosefehler je nach Prognosestrategie in univariate und MLR-Prognosefehler unterteilen. In diesem Abschnitt sollen nur einige ausgewählte Prognosefehler für die univariate Prognose vorgestellt werden; auf Formeln und weiterführende Verfahren wird verzichtet. Diese können Sie in der angegebenen Literatur nachlesen oder im SAP Portal nachschlagen. Fehlermaße für kausale Faktoren werden in diesem Buch nicht näher beschrieben.

7.2.1 Fehlersumme (Error Total, ET)

Bei der *Fehlersumme* wird für jede Periode die Abweichung zwischen Prognosewert und tatsächlich eingetretenem Wert addiert (siehe Tabelle 7.6).

Ist-Wert	Prognose	Absolute Abweichung	Fehlersumme
150	140	10	
120	140	20	
			30

Tabelle 7.6 Fehlersummen-Berechnung

7.2.2 Mittlere absolute Abweichung (MAD)

Die *mittlere absolute Abweichung* (MAD) bezeichnet den durchschnittlichen absoluten Prognosefehler. Die MAD bildet in SAP ERP die Grundlage für die automatische Berechnung des Sicherheitsbestands. Abweichungen über und unter dem Prognoseergebnis heben sich nicht auf. Je kleiner die MAD, desto besser ist die Prognosequalität in der Vergangenheit. Dies impliziert für die Sicherheitsberechnung einen geringeren Bestand, da man auch in der Zukunft von einer sehr hohen Prognosequalität ausgeht.

Leider ist die Aussagekraft über die Höhe der MAD als relativ zu betrachten, da man das Gesamtvolumen mit in die Aussage einbeziehen muss. Die Vergleichbarkeit mit anderen Produkten ist in diesem Zusammenhang schwierig, andere

Fehlermaße (prozentuale Fehler) liefern bessere Ergebnisse. Jedoch ist die MAD ein relativ leicht nachvollziehbares Instrument, um verschiedene Prognosemodelle an einem Produkt zu testen und im Bezug auf die Vergangenheit das bestmögliche Modell auszuwählen. Ein Rechenbeispiel finden Sie in Tabelle 7.7.

Ist-Wert	Prognose	Absolute Abweichung	MAD
150	140	10	
120	140	20	
			15

Tabelle 7.7 MAD-Berechnung

7.2.3 Mittlerer quadratischer Fehler (MSE)

Der *mittlere quadratische Fehler* (MSE) ist das Quadrat der Abweichungen, summiert über alle Perioden und geteilt durch die Anzahl der Perioden.

Neben der schwierigen Vergleichbarkeit analog zur MAD hat der MSE einen weiteren großen Nachteil: Ausreißer in einzelnen Perioden haben einen starken Einfluss auf das Ergebnis. Diese Eigenschaft liefert keine guten Ergebnisse in der Praxis, und auch in der Literatur wird von der Verwendung dieser Kennzahl abgeraten. Ein Rechenbeispiel finden Sie in Tabelle 7.8.

Ist-Wert	Prognose	Absolute Abweichung	MSE
150	140	10	
120	140	20	
			250

Tabelle 7.8 MSE-Berechnung

7.2.4 Wurzel des mittleren quadratischen Fehlers (RMSE)

Die *Wurzel des mittleren quadratischen Fehlers* (RMSE) wird wie der MSE nicht für die Überwachung der Prognosegüte empfohlen. Der RMSE wird ebenfalls schnell von Ausreißern beeinflusst und liefert unbefriedigende Daten für den Vergleich von Prognosemodellen. Ein Rechenbeispiel finden Sie in Tabelle 7.9.

Ist-Wert	Prognose	Absolute Abweichung	RMSE
150	140	10	
120	140	20	
			15,81

Tabelle 7.9 RMSE-Berechnung

7.2.5 Absoluter prozentualer Fehler (APE)

Der *absolute prozentuale Fehler* (APE) ermittelt, um wie viel Prozent die Prognosen von den Ist-Werten abweichen. Abweichungen nach oben oder unten heben sich dabei nicht auf.

Durch seine einfache Berechnung ist der APE leicht nachzuvollziehen, interpretierbar und vor allem – im Gegensatz zur MAD – durch die prozentuelle Abweichung vergleichbar. Doch auch diese Aussage ist mit Vorsicht zu genießen, denn es handelt sich um einen asymmetrischen Prognosefehler, der Prognosen unter dem Ist-Wert stärker begünstigt als Prognosen über dem Ist-Wert. Dies führt zu eher konservativen Prognosen und kann zu gefährlichen Fehlbeständen führen. Ein zweiter Nachteil ist, dass bei Ist-Werten nahe oder gleich Null der Fehler sehr groß wird und dann nicht berechnet werden kann.

Das in Tabelle 7.10 gezeigte Rechenbeispiel veranschaulicht diesen Umstand (je kleiner der APE, desto besser die Prognose).

Ist-Verbrauch	Prognose	APE (Verbrauch – Prognose) / Verbrauch × 100
120	100	16,67
100	120	20
0	10	– (Division durch Null)

Tabelle 7.10 APE-Berechnung

Des Weiteren findet man in weiterführender Literatur einen anderen Berechnungsansatz mit dem Prognosewert im Nenner. Wodurch mittels des APE derselbe Sachverhalt unterschiedlich dargestellt werden kann.

Aufgrund seines asymmetrischen Verhaltens wurde der APE zum APE-A (*angepasster absoluter prozentualer Fehler*) weiterentwickelt. Durch die Weiterentwicklung wurden die genannten Nachteile ausgeglichen. Beim APE-A wird nicht der Ist-Wert im Nenner verwendet, sondern der Durchschnitt aus Ist- und Prognosewert. Damit erzielt der APE-A vergleichbare Ergebnisse, bevorzugt keine Richtung und liefert Ergebnisse bei Ist-Werten gleich Null. Ein Rechenbeispiel finden Sie in Tabelle 7.11. Der APE-A liegt immer zwischen 0 und 2.

Ist-Verbrauch	Prognose	APE-A (Verbrauch – Prognose) / Verbrauch × 100
120	100	0,18
100	120	0,18
0	10	2

Tabelle 7.11 APE-A-Berechnung

7.2.6 Mittlerer absoluter prozentualer Fehler (MAPE)

Der *mittlere absolute prozentuale Fehler* (MAPE) berechnet auf Basis des APE oder APE-A das arithmetische Mittel der prozentualen Fehler über den ausgewählten Vergangenheitszeitraum. Somit wird zuerst der APE-A oder alternativ der APE für jede Periode berechnet und anschließend aus diesen Ergebnissen das arithmetische Mittel gebildet. Ein Rechenbeispiel finden Sie in Tabelle 7.12.

Bitte verwenden Sie nach Möglichkeit immer die empfohlenen optimierten Verfahren! Die Vorteile der APE-A gegenüber dem APE kennen Sie bereits.

Ist-Wert	Prognose	APE-A	MAPE
120	100	0,18	
140	160	0,13	
			0,155

Tabelle 7.12 MAPE-Berechnung mit APE-A

Der mittlere absolute prozentuale Fehler ermöglicht einen generellen Vergleich zwischen Prognosen und unterscheidet nicht zwischen großen oder kleinen Fehlern. Man erhält für eine Zeitreihe einen aussagekräftigen Fehlerwert. Der Nachteil ist jedoch, dass sich dadurch keine Aussagen über die Einflüsse auf Bestände treffen lassen. Solche Aussagen können erst aufgrund einer kontinuierlichen Beobachtung über mehrere Perioden getroffen werden.

Der MAPE ist ein wichtiger und leicht zu berechnender Indikator, um die Entwicklung der Prognosegenauigkeit eines Materials zu beobachten und, je nach Entwicklung, Maßnahmen zur Verbesserung zu treffen. Diese Eigenschaften haben dazu geführt, dass der MAPE als Fehlermaß bei den Unternehmen immer beliebter wurde und inzwischen verstärkt im Bereich des Prognosecontrollings zum Einsatz kommt.

7.2.7 Median des absoluten prozentualen Fehlers (MdAPE)

Der *Median des absoluten prozentualen Fehlers* (MdAPE) ist der Wert, der – wenn man die Werte nach Größe sortiert – in der Mitte liegt. Bei einer geraden Anzahl von Werten nimmt man einen der beiden Werte, die in der Mitte liegt. Handelt es sich um unterschiedliche Werte, nimmt man das arithmetische Mittel dieser beiden Werte.

Beispiel:

10, 11, 15, 20, ***21****, 25, 30, 40, 100 → der Median ist 21*

Zunächst wird der APE (oder APE-A) für jede Periode berechnet. Anschließend wird der Median wie beschrieben ermittelt.

Der Vorteil des Medians gegenüber dem arithmetischen Mittelwert ist, dass er robust gegen Ausreißer ist. Verwenden Sie den MdAPE, wenn Ihnen ausreichend Vergangenheitsdaten für die Auswahl des Prognosemodells zur Verfügung stehen. Verwenden Sie den MAPE für Ihr Prognosecontrolling, um die Entwicklung der Prognosequalität zu messen.

7.2.8 Relativer absoluter Fehler (RAE)

Beim *relativen absoluter Fehler* (RAE) werden immer zwei alternative Prognosen miteinander verglichen (siehe Tabelle 7.13). Sie sehen, dass der RAE sehr groß wird, wenn der absolute Fehler der alternativen Prognose sehr klein wird. Dies bedeutet, dass die alternative Prognose begünstigt wird.

Ist-Wert	Prognose 1	Prognose 2	RAE
120	117	100	0,15
140	160	142	10

Tabelle 7.13 RAE-Berechnung

Da der RAE für jede Periode berechnet werden muss, können auch nur diese Perioden einzeln miteinander verglichen werden. Das Verfahren liefert somit keine qualitative Aussage und sollte daher in Kombination mit dem Median (MdRAE) oder mit dem geometrischen Mittel (GMRAE) angewendet werden.

Der *Median des relativen absoluten Fehlers* (MdRAE) eignet sich sehr gut zur Auswahl von Prognosemodellen, wenn nur wenige Daten zur Verfügung stehen (im Gegensatz um MdAPE). Auch er ist robust gegenüber Ausreißern und sollte zusammen mit dem MAPE verwendet werden.

Das *geometrische Mittel des relativen absoluten Fehlers* (GMRAE) wird zum Zusammenfassen von relativen Fehlern mit geringen Ausreißern verwendet. Der GMRAE fasst die RAE einer Zeitreihe zusammen. Dieses Fehlermaß sollte verwendet werden, wenn Parameter eines gewählten Prognosemodells optimiert werden sollen.

Zusammenfassend lässt sich sagen, dass MdAPE für Zeitreihen mit vielen Daten und der MdRAE für Zeitreihen mit wenigen Daten die besten und aussagekräftigsten Ergebnisse liefern. In Kombination mit MAPE als Kontrollwert und dem GMRAE zur Feinkonfiguration der Prognoseparameter haben Sie alle notwendigen Vorraussetzungen für optimierte Prognoseergebnisse. Wägen Sie jedoch stets den Aufwand der Modelle sorgsam gegen den erwartbaren Nutzen ab.

Hinweis

Wenn Sie Prognosefehler miteinander vergleichen wollen, sollten Sie dies auf einer konsistenten Ebene durchführen. Das bedeutet im Einzelnen:

- einheitliche Datenbasis (Sondereffekte wie Lieferengpässe oder Marketingaktionen glätten, wenn sich diese Ereignisse in Zukunft nicht mehr wiederholen)
- einheitliche Periodizität der Prognoseperioden (kein Wechsel zwischen Monat oder Woche)
- Der Prognosefehler soll je nach Prognoseebene (Aggregationsebene) berechnet werden, und es müssen vergleichbare Prognosezeitpunkte definiert werden.

Diese Punkte sollten Sie bei der Konzeption des Prognosezyklus berücksichtigen und festlegen.

7.3 Prognoseergebnisse und Programmplanung

In diesem Abschnitt geht es um die Ergebnisse des Prognoselaufs und wie der Planer mit diesen Ergebnissen umgehen sollte. Manche Disponenten übernehmen Planergebnisse, ohne sie zu hinterfragen. Andere Disponenten rechnen die Ergebnisse akribisch nach, weil sie dem System nicht vertrauen. Beide Verhaltensmuster erzeugen unnötige Kosten.

7.3.1 Anpassung der Vergangenheits- und Prognosedaten und andere Einflüsse

Der Prognoseprozess umfasst drei wichtige Teilprozesse:

1. Datenbeschaffung und Anpassung der Vergangenheitsdaten
2. Systemprognose/manuelle Prognose
3. Anpassung der Prognosedaten mit kontinuierlichem Prognosecontrolling

Das Prognoseergebnis ist nur so gut wie die Datenbasis, auf der die Prognose durchgeführt wurde. Das Erreichen einer hohen Datenqualität der Vergangenheitswerte sollte das erste Ziel jedes Disponenten sein. Dabei ist es wichtig, dass die Datenbasis konsistent und aussagekräftig ist.

Die beste und genaueste Datenbasis für die Prognose sind Auftragseingangsmengen, da diese die Bedürfnisse des Marktes, also die Wunschmenge zum Wunschlieferdatum, widerspiegeln. Jedoch ist deren Fortschreibung bei Rückstandsbearbeitung, ständigem Wechsel des Wunschlieferdatums oder anderen Restriktionen meist nicht möglich.

Eine zweite und häufig verwendete Möglichkeit ist die Verwendung von Vergangenheitsdaten auf Basis von Verbrauchsdaten.

Welche Datenbasis letztendlich für Ihr Unternehmen geeignet ist, sollten Sie im Stammdatenkonzept prüfen und beschreiben. Die Zuständigkeit dafür trägt eher die IT-Abteilung als der Disponent. Der Disponent muss anhand der Datenbasis seine Anpassungen vornehmen. Abbildung 7.9 zeigt ein typisches Szenario, bei dem der Disponent anhand von Informationen aufgrund von einmaligen Ereignissen wie Lieferproblemen oder Marketingaktionen den Vergangenheitsverlauf glättet und somit die Grundlage für die Prognose verbessert.

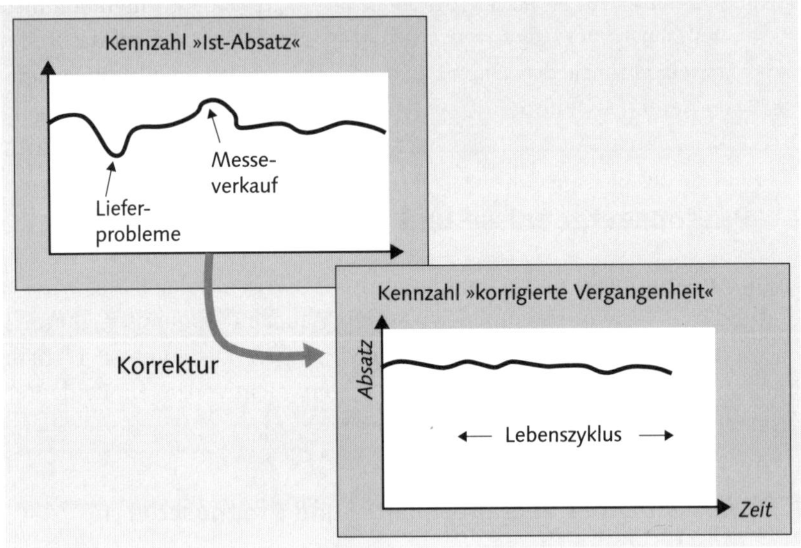

Abbildung 7.9 Anpassung der Vergangenheitsdaten durch Sonderprozesse

Ebenso wichtig ist die Berücksichtigung von Sonderprozessen wie die An- und Auslaufsteuerung von Materialien (Phase-in, Phase-out), Produktersetzung oder die Korrektur der Vergangenheitsdaten nach tatsächlichen Arbeitstagen.

Nach dem Anpassen der Vergangenheitsdaten kann die Systemprognose durchgeführt werden (siehe Kapitel 6, »Planungsstrategien und Bedarfsverrechnung«). Neben der geeigneten Prognosestrategie ist auch die Prognoseebene für die Prognosequalität elementar. Die Prognoseebene beschreibt die Position in der Planungshierarchie, auf der aktiv geplant wird. Eine Planungshierarchie bildet die organisatorischen Ebenen und Einheiten Ihres Unternehmens ab (Werk, Land, Vertriebsorganisation, Material etc.), für die eine Planung durchgeführt werden soll. Eine Planungshierarchie ist eine Kombination von Merkmalswerten, die in SAP ERP auf den Merkmalen einer Informationsstruktur oder in SAP APO auf Merkmalen der Planungsobjektstruktur (besser bekannt als Merkmalswertekombinationen) basieren.

Meistens erfolgt die Planung nur auf einer Hierarchieebene. Bei der flexiblen Planung und im Demand Planning des APO-Systems ist es jedoch auch möglich, auf unterschiedlichen Ebenen gleichzeitig zu planen.

Grundsätzlich sollte immer auf Endproduktebene und mit den Merkmalen *Material* und *Werk* prognostiziert werden. Die Gründe dafür lauten: einfache Datenbeschaffung und Transparenz. Handelswaren, Materialien ohne Gleichteile und konstante Materialien lassen sich damit gut planen. Jedoch sollten Sie bei Materialien, die im Verbrauch stark schwanken oder viele Gleichteile beinhalten, eine aggregiertere Prognoseebene verwenden. Bestes Beispiel dafür sind Variantenfertiger: Würde man jede Variante planen, würde aufgrund des hohen Prognosefehlers der hohe Sicherheitsbestand durch jede Stücklistenstufe gereicht und es entstünde der sogenannte Bullwhip-Effekt. Eine Planung auf erster oder zweiter Stücklistenstufe oder die Verwendung eines Vorplanungsmaterials wären hier mögliche Lösungen.

Nach der Systemprognose kann der Planer beginnen, diese Ergebnisse anzupassen, analog der Anpassung der Vergangenheitsdaten anhand von Informationen und seiner Erfahrung, um die Plandaten zu optimieren. Zukünftige Messen oder abgeschlossene Großaufträge und andere Ereignisse sollten mit in das zukünftige Absatzverhalten der Materialien mit einfließen. Anschließend sollten die Planzahlen an die Programmplanung und somit an die Materialdisposition übergeben werden.

Die Teilprozesse »Anpassen der Vergangenheitsdaten«, »Systemprognose« und »Anpassen der Prognosedaten« wiederholen sich jede Prognoseperiode. Mit Automatismen und anderen Hilfsmitteln, wie der Produktklassifizierung, vorkonfigurierten Prognoseprofilen und einem Prognosecontrolling lässt sich der Aufwand des Disponenten minimieren und die Prognosegenauigkeit erhöhen. Eine wichtige Rolle spielt dabei die kontinuierliche Optimierung mithilfe eines Prognosecontrollings (Messen des Prognosefehlers, Alerting etc.). Nur so kann der Planer auch bei einer Vielzahl an Materialien kritische von unkritischen unterscheiden und sich auf das Wesentliche konzentrieren.

7.3.2 Leitfaden für Materialien mit hohem Prognosefehler

Wie soll ein Disponent reagieren, wenn Materialien einen hohen Prognosefehler haben? Diese Frage wird den Beratern oft gestellt – in Erwartung einer einfachen Antwort oder eines universellen Regelwerks. Leider gibt es keine eindeutige Antwort – so muss für jedes Material individuell nach der Ursache geforscht werden.

Mögliche Gründe für einen hohen Prognosefehler:

- schlechte Qualität der Vergangenheitsdaten
- Wahl des falschen Prognosemodells
- falsche Parametrisierung
- starke Änderungen im Verbrauchsverlauf (Strukturänderungen)
- Z-Material

Mögliche Lösungsansätze:

- keine Änderungen
- Vergangenheitsdaten anpassen
- Prognosedaten anpassen
- Prognosemodell wechseln
- Parametereinstellungen optimieren
- Material nicht prognostizieren

Die Entscheidung für einen Lösungsansatz sollte der Disponent auf der Grundlage seiner Erfahrung treffen. Jedoch ist es wichtig, ein einheitliches Vorgehen und eine Reihenfolge bei der Ursachenforschung festzulegen.

7.3.3 Ergebnisauswertung

Wie Sie bereits im letzten Abschnitt gelesen haben, ist es für manche Materialien nicht sinnvoll, eine Prognose durchzuführen. Diese Erkenntnis ist einleuchtend aufgrund der Auswirkungen eines hohen Prognosefehlers auf den Bestand. Dieser Punkt wird jedoch von vielen Unternehmen nicht beachten, da aus verschiedenen Gründen Planzahlen benötigt werden.

Eine Planung im Sinne der Materialdisposition ist keine Absatzplanung für den Lieferanten, sondern eine Planung für eine optimale Disposition. Sie kann eine Grundlage für die vertriebliche Absatzplanung sein, jedoch sollte man die Übergabe der Planzahlen an die Programmplanung von der Übergabe der Planzahlen an den Lieferanten trennen.

Verwenden Sie bei stark sporadischen Materialien eine verbrauchsgesteuerte Disposition oder definieren Sie ein Regelwerk, wie in solchen Fällen mit dem Material umgegangen werden soll. So können spezielle Vereinbarungen mit dem Kunden getroffen werden, dass dieser eine genaue Bedarfsplanung gegen bessere Konditionen abgibt oder mit höheren Lieferzeiten rechnen muss, oder die Bestandsverantwortung wird komplett an den Lieferanten abgeben.

Oft werden Materialien plangesteuert disponiert, damit die Sekundärbedarfe sauber auf die unteren Stücklistenstufen heruntergebrochen werden. Für solche Fälle ist es eher sinnvoll, die Planungsstrategie zu überdenken und eine Vorplanung auf Komponenten oder Baugruppenebene zu verwenden. Damit verlagert sich die Planung auf die besser prognostizierbaren unteren Stücklistenstufen.

Sie berücksichtigen Sie alle Optimierungsvorschläge, klassifizieren Sie Ihre Produkte und konnten mit Ihrem selbst definierten Regelwerk bereits Erfahrung sammeln – trotzdem sind Sie mit dem Ergebnis noch nicht zufrieden? Vielleicht haben Sie Ihre Ziele (Prognosegenauigkeit) zu hoch gesteckt. Es gibt leider keine Möglichkeit, bei schwankenden Materialien den zukünftigen Bedarf exakt vorherzusagen. Es ist sehr wichtig, mit einer gewissen Ungenauigkeit arbeiten und diese akzeptieren zu können. Die letzten Prozente sollten über die Disposition geglättet werden – es ergibt weniger Sinn, die Prognose- und Vorplanungswerte jeden Tag manuell anzupassen, um auf Situationen im täglichen Geschäft zu reagieren.

Ein Beispiel dafür wäre die Einflussgröße *Prognosefehlverteilung* (siehe Abbildung 7.10). Schwanken die Bedarfe um den errechneten Mittelwert, so können sich die Schwankungen über die Zeit nivellieren (Normalverteilung). Gibt es überwiegend Ausschläge über- oder unterhalb des Mittelwerts, so kann man mit Bestandsstrategien entgegenwirken. Liegen die Prognoseergebnisse unterhalb des Mittelwerts, sollte Bestand aufgebaut werden. Umgekehrt sollten Sie Bestände reduzieren, wenn sich das Prognoseergebnis überwiegend über dem Mittelwert befindet.

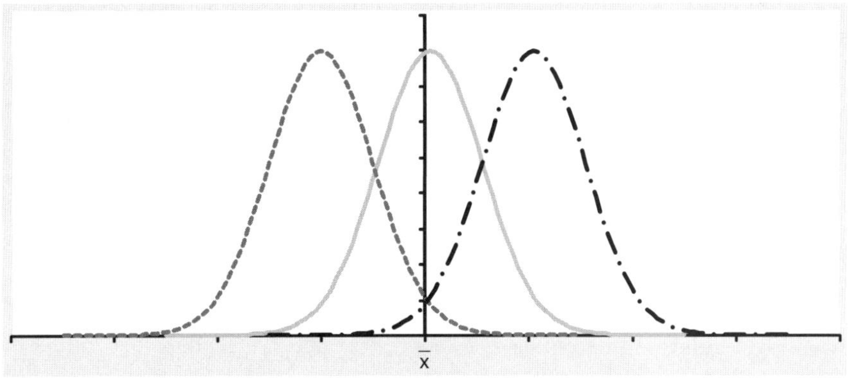

Abbildung 7.10 Prognosefehlverteilung

Vorplanung und Disposition profitieren voneinander. Die Disposition kann Schwächen in der Vorplanung glätten und somit mit geringen Beständen einen hohen Lieferservicegrad garantieren. Ohne Vorplanung hat die Disposition nur die Möglichkeit, über einen höheren Bestand auf zukünftigen Bedarf und auf Schwankungen zu reagieren.

7.4 Fazit

Ein universelles Prognosemodell für alle Zeitverläufe existiert nicht. Die Auswahl des Prognosemodells ist somit der erste Erfolgsfaktor einer optimalen Disposition. Darum gilt: Klassifizieren Sie Ihre Materialien. Investieren Sie Zeit in die Auswahl der Prognosestrategie bei wertvollen und strategischen Materialien. Versuchen Sie die Prognose bei geringwertigen Materialien zu automatisieren, und nehmen Sie Materialien mit geringer Prognosegüte aus der Prognose. Disponieren Sie solche Materialien über ein Bestellpunktverfahren. Informieren Sie sich vor der Entscheidung für ein Modell über die Auswirkungen der notwendigen Parametereinstellungen. Verwenden Sie möglichst alle Hilfsmittel, die Ihnen das System bietet (Phase-in/Phase-out-Modellierung, Like-Modellierung und Promotionsplanung), und implementieren Sie ein Prognosecontrolling. Nur eine kontinuierliche Prognoseoptimierung sichert Ihnen den Erfolg!

Im nächsten Kapitel stellen wir Ihnen die Dispositionsverfahren im SAP-System vor. Das Resultat vieler Dispositionsverfahren ist abhängig von den Prognoseergebnissen und der Prognosequalität der Vorplanung. Bei der plangesteuerten Disposition werden Vorplanungsbedarfe als Grundlage für die Bedarfsermittlung verwendet, und bei der maschinellen Bestellpunktdisposition wird über die von der Ex-post-Prognose ermittelte MAD der Sicherheitsbestand berechnet.

Mit dem Dispositionsverfahren wird über die Art der Nettobedarfsrechnung entschieden. Bei der Nettobedarfsrechnung handelt es sich um die grundsätzliche Interpretation der im System zu findenden Bedarfe in Relation zu den vorhandenen Zugangsmengen und Beständen. Somit bildet das Dispositionsverfahren den Ausgangspunkt bei der Bestimmung der Menge der durch die Materialbedarfsplanung anzulegenden Bedarfsdecker.

8 Dispositionsverfahren

Dispositionsverfahren nehmen eine zentrale Stellung im Ablauf der Disposition ein. Mit ihnen wird sowohl die grundsätzliche Interpretationsweise der im System befindlichen Bedarfe festgelegt als auch das Systemverhalten im Rahmen der Disposition. Im Gegensatz zum ERP-System, bei dem diese Einstellungen im Feld DISPOSITIONSMERKMAL in der Registerkarte DISPOSITION 1 gebündelt vorgenommen werden, ist im APO-System eine Vielzahl von Systemparametern für die grundsätzliche Vorgehensweise der Disposition relevant.

8.1 Dispositionsverfahren in SAP ERP

Das Dispositionsverfahren nimmt eine zentrale Stellung in der Materialbedarfsplanung des ERP-Systems ein. Die Bedarfsplanung soll auf Basis der im System vorhandenen Bedarfe *Art*, *Menge* und *Zeitpunkt* von Bedarfen ermitteln und durch die Anlage entsprechender Beschaffungselemente decken. Das Dispositionsverfahren bestimmt die Systematik, mit der das System die vorhandenen Bedarfe zeitlich und mengenmäßig beurteilt und in einem weiteren Schritt entsprechende Bedarfsdecker anlegt. Das Dispositionsverfahren wird durch Wahl des Dispositionsmerkmals in der Registerkarte DISPOSITION 1 des Materialstamms bestimmt.

Bereits im SAP-Standard steht eine Vielzahl möglicher Dispositionsmerkmale zur Verfügung. Darüber hinaus besteht die Möglichkeit, die vorhandenen Dispositionsmerkmale durch Customizing kundenspezifischen Wünschen anzupassen. Grundsätzlich lassen sich zwei Arten von Dispositionsverfahren unterscheiden:

1. **Verbrauchsgesteuerte Disposition**
   Die verbrauchsgesteuerte Disposition basiert auf Verbrauchswerten der Vergangenheit. Durch die Verwendung statistischer Verfahren wird auf den zukünftigen Bedarf geschlossen.
2. **Plangesteuerte Disposition**
   Im Gegensatz zur verbrauchsgesteuerten Disposition orientiert sich die plangesteuerte Disposition an konkreten Bedarfen der Zukunft. Hier geben die geplanten bzw. bereits eingegangenen Bedarfe den Anstoß für die Dispositionsrechnung. Die sogenannte Leitteileplanung ist dabei eine Sonderform der plangesteuerten Disposition.

8.1.1 Verbrauchsgesteuerte Disposition

Die verbrauchsgesteuerte Disposition schließt mithilfe statistischer Verfahren auf zukünftige Bedarfe. Die Ermittlung einer Unterdeckungssituation wird durch die Unterschreitung eines vorab definierten Meldebestands oder durch Prognosebedarfe angestoßen. Anders als bei der plangesteuerten Disposition (siehe Abschnitt 8.1.2, »Plangesteuerte Disposition«) sind demnach nicht zukünftige Primär- und Sekundärbedarfe für die Materialbedarfsplanung ausschlaggebend, sondern die in der Vergangenheit beobachteten Bedarfe.

Daher sind verbrauchsgesteuerte Dispositionsverfahren für Materialien geeignet, deren Vergangenheitsverbrauch als repräsentativ für die Zukunft angesehen werden kann und zusätzlich nicht zu großen Schwankungen unterlag, da die daraus resultierende Unsicherheit entweder durch einen erhöhten Sicherheitsbestand oder durch verminderte Lieferfähigkeit abgefangen werden muss. Verbrauchsgesteuerte Verfahren zeichnen sich durch ihre Einfachheit aus und werden vor allem für B- und C-Teile sowie für Hilfs- und Betriebsstoffe verwendet. Diese Vefahren setzen allerdings eine gut funktionierende und stets aktuelle Bestandsführung voraus.

Die Dispositionsverfahren der verbrauchsgesteuerten Disposition sind:

- Bestellpunktdisposition
- Stochastische Disposition
- Rhythmische Disposition

Bestellpunktdisposition

Bei der Bestellpunktdisposition bildet der Vergleich zwischen dem dispositiv verfügbaren Bestand (Summe aus Werksbestand und festen Zugängen) mit dem sogenannten Bestellpunkt, also dem Meldebestand, den Ausgangspunkt für die

Materialdisposition. Die Entscheidungsregel bei Verwendung der Bestellpunktdisposition als Dispositionsverfahren lautet:

Ist der verfügbare Bestand zu einem Zeitpunkt kleiner als der Meldebestand, wird die Beschaffung angestoßen.

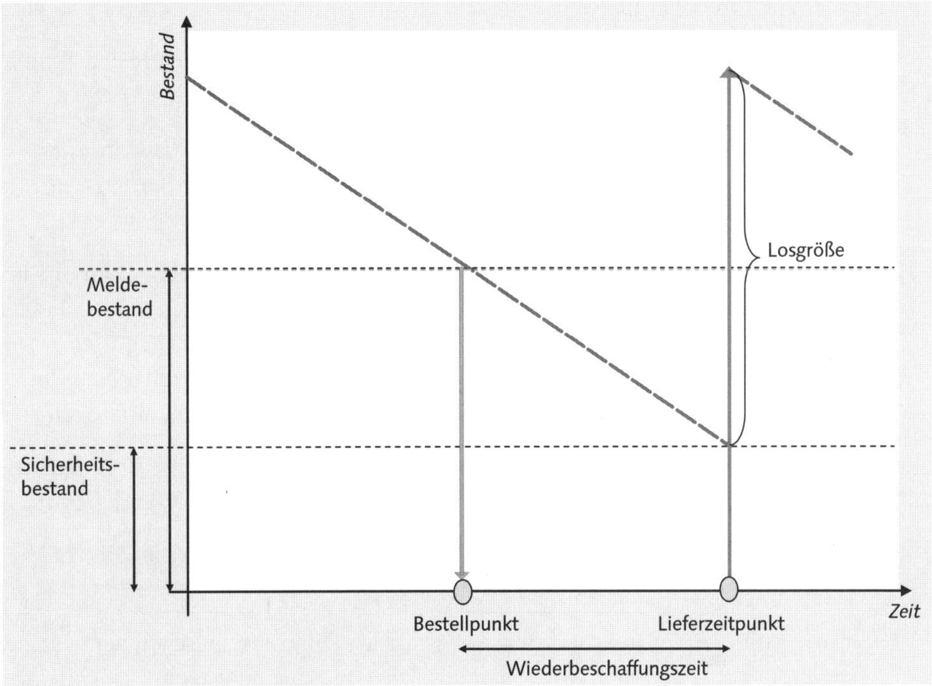

Abbildung 8.1 Bestellpunktdisposition

Der Meldebestand hat die Aufgabe, die Deckung des auf Basis von Vergangenheitsdaten zu erwartenden Bedarfs während der Wiederbeschaffungszeit sicherzustellen (siehe Abbildung 8.1).

Es sind zwei Vorgehensweisen bei der Hinterlegung des Meldebestands im System möglich:

- **Manuelle Bestellpunktdisposition (Dispositionsmerkmal VB)**
  Hierbei wird der Meldebestand ohne Systemunterstützung ermittelt und im Anschluss in der Registerkarte DISPOSITION 1 des Materialstamms hinterlegt.
- **Maschinelle Bestellpunktdisposition (Dispositionsmerkmal VM)**
  Diese greift zur Bestimmung von Melde- und Sicherheitsbestand auf das integrierte Prognoseprogramm des SAP ERP-Systems zurück. Der maschinell ermittelte Meldebestand wird im Anschluss an einen Prognoselauf in Registerkarte DISPOSITION 1 des Materialstamms eingetragen.

Bei der Festlegung des Meldebestands wird auf folgende Werte zurückgegriffen:

- Sicherheitsbestand
- bisheriger durchschnittlicher Verbrauch
- Wiederbeschaffungszeit

Auf Basis dieser Werte wird der Meldebestand bei der maschinellen Bestellpunktdisposition mit der folgenden Formel berechnet:

Maschinell ermittelter Meldebestand = Sicherheitsbestand + durchschnittlicher Tagesbedarf × Wiederbeschaffungszeit

Die Wiederbeschaffungszeit setzt sich bei Eigenfertigung additiv aus der Eigenfertigungs- und der Wareneingangsbearbeitungszeit zusammen, während bei Fremdbeschaffung auf die ebenfalls im Materialstamm zu findenden Felder PLANLIEFERZEIT und WARENEINGANGSBEARBEITUNGSZEIT zurückgegriffen wird. Zusätzlich wird hier zur Bestimmung der Wiederbeschaffungszeit die im Customizing einzutragende Einkaufsbearbeitungszeit in die Summe einbezogen.

Ist der Meldebestand unterschritten, stößt der Planungslauf eine Nettobedarfsrechnung an. Der verfügbare Bestand berechnet sich aus der folgenden Formel:

Verfügbarer Bestand = Werksbestand + Bestellbestand (Bestellungen, fixierte Beschaffungsvorschläge)

Die resultierende Unterdeckungsmenge ist die Differenz zwischen dem verfügbaren Bestand und dem Meldebestand. Die Unterdeckungsmenge ist dabei der Ausgangspunkt für die im nächsten Schritt durchzuführende Beschaffungsmengenermittlung (siehe hierzu Kapitel 9, »Beschaffungsmengenermittlung«).

Abbildung 8.2 verdeutlicht die Vorgehensweise der Bestellpunktdisposition bei der Ermittlung der Unterdeckungsmenge.

Bei jeder Materialbuchung wird durch das ERP-System geprüft, ob durch die Entnahme der Meldebestand unterschritten (bei Materialentnahme) oder überschritten (bei Materialrückgabe) wird. In beiden Fällen wird ein Eintrag in der Planungsvormerkdatei gesetzt. Werden durch Rücklieferungen fest eingeplante Zugänge überflüssig, werden diese Zugänge zur Stornierung vorgeschlagen.

Der Unterdeckungstermin bei bestellpunktdisponierten Materialien ist der Zeitpunkt des Planungslaufs: Lediglich für diesen Zeitpunkt wird auf eine eventuell vorliegende Unterdeckungssituation geprüft. Dies kann in einer mehrstufigen Stücklistenstruktur zu einer späten Absetzung von Sekundärbedarfen führen, die bei langen Wiederbeschaffungszeiten von Komponenten zu einer problematischen Liefersituation führen können.

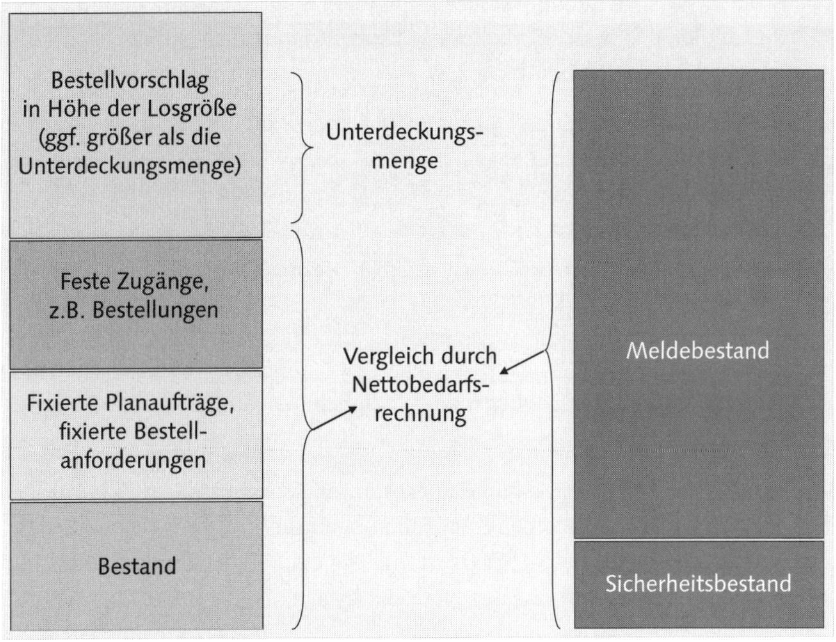

Abbildung 8.2 Nettobedarfsrechnung bei der Bestellpunktdisposition

Diesem Umstand sollten Sie bei der Auswahl der Bestellpunktdisposition in einer mehrstufigen Stücklistenstruktur Rechnung tragen. Das System terminiert bei der Bestellpunktdisposition vorwärts.

Vorhandene Kundenaufträge, Sekundärbedarfe und Reservierungen sind für die Bestellpunktdisposition nicht dispositiv relevant, da sie konzeptionell lediglich realisierte Bedarfe der Vergangenheit ins Kalkül zieht. Folglich sollten die vorhandenen Bedarfe bereits durch die aus den Vergangenheitswerten resultierenden Prognosen und aus dem damit ermittelten Meldebestand abgedeckt sein. Im ERP-System werden Reservierungen zwar in der Bedarfs-/Bestandssituation angezeigt, sind jedoch nicht dispositiv relevant. Sekundärbedarfe und Beistellbedarfe für die Lohnbearbeitung sind für die Disposition nicht relevant und werden daher auch nicht in der Bedarfs-/Bestandsliste angezeigt. In einigen Fällen kann es jedoch notwendig sein, bestimmte zukünftige Bedarfe zu berücksichtigen. Dies ist zum Beispiel dann der Fall, wenn diese Bedarfe als nicht durch die Prognose abgedeckt anzusehen sind. Hierfür steht die Bestellpunktdisposition mit externen Bedarfen zur Verfügung. Im Customizing des Dispomerkmals können Sie einstellen, ob externe Bedarfe berücksichtigt werden sollen. Als externe Bedarfe werden Kundenaufträge und manuelle Reservierungen angesehen. Wenn Sie die Berücksichtigung von externen Bedarfen eingestellt haben, werden Planungsvormerkungen beim Anlegen oder Ändern von Kundenaufträgen oder manuellen Reservierungen erzeugt. Zusätzlich können weitere externe Bedarfe in der Bestellpunktdisposition als dispositiv relevant vorgesehen werden (siehe Abbildung 8.3).

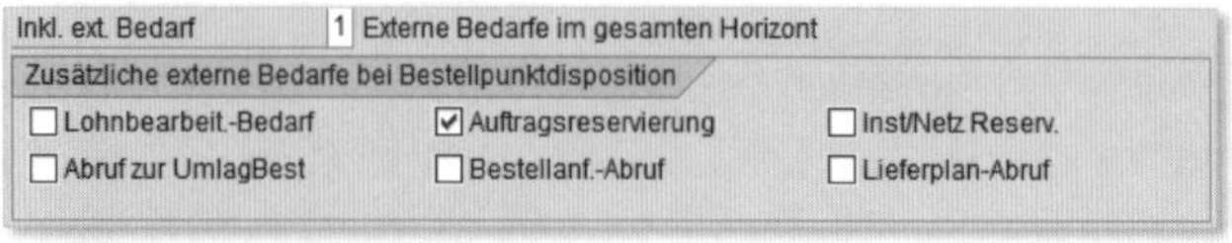

Abbildung 8.3 Bestellpunktdisposition mit externen Bedarfen, Ausschnitt aus dem Customizing

Die Wirksamkeit von externen Bedarfen können Sie optional entweder über den gesamten Horizont ausdehnen oder lediglich auf die Wiederbeschaffungszeit beschränken.

Neben der dispositiven Wirksamkeit bestimmter Bedarfe aus der Zukunft lässt sich auch die Anzeigelogik in einigen Fällen beeinflussen. Tabelle 8.1 verdeutlicht zusammenfassend die Sichtbarkeit und die dispositive Relevanz einzelner Bedarfe (siehe hierzu auch SAP-Hinweis 192954).

	nicht sichtbar + nicht dispositiv relevant	sichtbar + nicht dispositiv relevant	sichtbar + dispositiv relevant	nicht sichtbar + dispositiv relevant
Sekundärbedarfe	Standardverhalten	SAP-Hinweis 37697	plangesteuertes Dispoverfahren verwenden!	–
Auftragsreservierungen	SAP-Hinweis 37697	Standardverhalten	SAP-Hinweis 53343	–
Lohnbearbeiter-Bedarfe	Standardverhalten		SAP-Hinweis 37697 und/oder 53343	–

Tabelle 8.1 Sichtbarkeit und dispositive Relevanz von Bedarfen

Der Sicherheitsbestand soll sowohl die Unsicherheit hinsichtlich der tatsächlichen Verbrauchshöhe als auch bezüglich der tatsächlichen Wiederbeschaffungszeit abdecken. Er ist daher als Bestandteil des Meldebestands zu interpretieren. Die Höhe des Sicherheitsbestands spielt bei der Ermittlung der Unterdeckungsmenge keine Rolle, jedoch erhält der Disponent bei einer Unterschreitung eine Ausnahmemeldung.

Bei der Bestellpunktdisposition bietet es sich an, Losgrößenverfahren zu wählen, die zur Bestellung konstanter Losgrößen führen, zum Beispiel das Verfahren der *festen Losgröße* oder das Verfahren *Auffüllen bis zum Höchstbestand* (siehe hierzu Kapitel 9, »Beschaffungsmengenermittlung«).

Stochastische Disposition

Wie bei allen verbrauchsgesteuerten Dispositionsverfahren bildet der Materialverbrauch der Vergangenheit den Ausgangspunkt für die stochastische Disposition. Durch die Durchführung einer Prognose werden Prognosewerte für zukünftige Bedarfe ermittelt, die die Bedarfsmengen für den Materialbedarfsplanungslauf bilden.

Bei Verwendung der stochastischen Disposition sollten Sie die Prognoserechnung regelmäßig durchführen, um den maschinell ermittelten Bedarf an die aktuelle Verbrauchsentwicklung anzupassen. Die Prognoserechnung erzeugt Prognosebedarfe, die in der Ermittlung der Unterdeckungsmengen dispositiv relevant sind. Abbildung 8.4 zeigt beispielhaft eine Bedarfs-/Bestandssituation bei Verwendung der stochastischen Disposition vor der Durchführung der Materialbedarfsplanung.

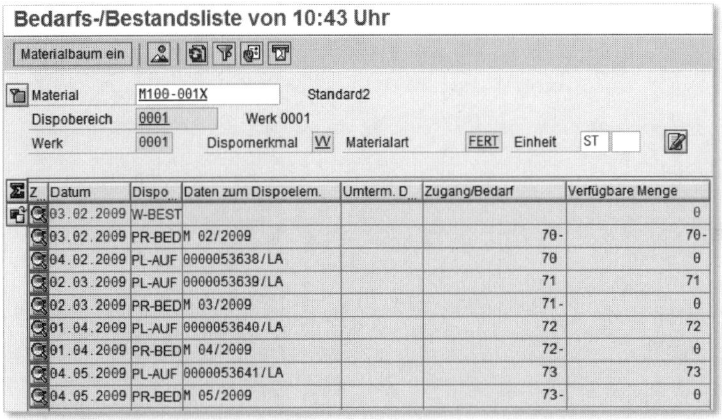

Abbildung 8.4 Beispiel zur Transaktion MD04 bei stochastischer Disposition

Sie können für jedes Material das Zeitraster für die Prognose (Tag, Woche, Monat oder Periode laut Geschäftsjahresvariante) und die Anzahl der Vorhersageperioden individuell festlegen. Außerdem können Sie festlegen, wie viele Prognoseperioden in der Disposition berücksichtigt werden sollen. Durch Materialentnahmen wird der Prognosebedarf reduziert, damit der schon realisierte Teil des vorhergesagten Bedarfs nicht erneut disponiert wird.

Die Höhe des verfügbaren Bestands bemisst sich bei der stochastischen Disposition wie folgt:

Verfügbarer Bestand = Werksbestand – Sicherheitsbestand + Zugänge (Bestellungen, fixierte Beschaffungsvorschläge) – Bedarfsmenge (Prognosebedarfe)

Zu einer Unterdeckung kommt es folglich, wenn der verfügbare Bestand negativ wird, die Bedarfsmenge also größer ist als die Zugänge. Als Zugänge werden dabei neben dem Bestand fixierte Beschaffungsvorschläge (z.B. Bestellanforderungen) und feste Zugänge (z.B. Bestellungen) interpretiert. Diesen Zugängen stellt die Nettobedarfsrechnung im Rahmen der stochastischen Disposition die im System vorhandenen Prognosebedarfe gegenüber. Zusätzlich wird der Sicherheitsbestand auf der Bedarfsseite der Rechnung berücksichtigt. Dies ist auf die grundsätzliche Interpretation des Sicherheitsbestands als nicht dispositives Element zurückzuführen (siehe hierzu Kapitel 10, »Sicherheitsbestandsplanung«). Die detaillierte Vorgehensweise bei der Ermittlung der Unterdeckungsmengen entnehmen Sie Abbildung 8.5.

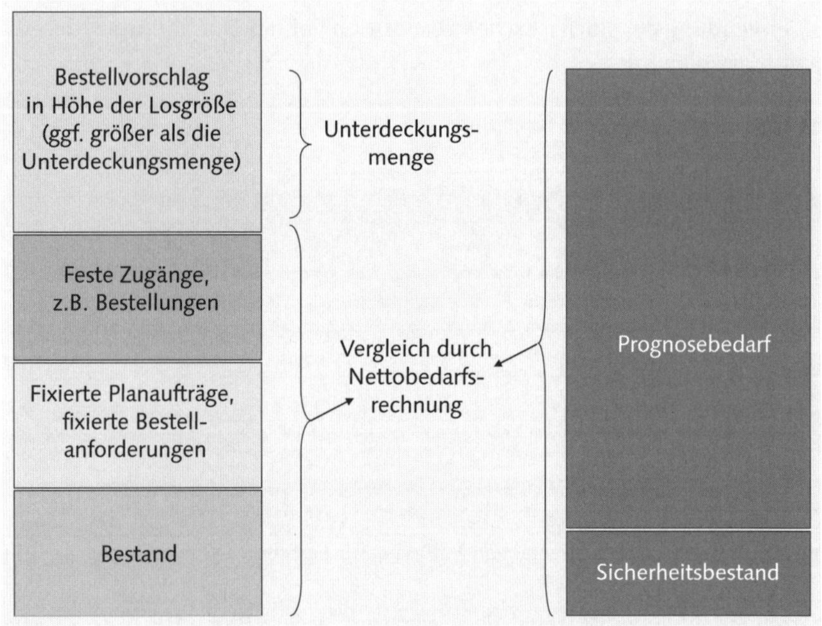

Abbildung 8.5 Nettobedarfsrechnung bei stochastischer Disposition

Im Rahmen der stochastischen Disposition werden ausschließlich die prognostizierten Bedarfsmengen als Abgänge betrachtet. Die Nettobedarfsrechnung vergleicht in jeder Periode die Höhe der Zugangselemente mit der Höhe des Sicherheitsbestands und den Prognosebedarfsmengen. Wird eine Unterdeckung identifiziert, so wird mit dem Bedarfsdatum des Prognosebedarfs ein Beschaffungsvorschlag erzeugt. Die Höhe des Beschaffungsvorschlags ist auch bei der stochastischen Disposition von der Beschaffungsmengenermittlung abhängig, die in einem weiteren Schritt durchgeführt, der sich an die Nettobedarfsrechnung anschließt (siehe hierzu Kapitel 9, »Beschaffungsmengenermittlung«).

Im ERP-System wird davon ausgegangen, dass der Bedarfstermin der erste Arbeitstag der jeweiligen Periode ist. Diese Logik können Sie mittels Aufteilungsfunktion des Prognosebedarfs so beeinflussen, dass der Bedarf gleichmäßig über die Prognoseperiode verteilt wird.

Anders als bei der Bestellpunktdisposition, bei welcher der aktuell verfügbare Lagerbestand zum Planungszeitpunkt eine Rolle in der Terminierung spielt, sind bei stochastisch disponierten Materialien die prognostizierten Bedarfstermine in der Zukunft bekannt. Daher verwendet das ERP-System ausgehend vom Bedarfstermin eine Rückwärtsterminierung entsprechend der Customizing-Einstellungen zur Terminierungsrichtung.

Bei der stochastischen Disposition sind auch Vorplanbedarfe bedarfsrelevant; dies gilt darüber hinaus analog für Kundenbedarfe. Es gibt jedoch unabhängig von der Planungsstrategie keine Verrechnung.

Rhythmische Disposition

Bei der rhythmischen Disposition erfolgt die Disposition von Materialien in bestimmten Zeitintervallen. Dieses Dispositionsverfahren bietet sich insbesondere dann an, wenn die Lieferung eines Materials immer an bestimmten Tagen erfolgt.

Voraussetzung für die rhythmische Disposition eines Materials ist neben der Verwendung des entsprechenden Dispositionsmerkmals ein Dispositionsrhythmus, der in der Registerkarte DISPOSITION 1 des Materialstamms in Form eines Planungskalenders zu hinterlegen ist. Mithilfe eines Planungskalenders, der in der Transaktion MD25 gepflegt werden kann, ist die Definition flexibler Periodenlängen für die Materialbedarfsplanung möglich. Dabei können Sie optional regelmäßige Dispositionstermine einstellen (z.B. Disposition immer am gleichen Wochentag) oder eine Definition von Dispositionsterminen durch Datumseingabe.

Die rhythmische Disposition kann verbrauchsgesteuert oder plangesteuert eingesetzt werden. Bei einem verbrauchsgesteuerten Einsatz der rhythmischen Disposition müssen die Bedarfe über die Prognose erzeugt werden. Über die Einstellung RHYTHMISCHE DISPOSITION MIT BEDARFEN im Customizing des Dispomerkmals (siehe Abbildung 8.6) kann erreicht werden, dass alle Bedarfselemente in der Nettobedarfsrechnung berücksichtigt werden, die auch in der plangesteuerten Disposition dispositiv relevant sind (siehe hierzu Abschnitt 8.1.2, »Plangesteuerte Disposition«). Prognosebedarfe werden in diesem Fall nur berücksichtigt, wenn das Dispositionskennzeichen PROGNOSE dies zulässt. Dabei müssen Sie darüber entscheiden, ob der Gesamtbedarf oder der ungeplante Bedarf einfließen soll.

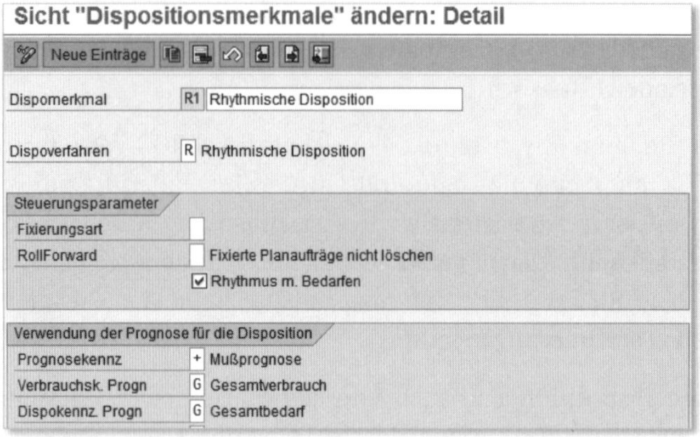

Abbildung 8.6 Rhythmische Disposition mit Bedarfen, Ausschnitt aus dem Customizing

Aufgrund der Verwendung des Planungskalenders benötigt das System keine Planungsvormerkungen zur Auslösung einer Bedarfsplanung. Bei rhythmischer Disposition erfolgt also bei dispositiven Änderungen kein Eintrag in die Planungsvormerkdatei. Diese wird bei rhythmisch disponierten Materialien mit einem Dispositionsdatum versehen, welches zunächst bei der Anlage des Materialstamms und später bei jedem Planungslauf neu gesetzt wird. Dieses Datum entspricht dem Tag, an dem das Material zum nächsten Mal disponiert wird. Es errechnet sich auf der Grundlage des im Materialstamm angegeben Dispositionsrhythmus. Durch Vorgabe eines vom Heutedatum abweichenden Dispositionsdatums im Planungslauf kann die Planung eines rhythmisch disponierten Materials vorgezogen werden.

In einem Planungslauf prüft das System das Dispositionsdatum in der Planungsvormerkdatei. Ist ein Material im Bedarfsplanungslauf zu berücksichtigen, so berechnet das System die Höhe des Bedarfs durch Ermittlung eines Zeitintervalls nach folgender Formel:

Zeitintervall = Dispositionstermin + Dispositionsrhythmus + Wiederbeschaffungszeit

Der Bedarf in diesem Zeitintervall gemäß den bereits beschriebenen Einstellungen zum Einsatz der rhythmischen Disposition in einem verbrauchsgesteuerten oder einem plangesteuerten Umfeld wird mit dem Bestand und den festen und fixierten Zugängen innerhalb dieses Intervalls verglichen. Anhand dieses Vergleichs wird dann die Unterdeckungsmenge bestimmt. Dabei kalkuliert das System die terminliche Lage der fixierten Zugänge nicht ein. Eventuell auftretende temporäre Unterdeckungen werden dabei in Kauf genommen.

Über die Wahl eines entsprechenden Dispositionsmerkmals haben Sie die Möglichkeit, die rhythmische Disposition mit einem Meldebestand zu kombinieren. Damit wird das Material nicht nur zum Dispositionsdatum in der Planungsvormerkdatei disponiert, sondern auch dann, wenn der Meldebestand durch einen Warenausgang unterschritten wird. Durch Unterschreiten des Meldebestands wird in der Planungsvormerkdatei ein Eintrag abgesetzt, der zu einer Planung im nächsten Planungslauf führt. Die Berechnung der Unterdeckungsmenge erfolgt jedoch unabhängig vom Meldebestand.

8.1.2 Plangesteuerte Disposition

Bei der plangesteuerten (auch: deterministischen) Disposition sind die geplanten Bedarfsmengen der Zukunft relevant für den Anstoß der Disposition. Bedarfselemente der plangesteuerten Disposition sind beispielsweise Kundenaufträge, Planprimärbedarfe, Materialreservierungen oder Sekundärbedarfe.

Die plangesteuerte Disposition bietet sich vor allem für die Planung von A-Produkten an. Durch die Verwendung von exakten Bedarfsmengen aus der Zukunft ohne die Unsicherheit einer Prognose können Sie hier abhängig vom Unsicherheitsgrad tendenziell mit niedrigeren Sicherheitsbeständen als bei der verbrauchsgesteuerten Disposition arbeiten.

Bei der plangesteuerten Disposition wird für alle zu planenden Bedarfsmengen eine Nettobedarfsrechnung durchgeführt. Diese vergleicht den verfügbaren Lagerbestand und die fest eingeplanten Zugänge aus Einkauf und Fertigung mit den Bedarfen. Der verfügbare Bestand wird pro Bedarf folgendermaßen ermittelt:

Verfügbarer Bestand = Werksbestand – Sicherheitsbestand + Zugänge (Bestellungen, fixierte Beschaffungsvorschläge, Fertigungsaufträge) – Bedarfsmenge (z.B. Kundenaufträge, Kundenprimärbedarfe, Planprimärbedarfe, Sekundärbedarfe etc.)

Abbildung 8.7 verdeutlicht die Vorgehensweise des Systems im Rahmen der Nettobedarfsrechnung bei plangesteuerter Disposition.

Der Werksbestand wird für alle zum Werk gehörenden Lagerorte, die nicht von der Disposition ausgeschlossen sind bzw. separat disponiert werden, durch Zusammenfassung der folgenden Bestände ermittelt:

- frei verwendbarer Bestand
- Qualitätsprüfbestand
- frei verwendbarer Konsignationslagerbestand
- Konsignationslagerbestand in Qualitätsprüfung

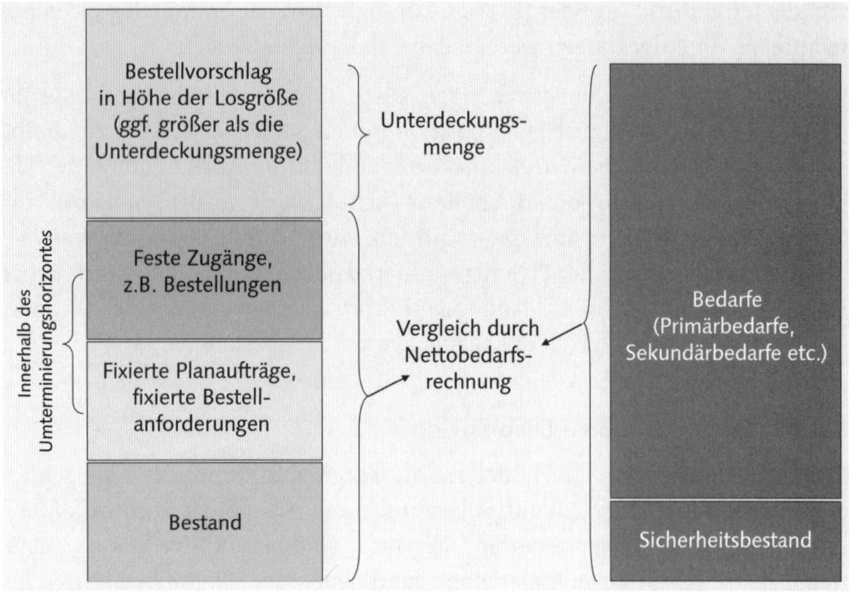

Abbildung 8.7 Nettobedarfsrechnung bei plangesteuerter Disposition

Im ERP-System können Sie im Customizing bestimmen, ob die folgenden Bestände ebenfalls in den Werksbestand einbezogen werden sollen:

- Umlagerbestand
- Sperrbestand
- nicht freier Bestand für Chargen

Falls der verfügbare Bestand kleiner ist als die Bedarfsmenge, werden Beschaffungsvorschläge erzeugt. Der Bedarfstermin wird durch den Termin des jeweiligen Abgangs (z.B. Kundenauftrag, Kundenprimärbedarf, Planprimärbedarf etc.) repräsentiert.

Die Nettobedarfsrechnung bei plangesteuerter Disposition geht davon aus, dass keine nicht fixierten Beschaffungsvorschläge vor den fixierten Beschaffungsvorschlägen ausgeführt werden können. Diese Vorgehensweise basiert auf der Logik, dass ein noch nicht fixierter Planauftrag die gleichen Bearbeitungsschritte wie ein fixierter Planauftrag oder ein Fertigungsauftrag durchlaufen muss (z.B. die Fixierung oder die Umsetzung in einen Fertigungsauftrag). In der für diese Bearbeitungsschritte benötigten Zeit würden die fixierten Planaufträge bzw. die Fertigungsaufträge bereits an die Produktion übergeben. In einem solchen Szenario ist ein »Überholen« von fixierten Planaufträgen oder Fertigungsaufträgen für automatisiert im Planungslauf angelegte Planaufträge daher nicht möglich.

Eine Sonderform der plangesteuerten Disposition bildet die *Leitteileplanung*. Mit dieser Komponente werden Materialien mit einem sehr hohen Anteil am Wertschöpfungsprozess geplant. Die Bedeutung dieser Materialien besteht häufig über den reinen Anteil an der Wertschöpfung hinaus auch darin, dass ein bedeutender Teil des Teilespektrums als Inputmaterial für diese als Leitteile zu kennzeichnenden Materialien fungiert. Häufige Änderungen auf der Enderzeugnisebene führen somit zu einer Instabilität der gesamten Materialbedarfsplanung. Die als Leitteile gekennzeichneten Materialien werden mit einer Reihe spezieller Funktionalitäten separat geplant. Hierbei gelten jeweils die Grundsätze der plangesteuerten Disposition.

Um die Unabhängigkeit von der regulären Planung zu gewährleisten, werden als Leitteile gekennzeichnete Materialien von einem normalen Bedarfsplanungslauf nicht berücksichtigt. Es steht daher für Leitteile ein separater Planungslauf zur Verfügung, der für die direkt untergeordnete Stücklistenstufe Sekundärbedarfe erzeugt, die Stücklistenstruktur jedoch nicht weiter plant. Somit ist die manuelle Bearbeitung des Planungsergebnisses der bedeutsamsten Teile möglich, bevor die abhängigen Teile von einer Materialbedarfsplanung erfasst werden.

8.2 Dispositionsverfahren in SAP APO

Das SAP APO-System kennt keine direkte Entsprechung des Dispositionsmerkmals. Die mit dem Dispositionsverfahren zusammenhängenden Systemeinstellungen sind überwiegend von Systemparametern vorzusehen. Diese Parameter sind in den beiden folgenden Bereichen zu finden:

- PP-Planungsverfahren
- Heuristiken, insbesondere Produktheuristiken

8.2.1 PP-Planungsverfahren

Das PP-Planungsverfahren wird im Lokationsproduktstamm (Registerkarte PP/DS) eingestellt und beinhaltet zwei für die Planung zentrale Einstellungen:

- Festlegung der Reaktion der Produktions- und Feinplanung auf planungsrelevante Ereignisse
- Festlegung der pegging-relevanten Menge von Kundenbedarfen (anwendungsübergreifend)

Ist im Lokationsproduktstamm kein PP-Planungsverfahren eingestellt, so kann das Produkt nicht mit der Produktions- und Feinplanung (PP/DS) des APO-Systems geplant werden.

Ein *planungsrelevantes Ereignis* ist eine Änderung, die eine Anpassung der Planung erfordert. Die Ereignisse lassen sich in die folgenden grundlegenden Arten einteilen:

- Stammdatenänderung (z.B. Änderung einer Produktionsdatenstruktur)
- Anlage bzw. Änderung des Zugangselements eines Eigenfertigungsauftrags (z.B. Planauftragsanlage in PP/DS)
- Anlage bzw. Änderung des Zugangselements eines Fremdbeschaffungsauftrags (z.B. Bestellanforderungsanlage in PP/DS)
- Änderung des Bestands im ERP-System
- Anlage oder Änderung eines Bedarfselements
  - Anlage oder Änderung eines Kundenauftrags im ERP-System
  - Ändern eines Sekundärbedarfs oder eines Umlagerungsbedarfs im PP/DS
  - Anlage oder Änderung eines Planprimärbedarfs in PP/DS
  - Reduktion eines Planprimärbedarfs durch Verrechung

In einer integrierten Systemlandschaft mit einem oder mehreren ERP-Systemen und einem APO-System können durch planungsrelevante Ereignisse in einem der Systeme häufig entsprechende Ereignisse im APO-System ausgelöst werden. Um Mehrfachreaktionen auf planungsrelevante Ereignisse im ERP- bzw. im APO-System zu verhindern, können Sie zwischen Ereignissen aus dem ERP-System und denen aus dem APO-System unterscheiden und die Reaktion des APO-Systems auf Ereignisse festlegen. Die Reaktion des APO-Systems wird als *Aktion* bezeichnet und bei Eintritt des Ereignisses automatisch ausgeführt. Folgende Aktionen und Aktionsgruppen stehen Ihnen zur Verfügung:

- keine Aktion durchführen
- Sekundär- und Umlagerungsbedarfe decken
  - bereits bestehende Zugänge verwenden
  - neue Zugänge anlegen
  - Umplanung des übergeordneten Bedarfsverursachers
- Produktheuristik starten
- Planungsvormerkung erzeugen
  - Produkte mit Planungsvormerkung werden im Planungslauf geplant. Damit PP/DS die Aktion ausführt, muss in der Planversion das Kennzeichen PP/DS: Veränderungsplanung aktiv gesetzt sein. In der Veränderungsplanung werden nur die Produkte geplant, für die sich seit der letzten Planung eine planungsrelevante Änderung ergeben hat.

Es gibt eine Reihe von Standardszenarien, die als Reaktion auf bestimmte Ereignisse von SAP empfohlen werden. Sie können jedoch auch eigene Planungsverfahren definieren. Dabei ist jedoch mit Vorsicht vorzugehen, da innerhalb eines Planungsverfahrens nur bestimmte Ereignis-Aktions-Kombinationen sinnvoll verwendbar sind.

Im Wiederverwendungsmodus, der für die Aktionen *Planungsvormerkung erzeugen* und *Produktheuristik sofort ausführen* relevant ist, wird festgelegt, wie eine Beschaffungsplanungsheuristik bereits vorhandene Beschaffungselemente in der Planung berücksichtigt. Bei beiden genannten Aktionen wird vom System eine Planungsvormerkung erzeugt, die im Falle einer sofortigen Ausführung der Produktheuristik anschließend abgearbeitet wird. Bei der Aktion *Planungsvormerkung erzeugen* führt diese Heuristik erst in einem später zu startenden Planungslauf zu einer Planung des Produkts. In beiden Fällen wird der Wiederverwendungsmodus in der Planungsvormerkdatei abgetragen. Im PP/DS existieren vier verschiedene Planungsvormerkungen, die auch die vier verschiedenen Wiederverwendungsmodi repräsentieren:

- **Passende Zugänge verwenden (1)**
  Das System ermittelt durch Nettobedarfsrechnung, Beschaffungsmengenberechnung und Bezugsquellenermittlung die Daten der Beschaffungsvorschläge, die die ungedeckten Bedarfe decken können. Vor der Anlage eines neuen Beschaffungsvorschlags wird im Wiederverwendungsintervall nach einem bereits existierenden, nicht fixierten Beschaffungsvorschlag gesucht, der die gleiche Menge, die gleiche Bezugsquelle und die gleichen Merkmale beinhaltet. Bei Produkten mit diskreten Zugängen muss zusätzlich die Auftragspriorität übereinstimmen. Falls im Wiederverwendungsintervall mehrere passende Zugänge ermittelt werden, trifft das System auf Basis des Verfügbarkeitstermins und der eingestellten Wiederverwendungsstrategie eine Auswahl. Ein neuer Beschaffungsvorschlag wird nur angelegt, wenn im Wiederverwendungsintervall kein passender Beschaffungsvorschlag gefunden wird.
- **Nicht fixierte Zugänge löschen (2)**
  Nicht fixierte Beschaffungsvorschläge werden gelöscht. Im Anschluss führt das System analog zum Wiederverwendungsmodus *Passende Zugänge verwenden* eine Nettobedarfsrechnung, eine Bezugsquellenfindung und eine Beschaffungsmengenberechnung durch und legt für die ungedeckten Bedarfe Beschaffungsvorschläge an.
- **Plan neu auflösen (3)**
  Das System führt die Planung analog zum Wiederverwendungsmodus *Passende Zugänge verwenden* durch und löst zusätzlich für die fixierten und die wieder verwendbaren Beschaffungsvorschläge den entsprechenden Plan

(z. B. Produktionsprozessmodell oder Produktionsdatenstruktur) aus, sofern der Status des Beschaffungsvorschlags dies ermöglicht. Dabei darf der Eigenfertigungsauftrag *keinen* der folgenden Status tragen: *Input fixiert, Termin fixiert, freigegeben, angefangen, teilrückgemeldet, endrückgemeldet.*

- **Nicht fixierte Zugänge löschen, fixierte neu auflösen (4)**
  Die Planung erfolgt analog zum beschriebenen Wiederverwendungsmodus *Nicht fixierte Zugänge löschen*. Zusätzlich wird bei allen fixierten Beschaffungsvorschlägen der Plan unter Berücksichtigung der gleichen Restriktionen wie bei Wiederverwendungsmodus *Plan neu auflösen* erneut aufgelöst.

Für jede Ereignis-Aktions-Kombination ist von SAP ein Wiederverwendungsmodus festgelegt. Durch den Eintritt einer Ereignis-Aktions-Kombination mit den Aktionen *Planungsvormerkung erzeugen* oder *Produktheuristik sofort ausführen* trägt das System den Wiederverwendungsmodus in die Planungsvormerkdatei ein. Falls im Anschluss vor der Abarbeitung der Planungsvormerkung ein Ereignis eintritt, dessen zugehörige Aktion einen anderen Wiederverwendungsmodus vorsieht, bestimmt das System mithilfe einer Matrix einen resultierenden Wiederverwendungsmodus, der wiederum in die Planungsvormerkdatei eingetragen wird. Die in Tabelle 8.2 gezeigte Matrix ist zusätzlich auch bei der Abmischung von Wiederverwendungsmodi von Planungsheuristiken gültig.

Planungsvormerkung	1	2	3	4
1	1	2	3	4
2	2	2	4	4
3	3	4	3	4
4	4	4	4	4

Tabelle 8.2 Matrix für das Abmischen von Wiederverwendungsmodi

Im PP-Planungsverfahren kann zusätzlich der Einplanungsstatus eines Eigenfertigungsauftrags festgelegt werden (Status *Eingeplant, Ausgeplant* oder *Teilweise ausgeplant*), wenn ein Zugangselement im PP/DS oder im ERP-System angelegt wird oder wenn für ein Zugangselement eine mengen- oder produktbezogene Änderung durchgeführt wird.

Änderung des PP-Planungsverfahrens

Das PP-Planungsverfahren kann nicht direkt im Lokationsproduktstamm geändert werden, sondern lediglich durch Verwendung der Transaktion /SAPAPO/RRP_SET_RRPT.

8.2.2 Heuristiken

Eine zentrale Stellung bei der Disposition in SAP APO nimmt die Produktheuristik ein. Im SAP-Umfeld bezeichnet der Begriff der Heuristik eine Planungsfunktion, mit der ausgewählte Objekte beplant werden können. Je nach Planungsfokus handelt es sich bei den zu beplanenden Objekten um Produkte, Ressourcen, Aufträge oder Vorgänge. Die sowohl in der Hintergrundplanung als auch in der interaktiven Planung einsetzbaren Heuristiken bieten eine große Breite an Planungsfunktionalitäten, die sich auf vielfältige Weise an kundenspezifische Gegebenheiten anpassen lassen. Eine Heuristik wird definiert durch einen Algorithmus, dessen Ablauf bereits im SAP-Standard gegebenenfalls durch bestimmte für den jeweiligen Algorithmus vorgesehene ergänzende Steuerungsparameter in den Heuristikeinstellungen beeinflusst werden kann (siehe hierzu Abbildung 8.8).

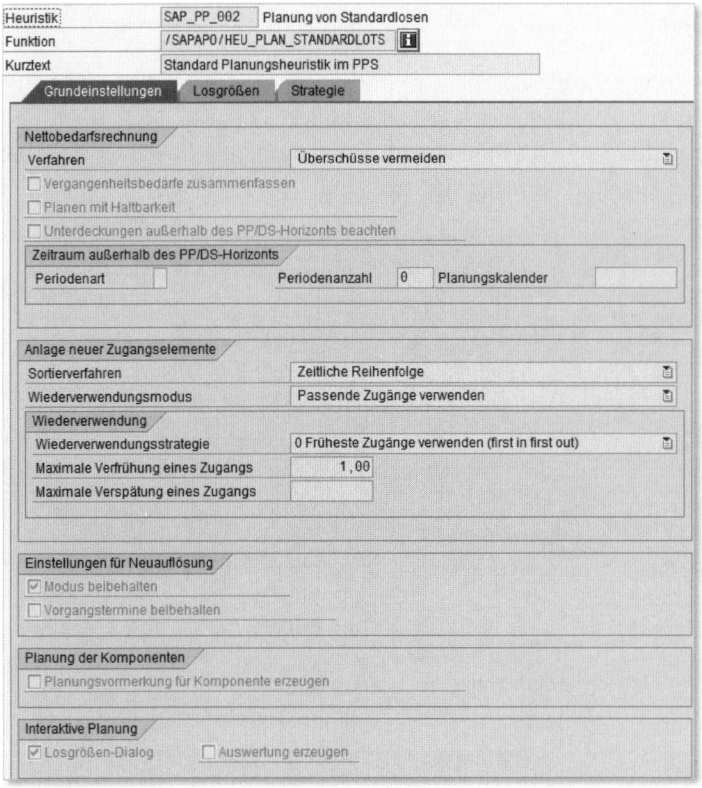

Abbildung 8.8 Auszug der Heuristikeinstellungen der Produktheuristik SAP_PP_002 (Beispiel)

Die Definition von Heuristiken nehmen Sie im Customizing der Produktions- und Feinplanung vor, indem Sie einen SAP-Standardalgorithmus (Funktionsbaustein) eingeben und eigene Einstellungen in den ergänzenden Steuerparametern vornehmen. Über diese Steuerungsparameter hinaus, die in den Customizing-Einstellungen der Heuristiken verändert werden können, können Sie mithilfe der von SAP zur Verfügung gestellten Algorithmen eigene Heuristiken definieren. Zur Erstellung von Heuristiken können zusätzlich auch eigene Algorithmen verwendet werden, wenn diese im APO-System integriert wurden.

Die im SAP-Standard angebotenen Heuristiken beziehen sich zum einen auf den Bereich *Produktionsplanung* und damit vornehmlich auf die Planung von Produkten. Dabei sind die Heuristiken mit einem Planungsfokus auf Losgrößenbestimmung von den Heuristiken zum Ablauf der Produktionsplanung zu unterscheiden. Die letztgenannten Heuristiken werden für die Planung in der interaktiven Planung oder im Produktionsplanungslauf eingesetzt. Die im Rahmen des Produktionsplanungslaufs verwendeten Heuristiken greifen auf die eventuell im Produktstamm eingetragene Heuristik zurück. Der zweite Bereich ist die *Feinplanung*.

Hier dienen Heuristiken der Einplanung; im Unterschied zu den Produktionsplanungsheuristiken liegt der Planungsfokus hier stärker auf Ressourcen und Vorgängen. Abbildung 8.9 gibt Ihnen einen grundsätzlichen Überblick über die im SAP-Standard angebotenen Heuristiken.

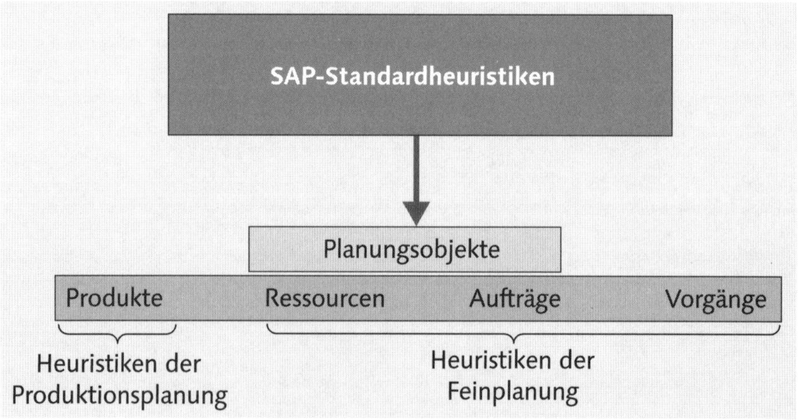

Abbildung 8.9 SAP-Standardheuristiken

In dem hier vorgestellten Planungskontext der Disposition kommen die Heuristiken der Produktionsplanung zum Einsatz. Die Heuristiken der Feinplanung werden in der Regel in den der Materialbedarfsplanung nachgelagerten Schritten eingesetzt.

Die Heuristiken für die Produktionsplanung lassen sich wiederum in drei unterschiedliche Gruppen gliedern (siehe Abbildung 8.10).

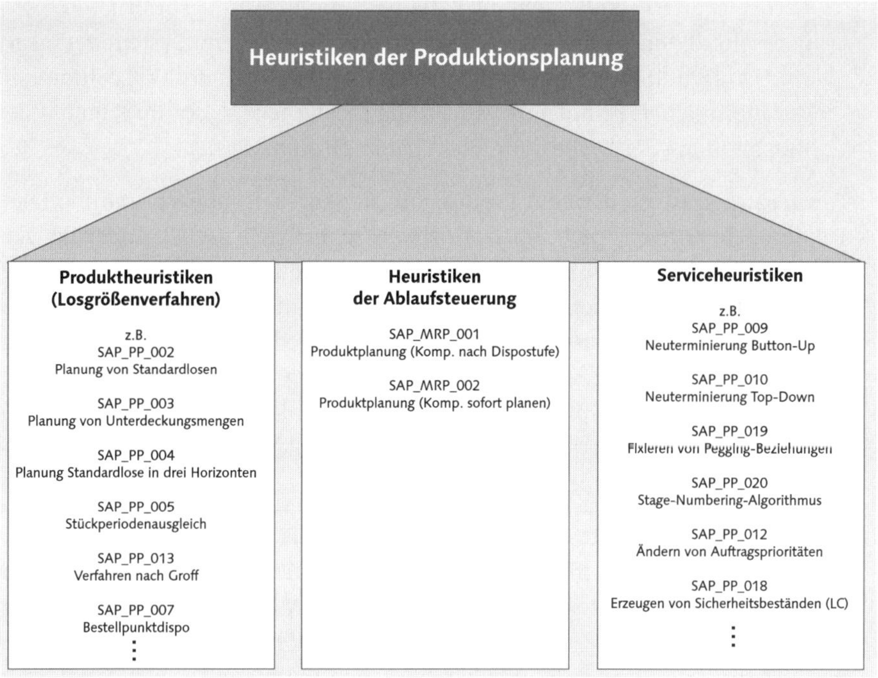

Abbildung 8.10 Heuristiken für die Produktionsplanung

- **Produktheuristiken**
  Diese können im Produktstamm eingetragen werden und bilden so die Grundlage der Planungen im Planungslauf.
- **Heuristiken zur Ablaufsteuerung**
  Diese beinhalten die Definition des Ablaufs eines Planungslaufs. So wird etwa bei einer Bedarfsplanung seitens des APO-Systems die Ablaufsteuerungsheuristik SAP_MRP_001 eingesetzt, die eine Bedarfsplanung nach Dispositionsstufenverfahren analog zur Materialbedarfsplanung im ERP-System durchführt.
- **Serviceheuristiken**
  Durch die Verwendung von Serviceheuristiken im Produktionsplanungslauf können weitere Einflussnahmen auf das Ergebnis der Produktionsplanung erfolgen. Diese Heuristiken bilden häufig ein Bindeglied zwischen den Ergebnissen der Materialbedarfsplanung und der nachgelagerten Feinplanung, da sie bestimmte Servicefunktionen zur Verfügung stellen, die der Standard der Materialbedarfsplanung nicht bereitstellt, die jedoch als Grundlage für die Feinplanung benötigt werden.

  Ein Beispiel hierfür ist die Änderung von Auftragsprioritäten mittels der Heuristik SAP_PP_012. Diese Heuristik wird häufig angewendet, wenn die nachgelagerte Feinplanung auf Basis bestimmter Auftragsprioritäten erfolgen soll, die durch die Materialbedarfsplanung nicht im System verankert sind. Aufgrund ihrer Funktion als Bindeglied zwischen der Disposition und der eigentlichen Feinplanung sollen die Serviceheuristiken im Rahmen der Beschreibung der Disposition nicht näher erörtert werden.

Grundsätzlich ist es in einem Produktionsplanungslauf möglich und in vielen Fällen auch sinnvoll, mehrere Heuristiken sequenziell nacheinander zu verwenden. Dies ist insbesondere dann der Fall, wenn im Anschluss an die Materialbedarfsplanung Feinplanungsfunktionalitäten des APO-Systems genutzt werden. In diesen Fällen werden an die Materialbedarfsplanung anschließend beispielsweise Serviceheuristiken zur Vorbereitung der Feinplanung (z.B. die Vererbung der Auftragsprioritäten ausgehend von den Primärbedarfen mittels der Heuristik SAP_PP_012) und daran anschließend Heuristiken der Feinplanung oder die PP/DS-Optimierung aufgerufen.

Produktheuristiken betreffen die Planung eines Produkts während des Planungslaufs oder in der interaktiven Planung. Sie bilden somit gewissermaßen den Ausgangspunkt der Materialbedarfsplanung. Mit den Produktheuristiken lassen sich insbesondere spezielle Losgrößenverfahren realisieren; die überwiegende Anzahl der Produktheuristiken folgt dem Vorgehen der plangesteuerten Disposition, die wir bereits in Abschnitt 8.1.2, »Plangesteuerte Disposition«, beschrieben haben.

Grundsätzlich besteht für die Planung von Produkten mittels Produktheuristik eine Einstellungshierarchie. Auf der Registerkarte PP/DS des Produktstamms können Sie für jedes Produkt eine Produktheuristik hinterlegen. Im Customizing der Ablaufheuristiken SAP_MRP_001 und SAP_MRP_002 müssen Sie einstellen, ob die Produktheuristik aus dem Produktstamm oder eine davon abweichende Heuristik verwendet werden soll. Dabei ist zu beachten, dass diese Einstellung nur für Produkte relevant ist, die keinem Planungspaket zugeordnet sind. Für diese Produkte ist in allen Fällen die Heuristik aus den Einstellungen zum Planungspaket relevant (Paketheuristik).

Die in der Beschaffungsplanung für ein Lokationsprodukt eingesetzten Heuristiken ermitteln die ungedeckten Produktbedarfe. Zu diesem Zweck verrechnet das System die Produktbedarfe mit den Produktbeständen und den bereits vorhandenen Produktzugängen. Dabei verwenden die meisten Beschaffungsplanungsheuristiken die Standard-Nettobedarfsrechnung, bei der die Bedarfe mit fixierten Zugängen verrechnet werden. Die Reihenfolge, in der die Bedarfe und die Zugänge miteinander verrechnet werden, kann im Verrechnungsverfahren in den Heuristikeinstellungen festgelegt werden (siehe Abbildung 8.11).

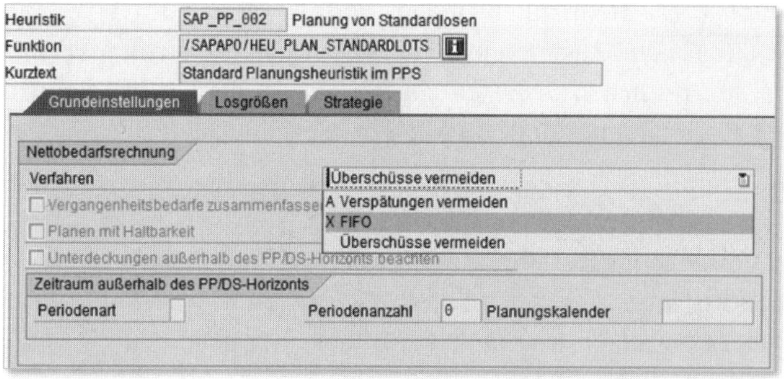

Abbildung 8.11 Verfahren der Nettobedarfsrechnung, Auszug aus den Heuristikeinstellungen am Beispiel der SAP_PP_002

Es werden drei verschiedene Vorgehensweisen zur Verrechnung angeboten, die Sie jeweils in den Heuristikeinstellungen festlegen müssen:

- **FIFO-Verfahren (First In, First Out)**
  Die Verrechnung von Bedarfen und fixierten Zugängen erfolgt in zeitlicher Reihenfolge. In diesem Fall sind die Vorgehensweisen des ERP- und des APO-Systems identisch. Dies bedeutet, dass der erste Bedarf durch den ersten fixierten Zugang gedeckt wird. Dies gilt auch dann, wenn der Bedarf vor dem fixierten Zugang liegt.
- **Überschüsse vermeiden**
  Dieses Verfahren verwendet eine Zuordnungslogik, die möglichst wenige Überschüsse erzeugt. Zu diesem Zweck erfolgt die Zuordnung von Elementen, die in der Vergangenheit oder im Fixierungshorizont liegen (Bedarfe und fixierte Zugänge), gemäß der FIFO-Logik. In diesem Schritt wird die rechtzeitige Deckung von Bedarfen nicht sichergestellt, da innerhalb des Fixierungshorizonts beziehungsweise in der Vergangenheit eine automatische Planung nicht zu einer rechtzeitigen Deckung führen kann.

  Fixierten Zugängen, die zeitlich nach dem Fixierungshorizont liegen, werden nur die Bedarfe zugeordnet, die rechtzeitig durch sie gedeckt werden können. Da in der Praxis ein Zugang auch als Bedarfsdecker für einen geringfügig (z.B. untertägig) früher liegenden Bedarf verwendet wird, wertet das System in diesem Schritt zusätzlich die Alert-Schwelle aus und erlaubt auch Verspätungen des Zugangs, sofern diese die Alert-Schwelle nicht überschreiten.

  Nicht möglich ist die Verrechnung mit früher liegenden Bedarfen bei Konti-Heuristiken wie zum Beispiel SAP_PP_C001, denn diese Heuristiken unterstellen kontinuierlichen Materialfluss. Ausgeschlossen von dieser Methode sind auch Heuristiken, die Haltbarkeitsbedingungen berücksichtigen (z.B.

SAP_PP_SL001). Diese Heuristiken bilden hier also eine Ausnahme. Um Überschüsse durch neue Zugangselemente zu vermeiden, werden verspätete Zugänge den restlichen Bedarfen zugeordnet. In diesem Fall werden Termin-Alerts ausgewiesen, sofern dies in den Alert-Einstellungen vorgesehen ist.

- **Verspätungen vermeiden**
  Die diesem Verrechnungsverfahren zugrunde liegende Zuordnungslogik erzeugt möglichst wenige Verspätungen. Analog zum Verfahren *Überschüsse vermeiden* werden in einem ersten Schritt Vergangenheitselemente und im Fixierungshorizont liegende Elemente nach dem FIFO-Prinzip einander zugeordnet. Zugängen, die zeitlich nach dem Fixierungshorizont liegen, werden nur dann den Bedarfen zugeordnet, wenn diese den Bedarf rechtzeitig decken können, wobei auch hier analog zum Verrechnungsverfahren *Überschüsse vermeiden* Verspätungen bis zur Alert-Schwelle in Kauf genommen werden.

  Verbleibende verspätete Zugänge werden nicht zugeordnet, das heißt das System legt neue Zugänge an und die nicht verrechneten, fixierten Zugänge bleiben als Überschussmengen vorhanden. Abhängig von den Alert-Einstellungen wird in diesem Fall über das Anzeigen von Alerts auf diese Planungskonstellation hingewiesen.

Als relevante Bedarfe und Zugänge werden alle Produktbedarfe, -bestände und -zugänge angesehen, die innerhalb des Planungszeitraums liegen, pegging-relevant sind und im selben Pegging-Bereich vorhanden sind.

Durch die Beschränkung auf den Pegging-Bereich, der innerhalb einer Planversion weitestgehend mit dem Planungsabschnitt des ERP-Systems vergleichbar ist, werden folglich innerhalb einer Planversion die Bedarfe, Bestände und Zugänge eines Lokationsprodukts mit derselben Kontierung ins Kalkül gezogen, die entsprechend der Bedarfsstrategie miteinander verknüpfbar sind. Die Nettobedarfsrechnung ist somit immer lokationsbezogen. Eine lagerort- oder chargenspezifische Vorgehensweise ist nicht abgebildet.

Grundlage für die Nettobedarfsrechnung sind die pegging-relevanten Mengen sowie die Bedarfstermine der Bedarfe und die Verfügbarkeitstermine der relevanten Zugänge. Innerhalb der Nettobedarfsrechnung wird die Sicherheitszeit durch die Beschaffungsplanungsheuristiken berücksichtigt (siehe hierzu Kapitel 10, »Sicherheitsbestandsplanung«). Der relevante Termin eines Bestands ist mit Ausnahme von Chargen immer der 1. Januar 1970); die Nettobedarfsrechnung verbraucht also immer zuerst den Bestand. Hierbei müssen Sie beachten, dass sich die Logik des dispositionsrelevanten Bestands zwischen dem ERP- und dem APO-System unterscheidet. Im ERP-System können Sie die Dispositionsrelevanz von Beständen durch das Customizing beeinflussen, dies ist jedoch im APO-System nicht möglich. Hier sind im Standard lediglich der frei verfügbare Bestand sowie der Qualitätsprüfbestand dispositionsrelevant. Diese Logik kann jedoch über einen User Exit angepasst werden.

Die Nettobedarfsrechnung bezieht nun im Anschluss an die Bestände in zeitlicher Reihenfolge die relevanten Zugänge in die Kalkulation der Unterdeckungsmenge ein.

Als fixiert werden innerhalb der APO-Nettobedarfsrechnung die Zugänge mit dem Status *PP-fixiert* angesehen. Die Zugangsmengen des Auftrags sind also fixiert. Dieser Status wird in den folgenden Fällen automatisch gesetzt:

- Der Verfügbarkeitstermin des Auftrags liegt innerhalb des Fixierungshorizonts.
- Der SNP-Auftrag liegt außerhalb des Produktionshorizonts.
- Der Auftrag ist hinsichtlich des Outputs, des Inputs oder des Termins fixiert.

Im Planungsablauf der Produktheuristiken bildet die Nettobedarfsrechnung den ersten Schritt, in dem die Bedarfe zunächst mit den fixierten Zugängen verrechnet werden. Wenn nicht alle Bedarfe durch fixierte Zugänge gedeckt werden können, führt die Produktheuristik auf der Basis der durch die Nettobedarfsrechnung ermittelten Unterdeckungsmengen eine Losgrößenrechnung durch. Zunächst wird unabhängig vom Wiederverwendungsmodus ein Zugang in Höhe der Losgröße angelegt. Wird der Wiederverwendungsmodus *Nicht fixierte Zugänge löschen* verwendet, so werden die vor dem Heuristiklauf vorhandenen nicht fixierten Zugänge gelöscht. Der Wiederverwendungsmodus *Passende Zugänge verwenden* initiiert eine Prüfung, ob sich der neu angelegte Zugang vom alten, nicht fixierten Zugang unterscheidet. Ergibt diese Prüfung einen Unterschied, so wird der alte Zugang gelöscht. Andernfalls bleibt der alte Zugang unverändert erhalten und wird nicht durch den neuen Zugang ersetzt.

Die Standard-Nettobedarfsrechnung wird zum Beispiel von den folgenden Produktheuristiken verwendet:

- Planung von Standardlosen (SAP_PP_002)
- Planung von Standardlosen in drei Horizonte (SAP_PP_004)
- Stückperiodenausgleich (SAP_PP_005)
- Least-Unit-Cost-Verfahren: Fremdbeschaffung (SAP_PP_006)
- Groff-Verfahren (SAP_PP_013)
- Quotierungsheuristik (SAP_PP_Q001)

Eine Ausnahme hinsichtlich der Ermittlung der Produktbedarfe bilden die Heuristik SAP_PP_003 zur Planung von Unterdeckungsmengen und die Aktionen, die neue oder geänderte Sekundärbedarfe sofort decken. Bei dieser Produktheuristik unterscheidet sich die Logik der Nettobedarfsrechnung von der beschriebenen Vorgehensweise, da zusätzlich zu den fixierten Zugängen auch nicht fixierte Zugänge verwendet werden können.

Zunächst wird die Nettobedarfsrechnung für alle Bedarfe mit dem Verrechnungsverfahren *Überschüsse vermeiden* durchgeführt. Konnten durch diese Vorgehensweise einzelne Bedarfe nicht mit fixierten Zugängen gedeckt werden, wird ein zweiter Verrechnungslauf durchgeführt, bei dem die ungedeckten Bedarfe vom System mit den nicht fixierten Zugängen verrechnet werden. In den Heuristikeinstellungen können Sie einstellen, ob das System für weiterhin ungedeckte Bedarfe eine Beschaffungsmengenberechnung durchführen und in diesem Zuge Zugänge anlegen soll. In diesem Fall müssen Sie in den Heuristikeinstellungen das Kennzeichen UNTERDECKUNGEN PLANEN setzen. Bei den Aktionen für die sofortige Deckung von Sekundärbedarfen legt das APO-System dann für ungedeckte Bedarfe neue Zugänge an.

Liegen Überschüsse vor, so kann das System bei entsprechenden Heuristikeinstellungen hier Löschungen vornehmen. Dafür müssen Sie in den Heuristikeinstellungen das Kennzeichen ÜBERSCHÜSSE REDUZIEREN gesetzt haben. Da die beschriebene Vorgehensweise auch nicht fixierte Zugangselemente erhält, ist sie unter Betrachtung von Performanceaspekten anderen Produktheuristiken überlegen. Jedoch sind hier unter Umständen im Anschluss an die Bedarfsplanung verstärkt Verspätungen in Kauf zu nehmen, da zur Vermeidung von Überschüssen durch neue Zugangselemente verspätete Zugänge den restlichen Bedarfen zugeordnet werden.

Für Produkte, die in Kundeneinzelfertigung produziert werden, können Sie eine Unterlieferungstoleranzmenge in der Kundenauftragsposition vorsehen. Diese Toleranzmenge bezieht sich auf die Basismengeneinheit, nicht auf die Verkaufsmengeneinheit. In diesem Fall prüft das System im Planungslauf bzw. im Rahmen von *Capable to Promise* (CTP, siehe hierzu Kapitel 15, »Verfügbarkeitsprüfung«), ob bei einer Unterdeckung die offene Bedarfsmenge innerhalb der Unterlieferungstoleranzmenge liegt. Ist dies der Fall, so wird auf die Erzeugung eines Beschaffungsvorschlags verzichtet. Entsprechend der Alert-Einstellungen wird gegebenenfalls ein Informations-Alert erzeugt, und es wird eine Meldung im Planungsprotokoll ausgewiesen. Das Kennzeichen UNTERLIEFERUNGSTOLERANZ wird im Planungslauf bzw. bei *Capable to Match* (CTM) produktspezifisch aus dem Produktstamm gelesen. Soll die Einstellung nicht produktspezifisch gesetzt werden, so kann im Planungslauf diese Einstellung ebenfalls in der Planungsheuristik vorgesehen werden.

Neben den dargelegten Produktheuristiken, mit denen gewissermaßen die plangesteuerten Dispositionsverfahren des ERP-Systems abgebildet und weiterentwickelt wurden, wurde mit der Produktheuristik SAP_PP_007 die Bestellpunktdisposition umgesetzt. Dabei müssen Sie berücksichtigen, dass SAP aus Performancegründen die Durchführung einer Bestellpunktdisposition im bestandsführenden System empfiehlt. Lediglich wenn die bestellpunktdisponierten Produkte im APO finit zu beplanende Ressourcen belasten, sollte die Bestellpunktdisposition im APO-System durchgeführt werden. Diese Heuristik kann in den folgenden Bereichen nicht eingesetzt werden:

- Kundeneinzelfertigung
- konfigurierbare Produkte
- Quotierungsheuristik
- Planung mit Produktaustauschbarkeit

Die Bedarfsplanung mittels Heuristik SAP_PP_007 läuft in mehreren Schritten ab:

1. Abhängig von den Heuristikeinstellungen löscht das System alle nicht PP-fixierten Zugänge. In diesem Fall werden also neben dem Lokationsbestand lediglich die PP-fixierten Zugänge, Produktionsaufträge, Bestellungen sowie fixierte Planaufträge und Bestellanforderungen als verfügbarer Bestand berücksichtigt.
2. Der verfügbare Bestand wird mit dem im Lokationsproduktstamm einzutragenden Meldebestand verglichen. Liegt der verfügbare Bestand unter dem Meldebestand, wird durch das System ein Beschaffungsvorschlag angelegt. Je nach Heuristikeinstellungen ist die zu deckende Bedarfsmenge entweder
   - die Differenz zwischen dem verfügbaren Bestand und dem Meldebestand oder
   - die Differenz zwischen dem verfügbaren Bestand und dem Höchstbestand aus dem Lokationsproduktstamm.
3. Auf Basis der im zweiten Schritt ermittelten Bedarfsmenge ermittelt das System die Höhe des Beschaffungsvorschlags und die Bezugsquelle. Abhängig von den Heuristikeinstellungen zur Strategie versucht das System, einen Einplanungstermin zu finden. Bei Verwendung eines Fixierungshorizonts werden die Bedarfsdecker erst nach diesem eingeplant.

Neben der Umsetzung des Bestellpunktverfahrens in der oben beschriebenen Produktheuristik besteht auch die Möglichkeit, eine Bestellpunktdisposition im APO-System zu erreichen, indem die Heuristik SAP_PP_002 (Planung von Standardlosen) als Produktheuristik im Planungslauf oder in der interaktiven Planung eingesetzt wird. Neben der bereits beschriebenen plangesteuerten Abwicklung der Bedarfsplanung bietet diese Heuristik ebenfalls die Option, in der Produktions- und Feinplanung zwei verschiedene Arten von Meldepunktverfahren abzubilden. Hierzu müssen Sie auf der Registerkarte LOSGRÖSSE das Kennzeichen MELDEPUNKT setzen und ein Meldepunktverfahren auswählen. Im Bereich der Produktions- und Feinplanung sind lediglich die Meldepunktverfahren 1 (*Meldebestand aus Lokationsproduktstamm*) und 2 (*Meldereichweite aus Lokationsproduktstamm*) auswählbar.

Das Meldepunktverfahren 1 erfordert die Eingabe eines Meldebestands im Lokationsproduktstamm und ist mit dem bereits beschriebenen Bestellpunktverfahren vergleichbar. Über die Funktionalität des Meldepunktverfahrens 1 hinaus, welches analog zur Bestellpunktabwicklung nach SAP_PP_007 bzw. zur Bestellpunktdisposition im ERP-System keine Bedarfe berücksichtigt, können Sie mit dem Meldepunktverfahren 2 die Bedarfe innerhalb einer separat im Lokationsproduktstamm einzutragenden Meldereichweite in Arbeitstagen berücksichtigen.

Die aus dem ERP-System bekannten Dispositionsverfahren der stochastischen und der rhythmischen Disposition wurden im APO-System nicht umgesetzt. Abbildung 8.12 gibt einen Überblick, welche Dispositionsverfahren in welchem System zur Verfügung stehen.

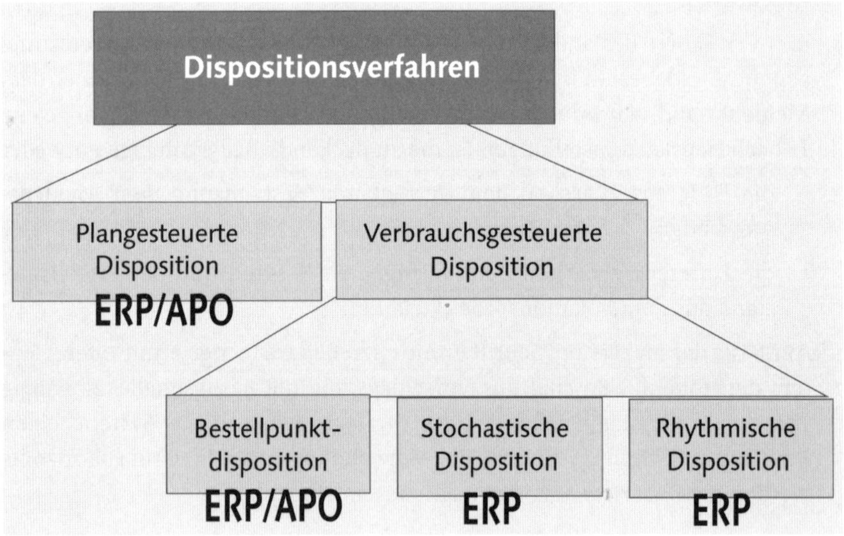

Abbildung 8.12 Dispositionsverfahren im ERP- und im APO-System

Die Produktheuristiken werden in der Regel durch Verwendung in einer Ablaufsteuerungsheuristik in der Materialbedarfsplanung eingesetzt. Die einzige

Ausnahme bildet hier die einstufige Planung, die durch eine isolierte Verwendung der Produktheuristik aus dem Planungslauf oder aus der interaktiven Planung erreicht werden kann. In allen anderen Fällen ist eine der beiden Heuristiken der Ablaufplanung in einem Schritt des Produktionsplanungslaufs anzusteuern, falls eine Bedarfsplanung für mehrere Produkte durchgeführt werden soll. Während die beschriebenen Produktheuristiken die Art der Planung eines einzelnen Produkts regulieren, betreffen die Heuristiken zur Ablaufsteuerung die Reihenfolge der Planungen verschiedener Produkte. In der Ablaufsteuerungsheuristik können Sie jedoch ebenfalls eine Produktheuristik eingeben, mit der alle Produkte eines Planungslaufs geplant werden, für die im Lokationsproduktstamm keine eigene Produktheuristik vorgesehen ist.

Die beiden Ablaufsteuerungsheuristiken im Rahmen der Disposition sind die Produktplanung SAP_MRP_001 (*Komponenten nach Dispostufe*) und Produktplanung SAP_MRP_002 (*Komponenten sofort planen*). Diese beiden Heuristiken unterscheiden sich lediglich bei Verwendung des PP-Planungsverfahrens *Sekundärbedarfe sofort decken* auf Komponentenebene:

- **SAP_MRP_001 (Komponenten nach Dispositionsstufe)**
  Alle Produkte werden gemäß ihrer Dispositionsstufe geplant. Von dieser Regel wird auch nicht bei Produkten mit dem PP-Planungsverfahren *automatische Planung sofort* abgewichen. Funktional ist der Ablauf mit dem Bedarfsplanungslauf im ERP-System identisch. Dieser Ablauf ist sehr schnell und eignet sich somit besonders für Massenanwendungen.
- **SAP_MRP_002 (Komponenten sofort planen)**
  Im Unterschied zu SAP_MRP_001 plant diese Heuristik die Komponenten, deren PP-Planungsverfahren die Aktion *Sekundärbedarfe sofort decken* vorsieht, wenn für sie aus der Planung des übergeordneten Produkts ein Sekundärbedarf erzeugt wurde. Kann dieser Sekundärbedarf nicht rechtzeitig gedeckt werden, so wird auch der übergeordnete Auftrag verschoben und gegebenenfalls mit einem Alert versehen. Verspätungen werden hierbei optional auch über mehrere Dispositionsstufen hinweg weitergegeben. Sie können in den Alert-Einstellungen auch Termin-Alerts optional vorsehen, die dann bei dieser Planung typischerweise auf Enderzeugnisebene auftreten.

Grundsätzlich müssen Sie vor der Durchführung eines Bedarfsplanungslaufs mittels einer der beiden Ablaufsteuerungs-Heuristiken die Heuristik *Stage-Numbering-Algorithmus* (SAP_PP_020) im Planungslauf vorsehen. Mithilfe dieses Algorithmus werden für die im Bedarfsplanungslauf selektierten Lokationsprodukte die Dispositionsstufen ermittelt. Dieser Algorithmus bildet daher die Grundlage für eine Planung nach Dispositionsstufen, die für die vollständige und fehlerfreie Deckung aller Sekundärbedarfe nötig ist. Auch bei Verwendung der Heuristik SAP_MRP_002 empfiehlt sich die Verwendung des Stage-Numbering-Algorithmus vor der eigentlichen Bedarfsplanung, falls Komponenten geplant werden sollen, für die das PP-Planungsverfahren keine sofortige Planung vorsieht. Bei Verwendung dieser Heuristik – die im eigentlichen Sinne keine Ablaufsteuerungs-, sondern vielmehr eine Serviceheuristik ist – müssen Sie sich zwischen der Übernahme der Dispositionsstufen aus dem ERP-System und einer Neuberechnung im APO-System entscheiden. Im Gegensatz zur werksbezogenen Vorgehensweise vollzieht der Algorithmus in diesem Fall eine lokationsübergreifende Betrachtung, falls dies erforderlich ist.

8.3 Fazit

Sie haben in diesem Kapitel einen Überblick über die Dispositionsverfahren im ERP- und im APO-System erhalten. Zunächst wurden die grundsätzlichen Interpretationsweisen von Bedarfen vorgestellt. In diesem Zusammenhang wurde erläutert, dass bei der Anlage von Bedarfsdeckern grundsätzlich entweder eine in die Vergangenheit gerichtete Sichtweise (verbrauchsgesteuerte Disposition) oder eine zukunftsorientierte Sichtweise (plangesteuerte Disposition) gewählt wird. Anhand einer Detaillierung der Möglichkeiten haben wir aufgezeigt, dass durch die vielfältigen Einflussmöglichkeiten auf das Systemverhalten durch Customizing beziehungsweise die Verwendung einer Prognose auch ein Mittelweg zwischen diesen beiden Extremen möglich ist (z.B. bei der Bestellpunktdisposition mit externen Bedarfen).

Nach der Vorstellung der Dispositionsverfahren des ERP-Systems, die sich vor allem durch die Wahl des Dispositionsmerkmals beeinflussen lassen, haben wir mit dem PP-Planungsverfahren und den Produktheuristiken die Stellgrößen des APO-Systems zur Beeinflussung des grundsätzlichen Dispositionsverhalten erläutert.

Nach der Lektüre des Kapitels sollten Sie in der Lage sein, das Systemverhalten bei Wahl der dargestellten Optionen zu beurteilen und auf dieser Basis eine produktspezifische Auswahl der Dispositionsverfahren vorzunehmen.

Während durch das Dispositionsverfahren mit der Art der Nettobedarfsrechnung festgelegt wird, wie hoch die vom System identifizierte Unterdeckungsmenge ist, wird im nun folgenden Kapitel zur Beschaffungsmengenermittlung dargestellt, wie die beiden SAP-Systeme darauf aufbauend die Höhe des anzulegenden Bedarfsdeckers ermitteln.

Die Beschaffungsmengenermittlung hat eine Schlüsselfunktion hinsichtlich der Bestandskosten im Unternehmen. Sie beeinflusst die Höhe der anzulegenden Bedarfsdecker und nimmt somit auch bei der Optimierung der Dispositionseinstellungen eine herausgehobene Stellung ein.

9 Beschaffungsmengenermittlung

Die Beschaffungsmengenermittlung schließt sich im klassischen Ablauf einer sukzessiven Planung direkt an die Ermittlung der Unterdeckungsmenge, also an die Nettobedarfsrechnung an. Die Unterdeckungsmenge wird zur Ermittlung der Höhe eines Beschaffungsvorschlags aus prozessualer Sicht gegebenenfalls erhöht. Dies ist zum Beispiel bei prozessbedingtem Ausschuss oder Restriktionen wie Mindestlosgrößen der Fall. Neben einer prozessualen Erhöhung der Beschaffungsmenge kann die Höhe eines anzulegenden Bedarfsdeckers ebenfalls aus Optimalitätsgründen erhöht werden.

9.1 Betriebswirtschaftlicher Hintergrund

Ausgangspunkt der Ermittlung der Beschaffungsmenge ist die Losgrößenrechnung, also die Zusammenfassung von Bedarfen zu einem gemeinsam zu produzierenden Los. In dieses Los sind je nach realen Gegebenheiten noch Ausschussmengen einzuberechnen, damit die tatsächlich verfügbare Menge, die sogenannte Gutmenge, ausreicht, um die auftretenden Bedarfe zu decken. Bei der Ausschussmengenermittlung geht es um die Abbildung von prozessbedingten Gegebenheiten, im Gegensatz dazu werden in der Losgrößenrechnung betriebswirtschaftlich optimierenden Vorgehensweisen in die Überlegungen einbezogen. Dabei können zwei grundsätzliche Zielrichtungen unterschieden werden:

1. kostenminimierende Ansätze
2. (durchlauf-)zeitminimierende Ansätze

In den SAP-Systemen werden keine (durchlauf-)zeitminimierenden Ansätze umgesetzt. Im Rahmen der Beschaffungsmengenermittlung ist lediglich eine auf die jeweilige Stücklistenstufe begrenzte Sichtweise verankert. Dies bedeutet, dass bei der Ermittlung der Beschaffungsmenge keine Aspekte anderer Produktionsstufen ins Kalkül gezogen werden.

Bei der Betrachtung der von Beschaffungsmengen abhängigen Kosten sind zwei Dimensionen zu betrachten: So entstehen bei der Auflage eines Produktionsloses in der Regel Rüstkosten. Analog hierzu können auch bei Fremdbeschaffung fixe Kosten pro Beschaffungsvorgang identifiziert werden. Diese Kosten sind unabhängig von der jeweiligen Menge des zu erzeugenden Beschaffungsvorschlags. Im Rahmen der Eigenfertigung fallen sie bei der Vorbereitung der Produktionsmittel zur eigentlichen Bearbeitung an. Hier sind neben den konkret anfallenden Einrichtungskosten (z.B. Lohn des Einrichters) auch die Ausfallzeiten der Produktionsmittel zu berücksichtigen, also die produktiv durch Rüstvorgänge nicht nutzbaren Zeiten (sogenannte Rüstzeiten). Je größer eine Beschaffungsmenge ausfällt, desto seltener müssen Sie ein Produktionsmittel für die Produktion eines Materials vorbereiten. Demzufolge sinken mit steigender Losgröße die Rüstkosten je produzierter Mengeneinheit. Dem wirkt jedoch die zweite relevante Kostengröße entgegen, die der Lagerkosten. Je größer die Bedarfszusammenfassung ist (also je mehr zeitlich verteilt liegende Bedarfe durch ein großes Los abgedeckt werden sollen), desto höher sind die durch die Bedarfszusammenfassung entstehenden Lagerkosten. Die durch die Zusammenfassung früh produzierten Mengen müssen nämlich bis zu ihrem Verbrauch gelagert werden, wodurch neben den Lagerhandlingkosten vor allem Kapitalbindungskosten entstehen.

Insgesamt sind demnach bei der Beschaffungsmengenermittlung unter Kostengesichtspunkten zwei widerstreitende Ziele in Einklang zu bringen:

1. Reduktion der Rüstkosten durch Zusammenfassung von Bedarfen
2. Reduktion der Lagerkosten durch weitgehend bedarfsnahe Beschaffung

Aus diesen Zielen kann Optimierungspotential abgeleitet werden: Eine aus Kostengesichtspunkten optimale Losgröße muss durch »geschickte« Wahl der Beschaffungsmenge die beiden Kostendimensionen so berücksichtigen, dass sich hieraus ein Gesamtkostenminimum ergibt. Die in diesem Zusammenhang entwickelten betriebswirtschaftlichen Ansätze lassen sich anhand des klassischen Modells der optimalen Losgröße veranschaulichen. Dieses Modell basiert auf den folgenden Grundannahmen:

- kontinuierlicher und konstanter Bedarf mit der Bedarfsrate D Mengeneinheiten/Zeiteinheit
- Lagerzugang erfolgt mit unendlicher Geschwindigkeit
- Es entstehen Rüstkosten in Höhe von s Geldeinheiten/Rüstvorgang und je gelagerter Produkteinheit Lagerkosten in Höhe von h Geldeinheiten/Zeiteinheit

Unter diesen Annahmen lässt sich der Lagerbestandsverlauf im klassischen Losgrößenmodell auf einem Zeitstrahl darstellen (siehe Abbildung 9.1).

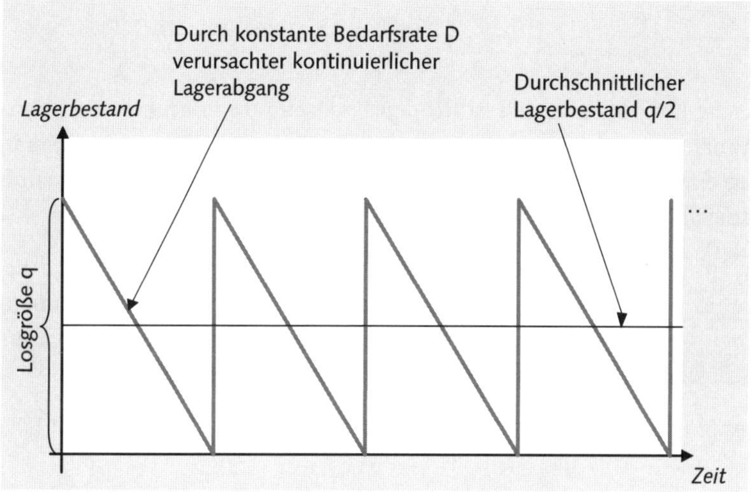

Abbildung 9.1 Bestandsverlauf im klassischen Losgrößenmodell

Die Entwicklung des Lagerbestands nimmt einen sägezahnartigen Verlauf. Bedingt wird dieser Verlauf zum einen durch einen konstanten Abfluss des Lagerbestands aufgrund des kontinuierlichen Bedarfs. Hinzu tritt in regelmäßigen Abständen eine Erhöhung des Lagerbestands durch eine Bestellung und den hierdurch bedingten Lagerzugang in Höhe der Losgröße. Aus diesen Zusammenhängen lässt sich nun eine optimale Losgröße ableiten. Zu diesem Zweck werden die Gesamtkosten C als Summe aus Rüst- und Lagerkosten pro Zeiteinheit in Abhängigkeit der Losgröße q beschrieben (C(q)):

$$C(q) = \frac{D}{q} \times s + \frac{q}{2} \times h$$

Im ersten Teil der Formel wird die Anzahl der Rüstvorgänge ermittelt und mit dem Rüstkostensatz multipliziert, während im zweiten Teil der durchschnittliche Lagerbestand, der die halbe Losgröße beträgt, mit den Lagerkosten bewertet wird.

Durch Ableitung der Gesamtkosten C(q) nach der Losgröße q, also dC(q)/dq, und durch Nullsetzen dieser Gleichung kann das Kostenminimum der Gesamtkostenfunktion ermittelt werden, aus dem sich die optimale Losgröße ableitet:

$$\frac{dC(q)}{dq} = \frac{D \times s}{q^2} + \frac{h}{2} \overset{!}{=} 0$$

Wird die Losgröße auf einer Seite der Gleichung isoliert, so ergibt sich die optimale Losgröße des klassischen Modells q_{opt}:

$$q_{opt} = \sqrt{\frac{2 \times D \times s}{h}}$$

Das klassische Losgrößenmodell ist für den Praxiseinsatz aufgrund seiner restriktiven Annahmen nur bedingt geeignet. So sind konstante Bedarfsverläufe in der Realität eine absolute Ausnahme. In der Praxis liegen in der Regel dynamische Bedarfsverläufe, also im Zeitablauf schwankende Bedarfsmengen vor.

Jedoch lassen sich auch aus dem klassischen Losgrößenmodell wichtige Erkenntnisse für die Lösung von dynamischen Losgrößenproblemen gewinnen. So fallen bei Betrachtung der obigen Kostenfunktion einige Eigenschaften ins Auge, die diese Kostenfunktion in ihrem Optimum aufweist:

- Die Gesamtkosten pro Stück sind minimal (gleitende wirtschaftliche Losgröße).
- Es liegt ein Minimum der durchschnittlichen Kosten pro Zeiteinheit vor.
- Die Lagerkosten sind gleich den Rüstkosten (Stückperiodenausgleich).
- Der Anstieg der durchschnittlichen Lagerkosten pro Periode ist größer als die Verringerung der losgrößenfixen Kosten pro Periode (Verfahren nach Groff).

Eigenschaften des klassischen Losgrößenmodells an einem Beispiel

Diese Eigenschaften lassen sich am folgenden Beispiel verdeutlichen:

$s = 100$; $h = 0{,}1$; $D = 600$

Die optimale Losgröße ergibt gemäß obiger Formel:

$$q_{opt} = \sqrt{\frac{2 \times 600 \times 100}{0{,}1}} \approx 1.095$$

Der Bereich um die optimale Losgröße wird nun in einer Tabelle dargestellt (siehe Abbildung 9.2).

q	Gesamtkosten	Rüstkosten	Lagerkosten	Grenz-Rüstkosten	Grenz-Lagerkosten
895	111,78	67,01	44,77	0,075	0,05
945	110,73	63,46	47,27	0,067	0,05
995	110,05	60,27	49,77	0,061	0,05
1.045	109,66	57,39	52,27	0,055	0,05
1.095	109,54	54,77	54,77	0,050	0,05
1.145	109,65	52,38	57,27	0,046	0,05
1.195	109,96	50,19	59,77	0,042	0,05
1.245	110,45	48,18	62,27	0,039	0,05
1.295	111,09	46,32	64,77	0,036	0,05

Abbildung 9.2 Kostenverläufe in der Nähe der optimalen Losgröße (Beispiel)

Diese Eigenschaften der Kostenfunktion des klassischen Losgrößenmodells können auf die dynamische Losgrößenbildung übertragen werden. In diesem Zusammenhang wird bei der Ermittlung der Höhe eines Beschaffungsvorschlags schrittweise für weiter in der Zukunft liegende Bedarfe geprüft, ob die Beschaffung der für die Deckung nötigen Mengen vorgezogen werden soll. Als Entscheidungskriterium können dabei die beschriebenen Eigenschaften der Kostenfunktion des klassischen Modells im Optimum herangezogen werden (siehe Abschnitt 9.2.3, »Optimierende Losgrößenverfahren«).

9.2 Beschaffungsmengenermittlung in SAP ERP

Im Anschluss an die Ermittlung der Unterdeckungsmenge, die im Rahmen der Nettobedarfsrechnung abhängig vom Dispositionsverfahren erfolgt, bestimmt das SAP ERP-System die Beschaffungsmenge der anzulegenden Zugangselemente. Bei der Ermittlung der Beschaffungsmenge müssen Sie sowohl die Losgrößen- als auch die Ausschusseinstellungen des Systems beachten.

Die Losgrößenrechnung hat zum Ziel, die richtigen Beschaffungsmengen zum richtigen Zeitpunkt einzuplanen. Die Ausschussmengenermittlung soll prozessbedingte Fehlmengensituationen antizipieren. Aus der Kombination der beiden Verfahren ermittelt das ERP-System automatisch im Planungslauf die Menge, die einem Beschaffungsvorschlag zugrunde liegt:

1. Die in der Nettobedarfsrechnung ermittelte Unterdeckungsmenge wird mit den Parametern des gewählten Losgrößenverfahrens abgeglichen und so die eigentliche Losgröße ermittelt.
2. Sofern erforderlich wird eine Verrechnung des gepflegten Ausschusses vorgenommen, der die Beschaffungsmenge erhöhen kann.
3. Die eventuell im System gepflegte Losgrößenrestriktionen werden ins Kalkül gezogen, um die Beschaffungsmenge zu bestimmen.
4. Die Ausschussmenge wird erneut in die Berechnungen einbezogen, um die Gutmenge ermitteln zu können.

Das Ergebnis dieser Beschaffungsmengenberechnung ist die zu fertigende oder zu beschaffende Menge, die sich aus der erwarteten Gutmenge und dem Ausschuss zusammensetzt. Die Beschaffungsmenge ist im Beschaffungsvorschlag einzusehen, die erwartete Gutmenge und der Ausschuss sind in der aktuellen Bedarfs-/Bestandsliste sowie in der Dispositionsliste abgetragen.

Eine Dispositionslosgröße setzt sich zusammen aus einem Losgrößenverfahren und einem zu wählenden Losgrößenkennzeichen, welches das Losgrößenverfahren konkretisiert. Sowohl das Losgrößenverfahren als auch das Losgrößenkennzeichen müssen Sie im Customizing der Dispositionslosgröße definieren und dann bei der Materialstammsatzpflege oder im Dispositionsbereichsegment zuordnen. Hier bietet sich durch Kombination aus Losgrößenverfahren und -kennzeichen sowie einer Reihe weiterer Einstellungen die Option, neben der Vielzahl der bereits vorgegebenen Dispositionslosgrößen auch kundeneigene Vorgehensweisen zu implementieren, die dann im Stammsatz einem Material zugeordnet werden können.

Das SAP ERP-System kennt drei Gruppen von Losgrößenverfahren, die Sie durch entsprechende Losgrößenkennzeichen detaillieren können: statistische, periodische und optimierende Losgrößenverfahren.

9.2.1 Statische Losgrößenverfahren

Statische Losgrößen sind im ERP-System im Zeitablauf konstant auf einen einzigen Bedarf bezogen, wobei sich die Höhe der Losgröße je nach Verfahren unterschiedlich bestimmt. Dadurch unterscheiden sich diese Verfahren von den beiden anderen Gruppen von Losgrößenverfahren, den periodischen sowie den optimierenden Losgrößenverfahren. Bei letzteren Verfahren werden gegebenenfalls mehrere Bedarfe anhand bestimmter Kriterien zusammengefasst.

Bei Verwendung der *exakten Losgröße* weist die Losgröße die Höhe der Unterdeckungsmenge eines Bedarfs auf. Die exakte Losgröße entspricht einer Lot-for-Lot-Vorgehensweise und führt zu einer bedarfsgenauen Beschaffung.

Im Gegensatz zur exakten Losgröße, die auf die Unterdeckungsmenge zurückgreift, ist die *feste Losgröße* dem System exogen vorzugeben. Falls die Unterdeckungsmenge geringer ist als die feste Losgröße, wird die feste Losgröße verwendet. Reicht die vorgegebene feste Losgröße zur Bedarfsdeckung nicht aus, so werden vom System mehrere Bestellvorschläge in dieser Losgröße zum gleichen Termin angelegt.

Bei Wahl der Option *Auffüllen bis zum Höchstbestand* ist im Materialstamm ein Höchstbestand einzutragen. Im Fall einer Unterdeckung ermittelt das System die Losgröße, die zu einer Auffüllung auf diesen Höchstbestand nötig wäre. Hierbei kann bei der Bestellpunktdisposition mit externen Bedarfen und bei der plangesteuerten Disposition im Customizing eingestellt werden, ob der Höchstbestand die absolute physische Obergrenze darstellen soll, oder ob der Höchstbestand nach der Befriedigung aller bereits vorhandener Bedarfe erreicht werden soll. Überschreitet die Unterdeckungsmenge eines Tages den Höchstbestand, so ist die Unterdeckungsmenge für die Losgröße maßgeblich.

9.2.2 Periodische Losgrößenverfahren

Bei Verwendung von periodischen Verfahren fasst das System Bedarfsmengen eines von Ihnen im Customizing zu definierenden Zeitabschnitts zu einer Losgröße zusammen. Dabei müssen Sie eine Zeiteinheit und eine Periodenanzahl definieren, wodurch ein Zeitintervall zur Zusammenfassung von Bedarfsmengen zu einem Los definiert ist. Darüber hinaus können Sie im Customizing festlegen, zu welchem Zeitpunkt innerhalb des definierten Zeitabschnitts ein Los angelegt werden soll. Hierbei besteht die Möglichkeit, sowohl den Starttermin als auch den Verfügbarkeitstermin des Bedarfsdeckers auf den Periodenanfang zu legen. Daneben kann der Verfügbarkeitstermin auch auf das Periodenende oder auf den Bedarfstermin gelegt werden. Eine weitere Option besteht darin, den Starttermin des Beschaffungsvorschlags auf den Periodenanfang und den Verfügbarkeitstermin auf das Periodenende zu legen. In diesem Fall wird die Eigenfertigungszeit aus dem Materialstamm übersteuert.

Im ERP-System haben Sie bei der Wahl von periodischen Losgrößenverfahren die folgenden Optionen:

- Tageslosgröße
- Wochenlosgröße
- Monatslosgröße
- flexible Perioden nach Planungskalender

Es besteht neben den genannten Möglichkeiten von Standard-Zeitabschnitten zusätzlich die Option, die Bedarfsmengen eines frei in einem Planungskalender zu pflegenden Zeitintervalls zusammenzufassen. Der Planungskalender kann im Customizing, aber ebenso aus der Anwendung heraus gepflegt werden und wird im Materialstamm (werksweise oder pro Dispobereich) eingetragen. Der Planungskalender bietet so beispielsweise die Möglichkeit, Ferienzeiten bei einem Lieferanten in die Planungen einzubeziehen. Im Customizing des Losgrößenverfahrens können Sie einstellen, ob der Starttermin der Planungskalenderperioden als Liefertermin oder als Verfügbarkeitstermin interpretiert werden soll.

9.2.3 Optimierende Losgrößenverfahren

Bei der Zusammenfassung von Bedarfsmengen zu Losen müssen Sie immer zwei Dimensionen berücksichtigen. Durch eine Zusammenfassung von mehreren Bedarfen zu einem Los lassen sich in der Regel losfixe Kosten einsparen, also Kosten, deren Höhe sich nicht in Abhängigkeit der Losgröße ermitteln lassen, sondern die pro Auflage eines Loses einmalig anfallen (z.B. Rüstkosten oder Bestellkosten). Dabei müssen jedoch gegebenenfalls höhere Lagerkosten in Kauf genommen werden, da Bedarfsmengen durch die Zusammenfassung früher beschafft werden als eigentlich nötig, was zu einer Lagerung der Bedarfsmengen führt.

Die optimierenden Losgrößenverfahren zielen auf eine Minimierung der Gesamtkosten, die sich aus den beiden oben genannten Komponenten zusammensetzen. Sie tragen die losfixen Kosten im Materialstamm ein, und das System ermittelt dann auf Basis des im Customizing gepflegten und im Anschluss im Materialstamm hinterlegten Lagerkostenkennzeichens die Lagerkosten. Das System berücksichtigt die proportional zur Lagermenge und zum Einzelpreis anfallenden Kosten und bezieht sich auf den durchschnittlichen Lagerwert; dabei wird Konstanz über die Eindeckungszeit vorausgesetzt. Ausgehend von dem in der Nettobedarfsrechnung ermittelten ersten Unterdeckungstermin werden Bedarfe so lange zusammengefasst, bis dass dem jeweils verwendeten Verfahren zugrunde liegende Optimierungskriterium erreicht ist etc.

Die einzelnen Verfahren unterscheiden sich durch das verwendete Optimierungskriterium. Diese lassen sich auf die beschriebenen Eigenschaften der Kostenfunktion des klassischen Losgrößenmodells im Optimum zurückführen:

- **Stückperiodenausgleich**
  Dieses Verfahren basiert auf der Eigenschaft der klassischen Losgrößenformel, dass beim Kostenminimum die variablen Kosten (Lagerkosten) gleich den losgrößenfixen Kosten sind.
- **Gleitende wirtschaftliche Losgröße**
  Aufeinanderfolgende Bedarfsmengen werden so lange zu einer Losgröße zusammengefasst, bis die Gesamtkosten pro Stück (Summe aus losgrößenfixen Kosten und gesamten Lagerkosten) ein Minimum bilden.
- **Verfahren nach Groff**
  Auch dieses Verfahren greift auf die klassische Losgrößenformel zurück. Dabei wird die Tatsache ausgenutzt, dass im Kostenminimum zusätzlich anfallende Lagerkosten gleich der Losfixkostenersparnis sind.
- **Dynamische Planungsrechnung**
  Ausgehend vom Unterdeckungstermin werden Bedarfsmengen so lange zu einem Los zusammengefasst, bis die zusätzlich anfallenden Lagerkosten größer als die losgrößenfixen Kosten sind.

Beispiel für ein optimierendes Losgrößenverfahren

Preis: 20 €

Lagerkostenprozentsatz: 10 %

Losgrößenfixe Kosten: 100 €

Bedarfe:

6. Juli 2008: 1.000 Stück

20. Juli 2008: 1.000 Stück

24. Juli 2008: 1.000 Stück

31. Juli 2008: 1.000 Stück

Wird die optimierte Losgröße nach dem Stückperiodenausgleichsverfahren bestimmt, so wird der Bedarf vom 20. Juli 2008 bereits mit der Losgröße am 6. Juli 2008 beschafft. Eine weitere Aufnahme von später liegenden Bedarfen ist nicht sinnvoll, da die gesamten Lagerkosten die losgrößenfixen Kosten überschreiten.

Bedarfstermin	Bedarfsmenge	Losgröße	Losgrößenfixe Kosten	Lagerkosten	Gesamt-lagerkosten
06.07.2008	1.000	1.000	100		
20.07.2008	1.000	2.000		76,71	76,71
24.07.2008	1.000	3.000		98,63	175,34
31.07.2008	1.000	4.000		136,99	312,33

Abbildung 9.3 Stückperiodenausgleich (Beispiel)

Nach der dynamischen Planungsrechnung wird der Bedarf vom 24. Juli 2008 ebenfalls in die Losgröße vom 6. Juli 2008 aufgenommen, da das dem Verfahren zugrunde liegende Optimierungskriterium eine Aufnahme dieses Bedarfs in die Losgröße vom 6. Juli 2008 empfiehlt.

Bedarfstermin	Bedarfsmenge	Losgröße	Losgrößenfixe Kosten	Lagerkosten
06.07.2008	1.000	1.000	100	
20.07.2008	1.000	2.000		76,71
24.07.2008	1.000	3.000		98,63
31.07.2008	1.000	4.000		136,99

Abbildung 9.4 Dynamische Planungsrechnung (Beispiel)

Abbildung 9.5 zeigt beispielhaft Losgrößeneinstellungen auf der Registerkarte DISPOSITION 1 des Materialstamms.

Abbildung 9.5 Losgrößeneinstellungen auf der Registerkarte »Disposition 1« des Materialstamms (Beispiel)

9.2.4 Losgrößenrestriktionen

Um praktische Gegebenheiten wie vom Lieferanten vorgegebene Mindestbestellmengen abzubilden, können Sie im Materialstamm eine Vielzahl von Losgrößenmodifikatoren und -restriktionen vorsehen, die die auf Basis der Dispositionslosgröße ermittelte Menge nach bestimmten Kriterien abändern. Hier sind die folgenden Optionen möglich:

- **Mindestlosgröße**
  Alle vom System erzeugten Beschaffungsvorschläge weisen mindestens die Höhe der Mindestlosgröße auf. Ermittelt das System auf Basis der Einflussgrößen Unterdeckungsmenge, Dispositionslosgröße und Ausschuss eine niedrigere potenzielle Beschaffungsmenge, so wird ungeachtet dessen die Mindestlosgröße verwendet. Dies führt zu erhöhten Beständen. Aus diesem Grund sollten Mindestlosgrößen wie auch die weiteren Losgrößenmodifikatoren nur verwendet werden, wenn dies prozessbedingt unumgänglich ist.
- **Maximale Losgröße**
  Kein vom Planungslauf angelegter Beschaffungsvorschlag überschreitet die maximale Losgröße. Wird aufgrund der genannten Einflussfaktoren eine größere Menge benötigt, legt das System mehrere Bedarfsdecker an.
- **Rundungswert**
  Wird im Materialstamm ein Rundungswert eingestellt, so werden alle Beschaffungsvorschläge mengenmäßig auf diesen Wert oder auf Vielfache dieses Werts gerundet. Dies bietet sich beispielsweise an, wenn eine Bestellung nur in bestimmten Verpackungsgrößen aufgegeben werden kann (z.B. bei Verwendung von genormten Paletten).
- **Rundungsprofil**
  Das Rundungsprofil, das im Customizing definiert und anschließend im Materialstamm zugeordnet wird, erweitert die Möglichkeiten des Rundungswerts. In einem Rundungsprofil werden Schwellwerte mit Rundungswerten kombiniert. Ab Erreichen eines Schwellwerts wird also auf den zugehörigen Rundungswert gerundet, wobei die Möglichkeit besteht, mehrere Kombinationen von Schwell- und Rundungswerten einzustellen. Somit kann die in der Praxis häufig anzutreffende differenzierte Staffelung von Verpackungseinheiten flexibel im System hinterlegt werden.

Beispiel für die Beschaffungsmengenermittlung mit Ausschuss und Losgrößenmodifikator

Nettobedarf: 100 Stück

Losgröße: exakt

Ausschuss: 2%

Rundungswert: 100 Stück

1. **Losgröße bestimmen**
   exakte Losgröße à 100 Stück
2. **Ausschussmenge bestimmen**
   2% von 100 Stück à 2 Stück
3. **Ausschussmenge verrechnen**
   100 Stück + 2 Stück = 102 Stück
4. **Losgrößenmodifikator einbeziehen**
   200 Stück (kleinstes mögliches Vielfaches der mit der Ausschussmenge verrechneten Beschaffungsmenge)
5. **Ausschuss neu bestimmen**
   2% von 200 Stück à 4 Stück
6. **Erwartete Gutmenge bestimmen**
   200 Stück – 4 Stück Ausschuss = 196 Stück erwartete Gutmenge

9.2.5 Zusätzliche Losgrößenoptionen

Neben der Option, über die komplette Zeitachse mit einem Losgrößenverfahren zu arbeiten, können Sie die Zeitachse auch in bis zu drei Abschnitte aufteilen, in denen unterschiedliche Losgrößeneinstellungen dispositiv relevant sein sollen. Dabei wird der Zeitstrahl in einen kurzfristigen und einen langfristigen Bereich gegliedert. Hierdurch kann beispielsweise in der kurzen Frist mit kleineren Losgrößen (z.B. Tageslose) detailliert geplant werden, während im langfristigen Horizont zur Abbildung von groben Kapazitäts- und Mengenbelastungen auch sehr viel größere Lose (z.B. Monatslose) ausreichend sein können.

Vor dem kurzfristigen Horizont können Sie zusätzlich eine Zeitspanne vorsehen, in der unabhängig von den Einstellungen der beiden Horizonte die exakte Losgröße verwendet wird. Auf diesem Weg ist es möglich, im langfristigen Bereich eine grobe Vorausschau auf den zukünftigen Produktionsplan zu erhalten und gleichzeitig im kurzfristigen Bereich eine exakte Analyse durchzuführen. Im Customizing der Dispositionslosgröße können Sie ebenfalls festlegen, ob Mindest- und/oder Maximallosgrößen bei der Langfristlosgröße beachtet werden sollen. Die Bildung von größeren Losen im langfristigen Bereich wirkt sich vor allem positiv hinsichtlich der Performance aus. Bei der Verwendung der Verarbeitungsschlüssel NETCHANGE oder NETPL müssen Sie jedoch im Planungslauf einen besonderen Umstand berücksichtigen: Bei diesen Verarbeitungsschlüsseln werden lediglich die Materialien geplant, die aufgrund einer planungsrelevanten Änderung (z.B. Stammdatenänderungen oder neue Kundenbedarfe) mit einer Planungsvormerkung versehen wurden. Bei diesen Verarbeitungsschlüsseln wird für ein mit der Langfristlosgröße geplantes Material nicht automatisch eine Planungsvormerkung gesetzt wird. Daraus resultiert die Gefahr, dass die in der Regel größeren Langfristlose vom Planungslauf unverändert gelassen werden. Um dies zu verhindern, können Sie die regelmäßige Disposition durchführen, bei der das Material nach Ablauf eines maximalen Dispositionsintervalls automatisch an der Planung teilnimmt und dann gegebenenfalls mit der Kurzfristplanung geplant wird. Diese Einstellung können Sie im Customizing des dem Material zugeordneten Dispositionsmerkmals bzw. der Dispositionsgruppe vornehmen.

Für die Kundeneinzelfertigung kann in der Dispositionslosgröße eine vom Lagerabschnitt abweichende Vorgehensweise gewählt werden. Hierbei besteht die Möglichkeit, die exakte Losgröße mit oder ohne die Berücksichtigung von Restriktionen vorzusehen oder das Losgrößenverfahren des kurzfristigen Bereichs zu wählen.

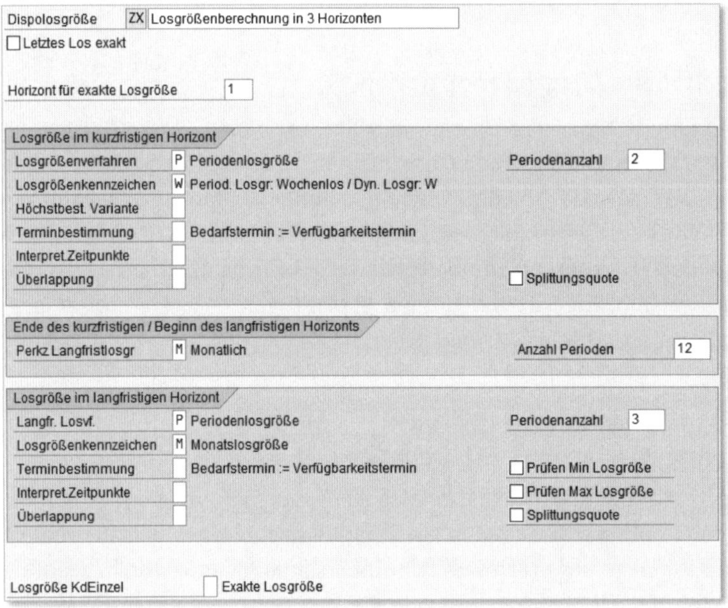

Abbildung 9.6 Zusatzoptionen für Losgrößen im ERP-System, Ausschnitt aus dem Customizing (Beispiel)

Neben den in diesem Kapitel aufgeführten Losgrößenrestriktionen erreichen Sie im Customizing der Dispositionslosgröße mit der *Splittungsquote* eine Aufteilung der Beschaffungsmenge auf verschiedene Bezugsquellen. Diese Splittungsquote kommt in Verbindung mit der Quotierung zu Einsatz. Mit der Splittungsquote werden Bedarfsmengen nicht entsprechend der geringsten Quotenzahl genau einer Bezugsquelle zugeordnet, sondern mit der folgenden Formel auf verschiedene Bezugsquellen verteilt (siehe hierzu auch Kapitel 11, »Ermittlung der Bezugsquellen«):

$$\text{Menge für Beschaffungsquelle } x = \frac{\text{Quote Bezugsquelle } x \times \text{Bedarfsmenge}}{\text{Summe aller Quoten}}$$

Neben der Definition der Splittungsquote im Customizing müssen Sie im Stammsatz des Materials das Quotierungsverwendungskennzeichen sowie die entsprechenden Anteile der Bezugsquellen in den Stammdaten des Einkaufs in der Quotierung pflegen.

In einigen Planungsszenarien kann es beispielsweise aus Kapazitätsplanungsgesichtspunkten sinnvoll sein, zwischen Losen Zeitspannen zu verankern. Dies ist zum Beispiel bei Verwendung einer Maximallosgröße sinnvoll, die durch vorhandene Kapazitätsrestriktionen nötig geworden ist. Sie wird im ERP-System durch die Verwendung einer Taktzeit erreicht. Diese ist im Materialstamm in Arbeitstagen zu hinterlegen und sorgt gemeinsam mit dem im Customizing einzustellenden Überlappungskennzeichen dafür, dass die durch die Maximallosgröße entstandenen Zugänge zeitlich versetzt angelegt werden. Sie können über das Überlappungskennzeichen einstellen, ob sich die Planaufträge vorwärts oder rückwärts überlappen dürfen.

Im Customizing der Dispositionslosgröße besteht die Möglichkeit, die Option LETZTES LOS EXAKT zu wählen. Dabei wird unabhängig von der ermittelten Losgröße durch Anlage eines exakten Loses eine Überdeckung am Ende des Planungszeitraums vermieden. Bei diesem letzten Los des Planungshorizonts werden somit die Einstellungen des Losgrößenverfahrens und der Rundungsparameter übersteuert. Die Losgröße entspricht demnach der nach Berücksichtigung aller zeitlich vorgelagerten Zugangselementen verbleibenden Unterdeckungsmenge. Somit ist die verfügbare Menge zum Ende des Planungszeitraumes exakt Null, was insbesondere für Auslaufmaterialien sinnvoll ist. Bei der Bestellpunkt- und der rhythmischen Disposition wird dieses Customizing-Kennzeichen jedoch ignoriert.

Abbildung 9.6 gibt einen Überblick über die Möglichkeiten des ERP-Customizings zur Beeinflussung des Systemverhaltens hinsichtlich der Losgrößenberechnung.

9.2.6 Berechnung der Ausschussmenge

Nach Ermittlung der Losgröße eines Beschaffungsvorschlags auf Basis der Dispositionslosgröße berechnet das System die Ausschussmenge und verrechnet diese mit der Losgröße. Die Beschaffungsmenge wird in einem weiteren Schritt unter Einbeziehung von eventuell vorgesehenen Losgrößenmodifikatoren ermittelt. Um die letztendlich resultierende Gutmenge zu bestimmen, verrechnet das System die Beschaffungs- mit der Ausschussmenge.

Im SAP ERP-System haben Sie mehrere Möglichkeiten, Ausschuss zu hinterlegen, der sowohl dispositiv als auch kalkulatorisch wirksam ist. Hierbei stehen Ihnen drei alternative Berechnungsverfahren zur Verfügung:

- **Baugruppenausschuss**
  Fällt der Ausschuss bei der Fertigung der Baugruppe an, wird für das Kopfmaterial im Materialstamm der Baugruppenausschuss prozentual gepflegt. In diesem Fall erhöht das System die zu fertigende Menge automatisch um den prozentualen Ausschuss. Somit erhöht der Baugruppenausschuss die Auftragsmenge der Baugruppen und überträgt sich über die Sekundärbedarfsmengen auf die für die Baugruppe benötigen Komponenten. Bei der Verfügbarkeitsrechnung wird mit der erwarteten Gutmenge gerechnet, die auch in der aktuellen Bedarfs-/Bestandsliste bzw. in der Dispositionsliste angezeigt wird.
- **Komponentenausschuss**
  Es wird die Funktion des Komponentenausschusses verwendet, wenn der Ausschuss bei der Fertigung einer Baugruppe auf Ebene der Komponente anfällt. Der Komponentenausschuss ist auf der Ebene der Komponente entweder im Materialstamm oder in der Stückliste zu pflegen, wobei der in der Stückliste gepflegte Wert den des Materialstamms bei konkurrierenden Einstellungen übersteuert. Der Komponentenausschuss erhöht die Sekundärbedarfsmenge der Komponente, lässt die Beschaffungsmenge der Baugruppe jedoch unberührt. Ist für die übergeordnete Baugruppenebene ebenfalls ein Ausschuss gepflegt, so wird der Komponentenausschuss auf die bereits durch den Baugruppenausschuss erhöhte Beschaffungsmenge berechnet. Diese Logik kann durch Setzen des Nettokennzeichens geändert werden. In diesem Fall wird der Komponentenausschuss auf die Nettoeinsatzmenge der Baugruppe berechnet.
- **Vorgangsausschuss**
  Eine exaktere Ausschussbestimmung wird im Allgemeinen durch die Verwendung des Vorgangsausschusses erreicht. Dieser wird auf die in einem Vorgang zu bearbeitende Menge einer Komponente berechnet und ermöglicht so eine exaktere Disposition, da anders als bei den oben dargestellten Berechnungsverfahren ein prozessbezogener Mengenverbrauch zugrunde liegt. Vorgangsausschuss ist in der Stückliste zu pflegen, zusätzlich muss das Nettokennzeichen gesetzt werden. Dieses bewirkt, dass ein von einer übergeordneten Komponente weitergereichter Baugruppenausschuss vom Vorgangsausschuss übersteuert wird.

Im ERP-System repräsentiert der Baugruppenausschuss die Summe der Vorgangsausschüsse aus dem Arbeitsplan. Wird im ERP-Materialplanungslauf der Arbeitsplan nicht aufgelöst, so kann mittels Baugruppenausschuss die Summe der Vorgangsausschüsse pauschal berücksichtigt werden. Daher dürfen Anwendungen im ERP-System nur eine der beiden Ausschussarten verwenden. Den Baugruppenausschuss des Materialstamms können Sie im ERP-System aus den Vorgangsausschüssen berechnen und aktualisieren (Transaktion CA96).

9.3 Beschaffungsmengenberechnung in SAP APO

Die Beschaffungsmengenberechnung im APO-System wird automatisch bei den folgenden Aktionen durchgeführt:

- automatische Planung
- manuelle Anlage von Zugängen
- Umsetzung von SNP-Aufträgen in PP/DS-Aufträge
- Umsetzung von ATP-Baumstrukturen

Das System führt im Planungslauf zunächst die Losgrößenrechnung unter Beachtung aller Modifikatoren durch. In einem anschließenden Schritt erfolgt die Bezugsquellenauswahl mit der in der Losgrößenrechnung ermittelten Menge. Abschließend erfolgt auf dieser Basis die Planauflösung.

Analog zum ERP-System unterscheidet man im Rahmen der Beschaffungsmengenberechnung auch im APO-System zwischen der Ermittlung der Losgröße und der Ausschussberechnung.

Im Rahmen der Losgrößenrechnung wird bestimmt, wie das System bei der Anlage eines Auftrags die Beschaffungsmenge ermitteln soll. Dabei wird über die Verwendung von Losgrößenmodifikatoren eine Anpassung an fertigungs- oder planungstechnische Randbedingungen wie Mindestbestellmengen erreicht.

Die Einstellungen für die vom System zu verwendenden Losgrößen können dabei je nach Konstellation an verschiedenen Stellen vorgesehen werden. Zum einen können im Lokationsproduktstamm auf der Registerkarte LOSGRÖSSE Einstellungen vorgenommen werden, die viele der für das ERP-System beschriebenen Optionen bereithalten. Zum anderen können in der verwendeten Produktheuristik in den zugehörigen Heuristikeinstellungen Vorgehensweisen zur Bildung von Losen im System hinterlegt werden. Diese werden vom System berücksichtigt, wenn in den Heuristikeinstellungen das Kennzeichen LOSGRÖSSENEINSTELLUNGEN AUS HEURISTIK gesetzt ist. Bestimmte Parameter wie beispielsweise die aus dem ERP-System bekannte exakte Restlosgröße oder die Parameter zur Ermittlung von Sicherheitsbeständen werden jedoch auch bei Verwendung dieser Option aus dem Lokationsproduktstamm gezogen, da sie nicht heuristikspezifisch sind.

Eine in der Praxis häufig eingesetzte Heuristik ist SAP_PP_002 (*Planung von Standardlosen*). Mit dieser Heuristik lassen viele der aus dem ERP-System bekannten Optionen umsetzen. Für Kuppelprodukte, die bei der Produktion eines Materials entstehen ohne dabei das eigentliche Output-Produkt darzustellen (z.B. der Gewinnung von Brennholz bei der Nutzholzproduktion) existiert eine spezifische Abwandlung dieser Heuristik, die SAP_PP_017 (*Planung v. Standardlosen für Kuppelprod.*).

Insgesamt wurden im APO-System viele der aus dem ERP-System bekannten Optionen umgesetzt. Daneben gibt es mit den sogenannten Zielbestandsverfahren zusätzliche Optionen bei der Losgrößenbildung:

- statische Losgrößenverfahren
- periodische Losgrößenverfahren
- optimierende Losgrößenverfahren

9.3.1 Statische Losgrößenverfahren

Analog zum ERP-System sind auch im APO-System verschiedene statische Losgrößenverfahren umgesetzt worden:

- **Exakte Losgröße**
  Falls keine prozessbedingten Einschränkungen vorhanden sind, wird ein Zugang genau in der Höhe des unterdeckten Bedarfs angelegt, wobei der Baugruppenausschuss berücksichtigt wird. Beachten Sie, dass eine Reihe von Anwendungen die exakte Losgröße nicht berücksichtigt (z.B. das Bestellpunktverfahren sowie bestimmte Heuristiken, in denen ein eigenes Losgrößenverfahren hinterlegt ist).
- **Feste Losgröße**
  Dieses Losgrößenverfahren kann nicht mit Losgrößenmodifikatoren kombiniert werden. Dabei müssen Sie beachten, dass im APO-System die feste Losgröße anders definiert ist als im ERP-System, wenn bei einem eigengefertigten Produkt Baugruppenausschuss vorgesehen ist (siehe SAP-Hinweis 390850). Während im ERP-System die Gutmenge als feste Losgröße angesehen wird, legt das APO-System Beschaffungsvorschläge an, bei denen die Gesamtmenge der fixen Losgröße entspricht. Dies ist in der Annahme begründet, dass die feste Losgröße aus einer prozessbedingten Einschränkung resultiert, die auch durch eine ausschussbedingte Erhöhung nicht angepasst werden kann.
- **Zielbestandsverfahren Höchstbestand**
  Aus dem ERP-System ist das statische Losgrößenverfahren *Auffüllen bis zum Höchstbestand* als Zielbestandsverfahren übernommen worden. Dabei gibt

es in der Produktions- und Feinplanung die Möglichkeit, den im Lokationsproduktstamm zu pflegenden Höchstbestand zusätzlich mit der als periodisches Losgrößenverfahren zu interpretierenden Zielreichweite zu kombinieren (additiv bzw. Verwendung des Maximums aus Höchstbestand und Zielreichweite).

Abbildung 9.7 gibt einen Überblick über mögliche Losgrößeneinstellungen des Lokationsproduktstamms (Registerkarte LOSGRÖSSE – VERFAHREN).

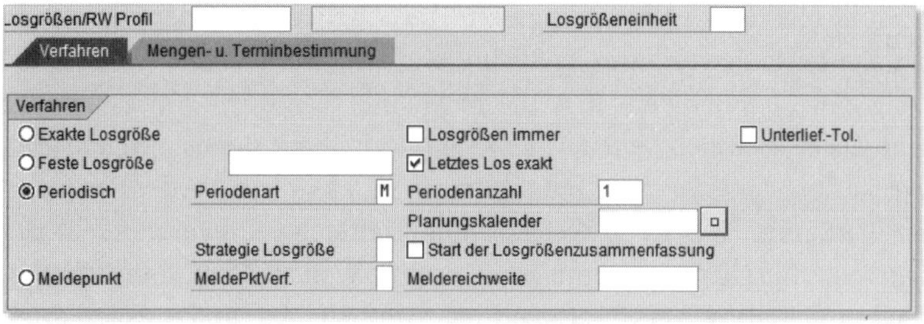

Abbildung 9.7 Einstellung des Losgrößenverfahrens auf der Registerkarte »Losgröße« im Lokationsproduktstamm (Beispiel)

9.3.2 Periodische Losgrößenverfahren

Bei Verwendung von periodischen Losgrößenverfahren werden alle ungedeckten Bedarfe eines vorzugebenden Zeitabschnitts zusammengefasst. Dabei kann einerseits eine Periodenart (z.B. Stunde, Tag) und eine Periodenanzahl angegeben werden. Andererseits kann ebenfalls eine Periodenanzahl in Verbindung mit einem Planungskalender angegeben werden, in dem die Dauer und die Abfolge von Perioden flexibel gewählt wird. Standardmäßig werden die Zugänge zum ersten Bedarfstermin in einer Periode eingeplant. Es kann jedoch davon abweichend im Lokationsproduktstamm festgelegt werden, dass der Wunschverfügbarkeitstermin auf einen anderen Termin innerhalb der vorgegebenen Periode fällt. Hierfür muss das Kennzeichen PERIODENFAKTOR VERWENDEN gesetzt sein und es muss als Periodenfaktor ein Wert zwischen »0« und »1« vorgegeben werden. Dabei wird der Verfügbarkeitstermin vom System aus der Periodendauer sekundengenau ermittelt. So wird beispielsweise bei einer Periodendauer von »1« und einem Periodenfaktor von »0,75« eine Verfügbarkeitszeit von 18 Uhr zugrunde gelegt. Arbeitsfreie Zeiten werden dabei nicht berücksichtigt. In PPM bzw. in der Transportbeziehungen können ebenfalls Periodenfaktoren gepflegt werden. Diese sind jedoch für die Produktions- und Feinplanung nicht relevant.

Periodische Losgrößenverfahren können nur im Zusammenhang mit den Standardheuristiken zur Planung von Standardlosen genutzt werden, nicht jedoch für die Aktionen zur sofortigen Deckung von Sekundärbedarfen. Für diese Aktionen können nur feste oder exakte Losgrößen verwendet werden.

Durch Zusammenfassung der Bedarfsmengen der zugrunde liegenden Periode ergibt sich jeweils eine Gesamtmenge, die das System mit einem oder mehreren Zugängen innerhalb der Periode deckt. Ausschussmengen werden bei eigengefertigten Produkten in der Gesamtbeschaffungsmenge der periodischen Losgröße genauso wie vorzugebende Losgrößenmodifikatoren berücksichtigt.

In der Produktions- und Feinplanung kann zwischen verschiedenen periodischen Ziellagerbestandsverfahren gewählt werden. Zum einen besteht die Möglichkeit, eine Zielreichweite in Arbeitstagen im Lokationsproduktstamm zu hinterlegen. Diese Zielreichweite können Sie optional mit dem statischen Zielbestandsverfahren *Höchstbestand* kombinieren, indem Sie entweder das Maximum oder die Summe aus Höchstbestand und Zielreichweite verwenden. Der Höchstlagerbestand selbst wiederum kann als eine weitere Option mit dem Sicherheitsbestand additiv verknüpft werden. Um Ziellagerbestandsverfahren bei der Planung von Lokationsprodukten zu verwenden, muss die Heuristik zur Planung von Standardlosen SAP_PP_002 eingesetzt werden, die Verfahren stehen nicht für die Aktionen zur sofortigen Deckung von Sekundärbedarfen zur Verfügung. Losgrößenrestriktionen werden berücksichtigt. Abbildung 9.8 zeigt beispielhaft die Pflege eines Ziellagerbestandsverfahrens auf der Registerkarte MENGEN- U. TERMINBESTIMMUNG im Lokationsproduktstamm, die auf der Registerkarte LOSGRÖSSE des Lokationsproduktstamms zu finden ist.

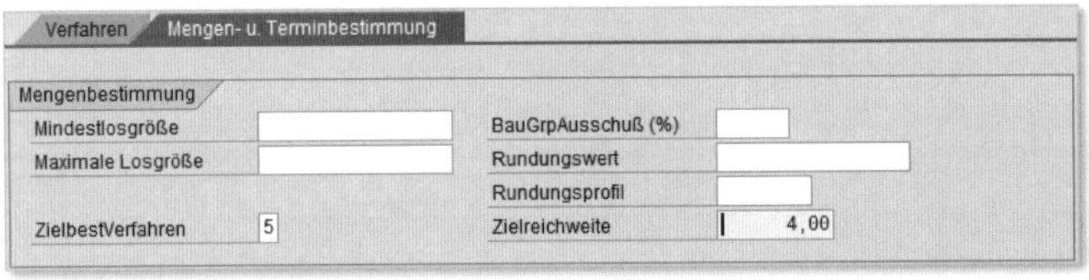

Abbildung 9.8 Einstellung des Zielbestandsverfahrens auf der Registerkarte »Mengen- u. Terminbestimmung« (Registerkarte »Losgröße«) im Lokationsproduktstamm (Beispiel)

9.3.3 Optimierende Losgrößenverfahren

Die optimierenden Losgrößenverfahren sind über entsprechende Heuristiken im APO-System abgebildet. Hier müssen Sie darauf achten, dass die im ERP-System gepflegten Kosteneinstellungen nicht im SAP-Standard an das APO-System übertragen werden. Der Grund ist, dass sich die Definitionen der verwendeten Felder in den beiden Systemen unterscheiden. Im APO-System werden die produktabhängigen Lagerkosten im Lokationsproduktstamm auf der Registerkarte BESCHAFFUNG gepflegt. Dabei wird anders als im ERP-System kein prozentualer

Anteil vom Wert des zu lagernden Materials verwendet, sondern es werden die tatsächlichen Kosten für die Lagerung einer Basismengeneinheit des Produkts pro Tag verwendet. In der Transaktion /SAPAPO/TMREF können Sie den Zeitbezug auch auf andere Zeiteinheiten einstellen. Die losfixen Beschaffungskosten können ebenfalls in der Registerkarte BESCHAFFUNG des Lokationsproduktstamms festgelegt werden. Dabei kann eine Abbildung sowohl über das Feld BESCHAFFUNGSKOSTEN als auch über eine detaillierte Kostenfunktion erfolgen, wobei das System bei Doppelpflege eine höhere Priorität auf die genauer ausdifferenzierte Kostenfunktion legt. Die Kostenfunktion bietet die Möglichkeit, für verschiedene Losgrößenbereiche unterschiedliche Kosten zu hinterlegen, um beispielsweise bestimmte Rabattsysteme abzubilden. Abbildung 9.9 verdeutlicht die Optionen zur Pflege einer Kostenfunktion im APO-System.

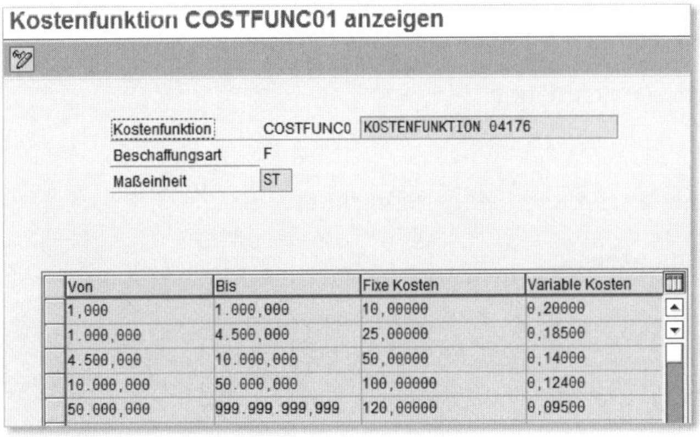

Abbildung 9.9 Kostenfunktion für optimierende Losgrößenverfahren (Beispiel)

Die Beschaffungskosten sind mengenabhängig. In der Kostenfunktion besteht die Möglichkeit, eine mengenabhängige und eine mengenunabhängige Komponente zu verankern. Das APO-System bietet die folgenden optimierenden Verfahren mit einer eigenen Heuristik an:

Stückperiodenausgleichsverfahren (SAP_PP_005)

Beim Stückperiodenausgleichsverfahren werden aufeinanderfolgende Bedarfsmengen zu einem Los zusammengefasst, bis die Summe der Lagerkosten die Rüstkosten übersteigt. Die Beschaffungskosten werden für die zu beschaffende Menge akkumuliert. Die anfallenden Lagerkosten werden absolut und in Sekunden gemessen. Die im Produktstamm angegebenen Kosten werden also auf die Sekundenbasis umgerechnet. Zur Ermittlung der Gesamtlagerkosten werden die Lagerkosten von jedem Periodenabschnitt addiert.

Verfahren nach Groff (SAP_PP_013)

Das Verfahren nach Groff entspricht in seiner Funktion der ERP-Disposition. Im Gegensatz zum Stückperiodenausgleichsverfahren bezieht diese Heuristik aber Lagerkosten tagesgenau ins Kalkül.

Die im APO-System umgesetzten optimierenden Losgrößenverfahren berücksichtigen die folgenden Parameter und Einstellungen:

- Produktaustauschbarkeit
- Losgrößenrestriktionen
- fixierte Pegging-Beziehungen
- Merkmalsbewertung im Pegging (CDP)
- Ausschuss
- Fixierungshorizont
- (dynamische) Sicherheitsbestände
- Sicherheitszeit

Die folgenden Parameter werden nicht berücksichtigt:

- Unter-/Überlieferungstoleranz
- Zielreichweite
- Meldereichweite
- Reifezeit/Haltbarkeit

Least-Unit-Cost-Verfahren Fremdbeschaffung (SAP_PP_006)

Die Heuristik *Least Uni Cost Verf.: Fremdbeschaffung* (SAP_PP_006) plant Bestellmengen für ein Produkt unter Beachtung der Bedarfe und optional der Lagerkosten (tages- oder sekundengenau). Zusätzlich wird die spezifische Lieferantenkonstellation beachtet. Für jeden Lieferanten werden die Stückkosten ermittelt, wobei Lieferperioden und Rabattstaffeln berücksichtigt werden können. Der zugrunde liegende Algorithmus fasst Bedarfe so lange zusammen, bis die Stückkosten ansteigen bzw. die beste Rabattklasse erreicht ist. Hierbei kann es durch die Bedarfszusammenfassung je nach Konstellation dazu kommen, dass Rabattstufen übersprungen werden. Das System ermittelt in diesem Fall auch für alle übersprungenen Rabattstufen die Stückkosten. Aus den ermittelten Alternativen wird die Bestellmenge bestimmt, bei der die Stückkosten minimal sind. In einem folgenden Schritt werden neue Zugangselemente zur Deckung der Bedarfsmengen angelegt.

Dieser Algorithmus berücksichtigt die folgenden Parameter und Einstellungen:

- Produktaustauschbarkeit
- Rundungsparameter
- Baugruppenausschuss
- Planlieferzeiten (aus der Transportbeziehung oder aus dem Lokationsprodukt der Ziellokation)
- Kostenfunktion/Produktbeschaffungskosten aus der Transportbeziehung
- Gültigkeitszeitraum der Transportbeziehung
- Versandkalender aus der Quelllokation

Nicht berücksichtigt werden:

- Losgrößenverfahren
- Mindest- und Maximal-Losgröße
- Sicherheitsbestandsparameter, Melde- und Zielreichweiten
- Unter- und Überlieferungstoleranz
- Reifezeit und Haltbarkeit
- Gesamtauftragsmenge/-bestand verwenden

9.3.4 Losgrößenrestriktionen

Im APO-System sind die Losgrößenmodifikatoren analog zum ERP-System umgesetzt. Die folgenden Restriktionen unterliegen somit den gleichen Gegebenheiten wie im ERP-System:

- Mindestlosgröße
- Maximal-Losgröße
- Rundungswert
- Rundungsprofil

9.3.5 Zusätzliche Losgrößenoptionen

Analog zum ERP-System gibt es im APO-System ebenfalls die Möglichkeit, eine Losgrößenbildung in drei Horizonten vorzunehmen. Hierzu ist die Produktheuristik SAP_PP_004, *Planung von Standardlosen*, in drei Horizonten zu verwenden.

9.3.6 Herkunft der Losgrößeneinstellungen

Ein genereller Unterschied zwischen den beiden SAP-System besteht hinsichtlich der Losgrößenrechnung: Viele der Losgrößeneinstellungen im ERP-System sind zunächst im Customizing zu definieren (z.B. periodische Losgrößen, Planung in mehreren Horizonten, etc.) und dann Materialstamm zuzuordnen. Demgegenüber sind die Einstellungen zur Losgrößenberechnung im APO-System ausnahmslos in der Anwendung zu definieren. In SAP APO ist also keine Customizing-Berechtigung zur Konfiguration von Losgrößeneinstellungen notwendig.

In der Transaktion /SAPAPO/MAT1 können Sie ein Losgrößen- und Reichweitenprofil definieren. Mithilfe dieses Profils, das Sie im Produktstamm zuordnen, können Losgrößeneinstellungen gebündelt vorgenommen werden. Diese erscheinen nach Zuordnung im Produktstamm, sind jedoch dort nicht änderbar. Diese Funktion ist in Ansätzen mit einem ERP-Dispoprofil vergleichbar, wobei hier nur Losgrößeneinstellungen gebündelt werden und auch keine Vorschlagswerte hinterlegt werden können. Abbildung 9.10 zeigt beispielhaft die Anlage einer Losgrößenprofils im Lokationsproduktstamm.

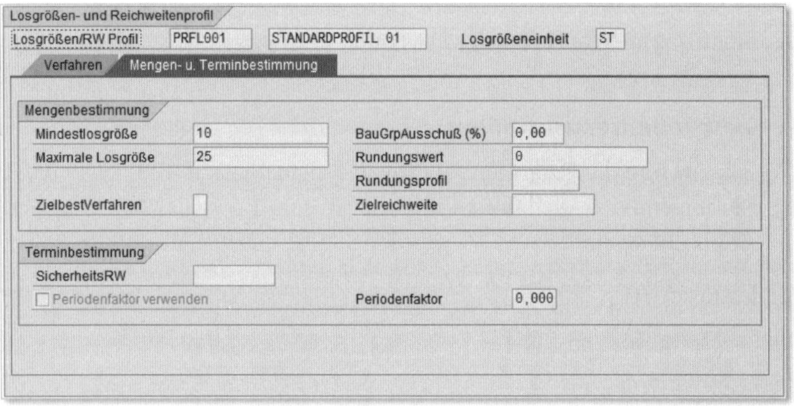

Abbildung 9.10 Anlage eines Losgrößenprofils (Beispiel)

Bei Verwendung von Produktheuristiken im Planungslauf müssen Sie darauf achten, dass die Losgrößeneinstellungen der Produktheuristik gegebenenfalls die Einstellungen des Lokationsproduktstamms übersteuern. Setzen Sie hierzu in den Heuristikeinstellungen das Kennzeichen LOSGRÖSSENEINSTELLUNG AUS HEURISTIK VERWENDEN in den Heuristikeinstellungen auf der Registerkarte LOSGRÖSSE, und pflegen Sie die entsprechenden Losgrößeneinstellungen. Abbildung 9.11 zeigt beispielhaft die Verwendung von Losgrößeneinstellungen aus einer Heuristik bei der Planung von Produkten.

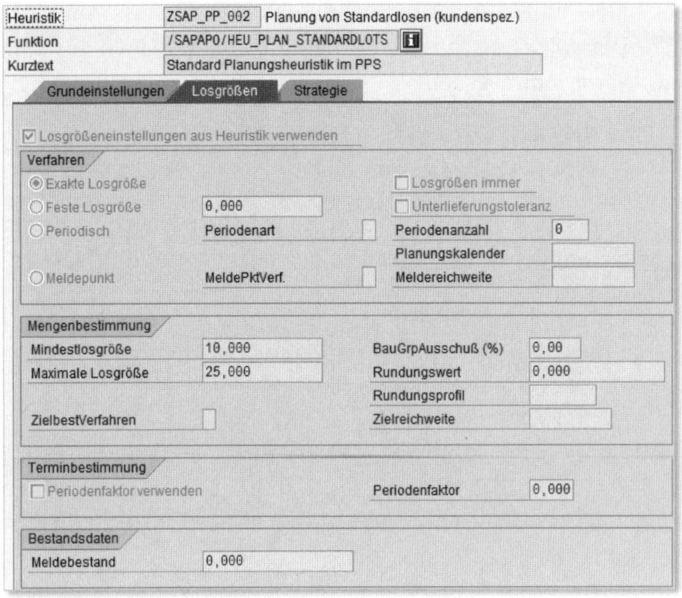

Abbildung 9.11 Verwendung von Losgrößeneinstellungen aus der Produktheuristik (Beispiel)

9.3.7 Berechnung der Ausschussmenge

Analog zum ERP-System beinhaltet die Beschaffungsmengenermittlung im APO-System neben der Losgrößenbestimmung auch die Berechnung der Ausschussmenge. Im Gegensatz zum ERP-System, das mit dem Baugruppen-, dem Komponenten- und dem Vorgangsausschuss drei Ausschussarten kennt, haben Sie im APO-System lediglich die Wahl zwischen zwei verschiedenen Berechnungsoptionen für Ausschuss. Zur Abbildung von Ausschussmengen im Produktionsprozess kennt das APO-System die folgenden beiden Verfahren:

- Baugruppenausschuss
- Aktivitätsausschuss

Baugruppenausschuss

Die Definition des Baugruppenausschusses im APO-System unterscheidet sich von der Definition im ERP-System. Während der Baugruppenausschuss im ERP-System als Prozentsatz der Gutmenge angegeben wird, ist er in SAP APO als Prozentsatz der Gesamtmenge zu verstehen. Hierdurch können extreme Werte wie zum Beispiel eine Produktion von reinem Ausschuss flexibler abgebildet werden. Hier müsste im ERP-System ein unendlicher Wert eingetragen werden, während im APO-System »100%« einzutragen wäre. Im APO-System kann es daher anders als im ERP-System nicht zu einem Ausschuss von mehr als 100% kommen. Der APO-Ausschussfaktor kann folgendermaßen aus dem ERP-Ausschussfaktor bestimmt werden:

BaugrAusschuss_APO = 100 × BaugrAusschuss_ERP / (100 + BaugrAusschuss_ERP)

Da die Konvertierung entsprechend dieser Formel bei der CIF-Übertragung der Materialstämme vorgenommen wird, unterscheiden sich die im ERP-Materialstamm eingetragenen Werte von denen des APO-Produktstamms. Durch Verwendung dieser Konvertierungsformel kommt es zu unvermeidlichen Rundungsunterschieden zwischen dem APO- und dem ERP-System (siehe hierzu SAP-Hinweis 390850).

Der Baugruppenausschuss gilt auch im APO-System unabhängig vom Herstellungsverfahren. Im Planungslauf berechnet das System aus der gewünschten Gutmenge und dem Baugruppenausschuss in % die zu fertigende Beschaffungsmenge nach folgender Formel:

Beschaffungsmenge = Gutmenge × 100% / (100% – Ausschuss in %)

Mit der Beschaffungsmenge erhöhen sich zum einen über die Sekundärbedarfe entsprechend die Komponentenmengen. Zum anderen werden die mengenabhängigen Bearbeitungszeiten und der mengenabhängige Ressourcenverbrauch entsprechend beeinflusst. Der Baugruppenausschuss muss im Lokationsproduktstamm in % eingetragen werden, damit das System den Baugruppenausschuss berücksichtigt. Zur Ermittlung des Baugruppenausschusses gemäß der APO-Einstellung wird zusätzlich de facto eine Bezugsquelle (PPM/PDS) benötigt, da der Auftrag andernfalls nicht im APO-System angelegt werden kann.

Aktivitätsausschuss

Im Unterschied zur Funktionalität des Baugruppenausschusses ist mit dem Verfahren des Aktivitätsausschusses eine Möglichkeit im System verankert, einen vom Herstellungsverfahren abhängigen Ausschuss zu hinterlegen. Im Plan der Bezugsquelle kann detailliert angegeben werden, wie viel Prozent Ausschuss bei jeder Aktivität anfällt. Die Berechnung des Aktivitätsausschusses bezieht sich wie beim Baugruppenausschuss auf die Gesamtmenge des durch die Aktivität zu bearbeitenden Auftragsprodukts. Den Aktivitätsausschuss berücksichtigt das System erst bei der Planauflösung und nicht schon bei der Losgrößenrechnung. Eine nachträgliche Anpassung der Losgröße ist aus Gründen der Performance und zur Verhinderung von Endlosschleifen nicht möglich. Das System bestimmt die Gesamtmenge aus der durch die Aktivität bereitzustellenden Gutmenge und dem Aktivitätsausschuss:

Gesamtmenge = Gutmenge × 100% / (100% – Ausschuss in %)

Dabei ist die gewünschte Gutmenge entweder die Beschaffungsmenge des Auftrags oder die von der Nachfolgeaktivität geforderte Gutmenge. Für jede Aktivität kann wahlweise festgelegt werden, dass die von der Aktivität bereitzustellende Gutmenge die Beschaffungsmenge des Auftrags ist oder die von der Nachfolgeraktivität benötigte Gesamtmenge. Letzteres ist dann relevant, wenn die Nachfolgeaktivität ebenfalls Ausschuss produziert. Die Vorgängeraktivität muss demnach eine Gutmenge bereitstellen, die der von der Nachfolgeraktivität benötigten Gesamtmenge entspricht. So wird eine ausschussbedingte Mengenerhöhung an die Vorgängeraktivität weitergereicht.

Zur Berücksichtigung von Aktivitätsausschuss muss im Plan für die Aktivität ein Ausschuss in % angegeben sein. Zur Weitergabe einer ausschussbedingten Mengenerhöhung an eine vorgelagerte Aktivität muss für die *Anordnungsbeziehung* (AOB) zwischen diesen beiden Aktivitäten das Kennzeichen MATERIALFLUSS gesetzt sein.

Anders als im ERP-System, wo der Baugruppenausschuss eine pauschale Abbildung der Summe der Vorgangsausschüsse ermöglicht, wird der Baugruppenausschuss im APO-System als zusätzlicher Ausschuss interpretiert. Im APO-System können die vorgangsbezogenen Ausschussfaktoren auch bereits während des Planungslaufs berücksichtigt werden. Wird ein integriertes ERP-APO-Szenario verwendet, so empfiehlt sich im APO-System eine isolierte Verwendung entweder des Baugruppen- oder des vorgangsbezogenen Ausschusses. So kann ausgeschlossen werden, dass es bei der Ermittlung von Ausschussmengen zwischen den beiden Systemen zu Differenzen über die angesprochenen Rundungsprobleme hinaus kommt.

Falls der vorgangsbezogene Ausschuss im APO nicht berücksichtigt werden soll, kann die Übertragung in der Schnittstelle durch einen Exit unterbunden werden. Analog dazu kann auch die Übertragung des Baugruppenausschusses verhindert werden (siehe zur Verhinderung der Übertragung der beiden Ausschussarten SAP-Hinweis 390850).

9.4 Fazit

In diesem Kapitel haben wir die Optionen der Beschaffungsmengenermittlung in ERP- und in APO dargestellt. Dabei sind wir auf den betriebswirtschaftlichen Hintergrund eingegangen, der insbesondere aufgrund der Schlüsselfunktion der Beschaffungsmengenermittlung für die Bestandshöhe und damit für optimale Dispositionsprozesse relevant ist.

Nach der Lektüre des Kapitels sollten Sie in der Lage sein, die Möglichkeiten der SAP-Systeme hinsichtlich der Ermittlung der Beschaffungsmengen sowie deren Bedeutung für die Bestandskosten einzuschätzen und auf dieser Grundlage eine produktspezifische Auswahl der Verfahren entsprechend Ihrer Dispositionsziele zu treffen.

Im folgenden Kapitel wird mit der Sicherheitsbestandsplanung eine weitere bedeutende Stellschraube zur Regulierung der Bestandshöhe im Unternehmen erläutert.

Als Sicherheitsbestand bezeichnet man jenen Warenbestand, den der Lagerbestand planerisch nie unterschreiten sollte. Der Sicherheitsbestand fängt mengenmäßige und terminliche Schwankungen der Lagerzugänge und -abgänge auf.

10 Sicherheitsbestandsplanung

In diesem Kapitel erläutern wir die Sicherheitsbestandsplanung. Zunächst geben wir Ihnen einen Überblick über die Definition und die Aufgabe des Sicherheitsbestands. Anschließend stellen wir verschiedene Servicegrad-Definitionen vor. Ein Verständnis der Servicegrad-Definitionen ist notwendig, da dieser Input-Faktor die Höhe des Sicherheitsbestands maßgeblich beeinflusst. Im Weiteren gehen wir kurz auf die Problematik der Festlegung von Sicherheitsbeständen in mehrstufigen MRP-Systemen ein. Schließlich werden die Mechanismen zur Sicherheitsbestandsplanung in SAP ERP und anschließend in SAP APO vorgestellt.

10.1 Aufgabe des Sicherheitsbestands

Aufgabe des Sicherheitsbestands ist es, Unsicherheiten in der Disposition abzufangen, die zu einem Mehrverbrauch während der Wiederbeschaffungszeit führen. Seine Aufgabe ist es somit, Fehlmengen zu verhindern. Aus diesem Grund wird der Sicherheitsbestand nicht zur Deckung der Planbedarfe herangezogen, sondern wird vielmehr bei der Berechnung des Meldebestands zum Verbrauch während der Wiederbeschaffungszeit addiert oder bei der Nettobedarfsrechnung vom verfügbaren Lagerbestand abgezogen. Dies bedeutet jedoch nicht, dass Sie im Fall von auftretenden Planabweichungen versuchen sollten, ein Absinken des Bestands unter den Sicherheitsbestand durch Notmaßnahmen zu verhindern. Gerade für diese Ausnahmesituationen ist der Sicherheitsbestand per Definition vorgesehen.

Die Entscheidung über die Höhe des Sicherheitsbestands ist durch einen Zielkonflikt gekennzeichnet. Je größer der Sicherheitsbestand ist, desto größer sind die durch ihn verursachten Bestandskosten. Gleichzeitig sinken mit steigendem Sicherheitsbestand jedoch die Fehlmengenkosten, da sich der Servicegrad des

Lagers erhöht. Ziel ist es, den Sicherheitsbestand so zu bemessen, dass das Minimum aus Bestands- und Fehlmengenkosten erreicht wird (siehe Abbildung 10.1). Der Sicherheitsbestand bestimmt somit die Strategie zur Sicherung der Lieferfähigkeit.

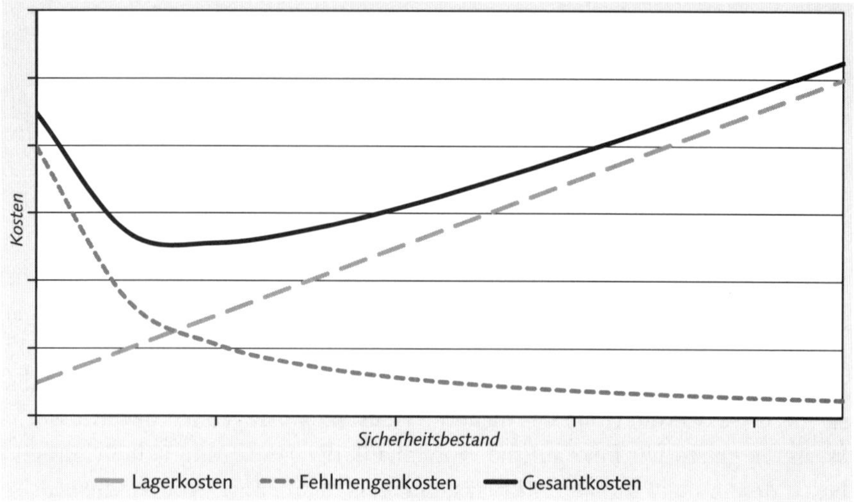

Abbildung 10.1 Zusammenhang zwischen Fehlmengen-, Lagerkosten und Sicherheitsbestand

10.2 Unsicherheiten in der Disposition

Die Unsicherheitsfaktoren bei der Materialdisposition können unterteilt werden in Unsicherheiten seitens des Angebots, des Lagers selbst und Unsicherheiten der Nachfrage.

Auf der Angebotsseite ergibt sich einerseits eine zeitliche Unsicherheit, dass Lieferzeiten durch den Lieferanten oder Eigenfertigungszeiten der Produktion nicht eingehalten werden und so ein verspäteter Lagerzugang eintritt. Gleichzeitig besteht eine mengenmäßige Unsicherheit, wenn die gelieferte Menge von der geplanten Bestell- oder Produktionsmenge abweicht oder wenn Ausschuss auftritt. Die Ursachen für Unsicherheiten auf der Angebotsseite sind vielfältig: Begrenzte Rohstoffverfügbarkeit, knappe Produktionskapazitäten, mangelnde Prozesssicherheit oder Transportverzögerungen sind nur einige Beispiele.

Bezüglich des Lagerbestands kann eine mengenmäßige Unsicherheit über dessen aktuelle Höhe auftreten. So können zum Beispiel aufgrund von Schwund, Qualitätsproblemen oder fehlerhaften Bestandsbuchungen Abweichungen zwischen dem tatsächlichen Lagerbestand und dem verbuchten Bestand auftreten. Diese Unsicherheit kann jedoch durch interne Maßnahmen entsprechend reduziert werden.

Schließlich ergibt sich auf der Nachfrageseite eine Unsicherheit bezüglich der Bedarfsabweichungen. Diese Unsicherheit tritt stets dann auf, wenn der tatsächliche Verbrauch in einer Periode vom prognostizierten oder geplanten Bedarf abweicht. Eine zeitliche Abweichung tritt auf, wenn es zu Auftragsverschiebungen durch Kunden kommt. Ausschließen lassen sich diese Unsicherheiten auf der Nachfrageseite nur bei einer rein auftragsgesteuerten Kundeneinzelfertigung.

Abbildung 10.2 stellt die Auswirkungen der beschriebenen Unsicherheiten auf den Lagerbestand dar.

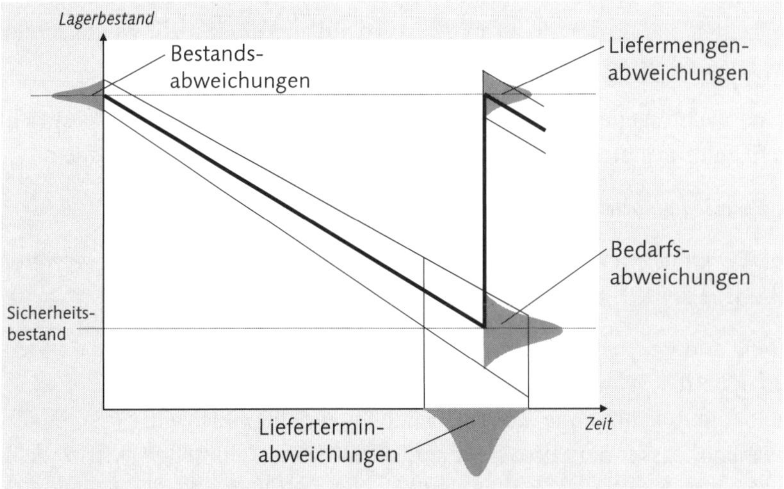

Abbildung 10.2 Unsicherheiten in der Disposition und ihre Auswirkungen auf den Lagerbestand

10.3 Auswahl und Festlegung des Servicegrads

In der Literatur und in der Praxis trifft man auf eine Vielzahl unterschiedlicher Definitionen des Servicegrads und des Lieferbereitschaftsgrads. Da die Festlegung des gewünschten Servicegrads die Höhe des Sicherheitsbestands direkt beeinflusst, ist es entscheidend, den Servicegrad exakt zu definieren. Anschließend können Sie eine Berechnungsmethode auswählen, die auch diese Definition des Servicegrades berücksichtigt. Beispielsweise gibt Pfohl (2004, Seite 39) einen Überblick über 19 verschiedene Formeln zur Berechnung des Servicegrads. In den folgenden Abschnitten erklären wir die beiden Formeln der im SAP-System verwendeten Servicegrade: den Alpha-Servicegrad und den Beta-

Servicegrad. Außerdem erhalten Sie Hinweise zur Auswahl einer geeigneten Servicegrad-Definition.

Hinweis

Ein vollständiges Literaturverzeichnis finden Sie im Anhang dieses Buchs.

10.3.1 Alpha-Servicegrad

Der ereignisorientierte α-Servicegrad (Alpha-Servicegrad) gibt die Wahrscheinlichkeit an, dass ein eintreffender Bedarf vom Lager gedeckt werden kann. Dabei wird die Höhe der eventuellen Fehlmenge nicht berücksichtigt. Wichtig ist in diesem Zusammenhang der Bezugszeitraum, für den die Wahrscheinlichkeit der fehlmengenfreien Lieferung angeben werden soll. Dies wird oftmals nicht beachtet, sodass der Sicherheitsbestand anhand einer nicht gewünschten Servicegrad-Definition berechnet wird.

Wird eine Nachfrageperiode als Zeitrahmen ausgewählt (z. B. Monat), so spricht man vom zeitnormierten α-Servicegrad, im Folgenden als α_{Per} bezeichnet:

$$\alpha_{Per} = \quad P\{Periodennachfragemenge \leq Bestand\ zu\ Beginn\ der\ Periode\}$$

Beispiel: Wenn in zwei Monaten des letzten Jahres eine Fehlmenge aufgetreten ist, so beträgt der α_{Per}-Servicegrad 10/12 = 83,33%.

Eine völlig andere Aussage trifft der beschaffungszeitnormierte Alpha-Servicegrad. Er gibt die Wahrscheinlichkeit an, dass innerhalb der Wiederbeschaffungszeit keine Fehlmenge auftritt. Dies entspricht gleichzeitig der Wahrscheinlichkeit, dass innerhalb eines Lieferzyklus keine Fehlmenge auftritt, da in der Zeit vor Beginn der Wiederbeschaffungszeit (WZB) der Bestand größer als der Bestellpunkt ist und somit keine Fehlmengen auftreten. Die entsprechende Formel lautet:

$$\alpha_{Zyk} = \quad P\{Nachfragemenge\ in\ der\ Wiederbeschaffungszeit \leq Bestand\ zu\ Beginn\ der\ Wiederbeschaffungszeit\}$$

Bei Verwendung der in der Literatur oft angegebenen Standardformel zur Berechnung des Sicherheitsbestands

$$SB = k \times \sigma_{WBZ} \qquad mit \quad k: Sicherheitsfaktor\ und \quad \sigma_{WBZ}: Standardabweichung\ des\ Bedarfs\ in\ der\ WBZ$$

wird der Sicherheitsbestand auf Grundlage des α_{Zyk}-Servicegrads berechnet. Dies wird oftmals nicht erläutert, sodass der später nach einer anderen Definition gemessene Servicegrad nicht mit dem, der zur Berechnung verwendet wurde, übereinstimmt. Auch die automatische Berechnungsmethode des SAP

ERP-Systems und die erweiterten Methoden des SAP SCM-Systems benutzen den Alpha-Zyklus-Servicegrad.

Ein konstanter α_{Zyk}-Servicegrad für das gesamte Artikelspektrum eines Lagers ist jedoch oft keine sinnvolle Kennzahl. Er bestimmt lediglich, mit welcher Wahrscheinlichkeit eine Fehlmengensituation in einem Lieferzyklus auftritt. Da die Länge der Lieferzyklen von Lagerartikel oft variiert, legt er nicht fest, wie oft eine Fehlmengensituation in einer bestimmten Zeitperiode auftritt. Beträgt beispielsweise die Nachschubfrequenz für einen Artikel 50 pro Jahr, so ist bei einem α_{Zyk}-Servicegrad von 98% bereits in einem Jahr ein Lieferzyklus mit Fehlmenge zu erwarten. Wird ein Artikel jedoch nur zweimal pro Jahr beschafft, so ist ein solcher Lieferzyklus erst innerhalb von 50 Jahren zu erwarten.

10.3.2 Beta-Servicegrad

Der Beta-Servicegrad (β-Servicegrad) ist eine mengenorientierte Kennziffer, bei deren Errechnung der Anteil der Gesamtnachfrage pro Periode gemessen wird, der ohne Verzug vom Lager bedient werden kann.

$$\beta = 1 - \frac{E\{Fehlmenge\ pro\ Periode\}}{E\{Periodennachfragemenge\}}$$

Diese Definition ist grundsätzlich periodenbezogen, da die Fehlmenge während einer bestimmten Zeitdauer stets durch die gesamte Nachfrage in dieser Zeitdauer dividiert wird. Das SAP SCM-System bietet die Möglichkeit, den Sicherheitsbestand auf der Grundlage des Beta-Servicegrads zu berechnen.

Beispiel: Wenn in einem Jahr 1.000 Stück eines Materials ohne Verzug ausgeliefert werden konnten und bei 20 Stück Fehlmengen auftraten, so beträgt der Beta-Servicegrad 1000/1020 = 98,04%.

10.3.3 Festlegung des Servicegrads

Eine Entscheidungshilfe für die Wahl des Lieferbereitschaftsgrads bietet die Antwort auf die Frage, ob mit der Nachlieferung einer Fehlmenge fehlmengenunabhängige oder fehlmengenabhängige Kosten verbunden sind. Überwiegen die fehlmengenunabhängigen (fixen) Kosten einer Nachlieferung, so empfiehlt sich ein Alpha-Lieferbereitschaftsgrad. Überwiegen die fehlmengenabhängigen (variablen) Kosten einer Nachlieferung, so ist die Verwendung eines Beta-Lieferbereitschaftsgrads sinnvoll.

Eine Berechnung des kostenoptimalen Servicegrads durch Minimierung der Summe aus Fehlmengenkosten und Bestandskosten ist in der Praxis oft nicht möglich, da eine exakte Bestimmung der Fehlmengenkosten schwierig ist.

Daher wird der Servicegrad oft vom Management vorgegeben. Dieses Vorgehen beruht im Wesentlichen auf der Annahme von Fehlmengenkosten und Bestandskosten. Die Gleichung zur Errechnung des optimalen Servicegrads lautet wie folgt:

$$\alpha_{Zyk} = 1 - \frac{\textit{Losgröße} \times \textit{Preis} \times \textit{Bestandskostensatz}}{\textit{Jahresbedarf} \times \textit{Fehlmengenkosten pro Verbrauchseinheit}}$$

Aus dieser Gleichung lassen sich einige Handlungsempfehlungen ableiten:

- Für Artikel mit hohen Lagerkosten (z. B. hoher Wert, Speziallager) sollte ein niedriger Servicelevel angesetzt werden und vice versa.
- Für kritische Artikel mit hohen Fehlmengenkosten (z. B. Artikel zur Versorgung von Engpassmaschinen) sollte ein hoher Servicelevel gewählt werden.
- Artikel, die in großen Losgrößen beschafft werden, benötigen einen geringeren Alpha-Zyklus-Servicelevel. Dieses Vorgehen entspricht dem beschriebenen Nachteil des Alpha-Zyklus-Servicelevels.
- Sind die Fehlmengenkosten unabhängig vom Wert eines Artikel (wie z. B. in einem Lager zur Versorgung der Produktion), so ist es sinnvoll, für Artikel mit geringerem Wert einen höheren Servicegrad anzusetzen als für teuere Artikel.

10.4 Sicherheitsbestände bei mehrstufigen Stücklisten

Bei der verbrauchsgesteuerten Disposition wird die Sicherheitsbestandsberechnung isoliert von einem übergeordneten Produktionsprogramm gesehen. Der Periodenbedarf wird lediglich aus den Verbrauchsdaten des Artikels prognostiziert. Die Bestimmung des Sicherheitsbestands reduziert sich auf ein einstufiges System, da eine Dispositionsentscheidung lediglich auf Grundlage der Daten einer Dispostufe getroffen wird.

In vielen Unternehmen wird ein Großteil der Sekundärbedarfe jedoch plangesteuert disponiert. In diesen Fällen sind die abhängigen Sekundärbedarfsmengen und -termine durch das Zusammenwirken von Produktionsprogramm, Stücklistenbeziehungen und Wiederbeschaffungszeiten fixiert. In einem solchen mehrstufigen MRP-System wird die Dispositionsentscheidung für alle Stufen durch die zentrale Nettobedarfsrechnung bestimmt. Zwar befassen sich viele aktuelle Studien mit einer gleichzeitigen Optimierung der Sicherheitsbestände auf allen Ebenen des MRP-Systems, jedoch ist dies aufgrund der Komplexität zurzeit in der Praxis noch nicht durchführbar – auch nicht im SAP ERP-System.

Hinweis

Eine Lösung dieses Problems bietet der SAP-Software-Partner SmartOps, *http://www.smartops.com*.

Somit muss der Disponent entscheiden, für welche Materialien Sicherheitsbestände gehalten werden sollen. In der Logistikliteratur wird empfohlen, Sicherheitsbestände nur für Endprodukte, Kaufteile und Rohmaterialien vorzuhalten, da Unsicherheiten insbesondere vom Beschaffungsmarkt oder vom Absatzmarkt herrühren. Sicherheitsbestände können insbesondere für folgende Teile sinnvoll sein:

- Teile mit direktem externem Verbrauch, zum Beispiel Endprodukte und Ersatzteile, wenn eine zeitnahe Endmontage nicht möglich ist
- Teile, die von Prozessen mit stark schwankenden Ausbringungsmengen hergestellt werden.
- Teile, die von Engpass-Prozessen hergestellt werden
- halbfertige Teile, die in vielen Stücklisten verwendet werden
- Rohmaterialien

Oftmals wird diese Fragestellung nicht umfassend geklärt, sodass auf allen Dispostufen Sicherheitsbestände und gegebenenfalls noch zusätzliche zeitliche Puffer im SAP-System eingestellt werden. Durch die Aggregation über alle Ebenen führt dies dann zu überhöhten Beständen.

10.5 Sicherheitsbestandsplanung in SAP ERP

Im SAP ERP-System gibt es zwei Arten von Sicherheitspuffern, die eingeplant werden können, um Unsicherheiten in der Disposition zu berücksichtigen. Als Mengenpuffer bietet SAP ERP die folgenden Funktionen:

- manueller Sicherheitsbestand
- automatisch berechneter Sicherheitsbestand
- Erweiterung durch teilweise verfügbaren Sicherheitsbestand
- dynamischer Sicherheitsbestand

Als zeitlicher Puffer bietet sich die Bedarfsvorlaufszeit an.

10.5.1 Manueller Sicherheitsbestand

Als einfachste Möglichkeit der Sicherheitsbestandsplanung können Sie manuell einen Sicherheitsbestand pro Material in der Registerkarte DISPOSITION 2 je Werk oder je Dispobereich eintragen (siehe Abbildung 10.3).

Abbildung 10.3 Sicherheitsbestand manuell eintragen

Bei den Dispoverfahren, bei denen eine Nettobedarfsrechnung durchgeführt wird, zum Beispiel bei der plangesteuerten und der stochastischen Disposition, wird der Sicherheitsbestand vom verfügbaren Bestand abgezogen. Diese Bestandsmenge steht somit planerisch nicht zur Verfügung. Die Bedarfsplanung füllt den Sicherheitsbestand bei Unterschreiten wieder auf. Dies ist auch dann der Fall, wenn der Sicherheitsbestand nur um eine geringe Menge unterschritten wird. Dieser Sicherheitsbestand ist statisch, also unabhängig von den Bedarfsmengen. Er wird in einer eigenen Zeile (Dispoelement SHBEST) in der aktuellen Bedarfs- und Bestandsliste angezeigt (siehe Abbildung 10.4).

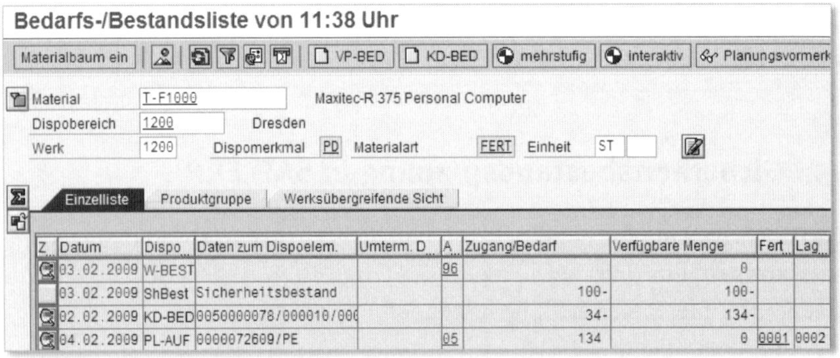

Abbildung 10.4 Statischer Sicherheitsbestand in der Transaktion MD04

Bei der Disposition per Meldebestand spielt der Sicherheitsbestand bei der Berechnung der Unterdeckungsmenge keine Rolle, da der Meldebestand bereits den Sicherheitsbestand beinhaltet. Der Meldebestand ist die Summe aus Bedarf in der Wiederbeschaffungszeit und dem Sicherheitsbestand. Bei Unterschreitung des Sicherheitsbestands erhält der Disponent jedoch eine Ausnahmemeldung.

Im Normalfall ist der Sicherheitsbestand nicht dispositiv verfügbar. Das bedeutet, dass bei einer Unterdeckung von 1 Stück und keinem anderen Bedarf eine

Menge von 1 beschafft wird, um den Sicherheitsbestand wieder aufzufüllen (siehe Abbildung 10.5).

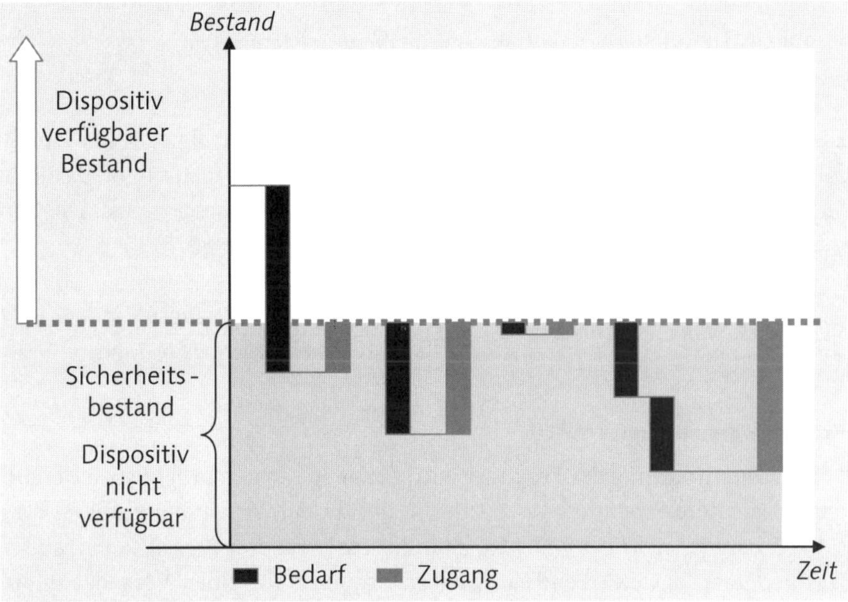

Abbildung 10.5 Nicht dispositiv verfügbarer Sicherheitsbestand

Da dieses Verhalten zu sehr kleinen Beschaffungsvorschlägen führen kann, gibt es die Möglichkeit, im Customizing der Bedarfsplanung pro Werk und Dispogruppe einen prozentualen Anteil des Sicherheitsbestands dispositiv verfügbar zu machen (Customizing-Schritt: *Verfügbarkeit des Sicherheitsbestands festlegen*). Erst wenn der verfügbare Anteil des Sicherheitsbestands unterschritten wird, wird ein neuer Bestellvorschlag generiert, und das Lager wird mindestens bis zum Sicherheitsbestand aufgefüllt. So wird vermieden, dass für sehr kleine Unterdeckungen eigene Bestellvorschläge generiert werden. Dadurch sinkt der administrative Aufwand, und die Planung wird beruhigt.

10.5.2 Automatisch berechneter Sicherheitsbestand

In SAP ERP ist ebenfalls eine automatische Berechnung des Sicherheitsbestands möglich. Diese Berechnung berücksichtigt von den oben beschriebenen Unsicherheiten allerdings nur die Prognoseungenauigkeit (im ERP-System als MAD gemessen und in der Registerkarte PROGNOSE im Materialstamm zu sehen). Folgende Punkte sind Voraussetzung für eine automatische Berechnung:

- Aktivierung der automatischen SB-Berechnung im Customizing des Dispomerkmals
- Pflege des Lieferbereitschaftsgrads in der Registerkarte DISPOSITION 2
- Pflege der Wiederbeschaffungszeit im Materialstamm
- Prognose zur Ermittlung der MAD (Transaktion MPBT)

Die automatische Berechnung des Sicherheitsbestands erfolgt mit der Durchführung der Prognose. Der ermittelte Wert wird automatisch in das Feld SICHERHEITSBESTAND auf der Registerkarte DISPOSITION 2 geschrieben. Die Formel zur Berechnung des Sicherheitsbestands lautet wie folgt:

$$Sicherheitsbestand = Sicherheitsfaktor\ (LBG) \times \sqrt{\frac{WBZ\ in\ Tagen}{Prognoseperiode\ in\ Tagen}} \times MAD$$

Prognosegenauigkeit (MAD)

Bei der Durchführung der Prognose wird zusätzlich zu den prognostizierten Bedarfen auch die Prognosegüte mit der Kennzahl *mittlere absolute Abweichung* (MAD) berechnet. Die MAD wird mithilfe einer Ex-post-Prognose berechnet. Das bedeutet, dass während der Materialprognose für einen Vergangenheitszeitraum nochmals eine Prognose durchgeführt wird. Anschließend können Sie für diesen Zeitraum anhand der Prognosewerte und der wahren Verbrauchswerte die MAD berechnen. Sie können den MAD-Wert auf der Registerkarte PROGNOSE über den Button PROGNOSEWERTE einsehen (siehe Abbildung 10.6).

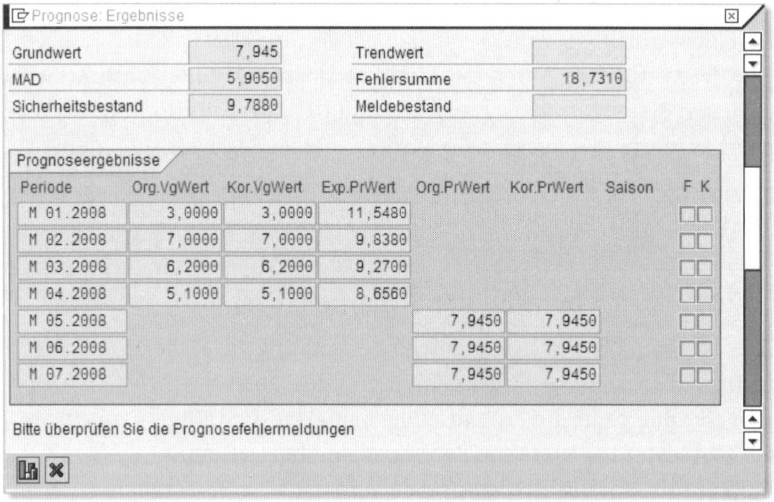

Abbildung 10.6 Prognoseergebnis mit der Kennzahl MAD

Lieferbereitschaftsgrad

Der Lieferbereitschaftsgrad, der im SAP ERP-System zum Einsatz kommt, ist der Alpha-Zyklus-Servicegrad. Dieser gibt die Wahrscheinlichkeit an, mit der innerhalb der Wiederbeschaffungszeit (= Lieferzyklus) keine Fehlmenge auftritt. Beachten Sie, dass dieser Lieferbereitschaftsgrad keine mengenorientierte Größe ist (so können 98% der Bedarfsmenge ohne Fehlmengen bedient werden), sondern immer auf die Periode der Wiederbeschaffungszeit bezogen ist. Wird zum Beispiel ein Produkt in sehr kleinen Losen und damit täglich bestellt, so ergeben sich statistisch pro Jahr öfter Fehlmengen als bei einem Produkt, dass in sehr großen Losen und somit halbjährlich bestellt wird.

Mithilfe der Annahme, dass der Prognosefehler normalverteilt ist, ist es nun möglich, den Sicherheitsbestand als Vielfaches der Standardabweichung (oder der MAD) anzugeben. Dieser Bestand bietet dann eine Absicherung gegen den Mehrverbrauch in der Wiederbeschaffungszeit mit der gewünschten Wahrscheinlichkeit. Abbildung 10.7 zeigt, dass ohne jeglichen Sicherheitsbestand die Kundenbedarfe zu 50% gedeckt werden können. Ferner ist ersichtlich, dass es nahezu unmöglich ist, den Kundenbedarf 100% der Zeit zu decken. Soll der Lieferbereitschaftsgrad 97,72% betragen, so muss der Sicherheitsbestand das Zweifache der Standardabweichung der Prognose betragen.

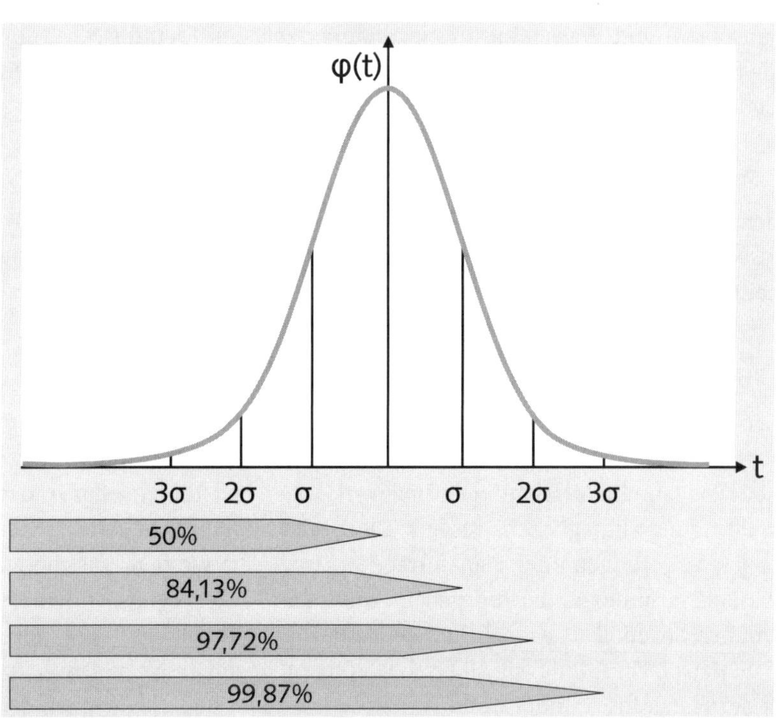

Abbildung 10.7 Normalverteilung

Das Vielfache der Standardabweichung wird oftmals als Sicherheitsfaktor bezeichnet. Tabelle 10.1 gibt einen Überblick über die Sicherheitsfaktoren (SF), abhängig vom gewünschten Lieferbereitschaftsgrad (LGB).

LBG	70%	80%	85%	90%	93%	95%	97%	98%	99%	99,5%
SF	0,52	0,84	1,04	1,28	1,44	1,64	1,88	2,05	2,33	2,58

Tabelle 10.1 Sicherheitsfaktoren bei verschiedenen Lieferbereitschaftsgraden

Wiederbeschaffungszeit

Die Wiederbeschaffungszeit ist ebenfalls Teil der Sicherheitsbestandsformel, da der Alpha-Zyklus-Servicegrad die Wahrscheinlichkeit von Fehlmengen in der Wiederbeschaffungszeit angibt. Daher muss die MAD, die sich auf eine Prognoseperiode bezieht (also je nach Periodenkennzeichen im Materialstamm auf eine Woche oder einen Monat), auf die Länge der Wiederbeschaffungszeit umgerechnet werden:

$$MAD_{WBZ} = \sqrt{\frac{\text{Anzahl der Arbeitstage der Wiederbeschaffungszeit}}{\text{Anzahl der Arbeitstage der Prognoseperiode}}} \times MAD$$

Die Lieferzeit berechnet das System bei Eigenfertigung aus Eigenfertigungszeit (in Arbeitstagen) und Wareneingangsbearbeitungszeit. Bei Fremdbeschaffung ist die Lieferzeit die Summe aus Wareneingangsbearbeitungszeit, Planlieferzeit (in Kalendertagen) und Bearbeitungszeit des Einkaufs.

Untere Grenze für den Sicherheitsbestand

Zusätzlich können Sie in der Registerkarte Disposition 2 mit dem minimalen Sicherheitsbestand eine Untergrenze angeben, die der automatisch berechnete Sicherheitsbestand nicht unterschreiten darf.

10.5.3 Bedarfsvorlaufzeit

Zusätzlich zum mengenmäßigen Sicherheitsbestand bietet SAP ERP die Möglichkeit, zeitliche Unsicherheiten mit einer Sicherheitszeit abzupuffern. Mit der Sicherheitszeit können Verspätungen unzuverlässiger Lieferanten oder in der eigenen Fertigung ausgeglichen werden. Die Bedarfsvorlaufzeit bewirkt, dass die Bestellanforderungen oder Planaufträge so terminiert werden, dass deren Verfügbarkeitstermine um die angegebene Anzahl an Arbeitstagen vor den Bedarfsterminen liegen. Die tatsächlichen Bedarfstermine werden nicht geändert. Wie Sie im Beispiel in Abbildung 10.8 sehen können, liegen die Verfügbarkeitstermine der Planaufträge immer fünf Arbeitstage vor den Bedarfsterminen der Sekundärbedarfe.

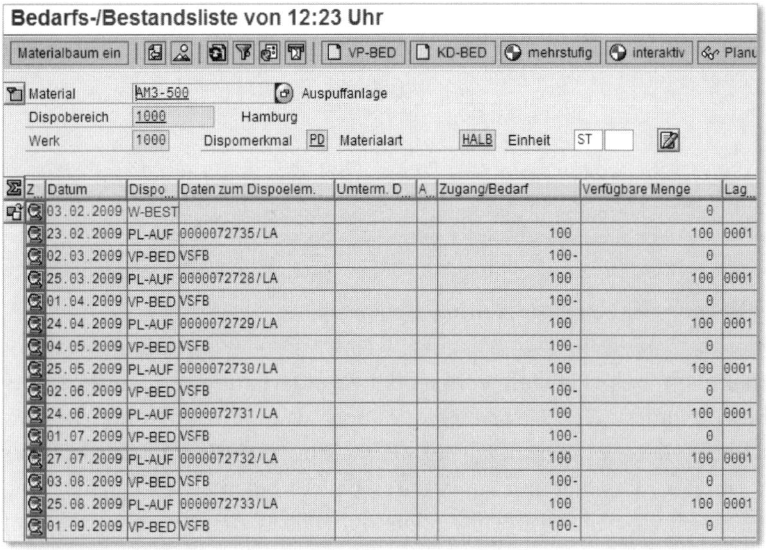

Abbildung 10.8 Transaktion MD04 mit Bedarfsvorlaufzeit

Die Bedarfsvorlaufzeit wird in der Registerkarte DISPOSITION 2 des Materialstamms je Werk in Arbeitstagen gepflegt (siehe Abbildung 10.9). Mit dem Bedarfsvorlaufkennzeichen wird festgelegt, ob die Bedarfsvorlaufzeit nicht berücksichtigt werden soll (»blank«), nur im Falle von Primärbedarfen (»1«) oder bei allen Bedarfen berücksichtigt werden soll (»2«).

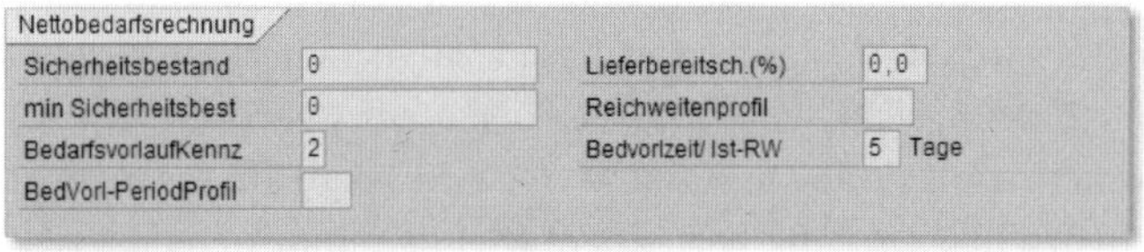

Abbildung 10.9 Stammdaten der Sicherheitszeit

Zusätzlich können Sie mithilfe eines Bedarfsvorlaufperiodenprofils frei definierbare Perioden mit abweichenden Bedarfsvorlaufzeiten definieren. So können zum Beispiel für Perioden, in denen eine spezielle Marketingkampagne durchgeführt wird oder besondere hohe Verzögerungen zu erwarten sind, längere Sicherheitszeiten definiert werden. Bedarfsvorlaufperiodenprofile können Sie ebenfalls auf der Registerkarte DISPOSITION 2 eines Materials eintragen. Die Profile müssen Sie jedoch vorher im Customizing definieren (siehe Abbildung 10.10).

Häufig tritt in Projekten das Problem auf, dass sowohl auf Endprodukt- als auch auf Baugruppenebene eine Bedarfsvorlaufzeit definiert wird.

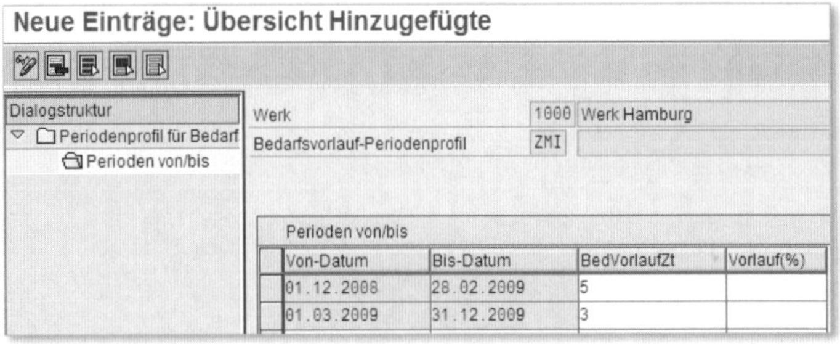

Abbildung 10.10 Periodenprofil der Bedarfsvorlaufzeit

Zusätzlich enthalten die Planlieferzeiten oder Eigenfertigungszeiten oftmals bereits Sicherheitspuffer. Des Weiteren gibt es noch weitere Pufferzeiten im ERP-System wie zum Beispiel Wareneingangsbearbeitungszeit, Bearbeitungszeit des Einkaufs, Horizontschlüssel und Pufferzeiten bei der Eigenfertigung. Diese Zeiten addieren sich über alle Dispostufen. Dies führt dazu, dass Komponenten auf den unteren Dispostufen deutlich früher beschafft werden als sie benötigt werden. Daher sollten Sie im Rahmen einer Dispositionsoptimierung genau festlegen, auf welchen Dispostufen (z.B. nur auf Kaufteilen oder nur auf Endprodukten) Sicherheitszeiten und auch Sicherheitsbestände für Ihre spezifischen Prozesse sinnvoll sind.

10.5.4 Dynamischer Sicherheitsbestand

Die Reichweitenrechnung bietet die Möglichkeit, einen dynamischen, also einen auf dem durchschnittlichen Tagesbedarf basierenden Sicherheitsbestand zu verwenden. Beim Planungslauf wird pro Dispoelement überprüft, ob die verfügbare Menge unter dem Mindestbestand liegt. Ist dies der Fall, erzeugt das System einen Bestellvorschlag, um die verfügbare Menge mindestens bis zum Sollbestand aufzufüllen. Der Sollbestand stellt somit den dynamischen Sicherheitsbestand dar. Bei Überschreitung des Maximalbestands wird die Menge angepasst, wenn es sich um einen nicht fixierten Bestellvorschlag handelt (siehe Abbildung 10.11). Bei fixierten Bestellvorschlägen wird eine Ausnahmemeldung ausgegeben. Ein zusätzlich hinterlegter statischer Sicherheitsbestand und der dynamische Sicherheitsbestand addieren sich. Die Berechnung berücksichtigt nur die Bedarfe, die in der Bedarfs-/Bestandsliste im Nettoabschnitt oder im Bruttoabschnitt aufgelistet sind, jedoch nicht Bedarfe in anderen Dispositionsabschnitten, wie zum Beispiel *Vorplanung ohne Endmontage*.

Die Mindest-, Soll- und Maximalbestände werden anhand eines Reichweitenprofils berechnet, das im Customizing-Schritt *Reichweitenprofil festlegen* der Bedarfsplanung erstellt wird (siehe Abbildung 10.12).

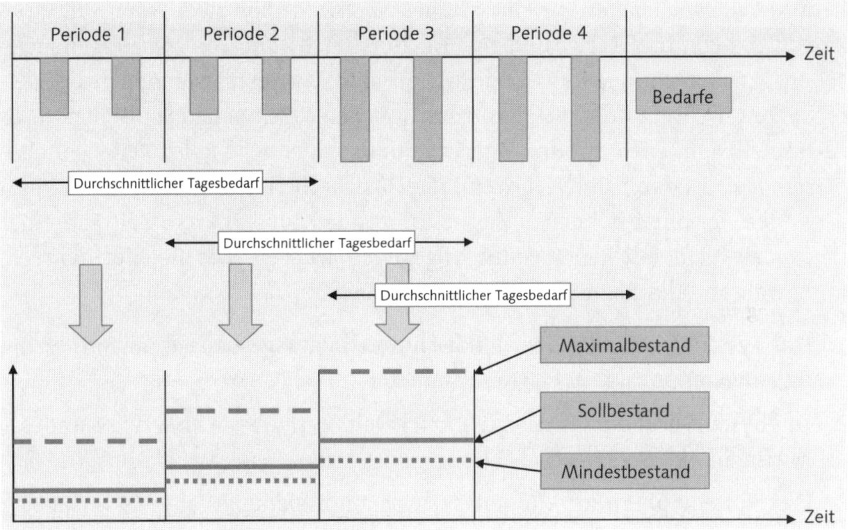

Abbildung 10.11 Dynamischer Sicherheitsbestand

Anschließend kann dieses Profil in der Registerkarte DISPOSITION 2 im Feld REICHWEITENPROFIL einem Material zugewiesen werden. In dem unten aufgeführten Beispielprofil wird die Reichweitenrechnung pro Monat durchgeführt (Periodenkennzeichen = Monat). Zur Berechnung des durchschnittlichen Tagesbedarfs werden die Bedarfe der nächsten drei Monate summiert (Anzahl Perioden = 3) und anschließend durch 60 Tage geteilt (Art Periodenlänge = Normtage, Anzahl Normtage = 20).

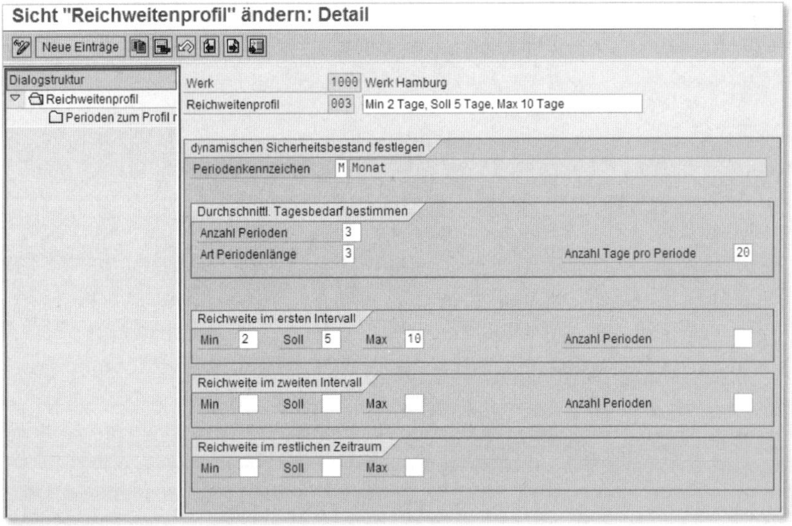

Abbildung 10.12 Customizing des Reichweitenprofils

In diesem Beispiel haben wir eine Mindestreichweite von zwei Tagen, eine Soll-Reichweite von fünf Tagen und eine Maximalreichweite von zehn Tagen angegeben. Zur Berechnung der Mindest-, Soll- und Maximalbestände wird der errechnete durchschnittliche Tagesbedarf mit den Reichweiten multipliziert. Es ist zusätzlich möglich, für drei Intervalle unterschiedliche Reichweiten zu definieren. Dies ist dann sinnvoll, wenn die Unsicherheit in weiter in der Zukunft liegenden Perioden höher ist. Zusätzlich können für konkrete Zeiträume per Datum abweichende Reichweiten angegeben werden. Die Reichweitenrechnung während des Planungslaufs läuft wie folgt ab:

1. Das System berechnet den durchschnittlichen Tagesbedarf anhand der im Reichweitenprofil festgelegten Parameter.
2. Das System liest die festgelegten Reichweiten und berechnet den Mindest-, Maximal- und Soll-Bestand.
3. Das System überprüft für jedes Dispositionselement, ob die verfügbare Menge unter dem Mindestbestand liegt. Wird der Mindestbestand durch einen Bedarf unterschritten, erzeugt das System einen Beschaffungsvorschlag, sodass die verfügbare Menge wieder bis zum Soll-Bestand aufgefüllt wird.

Das Ergebnis der Reichweitenrechnung können Sie sehr gut in der Periodensicht der Bedarfs-/Bestandsliste überprüfen. Hier werden der berechnete Tagesbedarf und die sich daraus ergebenden Mindest-, Soll- und Maximalbestände angezeigt. Im Beispiel in Abbildung 10.13 beträgt der durchschnittliche Tagesbedarf in den Perioden 03/09–11/09 5 Stück (300 Stück / 60 Tage). Aufgrund einer Soll-Reichweite von fünf Tagen ergibt sich ein Soll-Bestand von 25 Stück. Der verfügbare Bestand wird also innerhalb dieser Perioden nicht unter 25 Stück sinken.

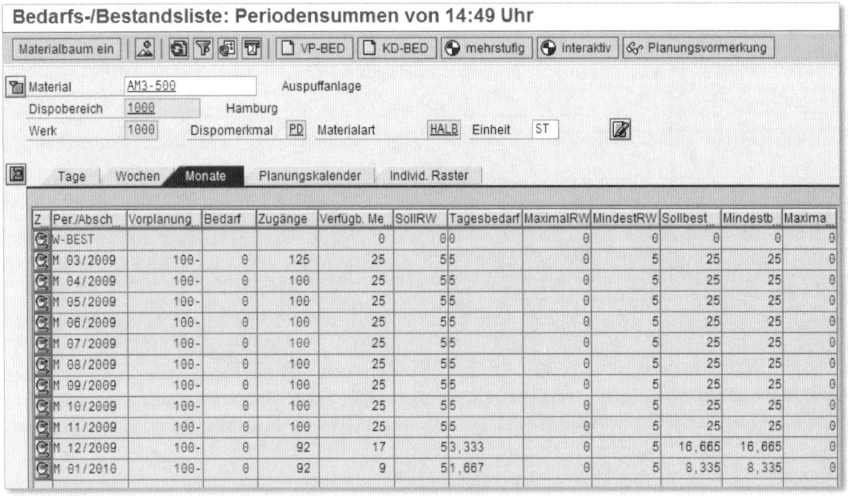
Bedarfs-/Bestandsliste: Periodensummen von 14:49 Uhr

Materialbaum ein | VP-BED | KD-BED | mehrstufig | interaktiv | Planungsvormerkung

Material AM3-500 Auspuffanlage
Dispobereich 1000 Hamburg
Werk 1000 Dispomerkmal PD Materialart HALB Einheit ST

Tage | Wochen | Monate | Planungskalender | Individ. Raster

Z	Per./Absch	Vorplanung	Bedarf	Zugänge	Verfügb. Me	SollRW	Tagesbedarf	MaximalRW	MindestRW	Sollbest	Mindestb	Maxima
	W-BEST				0	0	0	0	0	0	0	0
	M 03/2009	100-	0	125	25	5	5	0	5	25	25	0
	M 04/2009	100-	0	100	25	5	5	0	5	25	25	0
	M 05/2009	100-	0	100	25	5	5	0	5	25	25	0
	M 06/2009	100-	0	100	25	5	5	0	5	25	25	0
	M 07/2009	100-	0	100	25	5	5	0	5	25	25	0
	M 08/2009	100-	0	100	25	5	5	0	5	25	25	0
	M 09/2009	100-	0	100	25	5	5	0	5	25	25	0
	M 10/2009	100-	0	100	25	5	5	0	5	25	25	0
	M 11/2009	100-	0	100	25	5	5	0	5	25	25	0
	M 12/2009	100-	0	92	17	5	3,333	0	5	16,665	16,665	0
	M 01/2010	100-	0	92	9	5	1,667	0	5	8,335	8,335	0

Abbildung 10.13 Periodensummen bei der Reichweitenrechnung

In den Perioden 12/09 und 01/10 nimmt der Tagesbedarf ab, da keine weiteren Bedarfe nach diesen Perioden vorliegen. Daher nimmt auch der Sollbestand ab.

10.6 Sicherheitsbestandsplanung in SAP APO

Die Methoden der Sicherheitsbestandsplanung in den Komponenten PP/DS (Produktions- und Feinplanung) von SAP APO werden unterschieden in Standardmethoden, bei denen der Disponent die notwendigen Informationen zur Bestimmung des Sicherheitsbestands direkt vorgeben muss, und erweiterte Methoden, die den Sicherheitsbestand auf Basis von Lieferbereitschaftsgrad, aktueller Bedarfsprognose und historischer Daten berechnen.

Im Modell-/Planversionsverwalter in der Planversion im Feld BERÜCKSICHTIGUNG SICHERHEITSBESTAND muss eine Berücksichtigung des Sicherheitsbestands in der PP/DS-Planung festgelegt sein (siehe Abbildung 10.14). Standardmäßig können Sicherheitsbestände im LiveCache nur bei Verwendung von statischen Sicherheitsbeständen (Methode SB and SM) erzeugt werden.

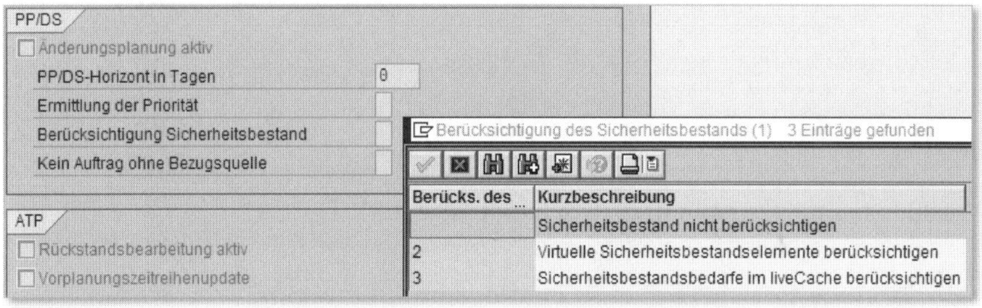

Abbildung 10.14 Kennzeichen »Sicherheitsbestand« in der Planversion

Hinweis

Zur Erklärung des Unterschieds zwischen virtuellen und LiveCache-Sicherheitsbeständen und zur Frage, bei welchen Methoden welche Einstellung genutzt werden kann, verweisen wir auf die SAP-Dokumentation: *http://help.sap.com/saphelp_scm2007/helpdata/de/c7/cc77bd45d1d54fbdfddf0c6bac93d0/frameset.htm*

10.6.1 Statische Standardmethoden

Tabelle 10.2 gibt Ihnen einen Überblick über die Standardmethoden der Sicherheitsbestandsplanung.

Methode	Bezeichnung
SB	Sicherheitsbestand aus Lokationsproduktstamm
SZ	Sicherheitsreichweite aus Lokationsproduktstamm
SM	Maximum aus SB und SZ

Tabelle 10.2 Standardmethoden der Sicherheitsbestandsplanung

SB, SZ und SM sind statische Methoden, deren Parameter zeitunabhängig im Lokationsproduktstamm (Registerkarte Losgrösse) festgelegt werden.

SB – Sicherheitsbestand aus Lokationsproduktstamm

Diese Methode entspricht dem statischen Sicherheitsbestand des SAP ERP-Systems. Sie müssen hierfür im Lokationsproduktstamm auf der Registerkarte Losgrösse die SB Methode »SB« und im Feld Sicherheitsb. den gewünschten Sicherheitsbestand eintragen (siehe Abbildung 10.15). Für ein Material, bei dem im SAP ERP-System ein Sicherheitsbestand gepflegt ist, werden per CIF-Schnittstelle die Felder SB-Methode »SB« und der Sicherheitsbestand übertragen.

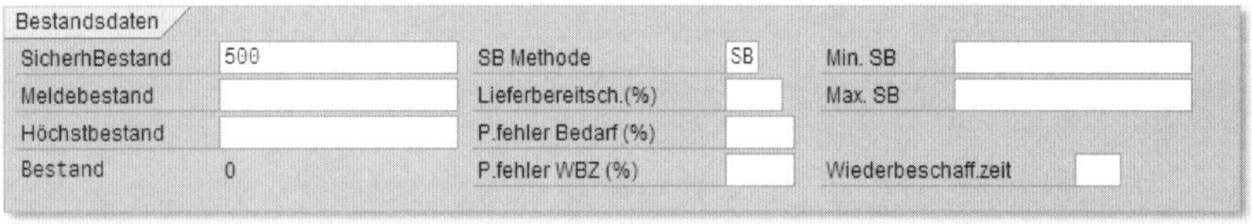

Abbildung 10.15 Lokationsproduktstamm mit »SB Methode«

SZ – Sicherheitsreichweite aus Lokationsproduktstamm

Diese Methode entspricht der Bedarfsvorlaufzeit aus dem SAP ERP-System. Es müssen in diesem Fall im Feld Reichw. d. Sicherh. die gewünschte Sicherheitszeit und im Feld SB Methode die Methode »SZ« eingetragen werden (siehe Abbildung 10.16). Für ein Material mit einem im SAP ERP-System gepflegten Bedarfsvorlaufkennzeichen und mit Bedarfsvorlaufzeit werden die Felder SB-Methode »SZ« und die Bedarfsvorlaufzeit per CIF automatisch in den Lokationsproduktstamm übertragen.

Die Sicherheitsreichweite ist die Anzahl von Arbeitstagen zwischen dem Verfügbarkeitstermin eines neu anzulegenden Zugangelements und dem Bedarfstermin eines Bedarfselements. Im APO-System können auch Bruchteile von Tagen angeben werden. Als Grundlage für die Terminierung dient der Produktionskalender aus der Lokation.

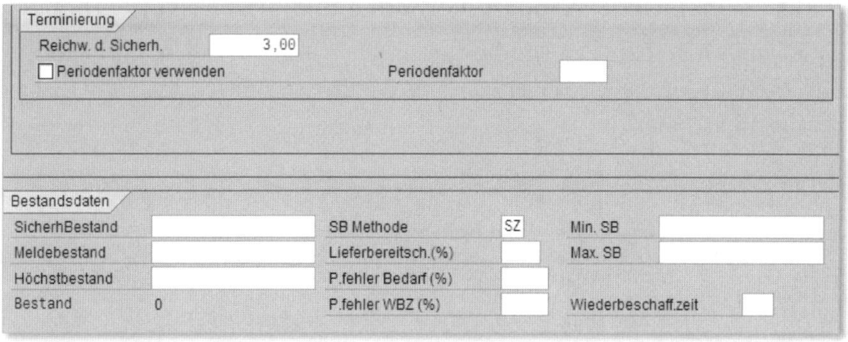

Abbildung 10.16 Lokationsproduktstamm mit SB-Methode »SZ«

SM – Maximum aus SB und SZ aus Lokationsproduktstamm

Diese SB-Methode ist eine Kombination aus der SB- und der SZ-Methode. Jedoch ist die Bezeichnung »Maximum« irreführend, da kein Maximum gebildet wird, sondern beide Methoden gleichzeitig ausgeführt werden. Bei der Bedarfsrechnung wird ein Sicherheitsbestand abgezogen und die Zugänge um die Sicherheitszeit werden früher eingeplant. Für diese Methode müssen die Felder SICHERHEITSBESTAND und REICHW. D. SICHERH. mit den gewünschten Puffern und die SB-Methode »SM« gepflegt sein (siehe Abbildung 10.17).

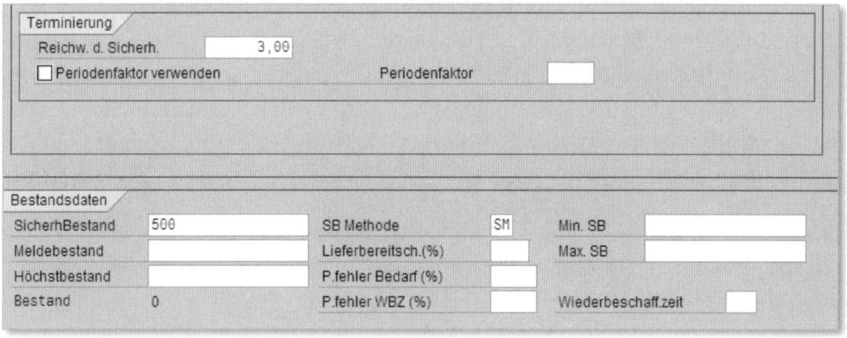

Abbildung 10.17 Lokationsproduktstamm mit SM-Methode

Ein Material, für das im SAP ERP-System ein statischer Sicherheitsbestand eingetragen und gleichzeitig ein Bedarfsvorlauf aktiv ist, wird per CIF mit der SB-Methode »SM« übertragen. Auch die Felder SICHERHEITSBESTAND und BEDARFSVORLAUFZEIT werden in das SAP SCM-System übertragen.

Grundsätzlich werden auch die Felder MELDEBESTAND, HÖCHSTBESTAND und LIEFERBEREITSCHAFTSGRAD werden per CIF aus SAP ERP übertragen.

10.6.2 Dynamische Standardmethoden und erweiterte Methoden

Im Folgenden beschreiben wir die dynamischen Sicherheitsbestandsmethoden MB, MZ und MM sowie die erweiterten Methoden AS, AT, BS und BT (siehe Tabelle 10.3).

Methode	Bezeichnung
MB	Sicherheitsbestand (zeitabhängige Pflege)
MZ	Sicherheitsreichweite (zeitabhängige Pflege)
MM	Maximum aus MB und MZ (zeitabhängige Pflege)
AS	Alpha-Servicelevel und Bestellpunktpolitik
AT	Alpha-Servicelevel und Bestellzykluspolitik
BS	Beta-Servicelevel und Bestellpunktpolitik
BT	Beta-Servicelevel und Bestellzykluspolitik

Tabelle 10.3 Dynamische SB-Standardmethoden und erweiterte SB-Methoden

Die Planung der dynamischen und der erweiterten Sicherheitsbestandsmethoden erfolgt im Suppy Network Planning (SNP). So werden bei diesen Methoden der Sicherheitsbestand und die Sicherheitszeit direkt in einer SNP-Planungsmappe erfasst. Bei den erweiterten Methoden muss zuerst eine Berechnung des Sicherheitsbestands aus den Inputfaktoren mit der Transaktion /SAPAPO/MSDP_SB durchgeführt werden. Die Einstellungen der Berechnung werden in einem Sicherheitsbestandsprofil hinterlegt. Das Ergebnis der Berechnung wird automatisch in eine SNP-Planungsmappe geschrieben. Anschließend werden die Kennzahlen aus dem Supply Network Planning an die Komponente PP/DS automatisch veröffentlicht.

Um die Werte anschließend in der Produktions- und Feinplanung (PP/DS) nutzen zu können, sind einige Customizing-Einstellungen notwendig, die wir Ihnen im Folgenden beschreiben.

Notwendige Einstellungen der dynamischen und erweiterten Methoden

In den globalen Parametern und Vorschlagswerten des PP/DS (Customizing-Schritt *Globale Parameter und Vorschlagswerte pflegen*) müssen Sie den SNP-Planungsbereich angeben, in dem die Sicherheitsbestands- oder Sicherheitszeitwerte eingegeben werden. Im Beispiel in Abbildung 10.18 wird der Planungsbereich 9ASNP05 verwendet. Dieser enthält bereits die Kennzahlen 9ASAFETY und 9ASVTTY, die zur Übergabe des Sicherheitsbestands und der Sicherheitszeit verwendet werden.

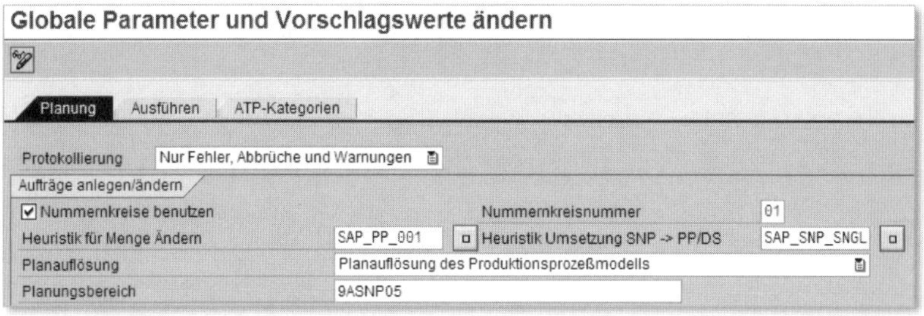

Abbildung 10.18 SNP-Planungsbereich in den globalen Parametern des PP/DS

Zusätzlich müssen Sie im Customizing-Schritt *SNP-Kennzahlen verfügbar machen* die Kennzahlen pflegen, die im PP/DS als Sicherheitsbestand und Sicherheitszeit verwendet werden sollen. Hier sind das die Kennzahlen 9ASAFETY und 9ASVTTY (siehe Abbildung 10.19).

Abbildung 10.19 Veröffentlichung der SNP-Kennzahlen

MB – Sicherheitsbestand (zeitabhängige Pflege)

Der Sicherheitsbestand wird analog zur SB-Methode ermittelt, anstelle des Felds SICHERHEITSBESTAND aus dem Produktlokationsstamm wird jedoch der periodenabhängige Wert einer vorgegebenen Kennzahl des Supply Network Plannings verwendet. In unserem Beispiel ist dies die Kennzahl 9ASAFETY. Somit ist der Disponent in der Lage, den Sicherheitsbestand periodengenau zu pflegen. Eine Erhöhung des Sicherheitsbestands führt zu einem Bedarfselement in der Produktsicht. Eine Senkung des Sicherheitsbestands führt zu einem Zugang in der Produktsicht. Dies kann für den Anwender anfänglich verwirrend sein. Letztendlich entspricht aber die Absenkung des Sicherheitsbestands einem Zugang, da der vormals reservierte Bestand nun für die Nettobedarfsrechnung zur Verfügung steht.

In der Planungsmappe 9ASNP_SSP, die auf dem Planungsbereich 9ASNP05 basiert, kann in der Zeile SICHERHEITSBESTAND (GEPLANT) der gewünscht Sicherheitsbestand pro Periode hinterlegt werden. Im Beispiel wurden die folgenden Sicherheitsbestände in der SNP-Planungsmappe erfasst:

- 3.2.2009 – 6.2.2009: 500 Stück
- 7.12.2009 – 22.2.2009: 700 Stück
- W 09.2009 – W 15.2009: 900 Stück

Prod..	T..	Lokati..	Produktbezeichnung	Lok
T-F201		1000	Pumpe PRECISION 102	We

SNP PLAN	Einh.	03.02.2009	04.02.2009	05.02.2009	06.02.2009	07.02.2009
Gesamtbedarf	ST					
Gesamtzugang	ST					
Lagerbestand	ST					
Bedarfsunterdeckung	ST					
Sicherheitsbestand (geplant)	ST	500	500	500	500	700
Sicherheitsreichweite	ST					
Sicherheitsbestand	ST	500	500	500	500	700
Meldebestand	ST					
Zielreichweite	T					
Ziellagerbestand	ST	500	500	500	500	700
Reichweite	T					

Abbildung 10.20 Pflege des dynamischen Sicherheitsbestands im SNP

Daher werden in der Produktsicht die folgenden Dispoelemente mit der Kategorie EISBE (eiserner Bestand) angelegt (siehe Abbildung 10.21):

- Bedarf zum Aufbau des Sicherheitsbestands auf 500 Stück:

  03.02.2009 EISBE −500
- Bedarf zur Erhöhung des Sicherheitsbestands um 200 auf 700 Stück:

  07.02.2009 EISBE −200
- Bedarf zur Erhöhung des Sicherheitsbestands um 200 auf 900 Stück:

  23.02.2009 EISBE −200
- Abbau des Sicherheitsbestands, da nach dem 13.04.2009 keine Werte gepflegt sind:

  13.04.2009 EISBE +900

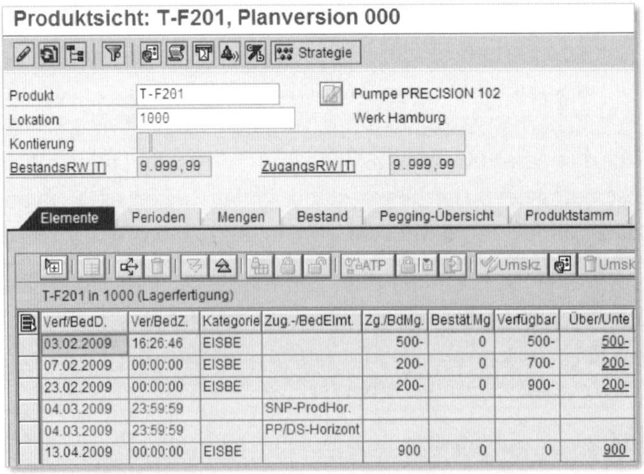

Verf/BedD.	Ver/BedZ.	Kategorie	Zug.-/BedElmt.	Zg./BdMg.	Bestät.Mg	Verfügbar	Über/Unte
03.02.2009	16:26:46	EISBE		500-	0	500-	500-
07.02.2009	00:00:00	EISBE		200-	0	700-	200-
23.02.2009	00:00:00	EISBE		200-	0	900-	200-
04.03.2009	23:59:59		SNP-ProdHor.				
04.03.2009	23:59:59		PP/DS-Horizont				
13.04.2009	00:00:00	EISBE		900	0	0	900

Abbildung 10.21 Produktsicht bei dynamischem Sicherheitsbestand

MZ – Sicherheitsreichweite (zeitabhängige Pflege)

Bei der MZ-Methode werden die Zugangselemente analog zur SZ-Methode um die Sicherheitszeit früher terminiert. Die verwendete Sicherheitszeit wird jedoch wieder periodenabhängig in einer Kennzahl im SNP angegeben. Diese Möglichkeit ähnelt der Funktion des Reichweitenprofils in SAP ERP. In der Planungsmappe 9ASNP_SSP, die auf dem Planungsbereich 9ASNP05 basiert, kann in der Zeile SICHERHEITSREICHWEITE die gewünschte Sicherheitszeit pro Periode hinterlegt werden.

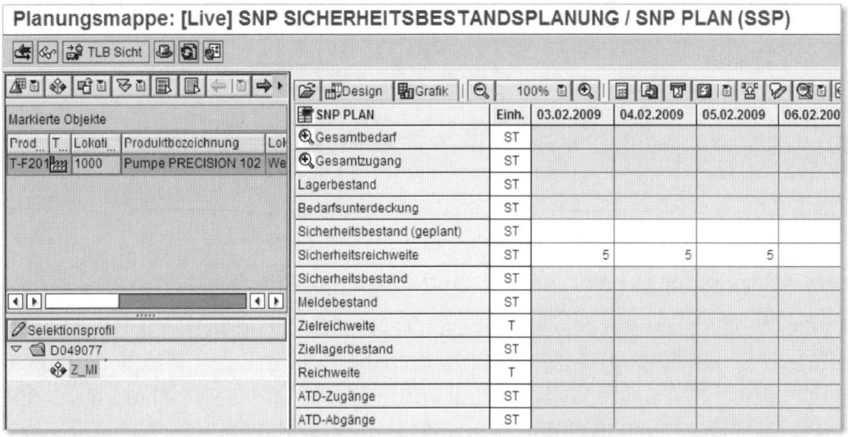

Abbildung 10.22 Pflege der dynamischen Sicherheitszeit im SNP

Im Beispiel aus Abbildung 10.22 wurden die folgenden Sicherheitszeiten in der SNP-Planungsmappe erfasst:

- 03.02.2009 – 22.02.2009: 5 Arbeitstage
- W 09.2009 – W 15.2009: 10 Arbeitstage

In der Produktsicht in Abbildung 10.23 sehen Sie, dass der Planauftrag am 11.2. 5 AT früher als der Bedarf am 20.2. terminiert wurde. Der Planauftrag am 13.2. ist 10 Arbeitstage früher als der Bedarf am 25.2. terminiert. Der Planauftrag am 15.7. wiederum ist ohne Sicherheitszeit eingeplant, da nur bis zur Woche 15.2009 eine Sicherheitszeit gepflegt wurde.

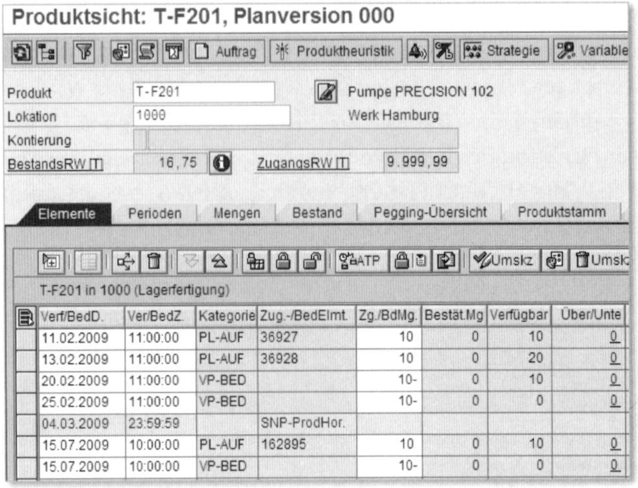

Verf/BedD.	Ver/BedZ.	Kategorie	Zug.-/BedElmt.	Zg./BdMg.	Bestät.Mg	Verfügbar	Über/Unte
11.02.2009	11:00:00	PL-AUF	36927	10	0	10	0
13.02.2009	11:00:00	PL-AUF	36928	10	0	20	0
20.02.2009	11:00:00	VP-BED		10-	0	10	0
25.02.2009	11:00:00	VP-BED		10-	0	0	0
04.03.2009	23:59:59		SNP-ProdHor.				
15.07.2009	10:00:00	PL-AUF	162895	10	0	10	0
15.07.2009	10:00:00	VP-BED		10-	0	0	0

Abbildung 10.23 Produktsicht mit dynamischer Sicherheitszeit

MM – Maximum aus MB und MZ (zeitabhängige Pflege)

In dieser Methode werden wieder gleichzeitig die Sicherheitszeit bei der Terminierung der Zugänge und der Sicherheitsbestand bei der Nettobedarfsrechnung verwendet. Beide Werte können pro Periode in der SNP-Planungsmappe angegeben werden. In Abbildung 10.24 wurde eine dynamische Sicherheitszeit hinterlegt (3.–22.2.2008: 5 AT, danach 10 AT) und gleichzeitig ein Sicherheitsbestand von 500 Stück bis zur KW 15 2009 erfasst.

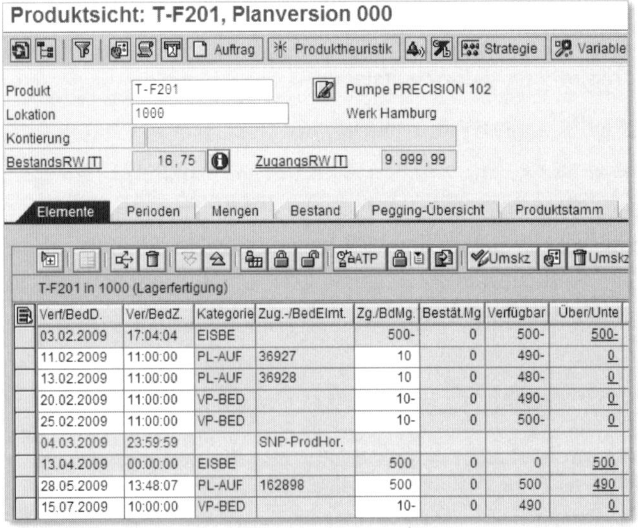

Verf/BedD.	Ver/BedZ.	Kategorie	Zug.-/BedElmt.	Zg./BdMg.	Bestät.Mg	Verfügbar	Über/Unte
03.02.2009	17:04:04	EISBE		500-	0	500-	500-
11.02.2009	11:00:00	PL-AUF	36927	10	0	490-	0
13.02.2009	11:00:00	PL-AUF	36928	10	0	480-	0
20.02.2009	11:00:00	VP-BED		10-	0	490-	0
25.02.2009	11:00:00	VP-BED		10-	0	500-	0
04.03.2009	23:59:59		SNP-ProdHor.				
13.04.2009	00:00:00	EISBE		500	0	0	500
28.05.2009	13:48:07	PL-AUF	162898	500	0	500	490
15.07.2009	10:00:00	VP-BED		10-	0	490	0

Abbildung 10.24 Produktsicht bei Verwendung der SB-Methode »MM«

10.6.3 Erweiterte Methoden

Während die Standardmethoden ausschließlich auf den Erfahrungen des Disponenten beruhen, wird bei den erweiterten Methoden auf der Grundlage wissenschaftlicher Algorithmen zur Sicherheitsbestandsplanung ein Vorschlag für die Höhe des Sicherheitsbestands vom System ermittelt, der den vorgegebenen Lieferbereitschaftsgrad ermöglicht.

In Verbindung mit den beiden Interpretationen des Lieferbereitschaftsgrads, die bereits in Abschnitt 10.3, »Auswahl und Festlegung des Servicegrads«, beschrieben wurden, ergeben sich die vier in Tabelle 10.4 dargestellten modellgestützte Sicherheitsbestandsmethoden.

	Bestellzykluspolitik	Bestellpunktpolitik
Alpha-Lieferbereitschaftsgrad	AT	AS
Beta-Lieferbereitschaftsgrad	BT	BS

Tabelle 10.4 Übersicht der erweiterten SB-Methoden

Hinweis

Es sei an dieser Stelle noch einmal darauf hingewiesen, dass es sich bei dem Alpha-Servicegrad um den lieferzyklusorientierten Servicegrad und nicht den perioden-orientierten Alpha-Servicegrad handelt.

Modellannahmen

Voraussetzung für den Einsatz dieser Methoden ist, dass Fehlmengen nachgeliefert werden (»Back Order Case« im Gegensatz zum »Lost-Sales-Fall«). Wenn diese Voraussetzung erfüllt ist, kann das System Sicherheitsbestände auf beliebigen Stufen der Logistikkette und für jede Periode des Planungszeitraums berechnen.

Input-Parameter der Methoden

Im Folgenden werden die Input-Parameter für die vier erweiterten SB-Methoden beschrieben.

Bestellpunkt-Politik mit Beta-Servicegrad (BS)

Im Rahmen der BS-Methode wird eine Bestellpunkt-Bestellgrenzen-Lagerhaltungspolitik (siehe Kapitel 4, »Ablauf der Disposition in SAP«) in Verbindung mit einem Beta-Servicegrad verfolgt. Die zur Berechnung notwendigen Parameter sind in Tabelle 10.5 beschrieben.

Input-Parameter	Beschreibung
Beta-Servicegrad	Dieser Wert wird im Lokationsproduktstamm gepflegt.
Erwartungswert der Nachfrage (Prognose m)	Dieser Erwartungswert der Nachfrage ist die Summe der planungsrelevanten Prognosen in der Periode, für die ein Sicherheitsbestand ermittelt wird.
Standardabweichung der Nachfrage (Prognosefehler s)	Standardabweichung der planungsrelevanten Prognosefehler in der Periode, für die ein Sicherheitsbestand ermittelt wird
Wiederbeschaffungszeit (l)	Summe der planungsrelevanten Lieferzeiten.
relativer Prognosefehler der Wiederbeschaffungszeit	Die Standardabweichung der Wiederbeschaffungszeit ergibt sich aus der Aggregation der einzelnen Prognosefehler auf dem kritischen Pfad.
Bestellmenge	Die Bestellmenge ist das Produkt der Zielreichweite aus dem Lokationsproduktstamm und dem Prognosewert in der Periode, für die ein Sicherheitsbestand ermittelt wird.

Tabelle 10.5 Input-Parameter der SB-Methode »BS«

Bestellzyklus-Politik mit Beta-Servicegrad (BT)
Im Rahmen der Sicherheitsbestandsmethode BT wird eine Bestellzyklus-Bestellgrenzen-Lagerhaltungspolitik in Verbindung mit einem Beta-Servicegrad verfolgt. Die Input-Faktoren sind bis auf die Bestellmenge identisch mit denen der BS-Methode. Das Feld ZIELREICHWEITE wird in diesem Fall nicht zur Berechnung der Bestellmenge benutzt, sondern als Bestellzyklus interpretiert.

Bestellzyklus-Politik mit Alpha-Servicegrad (AT)
Im Rahmen der Sicherheitsbestandsmethode AT wird eine Bestellzyklus-Bestellgrenzen-Lagerhaltungspolitik in Verbindung mit einem Alpha-Servicegrad verfolgt. Die Input-Faktoren sind identisch mit der BT-Methode, jedoch wird die Losgröße nicht berücksichtigt. Es wird jedoch nicht der mengenorientierte Beta-Servicegrad verwendet, sondern der ereignisorientierte Alpha-Serivcegrad

Bestellpunkt-Politik mit Alpha-Servicegrad (AS)
Im Rahmen der Sicherheitsbestandsmethode AS wird eine Bestellpunkt-Bestellgrenzen-Lagerhaltungspolitik in Verbindung mit einem Alpha-Servicegrad verfolgt. Die Input-Faktoren sind wieder identisch mit der BT-Methode, jedoch wird auch hier die Losgröße nicht berücksichtigt. Auch hier wird der ereignisorientierte Alpha-Serivcegrad als Input berücksichtigt.

Bestimmung des Bedarfs

Im Rahmen der Sicherheitsbestandsplanung muss eine SNP-Kennzahl als Bedarfsprognose ausgewählt werden. Aus Konsistenzgründen sollten Sie dazu die gleiche Kennzahl verwenden, die auch im Rahmen der SNP-Heuristik beziehungsweise der SNP-Optimierung als Bedarfsprognose-Kennzahl verwendet wird. Im Allgemeinen ist diese Kennzahl das Ergebnis der Absatzplanung (Demand Planning, DP), die durch eine Freigabe an das Supply Network Planning übergeben wird.

Der prognostizierte Bedarf für ein Produkt in einer Lokation ergibt sich aus der Summe der Primär- und Sekundärbedarfe in der Lokation und allen nachgelagerten Lokationen. Die Primärbedarfe werden dem System als Kennzahl für die Bedarfsprognose vorgegeben. Die Sekundärbedarfe ermittelt das System anhand von Transportbeziehungen und Produktionsprozessmodellen (PPMs) oder Produktionsdatenstrukturen (PDS). Dabei werden auch eingehende Quotierungen berücksichtigt.

Bestimmung der Wiederbeschaffungszeit

Die Wiederbeschaffungszeit für ein Produkt in einer Lokation ist die Gesamtzeit für die Eigenfertigung oder Fremdbeschaffung des Produkts (einschließlich seiner Komponenten). Hier bietet das System die Möglichkeit, die Wiederbeschaffungszeit im Produktstamm vorzugeben oder vom System errechnen zu lassen. Wenn das System die Wiederbeschaffungszeit anhand des Supply-Chain-Modells ermittelt, so addiert es die entsprechenden Produktions-, Warenausgangs-, Transport-, Wareneingangs- und Planlieferzeiten. Wenn alternative Beschaffungsmöglichkeiten vorhanden sind, berücksichtigt das System immer die zeitlich längste Option. Unter Berücksichtigung der Beschaffungsart wird dabei so lange vorgegangen, bis wiederum ein sicherheitsbestandsführendes Lokationsprodukt oder ein externer Lieferant erreicht wird.

Die Beschaffungszeit bei Eigenfertigung ist die *Summe der Aktivitätendauern innerhalb eines PPM + Wareneingangsbearbeitungszeit*. Die Beschaffungszeit bei Fremdbeschaffung über eine Transportbeziehung ergibt sich aus *Warenausgangsbearbeitungszeit + Transportzeit + Wareneingangsbearbeitungszeit*, bei Fremdbeschaffung ohne Transportbeziehung aus *Planlieferzeit + Wareneingangsbearbeitungszeit*.

Bestimmung des Bestellzyklus und der Losgröße

Im Produktstamm muss im Feld ZIELREICHWEITE die gewünschte Zielreichweite in Tagen angegeben werden. Diese spezifiziert den Bestellzyklus in Methoden AT und BT. Bei der BS-Methode dient dieser Wert zusätzlich zur Berechnung der Bestellmenge: Hierbei wird die Zielreichweite mit der Nachfrageprognose in der Periode multipliziert.

Bestimmung der Unsicherheit des Bedarfs und der Wiederbeschaffungszeit

Die erweiterten Methoden können sowohl eine Unsicherheit bezüglich des Bedarfs (Standardabweichung der Nachfrage) als auch der Wiederbeschaffungszeit (Standardabweichung der Wiederbeschaffungszeit) berücksichtigen. Der Prognosefehler bezüglich der Nachfrage beschreibt die erwarteten Abweichungen zwischen der prognostizierten Bedarfsmenge und der tatsächlich realisierten Bedarfsmenge durch die Kunden. Der Prognosefehler bezüglich der Wiederbeschaffungszeit beschreibt die erwarteten Abweichungen zwischen der geplanten und der realisierten Wiederbeschaffungszeit durch den Lieferanten.

Am einfachsten ist es, den prozentualen Prognosefehler des Bedarfs und der Wiederbeschaffungszeit direkt im Lokationsproduktstamm anzugeben (siehe Abbildung 10.25). Dies ist insbesondere dann sinnvoll, wenn keine historischen Daten zur automatischen Berechnung vorliegen oder der Umfang der historischen Daten so gering ist, dass ein statistisch signifikanter Prognosefehler nicht berechnet werden kann. Sinnvoll ist dies ebenfalls, wenn der Prognosefehler konstant ist. Der prozentuale Fehler muss als Variationskoeffizient (relative Standardabweichung) angegeben werden, da der Wert bei der Berechnung wie folgt interpretiert wird:

$$Variationkoeffizient = \frac{\sigma}{\mu}$$

σ: *Standardabweichung der Zeitreihe (prognostizierter Wert – realer Wert)*
μ: *Mittelwert der prognostizierten Werte*

Zusätzlich bietet das System auch die Möglichkeit, diese Werte automatisch zu berechnen. So kann das System mit statistischen Methoden aus den Vergangenheitsdaten einen Prognosefehler ermitteln. Diese Kennzahlen können aus einem InfoCube oder einem Zeitreihen-LiveCache innerhalb eines SNP- oder DP-Planungsbereichs gelesen werden. Aus der Kennzahl für die realisierten Bedarfe und der Kennzahl für die prognostizierten Bedarfe wird die Differenzzeitreihe gebildet. Dasselbe gilt für die Kennzahl der realisierten Wiederbeschaffungszeiten und der prognostizierten Wiederbeschaffungszeiten.

Wie bereits erwähnt, kann die Sicherheitsbestandsplanung sowohl den Prognosefehler der Beschaffungszeit als auch den Prognosefehler der Nachfragemenge berücksichtigen.

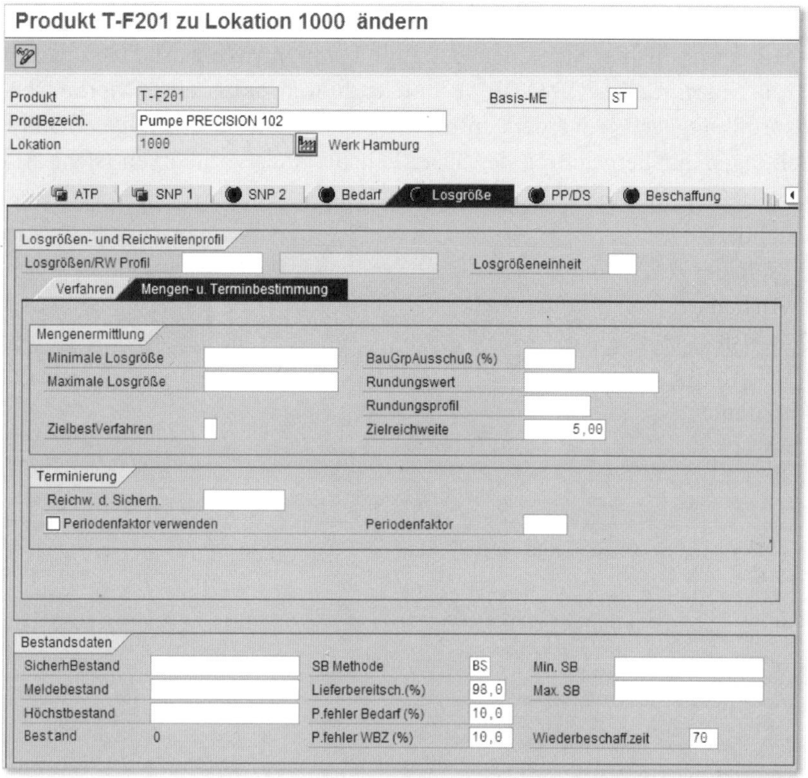

Abbildung 10.25 Lokationsproduktstamm bei der BS-Methode

Unter der Annahme, dass die Beschaffungszeit und die Nachfragemenge stochastisch voneinander unabhängig sind, kann der gemeinsame Prognosefehler so ermittelt werden, dass der Prognosefehler der Beschaffungszeit auf den Prognosefehler der Nachfragemenge transformiert wird:

$$\sigma = \sqrt{(\sigma_1{}^2 + \frac{(\mu^2 \times \sigma_2{}^2)}{\lambda})}$$

μ: *Prognose der Nachfrage pro Periode*
σ_1: *relativer Prognosefehler der Nachfrage pro Periode*
λ: *Wiederbeschaffungszeit*
σ_2: *relativer Prognosefehler der Wiederbeschaffungszeit*
μ: *Prognose der Nachfrage pro Periode*
σ: *korrigierter relativer Prognosefehler der Nachfrage pro Periode*

Sicherheitsbestandsplanungsprofil

Um die Berechnung der Sicherheitsbestände im Supply Network Planning mit der Transaktion /SAPAPO/MSDP_SB durchzuführen, muss ein Sicherheitsbestandsprofil angegeben werden. In diesem Profil müssen Sie einige wichtige Einstellungen zur Berechnung des Sicherheitsbestands vornehmen (siehe Abbildung 10.26).

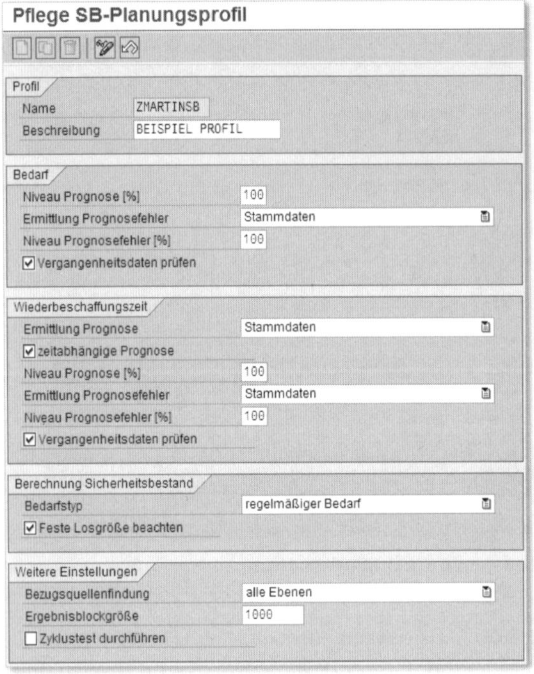

Abbildung 10.26 SB-Planungsprofil

Im Bereich Bedarf wird festgelegt, wie das System den Prognosefehler des Bedarfs ermittelt (entweder aus dem Lokationsproduktstamm oder aus den Vergangenheitszeitreihen). Außerdem kann das Niveau der Bedarfsprognose und des Prognosefehlers des Bedarfs nach oben oder unten korrigiert werden.

Im Bereich Wiederbeschaffungszeit wird festgelegt, wie das System die Wiederbeschaffungszeit ermittelt (entweder aus den Stammdaten des Lokationsprodukts oder anhand der Bezugsquellen der Supply Chain). Auch hier können der Wiederbeschaffungswert und der Fehler nach oben oder unten korrigiert werden.

Im Bereich Berechnung Sicherheitsbestand wird angeben, welchen Bedarfstyp die erweiterte Sicherheitsbestandsplanung als Basis für ihre Berechnungen verwenden soll (»regelmäßig«, »sporadisch« oder »automatisch«).

Außerdem können Sie noch angeben, dass das System bei der Berechnung von Beschaffungsmengen (betrifft nur die BS-Methode) die im Lokationsproduktstamm definierte feste Losgröße des Lokationsprodukts berücksichtigt, anstatt die Losgröße über die Zielreichweite zu berechnen.

Beispielberechnung

In diesem Abschnitt führen wir eine Beispielberechnung durch. Folgende wichtige Stammdaten sind hinterlegt:

- SB-Methode: BS
- Lieferbereitschaftsgrad: 98%
- Prognosefehler Bedarf: 10%
- Prognosefehler WBZ: 10%
- WBZ: 70 Tage
- Zielreichweite: 5 Tage
- Minimaler SB: 4 Stück

Diese Daten werden im Lokationsproduktstamm eingetragen (siehe Abbildung 10.27).

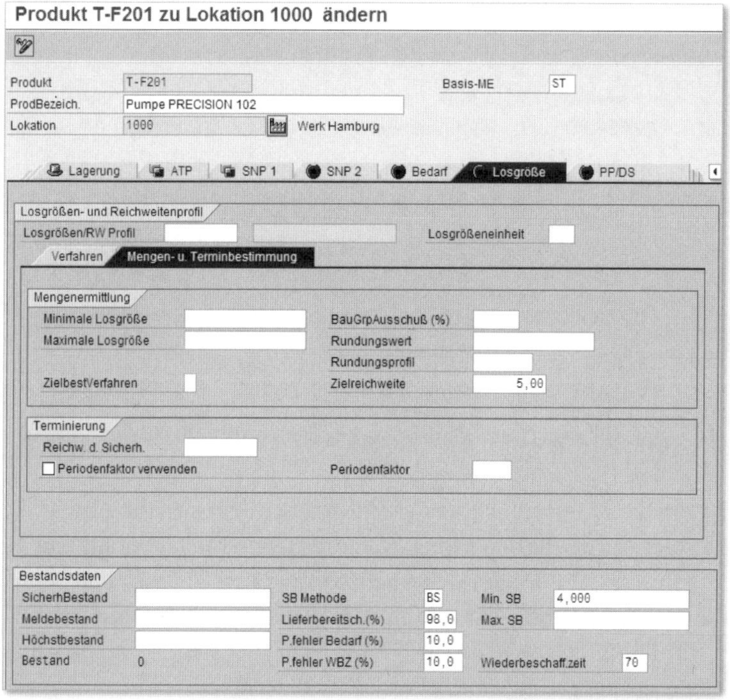

Abbildung 10.27 Stammdaten zur Beispielrechnung mit der BS-Methode

Als Bedarfsprognose wurden die in Abbildung 10.28 gezeigten Werte erfasst.

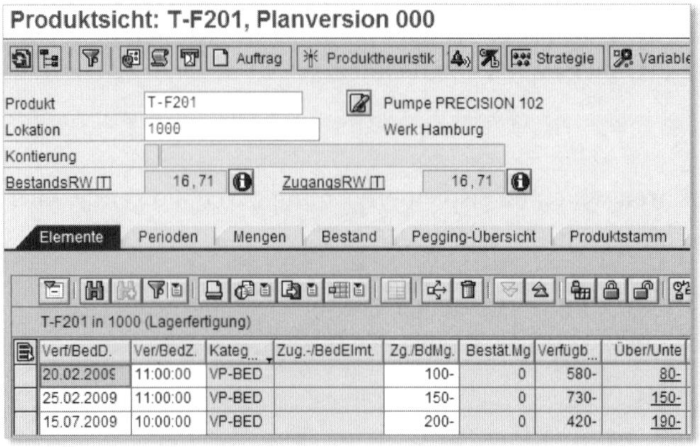

Abbildung 10.28 Vorplanbedarfe der SB-Rechnung

Es wird das SB-Planungsprofil aus Abbildung 10.26 verwendet. Im Profil ist eingestellt, dass der Prognosefehler des Bedarfs und der Wiederbeschaffungszeit (WBZ) sowie die WZB aus dem Lokationsproduktstamm entnommen werden sollen. Anschließend wird die Berechnung mit der Transaktion /SAPAPO/MSDP_SB durchgeführt (siehe Abbildung 10.29). Hier müssen die in Tabelle 10.6 gezeigten Informationen angegeben werden.

Feld	Inhalt	Beschreibung
Planungsbereich	9ASNP05	Planungsbereich, der im PP/DS angegeben wurde
Kennzahl für die Bedarfsprognose	9ADFCST	Kennzahl, in der die Planprimärbedarfe erfasst werden
Kennzahl für Sicherheitsbestand	9ASAFETY	Kennzahl, in der der Sicherheitsbestand gespeichert wird und die an das PP/DS übergeben wird
Planungsraster	12MONTH	Die Sicherheitsbestandsberechnung wird pro Monat durchgeführt.
SB-Profil	ZMARTINSB	das gewünschte SB-Profil

Tabelle 10.6 Parameter für Transaktion /SAPAPO/MSDP_SB

Im Protokoll wird die Berechnung nun detailliert beschrieben (siehe Abbildung 10.30). Im Beispiel wurde für den Monat 02/09 ein Sicherheitsbestand von 40 Stück und für den Monat 07/09 ein Sicherheitsbestand von 26 Stück berechnet. In den anderen Perioden greift der minimale Sicherheitsbestand von 4 Stück. Dieser Wert wurde nun in die Kennzahl 9ASAFETY geschrieben und ist somit in der SNP-Planungsmappe und in der Produktsicht sichtbar.

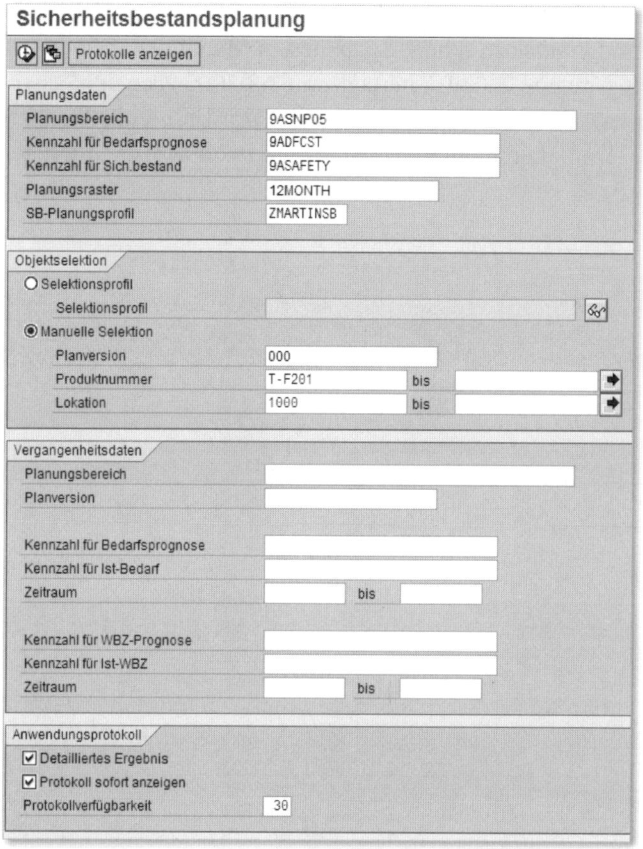

Abbildung 10.29 Transaktion zur Berechnung der Sicherheitsbestände

Produkt T-F201 in Lokation 1000

Per.beginn	Per.ende	WBZ	Pf. WBZ	Bedarf	Pf. Bedarf	Gem. Pf.	S.bestand	Modif.
01.02.2009	28.02.2009	2,500	0,250	250,000	25,000	46,771	40,000	
01.03.2009	31.03.2009	2,258	0,226	0,000	0,000	0,000	4,000	L
01.04.2009	30.04.2009	2,333	0,233	0,000	0,000	0,000	4,000	L
01.05.2009	31.05.2009	2,258	0,226	0,000	0,000	0,000	4,000	L
01.06.2009	30.06.2009	2,333	0,233	0,000	0,000	0,000	4,000	L
01.07.2009	31.07.2009	2,258	0,226	200,000	20,000	36,100	26,000	
01.08.2009	31.08.2009	2,258	0,226	0,000	0,000	0,000	4,000	L
01.09.2009	30.09.2009	2,333	0,233	0,000	0,000	0,000	4,000	L
01.10.2009	31.10.2009	2,258	0,226	0,000	0,000	0,000	4,000	L
01.11.2009	30.11.2009	2,333	0,233	0,000	0,000	0,000	4,000	L
01.12.2009	31.12.2009	2,258	0,226	0,000	0,000	0,000	4,000	L
01.01.2010	31.01.2010	2,258	0,226	0,000	0,000	0,000	4,000	L

Abbildung 10.30 Ergebnis der Sicherheitsbestandsberechnung

Wie Sie in der Produktsicht in Abbildung 10.31 sehen, wird erst ein Bedarf über 40 Stück zum Aufbau des Sicherheitsbestands eingeplant. Anschließend ist zum 1.3.2009 ein Zugang von 36 Stück aus dem Sicherheitsbestand angelegt, da der Sicherheitsbestand auf vier Stück reduziert wird. Zum 1.7.2009 ist wiederum ein Bedarf über 22 Stück zu sehen, da ab diesem Monat der Sicherheitsbestand in der Planungsmappe 26 Stück beträgt. Am 1.8.2009 wird der Sicherheitsbestand wieder um 22 Stück auf vier Stück reduziert. Und schließlich am 01.02.2010 ganz abgebaut, da die Berechnung nur für zwölf Monate durchgeführt wird.

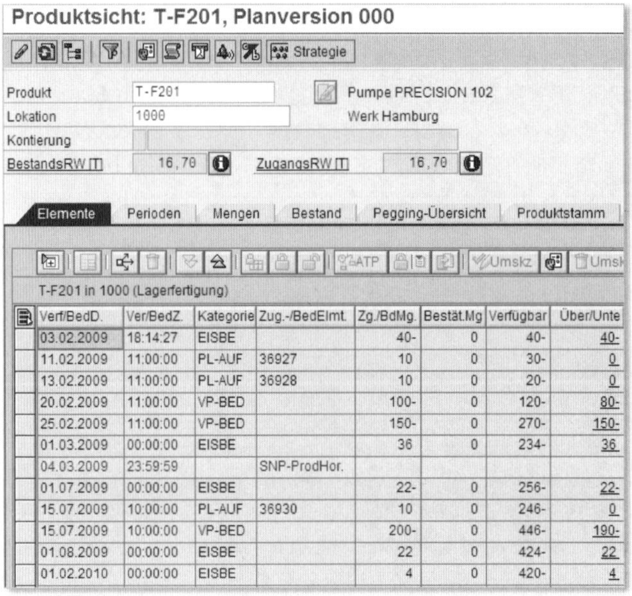

Verf/BedD.	Ver/BedZ.	Kategorie	Zug.-/BedElmt.	Zg./BdMg.	Bestät.Mg	Verfügbar	Über/Unte
03.02.2009	18:14:27	EISBE		40-	0	40-	40-
11.02.2009	11:00:00	PL-AUF	36927	10	0	30-	0
13.02.2009	11:00:00	PL-AUF	36928	10	0	20-	0
20.02.2009	11:00:00	VP-BED		100-	0	120-	80-
25.02.2009	11:00:00	VP-BED		150-	0	270-	150-
01.03.2009	00:00:00	EISBE		36	0	234-	36
04.03.2009	23:59:59		SNP-ProdHor.				
01.07.2009	00:00:00	EISBE		22-	0	256-	22-
15.07.2009	10:00:00	PL-AUF	36930	10	0	246-	0
15.07.2009	10:00:00	VP-BED		200-	0	446-	190-
01.08.2009	00:00:00	EISBE		22	0	424-	22
01.02.2010	00:00:00	EISBE		4	0	420-	4

Abbildung 10.31 Produktsicht des Beispiels zur SB-Planung

10.7 Fazit

In diesem Kapitel haben wir zuerst die Aufgabe des Sicherheitsbestands, Unsicherheiten in der Disposition abzufangen, erläutert. Im Anschluss haben wir die Unsicherheiten im Dispositionsprozess beschrieben, die durch Sicherheitsbestände oder Sicherheitszeiten ausgeglichen werden müssen, um Fehlmengen zu vermeiden. Weiterhin haben wir die unterschiedlichen Servicegrad-Definitionen erläutert, die bei der Berechnung des Sicherheitsbestands berücksichtigt werden können. Oftmals werden die Unterschiede zwischen den Definitionen nicht berücksichtigt, sodass die Sicherheitsbestandsberechnung auf falschen Annahmen basiert. In diesem Zusammenhang sind wir auch auf die Problematik zur Festlegung von Sicherheitsbeständen in mehrstufigen MRP-Systemen eingegangen und haben hier Entscheidungshilfen gegeben.

Des Weiteren haben wir die unterschiedlichen Möglichkeiten der Sicherheitsbestandsplanung in SAP ERP erläutert. Hier gibt es folgende Möglichkeiten:

- manueller Sicherheitsbestand
- automatisch berechneter Sicherheitsbestand
- Bedarfsvorlaufzeit
- dynamischer Sicherheitsbestand

Wir sind darüber hinaus auf die Methoden eingegangen, die SAP APO bietet. Hier können die statistischen Standardmethoden, die dynamischen Standardmethoden und die erweiterten Methoden unterschieden werden. Da die Stammdaten, die Customizing-Einstellungen sowie die Berechnung bei den erweiterten Methoden sehr komplex sind, haben wir eine ausführliche Beispielrechnung eingefügt.

Sie sollten nun die Aufgabe des Sicherheitsbestands ebenso erfassen wie die Unsicherheiten in der Disposition, die die Höhe des notwendigen Sicherheitsbestands beeinflussen. Auch sollten Sie in der Lage sein, eine für Ihren Anwendungsfall geeignete Servicegrad-Definition auszuwählen. Sie wissen nun, dass es wichtig ist, Sicherheitsbestände nicht auf jeder Stufe Ihrer Produktstruktur zu pflegen, sondern gezielt Stufen auszuwählen. Andernfalls können schnell überhöhte Bestände entstehen.

Nicht zuletzt haben Sie die notwendigen Stammdatenparameter und Customizing-Einstellungen kennengelernt, mit denen die verschiedenen Möglichkeiten der Sicherheitsbestandsplanung in SAP ERP oder in SAP APO durchgeführt werden können.

Dieses Wissen ist ein wichtiger Baustein für ein umfassendes Verständnis der SAP-Dispositionsparameter, die in den folgenden Kapiteln dieses Teils beschrieben werden.

Mit den Parametern der Bezugsquellenfindung geben Sie dem System vor, mit welchen der vorhandenen Bezugsquellen die auftretenden Bedarfe befriedigt werden sollen. Auf diese Weise legen Sie die Herkunft grundlegender Terminierungs- und Kostenparameter in der Disposition fest.

11 Ermittlung der Bezugsquellen

In diesem Kapitel zeigen wir, welche Beschaffungsarten in SAP ERP und SAP APO grundsätzlich zur Verfügung stehen. Wir gehen außerdem auf die verschiedenen Formen der Sonderbeschaffung ein und zeigen Ihnen, wie Sie die Bezugsquellenfindung automatisch vom System durchführen lassen können. Dazu erklären wir die Stammdaten der Bezugsquellen der Eigenfertigung und Fremdbeschaffung sowie die Mechanismen zur Steuerung der automatischen Auswahl.

11.1 Bezugsquellenfindung in SAP ERP

In diesem Abschnitt erklären wir die Bezugsquellenfindung in SAP ERP mit den verschiedenen Beschaffungsarten, den vorhandenen Stammdaten und den Auswahlmechanismen.

11.1.1 Überblick über die Beschaffungsarten in SAP ERP

In SAP ERP gibt es drei grundsätzliche Beschaffungsarten: *Eigenfertigung* (E), *Fremdbeschaffung* (F) sowie *Eigen- und Fremdbeschaffung* (X). Diese können wiederum durch Sonderbeschaffungsarten genauer spezifiziert werden. Die Beschaffungsart können Sie im Customizing des Materialstamms für jede Materialart festlegen. Damit wird beim Anlegen eines neuen Materialstamms das Feld BESCHAFFUNGSART auf der Registerkarte DISPOSITION 2 automatisch gefüllt. Anschließend kann die Beschaffungsart dort manuell überschrieben werden (siehe Abbildung 11.1).

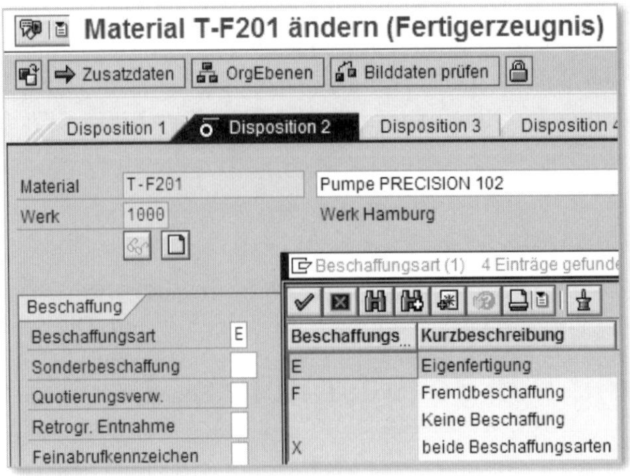

Abbildung 11.1 Beschaffungsart im Materialstamm

E: Eigenfertigung

Im Fall der Eigenfertigung erstellt das ERP-System Planaufträge mit der Auflösung von Stückliste und Arbeitsplan zur Planung der Produktionsmengen. Ist die Planung abgeschlossen, so können die Planaufträge durch den Disponenten in Fertigungsaufträge umgesetzt werden.

F: Fremdbeschaffung

Im Fall der Fremdbeschaffung erzeugt das System entweder einen Planauftrag oder direkt eine Bestellanforderung zur Planung der externen Beschaffung. Wird ein Planauftrag erzeugt, so kann das Material erst fremdbeschafft werden, wenn der Disponent den Planauftrag überprüft und in eine Bestellanforderung umgesetzt hat. Wird kein Planauftrag erzeugt, so steht der Bestellvorschlag dem Einkauf sofort zur Verfügung. Existiert für ein Material ein Lieferplan und ist dieser im Orderbuch dispositionsrelevant gekennzeichnet, besteht zudem die Möglichkeit, bei dem Bedarfsplanungslauf direkt Lieferplaneinteilungen erzeugen zu lassen. Lieferplaneinteilungen sind im Gegensatz zu Planauftrag und Bestellanforderung feste Elemente mit verbindlichem Charakter. Ob Planaufträge, Bestellanforderungen oder Lieferplaneinteilungen erzeugt werden, hängt von verschiedenen Steuerungsparametern ab (z.B. vom *Erstellungskennzeichen* im Planungslauf).

X: Eigen- und Fremdbeschaffung

Sind für ein Material sowohl Eigenfertigung als auch Fremdbeschaffung möglich, so kann die Beschaffungsart manuell durch Umsetzen des vom Planungslauf erzeugten Planauftrags entweder in einen Fertigungsauftrag oder in eine

Bestellanforderung bestimmt werden. In diesem Fall ist es auch möglich, mithilfe einer Quotierung anteilig eine Fremdbeschaffung und eine Eigenfertigung für ein Material festzulegen. Existiert für ein Material mit Beschaffungsart X keine Quotierung, so geht das System zunächst von Eigenfertigung aus, in dem Planaufträge erzeugt werden.

11.1.2 Formen der Sonderbeschaffung

Über den Sonderbeschaffungsschlüssel in der Registerkarte Disposition 2 können Sie pro Material die Beschaffungsart noch genauer spezifizieren. Die Sonderbeschaffungsarten können nach Eigenfertigung und Fremdbeschaffung unterschieden werden.

Sonderbeschaffung bei Eigenfertigung

Im Folgenden werden die Sonderbeschaffungsformen beschrieben, die für eigengefertigte Materialien verwendet werden können. Einige Sonderbeschaffungsschlüssel können für beide Beschaffungsarten verwendet werden. Diese Fälle werden ebenfalls dargestellt.

Dummy-Baugruppe
Eine Dummy-Baugruppe ist eine logische Zusammenfassung von Materialien. Die Gruppe von Materialien wird aus bestimmten Gründen (z.B. aus Sicht der Konstruktion) zusammengefasst und verwaltet; sie wird jedoch nicht gefertigt. Folglich existieren im Normalfall keine Fertigungsaufträge, keine Rückmeldungen und auch keine Bestandsbewegung für diese Baugruppe. Bei der Stücklistenauflösung im Plan- und Fertigungsauftrag werden Dummy-Baugruppen direkt weiter aufgelöst. Der Sekundärbedarf wird also direkt an die darunterliegende Stücklistenstufe weitergeleitet. Als Komponente ist im Fertigungsauftrag also nicht die Dummy-Baugruppe angegeben, sondern die Komponenten der Dummy-Baugruppe werden direkt angegeben. Das Customizing des Sonderbeschaffungsschlüssels für Dummy-Baugruppen ist in Abbildung 11.2 dargestellt.

Produktion in anderem Werk
Bei dieser Art der Sonderbeschaffung werden Erzeugnisse in einem vom Planungswerk abweichenden Produktionswerk produziert. Dazu muss pro Beziehung *Planungswerk-Produktionswerk* ein Sonderbeschaffungsschlüssel gepflegt werden (siehe Abbildung 11.3).

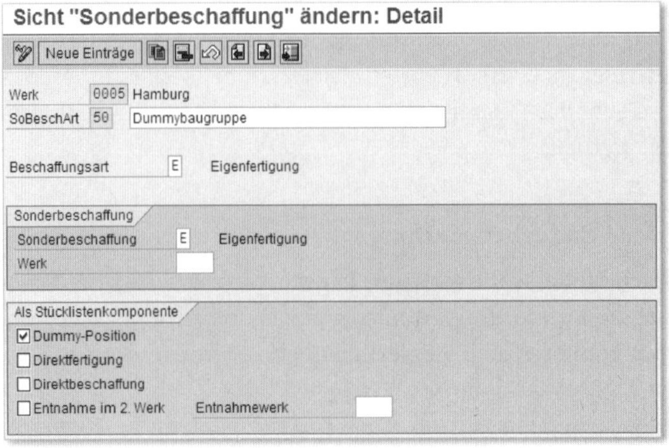

Abbildung 11.2 Sonderbeschaffungsschlüssel (SOBSL) für Dummy-Baugruppe

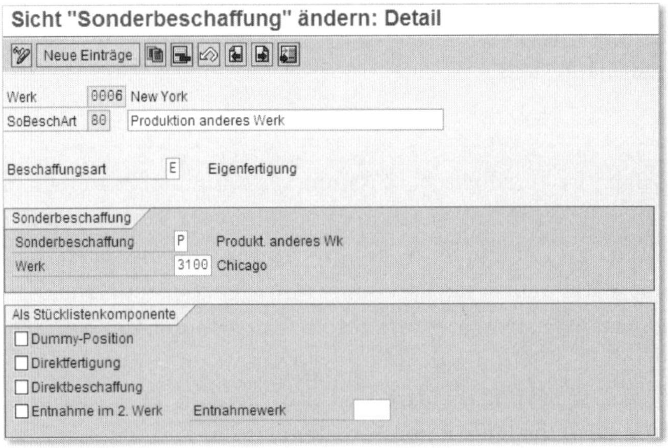

Abbildung 11.3 SOBSL für die Produktion in einem anderen Werk

Die Planung des Erzeugnisses wird dann im Planungswerk durchgeführt. Dabei erzeugt das System bei Bedarf einen Planauftrag für die Baugruppe im Planungswerk. Die Herstellung der Komponenten erfolgt im Produktionswerk. Somit wird die Stückliste der Baugruppe im Produktionswerk aufgelöst, und die Sekundärbedarfe werden ermittelt. Im Produktionswerk sind also Sekundärbedarfe für einen Planauftrag im Planungswerk zu sehen. Nun kann im Planungswerk der Planauftrag in einen Fertigungsauftrag umgesetzt werden. Die Sekundärbedarfe werden zu Reservierungen im Produktionswerk und die Entnahme der Komponenten erfolgt im Produktionswerk. Der Wareneingang zum Fertigungsauftrag erfolgt jedoch im Planungswerk. Dieser Ablauf ist schematisch in Abbildung 11.4 dargestellt.

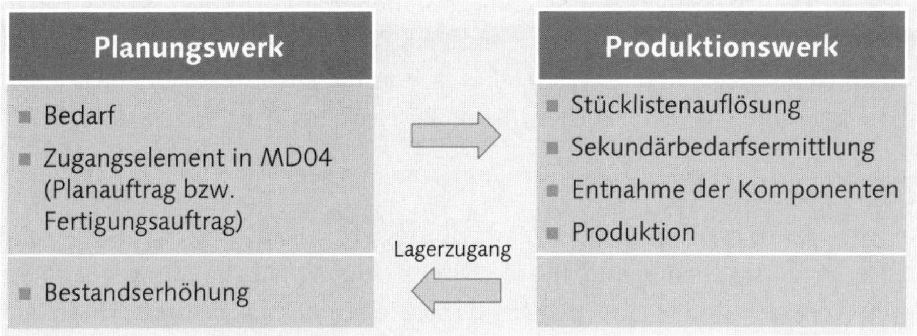

Abbildung 11.4 Ablauf bei der Produktion in anderem Werk

Entnahme in anderem Werk

Diese Art der Sonderbeschaffung ähnelt der Produktion in einem anderen Werk, jedoch muss dieser Sonderbeschaffungsschlüssel für Komponenten und nicht für Erzeugnisse gepflegt werden. Somit werden nur bestimmte Stücklistenkomponenten einer Baugruppe in einem vom Planungswerk abweichenden Werk entnommen. Bei der Bedarfsplanung im Planungswerk erzeugt das System einen Planauftrag für die Baugruppe. Für Komponenten mit dem Sonderbeschaffungsschlüssel *Entnahme in anderem Werk* wird automatisch ein Sekundärbedarf im Entnahmewerk angelegt. Bei der Umsetzung des Planauftrags der Baugruppe in einen Fertigungsauftrag werden die Sekundärbedarfe der Komponenten in abhängige Reservierungen umgesetzt. Die Entnahme zum Fertigungsauftrag erfolgt für diese Komponente im Entnahmewerk. Auch in diesem Fall muss pro Beziehung *Planungswerk-Entnahmewerk* ein Sonderbeschaffungsschlüssel gepflegt werden (siehe Abbildung 11.5). Dieser ist aber nur bei der Stücklistenauflösung relevant.

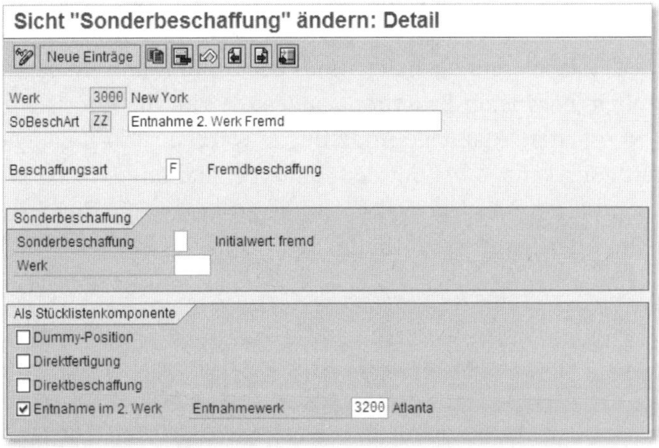

Abbildung 11.5 SOBSL für Entnahme in anderem Werk

Liegt direkt ein Primärbedarf für die Komponente vor (z.B. Ersatzteilbedarf durch Kunden), so wird das Material anhand der regulären Beschaffungsart entweder fremdbeschafft oder eigengefertigt. Aus diesem Grund kann dieser Sonderbeschaffungsschlüssel auch für beide Beschaffungsarten angelegt werden.

Direktfertigung

Bei der Auftragsanlage für ein Material, dessen Stückliste Komponenten mit einer Sonderbeschaffungsart für die Direktfertigung enthält, werden automatisch weitere Aufträge zur Fertigung dieser Komponenten angelegt. Diese Verknüpfung von Plan- oder Fertigungsaufträgen über mehrere Fertigungsstufen hinweg wird als *Auftragsnetz* bezeichnet. Sekundärbedarfe und Direktfertigungsplanaufträge werden in der aktuellen Bedarfs-/Bestandsliste in einem separaten Direktfertigungsabschnitt angezeigt (siehe Abbildung 11.6).

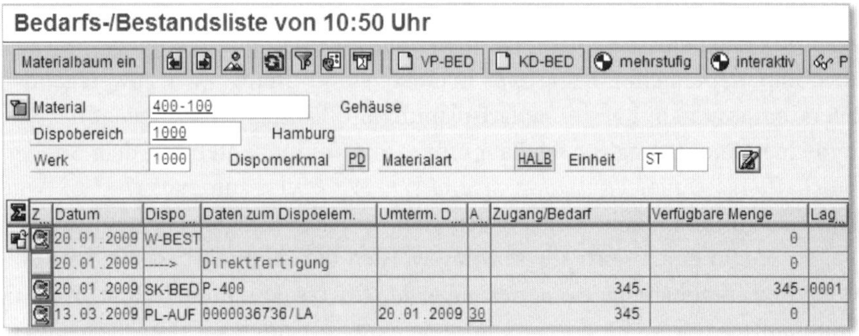

Abbildung 11.6 Transaktion MD04 bei Direktfertigung

Mit der Umsetzung des Planauftrags für das Enderzeugnis in einen Fertigungsauftrag werden automatisch auch alle Planaufträge für darunterliegende direktgefertigte Komponenten in Fertigungsaufträge umgesetzt. Die Direktfertigungsaufträge werden (selbst wenn sie fixiert sind) bei Termin- und Mengenveränderungen der übergeordneten Baugruppe angepasst, um die Konsistenz des Auftragsnetzes zu erhalten. Manuelle Änderungen werden rückgängig gemacht. Die Direktfertigung kann dabei mit der Sonderbeschaffung *Produktion in anderem Werk* kombiniert werden. Das Customizing des Sonderbeschaffungsschlüssels für Direktfertigung ist in Abbildung 11.7 dargestellt.

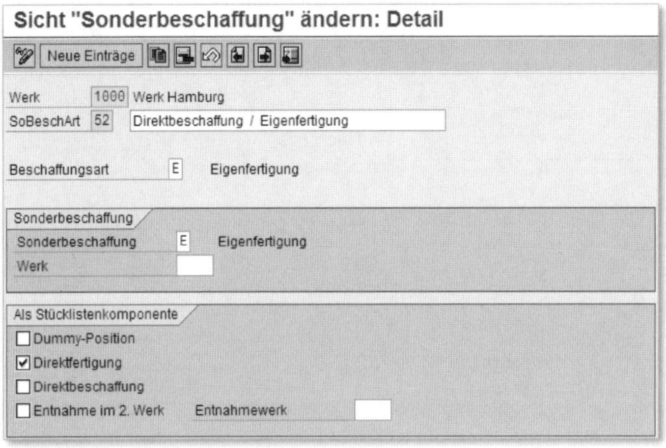

Abbildung 11.7 SOBSL bei Direktfertigung

Sonderbeschaffung bei Fremdbeschaffung

In diesem Abschnitt werden die Sonderbeschaffungsarten beschrieben, die in Verbindung mit der Fremdbeschaffung relevant sind.

Umlagerung mit Umlagerungsbestellung

Bei der Umlagerung mit Umlagerungsbestellung werden Waren innerhalb eines Unternehmens beschafft und geliefert. Das Werk, das die Materialien benötigt, bestellt intern bei einem anderen Werk, das die Materialien liefern kann. Somit ist an diesem Umlagerungsprozess nicht nur die Bestandsführung, sondern auch der Einkauf im empfangenden Werk beteiligt. Der Prozess beginnt im empfangenden Werk mit der Erfassung einer Umlagerungsbestellung (siehe Abbildung 11.8). Dann wird im abgebenden Werk ein Warenausgang mit Bezug zu dieser Umlagerungsbestellung erfasst. Die ausgebuchte Menge wird zunächst in einem speziellen Bestand, dem Transitbestand des empfangenden Werks, geführt. Beendet wird der Prozess durch die Buchung des Wareneingangs zu Umlagerungsbestellung im empfangenden Werk. Dabei wird die Menge vom Transitbestand in den Lagerortbestand des Werks umgebucht.

Eine Umlagerung von Materialien zwischen Werken ohne Umlagerungsbestellungen ist ebenfalls möglich. In diesem Fall wird in der Bestandsführung mit der Bewegungsart 301 direkt von Werk zu Werk umgebucht. Für jede Umlagerungsbeziehung zwischen empfangendem und abgebendem Werk ist wieder ein Sonderbeschaffungsschlüssel im Customizing anzulegen (siehe Abbildung 11.9).

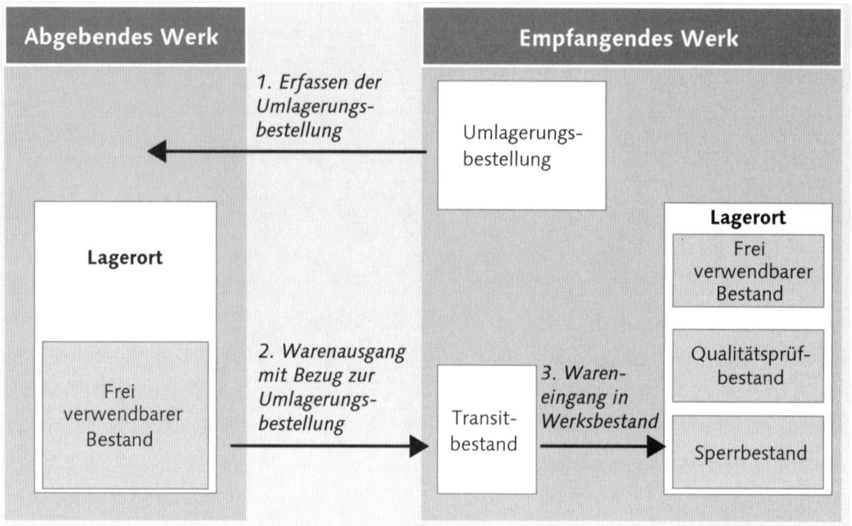

Abbildung 11.8 Ablauf mit Umlagerungsbestellung

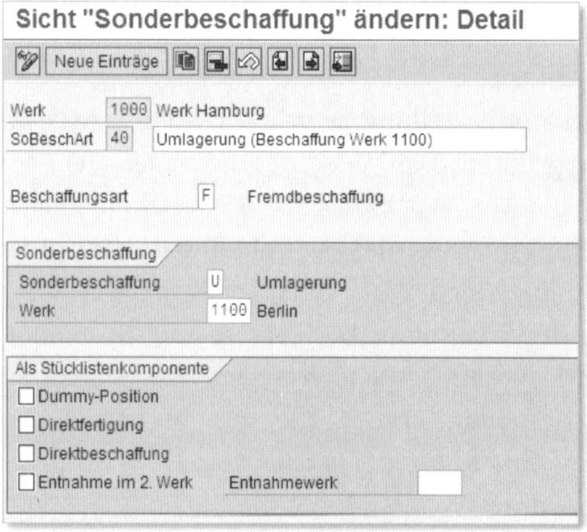

Abbildung 11.9 SOBSL für Umlagerung

Lohnbearbeitung

Bei der Lohnbearbeitung wird ein Material von einem externen Lieferanten bezogen. Im Gegensatz zu einem normalen Fremdbeschaffungsprozess müssen jedoch dem Lieferanten (also dem Lohnbearbeiter) die Komponenten für die Fertigung des Materials teilweise oder vollständig zur Verfügung gestellt werden.

Für das Endprodukt wird eine Lohnbearbeitungsbestellung erstellt, die nicht nur Informationen über das zu liefernde Material, sondern auch Angaben über die dem Lohnbearbeiter beizustellenden Komponenten enthält.

Die Komponenten müssen dem Lohnbearbeiter beigestellt werden; die Beistellung wird im ERP-System über eine Umbuchung abgebildet. Die beigestellten Materialien befinden sich zwar physisch nicht mehr im Unternehmen, werden aber trotzdem im Bestand geführt. Der Ausweis erfolgt unter der Sonderbestandsform *Lieferantenbeistellbestand*. Wenn der Lohnbearbeiter seine Leistung erbracht hat, liefert er das gefertigte oder veredelte Material. Der Wareneingang wird auch hier mit Bezug zur (Lohnbearbeitungs-) Bestellung erfasst. Dadurch kann nicht nur der Zugang der Endprodukte, sondern auch der Verbrauch der Komponenten aus dem Lohnbeistellbestand korrekt verbucht werden. Abschließend stellt der Lohnbearbeiter seine erbrachte Leistung in Rechnung. In diesem Fall muss nur ein Sonderbeschaffungsschlüssel pro Werk angelegt werden. Der Lieferant wird später über die Bezugsquellen der Fremdbeschaffung bestimmt.

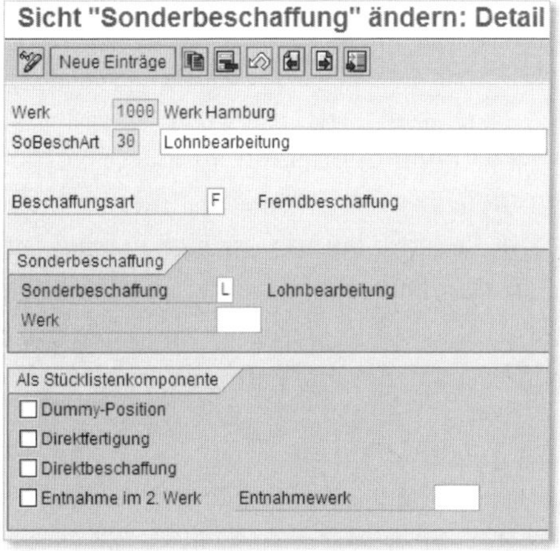

Abbildung 11.10 SOBSL für Lohnbearbeitung

Lieferantenkonsignation

Bei der Lieferantenkonsignation stellt ein Lieferant Material zur Verfügung, das bereits vor Ort im Werk lagert, aber noch nicht bezahlt werden muss. Der Lieferant bleibt so lange Eigentümer des Materials, bis etwas aus dem Konsignationslager entnommen wird. Erst durch die Entnahme entsteht eine Verbindlichkeit gegenüber dem Lieferanten. Die Abrechnung der Entnahmen wird nach vereinbarten Perioden fällig, zum Beispiel monatlich.

Per Konsignationsbestellung kann Material vom Lieferanten angefordert werden. Wenn die Lieferung des Materials erfolgt, wird der Wareneingang mit Bezug auf die Konsignationsbestellung gebucht. Damit ist der Beschaffungsprozess abgeschlossen, da die Bezahlung des Materials nicht mit der Lieferung, sondern erst mit der Entnahme fällig. Auch in diesem Fall muss nur ein Sonderbeschaffungsschlüssel für die Konsignation angelegt werden (siehe Abbildung 11.11).

Sicht "Sonderbeschaffung" ändern: Detail

Neue Einträge

Werk 0010 Produktionswerk Hamburg
SoBeschArt 10 Konsignation

Beschaffungsart F Fremdbeschaffung

Sonderbeschaffung
Sonderbeschaffung K Konsignation
Werk

Als Stücklistenkomponente
☐ Dummy-Position
☐ Direktfertigung
☐ Direktbeschaffung
☐ Entnahme im 2. Werk Entnahmewerk

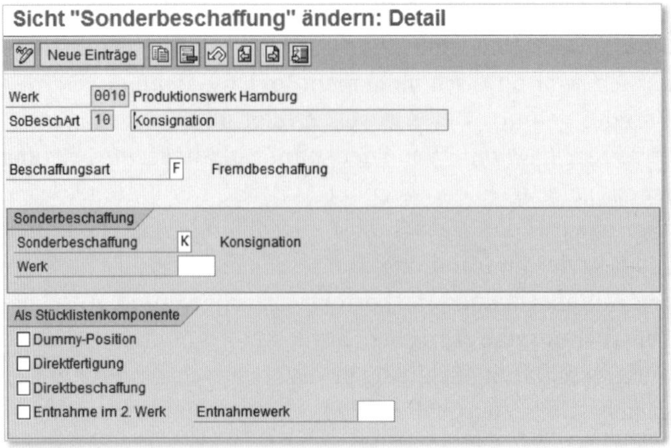

Abbildung 11.11 SOBSL für Konsignation

Direktbeschaffung

Mit der Direktbeschaffung können Stücklistenkomponenten am Lager vorbei direkt für einen Planauftrag bestellt werden. Dieses Verfahren ähnelt der Direktfertigung bei der Eigenfertigung. Die Bedarfsplanung erzeugt hierbei für Materialien Sekundärbedarfe und gleichzeitig Direktbeschaffungsplanaufträge oder Direktbeschaffungsbestellanforderungen. Diese werden in der Bedarfs-/Bestandsliste in einem separaten Direktbeschaffungsabschnitt angezeigt (siehe Abbildung 11.12).

Bedarfs-/Bestandsliste von 12:57 Uhr

Materialbaum ein ☐ VP-BED ☐ KD-BED ⊕ mehrstufig ⊕ interaktiv Plan

Material 400-110 Rohling für Spiralgehäuse
Dispobereich 1000 Hamburg
Werk 1000 Dispomerkmal PD Materialart ROH Einheit ST

Z	Datum	Dispoele	Daten zum Dispoelem.	Umterm. D.	A	Zugang/Bedarf	Verfügbare Menge	Lag
	20.01.2009	W-BEST					10.010	
	20.01.2009	---->	Direktbeschaffung				0	
	20.01.2009	SK-BED	400-100			345-	345-	0001
	03.02.2009	BS-ANF	0010013796/00010	20.01.2009	30	345	0	

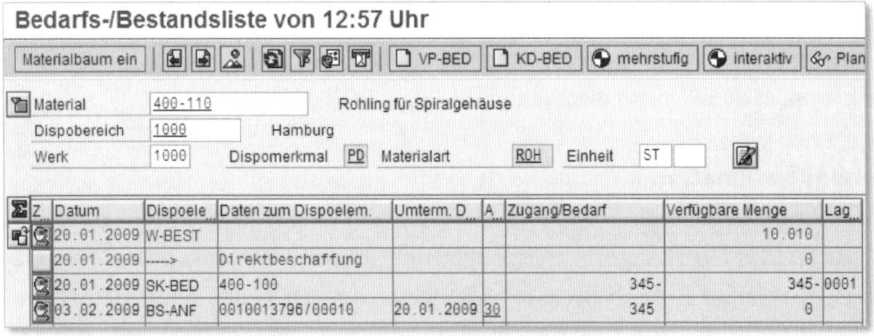

Abbildung 11.12 Transaktion MD04 bei Direktbeschaffung

Mit der Umsetzung des Planauftrags für das Enderzeugnis in einen Fertigungsauftrag werden automatisch auch alle Planaufträge für darunterliegende direktbeschaffte Komponenten in Bestellanforderungen umgesetzt. Direktbeschaffungsplanaufträge und Direktbeschaffungsbestellanforderungen werden (selbst wenn sie fixiert sind) an Termin- und Mengenveränderungen bei der übergeordneten Baugruppe angepasst, um Inkonsistenzen in der Planung zu vermeiden. Manuelle Änderungen werden damit rückgängig gemacht.

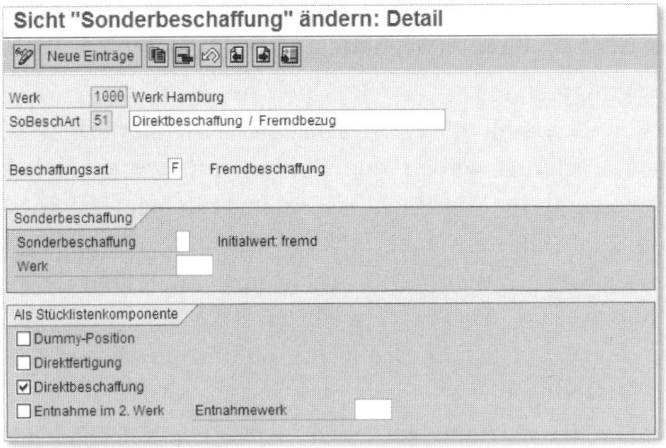

Abbildung 11.13 SOBSL für Direktbeschaffung

11.1.3 Bezugsquellen in der Eigenfertigung

Für jeden neuen Planauftrag werden bei der Eigenfertigung die Stückliste und der Arbeitsplan im Planungslauf aufgelöst. Alternativ kann auch eine Fertigungsversion bestimmt werden, in der sowohl der zu verwendende Arbeitsplan als auch die Stückliste festgelegt sind.

Auswahl von Stückliste

Bei der Stücklistenauswahl prüft das System im Planungslauf zunächst, welche Stücklistenverwendung die höchste Priorität hat. Die Prioritätenreihenfolge kann im Customizing der Bedarfsplanung pro Werk festgelegt werden. Eine typische Reihenfolge ist, dass als erstes nach einer Fertigungsstückliste und dann nach einer Universalstückliste gesucht wird. Für die festgelegten Verwendungen wird der Reihe nach geprüft, ob es eine gültige Stückliste zum Auflösungstermin gibt. Ist dies nicht der Fall, wird eine Ausnahmemeldung erzeugt.

Falls es verschiedene Stücklisten gibt, muss geprüft werden, welche Liste die Voraussetzungen der Alternativenauswahl erfüllt. Es stehen drei Möglichkeiten zur Verfügung, die im Materialstamm auf der Registerkarte Disposition 4 der Baugruppe ausgewählt werden können (siehe Abbildung 11.14).

- **Stücklistenauswahl über die Auftragsmenge**
  Die Auftragsmenge orientiert sich an der Losgröße entsprechend dem gewählten Losgrößenverfahren. Der Losgrößenbereich der Alternative einer Mehrfachstückliste wird im Stücklistenkopf festgelegt.
- **Auswahl nach Auflösungstermin**
  Der Auflösungstermin ist der Termin, mit dem für einen Planauftrag die gültige Stückliste (bzw. der gültige Arbeitsplan) ermittelt wird. Im Customizing

kann definiert werden, ob als Auflösungstermin der Eckstarttermin, Eckendtermin oder der Bruttotermin der Seriennummer gewählt wird.

- **Auswahl nach Fertigungsversion**
Die Fertigungsversion bestimmt die verschiedenen Fertigungstechniken, nach denen ein Material gefertigt werden kann. Die Fertigungsversion enthält somit einen Arbeitsplan und eine Stückliste. Das System prüft beim Planungslauf, ob eine Fertigungsversion zur Menge und zum Termin des Planauftrags passt. Eine andere Möglichkeit besteht darin, mithilfe der Quotierung, die im Rahmen der Fremdbeschaffung näher beschrieben wird, die Auswahl der Fertigungsversion festzulegen. Mit dem Alternativenselektionskennzeichen 3 erfolgt die Auswahl dabei zwingend nach Fertigungsversion. Mit dem Kennzeichen 2 erfolgt die Auswahl – wenn möglich – nach Fertigungsversion, sonst gemäß Losgröße.

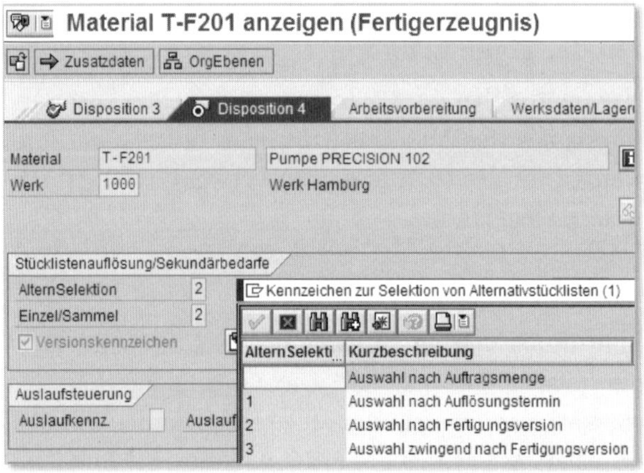

Abbildung 11.14 Alternativenselektion bei Mehrfach-Stücklisten

Zur ausgewählten Stücklistenalternative wird nun bei änderungsverwalteten Stücklisten der Änderungsstand zum Auflösungstermin bestimmt.

Auswahl von Arbeitsplan

Für die Auswahl des Arbeitsplans ist ebenfalls das bereits beschriebene Alternativenselektionskennzeichen im Materialstamm (Disposition 4) entscheidend:

Ist dieses Kennzeichen mit dem Wert »2« oder »3« besetzt (Stücklistenalternativenauswahl gemäß Fertigungsversion), so wird auch der Arbeitsplan wie bei der Stückliste gemäß der selektierten Fertigungsversion ausgewählt.

Ist das Kennzeichen »blank« oder »1«, so entscheidet die Selektions-ID der Arbeitsplanselektion, die im Customizing der Bedarfsplanung für die Feinterminierungsebene der Planaufträge festgelegt ist. Für eine bestimmte Selektions-ID können Sie im Customizing wiederum eine bestimmte Reihenfolge aus Plantyp, Verwendung und Status vorgeben.

Dieser Ablauf ist in Abbildung 11.15 noch einmal zusammengefasst.

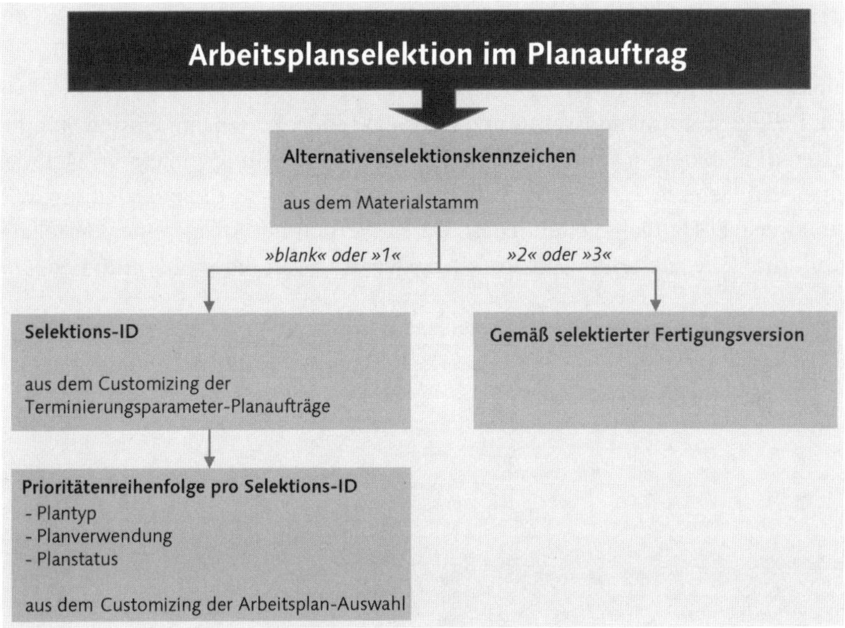

Abbildung 11.15 Arbeitsplanselektion bei der Bedarfsplanung

Die Auflösungstermine der Stückliste und des Arbeitsplans sind identisch. Im Falle eines änderungsverwalteten Arbeitsplans wird der Änderungsstand zum Auflösungstermin herangezogen.

Zur Überprüfung der Arbeitsplanauswahl sind auf der Sicht FEINTERMINIERUNG eines Planauftrags die ausgewählte Plangruppe und der Plangruppenzähler des Arbeitsplans sowie dessen Terminierungs- und Kapazitätsbedarfe ersichtlich.

11.1.4 Bezugsquellen in der Fremdbeschaffung

Mögliche Bezugsquellen der Fremdbeschaffung sind entweder ein Einkaufsinfosatz, ein Rahmenvertrag (z.B. ein Kontrakt oder ein Lieferplan) oder eine Umlagerungsbeziehung von einem anderen Werk.

Mögliche Bezugsquellen der Fremdbeschaffung

Es gibt in SAP ERP für die Fremdbeschaffung verschiedene Stammdaten, um die Verbindung von einem Material zu einem bestimmten Lieferanten abzubilden. Die einfachste Möglichkeit bietet der Einkaufsinfosatz. Als weitere Möglichkeiten gibt es die Rahmenverträge mit den Formen »Lieferplan« und »Kontrakt«. Diese Möglichkeiten werden im Folgenden beschrieben.

Einkaufsinformationssatz

Ein Einkaufsinformationssatz (kurz: Infosatz) gehört zu den einfachsten Stammdaten des Einkaufs (Modul MM). Er stellt eine Verbindung von einem Material zu einem Lieferanten her und enthält wichtige Daten für diese Beziehung, wie zum Beispiel Planlieferzeiten. Diese Daten werden bei Anlage einer Bestellanforderung oder Bestellung als Vorschlagswerte in den Beleg übernommen.

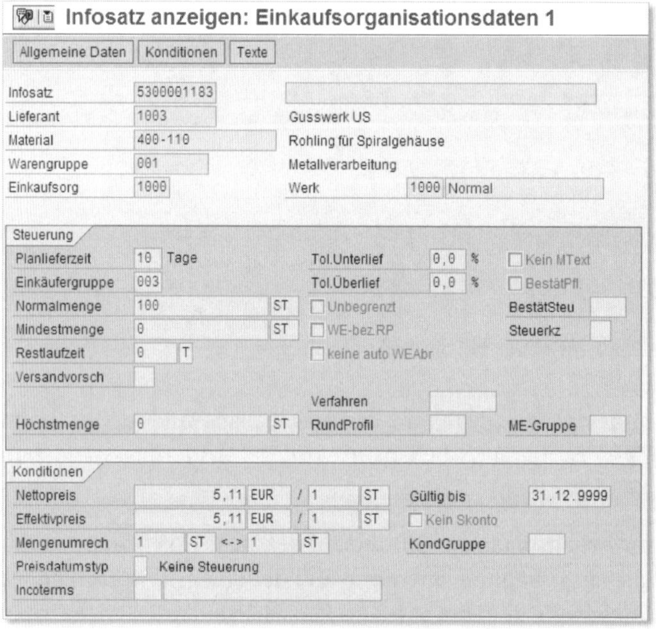

Abbildung 11.16 Beispiel für einen Einkaufsinformationssatz

Rahmenverträge

Ein Rahmenvertrag ist eine längerfristige Vereinbarung mit einem Lieferanten über die Lieferung von Materialien oder die Erbringung von Dienstleistungen zu festgelegten Konditionen. Diese gelten für einen definierten Zeitraum und eine definierte Gesamtabnahmemenge oder für einen bestimmten Gesamtabnahmewert. Ein Rahmenvertrag kann ein Kontrakt oder ein Lieferplan sein. Es gibt zwei wesentliche Unterschiede zwischen den beiden Bezugsquellen: das Belegvolumen und die Verwendung in der automatischen Disposition.

Beim Kontrakt wird für jeden Abruf in der Regel eine neue Bestellung im System angelegt. Beim Lieferplan hingegen gibt es zusätzlich zum Vertragsbeleg nur noch einen weiteren Beleg: die Lieferplaneinteilung (siehe Abbildung 11.17). Diese ist Bestandteil des Lieferplans und wird immer um die neuen Bedarfsmengen und -termine erweitert. Das Arbeiten mit Lieferplänen bedeutet somit weniger Bearbeitungszeit und weniger Belegvolumen. Zusätzlich haben die Lieferanten langfristige Abnahmezusagen und können dadurch günstigere Konditionen mit ihren Vorlieferanten aushandeln und weitergeben. Außerdem können sie kontinuierlich produzieren und ihre Prozesse automatisieren.

Lieferplaneinteilungen können automatisch im Bedarfsplanungslauf erzeugt werden. Das manuelle Umwandeln von Beschaffungsvorschlägen entfällt dadurch. Die Lieferplaneinteilung kann dabei so gesteuert werden, dass automatisch eine Nachricht erzeugt und an den Lieferanten übermittelt wird.

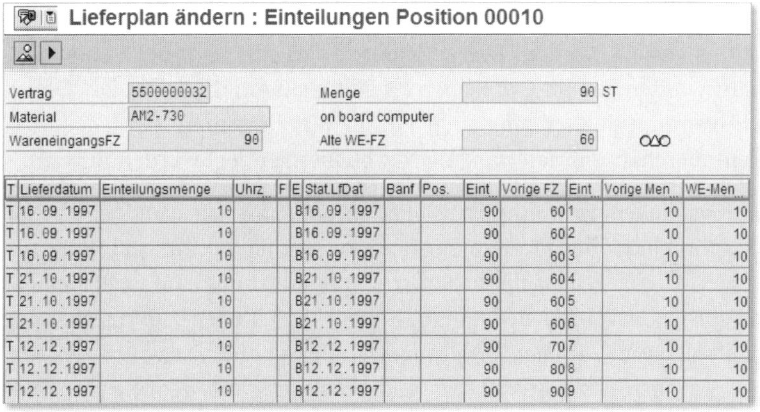
Lieferplan ändern : Einteilungen Position 00010

Vertrag 5500000032 | Menge 90 ST
Material AM2-730 | on board computer
WareneingangsFZ 90 | Alte WE-FZ 60

T	Lieferdatum	Einteilungsmenge	Uhrz...	F	E	Stat.LfDat	Banf	Pos.	Eint...	Vorige FZ	Eint...	Vorige Men...	WE-Men...
T	16.09.1997	10			B	16.09.1997			90	60	1	10	10
T	16.09.1997	10			B	16.09.1997			90	60	2	10	10
T	16.09.1997	10			B	16.09.1997			90	60	3	10	10
T	21.10.1997	10			B	21.10.1997			90	60	4	10	10
T	21.10.1997	10			B	21.10.1997			90	60	5	10	10
T	21.10.1997	10			B	21.10.1997			90	60	6	10	10
T	12.12.1997	10			B	12.12.1997			90	70	7	10	10
T	12.12.1997	10			B	12.12.1997			90	80	8	10	10
T	12.12.1997	10			B	12.12.1997			90	90	9	10	10

Abbildung 11.17 Lieferplaneinteilungen

Voraussetzungen für automatische Lieferplaneinteilungen sind:

- Der Lieferplan muss im Orderbuch als Bezugsquelle für die Disposition eindeutig gekennzeichnet sein (Dispo-Kennzeichen 2).
- In den Dispositionsdaten des Materialstammsatzes muss das Beschaffungskennzeichen »F« gesetzt sein (in Verbindung mit einer Quotierung ist auch »X« möglich).
- Im Planungslauf müssen automatische Lieferplaneinteilungen zugelassen sein. Das Kennzeichen Automatische Lieferplaneinteilungen steuert, für welchen Zeitraum Lieferplaneinteilungen erzeugt werden sollen.

Bezugsquellenfindung bei der Fremdbeschaffung

Existieren für ein Material mehrere Bezugsquellen, so ist eine automatische Bezugsquellenfindung entweder über das Orderbuch oder über die Kombination von Quotierung und Orderbuch möglich. Dies ist insbesondere dann sinnvoll, wenn zum Beispiel unterschiedliche Planlieferzeiten bei den Bezugsquellen vorliegen.

Daher beschreiben wir im Folgenden zunächst die Stammdaten *Orderbuch* und *Quotierung*. Anschließend erklären wir, wie die automatische Bezugsquellenfindung im Planungslauf mithilfe dieser Stammdaten abläuft.

Orderbuch

Mithilfe des Orderbuchs werden Bezugsquellen eines Materials für ein Werk verwaltet. In einem Orderbuch können für ein Werk die für einen bestimmten Zeitraum erlaubten Bezugsquellen eines Materials eingetragen werden. Orderbucheinträge werden bei der automatischen Bezugsquellenermittlung im Einkauf bei der Bestellungsanlage und auch bei der Bedarfsplanung berücksichtigt. Im Materialstamm unter den Einkaufsdaten kann für ein Material die Orderbuchpflicht eingestellt werden. Dieses Material darf dann nur bei Bezugsquellen beschafft werden, die im Orderbuch als gültig eingetragen sind. Die Orderbuchpflicht kann im Customizing auch für ein Werk definiert werden, sodass für alle fremdbeschafften Materialien Orderbücher gepflegt werden müssen.

Für die Bezugsquellenermittlung im Einkauf können Sie entscheiden, ob eine Bezugsquelle in einem bestimmten Zeitraum bevorzugt werden soll (Kennzeichen FIX) oder ob ein Lieferant gesperrt ist. Für den Planungslauf ist jedoch das Kennzeichen DISPORELEVANT bedeutend. Bei der maschinellen Bedarfsplanung kann nur dann eine Bestellanforderung mit Bezugsquelle erzeugt werden, wenn im Orderbuch des Materials ein gültiger Eintrag mit dem Kennzeichen DISPORELEVANT gleich »1« oder »2« enthalten ist (siehe Abbildung 11.18).

Abbildung 11.18 Beispiel »Orderbuch«

Quotierung

Mithilfe der Quotierung erweitern sich die Möglichkeiten der Bezugsquellenzuordnung bei der automatischen Bezugsquellenfindung. Über das Quotierungsverwendungskennzeichen im Materialstammsatz (Registerkarte EINKAUF bzw. DISPOSITION 2) wird festgelegt, dass ein Material quotiert werden kann, und in welchen betriebswirtschaftlichen Anwendungsbereichen die Quotierung verwendet wird. Das Quotierungsverwendungskennzeichen definieren Sie im Customizing des Einkaufs. Zusätzlich sind die Parameter der Quotierung in der Quotendatei zu pflegen. Bei Bezugsquellen der Fremdbeschaffung ist außerdem ein Orderbucheintrag notwendig; hierbei ist das Kennzeichen DISPORELEVANT zu beachten.

Wenn es eine Quotierung für ein Material gibt, hat sie bei der Bezugsquellenermittlung im ERP-System die höchste Priorität.

Mögliche Bezugsquellen im Rahmen der Quotierung können sowohl Fremdbeschaffungs- als auch Eigenfertigungsbezugsquellen sein:

- Lieferanten
- Rahmenverträge (mit Orderbucheintrag)
- andere Werke
- Sonderbeschaffungsarten
- Fertigungsversionen

Soll ein bestimmtes Material innerhalb eines Zeitraums von verschiedenen Bezugsquellen bezogen werden, so können Sie die Auswahl der einzelnen Bezugsquellen mittels der Quote steuern. Die Quote gibt an, welcher Anteil des anfallenden Bedarfs von welcher Bezugsquelle beschafft werden soll. Die Mengenanteile werden dabei als eine dimensionslose Zahl in der Quotierungsposition der Quotendatei gepflegt. Das folgende Beispiel verdeutlicht die Verwendung einer Quote zur Festlegung des Mengenanteils einer Bezugsquelle.

Beispiel: Quotierung von Lieferanten mittels Quote

In einer Quotierung soll die Auswahl von zwei Lieferanten über bestimmte Anteile gesteuert werden. Lieferant A soll dabei 2/3 der auftretenden Bedarfsmengen befriedigen, während Lieferant B lediglich 1/3 der Bedarfsmengen abdecken soll. In der Quotierung werden nun die folgenden Daten hinterlegt:

- Quote Lieferant A: 2
- Quote Lieferant B: 1

Das gleiche Quotierungsergebnis würde erzielt, wenn für Lieferant A eine Quote von 6 und für Lieferant B eine Quote von 3 gepflegt würde. Der Anteil einer Bezugsquelle innerhalb einer Quotierung kann demnach mittels folgender Formel berechnet werden:

$$\textit{Mengenanteil der Bezugsquelle} = \frac{\textit{Quote der Bezugsquelle}}{\textit{Summe der Quoten aller Bezugsquellen}}$$

Wenn auf Basis einer Quotierung einem Beschaffungsvorschlag eine Bezugsquelle zugeordnet wird, aktualisiert das ERP-System automatisch die quotierte Menge, also die gesamte bisher einer Bezugsquelle zugeordnete Menge. Diese bildet die Berechnungsgrundlage für eine Entscheidung über die Zuordnung weiterer Beschaffungsvorschläge.

Bei der Quotierung im ERP-System wird unterschieden zwischen der Zuteilungsquotierung und der Splittungsquotierung.

Die Zuteilungsquotierung ordnet jedes Los exakt einer Bezugsquelle zu, wobei die Entscheidung über die Zuteilung anhand der niedrigsten Quotenzahl getroffen wird. Die Quotenzahl wird gemäß folgender Formel berechnet:

$$Quotenzahl = \frac{Quotierte\ Menge + (Quotenbasismenge)}{Quote}$$

Das folgende Beispiel verdeutlicht die Vorgehensweise bei der Bestimmung der Quotenzahl.

Beispiel: Ermittlung der Quotenzahlen

Es tritt ein Bedarf in Höhe von 60 Mengeneinheiten auf. Tabelle 11.1 zeigt die Quoten und quotierten Mengen für die Lieferanten A und B sowie die errechnete Quotenzahl:

Lieferant	Quote	Quotierte Menge	Quotenbasis	Quotenzahl
A	10	50	–	5
B	30	300	–	10

Tabelle 11.1 Ermittlung einer Quotenzahl (Beispiel)

Der Lieferant A würde aufgrund seiner niedrigeren Quotenzahl höher priorisiert. Ein weiterer eintreffender Bedarf in Höhe von 100 Mengeneinheiten würde wie in Tabelle 11.2 beurteilt:

Lieferant	Quote	Quotierte Menge	Quotenbasis	Quotenzahl
A	10	110	–	11
B	30	300	–	10

Tabelle 11.2 Ermittlung einer Quotenzahl II (Beispiel)

Da Lieferant B nun die niedrigere Quotenzahl aufweist, würde dieser Lieferant höher priorisiert.

Die Quotenbasismenge kann in der Quotierungsposition gepflegt werden. Sie dient der Steuerung der Quotierung ohne eine Änderung der eigentlichen Quote. Diese Art der Steuerung ist notwendig, wenn eine neue Bezugsquelle in die Quotierung aufgenommen wird, zur nachträglichen Steuerung bei bereits vorhandenen quotierten Mengen oder zum Ausgleich bei sich ändernden Quoten. Das folgende Beispiel verdeutlicht die Steuerung einer nachträglichen Aufnahme einer neuen Bezugsquelle über die Quotenbasis.

Beispiel: Nachträgliche Aufnahme einer neuen Bezugsquelle

In einer Quotierung sind zu einem Lokationsprodukt drei Lieferanten mit einem Einsatzverhältnis von jeweils 33,3 % eingetragen, die jeweils bereits 100 Mengeneinheiten des betreffenden Produkts geliefert haben. Hierdurch ergibt sich eine quotierte Menge von jeweils 100 Mengeneinheiten. Nun soll nachträglich ein vierter Lieferant in die Quotierung aufgenommen werden. Da dieser Lieferant aufgrund seiner verspäteten Aufnahme eine quotierte Menge von »0« aufweist, wird für ihn im nächsten Bezugsquellenfindungslauf die niedrigste Quotenzahl aller vier Lieferanten ermittelt. Daher würde für die folgenden Beschaffungsvorschläge so lange dieser Lieferant ausgewählt, bis er mindestens eine quotierte Menge von 100 Mengeneinheiten aufweist. Soll jedoch das Einsatzverhältnis der Lieferanten für die nachfolgend anzulegenden Beschaffungsvorschläge jeweils 25 % betragen, so muss für den neu hinzugefügten Lieferant über die Quotenbasis erreicht werden, dass die Quotenzahl dieses Lieferanten nicht niedriger ist als bei den anderen vorhandenen Bezugsquellen. Daher sind in diesem Fall als Quotenbasis für den vierten Lieferanten ebenfalls 100 Mengeneinheiten einzutragen.

Die Splittungsquotierung verteilt die Menge eines anzulegenden Beschaffungsvorschlags auf verschiedene Bezugsquellen. Den Materialien, die mit dieser Quotierungsart geplant werden sollen, müssen Sie im Materialstamm ein Losgrößenverfahren mit Splittungsquote zuordnen (siehe hierzu Kapitel 9, »Beschaffungsmengenermittlung«). Welche Menge einer Bezugsquelle zugeteilt wird, wird anhand der folgenden Formel ermittelt:

$$Menge = \frac{(Quote\ einer\ Bezugsquelle \times Bedarfsmenge)}{Summe\ aller\ Quoten}$$

Dabei wird in der durch die Quote festgelegten Reihenfolge absteigend gesplittet.

Pro Quotenposition können die Losgrößenrestriktionen minimale und maximale Losgröße sowie ein Rundungsprofil gepflegt werden, die jeweils nur für die Bezugsquelle der Quotenposition gültig sind und die Einstellungen des Materialstammes übersteuern.

Um nicht Bedarfsmengen zu kleinteilig aufzusplitten, kann im System eine Mindestmenge hinterlegt werden. Falls die Bedarfsmenge kleiner ist als die Mindestmenge, wird nur die Bezugsquelle ausgewählt, die über die Quotenrechnung gemäß der Zuteilungsquotierung ermittelt wurde.

Die durch die Quotenzahl ermittelte Reihenfolge kann durch Verwendung einer in der Quotenposition zu pflegenden Priorität übersteuert werden. Quotenpositionen mit gepflegter Priorität werden in aufsteigender Reihenfolge gemäß Priorität bedient. Bezugsquellen ohne Priorität werden erst nach der Zuordnung der priorisierten Bezugsquellen berücksichtigt.

Neben der Priorität kann in die durch die Quotierung vorgegebene Logik durch Eingabe einer maximalen Abrufmenge eingegriffen werden, die für einen bestimmten Zeitraum gepflegt wird und damit die maximale Kapazität einer Bezugsquelle determiniert. Das ERP-System prüft bei einer Quotierung, ob in der betrachteten Periode bereits feste Zugänge für die Bezugsquelle existieren und gleicht diese Menge mit der maximalen Abrufmenge ab. Dabei ist bei vorhandenen Dispositionselementen das Verfügbarkeitsdatum relevant, während für neu zu erzeugende Beschaffungsvorschläge das Bedarfsdatum des verursachenden Bedarfs herangezogen wird.

Übersteigt lediglich ein Teil eines zu befriedigenden Bedarfs die maximale Abrufmenge, so wird der Anteil des Bedarfs, der die maximale Abrufmenge nicht überschreitet, der Bezugsquelle zugeteilt. Die restliche Bedarfsmenge wird der Bezugsquelle zugeschlagen, die nach der Quotenzahllogik ermittelt wird.

Automatische Bezugsquellenfindung im Planungslauf

Beim Bedarfsplanungslauf kann auch für die Fremdbeschaffung eine automatische Zuweisung einer Bezugsquelle zu einer Bestellanforderung erfolgen. Eine automatische Bezugsquellenfindung im Planungslauf ist insbesondere dann sinnvoll, wenn Bezugsquellen mit unterschiedlichen Planlieferzeiten für ein Material existieren. Diese Werte können dann bei der Terminierung der Bestellanforderungen berücksichtigt werden. Dieses Vorgehen stellen Sie im Customizing der Werksparameter oder der Dispogruppe im Bereich FREMDBESCHAFFUNG mit dem Kennzeichen TERMINBEST. INFOSATZ/VERTRAG (Terminierung gemäß Infosatz oder Vertrag) ein. Abbildung 11.19 zeigt das Customizing der Werksparameter.

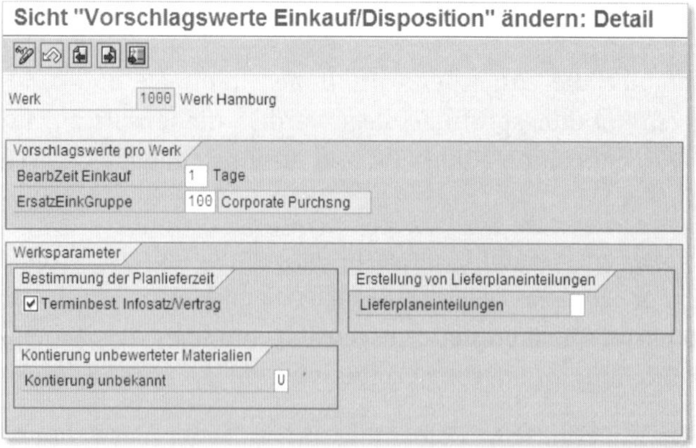

Abbildung 11.19 Werksparameter zur Bestimmung der Planlieferzeit

Zusätzlich muss im Rahmen der automatischen Bezugsquellenfindung ein Lieferant eindeutig zugeordnet werden können. Diese Zuweisung erfolgt bei der Bedarfsplanung vom System nach folgender Priorität:

1. **Quotierung**
   Existiert zu einem Material eine Quotierung, so hat dieses Material die höchste Priorität. In der Quotierung können nur Lieferanten und Werke eintragen werden, jedoch keine Rahmenvertragspositionen wie im Orderbuch. Somit wird über die Quotierung zuerst nur der Lieferant gefunden. Sollen Rahmenvertragspositionen oder Einkaufsinfosätze als Bezugsquellen gefunden werden, so müssen diese zusätzlich im Orderbuch mit dem Dispositionskennzeichen »1« (*Satz ist disporelevant*) bzw. »2« (*Satz ist disporelevant und automatische Lieferplaneinteilungen erfolgen*) eingetragen sein. Soll ein Rahmenvertrag als Bezugsquelle gefunden werden, so muss das Feld VERTRAG im Orderbuch gefüllt sein. Ist dieses Feld leer, so wird der Einkaufsinfosatz verwendet. Falls das Orderbuch mehr als einen gültigen Eintrag enthält, wird einer der Einträge zufällig ausgewählt (nicht immer der erste Eintrag im Orderbuch).
2. **Orderbuch**
   Liegt keine Quotierung vor, so prüft das System direkt die vorhandenen Orderbucheinträge, bei denen das Dispositionskennzeichen »1« oder »2« gesetzt ist. Der so gefundene Rahmenvertrag oder Einkaufsinfosatz wird als Bezugsquelle gewählt und die entsprechende Planlieferzeit verwendet.

Für Materialien, für die weder eine Quotierung noch ein Orderbuch angelegt ist, werden die Beschaffungsvorschläge ohne Bezugsquelle erzeugt.

11.2 Bezugsquellenfindung in SAP APO

Eine Bezugsquelle wird benötigt, damit die Materialbedarfsplanung einen detaillierten Beschaffungsvorschlag anlegen kann. Im APO-System ist eine Vielzahl an möglichen Bezugsquellen pflegbar, wobei sich die Vorgehensweise der Bezugsquellenfindung in der Produktions- und Feinplanung von anderen Funktionalitäten des APO-Systems unterscheidet.

11.2.1 Überblick über die Beschaffungsarten

Zentraler Begriff der Bezugsquellenfindung ist auch im APO-System die Beschaffungsart, die in der Registerkarte BESCHAFFUNG des Lokationsproduktstamms festzulegen ist. Dabei wird im APO-System zwischen vier alternativen Beschaffungsarten unterschieden:

- **Beschaffungsart E (Eigenfertigung)**
  Das Produkt wird in der betreffenden Lokation eigengefertigt.
- **Beschaffungsart F (Fremdbeschaffung)**
  Das Produkt wird über Fremdbeschaffungsbezugsquellen bezogen.
- **Beschaffungsart X (Fremd- oder Eigenfertigung)**
  Sowohl die Eigen- als auch die Fremdbeschaffung sind für Produkte mit der Beschaffungsart X zugelassen. Die Logik der Beschaffungsart X kommt zum Einsatz, wenn das Feld BESCHAFFUNGSART im APO-System nicht gepflegt ist.
- **Beschaffungsart P (Externe Beschaffungsplanung)**
  Für das Produkt wird im APO-System kein Eigenfertigungs- oder Fremdbeschaffungsauftrag angelegt. Die Beschaffungsplanung erfolgt für diese Produkte in der Regel im ERP-System.

Die Beschaffungsart steuert, welche Bezugsquellen im Rahmen der Bezugsquellenfindung potenziell zur Auswahl stehen. Bezugsquellen sind dabei eigene Stammdatenobjekte, die je nach Beschaffungsart bestimmte Ausprägungen annehmen können.

11.2.2 Bezugsquellen der Eigenfertigung

Analog zu den Beschaffungsarten wird auch bei den Bezugsquellen zwischen Eigenfertigung und Fremdbeschaffung unterschieden. Bei der Eigenfertigung sind grundsätzlich zwei Alternativen zu nennen: Produktionsdatenstrukturen und Produktionsprozessmodelle.

Produktionsdatenstrukturen

Bei Eigenfertigung ist die primäre Bezugsquelle die sogenannte *Produktionsdatenstruktur* (PDS). Diese wird über die CIF-Schnittstelle in der Regel aus einer ERP-Fertigungsversion heraus angelegt, die wiederum die Zusammenfassung von ERP-Arbeitsplan und ERP-Materialstückliste bildet. Eine PDS besteht aus den folgenden Teilen (siehe hierzu Kapitel 12, »Terminierungsparameter«):

- Liste der Komponenten
- Liste der Kapazitätsbedarfe mit Bezug zu den benötigten Ressourcen
- Liste der Aktivitäten (Rüsten, Produzieren, Abrüsten)
- Liste der Modi mit Angaben zur Dauer und zur Zuordnung zu Aktivitäten
- Anordnungsbeziehungen

Abbildung 11.20 zeigt das Beispiel einer Produktionsdatenstruktur in SAP APO.

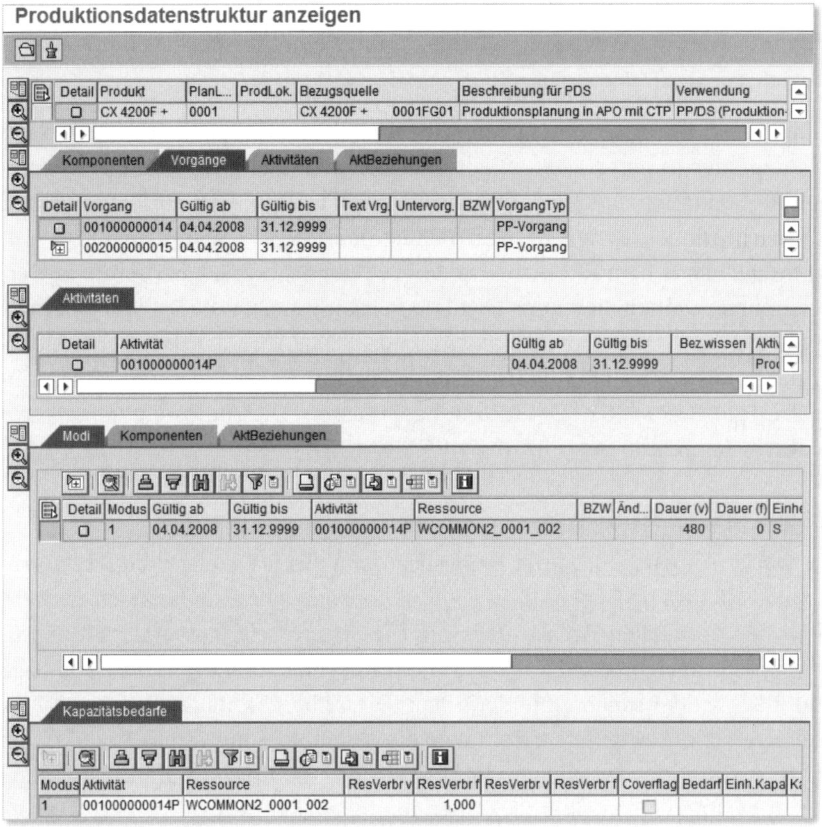

Abbildung 11.20 Produktionsdatenstruktur (Beispiel)

Eine Ausnahme in Bezug auf die Produktionsdatenstruktur bildet die Dummy-Baugruppe, die im ERP-System mittels Sonderbeschaffungsschlüssel 50 abgebildet wird. Dummy-Baugruppen weisen in der Regel keinen Arbeitsplan auf, daher muss für sie vor der Integration in das APO-System keine Fertigungsversion angelegt werden. In diesem Falle genügt die Anlage eines Integrationsmodells für das Objekt *Stückliste*. Es wird im APO-System eine sogenannte PDS-BOM (BOM = Bill of Materials) angelegt.

Sie können im APO-System auch kundenauftragsspezifische Stücklisten in der Materialbedarfsplanung verwenden; dieser Prozess wird allerdings nur für die Kundeneinzelfertigung unterstützt. Hierfür müssen Sie nach Eingang des Kundenauftrags im ERP-System eine Kundenauftragsstückliste anlegen (Transaktion CS61). Diese wird im Anschluss mittels der ERP-Transaktion CURTO_CREATE_FOCUS oder per Report CURTO_CIF_CREATE_FOCUS_RTO als Kundenauftrags-PDS an das APO-System übertragen; für die erfolgreiche Übertragung muss jedoch die entsprechende Kundenauftragsposition bereits im APO-

System vorhanden sein. Eine existierende kundenauftragsspezifische PDS wird im Rahmen der Materialbedarfsplanung immer einer unspezifischen PDS vorgezogen.

Produktionsdatenstrukturen können im APO-System nicht geändert werden. Die Pflege der in einer PDS enthaltenen Daten erfolgt also über die entsprechenden Stammdatenobjekte *Stückliste* und *Arbeitsplan* im ERP-System und eine anschließende Änderungsübertragung über die CIF-Schnittstelle. Die Felder, die nicht aus dem ERP-Arbeitsplan bzw. der Stückliste übernommen werden können, können Sie in der ERP-Transaktion PFLEGE VON ZUSATZDATEN FÜR PRODUKTIONSDATENSTRUKTUREN (Transaktion PDS_MAINT) pflegen. Die Generierung der PDS über die CIF-Schnittstelle können Sie zusätzlich im PP/DS mittels BAdI /SAPAPO/CURTO_CREATE beeinflussen. Die Auflösung veranlassen Sie durch Verwendung des BAdI /SAPAPO/CULLRTOEXPL.

Produktionsprozessmodelle

Eine weitere mögliche Eigenfertigungsbezugsquellenart ist das *Produktionsprozessmodell* (PPM). Im Gegensatz zur Produktionsdatenstruktur lässt sich das PPM neben der optionalen Anlage über die CIF-Schnittstelle aus einer ERP-Fertigungsversion auch manuell im APO-System anlegen und pflegen. Die Grundlage eines PPMs ist der sogenannte PPM-Plan. Dieser beschreibt auftragsneutral sekundengenau die Arbeitsschritte sowie die Komponenten (Input-Produkt), die zur Herstellung des jeweiligen Output-Produkts erforderlich sind. Abbildung 11.21 gibt Ihnen einen Überblick über den möglichen Aufbau eines PPMs.

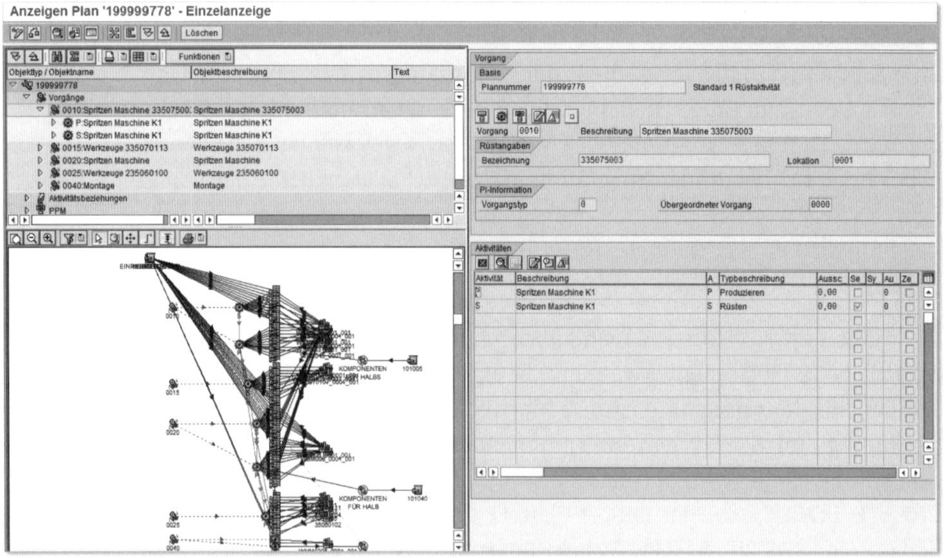

Abbildung 11.21 Produktionsprozessmodell (Beispiel)

Hinweis

SAP empfiehlt seit dem APO-Release 4.0 die Verwendung von Produktionsdatenstrukturen statt Produktionsprozessmodellen, dennoch ist die Verwendung von PPMs im aktuellen Release möglich.

Welche der Eigenfertigungsbezugsquellenarten PDS oder PPM bei der Auflösung zur Erzeugung eines Beschaffungsvorschlages im PP/DS in der Regel verwendet wird, stellen Sie im Lokationsproduktstamm auf der Registerkarte PP/DS im Feld PLANAUFLÖSUNG ein. Sie können aber auch in den globalen Parametern einen Default-Wert pflegen, der immer dann wirkt, wenn im Lokationsproduktstamm keine Spezifizierung der Eigenfertigungsbezugsquelle vorgesehen ist.

Einen Spezialfall bei Eigenfertigung ist die Produktion in einer anderen Lokation. Dabei findet die Herstellung in einem Produktionswerk statt, das keine Planungsverantwortung trägt. Das Planungswerk dagegen hat die Planungshoheit. Dort wird zum einen die Bedarfsplanung für dieses Produkt durchgeführt und zum anderen der Wareneingang des mit dieser Sonderbeschaffungsart gefertigten Produkts verzeichnet. Planung und Beschaffung der Komponenten liegen jedoch beim Produktionswerk. Die Abwicklung stellt gewissermaßen die Abbildung des ERP-Sonderbeschaffungsschlüssels *Produktion in anderem Werk* dar, wobei im APO-System keine direkte Entsprechung des Objekts *Sonderbeschaffungsschlüssel* existiert. Vielmehr wird automatisch eine entsprechende Bezugsquelle, also ein PDS, in einer Lokation angelegt, wenn der entsprechende ERP-Sonderbeschaffungsschlüssel vorliegt. Diese Eigenfertigungsbezugsquelle enthält neben der Planungslokation auch eine Produktionslokation, die aus dem ERP-Customizing zum entsprechenden Sonderbeschaffungsschlüssel entnommen wird. Bei einer Änderung des ERP-Customizings erfolgt jedoch keine automatische Änderungsübertragung. Neben dieser Bezugsquelle können noch weitere Eigenfertigungsbezugsquellen im APO-System existieren, deren zeitliche Gültigkeit sowie Losgrößenintervall eingeschränkt sein kann. Die aus dem Sonderbeschaffungsschlüssel automatisch generierte Bezugsquelle wird nur dann verwendet, wenn keine genauer definierte Bezugsquelle existiert.

Abbildung 11.22 verdeutlicht den Zusammenhang zwischen Planungs- und Produktionslokation bei Verwendung der Produktion in einer anderen Lokation.

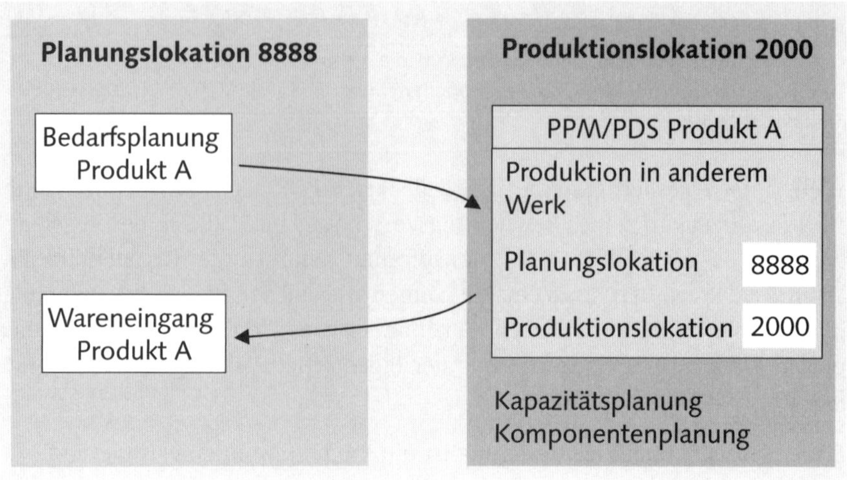

Abbildung 11.22 Produktion in einer anderen Lokation

11.2.3 Bezugsquellen der Fremdbeschaffung

Im Rahmen der Fremdbeschaffung zählen Transportbeziehungen sowie Fremdbeschaffungsbeziehungen zu den Bezugsquellen. Diese werden automatisch angelegt, wenn über die CIF-Schnittstelle Lieferpläne, Kontrakte oder Einkaufsinfosätze übertragen werden. Abbildung 11.23 zeigt ein Beispiel einer Fremdbeschaffungsbeziehung.

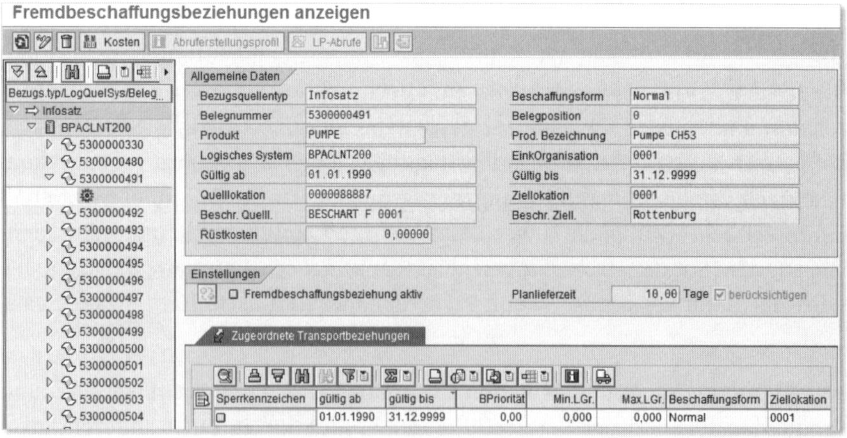

Abbildung 11.23 Fremdbeschaffungsbeziehung (Beispiel)

Die Übertragung dieser Objekte ist dabei nur möglich, wenn Sie das empfangende und das liefernde Werk oder den Lieferanten sowie die Material-Werkskombination für das empfangende Werk bereits ins APO-System übertragen haben. Zur Fremdbeschaffung im Sinne des APO-Systems sind neben Bestellvorgängen bei externen Lieferanten auch Umlagerungen eines Produkts aus einer anderen Lokation zu rechnen, in der das Produkt gelagert oder produziert wird. Ist im ERP-Stammsatz eines Materials neben der Beschaffungsart der Sonderbeschaffungsschlüssel *Umlagerung* eingetragen, wird als Bezugsquelle eine Transportbeziehung angelegt, wobei die Quelllokation der APO-Transportbeziehung aus den Einstellungen des Sonderbeschaffungsschlüssels dem ERP-Customizing entnommen wird. Auch hier erfolgt bei einer ERP-Customizing-Änderung keine automatische Änderungsübertragung. Analog zur Sonderbeschaffungsart *Produktion* in einem anderen Werk wird diese Bezugsquelle jedoch nur dann verwendet, wenn keine andere Bezugsquelle existiert, die manuell oder in der oben geschilderten Art und Weise aus Einkaufsdaten über die CIF-Schnittstelle erzeugt wurde. Daher wirkt sich die automatische Anlage von Transportbeziehungen nicht negativ auf die Planungen aus, wenn andere Bezugsquellen existieren. Möchten Sie dennoch die automatische Anlage einer Bezugsquelle unterbinden, so konsultieren Sie bitte den SAP-Hinweis 1054749.

Die im ERP-System über einen Sonderbeschaffungsschlüssel abgebildeten speziellen Planungsabwicklungen *Konsignation* und *Lohnbearbeitung* werden im APO-System über eine entsprechende Transportbeziehung gesteuert, die nicht über den ERP-Sonderbeschaffungsschlüssel generiert werden kann. Dies bedeutet, dass die Transportbeziehung entweder manuell angelegt oder aus ERP-Infosätzen erzeugt werden muss. Eine Abbildung der Direktfertigung und der Direktbeschaffung ist im Standard des APO-Systems nicht vorgesehen.

Abbildung 11.24 gibt Ihnen einen Überblick über die Beschaffungsarten im APO-System.

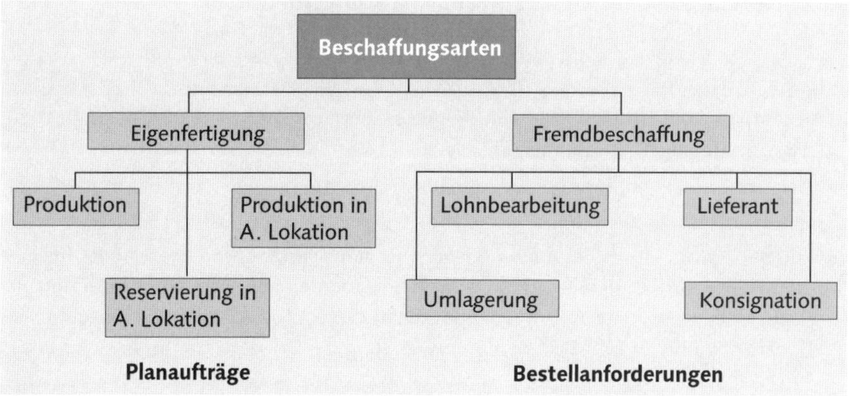

Abbildung 11.24 Beschaffungsarten im APO-System

11.2.4 Gültigkeit von Bezugsquellen

Die Gültigkeitsdefinitionen des APO-Systems unterscheiden sich von denen des ERP-Systems grundlegend. Im ERP-System erfolgt im Anschluss an die Beschaffungsmengenberechnung im Rahmen der Terminierung bei Eigenfertigungsaufträgen die Ermittlung des Auflösungstermins (siehe hierzu Kapitel 12, »Terminierungsparameter«). Dabei wird auf das Customizing der Bedarfsplanung zurückgegriffen, in welchem der Auflösungstermin festgelegt werden kann (z. B. Eckstart- oder Eckendtermin). Wird mit Fertigungsversionen gearbeitet, erfolgt deren Auswahl zwar über den Eckendtermin, die Logik der Auflösung ist jedoch ebenfalls von der beschriebenen Einstellung im Customizing abhängig.

Das ERP-System ermittelt auf dieser Basis im Materialbedarfsplanungslauf die Stücklisten, die zum Auflösungstermin gültig sind, und wählt aus der jeweiligen Stückliste die zum Auflösungstermin gültigen Komponenten aus.

Da das APO-System weder Ecktermine noch Durchlaufzeiten kennt, kann nicht die aus dem ERP-System bekannte Logik zum Einsatz kommen. Der Auflösungszeitpunkt wird daher im APO-System über eine infinite, also von unbegrenzten Kapazitäten ausgehende Terminierung über die Vorgänge des Plans bestimmt. Dabei wird der Produktionskalender aus der Lokation verwendet. Auf der Ebene der Aktivität kann bei der Pflege des Plans entschieden werden, ob eine Aktivität komplett oder lediglich mit ihrem Start- oder alternativ mit dem Endezeitpunkt innerhalb des aus dem Plan stammenden Gültigkeitsintervalls liegen soll. Dies wird im PPM im Feld Auftragsgültigkeit der Aktivität festgelegt. Bei Verwendung einer PDS müssen Sie diese Gültigkeit im Feld Gültigkeitsmodus per BAdI /SAPAPO/CULLRTOEXPL im APO-System verankern. Im Strategieprofil, das in der Planungsanwendung zum Einsatz kommt, müssen Sie entscheiden, ob die Gültigkeit eingehalten werden soll.

Hinweis

SAP gibt hinsichtlich des PPM-Felds Auftragsgültigkeit bzw. des PDS-Felds Gültigkeitsmodus folgende Empfehlungen:

- Die Option »Aktivität muss ganz im Gültigkeitszeitraum liegen« ist mit großer Vorsicht einzusetzen.
- Soll der Auftragsstarttermin die Komponentenauswahl bestimmen, so sollte für die erste der Bearbeitungsaktivitäten angegeben werden, dass deren Starttermin im Gültigkeitsintervall des Auftrags liegen soll. In diesem Fall sollte im Customizing der Bedarfsplanung im ERP-System die Verwendung des Eckstarttermins für den Auflösungszeitpunkt eingestellt werden.
- Soll der Auftragsendtermin die Komponentenauswahl determinieren, so sollte für die zeitlich letzte Aktivität angegeben werden, dass deren Endtermin innerhalb des Gültigkeitsintervalls des Auftrags liegen soll.

In beiden Fällen, also bei der Verwendung sowohl des Auftragsstarttermins als auch des Auftragsendtermins, sollten die jeweils anderen Aktivitäten das Gültigkeitsintervall des Auftrags nicht beachten.

Diese Empfehlung geht nicht zuletzt auf die sehr einschränkende Wirkung zurück, die eine Beachtung der Gültigkeit mehrerer Aktivitäten im Rahmen der Terminierung und der Feinplanung hat. Hier besteht gegebenenfalls die Gefahr, dass Aufträge nicht angelegt werden können.

Das Gültigkeitsintervall des gesamten Auftrags wird durch Bildung der Schnittmenge der ausgewählten Komponenten ermittelt. Die Aktivitäten, in deren zugehörigen Plan (PDS oder PPM) eine Beachtung dieses Intervalls verankert ist, können innerhalb des Gültigkeitsintervalls frei verschoben werden, ohne dass es zu einer Neuauflösung des Plans kommt. Der Auflösungszeitpunkt muss jedoch in der Regel innerhalb des Gültigkeitszeitraums der Bezugsquelle liegen. Diese Logik kann mittels BAdI /SAPAPO/RRP_SRC_EXIT angepasst werden.

Grundsätzlich unterscheidet sich die interne Struktur der APO-Fremdbeschaffungsaufträge nicht von jener der Eigenfertigungsaufträge. Während bei letzteren die Aktivitäten des Auftrags aus dem jeweiligen Plan abgeleitet werden, stammen die Aktivitäten eines Fremdbeschaffungsauftrags je nach Konstellation aus dem Lokationsproduktstamm und aus der Transportbeziehung. Das Gültigkeitsintervall ist bei Fremdbeschaffung auf Einteilungsebene gepflegt; sämtliche Aktivitäten müssen innerhalb des Gültigkeitsintervalls der Einteilung liegen. Dabei bildet das Ende des Gültigkeitsintervalls gleichzeitig das Ende der zugeordneten Bezugsquelle.

Der Gültigkeitsbeginn wird bei der Anlage des Fremdbeschaffungsauftrags mittels folgender Formel abgeleitet:

Gültigkeitsbeginn = Heutedatum + Planlieferzeit – Transportdauer
– Warenausgangsbearbeitungszeit

Der so ermittelte Termin entspricht dem frühestmöglichen Starttermin der Einteilung, bei gleichzeitiger Berücksichtigung der Lieferzeit des Lieferanten.

11.2.5 Ablauf der Bezugsquellenfindung

Bei Eigenfertigung erzeugt das System Planaufträge, bei Fremdbeschaffung werden Bestellanforderungen mit Bezug auf Einkaufsinfosätze, Kontrakte, Lieferpläne oder Einteilungen zu APO-Lieferplänen angelegt. Ist sowohl die Eigenfertigung als auch die Fremdbeschaffung zugelassen, kann das System entweder Planaufträge zur Eigenfertigung oder Bestellanforderungen, Einteilungen zum APO-Lieferplan oder Umlagerungsbestellanforderungen anlegen.

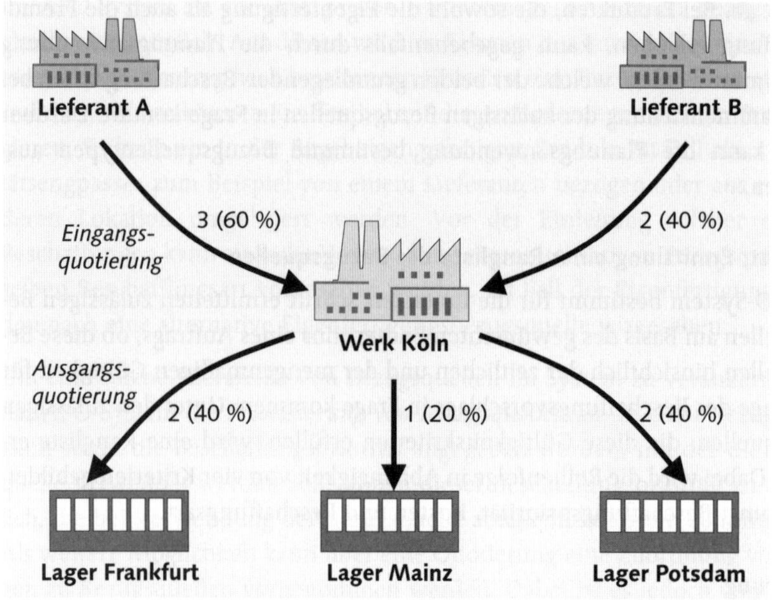

Abbildung 11.25 Unterschied zwischen eingehenden und ausgehenden Quotierungen

Der Ablauf der Planungen von eingangsquotierten Bezugsquellen ist davon abhängig, ob bei der Planung die Quotierungsheuristik (SAP_PP_Q001) verwendet wird. Bei dieser Heuristik findet die Aufteilung der Bedarfe bereits zur Bedarfsanalyse statt. Die in den Quotierungspositionen definierten Anteile des Bedarfs werden also durch die definierte Positionsheuristik separat geplant. Die Positionsheuristik ist eine Produktheuristik, die in der Quotierungsposition einzutragen ist, und die somit eine detaillierte Planung gemäß der dem Produkt zugrunde liegenden Planungsparameter berücksichtigt (z.B. Losgrößenverfahren, Rundungswerte oder Lieferantenkalender). Wird keine Quotierungsheuristik eingesetzt, so erfolgt die Losgrößenbildung vor der Bezugsquellenfindung. Die bei der Quotierungsheuristik zum Einsatz kommenden Parameter wie Losgrößenverfahren werden dann nicht berücksichtigt, und die Bezugsquellenfindung verteilt die Lose lediglich auf die verschiedenen Bezugsquellen. Diese Vorgehensweise entspricht der Zuteilungsquotierung.

Eine Quotierung kann grundsätzlich mit oder ohne Splittung durchgeführt werden. Ob ein Bedarf gesplittet wird, ist im Quotierungskopf einzustellen. Zusätzlich müssen Sie die Quotierungsheuristik im Produktstammsatz pflegen. Sie können auch eine Mindestmenge für die Durchführung einer Splittung vorgeben.

Abbildung 11.26 verdeutlicht den Unterschied zwischen der Quotierung mit und der Quotierung ohne Splittung. Im Beispiel wurden den beiden Lieferanten A und B jeweils 50% der Mengen über die Quotierung zugeordnet.

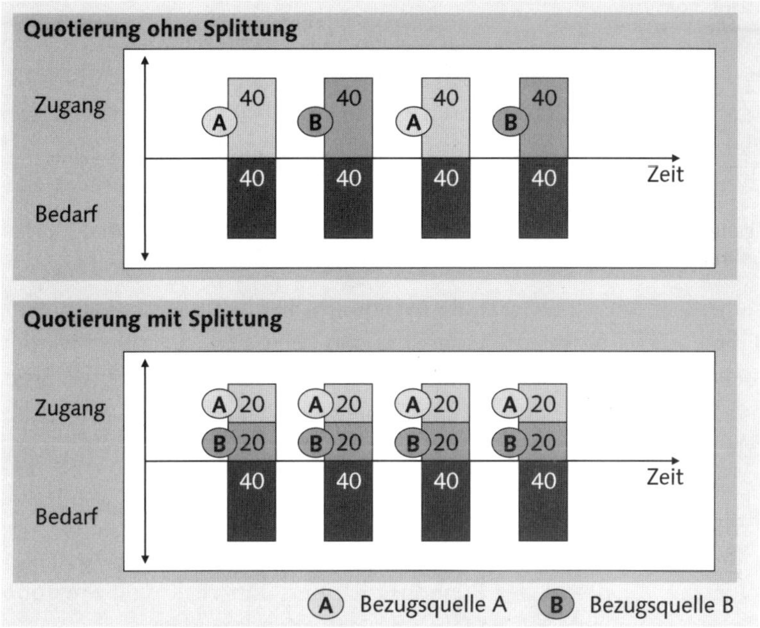

Abbildung 11.26 Quotierung mit und ohne Splittung

Ist das Feld BEDARFSSPLITTUNG im Quotierungskopf nicht markiert, so hat die Bezugsquelle mit der niedrigsten Quotenzahl Priorität. Die Quotenzahl wird dabei analog zum ERP-System berechnet (siehe Abschnitt 11.1, »Bezugsquellenfindung in SAP ERP«), die Elemente *Quotenbasismenge* und *quotierte Menge* entsprechen ebenfalls denen des ERP-Systems.

Innerhalb der quotierten Bezugsquellen ohne Splittung werden nach der Quotenzahl die übrigen genannten Kriterien einbezogen.

Beschaffungspriorität

Das zweite Kriterium bei der Bestimmung der Reihenfolge der zulässigen und gültigen Bezugsquellen ist die in den Bezugsquellen zu pflegende Beschaffungspriorität. Diese wird bei der Bezugsquellenfindung zum einen herangezogen, wenn es keine Quotierungen gibt. Zum anderen ermittelt das APO-System innerhalb der gleichrangig quotierten Bezugsquellen die Reihenfolge zunächst nach der eingetragenen Beschaffungspriorität, bevor die Kriterien Kosten und Beschaffungsart verwendet werden.

Die Beschaffungspriorität wird dabei absteigend einbezogen: Ein Wert von »0« repräsentiert die höchste Priorität, während der Wert »9.999.999.999.999,99« die niedrigste Beschaffungspriorität widerspiegelt. Initial wird für die Beschaffungspriorität der Wert »0« verwendet.

Beschaffungskosten

Das sich an die Beschaffungspriorität anschließende Kriterium ist das der Beschaffungskosten. Bei gleicher Priorität werden Bezugsquellen im Rahmen der Bildung der Rangliste aufsteigend nach Kosten sortiert. Bei Eigenfertigungsbezugsquellen sind die Kosten bei Produktionsdatenstrukturen (PDS) gleich 0, während in einem Produktionsprozessmodell (PPM) detailliert fixe und variable Kosten gepflegt werden können. Es werden jedoch bei der Bezugsquellenfindung lediglich die mehrstufigen Kosten berücksichtigt.

Bei Fremdbeschaffung verwendet das System die Beschaffungskostenfunktion aus der Fremdbeschaffungsbeziehung. Sind dort keine Kosten gepflegt werden die manuell in der Transportbeziehung gepflegten Kostendaten herangezogen. Hier können Sie wahlweise mengenunabhängige Kosten oder eine Kostenfunktion angeben.

Beschaffungsart

Bei Gleichheit aller anderen Kriterien erhalten zunächst Eigenfertigungsbezusquellen Vorrang vor denen der Fremdbeschaffung. Innerhalb von Fremdbeschaffungsbezugsquellen wird die folgende Reihenfolge gebildet:

- Konsignationslieferplan
- Normallieferplan
- Kontrakt
- Einkaufsinfosatz

Die Bildung dieser Rangliste lässt sich per BAdI /SAPAPO/PWB_SOS in Inhalt und Reihenfolge modifzieren.

Nach der Bildung der Rangliste wird diese an die jeweilige Planungsanwendung zurückgegeben.

3. Schritt: Auswahl der Bezugsquelle aus der Rangliste

In der jeweiligen Planungsanwendung erfolgt die Auswahl der Bezugsquelle für die Anlage des Beschaffungsvorschlags aus der vorher gebildeten Rangliste. Dabei wird zwischen der interaktiven und der automatischen Planung unterschieden.

In der interaktiven Planung wird bei der Anlage eines Beschaffungsvorschlags ein Dialogfenster mit den Informationen für eine manuelle Auswahl angezeigt. Dabei können Sie außer der Rangliste der zulässigen und gültigen Bezugsquellen auch eine Vielzahl weiterer Informationen anzeigen lassen. Hierzu zählt neben einer Auflistung aller im Rahmen der Bezugsquellenfindung analysierten Bezugsquellen eine terminliche Analyse, ob die rechtzeitige Bereitstellung zum

Wunschverfügbarkeitstermin mit einer Bezugsquelle überhaupt möglich ist. Dabei wird neben einem zur Einhaltung dieses Termins erforderlicher spätester Liefertermin auch ein voraussichtlicher Verfügbarkeitstermin angezeigt. Bei der Ermittlung des voraussichtlichen Verfügbarkeitstermins wird eine infinite Planung unter Einbeziehung aller für die Terminierung nötigen Kalender unterstellt. Neben der Anzeige terminlicher Informationen werden auch Kostengesichtspunkte dargestellt.

Aus der interaktiven Planung heraus können Sie auch Bezugsquellen von bestehenden Aufträgen ändern. Dabei wird unter bestimmten Voraussetzungen der bestehende Auftrag gelöscht und komplett neu angelegt, sodass er eine neue Auftragsnummer erhält. Beim Wechsel einer Eigenfertigungsbezugsquelle kann es je nach Status des bestehenden Auftrags zu einer Neuauflösung mit der neuen Eigenfertigungsbezugsquelle kommen. In den Benutzereinstellungen der Produktsicht ist in der Registerkarte PRODUKT 2 eine Einschränkung auf Bezugsquellen möglich, für die bereits Aufträge vorliegen. Abbildung 11.27 verdeutlicht beispielhaft die manuelle Bezugsquellenauswahl in der interaktiven Planung.

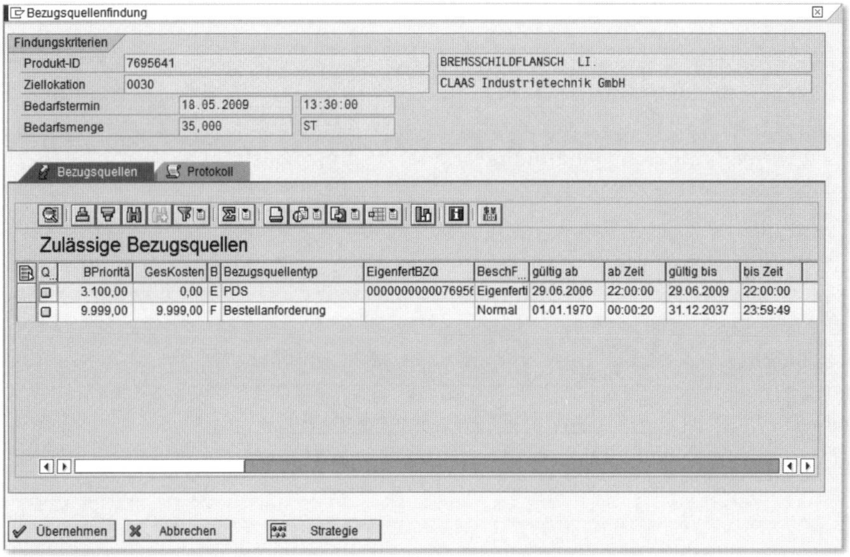

Abbildung 11.27 Interaktive Bezugsquellenauswahl (Beispiel)

In der automatischen Planung werden bei der Bezugsquellenfindung anwendungsspezifische Selektionskriterien verwendet, wobei die Planungsanwendung in der Regel die Bezugsquelle mit der höchsten Position in der Rangliste verwendet. Es können aber auch abweichend je nach Planungsanwendung weitere Kriterien bei der Auswahl einfließen. So wählen PP/DS-Planungsanwendungen wie die PP/DS-Produktheuristik *Planung von Standardlosen* (SAP_PP_

002) in der Regel die Bezugsquelle mit der höchsten Position in der Rangliste, die den Bedarfstermin garantiert (Fristeinhaltung). Wenn mit keiner der Bezugsquellen eine bedarfstermingerechte Einplanung möglich ist, wählt das System im Rahmen der automatischen Bezugsquellenfindung die Bezugsquelle mit der geringsten Verspätung aus. Das spezifische Auswahlkriterium ist demnach bei den genannten Anwendungen die Termintreue.

Abbildung 11.28 verdeutlicht den Zusammenhang der Kriterien bei der Auswahl der Bezugsquellen in der Produktions- und Feinplanung.

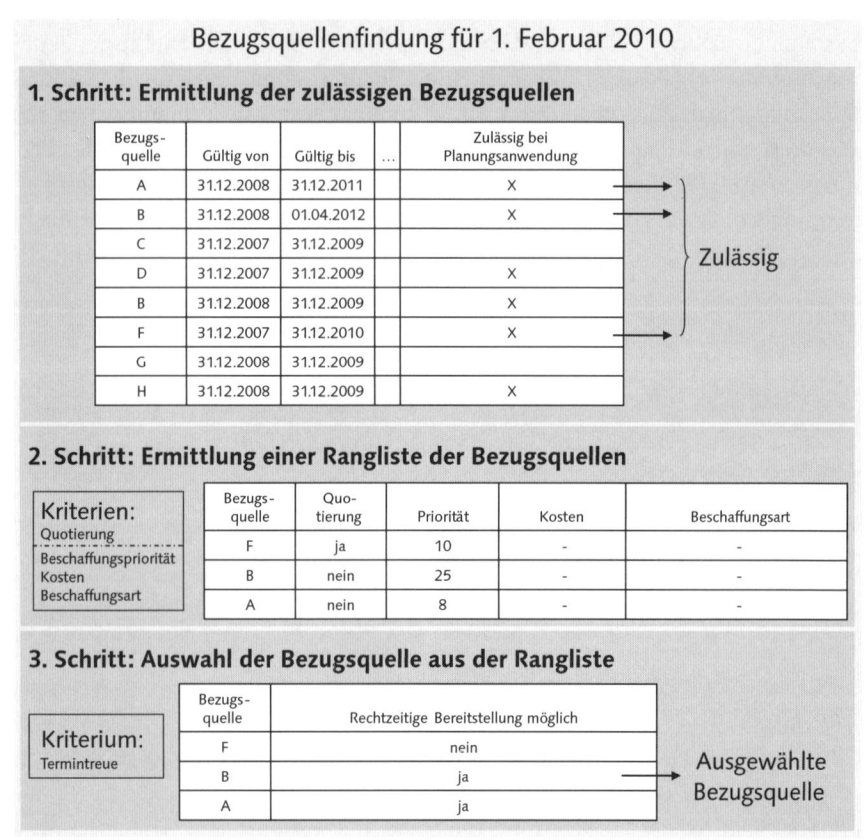

Bezugsquellenfindung für 1. Februar 2010

1. Schritt: Ermittlung der zulässigen Bezugsquellen

Bezugs-quelle	Gültig von	Gültig bis	...	Zulässig bei Planungsanwendung
A	31.12.2008	31.12.2011		X
B	31.12.2008	01.04.2012		X
C	31.12.2007	31.12.2009		
D	31.12.2007	31.12.2009		X
B	31.12.2008	31.12.2009		X
F	31.12.2007	31.12.2010		X
G	31.12.2008	31.12.2009		
H	31.12.2008	31.12.2009		X

Zulässig: A, B, F

2. Schritt: Ermittlung einer Rangliste der Bezugsquellen

Kriterien:
Quotierung
Beschaffungspriorität
Kosten
Beschaffungsart

Bezugs-quelle	Quo-tierung	Priorität	Kosten	Beschaffungsart
F	ja	10	-	-
B	nein	25	-	-
A	nein	8	-	-

3. Schritt: Auswahl der Bezugsquelle aus der Rangliste

Kriterium:
Termintreue

Bezugs-quelle	Rechtzeitige Bereitstellung möglich
F	nein
B	ja
A	ja

Ausgewählte Bezugsquelle: B

Abbildung 11.28 Bezugsquellenermittlung in der Produktions- und Feinplanung

Die Bezugsquellenauswahl interagiert im Falle der Eigenfertigung mit der Bestimmung des Auflösungszeitpunktes und der Ermittlung der gültigen Komponenten. Dieser Vorgang dient der Überprüfung, ob alle Komponenten der Bezugsquelle aufgrund ihrer Gültigkeit verwendet werden können.

Der mittels der oben dargestellten Systematik ermittelten Bezugsquelle zugeordnete Plan wird durch das APO-System zum gewünschten Endtermin aufgelöst; Zeitpunkt dieser Auflösung ist also der Endtermin. Es wird geprüft, ob alle Komponenten zu diesem Auflösungszeitpunkt gültig sind. Es ergibt sich das Gültigkeitsintervall der Auflösung. Die Vorgänge des zugrunde liegenden Planes werden infinit über den Produktionskalender terminiert. Der Starttermin der ersten Aktivität dieser Terminierung, die bei der Behandlung von Gültigkeiten berücksichtigt werden muss, bildet den neuen Auflösungszeitpunkt. Liegt dieser innerhalb des Gültigkeitsintervalls der aktuellen Auflösung und damit auch innerhalb des Intervalls der Bezugsquelle, kann der Eigenfertigungsauftrag mit dieser Auflösung angelegt werden. Alle Komponenten sind gültig. Es erfolgt eine Anlage im LiveCache, und der Auftrag wird mit dem zugrunde liegenden Strategieprofil auf die Ressourcen des Plans eingeplant.

Falls die Bezugsquelle zum Auflösungszeitpunkt nicht mehr gültig ist, versucht das System, einen Auftrag mit der gemäß Rangliste nächsten Bezugsquelle anzulegen. Ist auch diese Bezugsquelle eine Eigenfertigungsbezugsquelle, wiederholt sich die Ermittlung des Auflösungstermins mittels infiniter Terminierung über den Produktionskalender. Dieser Vorgang wiederholt sich gegebenenfalls so oft, bis keine weiteren Bezugsquellen mehr vorhanden sind.

Die Produktheuristik *Least Unit Cost Verfahren: Fremdbeschaffung* (SAP_PP_006) bildet in diesem Zusammenhang eine Ausnahme. Sie versucht, optimale Bestellmengen unter Berücksichtigung von Lager- und Beschaffungskosten zu ermitteln. Es werden daher unabhängig von der Beschaffungsart im Lokationsproduktstamm nur Fremdbeschaffungsbezugsquellen einbezogen. Die anwendungsspezifischen Kriterien sind hierbei Lager- und Beschaffungskosten.

Ermittelt das System im ersten Schritt keine Bezugsquelle und enthält die Rangliste demnach keine Optionen, so hängt ist es von der Anwendung ab, ob ein Beschaffungsvorschlag generiert wird. In der Produktions- und Feinplanung kann im Planversionsmanagement pro Planversion und Beschaffungsart entschieden werden, ob das System Beschaffungsvorschläge ohne Bezugsquelle anlegen darf. Wird dies gestattet, so werden für die Fremdbeschaffung Bestellanforderungen ohne Bezugsquelle angelegt. Im Falle der Beschaffungsart *Eigenfertigung* oder wenn sowohl die Eigenfertigung als auch die Fremdbeschaffung laut Beschaffungsart aus dem Lokationsproduktstamm zulässig sind, werden Planaufträge ohne Bezugsquelle erzeugt.

Ein Ausnahme bei der Auswahl von Bezugsquellen bildet die Erzeugung von PP/DS-Beschaffungsvorschlägen aus ATP-Baumstrukturen (siehe hierzu Kapitel 15, »Verfügbarkeitsprüfung«). Dabei kommt die beschriebene Vorgehensweise zur Bezugsquellenfindung nicht zum Einsatz, da die Bezugsquelle durch Global ATP (Available to Promise) vorgegeben wird. Ebenso stellt in diesem Zusammenhang die Erzeugung von Beschaffungsvorschlägen der Produktions- und

Feinplanung aus SNP-Aufträgen eine Sondersituation dar. Hier kann in den Einstellungen zur Umsetzung vorgesehen werden, dass die automatische Bezugsquellenfindung des PP/DS angesteuert oder die Bezugsquelle in Abhängigkeit des SNP-Auftrags verwendet werden soll. Falls diese Option gewählt wird, muss jedoch für Eigenfertigung mit PPMs geplant werden.

11.3 Fazit

Zu Beginn dieses Kapitels haben wir die Beschaffungsarten in SAP ERP erklärt und sind auch detailliert auf die Sonderbeschaffungsarten eingegangen, mit denen besondere Beschaffungsprozesse wie Lohnbearbeitung und Konsignation abgebildet werden können. Für die Eigenfertigung haben wir Ihnen die Auswahl von Stückliste und Arbeitsplan im Planungslauf beschrieben. Für die Fremdbeschaffung haben wir die möglichen Bezugsquellen kurz beschrieben und anschließend erläutert, wie Sie mithilfe der Quotierung und des Orderbuchs die automatische Bezugsquellenauswahl im Planungslauf steuern können.

Im zweiten Teil des Kapitels sind wir auf die Besonderheiten in SAP APO eingegangen. Auch hier haben wir die Beschaffungsarten erläutert und anschließend einen Überblick über die Bezugsquellen der Eigenfertigung und der Fremdbeschaffung gegeben, da sich diese Quellen vom SAP ERP-System unterscheiden. Schließlich haben wir die Bezugsquellenfindung in SAP APO erklärt, bei der die Kriterien Quotierung, Beschaffungspriorität, Kosten und Beschaffungsart vom System berücksichtigt werden können.

Sie sind nun in der Lage, die Beschaffungsprozesse und insbesondere die Sonderbeschaffungsprozesse in Ihrem Unternehmen mit den Möglichkeiten des SAP-Systems sinnvoll abzubilden. Auch sollten Sie bei mehreren Bezugsquellen das System so einstellen können, dass die von Ihnen gewünschte Bezugsquelle automatisch im Planungslauf ermittelt wird.

Schließlich haben Sie erfahren, welche Auswirkung die Bezugsquellenfindung bei Lieferanten mit unterschiedlichen Planlieferzeiten auf die Terminierung hat. Auf diese gehen wir im folgenden Kapitel 12, »Terminierungsparameter«, im Detail ein.

Neben den Parametern der Beschaffungsmengenermittlung und der Sicherheitsbestandsplanung, die einen bedeutenden Einfluss auf die mengenmäßige Ausgestaltung von Bedarfsdeckern ausüben, wirken die Terminierungsparameter entscheidend auf den Erfolg der Disposition ein, da durch sie die zeitliche Lage der anzulegenden Dispositionselemente festgelegt wird.

12 Terminierungsparameter

Die Terminierung bildet den abschließenden Schritt im Rahmen der Materialbedarfsplanung. Zu Beginn der Planungen wurde in der Nettobedarfsrechnung die Unterdeckungsmenge ermittelt. Auf dieser Basis wurde im Rahmen der Beschaffungsmengenermittlung eine konkrete Menge für die Höhe des anzulegenden Bedarfsdeckers bestimmt. Nun erfolgt je nach Beschaffungsart im Schritt der Terminierung die Bestimmung der zeitlichen Lage des anzulegenden Bedarfsdeckers.

Bei der Auswahl der Parameter der Beschaffungsmengenermittlung und der Sicherheitsbestandsplanung müssen Sie in der Regel gegenläufige Ziele miteinander vereinbaren. Einerseits sind bei der Ermittlung der Beschaffungsmengen auf Seiten der Losgrößenrechnung Lagerkosten durch möglichst kleine Beschaffungsmengen einzusparen, andererseits verleitet die Wirkung von bestellfixen Kosten eher zu möglichst großen Losen. Ähnliches ist bei der Sicherheitsbestandsplanung zu beobachten. Geringe Sicherheitsbestände verursachen geringe Lagerkosten, wohingegen größere Sicherheitsbestände die Einsparung von Fehlmengenkosten ermöglichen. Die Evaluierung dieser widerstreitenden Ziele ermöglicht somit das Auffinden von Optima. Durch die konträr verlaufenden Kostenfunktionen ergibt sich in der Regel ein eindeutiges Kostenminimum.

Bei den Terminierungsparametern liegt eine andere Situation vor. Hier gilt es nicht, widerstreitende Ziele durch eine Optimierung in Einklang zu bringen. Vielmehr müssen Sie die Systemparameter detailliert an die Realität anpassen, damit das Terminierungsergebnis möglichst optimal umgesetzt werden kann.

Dies bedeutet nicht, dass Terminierungsparameter keinen Einfluss auf den Erfolg der Disposition hätten – ganz im Gegenteil. Die korrekte Wahl der Terminierungsparameter hat neben der rechtzeitigen Befriedigung von Bedarfen entscheidenden Einfluss auf die Höhe von Beständen. Weichen die im System hinterlegten Zeiten stark von denen der Realität ab, werden gegebenenfalls Produktionsmengen zu früh oder zu spät bereitgestellt. Im ersten Fall entstehen Lagerkosten, im zweiten Fall Fehlmengenkosten. Bei mehrstufigen Stücklistenstrukturen können sich diese Probleme potenzieren.

Der Erfolg Ihrer Disposition hängt demnach auch im Hinblick auf die Höhe von Beständen stark davon ab, dass die im System befindlichen Terminierungsparameter denen der Realität möglichst genau entsprechen.

12.1 Terminierung in SAP ERP

Im SAP ERP-System werden zwei grundsätzliche Terminierungsarten unterschieden: die Eckterminierung und die Durchlaufterminierung.

Die Eckterminierung ermittelt auf Basis von Materialstammfeldern grobe Eckstart- und Eckendtermine der Beschaffungselemente. Die Durchlaufterminierung liefert auf der Grundlage der Arbeitspläne und -plätze detaillierte Terminierungsergebnisse für Eigenfertigungsaufträge. Ob das System im Materialplanungslauf lediglich die Eckterminierung oder die detaillierte Durchlaufterminierung nutzt, legen Sie in den Steuerungsparametern des Materialplanungslaufs über das Terminierungskennzeichen fest.

12.1.1 Eckterminierung bei Eigenfertigung

Durch die Ecktermine wird der Rahmen für die Lage der Bearbeitungsvorgänge eines Bedarfsdeckers gelegt. Bei der plangesteuerten und der stochastischen Disposition werden Eckstart- und Eckendtermin sowie Auftragseröffnungstermine bestimmt. Dabei nutzt das ERP-System zunächst die Rückwärtsterminierung, das heißt die zeitliche Lage der Ecktermine wird vom Bedarfstermin aus in Richtung des Heutedatums berechnet. Fällt der so ermittelte Eckstarttermin in die Vergangenheit, schaltet das System im Standard auf Vorwärtsterminierung um. Dieses Verhalten können Sie jedoch im Customizing in der Vergangenheit übersteuern. Es können also bereits aus dem Materialplanungslauf heraus Ecktermine in der Vergangenheit zugelassen werden.

Eigenfertigungszeit

Bei eigengefertigten Materialien steht der Begriff der Eigenfertigungszeit im Zentrum der Terminierung. In diesem Zusammenhang wird zwischen der losgrößenunabhängigen und der losgrößenabhängigen Eigenfertigungszeit unterschieden. Diese Alternativen schließen sich gegenseitig aus.

Die losgrößenunabhängige Eigenfertigungszeit können Sie pauschal für alle möglichen Losgrößen in Arbeitstagen in der Registerkarte DISPOSITION 2 oder der Registerkarte ARBEITSVORBEREITUNG des Materialstamms pflegen (siehe Abbildung 12.1). Die losgrößenabhängige Eigenfertigungszeit dagegen besteht aus einer Kombination von mehreren Feldinhalten der Registerkarte ARBEITSVORBEREITUNG. Hier ist es möglich, neben den ebenfalls losgrößenunabhängigen Rüst- und Übergangszeiten separat eine auf eine Basismenge bezogene Bearbeitungszeit zu hinterlegen. Die Rüstzeit ist die Anzahl an Arbeitstagen, die pro Auftrag für Rüst- und Abrüstvorgänge insgesamt benötigt wird. Wegen des groben Charakters der Eckterminierung nicht in die Überlegungen einbezogen, ob aufgrund der Bearbeitungsreihenfolge tatsächlich Rüstvorgänge anfallen. Im Feld ÜBERGANGSZEIT werden die an sich unproduktiven Schritte zwischen der eigentlichen Bearbeitung wie Warte-, Liege- und Transportzeiten sowie Vorgriffs- und Sicherheitszeiten abgebildet. Auch die losgrößenabhängigen Angaben zur Eigenfertigungszeit werden in Arbeitstagen gepflegt. Im Gegensatz zur losgroßenunabhängigen Alternative können Sie hierbei auch Dezimalzahlen verwenden.

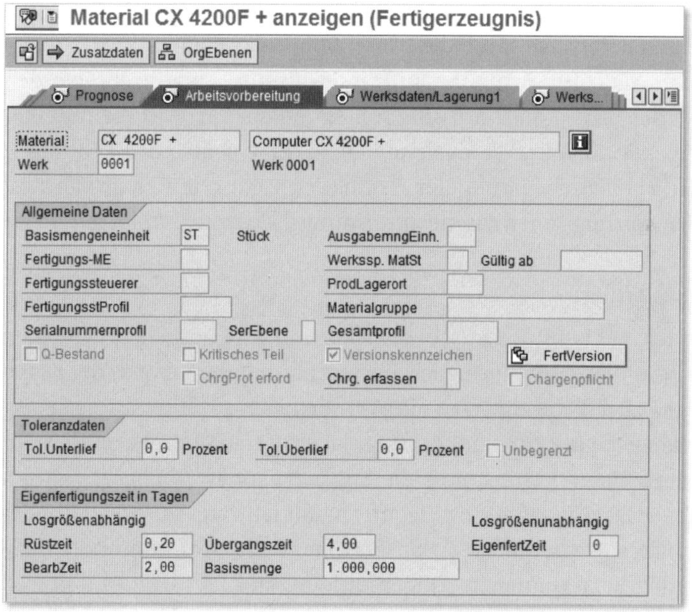

Abbildung 12.1 Eigenfertigungszeiten auf der Registerkarte »Arbeitsvorbereitung« des Materialstamms

Sie haben die Möglichkeit, die Feldinhalte der losgrößenabhängigen Eigenfertigungszeit aus dem Arbeitsplan fortzuschreiben (siehe Abschnitt »Zusammenspiel zwischen Eck- und Durchlaufterminierung« in Abschnitt 12.1.2). Die Eckterminierung ermittelt jedoch auch bei der Wahl dieser Option lediglich tagesgenaue Termine.

Wareneingangsbearbeitungszeit

Die zweite wesentliche Komponente im Rahmen der Eckterminierung von Eigenfertigungsaufträgen ist die Wareneingangsbearbeitungszeit, die Sie ebenfalls in Arbeitstagen in der Registerkarte Disposition 2 im Materialstamm pflegen können. Die Wareneinangsbearbeitungszeit dient der Abbildung von Prüf- und Einlagerungszeiten, die zwischen der eigentlichen Fertigstellung eines Auftrags und der dispositiven Verfügbarkeit der produzierten Mengen im Lager anfallen.

Eröffnungshorizont

Neben der Eigenfertigungs- und der Wareneingangsbearbeitungszeit wird mit dem *Eröffnungshorizont* eine dritte Zeitspanne bei der Eckterminierung im Rahmen der Eigenfertigung einbezogen. Diesen können Sie im Horizontschlüssel der Registerkarte Disposition 2 im Materialstamm als Anzahl von Arbeitstagen hinterlegen, die vom geplanten Start des Auftrags abgezogen werden, um einen Eröffnungstermin zu ermitteln. Dieser Eröffnungstermin soll dem Disponenten einen Anhaltspunkt liefern, ab wann die Umsetzung eines Planauftrags in einen Fertigungsauftrag, also die Fertigungsauftragseröffnung, angestrebt werden sollte. Innerhalb des Eröffnungshorizonts sollten Sie die zur Vorbereitung der Umsetzung nötigen Maßnahmen eingeleitet haben. Eine gemäß den Planungen vorgesehene zeitliche Durchführung der Produktion ist also nur zu gewährleisten, wenn die Umsetzung innerhalb des Eröffnungshorizonts erfolgt ist.

Ablauf der Terminierung

Bei plangesteuerter und bei stochastischer Disposition wird ausgehend von dem aus dem Bedarf resultierenden Verfügbarkeitstermin nun im Rahmen der Materialbedarfsplanung rückwärts zunächst die Wareneingangsbearbeitungszeit verrechnet, um so den Eckendtermin des Auftrags zu ermitteln. Vom Eckendtermin wird ebenfalls über Rückwärtsrechnung die Eigenfertigungszeit abgezogen, um so den geplanten Eckstarttermin des Eigenfertigungsauftrags zu erhalten. Der Eckstarttermin bildet gewissermaßen den Endpunkt des Eröffnungshorizonts, der zeitlich vor den Eckterminen des Eigenfertigungsauftrags liegt und dessen Beginn durch den Eröffnungstermin bestimmt ist (siehe Abbildung 12.2).

Wie bereits erwähnt, schaltet das System im Standard von Rückwärts- auf Vorwärtsterminierung um, falls der Eckstarttermin in die Vergangenheit gerät. Falls dies nicht im Customizing übersteuert wird, wird der Eckstarttermin auf die Heutelinie gelegt, es wird also auf die Verwendung eines Eröffnungshorizonts verzichtet (siehe Abbildung 12.3).

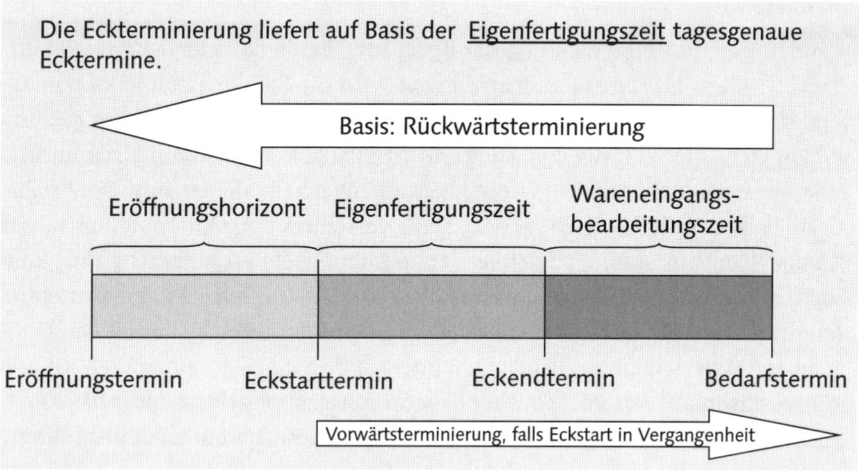

Abbildung 12.2 Eckterminierung bei Eigenfertigung

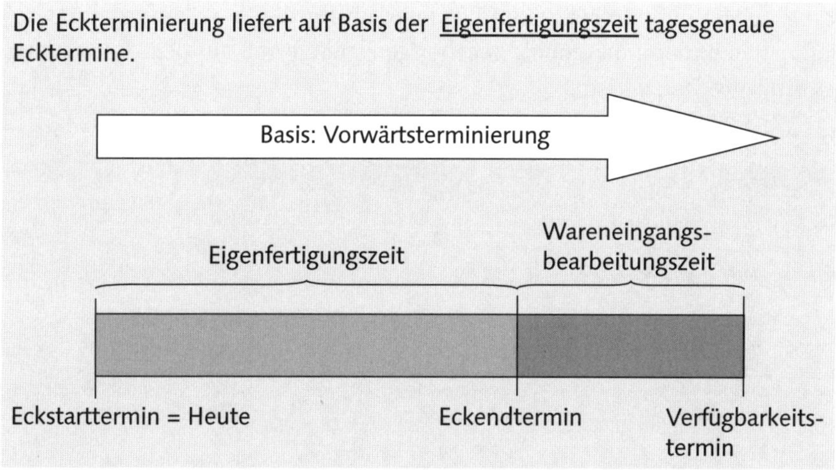

Abbildung 12.3 Vorwärtsterminierung bei Eckstarttermin in der Vergangenheit

Die Bestellpunktdisposition verläuft analog.

Eckterminierung bei Fremdbeschaffung

Bei fremdbeschafften Materialien verläuft die Eckterminierung analog zum Eigenfertigungsfall. Dies gilt beispielsweise dann, wenn die Beschaffungsart in der Registerkarte Disposition 2 im Materialstamm auf »F« eingestellt ist und nicht über eine entsprechende Sonderbeschaffungsart anderweitig konkretisiert wird.

Planlieferzeit

Mit der Eigenfertigungszeit von der Bedeutung her vergleichbar ist die *Planlieferzeit*. Anders als die Eigenfertigungszeit wird die Planlieferzeit jedoch in Kalendertagen hinterlegt. Hier haben Sie die Wahl zwischen einer lieferantenunabhängigen Pflege in der Registerkarte DISPOSITION 2 im Materialstamm und einer lieferantenabhängigen Pflege im Rahmenvertrag oder im Infosatz. Anders als im Falle der Eigenfertigung, bei der die verschiedenen Optionen sich bereits bei der Pflege im System ausschließen, können für die Fremdbeschaffung konkurrierende Planlieferzeiten hinterlegt werden, die je nach Systemeinstellungen und Verwendungskontext zum Einsatz kommen. Welche der beiden Optionen im Materialplanungslauf verwendet wird, hängt von einer Vielzahl von Einstellungen ab. Auf Werks- oder Dispositionsgruppenebene muss das Kennzeichen TERMINBESTIMMUNG INFOSATZ/VERTRAG gesetzt sein (siehe Abbildung 12.4), damit bereits der Materialplanungslauf auf den detaillierteren lieferantenspezifischen Wert für die Planlieferzeit zurückgreift. Zusätzlich muss aus dem Orderbuch ein eindeutiger Lieferant hervorgehen, damit die automatische Bezugsquellenfindung bereits im Planungslauf für die Bestellanforderung den Lieferanten und mit diesem die zugehörige Planlieferzeit aus dem Stammdaten des Einkaufs finden kann.

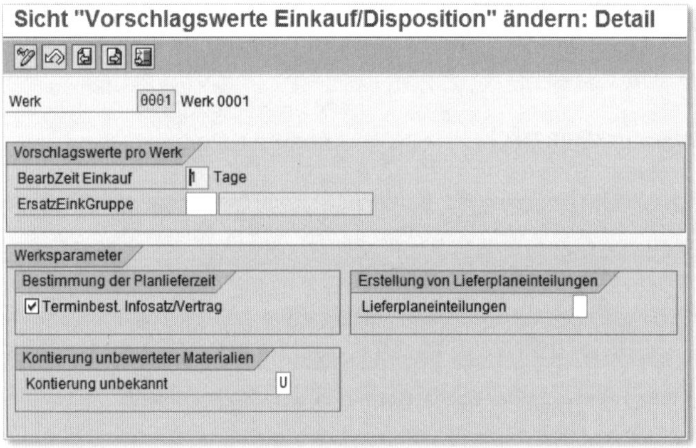

Abbildung 12.4 Werksparameter der Fremdbeschaffung, Ausschnitt aus dem Customizing

Im ERP-System wird die Planlieferzeit bei Umlagerungen zur Berechnung des Bedarfstermins im Lieferwerk in Kalendertagen verwendet. Bei Lohnbearbeitung wird die Planlieferzeit zur Ermittlung der Bedarfstermine für die Beistellteile verwendet. Der Bedarfstermin ergibt sich in beiden Fällen aus der folgenden Formel:

Bedarfstermin = Lieferdatum – Planlieferzeit

Einkaufsbearbeitungszeit

Mit der Einkaufbearbeitungszeit wird die Zeitspanne abgebildet, die der Einkauf zur Umwandlung einer Bestellanforderung in eine Bestellung benötigt. Sie wird pro Werk im Customizing in Arbeitstagen gepflegt und im Rahmen der Terminierung der Planlieferzeit vorangestellt (siehe Abbildung 12.5).

Ablauf der Terminierung

Auch bei fremdbeschafften Bedarfsdeckern wird im Rahmen der plangesteuerten sowie der stochastischen Disposition der Eckendtermin rückwärts ermittelt, ausgehend von dem aus dem Bedarf stammenden Termin über eine Einbeziehung der Wareneingangsbearbeitungszeit. Der Eckendtermin wird in diesem Zusammenhang auch als Liefertermin bezeichnet. Anstelle der Eigenfertigungszeit wird nun bei der Fremdbeschaffung die Summe aus der Einkaufsbearbeitungszeit in Arbeitstagen und der jeweils zugrundeliegenden Planlieferzeit in Kalendertagen vom Liefertermin abgezogen, um den Eckstarttermin zu bestimmen, der ebenfalls als Freigabetermin bezeichnet werden kann. Vor dem Eckstarttermin liegt analog zum Eigenfertigungsfall der Eröffnungshorizont. Dieser dient der Disposition als Hinweisgeber für die anstehende Umsetzung eines internen Beschaffungselements (hier die Bestellanforderung) in ein externes Beschaffungselement (hier die Bestellung). Abbildung 12.5 veranschaulicht diesen Zusammenhang.

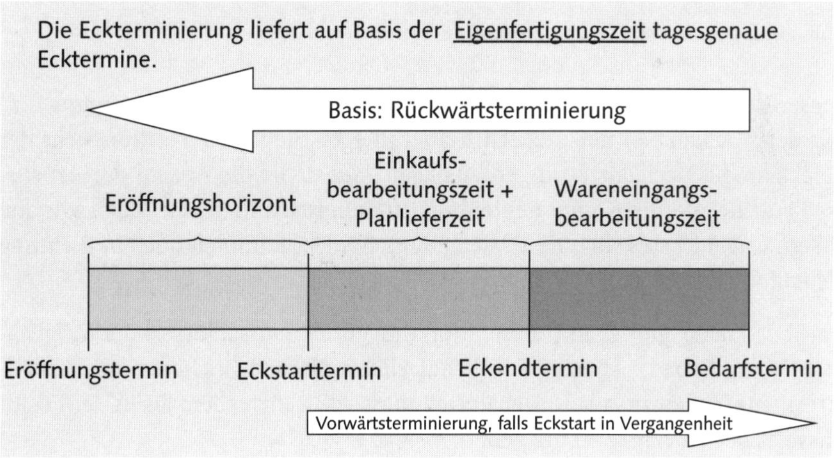

Abbildung 12.5 Terminierung bei Fremdbeschaffung

Bei der Bestellpunktdisposition wird vorwärts vom Zeitpunkt des Planungslaufs disponiert. Es kommen ebenfalls die oben genannten Bestandteile der Terminierung (Einkaufsbearbeitungszeit, Planlieferzeit und Wareneingangsbearbeitungszeit) zur Anwendung.

Stücklistenübergreifende Eckterminierung

Bei mehrstufiger Produktion gibt im Standard der Eckstarttermin eines verursachenden Eigenfertigungsauftrags den Ausschlag für den Sekundärbedarfstermin der jeweils untergeordneten Komponente (siehe Abbildung 12.6).

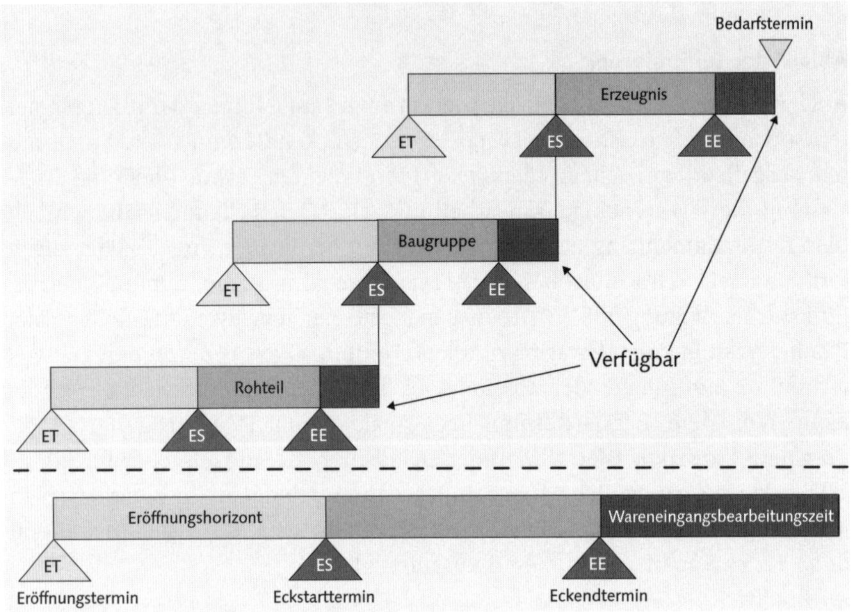

Abbildung 12.6 Stücklistenübergreifende Eckterminierung

Dieses Verhalten können Sie jedoch isoliert für die Eckterminbestimmung mittels der Nachlaufzeit übersteuern. Dabei pflegen Sie in der Positionssicht der Stückliste die Nachlaufzeit in Arbeitstagen. Geben Sie die Anzahl der Arbeitstage an, um die die Komponentenbereitstellungstermine verschoben werden sollen. Dabei ist sowohl eine Verschiebung in die Zukunft als auch in Richtung Heutedatum möglich.

Darüber hinaus gibt es mit der Option des Verteilungsschlüssels die Möglichkeit, Sekundärbedarfsmengen kontinuierlich zwischen Eckstart- und Eckendtermin einfließen zu lassen. Der Verteilungsschlüssel ist ebenfalls in der Positionssicht der Stückliste zu pflegen.

12.1.2 Durchlaufterminierung

Die Durchlaufterminierung basiert auf der Eckterminierung und konkretisiert im Eigenfertigungsfall die Eigenfertigungszeit. Ob eine Durchlaufterminierung bereits im Materialplanungslauf für Planaufträge durchgeführt werden soll, wird in den Steuerungsparametern des Planungslaufs über das Terminierungskennzeichen bestimmt. Unabhängig von den Terminierungseinstellungen des Planungslaufs wird bei der Umsetzung eines Planauftrags in einen Fertigungsauftrag stets die Durchlaufterminierung angestoßen. Im Gegensatz zur groben Eckterminierung werden bei der Durchlaufterminierung sekundengenaue Termine auf Vorgangsebene bestimmt. Zu diesem Zweck greift die Durchlaufterminierung unter anderem auf Arbeitsplan- und auf Arbeitsplatzdaten zurück.

Abfangen von Störungen mittels Sicherheitszeit (Auftragspuffer)

Die erste zentrale Komponente im Rahmen der Durchlaufterminierung bildet die *Sicherheitszeit*. Diese definieren Sie im Horizontschlüssel im Customizing in Arbeitstagen und ordnen Sie dann im Materialstamm in der Registerkarte DISPOSITION 2 zu (siehe Abbildung 12.7). Bei der Sicherheitszeit handelt es sich um einen sogenannten Auftragspuffer. Zu den Auftragspuffern zählt neben der Sicherheitszeit auch die *Vorgriffszeit*. Auftragspuffer tragen dem Umstand Rechnung, dass die genaue Lage der Bearbeitungsvorgänge innerhalb der Ecktermine gegebenenfalls aufgrund bestimmter praxisrelevanter Umstände verschoben werden muss.

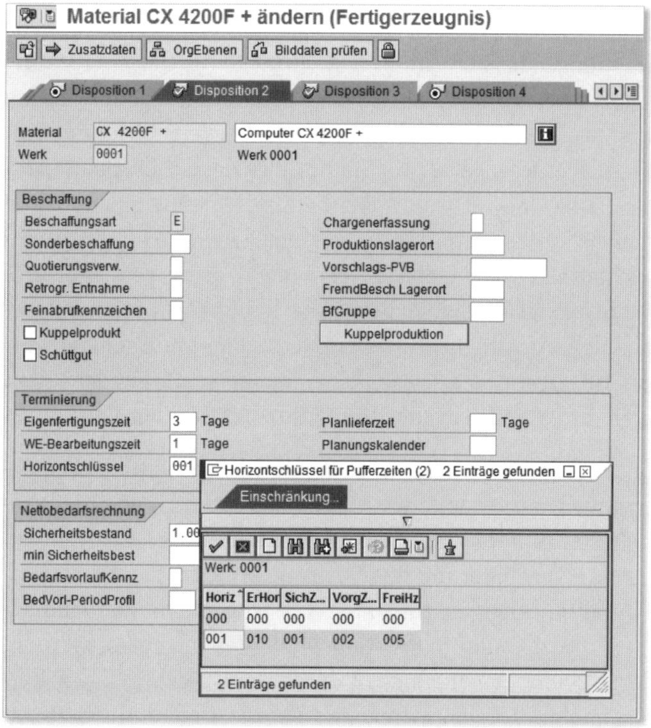

Abbildung 12.7 Pflege des Horizontschlüssels auf der Registerkarte »Disposition 2« des Materialstamms (Beispiel)

Die Sicherheitszeit liegt bei Durchführung der Durchlaufterminierung direkt vor dem Eckendtermin und soll somit die Möglichkeit geben, ungeplante Störungen von Ressourcen abzufangen. Somit können Sie Maschinenausfällen kurz vor geplantem Produktionstermin eines Vorgangs in einem bestimmten Rahmen begegnen, ohne dass die Auftragsecktermine automatisch verletzt werden müssen. Der Beginn der Sicherheitszeit wird als Produktionsendtermin bezeichnet, da er durch das Ende des letzten Produktionsvorgangs vorgegeben wird.

Die Lage der Ecktermine muss gewährleisten, dass das Material am Bedarfstermin zu Arbeitsbeginn zur Verfügung steht, daher liegt der Eckendtermin grundsätzlich nach dem Produktionsendtermin. Ist keine Sicherheitszeit gepflegt, liegt der Eckendtermin immer einen Tag nach dem Produktionsendtermin.

Vorgangszeiten

Die Durchlaufterminierung greift zur Konkretisierung der Eigenfertigungszeit auf Arbeitsplan- und Arbeitsplatzdaten zurück, um so detaillierte Produktionstermine ermitteln zu können.

Zu den bei der Durchlaufterminierung ermittelten Zeiten zählen die sogenannten Produktionstermine, also das terminierte Start- und Endedatum des Eigenfertigungsauftrags. Diese Termine werden durch Zugriff auf Arbeitsplan- und Arbeitsplatzdaten sekundengenau berechnet. Die Ermittlung dieser Termine erfolgt beispielsweise bei der plangesteuerten und der stochastischen Disposition durch Rückwärtsterminierung vom Beginn der Sicherheitszeit in der umgekehrten Reihenfolge der Vorgänge aus der Stammfolge des Arbeitsplans. Ausschlaggebend für die Dauer von Rüst- und Bearbeitungsvorgängen sind dabei in der Regel die *Vorgabewerte*. Dabei handelt es sich um Planwerte für die Durchführung von Produktionsaktivitäten, deren Wert im Vorgang gepflegt wird. Über den *Vorgabewertschlüssel* aus dem Arbeitsplatz, der im Customizing zu definieren ist, werden einem Vorgang bis zu sechs Datenfelder und Schlüsselwörter für die Vorgabewerte zugeordnet. Diese Felder stehen somit bei der Pflege des Arbeitsplans durch die Arbeitsplatzzuordnung zum Vorgang zur Verfügung.

Bei der Bestimmung der zeitlichen Dauern von Rüst- oder Bearbeitungstätigkeiten wird auf die Terminierungsformeln des Arbeitsplatzes zurückgegriffen, sofern im Vorgang ein terminierungsrelevanter Steuerschlüssel gepflegt ist. Andernfalls erfolgt keine Terminierung des Vorgangs. In den Terminierungsformeln kann die Durchführungszeit für einen Vorgang durch Verwendung von Formelparametern flexibel den realen Gegebenheiten angepasst werden. Als Formelparameter können Sie dabei neben den bereits beschriebenen Vorgabewerten auch allgemeine Vorgangsdaten und Benutzerfelder aus dem Arbeitsplan einsetzen – oder auch Formelkonstanten aus dem Arbeitsplatz. Die

Durchführungszeiten der Vorgangsabschnitte *Rüsten*, *Bearbeiten* und *Abrüsten* lassen sich jeweils durch die Verwendung einer eigenen Formel getrennt ermitteln. Die Durchführungszeit eines gesamten Vorgangs bestimmt sich als die Summe der Durchführungszeiten der einzelnen Vorgangsabschnitte.

Bei der terminlichen Lage von Vorgängen im Rahmen der Durchlaufterminierung werden die Einsatzzeiten der Produktionskapazitäten berücksichtigt. Ein durchlaufterminierter Vorgang kann also nur innerhalb der Arbeitszeit der zugrundeliegenden Kapazität liegen. In einem Arbeitsplatz können gleichzeitig mehrere Kapazitäten eingetragen sein. Welche der eingetragenen Kapazitäten für die Terminierung herangezogen wird, entscheiden Sie durch einen Eintrag im Feld TERMINIERUNGSBASIS auf der Registerkarte TERMINIERUNG des Arbeitsplatzes (siehe Abbildung 12.8).

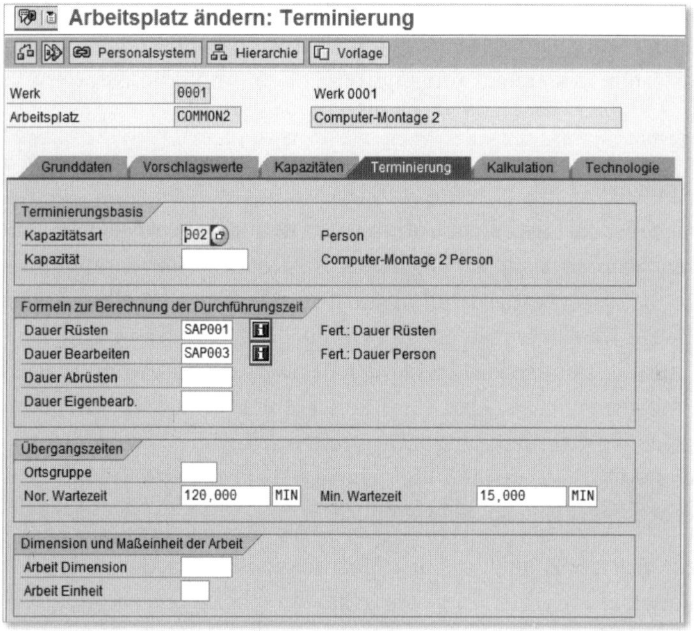

Abbildung 12.8 Registerkarte »Terminierung« des Arbeitsplatzes (Beispiel)

Auf einem Zeitstrahl können verschiedene Nutzungsgrade in verschiedenen Intervallen sukzessiv aufeinander folgen. Der zum Zeitpunkt der terminlichen Lage eines anzulegenden Planauftrags geltende Nutzungsgrad wird bei der Ermittlung der Zeitdauer der Vorgänge berücksichtigt. Er gibt das prozentuale Verhältnis zwischen tatsächlicher Kapazität und theoretischer (aufgrund der reinen Arbeitszeit zur Verfügung stehender) Kapazität an. Bei einem Nutzungsgrad von 100% entspricht die Dauer eines Vorgangs 1:1 den in den Terminierungsformeln verwendeten Werten. Bei einer Reduktion des Nutzungsgrads unter 100% verlängert sich die Dauer entsprechend. Es ist jedoch auch eine Erhöhung des Nutzungsgrads auf bis zu 400% möglich – hier erfolgt also eine entsprechende Reduktion der Vorgangsdauer.

Vom Nutzungsgrad zu unterscheiden ist die Funktionalität des Zeitgradschlüssels. Dieser ist im Customizing zu definieren und dann einem Vorgabewert zuzuordnen. Der Zeitgradschlüssel gibt das Verhältnis zwischen tatsächlicher und geplanter durchschnittlicher Arbeitsleistung an. Die Vorgabewerte des Arbeitsplans beziehen sich immer auf einen Zeitgrad von 100%.

Bei der Durchlaufterminierung erfolgt trotz der Berücksichtigung der in der Kapazität gepflegten Arbeitszeiten keine Einplanung gemäß des vorhandenen Kapazitätsangebots. Bei der terminlichen Lage eines Vorgangs werden folglich weder der durch andere Aufträge verursachte Kapazitätsbedarf noch das zum Zeitpunkt zur Verfügung stehende Kapazitätsangebot gegen geprüft. Man spricht daher bei der Durchlaufterminierung auch von einer infiniten Planungsart: Der Anfangstermin des ersten Vorgangs bildet den Produktionsstartermin des Auftrags.

Übergangszeiten in SAP ERP

Zeiten, die zwischen den eigentlichen Aktivitäten von aufeinanderfolgenden Vorgängen liegen, werden als *Übergangszeiten* bezeichnet. Hierzu zählen die Wartezeiten, die Sie im Vorgangsdetail des Arbeitsplans oder im Arbeitsplatz auf der Registerkarte TERMINIERUNG pflegen können. Die Wartezeit ist die Zeitpanne, die ein Auftrag standardmäßig vor der Bearbeitung an einem Arbeitsplatz liegt. Im ERP-System kann neben der normalen Wartezeit auch eine minimale Wartezeit gepflegt werden. Hierunter versteht man die Zeitspanne, die ein Auftrag noch im Idealfall warten muss. Eine Reduzierung unter den in diesem Feld angegeben Wert ist also nicht möglich.

Im Gegensatz zur Wartezeit, die vor einem Bearbeitungsschritt angesiedelt ist, kann mittels Verwendung einer Liegezeit eine zeitlich nachgelagerte Übergangszeit verankert werden. Hier können Sie eine maximale Liegezeit im Vorgangsdetail des Arbeitsplans pflegen. Dies ist zum Beispiel dann sinnvoll, wenn zur Bearbeitung am nachfolgenden Arbeitsplatz nur eine maximale Zeitspanne verstreichen darf, damit eine Weiterverarbeitung möglich ist (z.B. bei Abkühlprozessen). Neben der maximalen Liegezeit kann mit der prozessbedingten Liegezeit auch eine zeitliche Untergrenze für die Liegezeit gepflegt werden.

Eine weitere Übergangszeit ist die sogenannte Transportzeit, die für den Transport der produzierten Materialien von einem Arbeitsplatz zum nächsten verstreicht. Die Transportzeit kann analog zur Wartezeit als normale oder minimale im Vorgangsdetail des Arbeitsplans gepflegt werden. Darüber hinaus können Sie auch im Arbeitsplatz eine Transportdauer hinterlegen. Dabei müssen Sie zunächst im Customizing eine Transportzeitmatrix pflegen, in der die Transportzeiten zwischen verschiedenen Gruppen von Arbeitsplätzen, den sogenannten Ortsgruppen, festgelegt werden. Hier können Sie auch definieren, welche Kalendereinstellungen bei der Terminierung zugrunde gelegt werden sollen. In der Registerkarte TERMINIERUNG ordnen Sie den Arbeitsplatz einer Ortsgruppe zu.

Bei der Bestimmung der Vorgangstermine mittels Durchlaufterminierung werden die Arbeitsplan- bzw. Arbeitsplatzdaten in der höchsten Detaillierungsstufe verwendet. Somit werden Warte-, Liege- und Transportzeiten wie auch die Rüst- und Abrüstzeiten neben der eigentlichen, in der Regel mengenabhängigen Bearbeitungszeit (Personen, Maschinen) in die Berechnungen einbezogen. Die Warte- und die Transportzeit können wie beschrieben je nach Konstellation sowohl im Arbeitsplan als auch im Arbeitsplatz gepflegt werden. Hinsichtlich der Verwendung dieser Übergangszeiten gilt die Grundregel, dass allgemeinere Einstellungen von spezifischen übersteuert werden. Da der Arbeitsplan materialbezogen definiert ist, wird eine hier eingetragene Übergangszeit als spezifischer angesehen als eine eventuell im Arbeitsplatz gepflegte und übersteuert diese somit (siehe Abbildung 12.9).

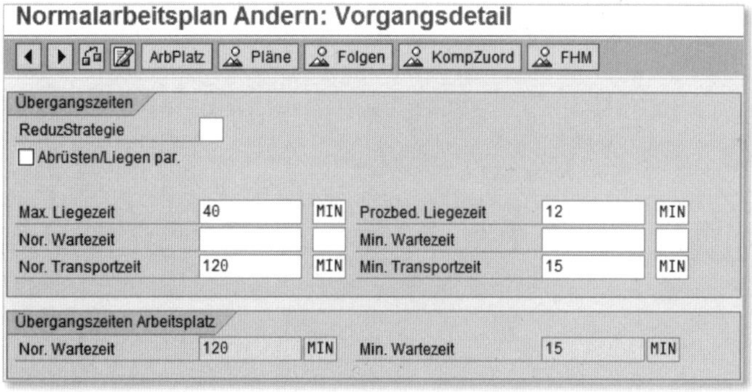

Abbildung 12.9 Pflege der Übergangszeiten im Vorgangsdetail des Arbeitsplans (Beispiel)

Terminverschiebungen und Kapazitätsplanung mittels Vorgriffszeit (Auftragspuffer)

Neben der beschriebenen Sicherheitszeit repräsentiert die *Vorgriffszeit* den zweiten Auftragspuffer. Sie hinterlegen die Vorgriffszeit analog zur Sicherheitszeit im Customizing in Arbeitstagen im Horizontschlüssel und ordnen Sie dann im Materialstamm zu. Auch mittels Vorgriffszeit können Sie einen planerischen Puffer auf Ebene des Auftrags schaffen. Anders als die Sicherheitszeit, die dem Abfangen von Störungen wichtiger Produktionskapazitäten dient, schafft die

Vorgriffszeit Flexibilität, um Terminverschiebungen (etwa aus Kapazitätsplanungsgründen) vornehmen zu können, ohne die durch die Eckterminierung gesetzten Rahmenbedingungen verlassen zu müssen.

Ablauf der Terminierung in SAP ERP

Basierend auf den im Rahmen der Eckterminierung ermittelten Terminen verrechnet die Durchlaufterminierung bei der plangesteuerten und der stochastischen Disposition zunächst rückwärts vom Eckendtermin die Sicherheitszeit, um so den Produktionsendtermin zu ermitteln. Dieser bildet die Grundlage für die Ermittlung der Vorgangstermine, die ebenfalls rückwärts unter Einbeziehung der Arbeitsplan- und Arbeitsplatzdaten feinterminiert werden. Der Anfangstermin des ersten Vorgangs markiert den Produktionsstarttermin, von dem aus per Rückwärtsrechnung durch Einbeziehung der Vorgriffszeit aus dem Horizontschlüssel die Konkretisierung der Eigenfertigungszeit komplettiert wird (siehe Abbildung 12.10).

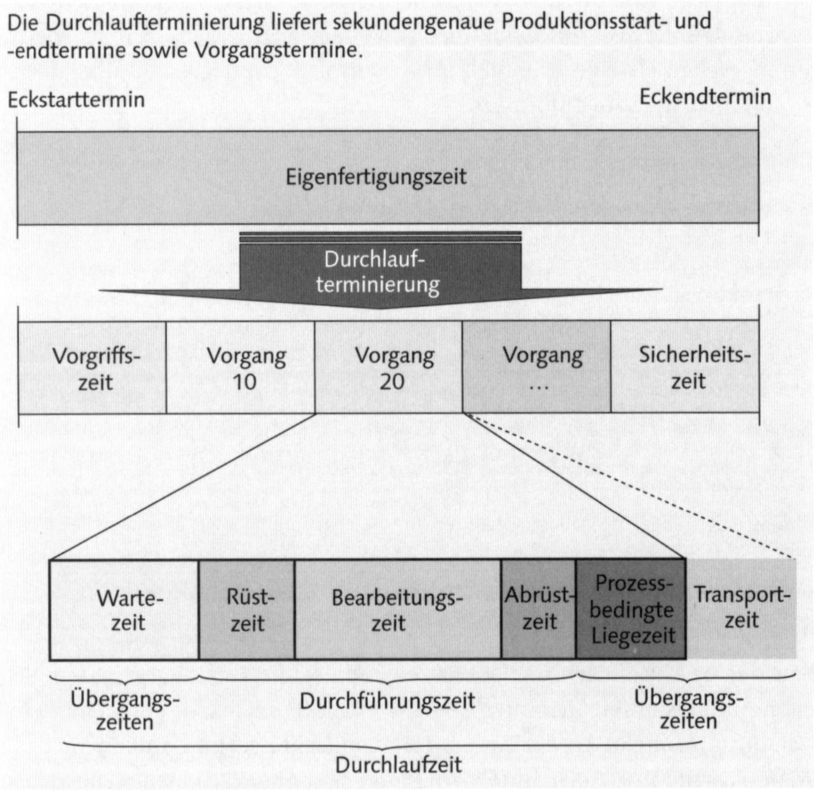

Abbildung 12.10 Durchlaufterminierung bei Eigenfertigung

Stücklistenübergreifende Durchlaufterminierung

Im Gegensatz zur Eckterminierung, bei der standardmäßig die Komponentenbereitstellung auf dem Eckstarttermin des Auftrags liegt, ermöglicht die Ermittlung der Vorgangszeiten bei der Durchlaufterminierung eine wesentlich detaillierter Bestimmung von Komponentenbedarfsterminen. In vielen Fällen ermöglicht dies eine beachtliche Reduktion des *Work in Process* (WIP). So liegen die Sekundärbedarfstermine auf dem konkreten Vorgangsbedarfstermin, wenn im Arbeitsplan konkret die einzelnen Stücklistenpositionen den Vorgängen zugeordnet worden sind (siehe Abbildung 12.11). Haben Sie im Arbeitsplan für eine oder mehrere Komponenten eine Zuordnung vorgesehen, so liegen alle nicht zugeordneten Stücklistenkomponenten auf dem Eckstarttermin. Sie können jedoch ebenfalls im Customizing einstellen, dass Stücklistenkomponentenbedarfe generell auf den Eckstarttermin gelegt werden sollen.

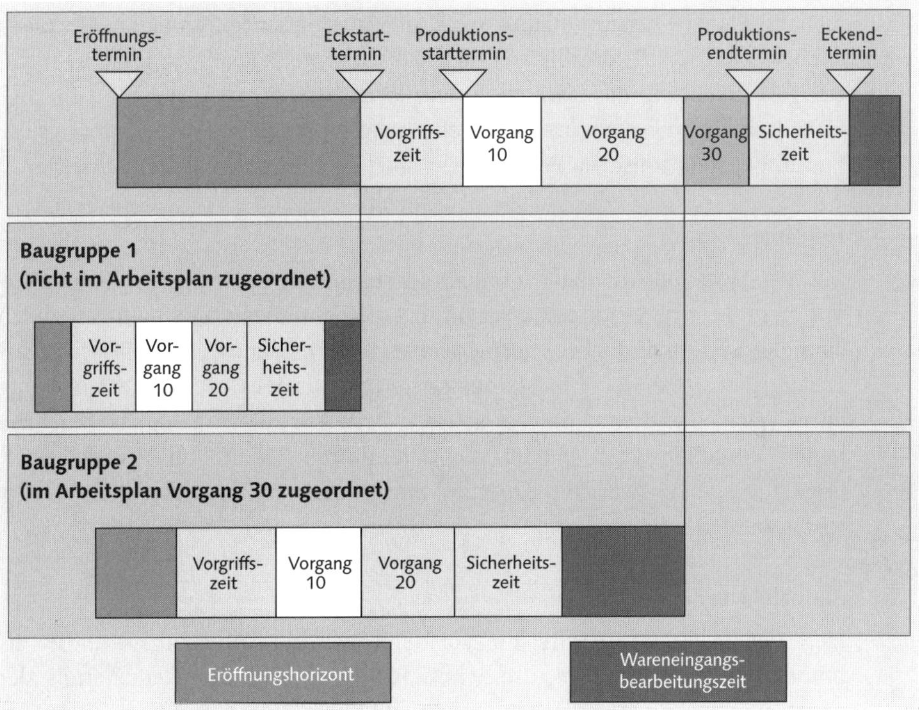

Abbildung 12.11 Stücklistenübergreifende Durchlaufterminierung

Die bereits im Rahmen der stücklistenübergreifenden Eckterminierung beschriebene Funktion der Nachlaufzeit kann auch im Rahmen der Durchlaufterminierung genutzt werden, jedoch nur im Sinne einer Vorverlegung der Komponentenbereitstellungstermine Richtung Heutedatum. In diesem Fall ist eine negative Nachlaufzeit zu pflegen, die auch häufig als Vorlaufzeit bezeichnet wird.

Zusammenspiel zwischen Eck- und Durchlaufterminierung: Terminanpassung, Reduzierung und Fortschreibung der Arbeitsplandaten im Materialstamm

Die im Rahmen der Durchlaufterminierung durchgeführte Konkretisierung der Eigenfertigungszeit greift in der beschriebenen Art und Weise auf Arbeitsplan- bzw. Arbeitsplatzdaten zurück. Diese müssen nicht zwangsläufig mit der Eigenfertigungszeit übereinstimmen, die die Basis für die Bestimmung der Ecktermine bildet. In mehreren Konstellationen kann es zu Problemen führen, wenn die durch die Eigenfertigungszeit bestimmten Ecktermine und die aus den Arbeitsplan- und Arbeitsplatzdaten hervorgehenden Termine voneinander abweichen. Ein wichtiges Beispiel ist hier die Planauftragsumsetzung in einen Fertigungsauftrag. Wenn Sie Planaufträge lediglich eckterminieren und in diesem Fall die Sekundärbedarfstermine auf dem Eckstarttermin liegen, kann es im Fall abweichender Daten bei der anschließenden Durchlaufterminierung im Rahmen der Planauftragsumsetzung in einen Fertigungsauftrag zu einem »Hüpfen« der Sekundärbedarfstermine kommen. Im schlimmsten Fall ist dann eine rechtzeitige Herstellung der Komponenten plötzlich nicht mehr möglich. Im SAP ERP-System sind nun mehrere Vorgehensweisen möglich, um das reibungslose Zusammenspiel zwischen Eck- und Durchlaufterminierung zu gewährleisten.

Terminanpassung

Das ERP-System prüft, ob der Produktionsstarttermin später als der Eckstarttermin liegt oder ob beide identisch sind. Trifft eine dieser Bedingungen zu, so kann das System optional je nach Customizing-Einstellung eine Anpassung des Eckstarttermins an den Produktionsstarttermin aus der Durchlaufterminierung vornehmen. Dabei wird die Vorgriffszeit berücksichtigt. Analog zur beschriebenen Vorgehensweise bei Rückwärtsterminierung kann für Fertigungsaufträge auch bei Vorwärtsterminierung eine Anpassung des Eckendtermins erreicht werden.

Reduzierung

Liegt der Produktionsstarttermin vor dem Eckstarttermin und soll dieser als bindend angesehen werden, so kann das System über eine Reduzierung der vorgesehenen Puffer versuchen, die Produktionstermine anzupassen. Hierbei sind zwei alternative Vorgehensweisen denkbar: Zum einen kann eine Reduzierung der Auftragspuffer (Vorgriffs- und Sicherheitszeit) vorgenommen werden. Zum anderen können Sie die Vorgangspuffer (z.B. Wartezeiten) schrittweise um einen prozentualen Anteil verringern (siehe Abbildung 12.12). Außerdem können Sie eine Reduzierung durch Splittung oder Überlappung erzielen. Eine Kombination der Terminanpassung mit der Reduzierung ist ebenfalls möglich.

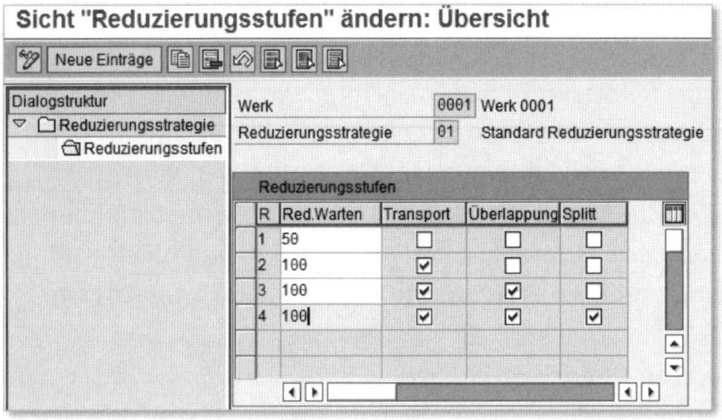

Abbildung 12.12 Pflege der Reduzierungsstrategie, Ausschnitt aus dem Customizing

Fortschreibung von Arbeitsplandaten in den Materialstamm

Um die Materialstammwerte mit den Werten aus dem Arbeitsplan synchron zu halten, können Sie mittels Report RCPMAU03 bzw. der Transaktion CA97N eine Fortschreibung der Arbeitsplanwerte in die losgrößenabhängige Eigenfertigungszeit erreichen.

Vergleich der beiden Terminierungsarten Eck- und Durchlaufterminierung

Die beiden Terminierungsarten unterscheiden sich hauptsächlich durch ihren Detaillierungsgrad. Während die Eckterminierung lediglich tagesgenaue Termine auf Auftragsebene ermittelt, erfolgt über die Durchlaufterminierung eine Konkretisierung dieser Ecktermine auf Sekundenbasis unter Einbeziehung von Arbeitsplan- und Arbeitsplatzdaten. Die Eckterminierung ist zwar systemtechnisch performanter, augrund der detaillierteren Daten ermöglicht die Durchlaufterminierung jedoch eine betriebswirtschaftlich sinnvollere Komponentenbereitstellung. Da die Durchlaufterminierung bei der Eröffnung eines Fertigungsauftrags ohnehin durchgeführt wird, ist bei Verwendung der Eckterminierung im Planungslauf auf Konsistenz der verwendeten Planungsdaten zu achten. Ansonsten kann es aufgrund unterschiedlicher Grundlagen zu Terminierungssprüngen und somit zu Planungsproblemen kommen. Beiden Terminierungsarten ist gemeinsam, dass keine finiten Produktionskapazitäten in die Betrachtung einfließen. Während die Eckterminierung jedoch nur die Arbeitstage in die Betrachtung einbezieht, werden bei der Durchlaufterminierung die Einsatzzeiten der Ressourcen beachtet.

Neben dem Detaillierungsgrad besteht ein weiterer Unterschied zwischen diesen beiden Terminierungsarten in der Absetzung von Kapazitätsbedarfen. Lediglich durchlaufterminierte Planaufträge setzen Kapazitätsbedarfe ab; eckterminierte Planaufträge weisen keine Vorgänge auf und belasten daher die zugrunde liegenden Produktionskapazitäten nicht. Im Gegensatz dazu wird bei durchlaufterminierten Planaufträgen auf der Registerkarte FEINTERMINIERUNG die zeitliche Lage der zugehörigen Planauftragsvorgänge sichtbar. Diese können dementsprechend Kapazitätsbedarfe absetzen, je nach gewählten Arbeitsplatz- und Arbeitsplandaten sowie Stammdaten. Um im Rahmen der Kapazitätsplanung ein realistisches Bild des Produktionsgeschehens zeichnen zu können, müssen Sie in der Regel bereits im Planungslauf über die Durchlaufterminierung für eine Erzeugung von Kapazitätsbedarfen bei Planaufträgen sorgen.

Terminierungsmodifikator: Bedarfsvorlaufzeit

Die geschilderten Vorgehensweisen bei der Terminierung sind als bedarfsterminbezogen zu bezeichnen: Der bei der plangesteuerten bzw. der stochastischen Disposition bekannte Bedarfstermin wird also bei der Terminierung in den Verfügbarkeitstermin übertragen. Dieses Verhalten lässt sich durch Verwendung eines zeitlichen Puffers beeinflussen. Über die in der Registerkarte DISPOSITION 2 in Arbeitstagen zu pflegende Bedarfsvorlaufzeit können Sie eine relative zeitliche Verschiebung der Bedarfsdecker in Bezug auf den Bedarf in Richtung Heutedatum erreichen (siehe Kapitel 10, »Sicherheitsbestandsplanung«).

12.2 Terminierung in SAP APO

Das SAP APO-System wird im Rahmen der Produktionsplanung als Feinplanungsinstrument eingesetzt. Aufgrund dieser Planungsphilosophie werden Eigenfertigungsaufträge in diesem System grundsätzlich feinterminiert; im APO-System existiert also kein Äquivalent zur ERP-Eckterminierung. Darüber hinaus müssen Sie im APO-System Auftragspuffer nicht mehr pflegen. Diese Pflege ist gewissermaßen durch das Feinplanungsergebnis obsolet geworden. So besteht für Aufträge, für die im Anschluss an die in diesem Rahmen beschriebene Materialbedarfsplanung APO-Feinplanungsfunktionalitäten zum Einsatz gebracht werden, keine Notwendigkeit, Puffer für die weitere Kapazitätsplanung vorzusehen. Folglich gibt es für eine Reihe der zentralen Komponenten der Terminierung im ERP-System keine Entsprechung im APO-System, diese werden aufgrund der Planungsphilosophie nicht benötigt. Hierzu zählen neben der Eigenfertigungszeit die Auftragspuffer (Vorgriffs- und Sicherheitszeit) aus dem Horizontschlüssel. Wird das APO-System als termingebendes System eingesetzt, sollten Sie auf eine Pflege der Auftragspuffer im ERP-System verzichten.

12.2.1 APO-Terminierung bei Eigenfertigung

Die Bestimmung der Vorgangstermine bei der APO-Feinterminierung ist grundsätzlich mit der Durchlaufterminierung des ERP-Systems vergleichbar. Aufgrund der Trennung der beiden Systeme werden jedoch unterschiedliche Stammdatenobjekte angesprochen, die mit ihren jeweiligen Besonderheiten beachtet werden müssen. Auf APO-Seite sind dies im Wesentlichen der Plan (Produktionsprozessmodell oder Produktionsdatenstruktur) und die Ressourcen. Neben diesen Stammdatenobjekten unterscheidet sich die Systemlogik von SAP APO in einigen Spezialfällen von der des ERP-Systems.

Produktionsprozessmodell (PPM) und Produktionsdatenstruktur (PDS)

Ausschlaggebend für die Terminierungsaktivitäten im Rahmen der Materialbedarfsplanung im APO-System ist der Plan, also je nach Konstellation das Produktionsprozessmodell oder die Produktionsdatenstruktur (siehe Kapitel 11, »Ermittlung der Bezugsquellen«).

Für die Terminierung ist zunächst der jeweilige Vorgang relevant. Dieser wird entweder als PPM-Vorgang manuell im APO-System gepflegt oder aus dem ERP-Arbeitsplan übertragen, wenn er einen terminierungsrelevanten Steuerschlüssel trägt und wenn für mindestens eine der Aktivitäten (Rüsten, Produzieren, Abrüsten) gemäß Terminierungsformel eine Zeitspanne größer Null vorgesehen ist. Auf APO-Seite werden in diesem Fall zu einem Vorgang separat Aktivitäten erzeugt, die Rüst- bzw. Abrüsttätigkeiten oder Bearbeitungsschritte abbilden. Alternative Bearbeitungsmöglichkeiten, die im ERP-System als alternative Folgen zur Stammfolge in einem Arbeitsplan verankert werden, können im Plan als alternative Modi zu einer Aktivität abgebildet werden. Für die automatische Übertragung aus dem ERP-System ist jedoch die Aktivierung eines Exits nötig (siehe zur Vorgehensweise und zu möglichen Einschränkungen SAP-Hinweis 217210). Die Ressource, die im Modus als Primärressource verwendet wird, ist im Falle einer Produktionsdatenstruktur in der Registerkarte TERMINIERUNG des ERP-Arbeitsplatzes als Terminierungsbasis eingetragen.

Die in der Aktivität festgelegte Dauer wird mittels der Terminierungsformel aus dem ERP-Arbeitsplatz und mit den in den Formelparametern verwendeten Werten automatisch bei der Übertragung eines Plans ermittelt. Nach jeder Änderung einer dieser Komponenten muss also eine erneute Übertragung des Plans vorgesehen werden. Dabei kann die Dauer sowohl losgrößenabhängig als auch losgrößenunabhängig vorliegen.

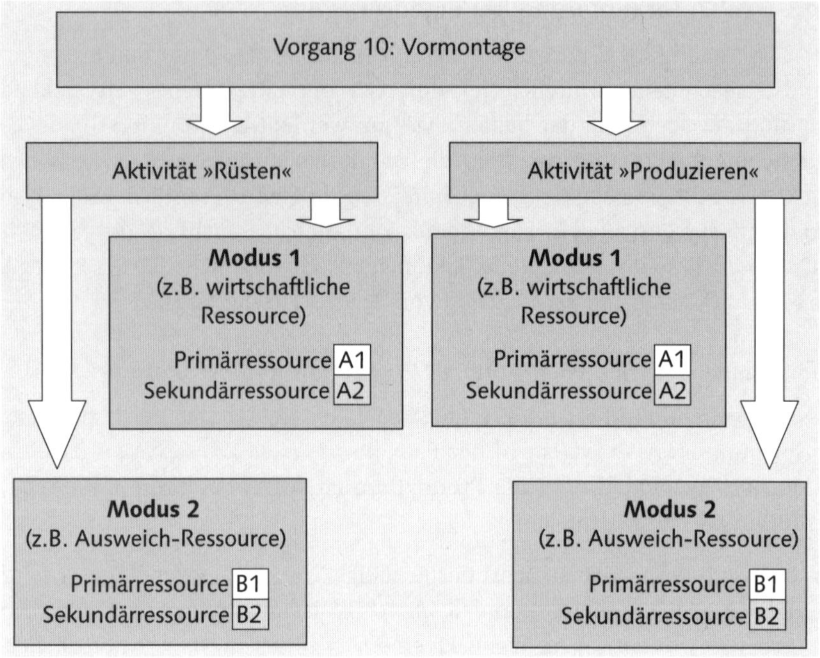

Abbildung 12.13 Beispielhafter Aufbau eines PDS-Vorgangs

Verbunden werden die Aktivitäten über sogenannte Aktivitätsbeziehungen, die ebenfalls automatisch bei der Planübertragung angelegt werden. Die Aktivitätsbeziehungen, die immer eine Vorgängeraktivität und eine Nachfolgeraktivität als Information in sich tragen, enthalten neben einer Anordnungsbeziehung (z.B. Ende-Start-Beziehung) auch die Übergangszeit. Die Übergangszeit bezeichnet die Zeitspanne zwischen der Vorgänger- und der Nachfolgeraktivität. Hier werden die ERP-Begriffe der Transportzeit, der Liegezeit sowie der sonstigen Puffer umgesetzt. Durch entsprechende Einstellung in den korrespondierenden ERP-Arbeitsplan- bzw. Arbeitsplatzfeldern lassen sich durch Plan-Übertragung auch minimale und maximale Übergangszeiten in einer Aktivitätsbeziehung verankern. Die Logik bei der Übertragung der Übergangszeiten können Sie vielfältig und äußerst flexibel durch die Verwendung von BAdIs beeinflussen.

Ressource

Das zweite zentrale Stammdatenobjekt bei der Terminierung im Rahmen der APO-Materialbedarfsplanung ist die Ressource (siehe Abbildung 12.14). Diese wird im hier beschriebenen Planungskontext ebenfalls per CIF-Schnittstelle an das APO-System übertragen. Das entsprechende ERP-Objekt ist in diesem Fall nicht der Arbeitsplatz, sondern die Kapazität, das heißt für jede über die CIF-Schnittstelle zu übertragende Kapazität wird im APO-System eine Ressource angelegt. Als Primärressource in der Produktionsdatenstruktur wird die Ressource verwendet, die in der Registerkarte TERMINIERUNG des ERP-Arbeitsplatzes als Terminierungsbasis eingetragen ist. Die Daten dieser Ressource sind also für die Terminierung ausschlaggebend.

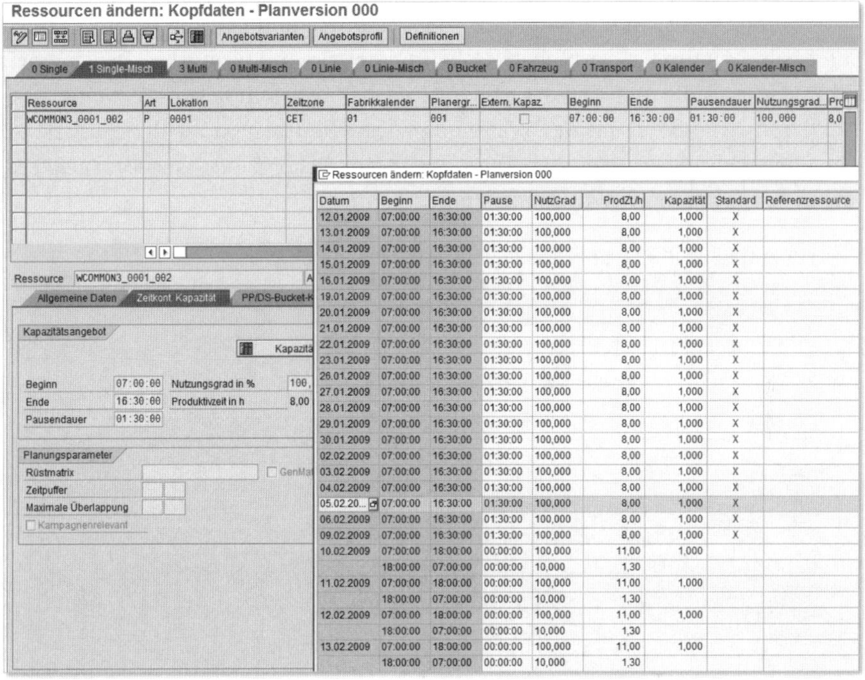

Abbildung 12.14 Ressource im APO-System (Beispiel)

Im APO-System besteht ebenfalls die Möglichkeit, Ressourcen direkt anzulegen, folglich müssen Sie diese Ressourcen nicht zwangsläufig aus den ERP-Daten übertragen. Nur im APO-System vorliegende Daten können jedoch durch die mangelnde Änderbarkeit von Produktionsdatenstrukturen im Allgemeinen nur in Zusammenhang mit Produktionsprozessmodellen eingesetzt werden.

Wareneingangsbearbeitungszeit

Die Wareneingangsbearbeitungszeit im APO-System entspricht in ihrer Funktion der des ERP-Systems, jedoch sind einige spezifische Gegebenheiten zu beachten. Um Wareneingangsprozesse detaillierter planerisch abbilden zu können, werden diese im APO-System als eigene Aktivitäten abgebildet, die auf einer eigens für diese Prozesse definierten Ressource eingeplant werden. Diese Ressource ist als Handling-Ressource zu definieren und in den Stammdaten der Lokation einzutragen. Bei dieser Ressource besteht die Möglichkeit, detailliert Arbeitszeiten zu pflegen.

Die Wareneingangsbearbeitungszeit aus dem ERP-System wird standardmäßig über die CIF-Schnittstelle übertragen (siehe Abbildung 12.15). Sie müssen jedoch beachten, dass die Logik des APO-Systems von der des ERP-Systems abweicht. Während die Wareneingangsbearbeitungszeit des ERP-Systems in ganzen Arbeitstagen zu pflegen ist, bezieht sich der Wert im APO-System auf eine 24-Stunden-Basis. Ist die Wareneingangsressource demnach an einem Tag weniger als 24 Stunden verfügbar, so kann eine Wareneingangsbearbeitungszeit über mehr als die im Feld vorgesehene Zeitspanne erteilt liegen – bei einer verfügbaren Arbeitszeit auf der Wareneingangsressource von zwölf Stunden pro Tag beispielsweise über vier Tage, wenn im Feld WARENEINGANGSBEARBEITUNGSZEIT zwei Tage vorgesehen sind.

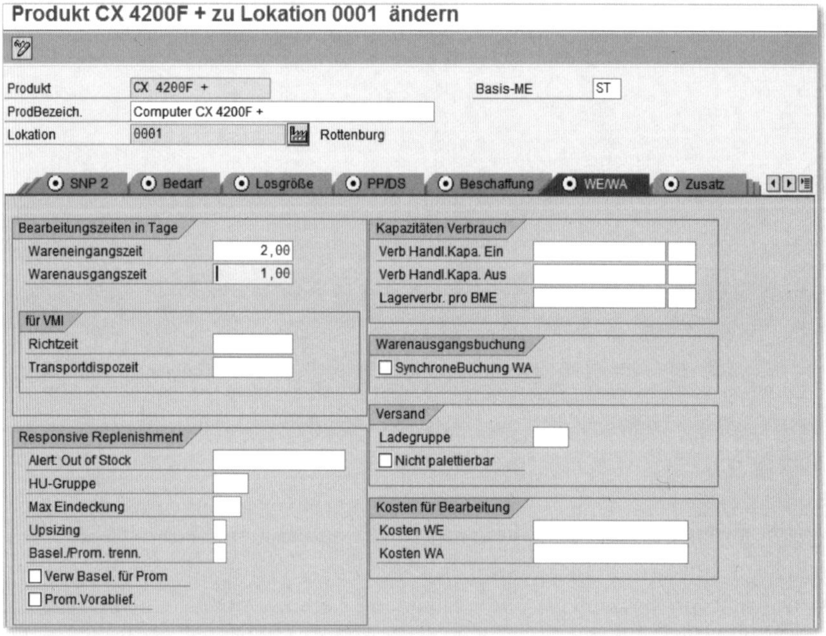

Abbildung 12.15 Pflege der Wareneingangsbearbeitungszeit auf der Registerkarte »WE/WA« des Lokationsproduktstamms (Beispiel)

Übergangszeiten in SAP APO

Übergangszeiten aus dem ERP-System werden bei der Übertragung an das APO-System als Anordnungsbeziehung (AOB) berücksichtigt. Dabei sind zwei Arten von Anordnungsbeziehungen zu unterschieden:

- **Terminierte AOB**
  Die Anordnungsbeziehung wird anhand des Werkskalenders der Vorgängerressource terminiert. Nichtarbeitszeiten werden berücksichtigt. Dies ist bei der Verwendung von Warte- und/oder Transportzeiten der Fall.

- **Nicht-terminierte AOB**
  Die Liegezeit wird über den gregorianischen Kalender terminiert, das heißt Nichtarbeitszeiten werden nicht berücksichtigt.

Die Eigenschaft einer AOB kann sowohl im Eigenfertigungsauftrag als auch im Plan eingesehen werden. Eine AOB ist immer entweder terminiert oder nicht terminiert, beide Eigenschaften sind nicht innerhalb einer AOB abbildbar. Die Liegezeit hat eine höhere Priorität als eine Transport- oder eine Wartezeit, daher liegt eine nicht-terminierte AOB vor, wenn eine Liegezeit gepflegt ist. Transport- und Wartezeiten werden nicht berücksichtigt.

Im ERP-System liegt die Wartezeit vor der eigentlichen Bearbeitungstätigkeit, die Transportzeit danach. Dieses Verhalten ist im APO-System nicht äquivalent abgebildet, die Warte- und Transportzeit wird hier als Summe beider Zeiten am Ende des Vorgangs über eine gemeinsame und zugleich terminierte AOB abgebildet.

Da eine Anordnungsbeziehung immer über einen definierten Beginn (Vorgängervorgang) und ein definiertes Ende (Nachfolgevorgang) verfügen muss, werden Übergangszeiten am letzten Vorgang eines Auftrags nicht berücksichtigt. Soll zum Beispiel eine Liegezeit nach dem letzten Vorgang berücksichtigt werden, so müssen Sie dies etwa in Form einer Wareneingangsbearbeitungszeit für die Output-Komponente vorsehen.

Eine weitere Einschränkung besteht im APO-System bei der Verwendung der Transportzeitmatrix. Im Gegensatz zum ERP-System, in dem in der Transportzeitmatrix im Customizing explizit Kalender und Uhrzeiten angegeben werden können, wird im APO-System immer von einer 24-stündigen Verfügbarkeit ausgegangen.

Ablauf der Terminierung

Im APO-System wird analog zur ERP-Durchlaufterminierung eine Terminierung der Vorgänge rückwärts vorgenommen. Eine Ausnahme bildet hierbei wie im ERP-System die Bestellpunktdisposition, bei der ausgehend vom Dispositionsdatum vorwärts terminiert wird.

Aufgrund der APO-Planungsphilosophie liegt zwischen dem Bedarfsdatum und dem terminierten Endedatum des letzten APO-relevanten Vorgangs keine Auftragspufferzeit. Das Ende des letzten Vorgangs markiert also das Ende des gesamten Eigenfertigungsauftrags. Die Vorgänge werden unter Berücksichtigung der in der PDS festgelegten Zeiten in absteigender Reihenfolge terminiert.

Stücklistenübergreifende APO-Terminierung

Im APO-System erfolgt eine Sekundärbedarfsweitergabe an die Komponenten entsprechend der jeweiligen Aktivitätstermine, eine sehr zeitgenaue Weitergabe von Komponentenmengen ist also möglich (siehe Abbildung 12.16).

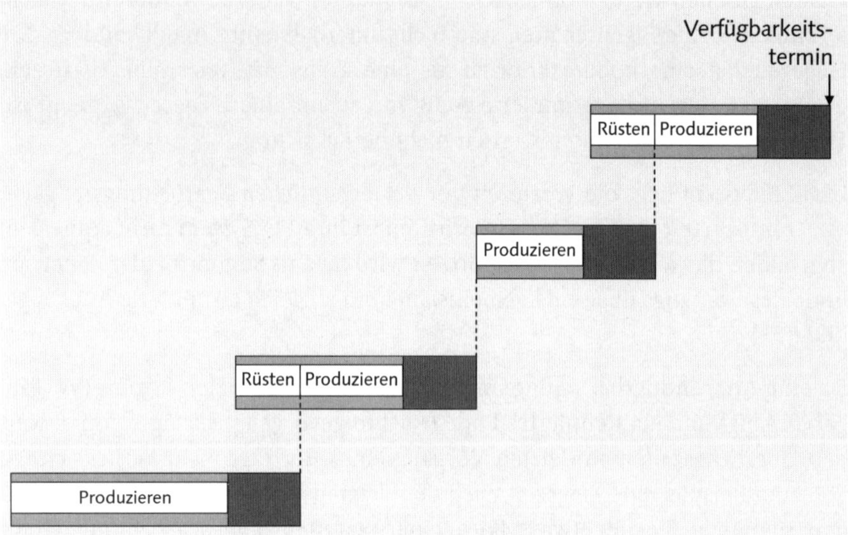

Abbildung 12.16 Stücklistenübergreifende APO-Feinterminierung

12.2.2 APO-Terminierung bei Fremdbeschaffung

Vor der Nutzung der Fremdbeschaffung im APO-System müssen die relevanten Stammdatenobjekte über die CIF-Schnittstelle an das APO-System übergeben worden sein. Abbildung 12.17 gibt Ihnen einen Überblick über die im APO-System benötigten Stammdatenelemente.

Das im Rahmen der Fremdbeschaffung zentrale APO-Stammdatenobjekt ist die Fremdbeschaffungsbeziehung, die die Angaben aus der Transportbeziehung ergänzt. Eine Transportbeziehung muss im APO-System zwischen zwei Lokationen (Quell- und Ziellokation) existieren, um eine Planung des Transports und der Beschaffung zu ermöglichen. Dabei bildet sie die Geschäftsbeziehung zwischen einer Quelllokation (z.B. einem Lieferanten) und einer Ziellokation (z.B. einem Werk) ab. Sie ist abhängig von der Richtung des Produktflusses und bekommt alle Produkte, für die eine Lieferbeziehung zwischen den genannten Lokationen existiert, gemeinsam mit den zur Verfügung stehenden Transportmitteln zugeordnet. Wird ein ERP-Fremdbeschaffungs-Stammdatenobjekt (Lieferplan, Kontrakt oder Infosatz) an das APO-System übertragen, so wird neben einer Fremdbeschaffungsbeziehung auch eine entsprechende Transportbeziehung angelegt, falls diese noch nicht existiert.

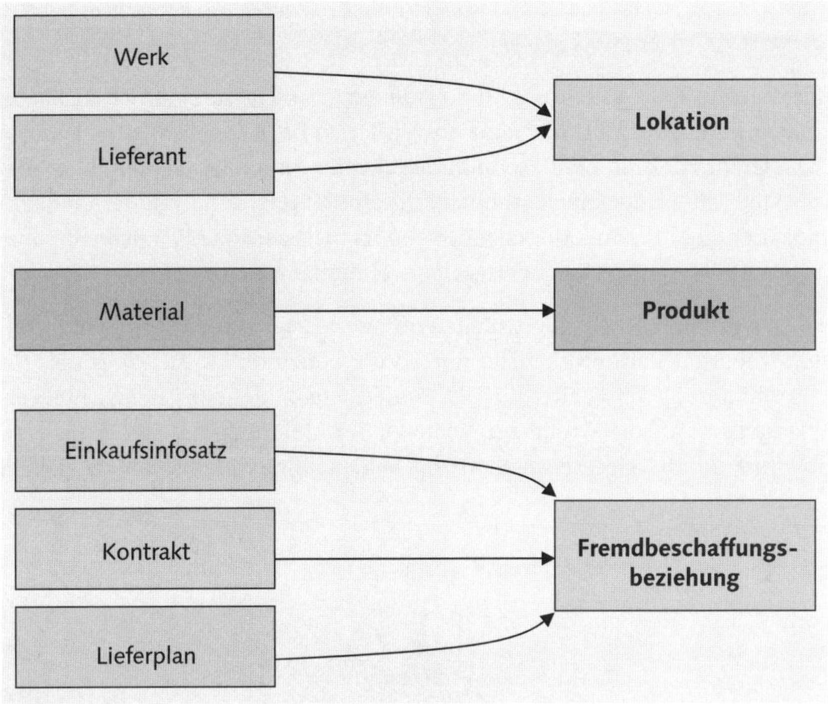

Abbildung 12.17 Stammdatenobjekte in der APO-Fremdbeschaffung

Im APO-System ist die Terminierung von Fremdbeschaffungsaufträgen ein zweistufiger Prozess:

1. Prüfung auf den frühestmöglichen Verfügbarkeitstermin
2. Bestimmung von Start- und Endtermin des Auftrags durch Terminierung von
   - Warenausgangsaktivität beim Lieferanten
   - Transport
   - Wareneingangsaktivität im Werk

Im ersten Schritt wird der früheste Verfügbarkeitstermin mittels der folgenden Formel berechnet:

Verfügbarkeitstermin = heutiges Datum + Planlieferzeit + Wareneingangs-bearbeitungszeit

Dabei wird die Planlieferzeit der Fremdbeschaffungsbeziehung entnommen. Falls dort kein Eintrag vorhanden ist, verwendet das System die Planlieferzeit aus dem Produktstamm. Die folgende Formel verdeutlicht die Definition der Planlieferzeit:

Planlieferzeit = Produktionszeit beim Lieferanten + Warenausgabebearbeitungszeit + Transportdauer

Anders als im ERP-System wird die Planlieferzeit nicht automatisch in Kalendertagen hinterlegt. Falls hier eine abweichende Logik gewünscht ist kann in der Lieferantenlokation ein Produktionskalender hinterlegt werden, über den das System die Planlieferzeit automatisch terminiert. Nur falls in der Lieferantenlokation kein Produktionskalender gepflegt ist, wird die Planlieferzeit analog zum ERP-System in Kalendertagen angenommen.

Liegt der gewünschte Verfügbarkeitstermin vor dem vom APO-System ermittelten frühesten Verfügbarkeitstermin, so wird letzterer als Ausgangsbasis für die Terminierung verwendet (Fall 1). Andernfalls bildet der gewünschte Verfügbarkeitstermin die Grundlage weiterer Terminierungsaktivitäten (Fall 1). Abbildung 12.18 zeigt beispielhaft die beiden unterschiedlichen möglichen Konstellationen.

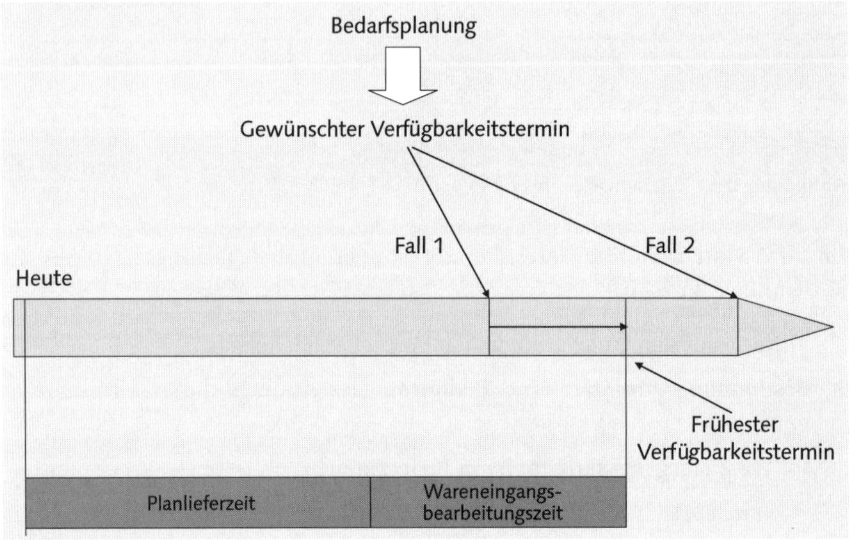

Abbildung 12.18 Frühester Verfügbarkeitstermin

Im zweiten Schritt terminiert das APO-System nun die Aktivitäten *Warenausgang*, *Transport* und *Wareneingang*. Dabei werden Start-, End- und Eröffnungstermin des Fremdbeschaffungsauftrags ermittelt.

Zum Starttermin muss der Lieferant das Material zur Auslieferung bereitstellen, zum Endtermin ist die Verfügbarkeit im empfangenden Werk geplant (siehe Abbildung 12.19). Wird ein neuer Termin für einen Fremdbeschaffungsauftrag zugrunde gelegt, werden die Aktivitäten neu terminiert.

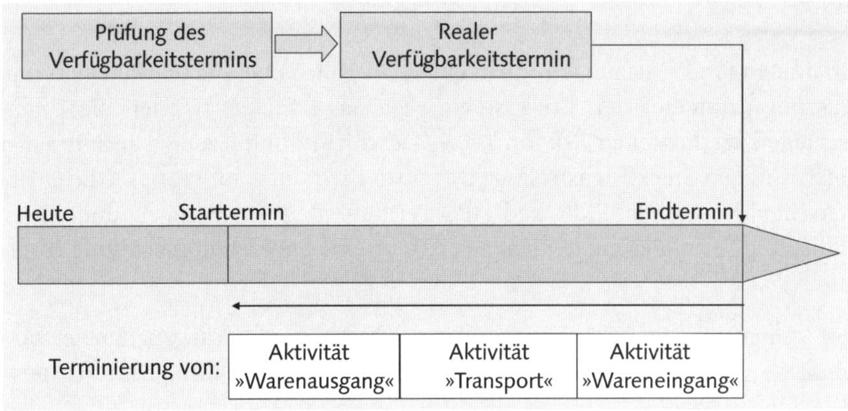

Abbildung 12.19 APO-Terminierung der Fremdbeschaffung

Die Terminierung der genannten Aktivitäten kann über Bucket-Ressourcen erfolgen, wenn für die jeweiligen Aktivitäten mit einer Dauer größer Null eine Ressource definiert ist. Ist dies nicht der Fall, wird über den Planungskalender terminiert. Ist dieser ebenfalls nicht definiert, so wird in Kalendertagen gerechnet. Tabelle 12.1 gibt Ihnen einen Überblick über die zu pflegenden Werte der Dauern und der terminierungsrelevanten Ressourcen.

	Dauer	Ressource
Warenausgangs-bearbeitungszeit	Produktstamm der Quelllokation	Handling-Ressource aus dem Lokationsstamm der Quelllokation (Handling Ressource Outbound)
Transportzeit	Transportbeziehung pro Transportmittel	Ressource aus dem Transportmittel der Transportbeziehung
Wareneingangs-bearbeitungszeit	Produktstamm der Ziellokation	Handling-Ressource aus dem Lokationsstamm der Ziellokation (Handling Ressource Inbound)

Tabelle 12.1 Pflege von Dauern und Ressourcen für die APO-Fremdbeschaffung

Die beschriebene Terminierungslogik gilt sowohl bei der Fremdbeschaffung bei externen Lieferanten als auch bei der Terminierung von Umlagerungsaufträgen und Lohnbearbeitungsbeistellteilen. Dies bedeutet, dass im APO-System anders als im ERP-System nicht über die Planlieferzeit, sondern über die Transportdauer aus der Transportbeziehung zwischen den Lokationen terminiert wird. Das BAdI /SAPAPO/PWB_SOS kann genutzt werden, um im APO-System über die Planlieferzeit zu terminieren.

12.3 Fazit

In diesem Kapitel haben wir Ihnen einen Überblick über die relevanten Terminierungsparameter der SAP-Systeme gegeben. Erläutert wurden die Unterschiede zwischen einer Eck- und einer Durchlaufterminierung – auch in einer mehrstufigen Stücklistenstruktur. Dabei sind wir auch auf grundsätzliche Unterschiede zwischen ERP- und APO-Terminierung eingegangen und haben Ihnen die Terminierung der beiden SAP-Systeme bei Fremdbeschaffung vorgestellt.

Sie sollten nun in der Lage sein, die richtigen Terminierungsparameter produktspezifisch auszuwählen und ihre Bedeutung für den Erfolg Ihrer Disposition einzuschätzen.

Dieses Kapitel befasst sich mit den Wechselwirkungen der einzelnen Dispositionsparameter. Sie erhalten einen Überblick über die Verknüpfung einzelner Parameter und lernen die Zusammenhänge zwischen verschiedenen Einflussgrößen und den Parametereinstellungen kennen.

13 Wechselwirkungen

In diesem Kapitel beschreiben wir die Wechselwirkungen der in den vorherigen Kapiteln beschriebenen Dispositionsparameter. Dabei möchten wir die folgenden Fragen beantworten: Welche Auswirkungen haben bestimmte Parameterkonstellationen auf das Dispositionsergebnis? Welche Parameter sind erlaubt, und wie beeinflussen Parameter sich gegenseitig?

Neben den vom System vorgegebenen Restriktionen werden wir auch betriebswirtschaftliche Faktoren untersuchen und deren Einfluss auf die Parameterauswahl erläutern.

Ein umfangreiches Wissen über die Wechselwirkungen einzelner Systemparameter ist notwendig für die Optimierung der Disposition. Mehr Informationen hierzu finden Sie in Kapitel 19, »Dispositionsoptimierung«.

13.1 Parameterabhängigkeiten

SAP ERP bietet eine Vielzahl von Funktionalitäten, die den kompletten Prozess der Materialdisposition unterstützen. Durch diesen Funktionsumfang ist es möglich, die Software unternehmensspezifisch anzupassen und somit die komplette Materialdisposition zu begleiten. Diese Flexibilität ist jedoch auch mit einer hohen Komplexität der Parametereinstellungen verbunden. Die bisherigen Kapitel beschäftigten sich mit den verschiedenen Möglichkeiten, ein Material zu disponieren, und mit den notwendigen Parametereinstellungen.

Auf der Grundlage der behandelten Verfahren und Parameter lässt sich ein Regelwerk (z.B. eine ABC/XYZ-Matrix) erstellen, das alle dispositionsrelevanten Verfahren und dazugehörigen Parameter berücksichtigt (siehe Abschnitt 19.2.3, »Dispositionsmatrix«). Ein solches Regelwerk kann die Grundlage für

Ihre Dispositionsstrategie auf Prozessebene bilden. Neben den verschiedenen Einstellungen und Kombinationsmöglichkeiten der Parameter anhand von unternehmensspezifischen Faktoren ist es wichtig, die Wechselwirkungen der Parameter zu beachten, um unerwünschte Konstellationen zu vermeiden. Strategien, die im Standard SAP ERP nicht vorgesehen und somit auch nicht realisierbar sind, sollten aufgrund von Wechselwirkungen erkannt und vermieden werden.

In Abbildung 13.1 sehen Sie die fünf Bereiche der Dispositionsparameter:

1. Planungsstrategie
2. Dispositionsverfahren
3. Losgrößenverfahren
4. Sicherheitsbestandsberechnung
5. Prognose

Jeder Bereich hat Einfluss auf den folgenden. Eine Auswahl in einem Bereich kann somit die mögliche Auswahl an Einstellungsmöglichkeiten in einem anderen Bereich einschränken.

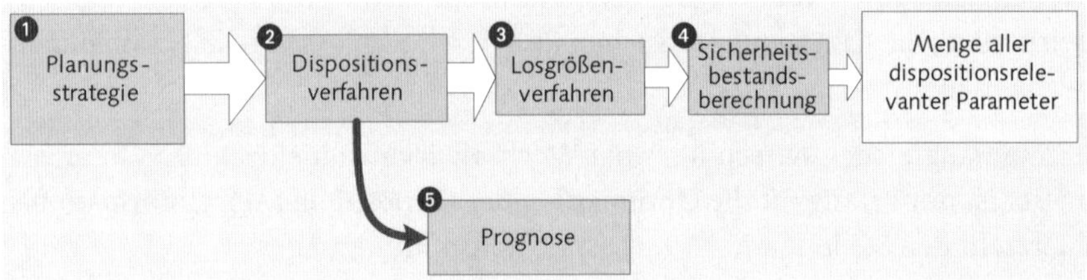

Abbildung 13.1 Ablauf der Materialdisposition

> **Hinweis**
>
> Die folgenden Beispiele sollen Ihnen einen Überblick über die wichtigsten Zusammenhänge und Wechselwirkungen zwischen den einzelnen Parametern verschaffen. Da in der Praxis sehr unterschiedliche Bedingungen zu finden sind, findet eine intensivere Auseinandersetzung mit diesem Thema im Rahmen dieses Buchs nicht statt. In der Praxis ist in der Regel Beratungsleistung im Bereich der Dispositionsoptimierung gefordert, die durch umfangreiches Fach- und Projektwissen nicht nur Dispositionsstrategien entwickelt, sondern auch prüft, ob die entwickelten Konzepte auch realisierbar sind.

Schon die Planungsstrategie kann bestimmen, welche Dispositionsart und welches Losgrößenverfahren verwendet werden müssen. Verwenden Sie beispielsweise die Planungsstrategie *Vorplanung ohne Endmontage* (Strategie 50), so kann das Material nur mit einer exakten Losgröße und einem plangesteuerten Dispositionsverfahren geplant werden. Abweichende Verfahren könnten inkompatibel sein und Fehler bei der Verfügbarkeitsprüfung und Prognose verursachen, was sich wiederum sehr negativ auf die Planung auswirkt. Das eigentliche Problem liegt nicht in dieser Konstellation, sondern in der Tatsache, dass der Disponent alle Einstellungen manuell vornehmen muss, ohne dass vom System Fehlermeldungen angezeigt werden. Fehlt dem Disponenten das Wissen über diesen Zusammenhang, wird er die Einstellungen nicht vornehmen und es kann zu Planungsfehlern kommen. Durch den hohen Grad der Automation verlassen sich viele Disponenten auf das System, was jedoch oft zu schlechteren Ergebnissen führt.

Die Planungsstrategieparameter stehen in der Hierarchie der Dispositionsparameter auf höchster Stufe und grenzen die Konfigurationsmöglichkeiten sehr stark ein. Durch den sequenziellen Ablauf des MRP-Laufs werden die Parameter der nachgelagerten Stufen von der Planungsstrategie beeinflusst. Wählt man eine Strategie mit Verrechnung, so müssen neben der Strategiegruppe auch die Verrechnungsparameter beachtet werden, damit es zu einer korrekten Verrechnung der Bedarfe kommt. Darüber hinaus müssen Sie die Prognoseparameter der Planungsstrategie anpassen, damit die Planprimärbedarfe zeit- und mengenoptimal geplant werden. Die Verrechnungsparameter sollten wiederum an den Prognoseparametern ausgerichtet werden, um Prognosefehler auszugleichen. Des Weiteren sollte im Fall einer Verrechnung bei der Bedarfsklasse des Planprimärbedarfs das dort definierte Verrechnungskennzeichen mit dem Zuordnungskennzeichen der Bedarfsklasse des Kundenprimärbedarfs übereinstimmen.

Die Dispositionsart ist eng mit der Planungsstrategie verknüpft und beeinflusst die Prognose, den Sicherheitsbestand und das zu wählende Losgrößenverfahren bzw. engt die Bandbreite der wählbaren Verfahren stark ein. Es ist zum Beispiel nicht sinnvoll, ein Material der Einzelfertigung verbrauchsgesteuert zu disponieren. Ebenso wirkt sich das Einzelbedarfskennzeichen auf die Dispositionsart aus. Einzelplanungen lassen sich nicht verbrauchsgesteuert planen, während Sammelplanungen mit allen Verfahren der Disposition geplant werden können. Je nach gewählter Dispositionsart kann oder muss mit Prognose oder Vorplanungsbedarfen gearbeitet werden. Das manuelle Bestellpunktverfahren macht eine Prognose überflüssig, da weder Sicherheitsbestand noch Lieferzeiten automatisch generiert werden und die Planungsparameter keine Auswirkungen auf die Materialdisposition haben. Bei einer Bestellpunktdisposition ist es wichtig, dass die Losgröße ausreicht, um zum Lieferzeitpunkt mindestens den Meldebestand zu erreichen. Periodische und optimierte Losgrößenverfahren können nur verwendet werden, wenn dem Dispositionsverfahren eine Prognose zugrunde liegt, da diese Verfahren den zukünftigen Bedarf benötigen. Wie schon in den vorhergehenden Kapiteln behandelt, ist die Dispositionsart besonders für den Sicherheitsbestand ausschlaggebend. Sie bestimmt, ob der Sicherheitsbestand manuell gepflegt werden muss oder automatisch über das System ermittelt wird.

Die Prognose steht ebenso wie die anderen Verfahren in direkter Abhängigkeit zu allen Funktionsgruppen der Materialdisposition. Die Planungsstrategien, besonders Strategien mit Vorplanung, sind auf eine optimale Einstellung der Prognoseparameter angewiesen. Dabei spielen die Parameter *Periodenkennzeichen* und *Prognoseperioden* eine besondere Rolle. Neben der Planungsstrategie sind sie auch für die Verrechnungsparameter wichtig: Sie können gezielt verwendet werden, um Langläufer zu planen und sich je nach Durchlaufzeit des Materials diesen anzupassen. So sollten Sie für Materialien mit langen Durchlaufzeiten große Prognoseperioden und Verrechnungshorizonte verwenden, um den Prognosefehler zu minimieren. Wählt man einen kleinen Verrechnungshorizont bei großen Prognoseperioden, so läuft man Gefahr, Materialien mit hoher Durchlaufzeit nicht mehr rechtzeitig produzieren zu können. Die Auswirkungen einer fehlerhaften Prognose können je nach Dispositionsart unterschiedlich sein.

Bei der plangesteuerten Disposition (PD) geben die geplanten und exakten Bedarfsmengen (Sekundärbedarf, Kundenbedarf, Reservierungen etc.) den Anstoß für die Bedarfsrechnung. Die Prognose kann dabei für die Ermittlung des Gesamtbedarfs oder der ungeplanten Bedarfe verwendet werden. Wenn Sie überwiegend mit Prognosewerten arbeiten, benötigen Sie eine hohe Prognosegenauigkeit, um den Sicherheitsbestand niedrig zu halten und nicht durch einen hohen Prognosefehler in Fehlbestand zu geraten.

Auch die stochastische Disposition verwendet die Prognosewerte direkt als Bedarfe für die Bestandsplanung, jedoch ohne zusätzliche Bedarfe mit zu berücksichtigen. Anhand dieser Eigenschaft müssen Sie besonders auf die Prognosequalität achten und sollten dieses Verfahren nur bei konstanten Materialien mit geringer Wiederbeschaffungszeit verwenden.

Weniger Fehlsteuerungspotenzial besitzen Bestellpunktverfahren, da sie nach jeder Bestandsentnahme die jeweilige Bestandssituation überprüfen. Prognosewerte können als Information für den Disponenten angezeigt werden, sind aber nicht für die Nettobedarfsrechnung relevant. Nur für die automatische Berechnung von Melde- und Sicherheitsbestand (bei maschinellen Bestellpunktverfahren) wird die mittlere absolute Abweichung (MAD) aus der Ex-post-Prognose herangezogen und beeinflusst somit direkt die Bestandshöhe.

Das Losgrößenverfahren steht in einer starken Wechselwirkung mit dem Sicherheitsbestand. So wird bei großen Losen der mittlere Bestand erhöht, was einer Erhöhung des Sicherheitsbestands gleichkommt. Folgerichtig müsste der eigentliche Sicherheitsbestand verringert werden. In der Praxis wird dies oft nicht berücksichtigt, was wiederum zu unnötig hohen Beständen führt. Die Parameter des Losgrößenverfahrens können sich auch untereinander beeinflussen. Eine zu hohe Mindestlosgröße und eine zu niedrige maximale Losgröße können zu einer kleinen Spannweite führen, die das Losgrößenverfahren nivelliert und wie eine feste Losgröße fungiert. Der Rundungswert sollte stets kleiner sein als die minimale Losgröße, damit nicht zu extrem aufgerundet wird. Die Losgröße hat auch Auswirkungen auf die Verfügbarkeitsprüfung: Je größer das Los, desto geringer ist die Wahrscheinlichkeit von Fehlmengen.

Der Sicherheitsbestand steht in Wechselwirkung mit den Prognoseparametern in Abhängigkeit vom Dispositionsverfahren. Wird der Sicherheitsbestand automatisch ermittelt, kann man bei ihm die Auswirkungen einer ungenauen Prognose erkennen. Die Planungsstrategie entscheidet, ob für ein Material überhaupt ein Sicherheitsbestand notwendig ist. Für Kundeneinzelfertigungen wird empfohlen, bei besonders individuellen Produkten auf den Sicherheitsbestand zu verzichten. Ist das Material von geringer Individualität und existieren Mehrfachverwendungen, so kann es auch sinnvoll sein, das Material trotz Kundeneinzelfertigung mit Sicherheitsbestand zu planen.

Eine umfangreiche Auflistung der Dispositionsparameter und Einflussgrößen im SAP ERP finden Sie in Anhang A.

13.2 Beziehungsmodell der Parameteroptimierung

In diesem Abschnitt werden die Zusammenhänge zwischen den Einflussgrößen und der Parametereinstellung visualisiert und beschrieben. Das Beziehungsmodell in Abbildung 13.2 dokumentiert die verschiedenen Einflussgrößen. Im Beziehungsmodell wird verdeutlicht, dass verschiedene Parametereinstellungen andere Parameter beeinflussen. Sie erkennen aber auch, dass die Unternehmensstruktur, Produkteigenschaften und andere Kriterien Einfluss auf die Parameterauswahl insgesamt haben. Bei der Dispositionsoptimierung geht es grundlegend darum, die individuellen Strukturen und Eigenschaften des Unternehmens zu erkennen und daraus, unter Berücksichtigung der Wechselwirkungen, eine systemunterstützte Dispositionsstrategie zu entwickeln. Dieses Vorgehen kann durch ein Beziehungsmodell unterstützt werden.

Für eine bessere Verständlichkeit wurden die einzelnen Beziehungen im Schaubild über Pfeile dargestellt und mit Kürzeln versehen. Diese Kürzel tragen die Anfangsbuchstaben des Quellobjekts und sind fortlaufend nummeriert (Beispiel: die Pfeile von den **P**rodukteig**e**nschaften sind mit PE1 und PE2 beschriftet).

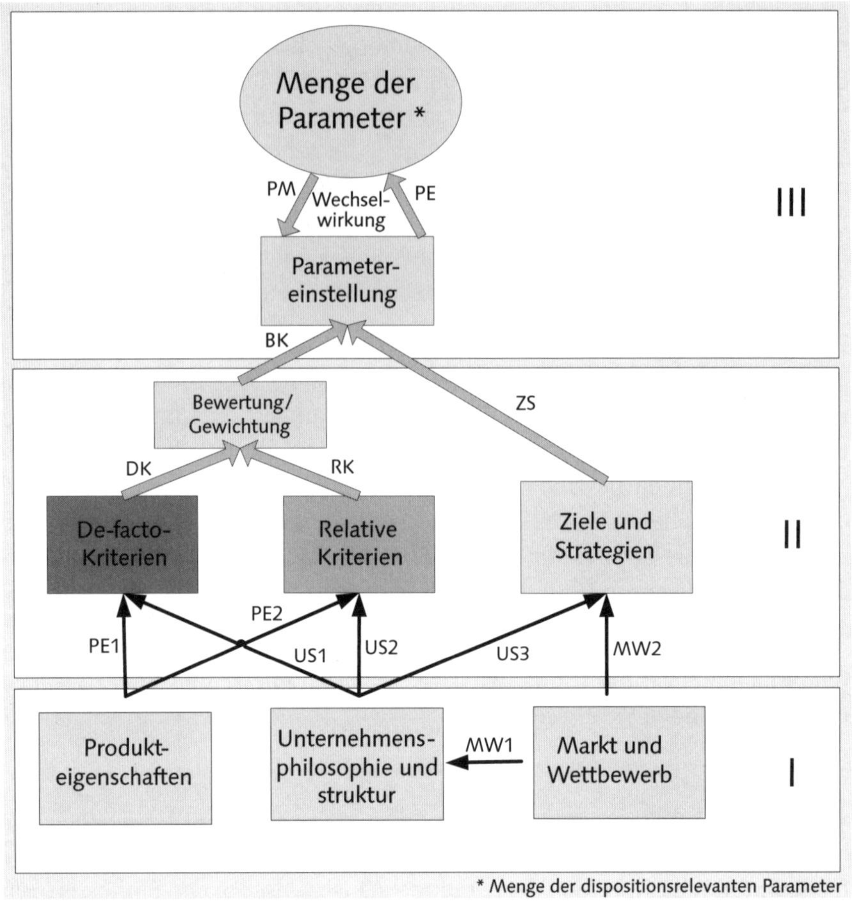

Abbildung 13.2 Beziehungsmodell

Das Beziehungsmodell besteht aus drei Phasen:

Phase 1 beinhaltet produkt- und unternehmensspezifische Einflussgrößen wie Produkteigenschaften, Unternehmensstruktur und den Absatzmarkt. Diese Größen werden durch unterschiedliche Analysemethoden ermittelt. Die Produkteigenschaften beeinflussen direkt die De-facto-Kriterien (PE1) und die relativen Kriterien (PE2). Der Absatzmarkt und die Kundenpräferenzen haben Einfluss auf die Unternehmensstrategie (MW1) und die Unternehmensstruktur (MW2). Die Unternehmensstruktur wirkt sich wiederum auf alle Kriterien aus (US1, US2, US3).

In *Phase 2* werden relative und De-facto-Kriterien gewichtet (DK, RK) und bewertet. Das ist notwendig, da Wechselwirkungen bzw. Überlappungen zwischen den Kriterien existieren können. Die gewichteten Kriterien (BK), die

Unternehmensziele und die Unternehmensstrategie (SZ) beeinflussen die Einstellung der einzelnen Parameter.

Phase 3 beschreibt die Wechselwirkungen zwischen den ermittelten Parametereinstellungen. Einzelne Parametereinstellungen können das Verhalten aller dispositionsrelevanten Parameter verändern oder Einfluss auf die Parametermenge nehmen (PE). So müssen bei der maschinellen Bestellpunktdisposition Melde- und Sicherheitsbestand nicht berücksichtigt werden. Umgekehrt wirkt sich eine bestimmte Konfiguration der Parameter auf einen einzelnen Parameter aus (PM), was durch gegenseitige Abhängigkeiten oder Einstellungsvoraussetzungen geschieht. Bezogen auf das Beispiel lässt sich der Sicherheitsbestand von der Dispositionsart und den Prognoseergebnissen beeinflussen.

Ein Praxisbeispiel soll im Folgenden die Anwendung des Beziehungsmodells besser verdeutlichen.

Beispiel: Phase 1, Produktspezifische Einflussgrößen

- **Produkteigenschaften**
  Es handelt sich um ein AX-Material mit hohen Beschaffungskosten, hohen Lagerkosten und geringer Lagerfähigkeit. Die Wiederbeschaffungszeit ist höher als die akzeptierte Lieferzeit. Vergangenheitsdaten von älteren Produkten sind vorhanden (Referenzprodukte). Das Produkt wird nicht in Varianten gefertigt und hat eine geringe Individualität.
- **Unternehmensstruktur**
  schlanke Struktur und flexible Prozesse
- **Markt und Wettbewerb**
  Der Kunde ist markenfixiert, aber kauft nur die innovativsten Produkte. Es herrscht starker Konkurrenz- und Innovationsdruck. Produkte können sehr schnell veralten.
- **Unternehmensziel**
  schnelle Versorgung des Kunden mit innovativen und qualitativen hohen Produkten. Marktstrategien: Innovationsführerschaft, hoher Servicegrad und eine fokussierte Differenzierungsstrategie

Beispiel: Phase 2, Gewichtung der Kriterien

Die im Beispiel aufgezählten Informationen sind Erkenntnisse aus der Analysephase (*Phase 1*) und müssen in der *zweiten Phase* evaluiert werden. Die Defacto-Kriterien Materialklassifizierung (AX) und die Lagerfähigkeit (gering) tendieren zu einer Kundeneinzelfertigungsstrategie. Die hohen Lagerkosten als relatives Kriterium verstärken diese Annahme. Der ausschlaggebende Punkt ist jedoch die Wiederbeschaffungszeit, die größer als die akzeptierte Lieferzeit des

Kunden ist. Auch die hohen Beschaffungskosten neigen zu einer Fertigung mit großen Losen, was eine reine Kundeneinzelfertigung unmöglich macht. Das Unternehmensziel einer schnellen Kundenversorgung erfordert eine Lagerfertigungsstrategie.

Auf Grundlage der vorhandenen Informationen würde man sich für eine Mischstrategie (*Vorplanung ohne Endmontage* – Strategie 50) entscheiden. Als Dispositionsart empfehlen wir die stochastische oder eine plangesteuerte Disposition, da es sich um ein wertvolles Material mit konstantem Verbrauch handelt. Damit die Prognosedaten für das Material eine hohe Qualität haben, müssen sie regelmäßig überwacht und modifiziert werden. Dies muss notfalls – wenn der Umsatz durch neue innovative Produkte einbricht – mit Vergangenheitswerten von Referenzmaterialien geschehen. In solch einem Fall ist es auch sinnvoll, die Disposition auf ein manuelles Bestellpunktverfahren umzustellen. Die Losgröße sollte aufgrund der hohen Beschaffungs- und Lagerkosten durch ein optimiertes Verfahren ermittelt werden. Ein exaktes Losgrößenverfahren ist in diesem Beispiel auch möglich. Als Sicherheitsbestandsstrategie eignet sich die Ermittlung des Sicherheitsbestands über ein Reichweitenprofil.

Beispiel: Phase 3, Wechselwirkungen zwischen den ermittelten Parametereinstellungen

In *Phase 3* werden die abhängigen Parameter ergänzt und die Wechselwirkungen betrachtet. Besonders bei diesem Beispiel werden die Abhängigkeiten und die Komplexität der Materialdisposition deutlich. Durch die Auswahl der Planungsstrategie 50 ist es nicht sinnvoll, das Material stochastisch und mit optimalen Losen zu disponieren. Eine plangesteuerte Disposition und ein exaktes Losgrößenverfahren werden bevorzugt, da es sonst zu Fehlern bei der Verfügbarkeitsprüfung kommen kann. Durch diese neue Konstellation ist es wichtig, den Sicherheitsbestand zu pflegen. Für dieses Beispiel eignet sich ein dynamischer Sicherheitsbestand. Aufgrund der hohen Lagerkosten und der geringen Lagerfähigkeit ist es sinnvoll, die Lose zu splitten und zeitversetzt je nach Fertigungskapazität eintreffen zu lassen. Dafür müssen noch der Parameter *Taktzeit* und die maximale Losgröße im Materialstamm gepflegt werden. Für die Prognose von AX-Materialien eignet sich das K-Modell *Optimierung der Glättungsfaktoren*. Als Prognosezeitraum sollten bei einem konstanten, aber schnelllebigen Absatzmarkt ein kürzerer Zeitraum oder vergleichbare Daten von einem Referenzmaterial betrachtet werden.

Tabelle 13.1 zeigt Ihnen die empfohlenen Parametereinstellungen für das beschriebene Beispiel.

Planungs-strategiegruppe	50	Einzel- /Sammel-kennzeichen	2
Verfügbarkeitsprü-fungskennzeichen	02	Verrechnungs-kennzeichen	Ein
Dispositionsmerkmal	PD	Positionstypengruppe	NORM
Losgrößenverfahren	ES	Taktzeit	individuell
Maximale Losgröße	individuell		
Prognosestrategie	12	Periodenkennzeichen	W
Reichweitenprofil	muss gepflegt werden	Wiederbeschaffungs-zeit	muss gepflegt werden

Tabelle 13.1 Beispiel für die Auswahl der optimalen Dispositionsparameter

13.3 Fazit

Das vorgeführte Beispiel zeigt, wie wichtig und komplex die Themen »Wechselwirkungen« und »Parametereinflussgrößen« für die Disposition ist. Lassen Sie sich aber nicht entmutigen: Wie detailliert Sie ein solches Beziehungsmodell aufbauen oder diese Entscheidungen in Ihre Dispositionsstrategie einfließen lassen, entscheiden Sie selbst. Es gibt keine optimale Dispositionsstrategie, sondern verschiedene Einstellungsmöglichkeiten, die je nach produkt- und unternehmensspezifischen Eigenschaften das optimale Ergebnis erzielen.

Dieses Kapitel sollte Ihnen einen Einstieg in die optimierte Disposition verschaffen und ein Gefühl für verschiedene Entscheidungsmöglichkeiten vermitteln. In den folgenden Kapiteln lernen Sie Hilfsmittel kennen, um Probleme in der Disposition rechtzeitig zu registrieren und entsprechend darauf zu reagieren. Außerdem erfahren Sie, wie diese Hilfsmittel den Disponenten bei der täglichen Arbeit unterstützen können.

Die Themen »Wechselwirkungen« und »Parametereinflussgrößen« greift auch das Kapitel 11, »Ermittlung der Bezugsquellen«, auf. Hier werden verschiedene Modelle zur Ableitung der Dispositionsstrategie vorgestellt.

TEIL III
Dispositionsoptimierung

In diesem Teil des Buchs zeigen wir Ihnen, wie Sie Ihren Dispositionsprozess mithilfe von effektiven Werkzeugen und zusätzlichen Funktionen des SAP-Systems optimieren können. Wir beschreiben, wie Sie ein regelmäßiges Bestandscontrolling durchführen und wie Sie Ihre tägliche Arbeit durch einfache persönliche Einstellungen erleichtern. Außerdem erfahren Sie, wie Sie sich einen aggregierten Überblick über Ausnahmemeldungen im Dispositionsprozess verschaffen und Problemsituationen effektiv lösen. Als zusätzliche Funktionen zur Dispositionsoptimierung geben wir einen Überblick über die Verfügbarkeitsprüfung, über kollaborative Dispositionsverfahren und das Kanban-Verfahren. Darüber hinaus beschreiben wir klassische Probleme und Optimierungspotenziale, mit denen wir in unseren Projekten häufig konfrontiert wurden. Abschließend beschreiben wir den generellen Ablauf eines Optimierungsprojekts, skizzieren die einzelnen Schritte und geben Ihnen einen Überblick über Add-on Tools zur Bestandsoptimierung.

Dieses Kapitel befasst sich mit den Aufgaben des Disponenten im SAP-System. Es werden Einstellungsmöglichkeiten zur Erleichterung der täglichen Dispositionsarbeit vorgestellt sowie die verschiedenen Möglichkeiten, das Dispositionsergebnis zu überwachen.

14 Bearbeitung der Dispositionsergebnisse

Der Disponent (abgeleitet aus dem Lateinischen *disponere* = verteilen, einteilen) koordiniert und überwacht den Materialfluss. Er reagiert auf Bedarfe, indem er Materialien bevorratet oder deren Beschaffung direkt einleitet. Dabei soll stets eine hohe Verfügbarkeit bei geringer Kapitalbindung der Materialien garantiert werden. In den folgenden Abschnitten zeigen wir die systemseitigen Unterstützungsmöglichkeiten auf und stellen die verschiedenen Aufgaben und Pflichten des Disponenten dar.

14.1 Aufgaben des Disponenten und Unterstützung durch das SAP-System

Die Aufgaben eines Disponenten in der Materialwirtschaft liegen primär in der Zuteilung und Überwachung von Materialien innerhalb des Unternehmens. SAP ERP bietet verschiedene Hilfsmittel, die den Disponenten bei der täglichen Arbeit und bei der Langfristplanung von Materialien quantitativ und qualitativ unterstützen.

Gerade bei einer beständig wachsenden Anzahl von Materialien ist es wichtig, einen Großteil automatisch zu disponieren und sich auf die wichtigen und wertvollen Materialien zu konzentrieren. So gehören zu den Hilfsmitteln verschiedene Dispositionsstrategien und statistische Berechnungen wie die Prognose, um unbekannte und sporadische Bedarfe besser berechnen und einschätzen zu können.

In der Aufbau- und Ablauforganisation ist der Disponent das Bindeglied zwischen Einkauf, Vertrieb und Fertigung. Der Einkauf umfasst die Preisverhandlungen und die Vertragsabwicklung (Kontrakte, Lieferpläne, etc.). Er ist die erste Kontaktstelle bzw. der erste Ansprechpartner des Lieferanten. Der Vertrieb befriedigt die Erwartungen und Bedürfnisse des Absatzmarkts. Die Fertigung stellt die Daten für die Produktionskapazität, Engpassressourcen und für Rüstkosten zur Verfügung sowie andere Kosten, die Dispositionsentscheidungen beeinflussen können. Man kann die zentrale Funktion des Disponenten auf die verschiedenen Bereiche verteilen, jedoch sollte eine solche Verteilung genau definiert werden. Ohne genaue Definition der Aufgaben werden oft die übergreifende Stammdatenpflege und Überwachung vernachlässigt.

Die Aufgaben eines Disponenten in der Materialwirtschaft umfassen:

- Stammdatenpflege
- Überwachung des Dispositionszyklus (Dispositionscontrolling)
- Disposition nach Regelwerk
- qualitative Disposition/quantitative Disposition

In diesem Abschnitt werden die Aufgaben der Stammdatenpflege beschrieben. Außerdem wird die qualitative Disposition der quantitativen gegenübergestellt. Informationen zur Überwachung des Dispositionszyklus finden Sie in Abschnitt 14.2, »Dispositionscontrolling«, und die Disposition nach Regelwerk behandelt Kapitel 19, »Dispositionsoptimierung«.

14.1.1 Stammdatenpflege

Die Stammdatenpflege und die kontinuierliche Überwachung der Stammdatenqualität ist eine der wichtigsten Aufgaben des Disponenten. Stammdaten bilden die Grundlage der Disposition. Über die jeweiligen Stammdatenparameter definieren Sie in der Nettobedarfsrechnung, ob und wie ein Bedarfsdeckungselement generiert wird. Ändert sich das Verhalten eines Materials, sollten die Stammdaten entsprechend angepasst werden. Wird beispielsweise ein Material mit festen Sicherheitsbestand und einer festen Losgröße disponiert, so hat dies Auswirkungen, wenn sich das Material zum Lagerhüter entwickelt: Der feste Sicherheitsbestand und die Losgröße erhöhen die Bestandsreichweite; es wird unnötig Kapital gebunden und Verschrottungskosten können entstehen. Eine regelmäßige Stammdatenprüfung oder -klassifizierung verhindert frühzeitig das Entstehen solcher Probleme.

Wie wir bereits in diesem Buch beschrieben haben, bietet SAP ERP verschiedene Hilfsmittel im Bereich der Stammdatenpflege. Mithilfe von Dispositionsgruppen, Profilen und verschiedenen Massenpflegemöglichkeiten können wiederkehrende Aufgaben und viele Materialstämme schnell und einfach angepasst werden.

Für die Überwachung des Dispositionszyklus stehen Ihnen im SAP ERP-System verschiedene Hilfsmittel zur Verfügung, die wir in Abschnitt 14.2, »Dispositionscontrolling«, näher beschreiben.

14.1.2 Qualitative Disposition/Quantitative Disposition

Die Unterscheidung zwischen quantitativer und qualitativer Disposition ist der erste wichtige Schritt zu einer optimierten Disposition in Ihrem Unternehmen. Er trennt das Wesentliche vom Unwesentlichen. So müssen wertvolle und strategisch wichtige Materialien stärker berücksichtigt werden als beispielsweise Schüttgut, das automatisch disponiert werden kann. Wenn ein Disponent dispositionsrelevante Entscheidungen auf der Grundlage seiner Erfahrung trifft, sollten diese zu einer hohen Ergebnisqualität führen. Dabei sollte er sich auf wichtige oder kritische Materialien konzentrieren – bei den übrigen Materialien sollte er einem optimal konfigurierten System vertrauen können.

Bei der quantitativen Disposition versucht man, über verschiedene Systemeinstellungen das Material weitgehend automatisch zu steuern, um nur in Ausnahmesituationen (Fehlermeldungen) eingreifen zu müssen. Ein Beispiel für eine quantitative Dispositionssteuerung sind CX-Materialien, also Materialien mit geringem Wert und konstantem Verbrauch. Diese eignen sich für ein automatisches Bestellpunktverfahren und periodische Losgrößen.

Bei der qualitativen Disposition versucht man den Ausnahmesituationen vorzugreifen, indem man das Material und dessen Verbrauch regelmäßig prüft und vorausschauend plant. Die plangesteuerte Disposition mit exakten Losgrößen eignet sich besonders für AX-Materialien. Der Disponent kann dann über die Prognosequalität und Losgrößenmodifikatoren das Ergebnis beeinflussen.

Hinweis

Quantitative Disposition = automatische Disposition / Ausnahmemeldungen

Qualitative Disposition = teilweise manuelle Disposition / Erfahrungswerte

Damit der Disponent im SAP-System zwischen den beiden Ansätzen unterscheiden kann, ist eine Klassifizierung des Materialspektrums im Vorfeld notwendig. Der Nutzen einer Klassifizierung liegt darin, dass der Disponent eine Grundlage für die Entscheidung erhält, ob ein Material wichtig, kritisch oder unkritisch ist, sodass er sich auf das Wesentliche konzentrieren kann.

Anhand der Unterscheidung innerhalb der Disposition können Sie Ihren Disponenten entlasten und die Qualität der Disposition erhöhen. Eine erhöhte Qualität bedeutet einen höheren Lieferservicegrad und niedrigere Bestände. Sie erhöhen also die Gesamtqualität, indem Sie einen Teil der Materialien vernachlässigen und einzelnen Materialien besondere Aufmerksamkeit schenken.

14.2 Dispositionscontrolling

In diesem Abschnitt stellen wir Ihnen einige Instrumente für das Dispositionscontrolling vor, die Ihrem Disponenten die tägliche Arbeit erleichtern. Neben dem Steuern des Materialflusses im Unternehmen ist die Überwachung ein weiterer wichtiger Punkt der Disposition. SAP ERP unterstützt den Disponenten mit Transaktionen wie der Bedarfs-/Bestandsliste und der Dispositionsliste, aber auch mit verschiedenen Standardanalysen, mit denen Bestandskennzahlen ausgewertet werden können, zum Beispiel der Bodensatz- oder Reichweitenanalyse.

14.2.1 Dispositionsliste und Bedarfs-/Bestandsliste

Der Disponent kann die jeweilige Planungssituation bzw. das Ergebnis eines Planungslaufs (MRP-Lauf) mithilfe der aktuellen Bedarfs-/Bestandsliste bzw. der Dispositionsliste auswerten. In Abbildung 14.1 sehen Sie den grundlegenden Aufbau der Liste und deren Versorgung mit unterschiedlichen dispositionsrelevanten Informationen aus verschiedenen Quellen (aktueller Systemstatus und Informationen aus dem letzten Planungslauf).

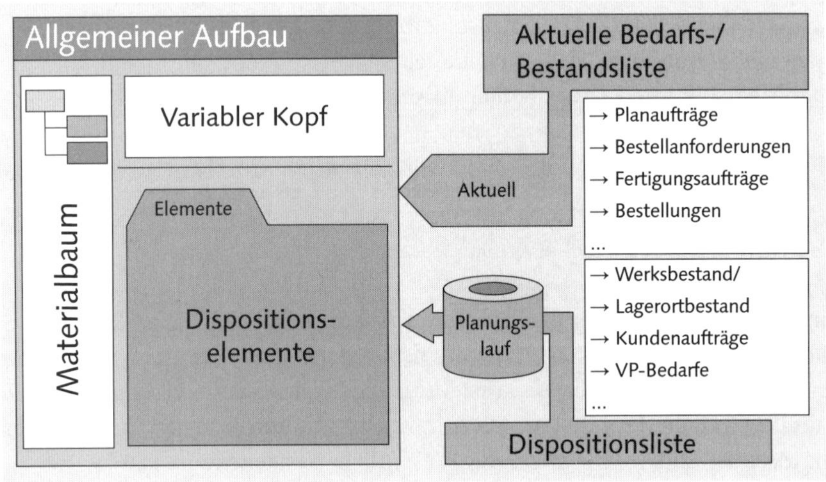

Abbildung 14.1 Dispositionsliste und Bestands-/Bedarfsliste

Die aktuelle Bedarfs-/Bestandsliste ist eine dynamische Liste, die den aktuellen Stand der Bestände, Bedarfe und Zugänge zeigt (siehe Abbildung 14.2).

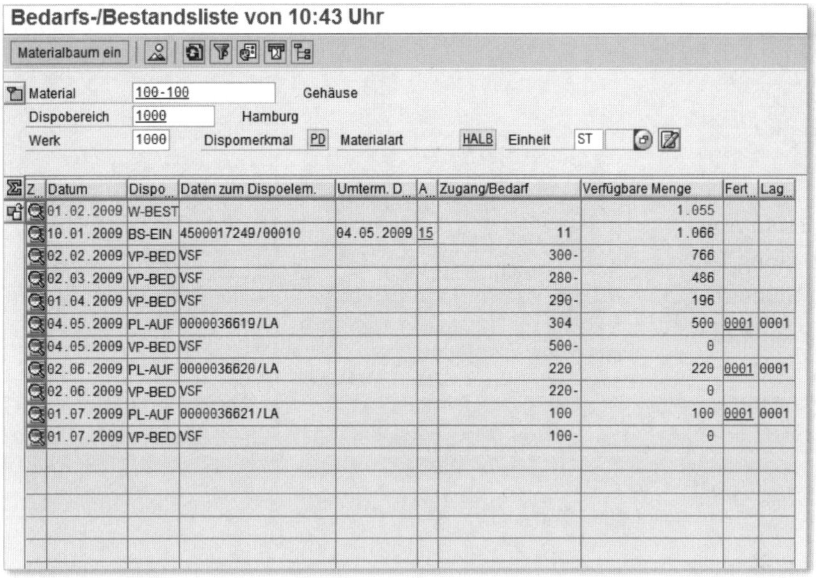

Z...	Datum	Dispo...	Daten zum Dispoelem.	Umterm. D...	A...	Zugang/Bedarf	Verfügbare Menge	Fert...	Lag...
	01.02.2009	W-BEST					1.055		
	10.01.2009	BS-EIN	4500017249/00010	04.05.2009	15	11	1.066		
	02.02.2009	VP-BED	VSF			300-	766		
	02.03.2009	VP-BED	VSF			280-	486		
	01.04.2009	VP-BED	VSF			290-	196		
	04.05.2009	PL-AUF	0000036619/LA			304	500	0001	0001
	04.05.2009	VP-BED	VSF			500-	0		
	02.06.2009	PL-AUF	0000036620/LA			220	220	0001	0001
	02.06.2009	VP-BED	VSF			220-	0		
	01.07.2009	PL-AUF	0000036621/LA			100	100	0001	0001
	01.07.2009	VP-BED	VSF			100-	0		

Abbildung 14.2 Systembeispiel: Bedarfs-/Bestandsliste

Änderungen werden sofort sichtbar und können immer wieder »aufgefrischt« werden, wobei die Informationen immer aktuell von der Datenbank gelesen werden. Die aktuelle Bedarfs-/Bestandsliste stellt eine Vielzahl von Anzeigeoptionen zur Verfügung. Sie können sich unterschiedliche Termine anzeigen lassen (den Verfügbarkeitstermin oder den Wareneingangstermin, mit oder ohne Bedarfsvorlaufzeit). Darüber hinaus können Sie mit Anzeigefiltern und Einleseregeln arbeiten, in der Periodensummenanzeige arbeiten und vieles mehr. Sie können auch aus der Liste heraus einzelne Dispoelemente bearbeiten und die Kapazitätssituation analysieren. Dazu werden Ihnen je Arbeitsplatz und Kapazitätsart das Kapazitätsangebot, der materialunabhängige Gesamtkapazitätsbedarf und der Kapazitätsbedarf dieses Materials periodenweise ausgewiesen. Abbildung 14.3 stellt die verschiedenen Funktionen der Bedarfs- und Bestandsliste dar.

Die Dispositionsliste stellt das Ergebnis des letzten Planungslaufs dar und ist damit statistischer Natur. Sie ist vom Aufbau weitgehend mit der Bedarfs-/Bestandsliste identisch. Im Unterschied zur Bedarfs-/Bestandsliste kann die Dispositionsliste mit einem Bearbeitungskennzeichen versehen werden, das der Markierung bereits abgearbeiteter Listen dient. Wie bei der aktuellen Bedarfs-/Bestandsliste ist es auch hier möglich, sich die Liste über einen Sammeleinstieg mit einer Vielzahl von Selektionskriterien individuell anzeigen zu lassen.

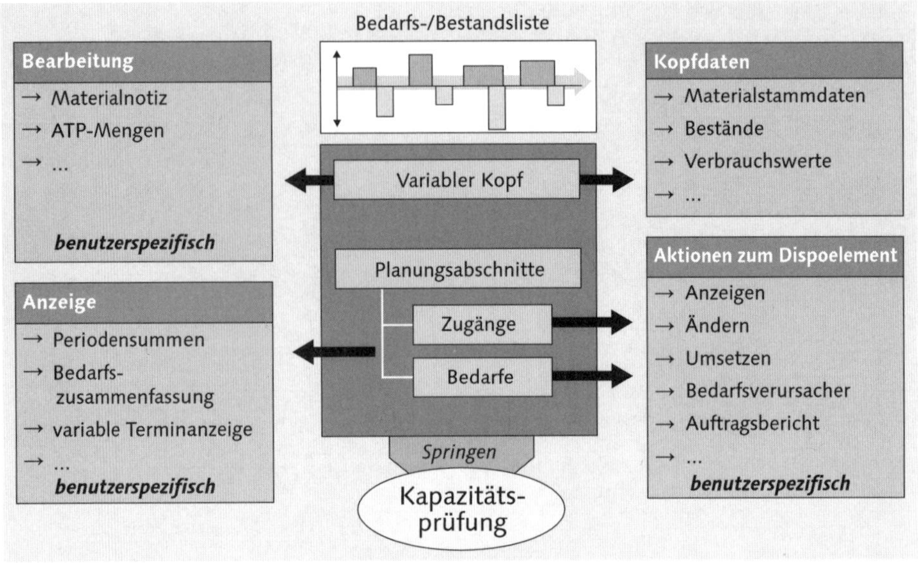

Abbildung 14.3 Funktionen der Bedarfs-/Bestandsliste

14.2.2 Standardanalysen

SAP bietet die Möglichkeit, verschiedene Kennzahlen auszuwerten und auf Basis dieser Auswertung Dispositionsentscheidungen zu treffen (siehe Abschnitt 18.4, »Wichtige Bestandskennzahlen«). Im ERP-System können Standardanalysen verwenden oder flexible Auswertungen im System selbständig anlegen. Noch flexibler sind Sie in SAP APO. Dort können Sie über das integrierte Business Warehouse ein großes Spektrum an Standardanalysen (aus dem BI Content) durchführen oder schnell und dynamisch eigene Analysen/Querys anlegen. Im Folgenden konzentrieren wir uns auf die SAP ERP-Standardanalysen.

Bodensatzanalyse

Teil des Lagerbestands, der über einen bestimmten Zeitraum der Vergangenheit nicht bewegt wurde (siehe grauen Bereich in Abbildung 14.4).

Eine Analyse zur Kennzahl *Bodensatz* ermöglicht Ihnen die Selektion von Materialien mit einem ineffizienten Bestandsanteil. Zu hohe Bestände eines Materials werden sichtbar, und wichtige Steuerparameter wie der Sicherheitsbestand können überprüft werden. Die Differenz zwischen Bodensatz und Sicherheitsbestand markiert das Potenzial zur Bestandsoptimierung.

In der Regel tritt Bodensatz in folgenden Fällen auf:

- zu große Sicherheitsbestände
- zu große Losgrößen

- falsches Prognoseverfahren (hoher Prognosefehler)
- falsche Wiederbeschaffungszeiten

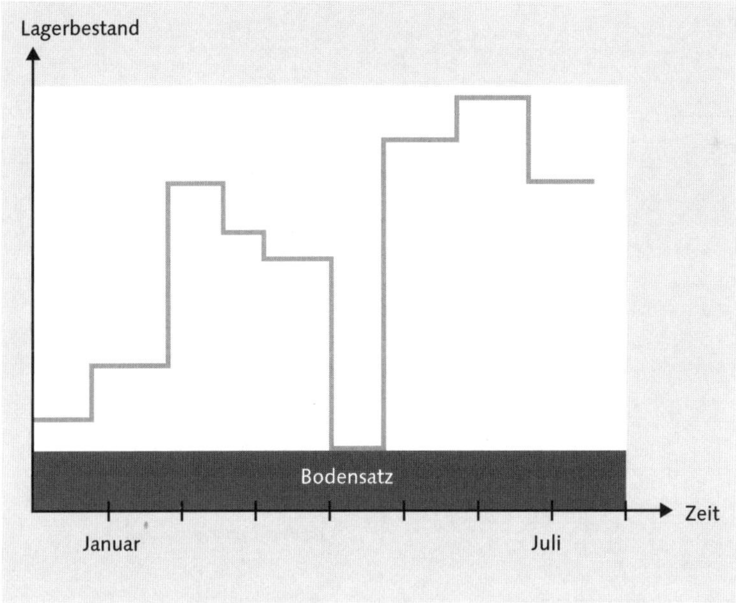

Abbildung 14.4 Bodensatzanalyse

Als Ergebnis der Bodensatzanalyse erhalten Sie eine Materialliste mit folgenden Informationen: Bodensatzwert, aktueller Bestand/Bestandswert, mittlerer Bestand/Bestandswert, Bodensatz, prozentualer Anteil am Gesamtbodensatz, kumulierter Prozentanteil am Gesamtbodensatz, Disponent, Dispomerkmal, ABC-Kennzeichen, Warengruppe, Materialart, Einkäufergruppe.

Reichweitenanalyse

Die Reichweite eines Materials gibt Auskunft über die relative Höhe des Lagerbestands im Verhältnis zur Nachfrage. Die Reichweite gibt also an, wie lange ein Lagerbestand bei einem durchschnittlichen Tagesbedarf ausreicht. Abbildung 14.5 zeigt den Verlauf des Lagerbestands im Zeitverlauf. Für den Zeitraum Juli bis Oktober (Zukunft) wird der zukünftige Bedarf vom heutigen Bestand abgezogen. Es ergibt sich eine Bestandsreichweite von circa drei Monaten.

Die Analyse nach dem Kriterium *Reichweite* ermöglicht die Selektion von Materialien mit Überreichweiten und dient damit der Anpassung an veränderte Verbrauchssituationen.

Die Analyse nach Reichweiten kann für Verbräuche und Bedarfe mit folgenden Formeln durchgeführt werden:

Verbrauchsreichweite = aktueller Bestand / mittlerer Verbrauch pro Tag
Bestandsreichweite = aktueller Bestand / mittlerer Bedarf pro Tag

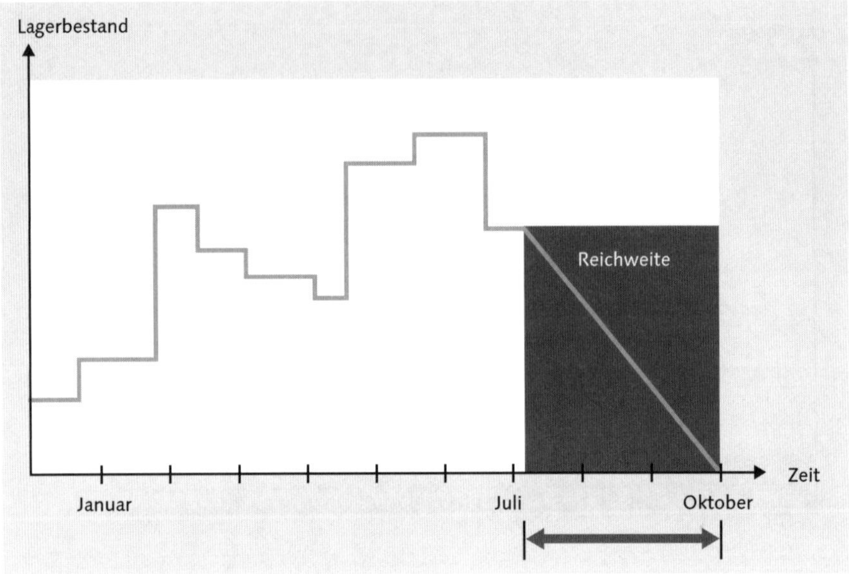

Abbildung 14.5 Reichweitenanalyse

Die ermittelte Reichweite sollte bei einer Lagerstrategie grundsätzlich größer als die Wiederbeschaffungszeit sein – ist sie jedoch um ein Vielfaches größer, so ist dies ein Anzeichen für Überbestand.

Analyse der Umschlagshäufigkeit

Die Umschlagshäufigkeit gibt an, wie oft ein durchschnittlicher Lagerbestand umgeschlagen wurde (siehe Abbildung 14.6). Die Umschlagshäufigkeit ergibt sich aus dem Quotienten von kumuliertem Verbrauch und mittlerem Bestand.

Eine Analyse nach der Umschlagshäufigkeit ermöglicht eine Selektion der sogenannten »Slow Moving Items«. Diese Analyse bildet unter anderem die Grundlage für eine Bewertung der Effizienz des gebundenen Kapitals in der Vergangenheit.

Je höher die Umschlagshäufigkeit, desto wirtschaftlicher ist die Lagerhaltung, denn je öfter sich ein Lager umschlägt, desto geringer muss der Lagerbestand sein. Um die Umschlagshäufigkeit zu verbessern, muss entweder der Umsatz schneller steigen als der Lagerbestand, oder der Lagerbestand wird bei konstantem Umsatz abgebaut.

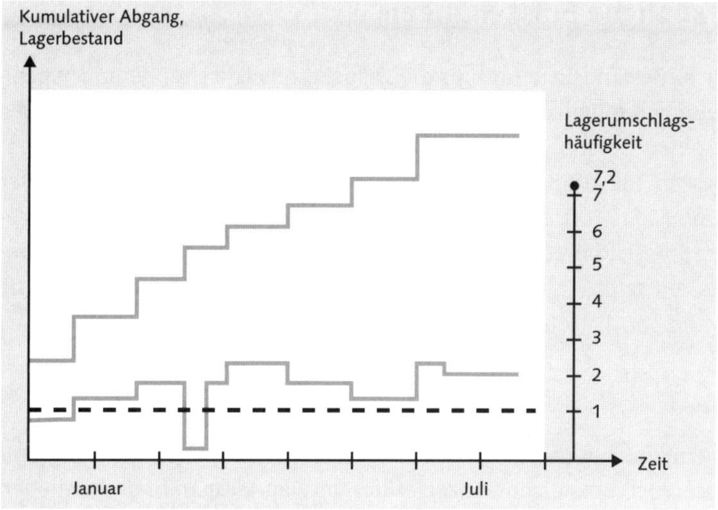

Abbildung 14.6 Umschlagshäufigkeit

Lagerhüteranalyse

Als Lagerhüter werden Materialien bezeichnet, bei denen seit längerer Zeit kein Verbrauch verzeichnet wurde. Die Lagerhüteranalyse dient der Selektion von Materialien ohne aktuelle Verwendung. Nicht benötigte Bestände können somit festgestellt und beseitigt werden (siehe Abbildung 14.7).

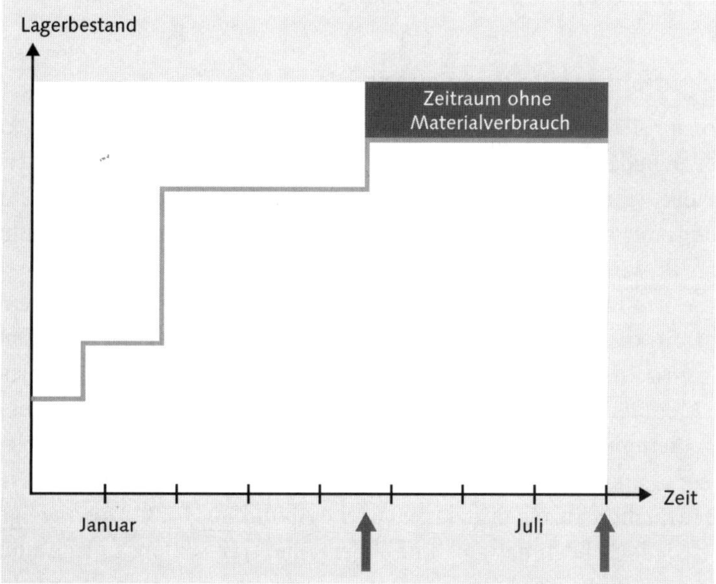

Abbildung 14.7 Lagerhüteranalyse

14.3 Persönliche Einstellungen

Für die Bedarfs-/Bestandsliste und für die Dispositionsliste sind benutzerspezifische Einstellungen möglich. Mit diesen Einstellungen kann der Disponent die Listen nach seinen persönlichen oder nach unternehmensspezifischen Eigenschaften anpassen. Sie können zum Beispiel neue Spalten hinzufügen (per User Exit, EXIT_SAPLM61R_001) und mit Filtern, Favoriten sowie Navigationsprofilen arbeiten. Somit können Sie die aktuelle Bedarfs-/Bestandsliste oder Dispositionsliste als zentralen Anlaufpunkt für die Disposition verwenden und in die jeweils notwendigen Transaktionen verzweigen.

14.3.1 Filter

Sie können beim Start in die Listen über benutzerspezifische Filter (Anzeigefilter und Einleseregel) einsteigen. Anzeigefilter verwendet man in der aktuellen Bedarfs-/Bestandsliste und in der Dispoliste. Es handelt sich hierbei um eine reine Anzeigefunktion, Anzeigefilter haben also keinen Einfluss auf die Dispoelemente, die in die Berechnung der verfügbaren Menge einfließen. Einleseregeln gelten nur für die aktuelle Bedarfs-/Bestandsliste. Sie legen fest, welche Dispoelemente angezeigt werden und welche dieser Elemente in die Berechnung der verfügbaren Menge einfließen. Sie ermöglichen in der aktuellen Bedarfs-/Bestandsliste die Analyse verschiedener Planungssituationen, die sich hinsichtlich der berücksichtigten Dispoelemente unterscheiden. Einleseregeln haben keinen Einfluss auf die Bedarfsrechnung.

14.3.2 Navigationsprofile und Favoriten

Ein Navigationsprofil enthält Transaktionsaufrufe für Transaktionen, die direkt aus der aktuellen Bedarfs-/Bestandsliste oder aus der Dispoliste aufgerufen werden können. Die Transaktionen sind entweder allgemein (also Aktionen auf Materialebene) oder sie beziehen sich auf ein bestimmtes Dispoelement. Ein Navigationsprofil wird im Customizing definiert, und der Disponent ordnet sich über seine benutzerspezifischen Einstellungen einem Profil zu. In einem Navigationsprofil können Sie eine beliebige Zahl von Transaktionsaufrufen festlegen. Die einzelnen Transaktionsaufrufe werden aus dem Navigationsprofil mit in die Menüleiste aufgenommen und können kontextsensitiv angezeigt werden. Des Weiteren können Sie Transaktionsaufrufe pro Dispositionselement hinterlegen, um diese analog zu den allgemeinen Transaktionsaufrufen je nach aktueller Situation anzeigen zu lassen (siehe Abbildung 14.8). Die Anzeige in der Liste ist jedoch begrenzt auf fünf allgemeine Transaktionsaufrufe und zwei Transaktionsaufrufe pro Dispoelement. Sie können pro Transaktionsaufruf drei Parameter für das Einstiegsbild dieser Transaktion vorbelegen. Außerdem können Sie das Anbieten einer Transaktion an folgende Parameter aus dem Materialstamm knüpfen: *Beschaffungsart*, *Materialart*, *Dispogruppe*, *Dispomerkmal*.

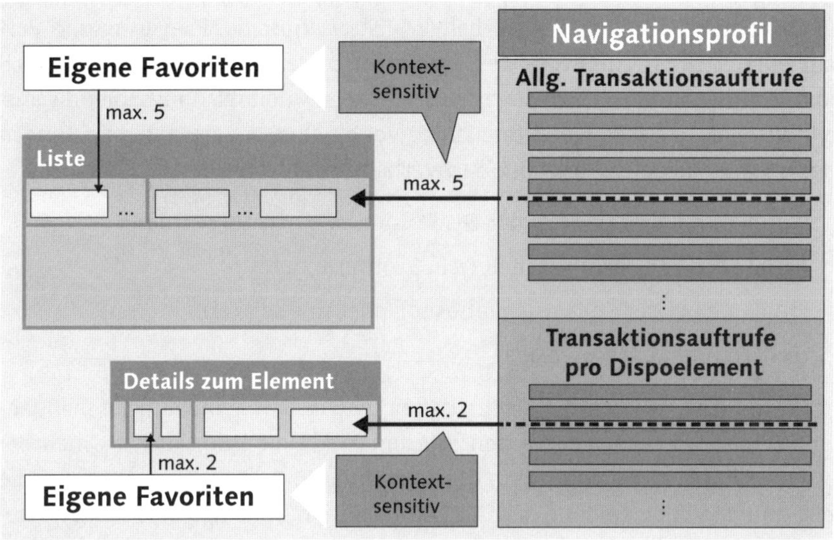

Abbildung 14.8 Navigationsprofil

Eine den Navigationsprofilen ähnliche Funktion steht mit der Auswahl eigener Favoriten zur Verfügung. Hier können Sie benutzerspezifisch zusätzlich bis zu fünf allgemeine Transaktionsaufrufe aktivieren. Daneben können Sie noch bis zu zwei eigene Favoriten als Transaktionsaufrufe pro Dispositionselement benutzerspezifisch aktivieren

Neben den Navigationsprofilen können Sie zusätzlich mit Ihren persönlichen Einstellungen eine Vielzahl von Anzeigeoptionen der aktuellen Bedarfs-/Bestandsliste und der Dispositionsliste vorbelegen. Mit den persönlichen Einstellungen bestimmen Sie das Erscheinungsbild beim Einstieg in die Listen. Aus den Listen können Sie die diversen Einstellungen jederzeit ändern, beispielsweise können Sie den Material-/Übersichtsbaum ein- oder ausschalten.

14.4 Ausnahmemeldungen und Fehlerbehandlung (Alert Monitoring)

Die Überwachung der Dispositionsergebnisse erfolgt mithilfe von Ausnahmemeldungen. Ausnahmemeldungen sind vorgangsabhängige Informationen, die auf einen zu beachtenden Sachverhalt (z. B. Starttermin des Planauftrags in Vergangenheit, Unterschreitung des Sicherheitsbestands) hinweisen. Dadurch kann der Disponent solche Materialien gezielt aus dem Planungsergebnis aussondern, um eine manuelle Bearbeitung vorzunehmen. Ausnahmemeldungen weisen in der Regel auf folgende Sachverhalte hin:

- Bestellvorschläge, die von der Disposition neu erzeugt wurden
- Termine in der Vergangenheit (z. B. Eröffnungstermin)
- Probleme bei der Stücklistenauflösung oder mit der Terminierung
- Umterminierungsvorschläge

Im Customizing können die Eigenschaften der Ausnahmemeldungen mandantenübergreifend festgelegt werden. Hierunter fällt die Priorität (falls mehrere Ausnahmemeldungen auftreten), die Aufteilung in Ausnahmegruppen für die Selektion und die Erstellung der Dispositionsliste in Abhängigkeit der aufgetretenen Ausnahmemeldungen. Bei mehreren Ausnahmemeldungen, die für ein Dispositionselement zutreffen würden, entscheidet die jeweils zugeordnete Priorität, welche Meldungen angezeigt werden. Pro Dispositionselement werden maximal zwei Ausnahmemeldungen angezeigt. Bei Terminierungsproblemen wird neben einer entsprechenden Ausnahmemeldung in der aktuellen Bedarfs-/Bestandsliste und der Dispositionsliste ein Umterminierungsvorschlag angegeben. Soll dieser Vorschlag akzeptiert werden, sind die Termine des Zugangselements manuell anzupassen.

Abbildung 14.9 veranschaulicht den Einstieg in die Dispositionsliste, mit der Sie die unterschiedlichen Meldungen sehen und bearbeiten können. Damit Sie nicht alle Informationen erhalten, können Sie im Einstieg Meldungen nach verschiedenen Kriterien vorselektieren (z. B. Disponent oder Produktgruppe) oder über Filterfunktionen verschiedene Meldungen ausblenden.

Ausnahmemeldungen sind vorgangsabhängige Informationen, die Sie auf einen wichtigen oder kritischen Sachverhalt hinweisen (z. B. Starttermin liegt in der Vergangenheit, Sicherheitsbestand ist unterschritten). Anhand der Ausnahmemeldungen können Sie gezielt Materialien selektieren, die eine manuelle Nachbereitung erfordern.

Dispositionsliste: Einstieg

Einzeleinstieg / Sammeleinstieg

- ○ Dispoberech
- ● Werk 1000 Werk Hamburg

Selektion nach

- ● Disponent 000 DISPONENT 000
- ○ Produktgruppe
- ○ Lieferant
- ○ Fertigungslinie

Selektion einschränken

Datum / Ausnahmegruppen / Bearbeitungs-KZ / Materialdaten

- ☑ 1 Neu; Eröffnungstermin in Verg.
- ☑ 2 Neu; Starttermin in Verg.
- ☐ 3 Neu; Endtermin in Verg.
- ☐ 4 Allgemeine Meldungen

- ☐ 5 Ausnahmen bei Stücklistenaufl.
- ☐ 6 Ausnahmen bei Verf.rechnung
- ☐ 7 Ausnahmen bei Umterminierung
- ☐ 8 Abbrüche

- ☑ Mit Filter
- Anzeigefilter SAP00002 SAP Nur Beda

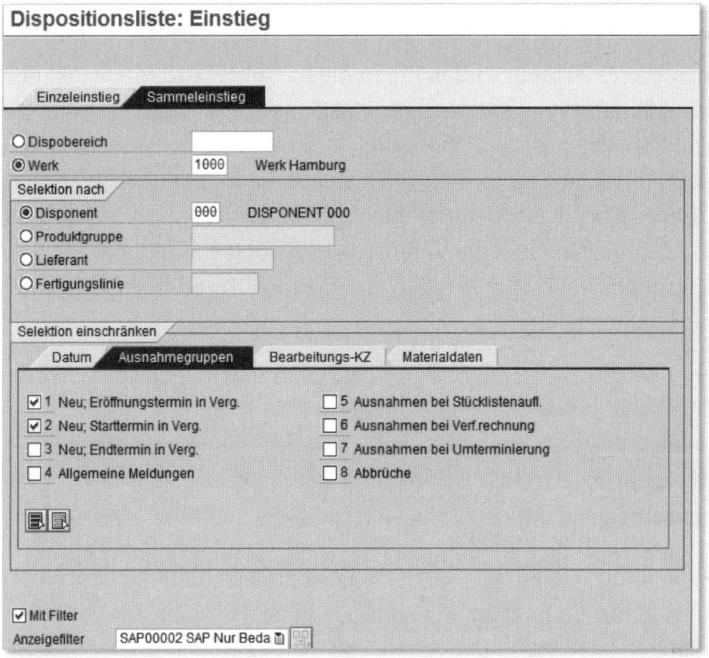

Abbildung 14.9 Sammeleinstieg in die Ausnahmemeldungen zur Dispoliste

Dispositionsliste: Materialliste

Markierte Dispolisten | Ampel festlegen | 🛈 Ausnahmegruppen

Werk 1000 Werk Hamburg
Disponent 001 DISPONENT 001

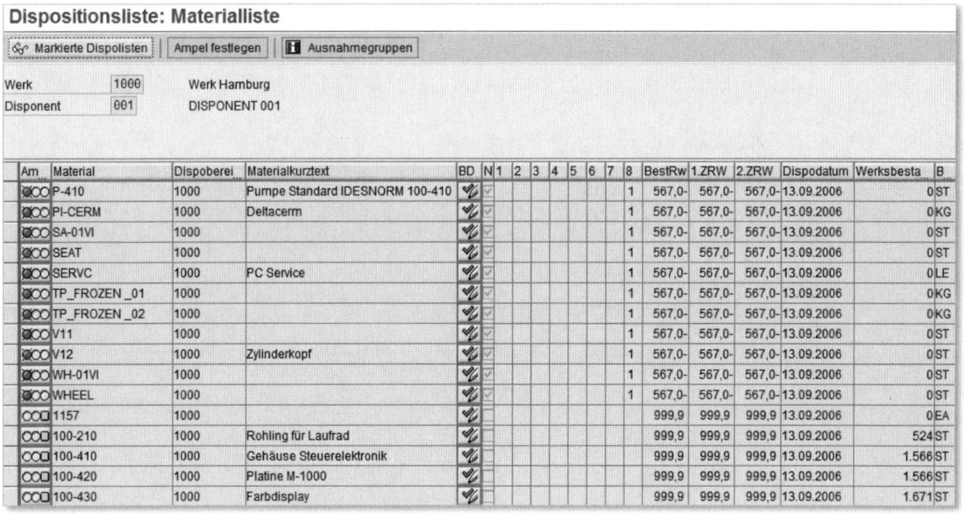

Am	Material	Dispoberei	Materialkurztext	BD	N	1	2	3	4	5	6	7	8	BestRw	1.ZRW	2.ZRW	Dispodatum	Werksbesta	B	
🔵⭕	P-410	1000	Pumpe Standard IDESNORM 100-410	✅	☑								1	567,0-	567,0-	567,0-	13.09.2006	0	ST	
🔵⭕	PI-CERM	1000	Deltacerm	✅	☑								1	567,0-	567,0-	567,0-	13.09.2006	0	KG	
🔵⭕	SA-01VI	1000		✅	☑								1	567,0-	567,0-	567,0-	13.09.2006	0	ST	
🔵⭕	SEAT	1000		✅	☑								1	567,0-	567,0-	567,0-	13.09.2006	0	ST	
🔵⭕	SERVC	1000	PC Service	✅	☑								1	567,0-	567,0-	567,0-	13.09.2006	0	LE	
🔵⭕	TP_FROZEN _01	1000		✅	☑								1	567,0-	567,0-	567,0-	13.09.2006	0	KG	
🔵⭕	TP_FROZEN _02	1000		✅	☑								1	567,0-	567,0-	567,0-	13.09.2006	0	KG	
🔵⭕	V11	1000		✅	☑								1	567,0-	567,0-	567,0-	13.09.2006	0	ST	
🔵⭕	V12	1000	Zylinderkopf	✅	☑								1	567,0-	567,0-	567,0-	13.09.2006	0	ST	
🔵⭕	WH-01VI	1000		✅	☑								1	567,0-	567,0-	567,0-	13.09.2006	0	ST	
🔵⭕	WHEEL	1000		✅	☑								1	567,0-	567,0-	567,0-	13.09.2006	0	ST	
⭕⭕	1157	1000		✅											999,9	999,9	999,9	13.09.2006	0	EA
⭕⭕	100-210	1000	Rohling für Laufrad	✅											999,9	999,9	999,9	13.09.2006	524	ST
⭕⭕	100-410	1000	Gehäuse Steuerelektronik	✅											999,9	999,9	999,9	13.09.2006	1.566	ST
⭕⭕	100-420	1000	Platine M-1000	✅											999,9	999,9	999,9	13.09.2006	1.566	ST
⭕⭕	100-430	1000	Farbdisplay	✅											999,9	999,9	999,9	13.09.2006	1.671	ST

Abbildung 14.10 Bearbeitung der Dispoliste

14.5 Fazit

Nach der Lektüre dieses Kapitels sollten Ihnen die Aufgaben und Möglichkeiten des Disponenten im Zusammenspiel mit dem SAP-System verständlich sein. Sie sollten ermitteln können, wie die Disponenten in Ihrem Unternehmen arbeiten und wie Sie ihnen mit den vorgestellten Hilfsmitteln die tägliche Arbeit erleichtern können. Haben Ihre Disponenten einen genau definierten Arbeitsablauf oder Tätigkeitsbereich? Wer trägt die Verantwortung für die Stammdatenpflege – der Disponent oder die IT-Abteilung? Werden Probleme ad hoc gelöst oder schon bevor sie entstehen?

Welche weiteren Möglichkeiten der Disponent hat, um das Dispositionsergebnis zu beeinflussen, und wie er die gewonnenen Informationen aus dem Dispositionscontrolling effektiv einsetzen kann, können Sie in den Kapiteln 3, »Artikelklassifizierung als Basis für Dispositionsentscheidungen«, und 19, »Dispositionsoptimierung«, nachlesen.

Die Verfügbarkeitsprüfung stellt wichtige Hilfsfunktionen für die Disposition bereit. Mit dem Bestätigungsdatum von Kundenauftragspositionen setzt sie wichtige Input-Rahmenbedingungen für die Disposition. Zudem ist die Verfügbarkeitsprüfung eine entscheidende Einflussgröße für die Ermittlung des Auftragsstatus.

15 Verfügbarkeitsprüfung

Die Verfügbarkeitsprüfung im Rahmen der Disposition ist von der Verfügbarkeitsprüfung aus dem Kundenauftrag zu unterscheiden. Während es bei letzterer um die Ermittlung eines Bestätigungstermins geht, der im Anschluss an den Kunden kommuniziert werden kann und somit ein Input-Datum für die Disposition darstellt, ermittelt die Verfügbarkeitsprüfung im Rahmen der Disposition in der Regel den Status eines Produktionsauftrags.

15.1 Verfügbarkeitsprüfung in SAP ERP

Im Standard-ERP-System ist die Verfügbarkeitsprüfung in der Disposition eine einstufige Prüfung auf die terminliche Verfügbarkeit von Material. Es werden in diesem Zusammenhang drei Vorgehensweisen unterschieden:

- Verfügbarkeitsprüfung gegen ATP-Logik
- Verfügbarkeitsprüfung gegen Vorplanung
- Verfügbarkeitsprüfung gegen Kontingente

Neben der materialbezogenen Verfügbarkeitsprüfung ist in diesem Zusammenhang ebenfalls die Verfügbarkeitsprüfung auf Kapazität bedeutsam. Zusätzlich existiert im ERP-System die Möglichkeit, die Verfügbarkeit von Fertigungshilfsmitteln zu prüfen. Auf diese Option soll jedoch in diesem Zusammenhang nicht näher eingegangen werden, da dies in der Regel weniger für die Disposition als für die Durchführung des Fertigungsauftrags relevant ist.

15.1.1 Verfügbarkeitsprüfung gegen ATP-Logik

Die Verfügbarkeitsprüfung nach ATP-Logik (Available-To-Promise) kann aus einer Vielzahl von Komponenten im ERP-System aufgerufen werden:

- Vertriebsabwicklung (SD-SLS)
- Planauftragsbearbeitung (PP-MRP)
- Fertigungsauftragsabwicklung (PP-SFC)
- Einkauf (MM-PUR)
- Programmplanung (PP-MP-DEM)
- Bestandsführung (MM-IM)
- Chargenverwaltung (LO-BM)

Somit betrifft die ATP-Verfügbarkeitsprüfung sowohl die Kundenauftragsbearbeitung zur Ermittlung eines Bestätigungstermins für einen Kundenauftrag als auch das dispositive Einsatzgebiet zur Ermittlung von Fertigungsauftragsstatus.

Dabei wird ausgehend von einem Bedarf geprüft, ob dieser zu seinem Bedarfstermin eingedeckt werden kann. Falls diese Prüfung negativ endet, wird ein möglicher Termin ermittelt. So kann schon frühzeitig die Notwendigkeit zusätzlicher planerischer Aktivität im Dispositionsprozess abgeleitet werden.

Ausschlaggebend für die Prüfung ist die sogenannte ATP-Methode. Bei dieser Methode werden noch frei verfügbare Mengenanteile von Zugangselementen ermittelt, die als ATP-Mengen bezeichnet werden.

Es erfolgt eine dynamische Zuordnung von Ab- und Zugängen. In diesem Rahmen wird einem Abgang der den geringsten zeitlichen Abstand aufweisende Zugang mit seiner positiven ATP-Menge zugeordnet. Falls die positive ATP-Menge eines Zugangs nicht ausreicht, um den Bedarf vollständig zu decken, wird auf der Zeitachse rückwärts wandernd der nächstliegende Zugang auf eine positive ATP-Menge geprüft. Abbildung 15.1 verdeutlicht die grundlegende Vorgehensweise bei der Berechnung von ATP-Mengen.

	Zugangsmenge	Abgangsmenge	ATP -Menge
Werksbestand	1.000 Stück		300 Stück
Zugang 1	500 Stück		0 Stück
Abgang 1		1.200 Stück	

Abbildung 15.1 Beispiel für ATP-Mengen

Die Steuerung der Verfügbarkeitsprüfung können Sie durch die im Materialstamm zuzuordnende Prüfgruppe vornehmen. Die Prüfgruppe ist dabei vorab im Customizing zu definieren, wobei Sie ebenfalls einen Vorschlagswert pro Werk und Materialart hinterlegen können. Die Prüfgruppe dient der Zusammenfassung von Materialien, die nach gleichen Kriterien auf Verfügbarkeit geprüft werden sollen. Über die Prüfgruppe ist ebenfalls eine Sperrung von Materialien für die Verfügbarkeitsprüfung möglich. Abbildung 15.2 zeigt die Einstellungen des Materialstamms zur Verfügbarkeitsprüfung.

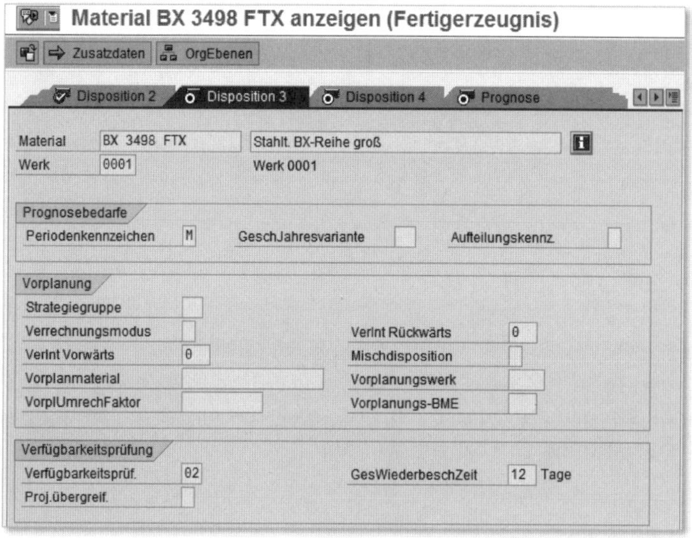

Abbildung 15.2 Einstellungen zur Verfügbarkeitsprüfung in der Registerkarte »Disposition 3« des Materialstamms (Beispiel)

Über die Prüfgruppe bestimmen Sie gemeinsam mit der ihr zuzuordnenden Prüfregel den Umfang der Verfügbarkeitsprüfung. Abbildung 15.3 verdeutlicht den Zusammenhang wichtiger ATP-Customizing-Elemente.

Die Prüfregel legt dabei fest, wie die Verfügbarkeitsprüfung durchgeführt werden soll. Dies bedeutet, dass über die Prüfregel explizit eine Verwendung von Beständen (z.B. Sicherheitsbestand, Qualitätsprüfbestand, etc.) sowie Zu- und Abgängen (z.B. Verkaufsbedarfe, Plan- und Fertigungsaufträge, etc.) für die Ermittlung der Verfügbarkeitssituation zu definieren ist. Bei der Konfiguration der Verfügbarkeitsprüfung hinterlegen Sie also in der Prüfregel einmalig, ob bei der Ermittlung der ATP-Mengen beispielsweise alle oder nur die fixierten Planaufträge ins Kalkül gezogen werden sollen.

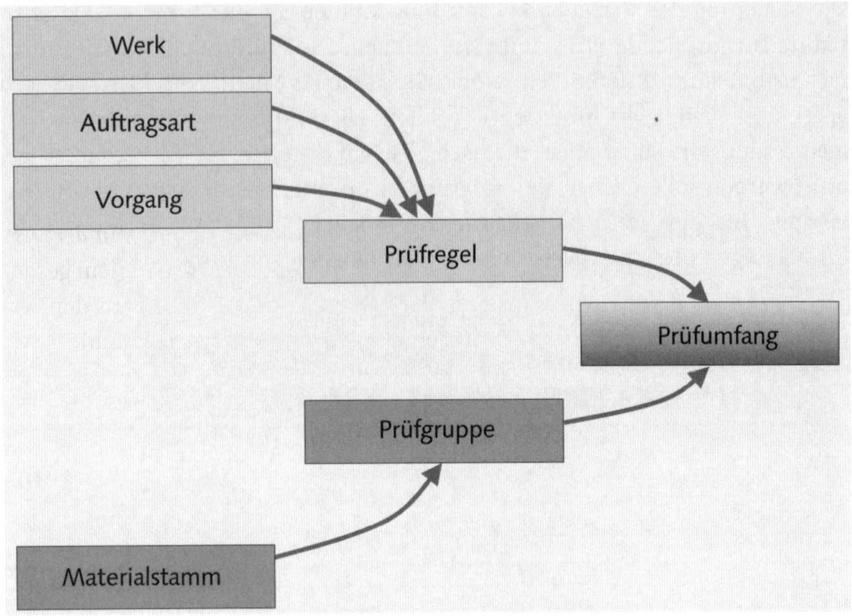

Abbildung 15.3 Zusammenhang zwischen ATP-Customizing-Elementen

Folgende Bestände können optional in der Prüfregel für eine Verwendung bei der ATP-Mengen-Ermittlung einbezogen werden:

- Sicherheitsbestand
- Umlagerbestand
- Qualitätsprüfbestand
- gesperrter Bestand
- nicht freier Bestand
- Lohnbearbeitungsbestand

Die folgenden Zu- und Abgänge können im Rahmen der Prüfregel für eine Verwendung in der Verfügbarkeitsprüfung vorgesehen werden (siehe hierzu auch Abbildung 15.4):

- Bestellungen
- Bestellanforderungen
- Sekundärbedarfe
- (abhängige) Reservierungen (nur entnahmefähige, alle Reservierungen)
- Verkaufsbedarfe
- Lieferschein

- Lieferavis
- Planaufträge (nur fixierte/nur voll bestätigte/alle Planaufträge)
- Abrufbedarfe (nur aus Umlagerungsbestellungen/sowohl als Umlagerungsbestellungen als auch aus Umlagerungsbestellanforderungen)
- Fertigungsaufträge (nur freigegebene/alle Fertigungsaufträge)

In der Prüfregel können Sie über Setzen des Kennzeichens *Zugänge in der Vergangenheit* Zugänge in der Vergangenheit oder in der Zukunft mit einem gesonderten Verhalten versehen (z. B. keine Verwendung von Zugängen aus der Vergangenheit oder gesonderte Nachrichtenausgabe in bestimmten Fällen).

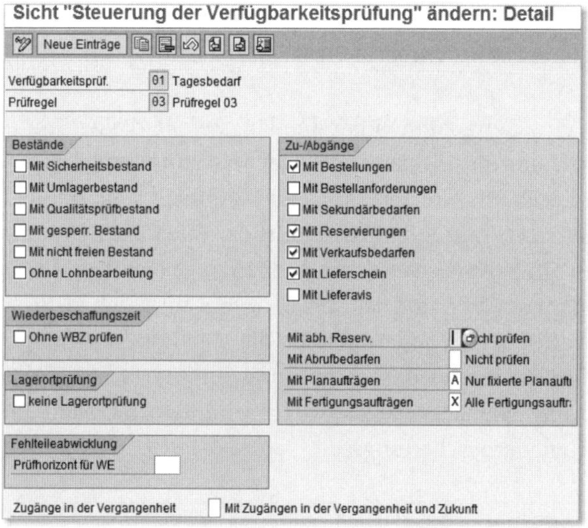

Abbildung 15.4 Möglichkeiten des Prüfumfangs, Ausschnitt aus dem Customizing (Beispiel)

Neben der Definition der zu verwendenden Zu- und Abgänge sowie der verwendeten Bestände müssen Sie in der Prüfregel ebenfalls festlegen, ob eine Verfügbarkeitsprüfung mit oder ohne Wiederbeschaffungszeit durchzuführen ist. Bei einer Einbeziehung der Wiederbeschaffungszeit werden Bedarfe, die außerhalb dieses Zeithorizonts liegen, automatisch bestätigt. Abbildung 15.5 verdeutlicht den Zusammenhang von Verfügbarkeit und Wiederbeschaffungszeit.

In diesem Fall wird die Prüfung nur im Zeitraum der Wiederbeschaffungszeit durchgeführt. Hierbei gibt die Wiederbeschaffungszeit die Zeit an, die benötigt wird, um ein bestimmtes Material zu bestellen oder zu fertigen. Falls die Wiederbeschaffungszeit einbezogen werden soll, wird auf das Materialstammfeld Gesamtwiederbeschaffungszeit aus der Registerkarte Disposition 3 zurückgegriffen. Hier ist die Wiederbeschaffungszeit in Arbeitstagen als die Zeitspanne zu hinterlegen, die nötig ist, um ein Material komplett bereitzustellen.

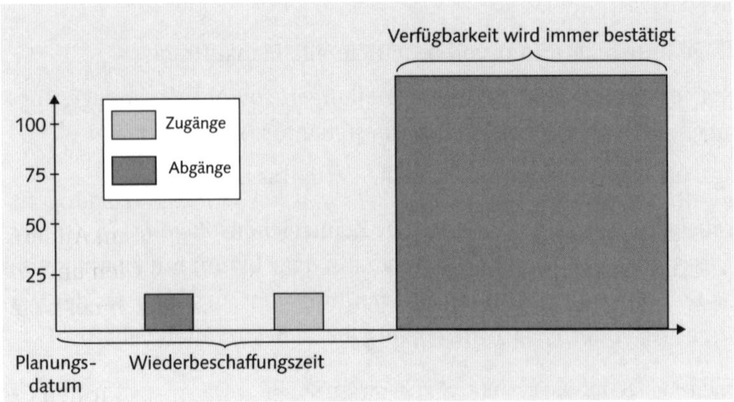

Abbildung 15.5 Verfügbarkeitsprüfung mit Wiederbeschaffungszeit

Im Extremfall ist es nötig, eine Betrachtung über den längsten Pfad aller Stücklistenstufen durchzuführen, um die maximale Wiederbeschaffungszeit zu ermitteln. Je nach Vorplanungsebene kann es jedoch auch sinnvoll sein, im Feld GESAMTWIEDERBESCHAFFUNGSZEIT nur einen Ausschnitt der Stücklistenstruktur zugrunde zu legen. Planen Sie beispielsweise auf der Baugruppenebene direkt unterhalb eines Enderzeugnisses vor und ist somit davon auszugehen, dass diese Baugruppe ständig verfügbar ist, so können Sie die Wiederbeschaffungszeit der Baugruppe bei der Gesamtwiederbeschaffungszeit des Endprodukts außer Acht lassen. Abbildung 15.6 zeigt beispielhaft zwei unterschiedliche Interpretationen der Gesamtwiederbeschaffungszeit.

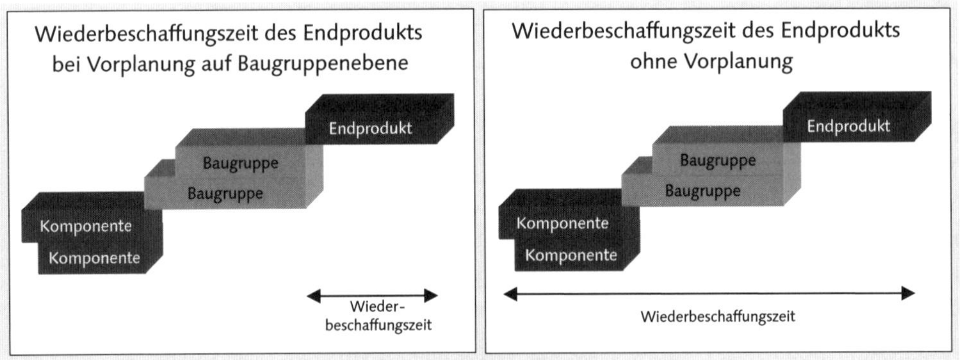

Abbildung 15.6 Unterschiedliche Interpretationen der Gesamtwiederbeschaffungszeit

Ist keine Gesamtwiederbeschaffungszeit gepflegt, so verwendet das ERP-System jeweils die einstufige Wiederbeschaffungszeit, die es mehreren Customizing- bzw. Materialstammfeldern entnimmt. Bei Eigenfertigung handelt es sich dabei um die Materialstammfelder EIGENFERTIGUNGSZEIT und WARENEINGANGS-

BEARBEITUNGSZEIT, bei Fremdbeschaffung um die EINKAUFSBEARBEITUNGSZEIT aus dem Customizing, die PLANLIEFERZEIT (aus dem Materialstamm oder den Stammdaten des Einkaufs, siehe hierzu Kapitel 11 »Ermittlung der Bezugsquellen«) und die WARENEINGANGSBEARBEITUNGSZEIT (aus dem Materialstamm), die jeweils additiv verknüpft werden.

Zur Verhinderung einer Lieferblockade ist es ratsam, bei Einbeziehung der Wiederbeschaffungszeit eine regelmäßige Disposition durchzuführen. Andernfalls können Bedarfe, die zur Wiederbeschaffungszeit bestätigt wurden und vor einer erneuten Disposition in den Wiederbeschaffungshorizont hineinwandern, zu einer Unterdeckungssituation führen.

Über die Prüfregel können Sie zusätzlich einen Horizont angeben, für den bei Wareneingängen auf Fehlmengen geprüft werden soll. Innerhalb des hier zu definierenden Horizonts wird für ein Fehlteil eine Mitteilung an den Fehlteiledisponenten gesendet, die über den Wareneingang informiert.

Die Verfügbarkeitsprüfung kann auf Werks- oder auf Lagerortebene erfolgen. Die jeweilige Ebene hängt neben dem Prüfumfang auch davon ab, welche Daten in den Materialkomponenten gepflegt sind. Falls beispielsweise in einer Reservierung ein Lagerort angegeben ist, es sei denn in der Prüfregel ist eine Beschränkung der Prüfung auf Werksebene vorgesehen.

In der Prüfungssteuerung kann pro Werk und Auftragsart definiert werden, ob eine bei der Eröffnung eines Fertigungsauftrags oder erst bei dessen Freigabe erfolgen soll. Neben diesen Optionen ist eine manuelle Prüfung der Verfügbarkeit möglich, sofern die entsprechenden Felder gepflegt sind. Mithilfe des Auftragsinformationssystems kann auch eine Gesamtprüfung für mehrere Aufträge gleichzeitig durchgeführt werden (Sammelverfügbarkeitsprüfung), während über das Fertigungssteuerungsprofil eine Teilmengenbestätigung vorgesehen werden kann. In diesem Fall werden für alle Komponenten nur die Mengen bestätigt, die sich aus der Komponente mit der geringsten Verfügbarkeit ergeben.

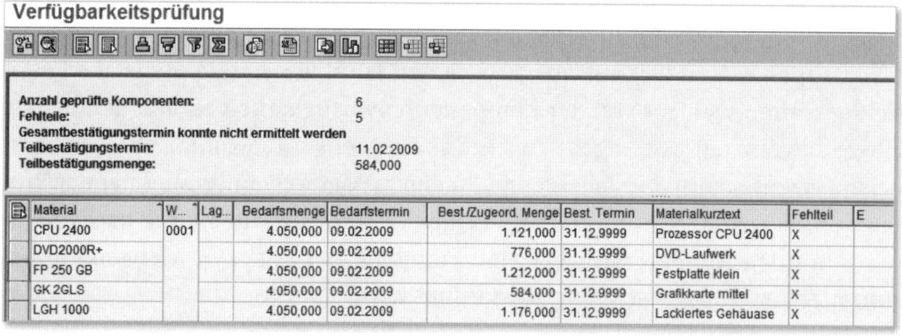
Verfügbarkeitsprüfung

Anzahl geprüfte Komponenten: 6
Fehlteile: 5
Gesamtbestätigungstermin konnte nicht ermittelt werden
Teilbestätigungstermin: 11.02.2009
Teilbestätigungsmenge: 584,000

Material	W...	Lag...	Bedarfsmenge	Bedarfstermin	Best./Zugeord. Menge	Best. Termin	Materialkurztext	Fehlteil	E
CPU 2400	0001		4.050,000	09.02.2009	1.121,000	31.12.9999	Prozessor CPU 2400	X	
DVD2000R+			4.050,000	09.02.2009	776,000	31.12.9999	DVD-Laufwerk	X	
FP 250 GB			4.050,000	09.02.2009	1.212,000	31.12.9999	Festplatte klein	X	
GK 2GLS			4.050,000	09.02.2009	584,000	31.12.9999	Grafikkarte mittel	X	
LGH 1000			4.050,000	09.02.2009	1.176,000	31.12.9999	Lackiertes Gehäuase	X	

Abbildung 15.7 Fehlteileliste bei der Fertigungsauftragseröffnung (Beispiel)

Abbildung 15.7 zeigt eine aus der Verfügbarkeitsprüfung gegen ATP-Mengen hervorgegangene Fehlteileliste bei der Fertigungsauftragseröffnung.

Die Verfügbarkeitsübersicht (Transaktion CO09) bietet einen Überblick über die ATP-Verfügbarkeitssituation einer Material-Werks-Kombination.

15.1.2 Verfügbarkeitsprüfung gegen Vorplanung

Wie auch die Verfügbarkeitsprüfung gegen ATP-Mengen können Sie die Verfügbarkeitsprüfung gegen Vorplanung sowohl zur Ermittlung eines bestätigten Kundenauftragstermins als auch aus der Disposition heraus ansteuern. Im Gegensatz zur Verfügbarkeitsprüfung gegen ATP-Mengen jedoch wird bei einer Vorplanungsprüfung ausschließlich auf offene Planprimärbedarfsmengen der Komponenten geprüft. Es werden demnach weder Zugänge oder Bestände herangezogen noch ATP-Mengen berechnet.

Diese Art der Prüfung ist insbesondere dann zu empfehlen, wenn für Komponenten die Baugruppenvorplanung oder die Dummy-Baugruppenvorplanung durchgeführt wird und die durch eine Prüfung auf Planprimärbedarfe erreichte Genauigkeit im Prozess als ausreichend angesehen werden kann.

Bei dieser Prüfung wird nur eine Gesamtbestätigungsmenge ermittelt; ein Gesamtbestätigungstermin oder Teilbestätigungstermin und -menge werden nicht ermittelt. Zusätzlich sollten Sie berücksichtigen, dass im Gegensatz zur ATP-Prüfung in den Sekundärbedarf keine Bestätigungsmenge übernommen wird und dass die Planprimärbedarfe der Komponenten nicht mit der bestätigten, sondern mit der gesamten Sekundärbedarfsmenge verrechnet werden.

15.1.3 Verfügbarkeitsprüfung gegen Kontingente

Die Verfügbarkeitsprüfung gegen Kontingente kann nur aus der Kundenauftragsbearbeitung heraus genutzt werden; ein Einsatz im Rahmen der Disposition ist nicht möglich.

Eine Prüfung gegen Kontingente aus dem Kundenauftrag heraus ist besonders bei knappen Materialien ratsam, also immer dann, wenn der potenzielle Bestätigungstermin weniger von der Komponentenverfügbarkeit als von den bereits einem begrenzten Kontingent zugeordneten Mengen bestimmt wird. Dies ist beispielsweise dann der Fall, wenn von einem Material aufgrund knapper Produktionskapazitäten weniger zur Verfügung steht als am Markt nachgefragt wird und den Kunden nur über eine Zuteilung der knappen Mengen ein bestimmter Anteil der Nachfrage zugeordnet wird.

Die bei der Auftragsbearbeitung angestoßene Verfügbarkeitsprüfung gegen Kontingente ermittelt, ob der Auftragsbedarf gemäß noch nicht anderen Mengen zugeteiltem Kontingent bestätigt werden kann. Somit ist für eine Auftragsbestätigung nicht mehr allein die zeitliche Abfolge der Auftragseingänge entscheidend – es werden gleichzeitig auch die jeweils gültigen Kontingente berücksichtigt.

15.1.4 Verfügbarkeitsprüfung gegen Kapazität

Die Verfügbarkeitsprüfung gegen Kapazität betrifft die Schnittmenge zwischen dispositiven und kapazitativen Planungsaktivitäten – es fließen in diesem Schritt also bereits Aspekte der Kapazitätsplanung ein. Die Verfügbarkeitsprüfung ermittelt, ob für die Vorgänge eines Auftrags zu den geplanten Terminen ausreichend Kapazität vorhanden ist. Sie kann bei den folgenden Aktionen aufgerufen werden:

- bei Auftragseröffnung
- bei Auftragsänderung
- bei Auftragsfreigabe

Bei dieser Prüfung erfolgt ein periodischer Vergleich zwischen Kapazitätsangebot und Kapazitätsbedarf. Das freie Kapazitätsangebot einer Kapazität ist dabei die Differenz zwischen dem gesamten Kapazitätsangebot der Kapazität inklusive der erlaubten Überlast und der bestehenden Kapazitätsbelastung, der sogenannten Grundlast. Das System interpretiert im Standard die Feinplanungskapazitätsbedarfe als Grundlast, die eingeplant bzw. kapazitiv bestätigt sind. Eine genaue Differenzierung dieser Vorgänge ist über das Selektionsprofil im Customizing anzugeben. Die Grundlast muss vor der regelmäßigen Durchführung einer Kapazitätsverfügbarkeitsprüfung mittels des Reports RCCYLOAD initialisiert werden.

Wird zu einem geplanten Termin fehlende Kapazität diagnostiziert, kann optional isoliert für den betrachteten Auftrag eine Kapazitätsterminierung angestoßen werden. Wenn das System bei der Prüfung fehlende Kapazität feststellt, kann für den Auftrag eine Kapazitätsterminierung durchgeführt werden. Dabei versucht das ERP-System auf der Basis des Periodenrasters einen kapazitiv machbaren Termin zu ermitteln.

15.2 Verfügbarkeitsprüfung in SAP APO

Die Funktionen der Verfügbarkeitsprüfung sind im APO-System mit der sogenannten globalen ATP-Prüfung umgesetzt. Aus technischer Sicht werden die für die Verfügbarkeitsprüfung nötigen Daten im SAP LiveCache in Form von ATP-Zeitreihen abgelegt. Diese Zeitreihen enthalten die selektierten Bestandsarten sowie Zu- und Abgänge und stellen somit die zeitlich Abfolge von Terminen und Mengen dar. Anhand dieser Zeitreihen wird ermittelt, ob ein Bedarfstermin bestätigt werden kann.

Die Verfügbarkeitsprüfung kann zur Bestätigung eines Bedarfs auf mehrere Methoden zurückgreifen. Einige der Prüfmethoden sind bereits aus dem ERP-System bekannt; das APO-System wurde jedoch um einige neue Methoden erweitert:

- Kombination von Basismethoden
- Regelbasierte ATP-Prüfung
- Capable to Promise (CTP)
- Mehrstufige ATP-Prüfung (MATP)

15.2.1 Kombination von Basismethoden

Als Basismethoden werden die aus dem ERP-System bekannten materialbezogenen Verfügbarkeitsprüfungen bezeichnet:

- Verfügbarkeitsprüfung gegen ATP-Mengen (Produktverfügbarkeitsprüfung)
- Verfügbarkeitsprüfung gegen Vorplanung
- Verfügbarkeitsprüfung gegen Kontingente

Diese Basismethoden lassen sich über die Prüfvorschrift beliebig miteinander kombinieren. Dabei werden die jeweils durchzuführenden Schritte nacheinander in einer frei wählbaren Reihenfolge ausgeführt. Sie können für jeden gewählten Schritt einstellen, ob das Ergebnis der Einzelschritt-Prüfung für das Endergebnis ausschlaggebend sein soll. Falls eines der so neutralisierten Ergebnisse kleiner ist als das reguläre (also nicht neutralisierte) Endergebnis, wird eine Meldung ausgegeben.

15.2.2 Regelbasierte ATP-Prüfung

Die regelbasierte ATP-Prüfung bietet die Möglichkeit, die Basismethode der ATP-Prüfung mittels vordefinierter Regeln zu erweitern und so bestimmte Sachverhalte abzubilden. Die vordefinierten Regeln werden in einem iterativen Prozess durchlaufen. Nach jedem der Schritte ist je nach Konstellation ein Abbruch der Prüfung möglich. Die sehr flexibel gestaltbaren Regeln ermöglichen beispielsweise im Anschluss an eine reguläre ATP-Prüfung das Auffinden von verfügbaren Mengen des gleichen Produkts in anderen Lokationen, von Alternativprodukten in der gleichen Lokation oder von alternativen Beschaffungsmethoden.

Ein beispielhafter Ablauf einer regelbasierten ATP-Prüfung könnte wie folgt aussehen:

1. Prüfe Produkt 1000 in Lokation 1000 gemäß ATP-Logik.
   → Falls Bestätigung nicht möglich, gehe zu Schritt 2.
2. Prüfe Produkt 1000 in Lokation 2000 gemäß ATP-Logik.
   → Falls Bestätigung nicht möglich, gehe zu Schritt 3.
3. Prüfe Produkt 1001 in Lokation 1000 gemäß ATP-Logik.
   → Falls Bestätigung nicht möglich, gehe zu Schritt 4.
4. Prüfe Produkt 1001 in Lokation 2000 gemäß ATP-Logik.
   → Falls Bestätigung nicht möglich, gehe zu Schritt 5.
5. Prüfe alternative Beschaffungsmethode

15.2.3 Capable to Promise (CTP)

Der Begriff *Capable to Promise* bezeichnet eine um Aspekte der Kapazitätsplanung erweiterte Verfügbarkeitsprüfung. Aus der Bezeichnung geht hervor, dass es dabei nicht wie bei der Available-To-Promise-Prüfung um die Ermittlung von Verfügbarkeit (*availability*) von Mengen geht, sondern um die Prüfung auf die Tauglichkeit (*capability*), bestimmte Mengen avisieren zu können. Es wird demnach nicht auf verfügbares Material geprüft, sondern auf die Befähigung, das benötigte Material zum entsprechenden Termin bereitzustellen. Somit sind in diesem Zusammenhang nicht nur Bestände sowie bereits bestehende Zu- und Abgangselemente zu prüfen, sondern gegebenenfalls auch, inwiefern ausreichend Produktionskapazität zur Verfügung steht, um einen entsprechenden Termin aus dem Kundenauftrag heraus bestätigen zu können. Um eine solche Aussage treffen zu können, muss bereits bei der Erfassung einer Kundenauftragsposition im ERP-System ein entsprechendes APO-Zugangselement (z.B. Planauftrag) angelegt und zeitgleich kapazitiv eingeplant werden. Mit der Eingabe der Kundenauftragsposition erfolgt ein Absprung aus dem ERP-System in das APO-System, in dem ein temporärer Planauftrag angelegt wird. Dieser Planauftrag belegt zunächst temporär die entsprechenden finiten Ressourcen, und die relevanten Planungsdaten werden in Echtzeit an die Verfügbarkeitsprüfung in der Kundenauftragsposition im ERP-System zurückgegeben. Somit steht bereits während der Erfassung der Kundenauftragsposition ein kapazitiv abgeglichener Verfügbarkeitstermin zur Verfügung. Der APO-Planauftrag besitzt so lange einen temporären Status, bis der gesamte Kundenauftrag gespeichert wird, im Anschluss an die Speicherung erfolgt eine Umwandlung des temporären Objektes in einen regulären Planauftrag.

Bei Bedarf kann die CTP-Prüfung auch mehrstufig durchgeführt werden. In diesem Fall werden die durch die temporären Planaufträge abgesetzten Sekundärbedarfsmengen sofort durch eigene temporäre Zugangselemente gedeckt, die bei Bedarf ebenfalls finit eingeplant werden können. Falls dies prozessbedingt nötig ist kann die gesamte Stücklistenstruktur geprüft werden. In diesem Fall werden entsprechende Terminverschiebungen aufgrund mangelnder Kapazität über alle übergeordneten Stücklisten hinweg bis hin zur ERP-Kundenauftragsposition weitergegeben. Somit berücksichtigt die CTP-Prüfung simultan und mehrstufig sowohl die Produkt- als auch die Kapazitätsverfügbarkeit bereits im Bestätigungstermin einer Kundenauftragsposition.

Die CTP-Funktionalität ist durch die temporäre Anlage und kapazitive Einplanung von Zugangselementen eng mit der Produktions- und Feinplanung im APO-System (PP/DS) verzahnt und kann daher lediglich bei zusätzlichem Einsatz der entsprechenden Feinplanungsfunktionalitäten effektiv genutzt werden.

Der genaue Ablauf einer beispielhaften CTP-Prüfung sieht wie folgt aus:

1. Für ein Enderzeugnis wird im ERP-System ein Kundenauftrag erfasst
2. Es wird eine ATP-Prüfung ausgelöst, die im APO-System stattfindet. Falls die Wunschmenge nicht oder nur zum Teil bestätigt werden kann, wird die Produktion- und Feinplanung (PP/DS) des APO-Systems aufgerufen.
3. Das APO-System legt für das in der Kundenauftragsposition vorgegebene Produkt einen temporären Bedarf sowie ein temporäres Zugangselement (z.B. Planauftrag) in Höhe der fehlenden Menge an.
   - Das Zugangselement wird ggf. finit auf die entsprechende Ressource eingeplant.
   - Je nach Systemeinstellungen werden für die Komponenten ebenfalls temporäre Bedarfe sowie Zugangselemente angelegt und letztere auf den entsprechenden Ressourcen ggf. finit eingeplant. Dieser Prozess erfolgt je nach Einstellung mehrstufig.
   - Durch die temporären Bedarfe werden die temporären Zugangselemente vor einem Zugriff durch andere Bedarfe geschützt.
   - Die Zugangselemente belegen bereits während der Prüfung die entsprechende Ressourcenkapazität, sodass hier ein Zugriff durch andere Elemente nicht möglich ist.
4. Das Ergebnis wird als bestätigte Menge und bestätigter Termin im Liefervorschlagsbild der Kundenauftragserfassung angezeigt. Abbildung 15.8 zeigt beispielhaft den Ergebnisbildschirm einer CTP-Prüfung in der Kundenauftragsanlage.
5. Der Kundenauftrag wird gesichert.
6. Durch die Sicherung erfolgt eine Verbuchung des Kundenauftrags im APO-System. Das temporäre Zugangselement wird in ein reguläres umgewandelt.

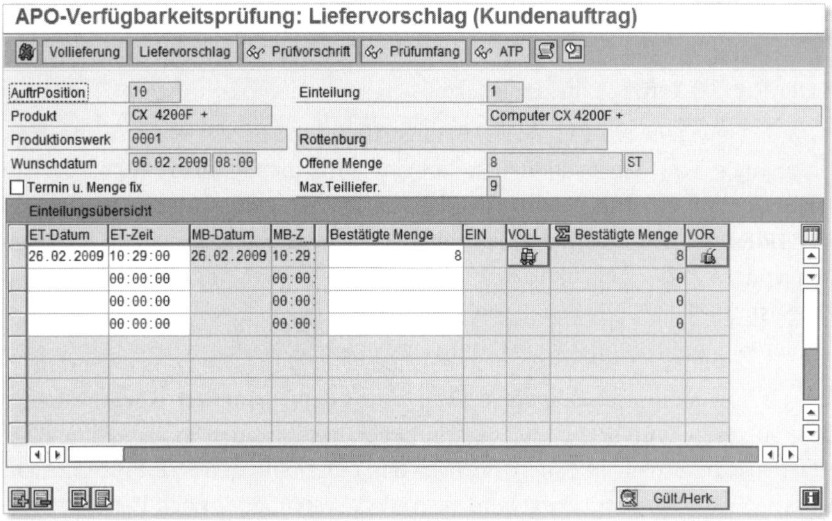

Abbildung 15.8 Ergebnis einer CTP-Prüfung, angezeigt in der Kundenauftragsanlage im ERP-System (Beispiel)

15.2.4 Mehrstufige ATP-Prüfung

Aus der Kundenauftragsbearbeitung heraus wird für ein Enderzeugnis eine mehrstufige ATP-Prüfung aufgerufen. Im Unterschied zur einstufigen ATP-Prüfung des ERP-Systems ist es in diesem Rahmen möglich, eine komplette Stücklistenauflösung inklusive der Berücksichtigung einer eventuell vorhandenen Konfiguration durchzuführen.

Eine mehrstufige ATP-Prüfung läuft wie folgt ab:

1. Für ein Enderzeugnis wird im ERP-System ein Kundenauftrag erfasst.
2. Es wird eine ATP-Prüfung ausgelöst, die im APO-System stattfindet.
   - Falls die Bedarfsmenge nicht vollständig bestätigt werden kann, erfolgt eine mehrstufige ATP-Prüfung.
   - In der Produktions- und Feinplanung (PP/DS) erfolgt eine Bezugsquellenfindung, eine Planauflösung sowie eine Terminierung.
   - Für die eingestellten Komponentenbedarfe wird eine ATP-Prüfung gemäß der eingestellten Prüfvorschrift für die Komponenten durchgeführt.
   - Falls für eine Komponente keine ausreichende Menge vorhanden ist, wird der beschriebene Prozess mehrstufig durchgeführt.
3. Das Ergebnis der Prüfung wird übernommen, das heißt die Kundenauftragsposition im ERP-System enthält eine bestätigte Menge und einen Termin,

falls ein Bestätigungstermin ermittelt werden kann. Die Bestätigungen für die Komponenten werden nicht an das ERP-System übertragen.

4. Der Kundenauftrag wird gesichert.
5. Im APO-System wird eine ATP-Baumstruktur auf der Datenbank abgelegt. Abhängig von den Systemeinstellungen wird die Baumstruktur sofort in konkrete Beschaffungselemente (Planaufträge, Bestellanforderungen) umgewandelt. Ist dies nicht der Fall, muss eine Umsetzung zu einem späteren Zeitpunkt in der Produktions- und Feinplanung (PP/DS) erfolgen.

Im Unterschied zur CTP-Prüfung werden in der mehrstufigen ATP-Prüfung keine Zugangselemente im APO-System angelegt. Die Prüfungsergebnisse werden jedoch als sogenannte ATP-Baumstruktur im System verankert. Diese kann zu einem späteren Zeitpunkt in Zugangselemente umgewandelt werden. Eine ATP-Baumstruktur enthält alle Daten, die nach einer mehrstufigen ATP-Prüfung nicht an das ERP-System zurückgegeben, vom APO-System aber noch benötigt werden. Solange die Umsetzung in konkrete Zugangselemente nicht erfolgt, bestehen die ATP-Baumstrukturen auf der APO-Datenbank. Die Bedarfe auf Komponentenebene werden als aggregierte Mengenbelegungen abgelegt. Auf dieser Grundlage ist eine performantere Prüfung möglich, jedoch sind die daraus erhaltenen Verfügbarkeitsaussagen viel ungenauer als bei der CTP-Prüfung.

15.3 Fazit

In diesem Kapitel haben Sie einen Überblick über die Möglichkeiten der Verfügbarkeitsprüfung mit SAP erhalten, die aus Sicht der Disposition bedeutsame Hilfsfunktionen zur Verfügung stellt. Hierbei wurden neben der Funktion zur Ermittlung eines Kundenauftragstermins vor allem die Prüfungen zur Bestimmung eines Auftragsstatus erläutert.

Zunächst wurden die drei grundsätzlichen Möglichkeiten einer materialbezogenen Verfügbarkeitsprüfung im ERP-System vorgestellt. Zusätzlich haben wir einen kurzen Überblick über die Kapazitätsverfügbarkeitsprüfung gegeben. Anschließend erfolgte mit den vier grundsätzlichen Optionen der Verfügbarkeitsprüfung im APO-System ein allgemeiner Überblick über fortgeschrittene Methoden zur Prüfung auf Verfügbarkeit. Einige dieser Methoden ziehen bereits Produktionskapazitäten ins Kalkül (z.B. Capable to Promise).

Nach der Lektüre des Kapitels zur Verfügbarkeitsprüfung sollten Sie die Möglichkeiten der Verfügbarkeitsprüfung in SAP-Systemen grob einschätzen können und die Optionen hinsichtlich Ihrer spezifischen Anforderungen bewerten können.

Kollaborative Dispositionsverfahren wie VMI oder SMI bergen große Optimierungspotenziale. Leider werden sie noch zu selten eingesetzt. Die engere Bindung an Geschäftspartner bietet jedoch für beide Seiten ein hohes Maß an Transparenz, sodass Sicherheitspuffer automatisch abnehmen.

16 Kollaborative Dispositionsverfahren

Der Peitscheneffekt (Bullwhip-Effekt) stellt ein zentrales Problem im Lieferkettenmanagement (Supply Chain Management) dar. Der Effekt ergibt sich aus dynamischen Prozessen der Lieferketten. Er bezeichnet den Umstand, dass unterschiedliche Bedarfsverläufe bzw. kleine Veränderungen der Endkundennachfrage zu Schwankungen der Bestellmengen führen, die sich entlang der logistischen Kette wie ein Peitschenhieb aufschaukeln können. Meistens führt ein unzureichender Informationsfluss zwischen den beteiligten Unternehmen in der logistischen Kette zu vielfältigen Problemen – zu hohe Bestände, geringe Planungsgenauigkeit und schlechter Servicegrad sind hier nur einige Beispiele. Gegenmaßnahmen zielen daher auf den verbesserten Austausch von Informationen ab. Eine erste Initiative war die Efficient Consumer Response.

Der Begriff *Efficient Consumer Response* (effiziente Konsumentenresonanz) bezeichnet eine Initiative zur Zusammenarbeit zwischen Herstellern und Händlern, die auf Kostenreduktion und bessere Befriedigung von Konsumentenbedürfnissen abzielt. Durch die Kooperation zwischen Herstellern und Handel kann die Transparenz in der Wertschöpfungskette gesteigert und können Kostenpotenziale erreicht werden, die durch eine isolierte interne Betrachtung nicht ausgeschöpft würden.

Collaborative Planning, Forecasting and Replenishment (CPFR) ist eine konsequente Weiterentwicklung des Efficient-Consumer-Response-Konzepts mit der Grundidee der gemeinsamen Nutzung und Zusammenführung von Informationen auf Hersteller- und Handelsseite. Kernstück von CPFR ist die Bereitschaft mehrerer beteiligter Geschäftspartner, die Planungs-, Prognose- und Bevorratungsprozesse gemeinsam zu steuern. Dabei werden die strategischen, taktischen und operativen Teilprozesse auf ein gemeinsames Ziel hin ausgerichtet und miteinander verknüpft. Wie beim Joint Forecasting arbeiten die beteiligten Partner eng zusammen. Darüber hinaus werden gemeinsame Ziele und

Maßnahmen zur Optimierung einzelner Sortimente formuliert. Dazu gehört unter anderem die partnerschaftliche Erstellung von Aktions- und Promotionsplänen, die in die Prognoseerstellung und die Lieferplanung einbezogen werden. Die Partner nutzen eine Vielzahl von Datenquellen, zum Beispiel Geschäftspläne, Daten über vergangene Abverkaufsaktionen, POS-Abverkaufsdaten und Lagerbestandsdaten. Beide Partner bringen zusätzlich ihr Wissen über die Sortimente, Produkte und Kunden ein. Dabei werden beispielsweise Absatzdaten direkt vom Kunden als Informationsquelle für den Hersteller genutzt. Ein Hersteller ist dann nicht auf indirekte Informationen durch Bestellungen von Zwischenkunden wie Großhändlern angewiesen, sondern kann direkt auf Endkundennachfragen reagieren.

Der Hersteller kann so seine Lagerhaltung und seine Produktion optimieren. In der gesamten Prozesskette können zudem Bestände und Kapitalbindung deutlich gesenkt werden. Obwohl bereits seit 1997 bekannt, gilt das das Geschäftsmodell *Collaborative Planning, Forecasting and Replenishment* noch als relativ neu.

Um CPFR in die Praxis umzusetzen, haben sich Prozesse wie VMI (Vendor Managed Inventory) und SMI (Supplier Managed Inventory) etabliert. Diese beiden Prozesse und ihre Möglichkeiten in Verbindung mit einem SAP-System stellen wir daher im Folgenden dar.

16.1 Vendor Managed Inventory (VMI)

Unter *Vendor Managed Inventory* (VMI) versteht man ein herstellergesteuertes Bestandsmanagement (Kooperationsstrategie zwischen Hersteller und Kunde). VMI ermöglicht Unternehmen die unternehmensübergreifende Zusammenarbeit mit wichtigen Kunden. Ein Hersteller kann dabei einem Kunden eine Leistung mit Wertschöpfungspotenzial anbieten, indem er dessen Bestandsführung übernimmt. Der Hersteller erhält also Einsicht in den Endkundenbedarf des Kunden. Darüber hinaus wird berücksichtigt, dass Hersteller oft bessere Planungssysteme einsetzen und ein tieferes Verständnis logistischer Prozesse haben als ihre Kunden.

Prinzipiell gibt es drei verschiedene VMI-Konzepte. Im ersten Konzept besucht der Lieferant in regelmäßigen Abständen den Kunden, ermittelt dort den Fehlbestand für die nächste Lieferung und liefert die beim letzten Besuch ermittelten Fehlbestände (typisch z.B. für Verbindungselemente in der Industrie). Hier wird also der Nachschub auf Basis einer Bestandssteuerung mit minimalen und maximalen Bestandsgrenzen gesteuert.

In der zweiten Form (klassisches VMI) ermittelt der Kunde seinen Verbrauch (z.B. durch Verkaufsdatenerfassung) und übermittelt diese Daten an den Lieferanten, der mithilfe von vereinbarten Daten den Zeitpunkt bestimmt, zu dem weitere Lieferungen erfolgen. Bei diesem Konzept wird der Nachschub auf Basis von abverkauften Mengen beim Kunden gesteuert. Der Bestand wird also prognostiziert und entsprechend den vereinbarten Bestandsgrenzen aufgefüllt.

In der dritten Form (Konsignation) ist der Händler faktisch Inhaber eines Teils des Händlerlagers, das er nach Bedarf bestücken kann. Die Ware liegt beim Händler (Kunden), und dieser kann jederzeit so viel Ware entnehmen, wie er benötigt. Allerdings gehört die Ware so lange dem Lieferanten, bis der Händler sie entnimmt.

Anders als beim normalen Bestellprozess, bei dem der Kunde eine Bestellung auslöst, wenn er Ware benötigt, wird hier die Bestellung des Kunden beim Lieferanten ausgelöst. Die nachgelagerten kaufmännischen Prozesse (Rechnungsstellung) werden durch VMI im Allgemeinen nicht verändert.

Alle drei Formen können mit SAP abgebildet werden. Im Folgenden wird auf das klassische VMI eingegangen.

Beispiel

Henkel kennt das Absatzmuster von Waschmittel viel besser als zum Beispiel Tengelmann, da Henkel auch andere Einzelhändler (Metro, REWE etc.) beliefert und deren Informationen mit berücksichtigen kann. Die Transparenz der tatsächlichen Bedarfe und Bestände des Kunden ermöglichen es dem Hersteller, bessere Entscheidungen bezüglich der Verteilung ihrer Produkte an die Kunden zu treffen.

Wichtige Voraussetzung für das VMI-Szenario ist, dass der Kunde dem Hersteller seine Vergangenheitsdaten, Bestandssituation und bei Bedarf auch seine Absatzprognose zur Verfügung stellt.

Das prinzipielle VMI-Szenario umfasst folgende Schritte:

1. Der Kunde schickt dem Hersteller für die vereinbarten Produkte die aktuellen Bestandsdaten sowie eine aktuelle Bedarfs-/ Absatzprognose.
2. Der Hersteller führt eine langfristige Absatzplanung sowie eine kurzfristige Nachschubplanung durch.
3. Der Hersteller plant die Liefermengen und den Liefertermin und legt für die berechneten Mengen einen Kundenauftrag an.
4. Der Kunde erhält den Kundenauftrag und legt eine Bestellung dazu an.
5. Im Kundenauftrag wird nun automatisch die Bestellnummer ergänzt.

Abbildung 16.1 zeigt mögliche VMI-Szenarien.

❶ Das Szenario der VMI-Belieferung zwischen einem Distributionszentrum des Herstellers und einem Zentrallager des Kunden wäre das *VMI-DC-Szenario (DC = Distribution Center)*. Hier werden lediglich die Bedarfe des Kunden im Zentrallager als Basis für eine Belieferung verwendet. Zwischen dem Zentrallager des Kunden und dem Distributionszentrum des Herstellers werden Bestandsregeln vereinbart, und die Beschaffungsdisposition des Zentrallagers erfolgt bereits im Distributionslager des Herstellers bzw. des Lieferanten.

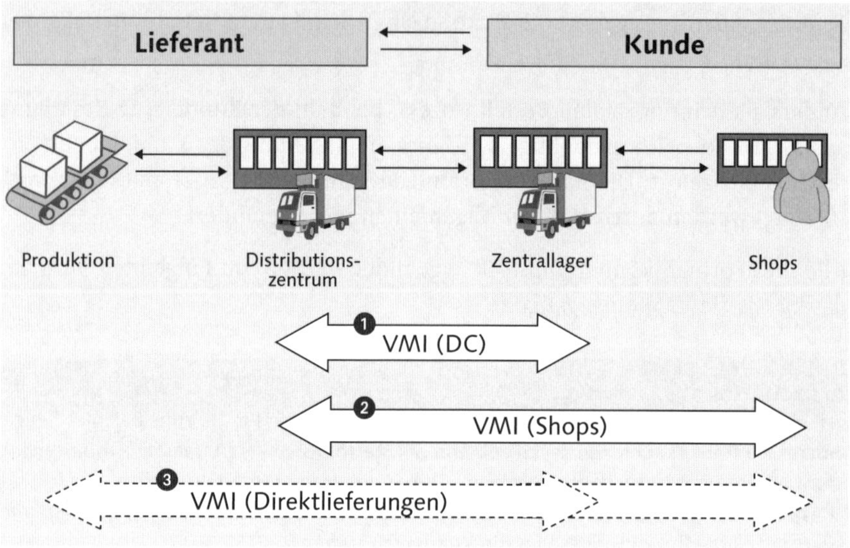

Abbildung 16.1 VMI-Szenarien

❷ Die Belieferung der kundeneigenen Shops vom Distributionslager wäre das *VMI-Shop-Szenario*. Hier werden in der Regel die VMI-Artikel direkt vom Distributionslager des Herstellers an die Shops des Kunden geliefert. Die Disposition der Shops erfolgt also ebenfalls schon beim Hersteller. Dieser ist für die Sicherheitsbestände und teilweise für die Regalauffüllung in den Shops verantwortlich.

❸ Es ist auch möglich, mit dem *VMI-Direktlieferungsszenario* vom Produktionswerk aus das Zentrallager oder sogar die Shops des Kunden direkt zu beliefern. Für besonders eilige VMI-Artikel kann also der normale Belieferungsweg über das Distributionszentrum umgangen werden, und es wird direkt vom Produktionswerk eine Lieferung zum Shop initiiert. Alle drei Szenarien können auch miteinander kombiniert werden.

Im SAP-System gibt es drei Möglichkeiten, VMI zu nutzen:

- **Traditioneller VMI-Prozess (ERP)**
  Basierend auf Bestandsinformationen des Kunden wird in SAP ERP eine Nachschubplanung angestoßen. Daraufhin werden Kundenaufträge durch den Hersteller angelegt; optional können auch gleich beim Hersteller Bestellungen angelegt werden.
- **Erweiterter VMI-Prozess (APO)**
  Aufbauend auf dem SAP ERP-Szenario stehen in SAP APO für die Nachschubplanung die Funktionen APO-DP und APO-SNP für den VMI-Prozess zur Verfügung. Dazu gehören fortgeschrittene Prognoseverfahren, um den Nachschub besser planen zu können, eine einfachere und benutzeroptimierte Planungsoberfläche, die Berücksichtigung von Promotionen im VMI-Umfeld oder die Transportoptimierung für die VMI-Transportabwicklung.
- **Responsive Replenishment (SNC-RR)**
  Das Responsive Replenishment ist die VMI-Lösung des SAP SNC. Es bezeichnet eine zeitnahe, absatzgetriebene Nachschubsteuerung, die Absatzspitzen und Schwankungen berücksichtigt und zu kürzeren Durchlaufzeiten führt. Im Unterschied zu früheren VMI-Lösungen erfolgt der Anstoß für Nachschubaufträge aufgrund von tatsächlicher Bedarfen.

  Responsive Replenishment wurde in Zusammenarbeit mit Konsumgüterherstellern entwickelt. Diesen geht es in erster Linie darum, Stock-outs im Ladenregal zur vermeiden. Das extrem volatil gewordene Kaufverhalten der Konsumenten muss daher bei der Nachschubplanung berücksichtigt werden. Dies ist mit den herkömmlichen VMI-Prozessen nicht realisierbar, Responsive Replenishment ermöglicht aber zum Beispiel eine untertägige Planung.

16.1.1 Traditioneller VMI-Prozess mit SAP ERP

Dieses Szenario beschreibt, wie ein Lieferant die Disposition für seine Artikel im Unternehmen eines Kunden als Dienstleistung übernimmt. Voraussetzung für diese Dienstleistung ist, dass der Lieferant Zugriff auf Bestands- und Abverkaufsdaten aus dem Unternehmen des Kunden hat. Ein typischer Anwendungsfall für VMI ist zum Beispiel die Disposition von Konsumgütern in einem Handelsunternehmen durch den Hersteller dieser Güter.

Es wird angenommen, dass der Kunde und der Lieferant jeweils ein ERP-System einsetzen. Abbildung 16.2 veranschaulicht die einzelnen Schritte dieses VMI-Prozesses mit SAP ERP:

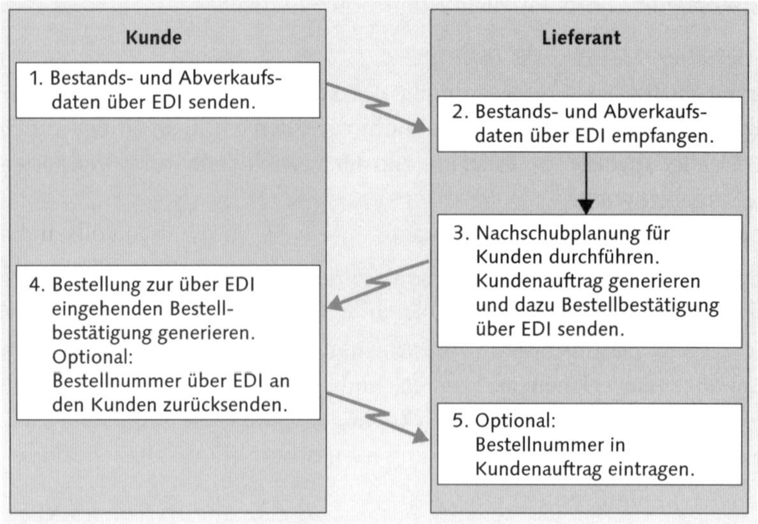

Abbildung 16.2 VMI mit SAP ERP

1. **Senden von Bestands- und Abverkaufsdaten über EDI**
   Der Kunde sendet per *Electronic Data Interchange* (EDI) historische oder prognostizierte Abverkaufsdaten und den aktuellen Bestand eines bestimmten Artikels an den Lieferanten (Speicherung in Infostruktur bzw. Kundenbestandssegment). Der Lieferant kann für einen Artikel zum Beispiel die offene Bestellmenge in seinem System mit der im System des Kunden vergleichen. Anhand von historischen Abverkaufsdaten kann er eine Prognose über die zukünftigen Abverkäufe beim Kunden erstellen. Alternativ kann der Kunde auch prognostizierte Abverkäufe übermitteln, wenn er selbst schon eine Prognose durchgeführt hat. Ist der Lieferant gleichzeitig auch der Hersteller des Artikels, kann er die Daten zur Planung und Steuerung seiner Produktion verwenden.
2. **Empfangen von Bestands- und Abverkaufsdaten über EDI**
   Im System des Lieferanten werden die Abverkaufsdaten des Artikels in Informationsstrukturen fortgeschrieben. Die Bestandsdaten werden in den Nachschubdaten dieses Artikels eingetragen.
3. **Durchführen der Nachschubplanung für Kunden**
   Anhand der Abverkaufsdaten kann der Lieferant eine Prognose der zu erwartenden Abverkäufe im Unternehmen des Kunden durchführen. Er kann alternativ auch auf Prognosewerten aufbauen, die ihm der Kunde übermittelt hat. Auf Basis der aktuellen Bestände und gegebenenfalls der Prognosewerte führt der Lieferant eine Nachschubplanung für den Artikel durch. Die Nachschubplanung errechnet den Bedarf und generiert einen Kundenauf-

trag als Folgebeleg. Die Kundenauftragsdaten werden als Bestellbestätigung per EDI an den Kunden gesendet.

4. **Generieren einer Bestellung zu einer per EDI eingehenden Bestellbestätigung**
   Die empfangene Bestellbestätigung des Lieferanten wird im System des Kunden verarbeitet und in eine entsprechende Bestellung umgesetzt. Wenn keine Bestellung generiert werden kann, etwa weil die Daten unvollständig sind, wird ein Workflow angestoßen. Wenn zu einem späteren Zeitpunkt Folgenachrichten zu diesem Vorgang vom Lieferanten an den Kunden gesendet werden sollen (z.B. Auftragsänderungsmitteilungen oder Lieferavise), muss die Bestellnummer dem System des Lieferanten bekanntgegeben werden.
5. **Eintragen der Bestellnummer in den Kundenauftrag**
   Die Bestellnummer aus dem System des Kunden wird als Referenz in den zugehörigen Kundenauftrag eingetragen.

16.1.2 Erweiterter VMI-Prozess mit SAP APO

Der VMI-Prozess im APO zeichnet sich gegenüber der ERP-Lösung durch erweiterte Funktionen aus. Diese Erweiterung ergibt sich aus dem Funktionsumfang des APO-Systems, das zum Beispiel die Prognoseverfahren im Demand Planning umfasst sowie unterschiedliche Planungsverfahren in SNP (Heuristik, Optimierer), Nachschubplanung (Deployment) und Transportplanung (TLB = Transport Load Builder). Bei der Lösung in SAP APO ist die Planung von der Ausführung getrennt, die Nachschubplanung kann also vor der Übertragung an das ERP-System interaktiv abgestimmt werden. Darüber hinaus gibt es Unterschiede in der Datenspeicherung und der Übermittlung sowie in der Performance.

Abbildung 16.3 zeigt den Ablauf von VMI mit SAP APO:

1. Die Bestands- und Abverkaufsdaten im SAP ERP-System des Kunden werden an den Lieferanten versendet, der mithilfe dieser Daten das Lager des Kunden selbständig bevorratet.
2. Auf Lieferantenseite ist der Kunde mit seinen Verteilzentren durch Lokationen abgebildet. Für diese Lokationen werden in SAP APO die Daten als Bestände und historische oder prognostizierte Verbräuche gespeichert.
3. Anschließend generiert der Lieferant Vorplanungsbedarfe basierend auf den historischen Abverkaufsdaten des Kunden. Dabei verwendet er die statistischen Prognoseverfahren in der Absatzplanung (Demand Planning).

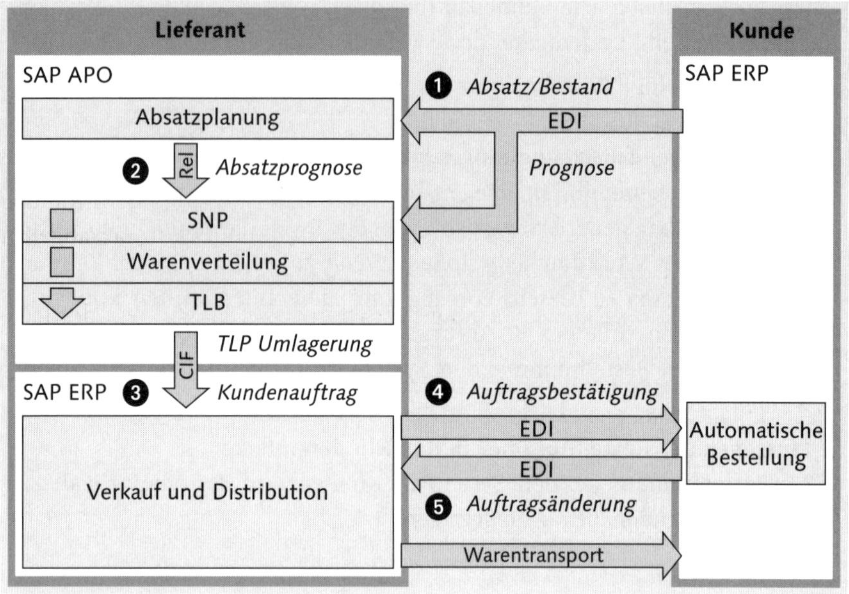

Abbildung 16.3 VMI mit SAP APO

4. Ausgehend vom Absatzplan ermittelt das SNP einen zulässigen kurz- bis mittelfristigen Plan zur Deckung der geschätzten Absatzmengen. Damit werden auch die vom Kunden übertragenen aktuellen Bestandszahlen in der Kundenlokation berücksichtigt.
5. Die Deployment-Funktion innerhalb des SNP ermittelt optimierte Distributionspläne. Sie gibt darüber Aufschluss, wann und wie die in der Lieferantenlokation verfügbaren Produkte zu den VMI-Kunden geliefert werden sollen.
6. Die im Deployment erzeugten Transportempfehlungen für einzelne Produkte können im Transport Load Builder (TLB) zu Transportaufträgen für mehrere Produkte zusammengefasst werden. Ziel ist dabei eine bessere Ausnutzung des Transportmittels.
7. Auf Basis der bestätigten Transportaufträge werden in SAP ERP automatisch Kundenaufträge angelegt.
8. Die Kundenauftragsnummer wird dem APO-System durch eine Änderungsübertragung mitgeteilt.
9. Parallel zur Änderungsübertragung von SAP ERP an SAP APO wird eine Auftragsbestätigung per EDI oder ALE an den Kunden übermittelt. Im SAP ERP-System des Kunden wird maschinell eine Bestellung auf Basis der Auftragsbestätigung angelegt.

10. Wurde im APO-System keine Bestellnummer vergeben, so wird diese per EDI an das ERP-System des Lieferanten übermittelt und im Kundenauftrag als Referenz eingetragen.
11. Nachdem der Kundenauftrag im ERP-System des Lieferanten aktualisiert wurde, erfolgt die Standard-Kundenauftragsabwicklung.
12. Nachdem im ERP-System des Lieferanten die Lieferung zum VMI-Kundenauftrag angelegt wurde, wird im APO-System der VMI-Auftrag abgebaut und die VMI-Lieferung angelegt.
13. Nach der Warenausgangsbuchung zur Lieferung im ERP-System des Lieferanten wird in SAP APO die Lieferung abgebaut, und Transitbestand wird in der Kundenlokation erzeugt. Optional kann ein Lieferavis zum SAP ERP-System des Kunden geschickt werden. Dort wird automatisch eine Anlieferung angelegt. Andernfalls wird die Anlieferung im ERP-System des Kunden manuell erfasst.
14. Nach Buchung des Wareneingangs im ERP-System des Kunden kann eine Lieferempfangsbestätigung an das Lieferanten-APO-System gesendet werden. Dort wird der Transitbestand in der Kundenlokation abgebaut.

16.1.3 VMI-Prozess mit SAP SNC (Responsive Replenishment)

Wie bereits erwähnt, ist Responsive Replenishment eine neue VMI-Lösung der SAP und eine Teilkomponente der SAP-Lösung SAP SNC (Supply Network Collaboration). Ein entscheidender Erfolgsfaktor für Hersteller etwa von Konsumgüterprodukten ist die Verfügbarkeit der Produkte in den Geschäften. Im Konsumgüterbereich ist eine hohe Verfügbarkeit entscheidend für die Kundenbindung, da Kunden sonst ein Konkurrenzprodukt kaufen. Früher lag dies im Verantwortungsbereich des Einzelhändlers, und Lieferanten waren an möglichen Verfügbarkeitsproblemen häufig nicht interessiert. Konsumgüterhersteller belieferten die Retailer, basierend auf Plänen und Bestellungen, die längerfristig platziert wurden. Aufgrund der starken Absatzschwankungen der Konsumenten, auf die die bisherige Nachschubplanung nicht reagieren konnte, kam es häufig zu Stock-outs.

Die Konsumgüterhersteller legten daher ihren Schwerpunkt bei der Nachschubplanung auf die Endkunden und deren Kaufverhalten. Dies führte zu einem Re-Engineering der Supply Chain mit dem Ziel, schneller auf die Bedarfsschwankungen der Endkunden zu reagieren.

Die entscheidende Funktionalität des Responsive Replenishments kommt hier zum Einsatz: Neben mehr Transparenz bezüglich Nachfragesignalen geht es hauptsächlich darum, noch schneller auf Bedarfs- bzw. Bestandsänderungen des Kunden zu reagieren und somit Fehlmengen zu vermeiden. Der Paradigmenwechsel vom Push- zum Pull-Prozess ist im Responsive Replenishment deutlich ausgeprägt.

Basierend auf tatsächlichen Bedarfen werden Bestände der Kunden kurzfristig aufgefüllt (Pull-Prinzip aus Sicht des Kunden) und nicht aufgrund von langfristigen ungenauen Prognosen oder statischen Bestandsparametern.

Abbildung 16.4 zeigt auf, wie das Responsive Replenishment die bisherige Lücke im VMI-Prozess schließt.

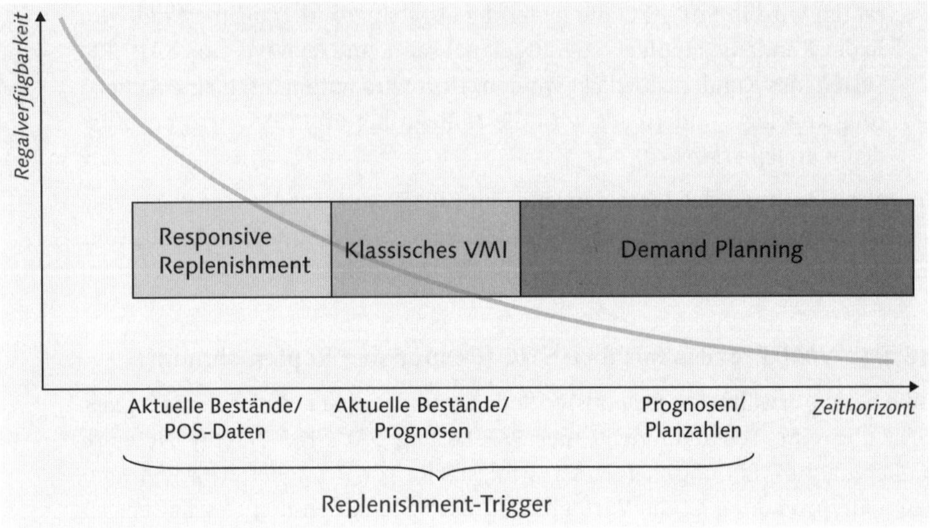

Abbildung 16.4 Kurzfristiges VMI

Das klassische VMI spielt sich im mittleren Bereich ab (VMI-Horizont). Basierend auf Prognosen und Bestandsinformationen werden Nachschubaufträge angelegt und beliefert. Wenn der Artikel beim Kunden eintrifft, kann sich aber die tatsächliche Nachfrage nach dem Artikel so verändert haben, dass es möglicherweise zu Stock-outs kommt (geringe Regalverfügbarkeit). Der Beschaffungszyklus ist im Vergleich zum Responsive Replenishment lang (z.B. 10 Tage).

Das Responsive Replenishment spielt sich dagegen im »unsicheren Horizont« ab. Tatsächliche Bedarfe am Point of Sale (POS) werden berücksichtigt, und auf Schwankungen kann schneller reagiert werden. Wird ein Artikel zum Beispiel kurzfristig stark nachgefragt, so kann dies berücksichtigt und der Artikel schneller nachgeschoben werden. Somit wird eine hohe Regalverfügbarkeit sichergestellt. Dies wird durch zwei Dinge erreicht: Zum einen wird der Beschaffungszyklus von zehn auf bis zu einem Tag reduziert und zum anderen wird basierend auf tatsächlichen Bedarfen und weniger basierend auf Prognosen geplant.

Das Responsive Replenishment trägt den folgenden Problemstellungen Rechnung:

- Wie kann ich kurzfristige Bedarfsänderungen erkennen und darauf reagieren, um die kurzfristige Forecast-Genauigkeit zu erhöhen?
- Wie kann ich die Nachschub-Durchlaufzeit minimieren, um die Lagerbestände meiner Kunden zu reduzieren?
- Wie kann ich POS-Daten bei der Nachschubplanung berücksichtigen?
- Sind die Daten, die mir mein Kunden gesendet hat, korrekt?
- Wie kann ich falsche Daten korrigieren?
- Wie kann ich dringende Ausnahmen erkennen?
- Wie bilde ich optimale Transportladungen für meine Kunden?
- Wie kann ich spezielle Szenarien wie Cross-Docking abbilden?
- Welchen Anteil an erhöhten Bedarfen haben Promotionen?
- Wie kann ich Lagerengpässe während Promotionen vermeiden?

Abbildung 16.5 zeigt den Ablauf des Responsive Replenishments als VMI mit SAP SNC.

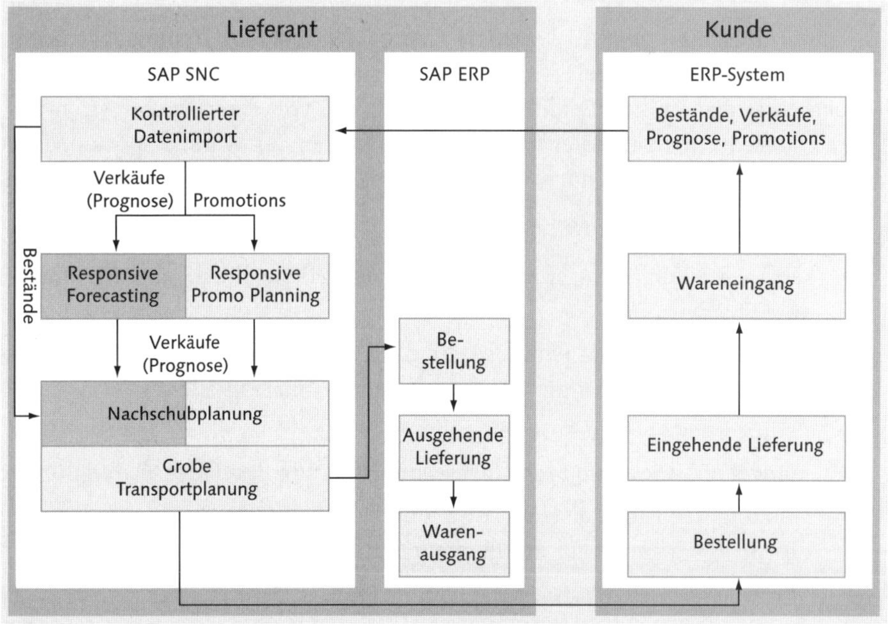

Abbildung 16.5 VMI mit SAP SNC (Responsive Replenishment)

1. Der Kunde sendet Bestände, Verkaufsdaten und Promotionen periodisch zum Lieferanten.
2. Der Lieferant prüft und korrigiert gegebenenfalls die Daten im Data Import Controller, einem Tool, mit dem die Inputdaten überwiegend automatisiert bearbeitet werden können.
3. Basierend auf den korrigierten Daten erzeugt der Lieferant eine Baseline bzw. Promotionsprognose.
4. Der Lieferant plant die Nachschubaufträge in den Kundenlokationen (inklusive Transportplanung).
5. Im SAP ERP-System des Lieferanten werden Kundenaufträge erzeugt.
6. Die Kundenaufträge inklusive Bestellnummer des Kunden werden an den Kunden übertragen.
7. Im Kundensystem werden basierend auf den Kundenaufträgen Bestellungen erzeugt.

Der Responsive-Replenishment-Prozess findet in SAP SNC und in SAP ERP statt, wobei die Planung im SNC-System erfolgt und die Kundenauftragsabwicklung im ERP-System. Achtung: Es gibt hier keine Integration zur APO-Absatzplanung (DP)! Sämtliche Planungsfunktionen (Prognose, Promotionsplanung, Nachschubplanung, Transportplanung) stehen in SAP SNC zur Verfügung.

16.1.4 Bewertung von VMI

Die Einführung von VMI reduziert Sicherheitsbestände, vermeidet unnötige Kapitalbindung durch gelagerte Ware und erhöht gleichzeitig die Warenverfügbarkeit beim Händler. Beide Partner profitieren von einem gesteigerten Umsatz, und der spart Händler darüber hinaus Kosten der Warendisposition. Folgende Vorteile können durch den Kunden und den Lieferanten erzielt werden.

Vorteile für den Händler/Kunden:

- schlanker Beschaffungsprozess, da die Bestellung durch den Lieferanten ausgelöst wird
- Konzentration auf das Kerngeschäft, da einige interne Aufgaben wie die Dispositionsaufgaben für die VMI gesteuerten Artikel entfallen
- Reduzierung von Stock-out-Situationen
- mengenoptimierte und termingerechte Lieferung durch den Lieferanten
- Senkung der Lagerhaltungskosten durch Reduzierung der Bestände, denn die Sicherheitspuffer in der Planung entfallen durch die enge Kooperation mit dem Lieferanten
- Der Händler profitiert von den umfassenderen Planungssystemen des Lieferanten.

Vorteile für den Hersteller/Lieferanten:

- bessere Grundlage für die langfristige Planung durch Transparenz von Vergangenheitsdaten und der Bestandssituation des Kunden
- Reduzierung von Produktionskosten, da man termingerechter und losgrößenoptimaler produzieren kann, denn die Genauigkeit der Planung steigt enorm
- höhere Kundenzufriedenheit durch größere Liefertreue
- effizienteres und kostengünstigeres Transportwesen für den Lieferanten
- verbesserte Produktpositionierung und einfachere Durchführung von Marketingaktivitäten

Einsatzfelder für VMI:

- wichtige Kunden, mit denen ein Großteil des Umsatz erreicht wird
- für standardisierte Produkte, die regelmäßig nachgefragt werden (keine sporadische Nachfrage)
- hohe Transaktionskosten für Auftragsabwicklung und Produktionsplanungsprozess

Das Vendor Management Inventory (VMI) wird häufig mit dem Supplier Managed Inventory (SMI) verwechselt. Grundsätzlich unterscheiden sich SMI und VMI in der Richtung der Supply Chain. Aus Sicht des Unternehmens findet VMI immer mit dem Kunden statt (Kundenkollaboration). SMI dagegen impliziert die Kollaboration mit dem Lieferanten.

Beim VMI plant und steuert ein Unternehmen die Bestände seiner Kunden (Fertigprodukte). Durch SMI dagegen wird der Nachschub seiner Roh- bzw. fremdbeschafften Materialien durch die Lieferanten unterstützt. Dazu gehören Generierung von Abrufen zu Lieferplänen und Austausch von ASN (Advanced Shipping Notification).

Gemeinsam ist beiden Prozessen jedoch, dass der Empfänger der Ware dem Lieferanten Abverkaufs- bzw. Beständen zur Verfügung stellt. Im folgenden Abschnitt gehen wir im Detail auf das Supplier Managed Inventory ein.

16.2 Supplier Managed Inventory (SMI)

Beim *Supplier Managed Inventory* (SMI) handelt es sich um einen Min./Max.-basierenden Beschaffungsprozess. In diesem Szenario übernimmt der Lieferant die Nachschubplanung, die Verantwortung liegt somit vollständig beim Lieferanten des Kunden.

Die MRP-Planung findet nur noch bis zur Ermittlung der Bruttobedarfe im ERP-Backend-System des Kunden statt (die Arbeit bezieht sich immer nur auf ein ERP- und nicht auf ein APO-Planungssystem). Diese Bruttobedarfe und die Lagerbestände, aus welchen sich die Nettobedarfe berechnen lassen, werden aus dem ERP-Backend-System an das SNC-System des Lieferanten übermittelt. Der Lieferant berechnet dann in der Weboberfläche des SNC-Systems die geplanten Zugänge aufgrund von Daten wie der Minimum-/Maximumgrenze und etwaigen Rundungsfaktoren. Die geplanten Zugänge nutzt der Lieferant als Grundlage der Erstellung von Lieferavisen im SNC-System. Diese werden dann an das ERP-System des Kunden geschickt.

Für die Buchung des Wareneingangs benötigt man im ERP-Backend-System normalerweise ein Buchungsobjekt (z.B. eine Bestellung oder einen Kundenauftrag). Um dies durchzuführen, gibt es in SAP SNC zwei Möglichkeiten: Lieferplaneinteilungen und Bestellabwicklung.

16.2.1 SMI mit Lieferplaneinteilungen

In einem Lieferplan wird eine längerfristige Rahmenvereinbarung zwischen Kunde und Lieferant geschlossen. Der Lieferplan beinhaltet Vereinbarungen über die Lieferung von Materialien zu festgelegten Konditionen in einem bestimmten Zeitraum. Eine solche Vereinbarung kann sowohl mit internen Lieferanten (Umlagerung) als auch mit externen Lieferanten geschlossen werden. In regelmäßigen Abständen führt der Kunde eine genaue Planung durch und ermittelt seine exakten Bedarfsmengen, die er zu bestimmten Terminen vom Lieferplan abrufen will. Um den Lieferanten über die aktuellen Bedarfe zu informieren, schickt der Kunde für ein oder mehrere Produkte einen Lieferplanabruf. Lieferplanabrufe oder auch Lieferplaneinteilungen informieren den Lieferanten also kurzfristig darüber, welche Mengen des Materials zu welchem Termin tatsächlich geliefert werden sollen.

In einem ersten Schritt erzeugt man aus den Ergebnissen eines Planungslaufs einen Abruf in Form von (freigegebenen) Einteilungen mit Mengen und Terminen. Dazu werden die Parameter aus dem Abruferstellungsprofil berücksichtigt. Anschließend werden Zeitpunkt und Medium (EDI, Internet) der Übermittlung des Lieferplanabrufs an den Lieferanten bestimmt.

Der Lieferant kann entweder den gesamten Lieferabruf bestätigen bzw. ablehnen oder er kann eine Lieferabruf-Einteilung einzeln bestätigen. Bei der Bestätigung einer Lieferabruf-Einteilung kann der Lieferant abweichend vom Wunschtermin und -menge bestätigen. Lieferantenbestätigungen gelten häufig als unverbindliche Zugangselemente, die auf Basis der Produktions- und Kapazitätsplanung beim Lieferanten erstellt werden.

Kurz vor dem physischen Versenden der Ware kann der Lieferant Lieferavise erstellen und dem Kunden somit verbindliche Liefermengen und -termine mitteilen. Darüber hinaus kann ein Lieferavis Informationen zum eingesetzten Transportmittel, Transportdauer und die Art der Verpackung enthalten. Die avisierten Mengen können mit den Mengen in den Lieferantenbestätigungen und in den Lieferplan-Einteilungen verrechnet werden. Mit dem physischen Empfang der Ware und deren Einlagerung beim Kunden erfolgt die Wareneingangsbuchung.

Zur Überwachung der Lieferabrufabwicklung zwischen Kunde und Lieferant werden Fortschrittzahlen und/oder Alerts zum Aufdecken von Ausnahmesituationen eingesetzt.

Abbildung 16.6 stellt den SMI-Prozess mit Lieferplaneinteilungen im ERP-Backend-System dar:

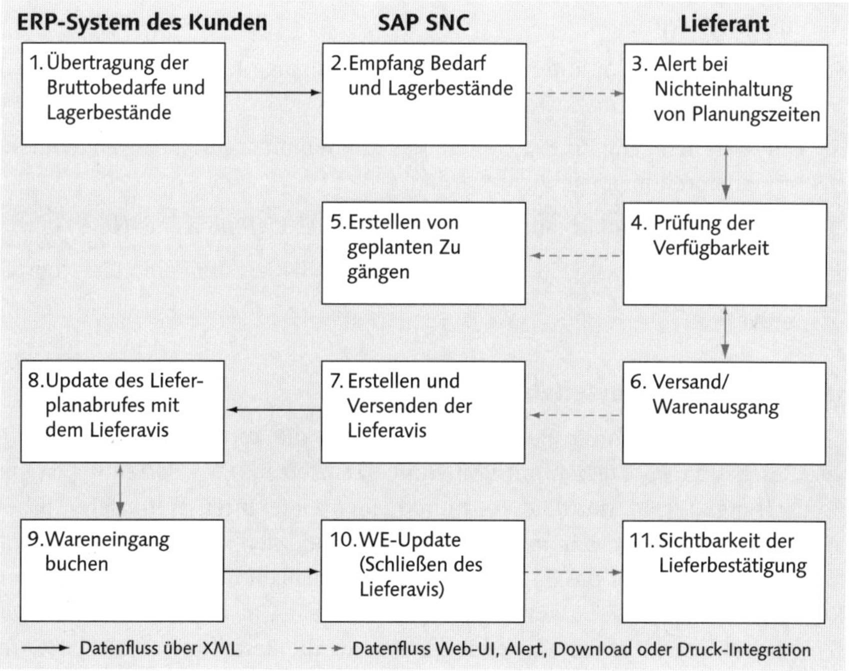

Abbildung 16.6 SMI mit Lieferplaneinteilungen

1. Im ERP-System des Kunden werden zuerst die aktuellen Bruttobedarfe und Lagerbestände via XI an das SNC-System übertragen. Die Daten sollten direkt nach jedem MRP-Lauf übertragen werden.
2. In SAP SNC werden die Daten empfangen.

3. Falls durch die Aktualisierung der Bruttobedarfe und der aktuellen Lagerbestände im SNC-System eine Über- oder Unterdeckung oder sogar ein Fehlbestand ermittelt wird, erzeugt das System einen Alert (Ausnahmemeldung). Der Lieferant kann sich über diese Ausnahmemeldungen automatisch zum Beispiel per E-Mail informieren lassen, oder er prüft regelmäßig im Alert Monitor (Anzeige aller Ausnahmemeldungen) des SAP SCM-SNC-Systems, ob es Handlungsbedarf bei der Planung gibt.
4. Eine Verfügbarkeitsprüfung auf Lieferantenseite ist durchzuführen.
5. Bei Unterdeckungen müssen geplante Zugänge im SAP SNC-Bestandsmonitor angelegt werden.
6. Anschließend erfolgen beim Lieferanten der Versand und der Warenausgang.
7. Ebenso ist der Lieferant dafür verantwortlich, dass bei einem physischen Warenausgang des Materials ein Lieferavis im SAP SNC-Lieferavismonitor eingestellt wird.
8. Das Lieferavis wird automatisch via SAP Exchange Infrastructure (SAP XI) an das ERP-Backend-System versendet.
9. Der Wareneingang im ERP-System des Kunden muss mit Bezug zu den Lieferplaneinteilungen gebucht werden.
10. Es erfolgt automatisch auch eine Änderung des Lieferavis im SNC-System.
11. Auf diese Weise wird für den Lieferanten im SNC-System eine Lieferbestätigung sichtbar.

16.2.2 SMI mit Bestellabwicklung

Ein Kunde kann auch die Bestellabwicklung für die kooperative Abwicklung von Beschaffungsprozessen mit Bestellungen einsetzen. Eine Bestellung ist ein Beschaffungsauftrag, mit dem ein Kunde einen Lieferanten auffordert, zu bestimmten Terminen bestimmte Mengen von Produkten zu liefern. Die Bestellung ist zum Beispiel das Ergebnis eines Bedarfsplanungsprozesses, den der Kunde in seinem ERP-Backend-System durchführt. Um den Lieferanten über seine Bedarfe zu informieren, sendet der Kunde die Bestellung an SAP SNC. In Abbildung 16.7 sehen Sie den Ablauf eines SMI-Prozesses mit einer Bestellung in SAP SNC.

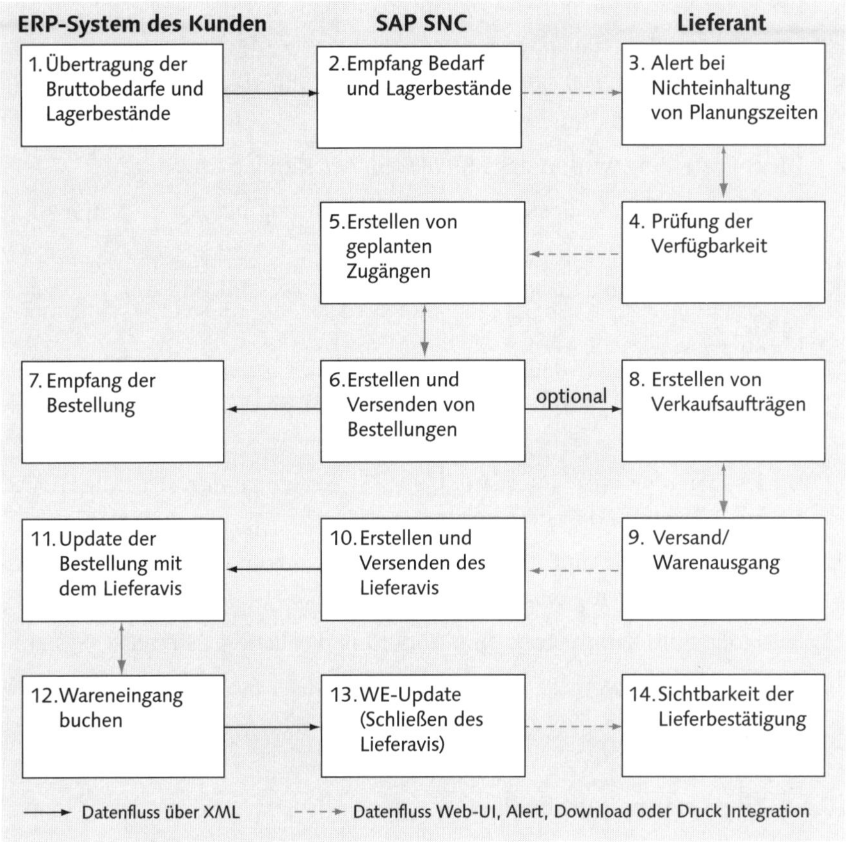

Abbildung 16.7 SMI mit Bestellabwicklung

1. Im ERP-System des Kunden werden zuerst die aktuellen Bruttobedarfe und Lagerbestände via XI an das SNC-System übertragen. Die Daten sollten direkt nach jedem MRP-Lauf übertragen werden.
2. In SAP SNC werden die Daten empfangen.
3. Falls durch die Aktualisierung der Bruttobedarfe und der aktuellen Lagerbestände im SNC-System eine Über- oder Unterdeckung oder sogar ein Fehlbestand ermittelt wird, erzeugt das System einen Alert (Ausnahmemeldung). Der Lieferant kann sich über diesen Alert automatisch zum Beispiel per E-Mail informieren lassen, oder er prüft regelmäßig im Alert Monitor (Anzeige aller Ausnahmemeldungen) des SAP SCM-SNC-Systems, ob es Handlungsbedarf bei der Planung gibt.
4. Eine Verfügbarkeitsprüfung auf Lieferantenseite ist durchzuführen.

5. Bei Unterdeckungen müssen geplante Zugänge im SAP SNC-Bestandsmonitor angelegt werden.
6. Allerdings erstellt der Lieferant in diesem Fall eine Bestellung im SNC-Webbrowser aufgrund dieser geplanten Zugänge.
7. Diese Bestellung wird in das ERP-System des Kunden übertragen.
8. Optional kann diese Bestellung als Kundenauftrag beim Lieferanten angelegt werden.
9. Anschließend erfolgen beim Lieferanten der Versand und der Warenausgang.
10. Der Lieferant ist auch dafür verantwortlich, dass bei einem physischen Warenausgang des Materials ein Lieferavis im SAP SNC-Lieferavismonitor eingestellt wird.
11. Dieses Lieferavis wird automatisch via SAP Exchange Infrastructur (SAP XI) an das ERP-Backend-System versendet.
12. Der Wareneingang im ERP-System des Kunden muss mit Bezug zu den Lieferplaneinteilungen gebucht werden.
13. Es erfolgt automatisch auch eine Änderung des Lieferavis im SNC-System.
14. Auf diese Weise wird für den Lieferanten im SNC-System eine Lieferbestätigung sichtbar.

16.2.3 Bewertung von SMI

Beide Geschäftspartner profitieren von dieser Zusammenarbeit.

Vorteile für den Hersteller/Kunden:

- optimierte, zuverlässige und termingerechte Bestandsführung durch Lieferanten
- Der Kunde benötigt keine eigene Nachschubplanung.
- schlanker Beschaffungsprozess ohne eigene Beschaffungsplanung
- steigende Attraktivität des Fertigungsunternehmens als Geschäftspartner für Lieferanten durch Offenlegung der Bedarfsdaten
- höherer Lagerumschlag

Vorteile für den Lieferanten:

- optimierte kurz- und mittelfristige Planung durch transparente Bedarfsdaten des Kunden
- kostengünstige, benutzerfreundliche Internetanwendung

- Durch die Übernahme der Nachschubplanung für den Kunden kann der Lieferant seine eigenen Kapazitäten besser planen.
- höherer Lagerumschlag

Einsatzfelder für SMI:

- wichtige Lieferanten, mit denen ein Großteil des Umsatz erreicht wird
- hochwertige Artikel, die kritisch für den Produktionsprozess sind oder bei denen in der Regel hohe Beschaffungskosten anfallen
- begrenzte Lagerflächen; Artikel, die ein hohes Lagervolumen beanspruchen

Für den Supplier-Managed-Inventory-Prozess ist es wichtig, dass der Lieferant eine Single Source ist, also die einzige Beschaffungsquelle für das Produkt. Dieser Prozess ergibt nämlich nur dann Sinn, wenn das Produkt von einem einzelnen Lieferanten beschafft wird, da Bruttobedarf und Lagerbestände im Normalfall nicht auf verschiedene Lieferanten gesplittet werden können. Die aktuellsten Bruttobedarfe – auch im Mittelfristbereich – und die Lagerbestände können gut im Internet angezeigt werden.

16.3 Fazit

Mit den hier angesprochenen kollaborativen Dispositionsverfahren erhalten alle Zulieferer des Liefernetzes unternehmensübergreifend und in Echtzeit Einblick in die Lagerbestände des Herstellers. Diese Transparenz kommt allen Beteiligten im Netzwerk zugute. Sie ermöglicht es, zeitnah und rechtzeitig zu handeln und gleichzeitig die Lagerbestände niedrig zu halten. Besonders bei hochwertigen oder kritischen Artikeln können Sie die hier aufgezeigten Optimierungspotenziale leicht umsetzen.

Im nächsten Kapitel stellen wir mit der Kanban-Steuerung ein weiteres Dispositionsverfahren vor, das für bestimmte Artikel weitere Optimierungspotenziale bereithält.

Mittels Kanban kann die Produktion den Fertigungsprozess selbst steuern und der manuelle Buchungsaufwand weitgehend reduziert werden. Effekte dieser Selbststeuerung sind eine Verkürzung der Durchlaufzeit und eine Reduktion der Bestände.

17 Disposition mit Kanban-Steuerung

Das Kanban-System wurde in den 1940er Jahren vom japanischen Automobilhersteller Toyota entwickelt. Das auf dem Just-in-Time-Konzept (JIT) basierende Kanban-System ist ein sich selbst steuerndes System nach dem Pull-Prinzip für Teile und Materialien. Der aus dem Japanischen stammende Begriff bedeutet »Karte« oder »Schild«; häufig bezeichnet man auch die Behälter als Kanban.

Kanban ist ein Verfahren zur Produktions- und Materialflusssteuerung, basierend auf dem physischen Materialbestand in der Fertigung. Regelmäßig benötigtes Material wird dabei ständig in kleinen Mengen in der Produktion bereitgehalten. Der Nachschub und die Fertigung eines Materials werden mit Kanban dann in die Wege geleitet, wenn eine bestimmte Menge des Materials verbraucht worden ist. Dabei dienen die Kanban-Karten als zentraler Informationsträger. Wesentliche Merkmale des Verfahrens sind sehr kurze Rüstzeiten, Teileflussorganisation nach One-Piece-Flow- und FIFO-Prinzipien, funktionierende Prozesse und eine detailliert durchgeführte Produktionsplanung.

17.1 Das Pull-Prinzip

Die Wirkungsweise der Kanban-Steuerung beruht auf dem sogenannten Supermarkt-Prinzip: Ein Kunde entnimmt bei Bedarf eine gewünschte Ware aus einem Regal. Wenn die Ware verbraucht, also der Einlagerungsplatz im Regal leer ist, wird dieser Platz selbständig wieder aufgefüllt. Dieses Prinzip wird nun auf den Materialfluss zwischen den einzelnen Arbeitsstationen in einer Fertigung übertragen. Das in einem Behälter befindliche Material wird verbraucht, bis der Behälter leer ist. Der Behälter wandert danach zusammen mit der Kanban-Karte, die einen Produktionsauftrag darstellt, zur Nachschubquelle (produzierende Arbeitsstation) zurück, wo er neu gefüllt wird. Anschließend wird er wieder zum Verbraucher oder zum Kunden (verbrauchende Arbeitsstation) zurückgeschickt.

Dieser Ablauf ist sehr einfach und übersichtlich und erreicht durch seine Transparenz eine enorme Prozesssicherheit. Auffallend ist, dass bei dieser Art der Produktionssteuerung Material- und Informationsflüsse entgegengesetzt zur klassischen Produktionsplanung verlaufen (siehe Abbildung 17.1).

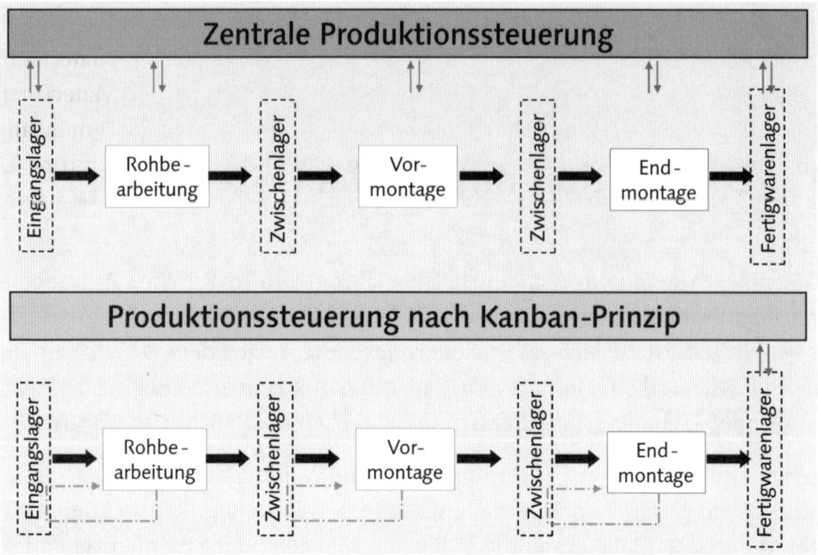

Abbildung 17.1 Zentrale Produktionsplanung versus Kanban-Steuerung

Bei der traditionellen Produktions- und Bedarfsplanung werden die Produktionsmengen und Termine in Abhängigkeit vom aktuellen Kunden- oder Planprimärbedarf auf Erzeugnisebene berechnet und über die Stücklistenauflösung die Einsatzmengen und die Bereitstellungstermine der Komponenten ermittelt. Die Losgrößenbildung orientiert sich bei dieser Verfahrensweise am gewählten Losgrößenverfahren. Pro Fertigungsstufe werden Lose in der Regel komplett fertiggestellt, bevor sie der folgenden Fertigungsstufe zur Verfügung stehen.

Die mittels der Bedarfsplanung ermittelten Termine für die Komponentenbereitstellung bilden die Grundlage für die Feinterminierung der Fertigung oder für die Bestelltermine für Kaufteile – obwohl zum Zeitpunkt der Terminierung oft nicht genau bekannt ist, wann genau das Material für die nächste Fertigungsstufe benötigt wird. Das Material wird auf der Grundlage der errechneten Termine durch die Fertigung geschoben (Push-Prinzip). Bei dieser Verfahrensweise können sich Wartezeiten bis zum Beginn der Fertigung ergeben. Diese Wartezeiten werden in der Regel durch erhöhte Durchlaufzeiten oder mithilfe von Sicherheitszeiten abgebildet (Auftragspuffer). Hierdurch ergeben sich häufig auch erhöhte Sicherheitsbestände, um die Lieferbereitschaft jederzeit zu gewährleisten.

Bei Kanban wird das Material nicht mittels einer übergelagerten Planung durch die Fertigung geschoben, sondern durch die nachfolgende Fertigungsstufe dann von der Quelle abgerufen, wenn es gebraucht wird (Pull-Prinzip). Ist ein Behälter leer, wird der Kanban-Impuls erzeugt. Der Impuls zur Lieferung des Materials mit Kanban kann zum Beispiel darin bestehen, dass der Arbeitsplatz, der ein Material benötigt (Verbraucher), eine Karte an den Arbeitsplatz sendet, der das Material herstellt (Quelle). Die Karte beschreibt, welches Material in welcher Menge wohin geliefert werden soll. Beim Empfang der Materialien kann durch einen weiteren Kanban-Impuls per Barcode der Wareneingang beim Verbraucher automatisch gebucht werden. Abbildung 17.2 veranschaulicht das Kanban-Prinzip.

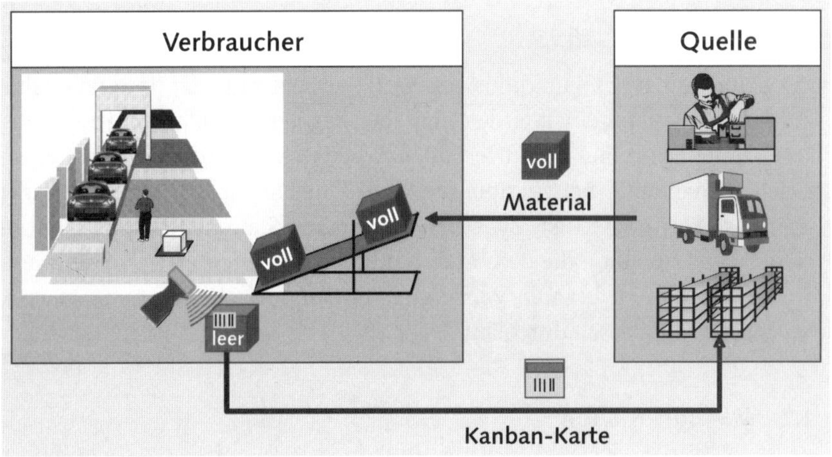

Abbildung 17.2 Kanban-Regelkreis

Der Materialfluss wird bei Kanban über Behälter organisiert, die sich in der Fertigung vor Ort an den Arbeitsplätzen befinden. Sie beinhalten jeweils die für einen bestimmten Zeitraum notwendige Materialmenge, die die Mitarbeiter in der Fertigung an ihrem Arbeitsplatz benötigen. Sobald ein Behälter durch den Verbraucher geleert ist, wird der Nachschub in die Wege geleitet. Quelle des angeforderten Materials kann eine andere Fertigungseinheit, ein externer Lieferant oder ein Lager sein. Bis zum Eintreffen des gefüllten Behälters kann sich der Verbraucher aus weiteren Behältern bedienen.

Ziel ist es, dass die Produktion den Fertigungsprozess selbst steuert und der manuelle Buchungsaufwand für den Mitarbeiter weitestgehend reduziert wird. Der Effekt dieser Selbststeuerung sowie der zeitnah am tatsächlichen Verbrauch erzeugten Nachschubelemente ist die Reduktion der Bestände sowie die Verkürzung der Durchlaufzeit (Nachschub wird erst dann angestoßen, wenn Material benötigt wird und nicht vorher).

Zusammengefasst kann das Kanban-Prinzip wie folgt beschrieben werden: Material wird in der Fertigung dort bereitgestellt, wo es gebraucht wird. Das Material steht dort in kleinen Materialpuffern immer zur Verfügung. Die Bereitstellung des Materials muss daher nicht geplant werden. Stattdessen wird verbrauchtes Material sofort mit Kanban wiederbeschafft.

17.2 Elemente der Kanban-Steuerung

Ein Kanban-System besteht aus fünf Bestandteilen, die wir im Folgenden ausführlicher beschreiben.

17.2.1 Kanban-Regelkreis

Die prinzipielle Kanban-Funktionsweise setzt voraus, dass der Produktionsbereich in ein System miteinander verbundener Regelkreise aufgeteilt ist. Ein Regelkreis besteht aus einer produzierenden Arbeitsstation und einer nachfolgenden verbrauchenden Arbeitsstation, zwischen denen in der Regel ein Pufferlager (»Supermarkt«) installiert ist. Zwischen den beiden Stationen besteht eine informationelle Kopplung, die dem Materialfluss entgegengesetzt ist. Somit entsteht eine Kunden-Lieferanten-Verbindung entlang der Wertschöpfungskette, die das Material physisch durchläuft.

17.2.2 Kanban-Karten

Kanban-Karten sind der zentrale Informationsträger in Kanban-Regelkreisen. Zu jedem Behälter oder Gebinde gehört genau eine Kanban-Karte (siehe Abbildung 17.3), die auf der einen Seite das Behältnis eindeutig identifiziert und auf der anderen Seite nach dessen Entleerung als Auftrag zur Nachproduktion gilt.

Aus dem ERP-System heraus können Kanban-Karten gedruckt werden. Formulare legen hierbei Inhalt und Form der Karte fest. Im Standard wird das Formular PSFC_KANBAN ausgeliefert, das einen Barcode beinhaltet. Das Einlesen dieses Barcodes mit einem handelsüblichen Lesegerät genügt, um alle zur Beschaffung notwendigen Daten zu übermitteln und bei Erhalt der Materialien den Wareneingang zu buchen. Für das Einlesen von Kanban-Barcodes steht eine eigene Transaktion im ERP-System unter Logistik • Produktion • Kanban • Kanbanimpuls • Barcode zur Verfügung. Zusätzliche Treibersoftware oder Schnittstellen sind nicht notwendig.

Karten und Behälter müssen nicht immer physisch miteinander verbunden sein. Der Rückweg des Leerguts kann so vom Informationsfluss entkoppelt werden.

Abbildung 17.3 Kanban-Karte

17.2.3 Kanban-Tafel

Die Kanban-Tafel dient dazu, den Produktionsprozess zu visualisieren. Da bereits eine einzelne Karte einen Fertigungsauftrag zur Nachproduktion darstellt, kann man mit der Kanban-Tafel mehrere Karten zu einer wirtschaftlichen Losgröße sammeln, um dann erst die Nachfertigung auszulösen. Um den Prozess nicht starr werden zu lassen, arbeitet man mit sogenannten Freigabebereichen statt mit einer bestimmt vorgegebenen Menge. Dadurch erreicht man eine Nivellierung der vorhandenen Kapazitäten und kann somit flexibel steuern.

17.2.4 Regelkarten

Auf Regelkarten werden alle Abweichungen vom Standard vermerkt. Kein realer Materialfluss ist mit einem anderen identisch. Für eine optimale Konfiguration muss somit erst der optimale Ablauf selektiert werden. Das Tool hilft, den Prozess systematisch, effizient und zielorientiert umzusetzen. Störgrößen, Sonderbedarfe und Sonderfreigaben werden dokumentiert und können zu einer Veränderung des Standards führen. Mithilfe der Regelkarten erreicht man Prozesssicherheit.

17.2.5 Prioritätsfindung im Arbeitssystem

Das Kanban-System zeichnet sich grundsätzlich durch eine dezentrale Steuerung aus. Der Mitarbeiter in der Fertigung entscheidet eigenverantwortlich, wann die erforderliche Sammelmenge für die Nachfertigung erreicht ist. Sollte es zu einer Überschneidung der Bedarfe kommen, muss nach Kriterien wie etwa niedrigem Lagerbestand oder niedriger Bestandsreichweite priorisiert werden.

17.3 Vergleich der Kanban-Steuerung mit der klassischen Produktionsplanung

Tabelle 17.1 zeigt einen zusammenfassenden Vergleich zwischen der Kanban-Steuerung und der klassischen Produktions- bzw. Bedarfsplanung.

Schwerpunkte von Kanban	Schwerpunkte von Bedarfsplanung
kurzfristige Nachschubsteuerung	Planungsinstrument
verbrauchsorientiert	kurz- bis langfristige Bedarfsvorhersage
impulsgesteuert	terminorientiert
dezentrale Beschaffungs- und Bestandsverantwortung	Stücklistenauflösung
einfache Organisationsform	Losgrößenberechnung/Losgrößenoptimierung
Produktionsmenge = aktueller Bedarf	zentrale Planung und Steuerung
Direktanlieferung zum Verbraucher	zentrale Bestandsverantwortung
Pull-Prinzip	Push-Prinzip

Tabelle 17.1 Vergleich zwischen Kanban und Bedarfsplanung

Die Merkmale von Kanban sind:

- Kanban ist eine einfache Form der Produktionssteuerung: Die Produktion steuert den Nachschub weitgehend selbst.
- Das Material liegt direkt in der Fertigung bereit, die Materialbereitstellung muss daher nicht organisiert werden. Insgesamt ist der Steuerungsaufwand also geringer als bei der zentralen Planung.
- Die Kanban-Artikel werden bedarfsgerecht durch die unter Umständen mehrstufige Fertigung gesteuert
- wenig Aufwand bei Datenverarbeitung und Betriebsdatenerfassung
- höhere Verantwortung der Mitarbeiter
- geringe Bestände erfordern mehr Sorgfalt der Mitarbeiter

17.4 Kanban-Verfahren

Wer vom Kanban-Verfahren spricht, meint in der Regel das klassische Kanban-Verfahren, bei dem eine feste Anzahl von Kanbans im Regelkreis definiert ist. Im Laufe der Zeit haben sich aber Varianten des klassischen Verfahrens entwickelt, um auf Sondereinflüsse zu reagieren. Dazu zählt zum Beispiel das ereignisgesteuerte Kanban. Die verschiedenen Varianten des Kanban-Verfahrens werden im Folgenden dargestellt.

17.4.1 Klassisches Kanban

Im klassischen Kanban definiert man im Regelkreis den Verbraucher, die Quelle und das Verfahren für die Wiederbeschaffung des Materials sowie die Anzahl der Kanbans, die zwischen Verbraucher und Quelle umlaufen bzw. die Menge pro Kanban. Der Kanban-Impuls erzeugt den Nachschub im klassischen Kanban immer nur für die im Regelkreis festgelegte Menge pro Kanban. Ebenso ist es ohne eine Veränderung im Regelkreis nicht möglich, mehr Kanbans umlaufen zu lassen, als im Regelkreis festgelegt sind.

17.4.2 Ereignisgesteuertes Kanban

Beim ereignisgesteuerten Kanban orientiert sich die Materialbereitstellung nicht an einer festgelegten Anzahl von Kanbans oder an einer festgelegten Kanban-Menge, sondern am tatsächlichen Materialbedarf. Das Material wird nicht an einem Produktionsversorgungsbereich stetig bereitgestellt und nachgefüllt, sondern nur auf explizite Anforderung beschafft. Dabei sollen die Vorteile der SAP Kanban-Abwicklung dazu genutzt werden, den Nachschub mit einer vereinfachten Abwicklung durchzuführen. Im Unterschied zum klassischen Kanban wird ein Kanban nur bei Bedarf erzeugt (bzw. angestoßen durch ein bestimmtes Ereignis). Für jede angeforderte Materialmenge wird ein Kanban angelegt, der nach erfolgter Wiederbeschaffung wieder gelöscht wird (siehe Abbildung 17.4).

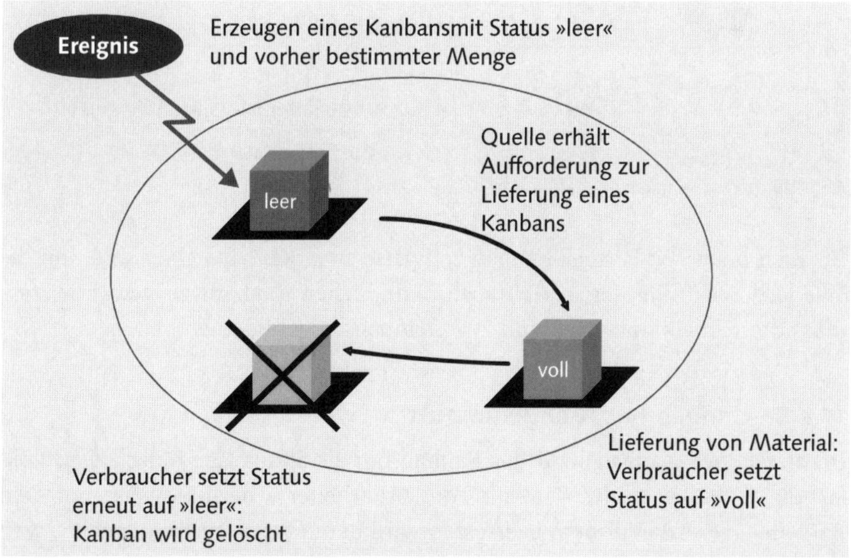

Abbildung 17.4 Ereignisgesteuertes Kanban

17.4.3 Einkarten-Kanban

Steht in der Produktion zu wenig Platz zur Verfügung, um ständig zwei Kisten beim Verbraucher vorrätig zu haben, bietet sich das sogenannte Einkarten-Kanban an. Mit diesem werden zwei Kanbans in einem Regelkreis abgebildet. Dadurch, dass ein Kanban zeitweise auf dem inaktiven Status »wartet« steht, lassen sich die Bestände beim Verbraucher weiter reduzieren, besonders für den Fall, dass das Material zeitweise nicht gebraucht wird. Der Nachschub wird bei dieser Verfahrensweise immer dann angestoßen, wenn der Kanban, aus dem aktuell entnommen wird, circa halb entleert ist. Der neue Kanban kommt dann an, bevor der aktuelle Kanban vollständig entleert ist. Abbildung 17.5 verdeutlicht dieses Prinzip.

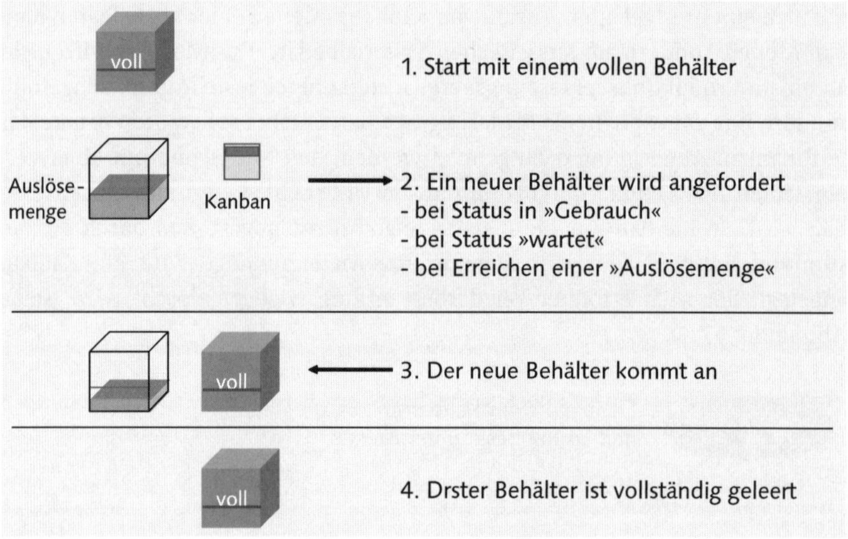

Abbildung 17.5 Einkarten-Kanban

Da auch beim »Einkarten«-Kanban zeitweise zwei Kanbans aktiv sind, um die Wiederbeschaffung des in Gebrauch befindlichen Kanbans zu gewährleisten, muss diese Logik im System mit zwei Kanbans abgebildet werden.

17.4.4 Kanban mit Mengenimpuls

Im klassischen Kanban wird der Kanban-Impuls Status »leer« nach dem vollständigen Entleeren des Kanbans vom Mitarbeiter – beispielsweise mit dem Barcode – gesetzt. Vor dem Leersetzen wird dem System nicht mitgeteilt, welche Menge sich noch im Kanban befindet. Mit dem Mengenimpuls wird der Kanban-Impuls nicht durch den Statuswechsel vom Mitarbeiter gesetzt, sondern der Werker bzw. ein Betriebsdatenerfassungs-System (BDE) gibt die jeweils entnommenen Mengen im System direkt ein, und das System führt das Leersetzen des Kanbans automatisch durch, sobald die Kanban-Menge erreicht ist (siehe Abbildung 17.6).

Abbildung 17.6 Kanban – Mengenimpuls

Die Ist-Menge wird um die Menge reduziert, die in der Funktion *Mengenimpuls* eingegeben wird. Das System erkennt, wenn die Ist-Menge eines Kanbans »0« ist und setzt den Kanban automatisch auf leer. Wird aus einem Behälter das erste Mal eine Menge ausgefasst, so wird der Status »in Gebrauch« vergeben. Überschreitet die Entnahmemenge die Ist-Menge des Kanban, so wird automatisch die Ist-Menge des nächsten Kanbans reduziert. Hierbei werden zuerst die Kanbans mit dem Status »in Gebrauch« reduziert und dann die Kanbans, die am längsten den Status »voll« aufweisen.

Beim Mengenimpuls wird nur die Ist-Menge der Kanbans fortgeschrieben, jedoch keine Bestandsbuchung durchgeführt. Die Bestandsbuchung erfolgt weiterhin, wenn das Material retrograd entnommen wird

17.5 Der Kanban-Ablauf

Der Kanban-Ablauf wird gesteuert und sichtbar gemacht, indem die Kanbans auf entsprechende Status gesetzt werden. Im Normalfall werden nur die Status »leer« und »voll« verwendet. Wird ein Behälter vom Verbraucher auf den Status »leer« gesetzt, so wird damit ein Nachschubelement erzeugt und die Quelle des

Materials zur Lieferung aufgefordert. Das Leermelden eines Kanbans führt nicht zur Buchung eines Warenausgangs (siehe Abbildung 17.7).

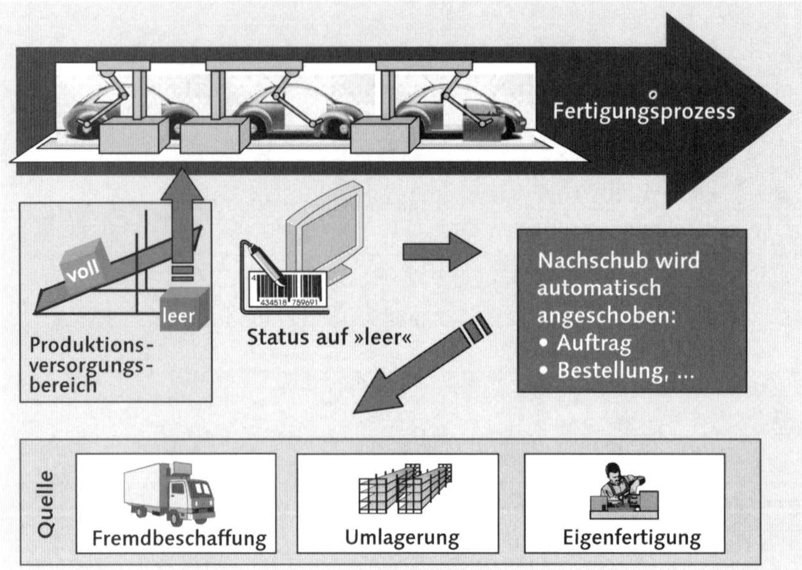

Abbildung 17.7 Kanban leermelden

Warenausgänge werden im Kanban-Ablauf typischerweise retrograd bei der Rückmeldung des darüber liegenden Auftrages gebucht (oder aber bei der manuellen Warenausgangsbuchung zum darüber liegenden Auftrag).

Wird der Status vom Verbraucher auf »voll« gesetzt (siehe Abbildung 17.8), so wird automatisch der Wareneingang für das Material mit Bezug zum Beschaffungselement gebucht.

Das Leer- und Vollmelden kann über das Einlesen des Barcodes auf der Kanban-Karte erfolgen. Status können auch über ein BDE-System oder indirekt über die Wareneingangs- oder Rückmeldetransaktion gesetzt werden. Darüber hinaus ist das Leermelden über die Transaktion *Manueller Kanban-Impuls* oder über die Kanban-Tafel möglich.

Die Kanban-Tafel zeigt eine detaillierte Übersicht über den Behälterumlauf und ermöglicht es zusätzlich, den Kanban-Impuls (z.B. Leer- und Vollmelden) auszulösen (siehe Abbildung 17.9)

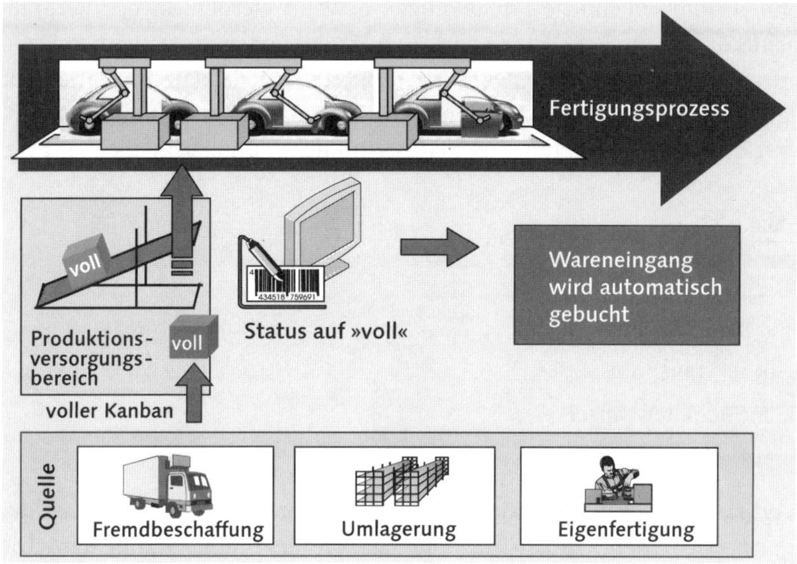

Abbildung 17.8 Kanban vollmelden

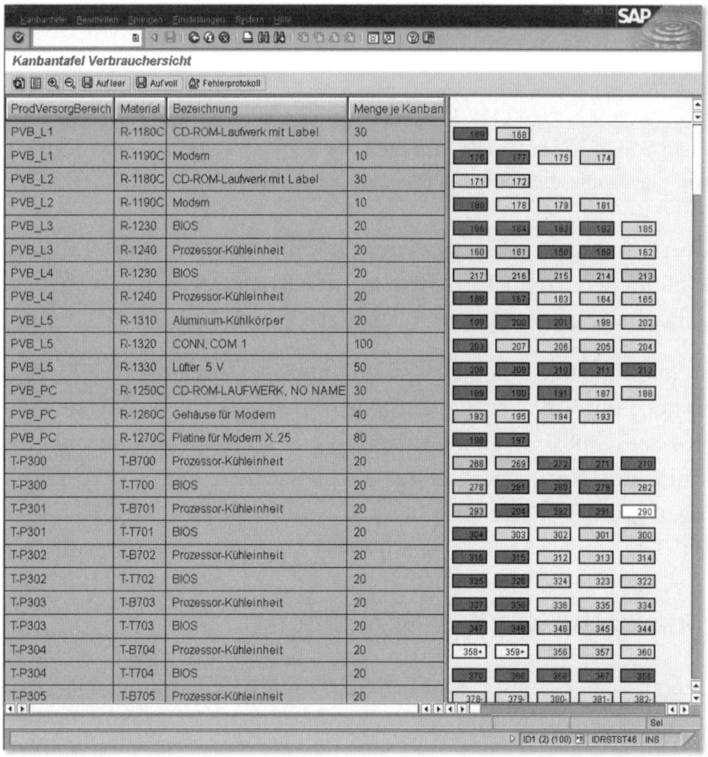

ProdVersorgBereich	Material	Bezeichnung	Menge je Kanban
PVB_L1	R-1180C	CD-ROM-Laufwerk mit Label	30
PVB_L1	R-1190C	Modem	10
PVB_L2	R-1180C	CD-ROM-Laufwerk mit Label	30
PVB_L2	R-1190C	Modem	10
PVB_L3	R-1230	BIOS	20
PVB_L3	R-1240	Prozessor-Kühleinheit	20
PVB_L4	R-1230	BIOS	20
PVB_L4	R-1240	Prozessor-Kühleinheit	20
PVB_L5	R-1310	Aluminium-Kühlkörper	20
PVB_L5	R-1320	CONN, COM 1	100
PVB_L5	R-1330	Lüfter 5 V	50
PVB_PC	R-1250C	CD-ROM-LAUFWERK, NO NAME	30
PVB_PC	R-1260C	Gehäuse für Modem	40
PVB_PC	R-1270C	Platine für Modem X.25	80
T-P300	T-B700	Prozessor-Kühleinheit	20
T-P300	T-T700	BIOS	20
T-P301	T-B701	Prozessor-Kühleinheit	20
T-P301	T-T701	BIOS	20
T-P302	T-B702	Prozessor-Kühleinheit	20
T-P302	T-T702	BIOS	20
T-P303	T-B703	Prozessor-Kühleinheit	20
T-P303	T-T703	BIOS	20
T-P304	T-B704	Prozessor-Kühleinheit	20
T-P304	T-T704	BIOS	20
T-P305	T-B705	Prozessor-Kühleinheit	20

Abbildung 17.9 Kanban-Tafel

Es können unterschiedliche Darstellungen gewählt werden. In der Verbrauchersicht können die Regelkreise nach den Produktionsversorgungsbereichen sortiert angezeigt werden (es stehen eine Vielzahl von Selektionskriterien zur Verfügung). Für jeden Regelkreis sehen Sie alle im Umlauf befindlichen Kanbans mit dem aktuellen Status. Der Status wird durch unterschiedliche Farben angezeigt:

- Grün: Kanban-Behälter ist voll
- Rot: leer
- Blau: in Gebrauch
- Gelb: in Transport
- Violet: Behälter wartet
- Roter Rand: fehlerhaft

Der Verbraucher kann auch ohne Nutzung der Barcode-Abwicklung aus der Verbrauchersicht der Kanban-Tafel die Kanbans leer- und vollmelden. Die Quellensicht ermöglicht der Quelle, ihren Arbeitsvorrat zu überblicken (es stehen eine Vielzahl von Selektionskriterien zur Verfügung). Die Quelle sieht hier, welche Behälter noch voll sind und welche Behälter wieder aufgefüllt werden müssen.

Hinweis

Es ist jedoch nicht Aufgabe der Quelle, die Behälter auf »leer« und »voll« zu setzen, folgerichtig kann die Quelle diese beiden Status nicht setzen.

In der Werksübersicht erhalten Sie entweder für ein Werk oder aber pro Werk einen Überblick über den Arbeitsfortschritt auf den Regelkreisen (auch hier stehen eine Vielzahl von Selektionskriterien zur Verfügung).

Der Nachschub mit Kanban ist möglich sowohl mit Eigenfertigung, mit Fremdbeschaffung als auch mit Umlagerung. Für jede dieser drei Möglichkeiten steht eine Reihe von Nachschubstrategien zur Verfügung. So kann zum Beispiel bei Fremdbeschaffung mit Normalbestellungen, Lieferplänen oder mit Umlagerungsbestellungen gearbeitet werden.

17.6 Automatische Kanban-Berechnung

Um einen geringen Materialbestand bei ausreichender Versorgungssicherheit zu gewährleisten, müssen die Anzahl der Kanbans sowie die Menge pro Kanban optimal ausgewählt werden. Da in vielen Industriebereichen die Bedarfssituation oft Schwankungen unterworfen ist, müssen die Anzahl der Kanbans sowie die Menge pro Kanban regelmäßig überprüft und angepasst werden (siehe Abbildung 17.10).

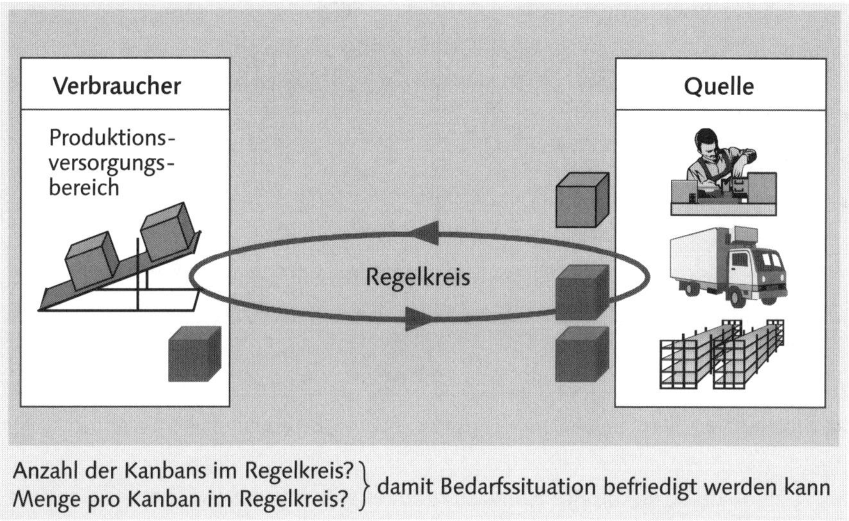

Abbildung 17.10 Kanban-Berechnung

Mit der automatischen Kanban-Berechnung können Vorschläge für die Anzahl der Kanbans sowie die Menge pro Kanban erstellt werden. Die automatische Kanban-Berechnung wird auf Basis von Sekundärbedarfen erstellt. Dabei können die folgenden 4 Fälle unterschieden werden:

Oberhalb des Kanban-Materials, für dessen Regelkreis Sie die Kanban-Berechnung durchführen, erfolgt der Nachschub über die Bedarfsplanung. In diesem Fall liegen für das Kanban-Material Sekundärbedarfe vor, die von Planprimärbedarfen bzw. Kundenaufträgen des Enderzeugnisses herrühren. Die Kanban-Berechnung können Sie in diesem Fall auf Basis von Sekundärbedarfen der Bedarfsplanung durchführen (siehe Abbildung 17.11, linke Seite).

Oberhalb des Kanban-Materials, für dessen Regelkreis Sie die Kanban-Berechnung durchführen, erfolgt der Nachschub auch über Kanban (mit der Nachschubstrategie *Kanban ohne Bedarfsplanung*). Da die Bedarfsplanung bei Kanban-Materialien abbricht, liegen in diesem Fall für das Kanban-Material keine Sekundärbedarfe vor, die von Planprimärbedarfen bzw. Kundenaufträgen des Enderzeugnisses herrühren, wie in Abbildung 17.11 auf der rechten Seite zu sehen.

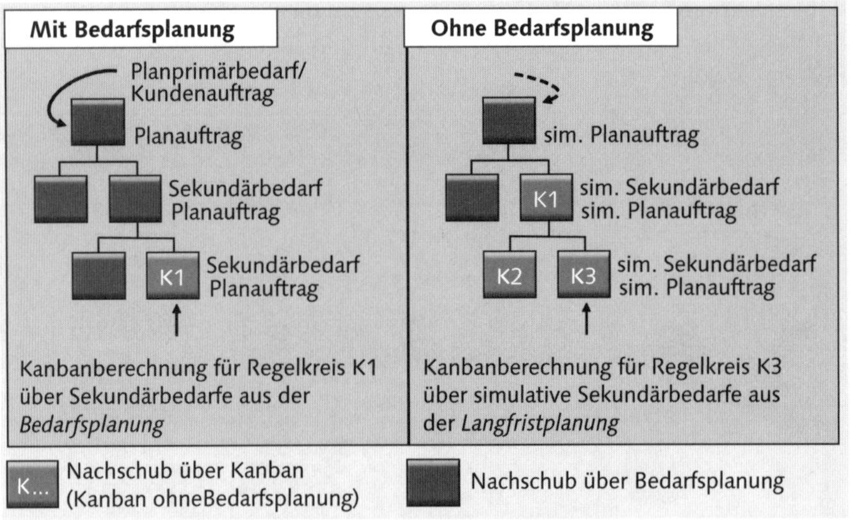

Abbildung 17.11 Sekundärbedarfe als Basis der Kanban-Berechnung

Sie müssen daher in diesem Fall das Enderzeugnis mit der Langfristplanung planen. Die Langfristplanung ist eine simulative Bedarfsplanung: Mit ihr können Sie auch für Kanban-Materialien simulative Sekundärbedarfe sowie simulative Planaufträge entlang der gesamten Stückliste erzeugen. Diese simulativen Sekundärbedarfe und Planaufträge sind in der operativen Planung nicht sichtbar; sie liegen lediglich in einem simulativen Langfristplanungs-Szenario vor. Die Kanban-Berechnung können Sie in diesem Fall auf Basis von simulativen Sekundärbedarfen eines Langfristplanungs-Szenarios durchführen.

Wird die Bedarfsplanung in SAP APO durchgeführt, so werden die hierbei abgesetzten Sekundärbedarfe in der Kanban-Berechnung berücksichtigt.

Die Langfristplanung können Sie auch einsetzen, wenn der Nachschub oberhalb des Kanban-Materials über die Bedarfsplanung erfolgt. Dies wird dann durchgeführt, wenn Sie die Kanban-Berechnung auf Basis einer Simulationsplanung durchführen wollen.

Wenn die automatische Kanban-Berechnung auf Basis der Sekundärbedarfe erstellt wird, die aus der Bedarfsplanung oder der Langfristplanung kommen, können die Sekundärbedarfe auch geglättet werden. Die Sekundärbedarfstermine werden in der Bedarfsplanung/Langfristplanung aufgrund der Annahme, dass alle Komponenten bei Beginn des Auftrags vorliegen müssen, zum Eckstarttermin des verursachenden Auftrags eingeplant. Die Komponenten liegen also mit ihrem Bedarfstermin auf einem bestimmten Tag, obwohl der Bedarfsverursacher über einen Zeitraum hinweg (häufig mehrere Tage) produziert wird. Bei Kanban kann in der Regel davon ausgegangen werden, dass nicht alle Komponenten zum Starttermin des Auftrags gleichzeitig bereitgestellt werden müssen. Daher ergibt sich die Forderung, die Sekundärbedarfe zu glätten, bevor die Regelkreise berechnet werden. Die Anzahl der Kanbans werden mit folgender Berechnungsart ermittelt (siehe Abbildung 17.12).

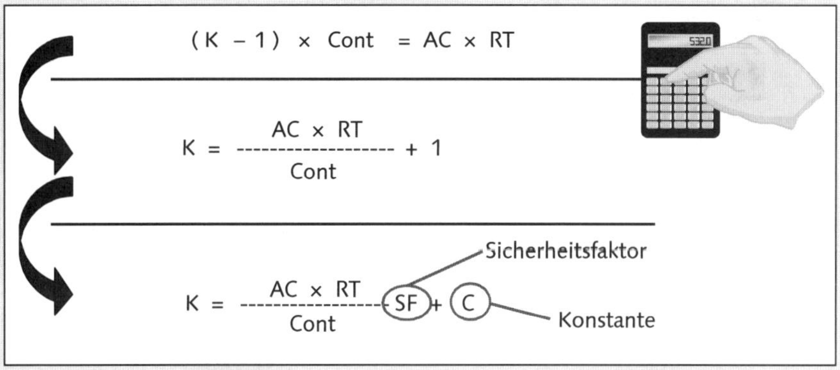

K Anzahl Kanbans
Cont Menge pro Kanban
RT Wiederbeschaffungszeit pro Kanban (aus Regelkreis oder Material)
AC durchschnittlicher Verbrauch pro Zeit (aus Sekundärbedarfen)

Abbildung 17.12 Formel zur automatischen Kanban-Berechnung

Ist das Material des ersten Kanbans verbraucht, so muss die verbleibende Materialmenge

[(Anzahl Kanbans – 1) × Menge pro Kanban]

ausreichen, um den Materialbedarf so lange zu decken, bis das Material für diesen Kanban wiederbeschafft worden ist. Daher muss diese verbleibende Materialmenge gleich dem Verbrauch in der Wiederbeschaffungszeit eines Kanbans [AC × RT] sein.

Zusätzlich sind Schwankungen in der Wiederbeschaffungszeit und im Verbrauch über den Sicherheitsfaktor zu berücksichtigen. Der Sicherheitsfaktor wird Regelkreis angegeben (Vorschlagswert 1).

Abhängig davon, wie Kanban in der Fertigung genutzt wird, setzen Sie die Konstante wie folgt:

- Wird ein Kanban leergemeldet, wenn das komplette Material des Kanbans verbraucht ist, so wird die Konstante auf 1 gesetzt.
- Wird dagegen schon leergemeldet, wenn das erste Teil entnommen wird, so ist die Konstante 0.

- Die Konstante wird im Regelkreis angegeben (Vorschlagswert 1).
- Soll die Anzahl der Kanbans konstant sein (z.B. 2), so lässt sich analog auch die Menge pro Kanban errechnen.

Die Berechnung von Regelkreisen setzt die Kenntnis des Materialbedarfs auf Regelkreisebene voraus.

Mit der automatischen Kanban-Berechnung können Vorschläge für die Anzahl Kanbans sowie für die Menge pro Kanban erstellt werden. Das SAP ERP-System rundet stets auf ganze Behältermengen auf, sodass eine Plausibilitätsüberprüfung sinnvoll ist (siehe Abbildung 17.13).

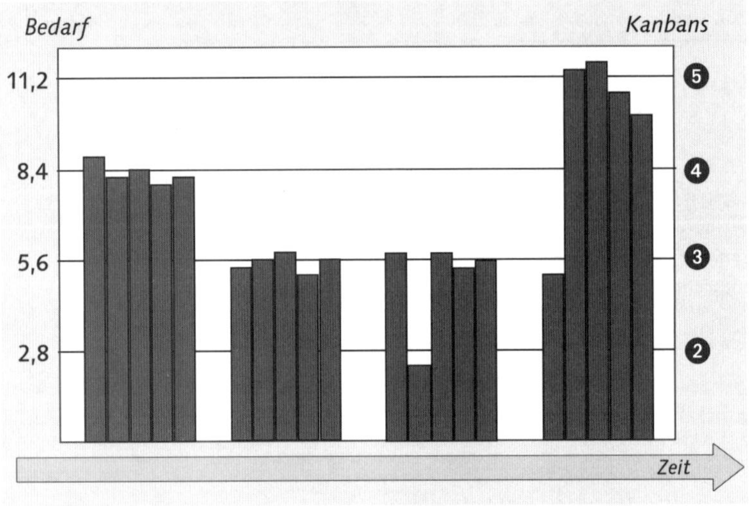

Abbildung 17.13 Grafik zur automatischen Kanban-Berechnung

Da im Betrachtungszeitraum theoretisch an jedem Tag eine andere Anzahl Kanbans notwendig sein kann, speichert das System die folgenden drei Werte ab:

- die nächste Änderung, die aufgrund der Daten notwendig ist
- die maximale Anzahl Kanbans, die im Betrachtungszeitraum nötig ist
- die minimale Anzahl Kanbans, die im Betrachtungszeitraum nötig ist

Die Berechnung der Kanban-Behälter ist ein Vorschlag und sollte auch als solcher behandelt werden. Damit stellt die Menge pro Kanban die Losgröße dar, in der das Material wiederbeschafft (produziert, transportiert) wird. Der Disponent oder Fertigungssteuerer kennt die Artikel und deren Rahmenbedingungen genau. Er kennt auch kurzfristige Sondereinflüsse und womöglich auch schon Kundenanfragen, die dem System noch nicht bekannt sind. Daher ist es nicht immer sinnvoll ist, diese Werte »blind« zu übernehmen. Der Fertigungssteuerer kann sich zur einfachen Prüfung den Bedarfsverlauf auch grafisch anzeigen lassen.

Beispiel: Menge pro Kanban/Anzahl Kanbans

Verbrauch in der Wiederbeschaffungszeit eines Kanbans = 100 St.

Menge pro Kanban = 100 St.

Anzahl Kanbans $= 2 = \frac{100\ \text{St.}}{100\ \text{St.}} + 1$

Maximaler Bestand: 200 St.
Transport-/Rüstaufwand: niedrig

Menge pro Kanban = 10 St.

Anzahl Kanbans $= 11 = \frac{100\ \text{St.}}{10\ \text{St.}} + 1$

Maximaler Bestand: 110 St.
Transport-/Rüstaufwand: hoch

Abbildung 17.14 Beispiel zur Kanban-Berechnung

Das Beispiel in Abbildung 17.14 zeigt, wie sich bei einem gegebenen Verbrauch in der Wiederbeschaffungszeit die Anzahl der Kanbans errechnet, wenn man unterschiedliche Mengen pro Kanban verwendet:

- Im ersten Beispiel ergibt sich ein maximaler Bestand von 200 Stück (2 Kanbans zu je 100 Stück). Der Transport- bzw. Rüstaufwand ist gering.
- Im zweiten Beispiel ergibt sich ein maximaler Bestand von 110 Stück (11 Kanbans zu je 10 Stück). Der Transport- bzw. Rüstaufwand ist jedoch höher.

Zur Abschätzung der notwendigen Sicherheitsbestände ist zunächst die Wiederbeschaffungszeit zu ermitteln. Diese Wiederbeschaffungszeit wird um die Reaktions- und gegebenenfalls um die Transportzeit erweitert. Die Transportzeit sollte die wirkliche Dauer der Transporte berücksichtigen und nicht die klassische Übergangszeit zwischen den Arbeitsplätzen, die den Arbeitsvorrat mit umfasst.

Zur Gewährleistung einer optimalen Liefersicherheit ist als zweiter Schritt der Bedarf zu ermitteln, der während der Wiederbeschaffungszeit auftritt. Dieser Bedarf entspricht dem zur Überbrückung der Wiederbeschaffungszeit benötigten Sicherheitsbestand, eventuell erweitert um Zuschläge für unvorhergesehene

Ereignisse. Der erforderliche Bestand, dem die Zahl der Kanban zugrunde gelegt wird, ergibt sich schließlich aus der Losgröße und dem Sicherheitsbestand.

Kleine Mengen pro Kanban senken den durchschnittlichen Umlaufbestand, erhöhen jedoch den Rüst-, Transport- und Überwachungsaufwand. Ist die Wiederbeschaffungszeit pro Kanban bei kleineren Losen kürzer, kann im obigem Beispiel die Anzahl der Kanbans weiter reduziert werden. Große Mengen pro Kanban erhöhen den durchschnittlichen Umlaufbestand, senken jedoch den Rüst-, Transport- und Überwachungsaufwand.

17.7 Auswahlverfahren der Kanban-geeigneten Produkte

Die Auswahl geeigneter Kanban-Artikel trifft man am besten anhand der ABC/XYZ-Analyse (siehe Kapitel 3, »Artikelklassifizierung als Basis für Dispositionsentscheidungen«). Mithilfe der ABC-Analyse erfolgt eine Einteilung des Materialsortiments in A-Teile, B-Teile und C-Teile entsprechend ihrem relativen Wertanteil am Gesamtwert der beschafften Materialien. Dabei findet eine *Mengen-Wert-Verhältnis*-Untersuchung statt. Diese Untersuchung beruht auf der Erkenntnis, dass in der Regel die Materialbedarfsstruktur eines Unternehmens so gekennzeichnet ist, dass ein regelmäßig geringer Anteil der verwendeten Materialarten (A-Teile) den Hauptanteil am Wert der insgesamt beschafften Materialien bildet. Materialarten mit geringerem Anteil am Gesamtwert, dafür aber höherem Mengenanteil werden als B- und C-Teile klassifiziert.

Betrachtet man den Verbrauch einzelner Materialien über einen längeren Zeitraum, so ist festzustellen, dass es einerseits Materialien gibt, deren Verbrauch nahezu konstant ist, andererseits Materialien, deren Verbrauch bestimmten Schwankungen unterliegt, und schließlich solche mit völlig unregelmäßigem Verbrauch. Die nach dem ABC-Verfahren gewichteten Materialien könnten demnach auch entsprechend der Vorhersagegenauigkeit ihres Verbrauchs geordnet werden. Dabei bedeuten die Klassifizierungssymbole folgendes:

- **X-Teile**
  Verbrauch ist konstant bei nur gelegentlichen Schwankungen; hohe Vorhersagegenauigkeit.
- **Y-Teile**
  Verbrauch unterliegt stärkeren Schwankungen, ist trendmäßig steigend oder fallend oder unterliegt saisonalen Schwankungen; mittlere Vorhersagegenauigkeit.
- **Z-Teile**
  Verbrauch verläuft völlig unregelmäßig; niedrige Vorhersagegenauigkeit.

Die Durchführung der ABC-Analyse im Zusammenhang mit der XYZ-Analyse ist die Voraussetzung zur Ermittlung der kanban-geeigneten Produkte (Materialien, Baugruppen). Eine Anwendung des Kanban-Systems bietet sich aufgrund der niedrigen Wertigkeit (bereits erfolgte Wertschöpfung am Produkt) in erster Linie für C-Teile an. Die Überprüfung der Stetigkeit des Verbrauchs erfolgt mittels der XYZ-Analyse. Eine hohe Vorhersagegenauigkeit des Verbrauchs weisen hierbei die X-Produkte aus. Demzufolge sind C-Teile, die auch in der Kategorie X zu finden sind, in hohem Maße kanban-tauglich.

Das eigentliche Problem bei Kanban besteht häufig nicht in der Steuerung des Produktionsprozesses, sondern darin, die notwendigen Einsatzvoraussetzungen zu schaffen. Eventuell können notwendige Bedingungen nur für bestimmte Teilbereiche der Produktion hergestellt werden.

Will man das Kanban-Verfahren sinnvoll nutzen, so müssen einige wesentliche Punkte beachtet werden:

- Der Verbrauch der Kanban-Teile sollte innerhalb eines Zeitraums, der größer als die Wiederbeschaffungszeit eines Kanbans ist, relativ konstant sein. Wird ein Material zeitweise in großen Mengen und dann wieder eine Zeitlang gar nicht benötigt, so braucht man sehr viele Kanbans, um die Materialversorgung sicherzustellen und hat damit relativ hohe Bestände, wenn das Material nicht gebraucht wird.
- Die Quelle sollte in der Lage sein, in kurzer Zeit viele kleine Lose zu fertigen. Dazu müssen die Rüstzeiten in der Fertigung auf ein Mindestmaß gesenkt und die Zuverlässigkeit der Produktion gesteigert werden. Es ist nicht im Sinne einer Produktionssteuerung mit Kanban, an der Quelle mehrere Kanbans für ein Material zu sammeln und erst dann mit der Produktion zu beginnen. Ebenso wenig ist es im Sinne der Kanban-Steuerung, dass Material im Voraus produziert wird, da sonst unnötig Materialien beschafft bzw. gelagert würden.
- Bei schwankenden Bedarfen wird es notwendig, die Anzahl der Kanban-Karten dynamisch nachzuführen. Dies erfolgt oft durch einen hohen Sicherheitsbestand, der auf Bedarfsspitzen ausgelegt ist, was jedoch dem Grundsatz der Vermeidung von Verschwendung widerspricht. Diese Schwankungen können nur dann berücksichtigt werden, wenn die Anzahl der Karten/Kanbans permanent neu berechnet wird. Das aber bedeutete zugleich die ständige Ein- und Ausphasung der Karten in den Gesamtprozess. Bei starken Bedarfsschwankungen muss sich das Kanban-System über die Veränderung der Auflagefrequenz der Standardlose anpassen. Dies hat den Nachteil, dass es für die momentan benötigten Teile zu langen Lieferzeiten kommt. Abhilfe schafft eine Erhöhung der Teilemenge in den Kanban-Behältern

durch die Ermittlung des optimalen Sicherheitsbestands bei allen Kanban-Produkten. Bei Teilen mit starken Bedarfsschwankungen muss ein höherer Sicherheitsbestand in den Kanban-Behältern zugrunde gelegt werden. Eine Mengenerhöhung im Kanban-Behälter hat eine längere Reichweite zur Folge. Dadurch können lange Lieferzeiten vermieden werden.

- Häufige technische Änderungen von Produkten führen ebenfalls zu Umgestaltungen im Arbeitsablauf und schaden somit dem kontinuierlichen Produktionsfluss, da eine Umgestaltung direkten Einfluss auf die Regelkreise nimmt. Auf diesen Umstand geht die häufig in der Praxis zu vernehmende Forderung zurück, dass ein Produktlebenszyklus von einem Jahr notwendig sei, um die mit Kanban zu erzielenden Effekte voll ausschöpfen zu können.
- Beim Anlauf und Auslauf von Produkten gibt es weitere Einzelheiten zu beachten. Mit einer hohen Fertigungstiefe ist eine lange Durchlaufzeit der Kanban-Kette verbunden, bevor mit der Fertigung des ersten Teiles begonnen werden kann. Diese Phase sollte sorgfältig geplant werden. Andererseits besteht beim Auslauf eines Produkts die Gefahr, dass in allen Fertigungsstufen nicht mehr benötigte Restbestände in Höhe der Kanban-Menge verbleiben. Auch hier müssen Sie geeignete Maßnahmen vorsehen.
- Die Fertigung kleiner Mengen eines Produkts ist grundsätzlich möglich, bedingt aber den Einsatz gesonderter Organisationshilfen, beispielsweise den begrenzten Kanban, der nur so lange bedient wird, bis eine definierte Menge produziert ist. Auch hierfür wäre ein erhöhter manueller Aufwand erforderlich.

Grundsätzlich lässt sich feststellen, dass das Kanban-Prinzip innerbetrieblich erfolgreich eingesetzt werden kann, wenn die folgenden Voraussetzungen erfüllt sind:

- harmonisierte Kapazitäten
- produktionsstufenbezogenes Fertigungslayout
- geringe Variantenvielfalt
- geringe Bedarfsschwankungen
- störungsarmer Produktionsprozess
- hohe Fertigungsqualität
- weitgehend konstante Losgrößen
- kurze Rüstzeiten

Offensichtlich eignet sich das Kanban-System vor allem für eine Fließfertigung.

Vorteile und Chancen des Kanban-Verfahrens:

- schnelle Akzeptanz durch Einfachheit
- Die Produktionsmenge entspricht dem aktuellen Bedarf. Der Effekt dieser Selbststeuerung und der zeitnah am tatsächlichen Verbrauch erzeugten Nachschubelemente ist die Reduktion der Bestände sowie die Verkürzung der Durchlaufzeit (Nachschub wird erst dann angestoßen, wenn Material benötigt wird und nicht vorher).
- Der manuelle Buchungsaufwand wird reduziert.
- hohe Lieferbereitschaft und Termineinhaltung, wenn der Kanban-Prozess stabil läuft
- höhere Transparenz des Materialflusses innerhalb der Fertigung (aber nicht außerhalb der Fertigung)
- gute Mitarbeitereinbindung, insbesondere in Verbindung mit Gruppenarbeit
- Regelkreisprinzip minimiert Steuerungsaufwand.

Nachteile und Risiken des Kanban-Verfahrens:

- Bedarfsschwankungen können nur in geringem Umfang ausgeglichen werden.
- Bei Störungen kann der geringe Pufferbestand zum Ausfall aller nachfolgenden Fertigungsstufen führen.
- Stark schwankende Produktionsmengen sind nicht steuerbar, folglich ist Kanban nur bei kontinuierlichem Verbrauch (X-Artikel) einsetzbar.
- Für Kanban ist eine geringe Variantenvielfalt erforderlich (mehr Varianten führen zu größerem Planungs- und Koordinationsaufwand), folglich sollte umgekehrt ein hoher Gleichteileanteil gegeben sein.
- Bestandstransparenz nimmt ab, da unbekannt ist, wie voll ein »voller« Kanban-Behälter ist (Sind noch 100 Stück drin oder nur noch 1 Stück?).
- Die Transparenz in der Produktionssteuerung nimmt ab, da die Kanban-Steuerung aus Sicht der Produktions- und Bedarfsplanung als Black Box fungiert.
- Gefahr der Aufweichung der Kanban-Regelkreise durch operative Steuerungsentscheidungen
- relativ starres, verkettetes System (z.B. durch konstante Größe der Abruflose)
- ungeeignet für Einzel- und Spezialfertigung
- komplexe Umsetzung

- Leerlaufzeiten, wenn Maschinen nur auf Anforderung produzieren
- nicht einsetzbar bei langen Rüst- und Anlaufzeiten bei bestimmten Maschinen
- Ein Null-Bestand kann aufgrund von Sicherheitsfaktoren nicht realisiert werden.

17.8 Fazit

Die Kanban-Steuerung ist an sich ein gutes Instrument, um für bestimmte Artikel Kosteneinsparungen zu erzielen – dies haben zahlreiche Implementierungsprojekte erwiesen. Leider wird Kanban aber häufig in den Unternehmen überdimensioniert, also zu pauschal auf eine Vielzahl von Artikeln angewendet. Es werden zu oft zu viele Artikel mit Kanban gesteuert – auch solche, für die Kanban eigentlich nicht konzipiert ist. Diese falsche Anwendungsweise führt dann zu insgesamt höheren Beständen. Das wird wiederum häufig nicht erkannt, weil das Pull-Prinzip die Transparenz verringert. Bestände können nicht mehr exakt gemessen werden, da niemand weiß, wie viel ein Kanban-Behälter noch enthält. Die Produktion wird so zu einer Black Box – für die Produktion ist dies sogar wünschenswert, für andere Unternehmensteile führt es jedoch zu Intransparenz.

Um die potenziellen Vorteile der Kanban-Steuerung auszunutzen, müssen Sie das Verfahren also sehr gezielt einsetzen. Eine Artikelklassifizierung ist hierfür in jedem Fall sinnvoll (siehe Kapitel 3, »Artikelklassifizierung als Basis für Dispositionsentscheidungen«).

Im folgenden Kapitel wenden wir uns nun den Instrumenten des Bestandscontrollings zu.

Disposition und Einkauf stehen unter Hochdruck: Einerseits sollen Bestände konsequent verringert werden, andererseits soll die Lieferbereitschaft erhöht werden – und das bei kontinuierlich sinkendem Personalbestand in der Abwicklung. Gleichzeitig sind diese beiden Ziele nur dann zu erreichen, wenn die Disponenten methodisch unterstützt werden. Wie Sie Ihre Bestände und Ihre Disposition überwachen können, erläutert dieses Kapitel.

18 Bestandscontrolling

Angesichts erhöhter Komplexität, gewachsener Leistungsanforderungen, und eines steigenden Kosten- und Zeitdrucks wird ein funktionierendes und aussagekräftiges Logistikcontrolling, das Transparenz schafft über Logistikperformance und -kosten sowie über Kostentreiber, immer wichtiger. Das Logistikcontrolling verfolgt dabei vor allem zwei Ziele:

- permanente Wirtschaftlichkeitskontrolle durch Soll-Ist-Vergleiche von Kosten und Leistungen
- Beschaffung, Verdichtung und Bereitstellung entscheidungsbezogener Informationen

Wichtiger Teil des Logistikcontrollings ist auch das Bestandsmanagement, auf das in diesem Kapitel eingegangen werden soll.

18.1 Warum Bestandsüberwachung?

In der Vergangenheit wurden Logistikprozesse in vielen Unternehmen häufig in eigenständigen Funktionsbereichen vollzogen. Dieses abteilungsbezogene Denken führte zu einer isolierten Betrachtung des logistischen Leistungsprozesses: Beispielsweise kann die Senkung von Bestandskosten in einem Funktionsbereich zu deren Erhöhung in einem anderen Unternehmensbereich führen. Hinzu kommen Wechselwirkungen zum Beispiel des Bestands mit anderen logistischen Leistungen wie Lieferservice oder Durchlaufzeiten. Deshalb ist es notwendig, das Logistikcontrolling und im Rahmen der Disposition das Bestandscontrolling unter integrativen Aspekten zu steuern und die Wechselwirkungen auf andere Leistungskennzahlen zu überblicken. Denn das Logistikcontrolling in der Disposition fokussiert im Wesentlichen die Bestandskosten.

Es ist außerdem wichtig, dass Kennzahlen im gesamten Unternehmen einheitlich definiert und erhoben werden, damit ihre Vergleichbarkeit gewährleistet wird. Bestandscontrolling ist notwendig, um suboptimale Einzellösungen zu vermeiden und die Supply-Chain-Prozesse ganzheitlich und prozessorientiert zu steuern.

Am Beispiel der Bestelldisposition sollen einige relevante Kennzahlen genannt werden. Die Bestelldisposition hat die Aufgabe, Roh-, Hilfs- und Betriebsstoffe bei den einzelnen Lieferanten abzurufen. Der Leistungsumfang wird wesentlich durch die Zahl der verschiedenen Lieferanten bestimmt. Geeignete Leistungskennzahlen zur Messung des Erfüllungsgrads der Aufgabe sind:

- Zahl der zu disponierenden A-, B- und C- Teile
- Lieferantenzahl
- Zahl der zu betreuenden Artikel
- Anteil neuer Artikel und neuer Lieferanten
- Zahl der Spezialartikel
- Zahl der Reklamationen
- Fehlmengenzahl
- geleistete Personalstunden

Das Logistikcontrolling hat also zwei Aufgaben: Es dient einerseits der langfristigen Kursbestimmung und Kurskorrektur, andererseits deckt der Controller Brandherde und Schwachstellen auf und beseitigt sie. Zu den Aufgaben des Bestandscontrollings zählen:

- Optimierung der Bestandskosten
- Minimierung der administrativen Kosten
- Definition und Überwachung der Dispositionsparameter
- Vorgabe von Richtwerten

18.2 Einführung in das Logistikcontrolling

Das Logistikcontrolling hat die Aufgabe, die Leistung der logistischen Prozesse innerhalb der Supply Chain eines Unternehmens zu analysieren, zu messen und zu bewerten. In der Literatur werden gegenwärtig einzelne Instrumente für das Supply-Chain-Controlling wie zum Beispiel die Kennzahlen des SCOR-

Modells diskutiert. Geschlossene Supply-Chain-Controlling-Konzepte bestehen nur ansatzweise (siehe Zäpfel, 1996, S. 25–97). Die Ansätze von Syska, Weber et al., Kaplan/Norton und dem Supply Chain Council (SCC) bieten Vorgehensweisen zur Generierung von Kennzahlensystemen an. Nur der Ansatz des SCC konzentriert sich dabei auf die gesamte Supply Chain.

Um Kennzahlen im Logistikcontrolling erfolgreich einsetzen zu können, muss man zunächst wissen, was Kennzahlen genau sind und wie sie verwendet werden können. Kennzahlen sind numerische Größen, die als bewusste Verdichtung der komplexen Realität über quantitativ messbare Sachverhalte und Zusammenhänge informieren sollen (siehe Weber, 1998, S. 197).

18.2.1 Statistische Differenzierung von Kennzahlen

Zur Systematisierung von Kennzahlen wird in der betriebswirtschaftlichen Literatur oft die mathematisch-statistische Form als Systematisierungsmerkmal herangezogen. Sie gliedert die Kennzahlen in absolute Zahlen und Verhältniszahlen (siehe Abbildung 18.1). Absolute Zahlen können zum Beispiel Messzahlen, Summen, Differenzen oder Produkte sein. Auch statistisch ermittelte Maßgrößen wie der Mittelwert werden den absoluten Zahlen zugeordnet. Absolute Zahlen in Feststellungen wie »Der Bestandswert beträgt 2 Mio €« oder »Die Logistikkosten betragen 1 Mio €« haben leider oftmals nur eine geringe Aussagekraft. Man muss diese Aussagen ins Verhältnis setzen, zum Beispiel den Bestandswert zum Umsatz oder die Logistikkosten zu den Gesamtkosten.

Verhältniszahlen liegen als Beziehungszahlen, Gliederungszahlen und als Indexzahlen vor. Bei der Bildung von Gliederungszahlen werden ungleichrangige, aber gleichartige Größen zueinander ins Verhältnis gesetzt. Beziehungszahlen sind Relationen aus ungleichartigen Größen, die in einem sachlogischen Zusammenhang zueinander stehen. Die Größen der Gliederungs- und Beziehungszahlen beziehen sich alle auf den gleichen Zeitraum. Relationen aus gleichartigen, aber zeitlich verschiedenen Größen werden als *Indexzahlen* bezeichnet. Sie messen die betrachtete Zahlengröße an einer Basisgröße und zeigen somit signifikante Abweichungen in der zeitlichen Entwicklung auf (siehe Lorenzen, 1994, S. 128 f.; Küpper, 1995, S. 317 f.). Allerdings muss man auch bei den Verhältniszahlen beachten, dass die Vergleichbarkeit von Kennzahlen problematisch sein kann, wenn zum Beispiel unterschiedliche Definitionen eingesetzt werden. Vergleicht man also die Logistikkosten von Unternehmen 1 mit den Logistikkosten von Unternehmen 2, dann ist darauf zu achten, dass beide Unternehmen ihren Angaben dieselbe Definition der Logistikkosten zugrunde legen.

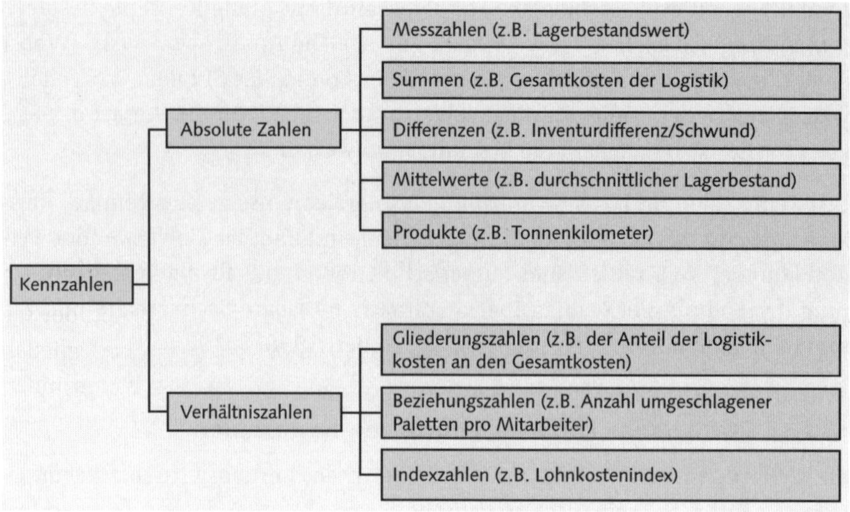

Abbildung 18.1 Statistische Differenzierung von Kennzahlen

Neben der mathematisch-statistischen Form werden verschiedene betriebswirtschaftliche Kriterien zur Differenzierung von Kennzahlen herangezogen. Dazu gehören unter anderem die Informationsbasis, die Zielorientierung, der Handlungsbezug und der Objektbereich. Die Informationsbasis bezeichnet den Ursprungsort einer Kennzahl, zum Beispiel die Bilanz oder die Ertrags- und Kostenrechnung. Werden Kennzahlen nach ihrer Zielorientierung eingeteilt, lassen sich zum Beispiel Rentabilitäts- und Liquiditätskennzahlen unterscheiden. Ein Beispiel für eine Liquiditätskennzahl ist der Liquiditätsgrad 1, der den prozentualen Anteil der Zahlungsmittel an den kurzfristigen Verbindlichkeiten angibt. Die Eigenkapitalrentabilität ist ein Beispiel für eine Rentabilitätskennzahl. Sie ist als Quotient aus dem Jahresüberschuss und dem Eigenkapital definiert.

Normative und deskriptive Kennzahlen werden nach dem Handlungsbezug differenziert. Normative Soll-Kennzahlen werden als zukunftsorientierte Zielvariablen verwendet, während deskriptive Ist-Kennzahlen Sachverhalte vergangenheitsorientiert beschreiben, die eine weitere Bearbeitung bzw. Entscheidung erfordern.

Einzelne Kennzahlen haben durch die starke Komprimierung von Informationen im Allgemeinen nur eine begrenzte Aussagekraft. Damit ist die Gefahr von Fehlinterpretationen verbunden, da wichtige Einzelheiten und Zusammenhänge verloren gehen. Eine große Anzahl kann die betriebliche Komplexität zwar wesentlich besser abbilden, führt aber häufig zu »Zahlenfriedhöfen«, die unübersichtlich sind, den Blick auf die wesentlichen Sachverhalte verstellen und einen geringen Informationswert aufweisen. Als Ausweg aus diesem Dilemma bieten sich Supply-Chain-Kennzahlensysteme an. Ein Kennzahlensystem setzt sich aus einer Menge von Elementen (Kennzahlen) und einer Menge von Beziehungen zwischen den Elementen zusammen. Folglich ist eine Ansammlung von Einzelkennzahlen allein noch kein Kennzahlensystem. Kennzahlensysteme informieren als Gesamtheit vollständig über betriebswirtschaftlich relevante Sachverhalte und Zusammenhänge.

18.2.2 Betriebswirtschaftliche Differenzierung von Kennzahlen

Kennzahlen innerhalb des Supply Chain Managements müssen neben der statistischen Gliederung auch nach betriebswirtschaftlichen Aspekten gegliedert werden. So sind Kennzahlen nach den verschiedenen Prozessgebieten innerhalb von SAP SCM zu unterscheiden:

- Kennzahlen zu den Vertriebsprozessen
- Kennzahlen zu den Beschaffungsprozessen
- Kennzahlen in den Planungsprozessen
- Kennzahlen zu den Prozessen des Materialflusses und des Transports
- Kennzahlen zum Thema Lager und Kommissionierung
- Kennzahlen zu den Produktionsplanungs- und -steuerungsprozessen
- Kennzahlen in der Distribution

Des Weiteren gliedern sich Kennzahlen in vier unterschiedliche Typen:

- **Strukturkennzahlen**
  Strukturkennzahlen beschreiben generisch den Charakter eines Prozesses (z.B. Bestellvolumen oder Anzahl Kunden).
- **Produktivitätskennzahlen**
  Produktivitätskennzahlen beschreiben eine Input-Output-Beziehung (z.B. Anzahl Positionen pro Bestellung oder Transportzeit pro Auftrag)
- **Wirtschaftlichkeitskennzahlen**
  Wirtschaftlichkeitskennzahlen bewerten die Produktivität (z.B. Beschaffungskosten pro Bestellung oder Transportkosten je Gewichtseinheit).
- **Qualitätskennzahlen**
  Qualitätskennzahlen versuchen, die Qualität eines Prozesses oder Prozessschritts zu messen bzw. auszudrücken (z.B. Beispiel Liefertreue, Fehllieferungen, etc.).

Tabelle 18.1 listet mögliche Kennzahlen auf, gegliedert nach den oben genannten betriebswirtschaftlichen Gliederungsaspekten (siehe Ehrmann 2003):

	Beschaffung	Materialfluss und Transport	Lager und Kommissionierung	Produktionsplanung und -steuerung	Distribution
Strukturkennzahlen	▸ Anzahl Kaufteile ▸ Materialeinkaufsvolumen ▸ Anzahl Lieferanten ▸ Rahmenvertragsquote ▸ Beschaffungskosten Positionen pro Bestellung	▸ Transportstrecke ▸ Mengenmäßiges Transportvolumen ▸ Anzahl Fördermittel ▸ Kapazität der Flurförderzeuge ▸ Transportkosten	▸ Anzahl Lagerartikel ▸ ABC/XYZ-Analyse ▸ Anzahl Verpackungseinheiten ▸ Anzahl Ein- und Auslagerungsvorgängen ▸ Lagerkosten insgesamt ▸ Mitarbeiter im Lagerbereich	▸ Anzahl Produktionsaufträge ▸ Anzahl Vorgänge ▸ Anzahl Ressourcen ▸ Kapazitätsauslastung ▸ Mitarbeiter im Produktionsbereich ▸ Work-in-Process (WIP)	▸ Anzahl Auftragseingänge ▸ Wert pro Auftragseingang ▸ Anzahl Kunden ▸ Umsatz je Kunde ▸ Anzahl Lagerstufen ▸ durchschnittliches Auftragsvolumen
Produktivitätskennzahlen	▸ Sendungen pro Stunde ▸ Auslastungsgrad der Entladeeinrichtungen ▸ Warenannahmezeit je Sendung ▸ Beschaffungskosten	▸ Transportzeit je Auftrag ▸ Auslastungsgrad der Transportmittel ▸ durchschnittliche Reparaturzeit pro Fördermittel ▸ Transportstrecke je Fahrer ▸ Transportleistung	▸ Kapazitätsauslastung der Förderzeuge ▸ Flächennutzungsgrade ▸ Picks pro Mitarbeiter ▸ Kommissionierzeit je Auftrag	▸ Durchlaufzeit pro Auftrag ▸ Durchlaufzeit pro Ressource ▸ Dispositionsvorgänge pro Mitarbeiter ▸ Bestandskonten pro Mitarbeiter ▸ Auslastungsgrad der Ressource	▸ Transportzeit je Auftrag ▸ Durchlaufzeit je Kundenauftrag ▸ Distributionskosten ▸ Anzahl Lieferungen pro Tag ▸ Anzahl Transporte pro Tag
Wirtschaftlichkeitskennzahlen	▸ Warenannahmekosten je Sendung ▸ Beschaffungskosten je Bestellung ▸ Beschaffungskosten in % des Einkaufsvolumens ▸ Bestellfixkosten	▸ Transportkosten je Auftrag ▸ Kosten je Tonnen-Kilometer ▸ Transportkosten je Gewichtseinheit	▸ Kosten pro Lagerbewegung ▸ Kommissionierkosten je Auftrag ▸ Lagerkostensatz ▸ Durchschnittliche Kosten je Lagerplatz ▸ Umschlagshäufigkeit	▸ Ausschusskosten ▸ Kosten je Dispositionsvorgang ▸ Anzahl Stock-out-Situationen ▸ Rüstkosten ▸ Variable Fertigungskosten	▸ Auftragsabwicklungskosten je Auftrag ▸ Distributionskosten pro Auftrag ▸ Umschlagshäufigkeit der Fertigwarenbestände ▸ Eigentransportkosten zu Fremdtransportkosten

Tabelle 18.1 Mögliche Kennzahlen nach Ehrmann (2003)

	Beschaffung	Materialfluss und Transport	Lager und Kommissionierung	Produktionsplanung und -steuerung	Distribution
Qualitätskennzahlen	▶ Quote an Fehllieferungen ▶ Verweilzeit im Wareneingang ▶ Beanstandungsquote ▶ Lieferverzögerungsquote ▶ Liefertreue des Lieferanten	▶ Lieferservicegrad ▶ Liefertreue ▶ Lieferfähigkeit ▶ Unfallhäufigkeit ▶ Schadenshäufigkeit	▶ Fehlerquote ▶ Termintreue ▶ Lagerschwund ▶ Lagerservicegrad ▶ Lagerhüter	▶ Ausschussmenge ▶ Bestandsreichweiten ▶ Nacharbeitsquote	▶ Lieferservicegrad ▶ Liefertreue ▶ Lieferfähigkeit ▶ Anzahl von Nachlieferungen ▶ Anzahl Retouren

Tabelle 18.1 Mögliche Kennzahlen nach Ehrmann (2003) (Forts.)

Diese betriebswirtschaftliche Gliederung strukturiert die Kennzahlen und gibt somit eine Hilfe, die Kennzahlen im richtigen Kontext zu ermitteln. Damit lassen sich komplexe Zusammenhänge im Supply Chain Management relativ einfach darstellen. Allerdings fehlen die Beziehungen der Kennzahlen untereinander, wie zum Beispiel der Einfluss der Durchlaufzeit pro Auftrag in der Produktion auf die Liefertreue in der Distribution. Diese Zusammenhänge sind wichtig, um Optimierungspotenziale zu erkennen. Ein weiterer Nachteil ist auch, dass planungsrelevante Kennzahlen (z.B. Prognosegenauigkeit) gänzlich fehlen. Aber gerade diese Kennzahlen sind wichtig, um die Leistungsfähigkeit einer Supply Chain zu bewerten und deren Optimierungspotenziale zu erkennen. Das Kennzahlensystem des Supply Chain Councils versucht, genau dies etwas besser zu machen.

18.2.3 Logistikkosten und Kosten der Disposition

Auf Basis der dargelegten theoretischen Ansätze soll nun genauer auf die Definition und Abgrenzung der Logistikkosten und -leistung eingegangen werden, um die Logistikkosten, die im Rahmen der Disposition entstehen, genau zu ermitteln.

Die Logistik selbst lässt sich in unterschiedliche Prozesse unterteilen. Aus funktionsorientierter Sicht unterscheidet man folgende innerbetriebliche Logistikprozesse:

▶ **Beschaffungslogistik**
Die Beschaffungslogistik stellt die Verbindung zwischen der Distributionslogistik der Lieferanten und der Produktionslogistik des beschaffenden

Unternehmens dar. Sie umfasst alle Aktivitäten, die einer bedarfsgemäßen, also nach Art, Menge, Qualität, Raum, Zeit und Kosten abgestimmten Bereitstellung der für die betriebliche Leistungserstellung benötigten Materialien dienen.

- **Produktionslogistik**
  Die Produktionslogistik verbindet die Beschaffungslogistik mit der Distributionslogistik. Sie umfasst alle Aktivitäten im Zusammenhang mit der Versorgung der einzelnen Produktionsstufen mit den benötigten Einsatzgütern sowie der Abgabe der erzeugten Produkte an das Absatzlager.
- **Distributionslogistik**
  Die Distributionslogistik verbindet die Produktionslogistik eines Unternehmens mit der Beschaffungslogistik der Kunden und umfasst somit alle Aktivitäten zur Belieferung der Kunden mit den jeweils nachgefragten Produkten. Die Belieferung kann dabei direkt aus dem Produktionsprozess heraus oder aber über eine oder mehrere Absatzlagerstufen (Zentrallager, Regionallager) erfolgen.
- **Ersatzteillogistik**
  Die Ersatzteillogistik verbindet den Vertriebsbereich des Unternehmens mit dem Servicebereich. Sie umfasst alle Aktivitäten, die mit dem Service und Ersatzteilmanagement zu tun haben, also von der Planung über die Beschaffung bis zur Auslieferung der Ersatzteile.
- **Entsorgungslogistik**
  Die Entsorgungslogistik umfasst das Sammeln, Sortieren, Verpacken, Lagern und Abtransportieren aller im Zusammenhang mit der Herstellung, dem Vertrieb und dem Konsum der betrieblichen Produkte anfallenden Nebenprodukte (Rückstände). Dazu zählen etwa nicht mehr verwendbare Roh-, Hilfs- und Betriebsstoffe, unerwünschte Kuppelprodukte, Ausschuss, ausgediente Produkte, Produktrückstände, Verpackungen, Leergut oder Retouren.

Die Disposition selbst wirkt in allen diesen Prozessbereichen mit. Sie ist also ein zentrales Element der Logistik im Unternehmen.

Auch lassen sich die Logistikkosten nach unterschiedlichen Funktionen und Verantwortung für die Leistungserbringung in verschiedene Gruppen aufteilen:

- eigene und fremde Logistikkosten
- Transport-, Lager-, Umschlags-, Kommissionier- und Verpackungskosten
- Beschaffung-, Distributions- und Entsorgungskosten
- operative und administrative Logistikkosten

- innerbetriebliche und außerbetriebliche Logistikkosten
- direkte und indirekte Logistikkosten

Die Logistikkosten werden in den Unternehmen individuell definiert, deshalb ist es kaum möglich, in der Praxis eine standardisierte Erfassungsbasis zu finden. Durch unterschiedliche Verständnisse der Logistik weichen die Logistikkosten in der gleichen Branche stark voneinander ab. Gleiche Kennzahlen werden unterschiedlich gemessen und erfasst.

Logistikkosten hängen von dem Verständnis der Logistik ab. Dieses Verständnis ist von Unternehmen zu Unternehmen verschieden. Bei manchen Unternehmen werden beispielsweise Produktionsplanung und -steuerung in die Produktion einbezogen, bei anderen werden sie als Logistikkosten berechnet.

Die Erfassungsgenauigkeit entscheidet über die Höhe der Logistikkosten. Beispielsweise werden nicht bei allen Unternehmen die Bestandskosten vom »Work in Process« erfasst.

Logistikkosten ändern sich ständig und müssen dynamisch betrachtet werden. Weil die Logistikleistung eng mit der Produktionsleistung verbunden ist, kann eine Integration von neuen Anlagen zu einer Änderung sowohl der Logistikkosten als auch der Produktionskosten führen.

Sonderaspekte wie Abschreibung und Zinsen beeinflussen auch die Höhe der Logistikkosten. Obwohl sie in der Praxis standardmäßig erfasst werden, beeinflussen sie direkt die Kapitalbindungskosten.

Die Logistikkosten sind letztlich auch durch die verschiedenen Lieferungsbedingungen wie »frei Haus« oder »ab Werk« beeinflussbar.

Logistikkosten sind also nur sehr schwer und immer individuell zu definieren. Deshalb wollen wir im Folgenden auf die Bestandteile der Logistikkosten eingehen. Die Logistikkosten setzen sich aus folgenden Bestandteilen zusammen, die in der Regel von der Kostenrechnung gesondert erfasst werden:

- **Bestandskosten**
  Verzinsung des gebundenen Kapitals, also Zinsen und Abschriften auf Material und Waren in der gesamten Logistikkette, sowohl in Lagern als auch in Bewegung. Hier gehören die Wertverluste, der Verderb, der Schwund der Bestände und die Verschrottung zu den Abschriften. Die Abschriften auf die Bestände sind manchmal derart hoch, dass man sie nicht vernachlässigen kann.
- **Betriebsmittelkosten**
  Hierzu zählen kalkulatorische Kosten aus Mobilien und Umlaufvermögen, zum Beispiel Anschaffungskosten eines Fördermittels, Reinigungs- und

Instandsetzungskosten für eigene sowie Mieten und Leasingkosten für fremde Betriebsmittel wie Regale, Stapler, Transportmittel, Krananlagen, Fördertechnik, Rechner einschließlich zugehöriger Steuerungstechnik und die von den Betriebsmitteln verursachten Kosten für Energie, Wartung und Reparatur.

- **Personalkosten**
  Löhne und Gehälter für gewerbliche und angestellte Mitarbeiter mit logistischen Aufgaben einschließlich Rückstellungen und sonstige Personalnebenkosten wie Steuern, Abgaben, Urlaub, Krankheit, Überstunden, Abwesenheit etc.
- **Ladungsträgerkosten**
  Umfassen Abschreibungen und Zinsen für eigene Ladungsträger sowie Miete und Leasingkosten für fremde Ladungsträger, wie Paletten, Behälter, Gestelle und Container. Sowohl Vollgut als auch Leergut sollten berücksichtigt werden.
- **Strecken- und Netzkosten**
  Abschreibungen, Mietzinsen und Gebühren für die Nutzung der eigenen und fremden Fahrwege, Transportstrecken sowie Straßen, Schienen, Schiff oder Luftwege
- **Raum- und Flächenkosten**
  Abschreibungen auf eigene und fremde Bauten, Hallen, Flächen und Außenanlagen sowie Regal-, Heizungs-, Lüftungs-, Beleuchtungs- und Brandschutzeinrichtungen und damit verbundene Kosten für Instandhaltung und Bewachung
- **Transportverpackungs- und Konservierungskosten**
  Verpackungskosten, Kosten für Transport und Konservierungsverfahren, für Lagerung und Etiketten, die in Verbindung mit den Logistikleistungen verbraucht werden
- **Fremdleistungskosten**
  Vergütungen für fremde Logistikleistungen, Frachten sowie Miete für Lagerplätze oder Betriebsmittel
- **Datenverarbeitungskosten**
  Abschreibungen und Zinsen auf eigene und fremde Hard- und Software, die im logistischen Einsatz sind
- **Vorlauf- und Anlaufkosten**
  Abschreibungen und Zinsen für Planung und Projektmanagement sowie Kosten, um ein Logistiksystem oder eine Leistungsstelle bis zur wirtschaftlichen Nutzung zu erstellen

- **Steuern, Abgaben, Versicherungen und sonstige Kosten**
  alle Kosten, die zur Erbringung der logistischen Leistungen anfallen
- **Lizenzen und andere Rechte**
  rechtliche Kosten, die für behördliche Genehmigungen beispielsweise zur Errichtung eines Lagergebäudes anfallen

Da die Bestandskosten von der Disposition am besten beeinflusst werden können, wollen wir uns im Folgenden auf diese Kosten konzentrieren.

18.3 Probleme bei der Datenbeschaffung

Dem großen Vorteil von Kennzahlen, große und schwer überschaubare Datenmengen zu aussagekräftigen Größen verdichten zu können, steht die Schwierigkeit gegenüber, aus der Menge der zur Verfügung stehenden Informationen das Optimum herauszuholen. Bei der Beschaffung der richtigen Datenbasis müssen verschiedene Probleme bewältigt werden:

- **Erzeugung einer Kennzahleninflation**
  Es werden zu viele Kennzahlen gebildet, deren Aussagewert im Verhältnis zum Erstellungsaufwand letztlich zu gering ist bzw. schon von anderen Kennzahlen abgedeckt wird.
- **Fehler bei der Kennzahlenaufstellung**
  Die zur Bildung der Kennzahlen herangezogenen Basisdaten sind genau zu spezifizieren und exakt abzugrenzen. Eine Standardisierung von Kennwerten ist erforderlich, um deren Vergleichbarkeit im Zeitablauf und über Abteilungsgrenzen hinweg zu gewährleisten. Falsches Zahlenmaterial, das sich im Zeitverlauf ergeben kann, oder unterschiedliche Interpretationen der gleichen Kennzahl in verschiedenen Unternehmensbereichen könnten anderenfalls zu Fehlentscheidungen führen.
- **Mangelnde Konsistenz von Kennzahlen**
  Die Verwendung mehrerer Kennzahlen in einem Kennzahlensystem darf keinen Widerspruch auslösen. Es sollten nur Größen zueinander in Beziehung gesetzt werden, zwischen denen ein Zusammenhang besteht. Fehlende Konsistenz kann zu gravierenden Entscheidungsfehlern führen.
- **Probleme der Kennzahlenkontrolle**
  Generell sollten nur Kennzahlen gebildet werden, deren Werte bei Abweichungen beeinflusst werden können. Dabei wird zwischen direkt und indirekt kontrollierbaren Kennzahlen unterschieden. Im ersten Fall kann ein Soll-Wert durch die Wahl einer oder mehrerer Aktionsvariablen beeinflusst werden. Bei indirekt kontrollierbaren Kennzahlen ist dies nicht möglich.

- **Kausalzusammenhänge sollten bekannt sein.**
  Es ist wichtig zu wissen, wie ein Prozess auf eine Kennzahl wirkt und mit welchen Parametern oder Entscheidungen eine Kennzahl beeinflusst werden kann. Nur so können die entsprechenden Stellen und Personen die Kennzahlen zielgerichtet verbessern.
- **Zielsysteme sollten mit dem Kennzahlensystem verbunden sein.**
  Damit im Unternehmen alle an der Verbesserung von entsprechenden Zielen arbeiten, müssen die Zielwerte in das Zielsystem des Unternehmens integriert werden.
- **Ein Alarmsystem für die Kennzahlenüberwachung ist notwendig.**
  Damit die Kennzahlenüberwachung nach einheitlichen Regeln und vor allem automatisch erfolgt, ist ein Alarmsystem notwendig, das die entsprechenden Stellen und Personen sowohl regelmäßig als auch bei Bedarf auf Ausnahmesituationen hinweist.

18.4 Wichtige Bestandskennzahlen

Im Folgenden möchten wir die wichtigsten Kennzahlen im Bereich der Disposition mit einigen Beispielen aus der Praxis vorstellen. Insbesondere die strategische Disposition benötigt neben der in Kapitel 3, »Artikelklassifizierung als Basis für Dispositionsentscheidungen«, erläuterten ABC/XYZ-Klassifizierung diese Kennzahlen, um Dispositions- bzw. Planungsentscheidungen aus ihnen abzuleiten. Aber auch die operative Disposition benötigt diese Kennzahlen, um die kurzfristige Steuerung der Verfügbarkeit sicherzustellen.

18.4.1 Kennzahl »Reichweite«

Die Kennzahl *Reichweite* gibt relativ zur Nachfrage Auskunft über die Höhe des Lagerbestands. Sie gibt an, wie lange ein Lagerbestand bei einem durchschnittlichen Tagesbedarf ausreicht (siehe Abbildung 18.2).

Die Abbildung zeigt den Verlauf des Lagerbestands im Zeitablauf. Für den Zeitraum Juli bis Oktober (Zukunft) wird der zukünftige Bedarf vom heutigen Bestand abgezogen. Daraus ergibt sich dann die Kennzahl *Reichweite*.

Die Analyse mit diesem Kriterium ermöglicht die Selektion von Materialien mit Überreichweiten und dient damit der Anpassung an veränderte Verbrauchssituationen.

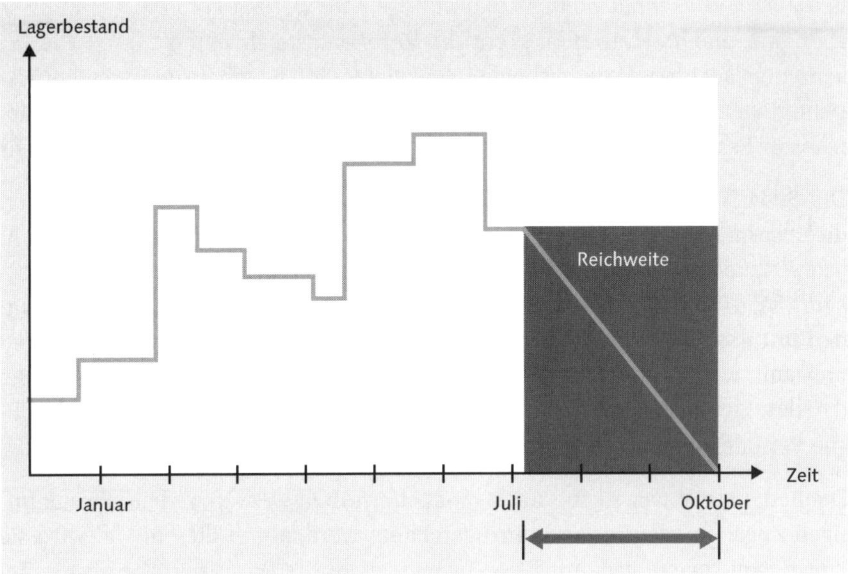

Abbildung 18.2 Kennzahl »Reichweite«

Es gibt unterschiedliche Methoden zur Ermittlung der Reichweite bzw. der Lagerreichweite:

- **Verbrauchsreichweite**
  Sie sagt aus, wie lange der aktuelle Bestand noch ausreichen wird unter Berücksichtigung der tatsächlichen Verbräuche. Die Verbrauchsweite errechnet sich durch die Formel:

  Verbrauchsreichweite = aktueller Bestand / (mittlerer Verbrauch/Tag)

- **Bedarfsreichweite**
  Sie sagt aus, wie lange der aktuelle Bestand noch ausreichen wird unter Berücksichtigung der zukünftigen Bedarfe. Die entsprechende Formel lautet:

  Bedarfsreichweite = aktueller Bestand / (mittlerer Bedarf/Tag)

- **Zugangsreichweite**
  Sie sagt aus, wie lange der aktuelle Bestand noch ausreichen wird unter Berücksichtigung der zu erwartenden Zugänge. Die Zugangsreichweite errechnet sich wie folgt:

  Zugangsreichweite = aktueller Bestand + Zugänge / zukünftiger Bedarf

Die Verbrauchsreichweite oder auch Ist-Reichweite berücksichtigt die Verbräuche der Vergangenheit und versucht, aus deren Durchschnitt die Reichweite zu ermitteln. Sie geht also davon aus, dass aus den Verbräuchen der Vergangenheit auch die Verbräuche der Zukunft abgeleitet werden können. Wenn diese aber ganz anders eintreffen, greift die Verbrauchsreichweite zu kurz. Hierbei kann man auch noch unterscheiden, wie viele Vergangenheitsperioden berücksichtigt werden soll: Sollen die letzten sechs Wochen oder die letzten sechs Monate zur Ermittlung des durchschnittlichen Verbrauchs berücksichtigt werden?

Die Bedarfsreichweite oder auch Bestandsreichweite hingegen berücksichtigt die tatsächlichen Bedarfe der Zukunft. Damit ist die Bedarfsreichweite wesentlich genauer, wenn die Bedarfe in der Zukunft schon exakt feststehen und bekannt sind. Sind die zukünftigen Bedarfe noch nicht vollständig, weil die Kunden erst nach und nach und eher kurzfristig bestellen, oder sind die Bedarfe zu ungenau, weil die Prognosegenauigkeit nicht gut genug ist, dann greift die Bedarfsreichweite zu kurz. Auch bei der Bedarfsreichweite können unterschiedliche Periodenlängen, wie bei der Verbrauchsreichweite, betrachtet werden.

Die Bedarfsreichweite kann noch genauer ermittelt werden, indem die zukünftigen Zugänge zum Bestand hinzugerechnet werden – in diesem Fall wird sie Zugangsreichweite genannt. Die Zugangsreichweite ist also größer als die Bedarfsreichweite, birgt aber die Unsicherheit zukünftiger Zugänge. Somit ist abzuwägen, welche Reichweite genutzt werden sollte. Gegebenenfalls können auch beide ergänzend genutzt werden.

Die Lagerreichweite sollte pro Artikel oder bei gleichartigen Artikeln pro Artikelgruppe ausgewertet werden. Eine Lagereichweite für das komplette Lager ist in den meisten Fällen deshalb nicht sinnvoll, weil die Artikel eines Lagers oft nicht miteinander vergleichbar sind. Die Angebots- und Nachfrageverläufe unterscheiden sich zu sehr, um eine Reichweite für alle Artikel zu ermitteln.

Bei der Ermittlung der Reichweite gilt es folgende Fragen zu beantworten:

- Welche Periode soll ausgewertet werden (Tag, Woche oder Monat)?
- Über welchen Zeitraum sollen die Verbrauchswerte berechnet werden?
- Soll der durchschnittliche Verbrauch aus Vergangenheitswerten oder aus zukünftigen Bedarfen berechnet werden?

Bei saisonalen Artikeln sollte die Verbrauchsperiode mindestens eine volle Saison umfassen. Die Lagerreichweite sollte am Anfang und am Ende der Saison gleich sein.

Bei sporadischen Artikeln ist die Bedarfsreichweite nicht empfehlenswert, weil sie oftmals zu hohe Reichweiten ausgibt. Auch die Verbrauchsreichweite ist bei sporadischen Artikel mit Vorsicht anzuwenden. Hier kommt es darauf an, den durchschnittlichen Verbrauch richtig zu berechnen, etwa indem man die Vergangenheitsperioden lang genug wählt.

Wichtig ist außerdem, dass Sie regelmäßig die Soll-Reichweite mit der Ist-Reichweite vergleichen und beide gegebenenfalls anpassen.

Weitere wichtige Reichweiten-Kennzahlen sind:

- Reichweite des geplanten Sicherheitsbestands
- Reichweite des Bodensatzes
- Reichweite des Meldebestands
- Reichweite des Höchstbestands

Reichweiten-Wiederbeschaffungszeiten-Matrix

In der Reichweiten-Wiederbeschaffungszeiten-Matrix werden die Bestandsreichweiten und die Wiederbeschaffungszeiten von Artikeln gegenübergestellt. Tabelle 18.2 zeigt hierzu ein Praxisbeispiel.

	WBZ	Bestandsreichweite							
		kein Bestand	bis 7 Tage	7–14 Tage	15–20 Tage	21–60 Tage	61–110 Tage	kein Verbrauch	Gesamt
Wiederbeschaffungszeiten	bis 14 Tage	9	18	22	35	33	34	52	203
	15–20 Tage	3	22	25	56	88	41	66	301
	21–60 Tage	0	26	28	26	143	48	33	304
Wiederbeschaffungszeiten	61–110 Tage	1	30	31	17	14	35	45	173
	keine Daten	27	28	17	19	0	31	23	145
	Gesamt	40	124	123	153	278	189	219	1.126

Tabelle 18.2 Bestandsreichweiten zu Wiederbeschaffungszeiten

Diese Gegenüberstellung erlaubt eine Bewertung der Bestände. Ein Bestandspotenzial besteht besonders dort, wo die Wiederbeschaffungszeit kürzer ist als die Bestandsreichweite. Dort, wo die Wiederbeschaffungszeit deutlich länger ist als die Bestandsreichweite, muss zum einen die Wiederbeschaffungszeit überprüft werden und zum anderen muss darauf geachtet werden, dass keine Stock-out-Situationen entstehen. Ein Beispiel zum Bestandspotenzial sehen Sie in Abbildung 18.3.

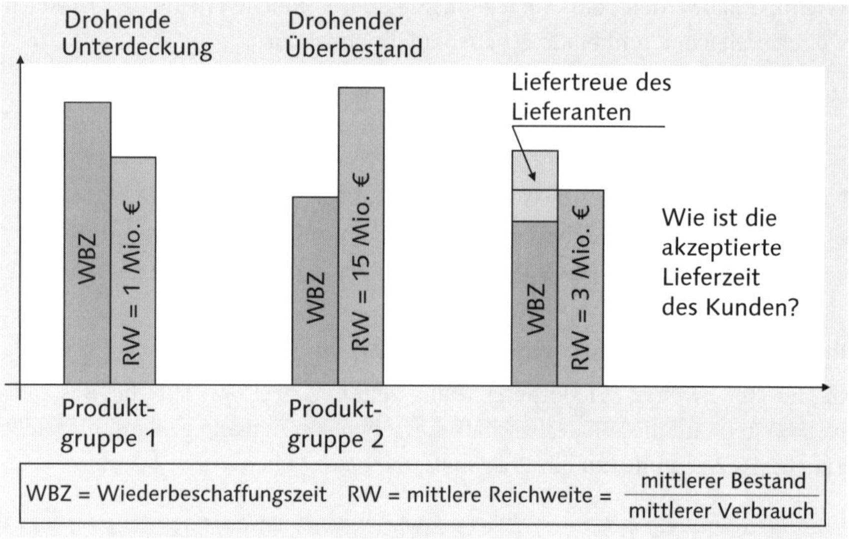

Abbildung 18.3 Vergleich von Wiederbeschaffungszeit und Bestandsreichweite

Die WBZ der Produktgruppe 1 auf der linken Seite ist höher als die mittlere Bestandsreichweite, somit besteht eine drohende Unterdeckungssituation. Denn wenn nun kontinuierlich Bestellungen für diese Produktgruppe eingehen, besteht nämlich die Gefahr, dass der Bestand nicht rechtzeitig wiederbeschafft werden kann. Die aktuelle Bestandsreichweite kann nicht den vollen Bedarf innerhalb der WBZ abdecken. Im Fall der Produktgruppe 2 (Bildmitte) sieht die Situation anders aus. Hier reicht die Bestandsreichweite länger als die WBZ. Es besteht eine Überdeckung. Diese Überdeckung wäre nicht notwendig, weil ja innerhalb der WBZ wiederbeschafft werden kann. In diesem Beispiel kann also ein Teil der bewerteten mittleren Bestandsreichweite von 15 Millionen eingespart werden.

Ganz rechts in der Abbildung ist die Problematik der Liefertreue des Lieferanten im Zusammenhang mit der WBZ angedeutet. Ist die Liefertreue des Lieferanten schlecht, so kann es sein, dass die WBZ zum Nachschub nicht ausreicht. Ein Sicherheitsbestand muss also diese Unsicherheit auffangen, damit die schlechte Liefertreue des Lieferanten sich nicht auf die eigene Liefertreue auswirkt.

Reichweiten-Verbrauchsmengen-Matrix

Wenn Sie die Reichweiten ins Verhältnis zu den Verbrauchswerten der einzelnen Materialien setzen, können Sie sehr gut unproduktive von produktiven Artikeln unterscheiden, wie Abbildung 18.4 im Praxisbeispiel zeigt.

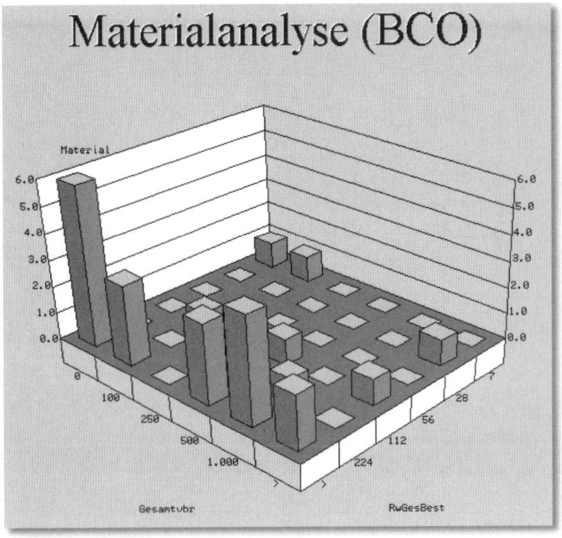

Abbildung 18.4 Reichweiten-Verbrauchsmengen-Matrix

Artikel mit einem Verbrauchswert von Null und einer sehr hohen Reichweite (links unten) sind zumeist die Lagerhüter. Artikel mit einem Verbrauch von Null und einer Reichweite von Null (links oben) sind in diesem Praxisbeispiel als Karteileichen identifiziert worden. Artikel mit einer hohen Reichweite (rechts unten) sind die sogenannten unproduktiven Artikel. Hier besteht wahrscheinlich Potenzial für eine Bestandsoptimierung. Bei diesen Artikeln sollte die Soll-Reichweite überprüft werden. Artikeln mit einer geringen Reichweite und einem relativ hohen Verbrauch sind die produktiven Artikel. Sie weisen wahrscheinlich auch eine sehr hohe Umschlagshäufigkeit auf. Auf diese Artikel sollte der Disponent seine Aufmerksamkeit richten.

18.4.2 Kennzahl »Umschlagshäufigkeit«

Die Kennzahl *Umschlagshäufigkeit* gibt an, wie oft ein durchschnittlicher Lagerbestand umgeschlagen wurde. Die Kennzahl bezieht sich also auf die Vergangenheit. Die Umschlagshäufigkeit ergibt sich aus dem Quotienten von kumuliertem Verbrauch (oberer Kurvenverlauf) und mittlerem Bestand (gestrichelte Linie; siehe Abbildung 18.5).

Eine Analyse nach dieser Kennzahl ermöglicht eine Selektion der sogenannten Slow Moving Items. Diese Analyse bildet unter anderem die Grundlage für eine Bewertung der Effizienz des gebundenen Kapitals in der Vergangenheit. Die Umschlagshäufigkeit eines Bestands errechnet sich wie folgt:

Umschlagshäufigkeit = Gesamtverbrauch / mittlerer Bestand

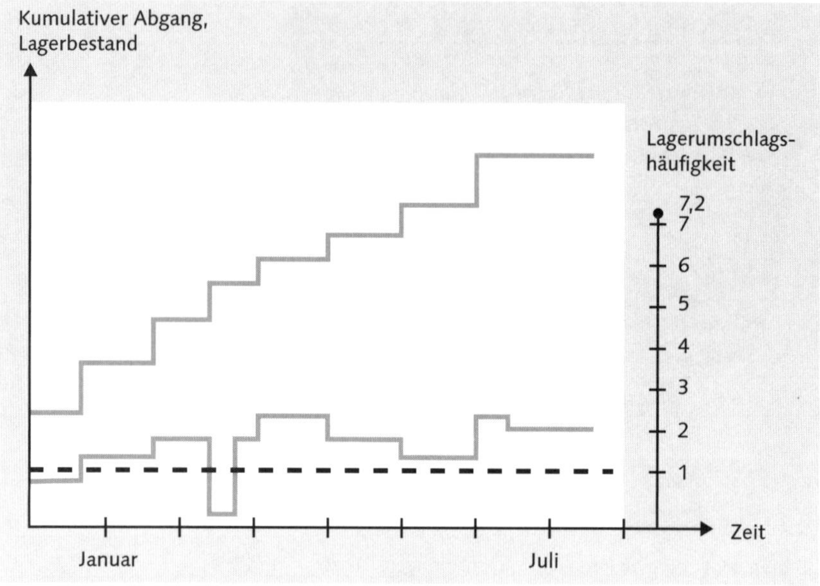

Abbildung 18.5 Kennzahl »Umschlagshäufigkeit«

Je größer der Wert, desto wirtschaftlicher ist die Lagerhaltung, denn je öfter sich das Lager umschlägt, desto geringer muss der Lagerbestand sein. Hinter dem Gesamtverbrauch steht letztendlich der Umsatz des Unternehmens. Normalerweise sollte bei steigendem Verbrauch auch der Umsatz steigen. Um die Kennzahl zu verbessern, muss also entweder der Umsatz schneller steigen als der Lagerbestand, oder der Lagerbestand wird bei konstantem Umsatz abgebaut.

Beispiel

Bei einem Jahresumsatz von 10 Millionen Euro und einem Lagerbestand von einer Million Euro beträgt die Umschlagshäufigkeit 10. Der gesamte Bestand ist also 10 pro Jahr vollständig umgeschlagen worden. Wenn Sie durch eine Preissteigerung von 10% den Jahresumsatz auf 11 Millionen Euro steigern konnten und der Lagerbestand gleich geblieben ist, beträgt die Umschlagshäufigkeit 11. Die physischen Mengen haben sich jedoch nicht geändert. Messen Sie die Umschlagshäufigkeit in Stück, so beträgt die Umschlagshäufigkeit in beiden Fällen – mit und ohne Preissteigerung – jeweils 10. Da die Umschlagshäufigkeit eine Bestandskennzahl ist, empfehle ich, sie in Stück zu messen. Währungsschwankungen würden dann auch nicht diese logistische Kennzahl verfälschen.

18.4.3 Kennzahl »Lagerhüter«

Als *Lagerhüter* werden solche Materialien bezeichnet, bei denen seit längerer Zeit kein Verbrauch stattgefunden hat (siehe Abbildung 18.6). Die Abbildung zeigt, dass von Ende Mai bis Ende August die Verbrauchskurve keinen Verbrauch mehr aufweist.

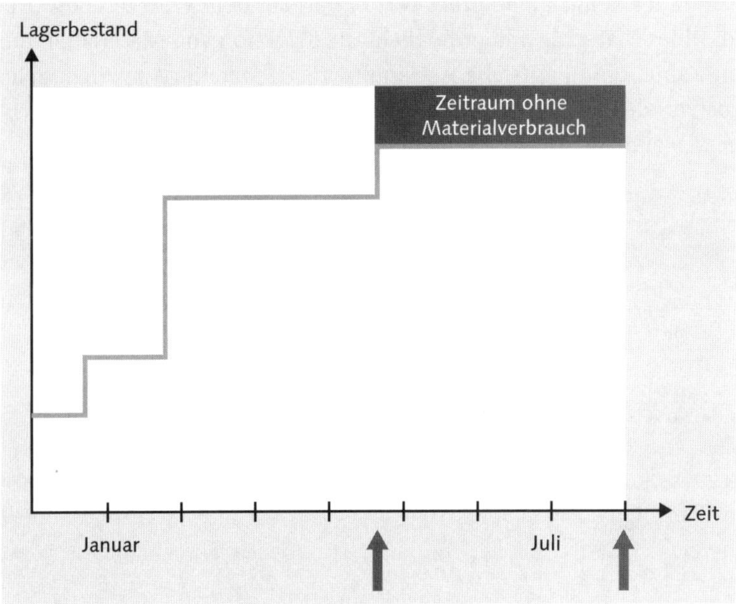

Abbildung 18.6 Kennzahl »Lagerhüter«

Eine Analyse dieser Kennzahl dient der Selektion von Materialien ohne aktuelle Verwendung, da diese nur unnötig Kosten verursachen. Nicht benötigte Bestände können so festgestellt und beseitigt werden.

Es werden die Kennzahlen *Wert letzter Verbrauch* und *Tage ohne Verbrauch* gegenübergestellt. Die Tage ohne Verbrauch ergeben sich aus der zeitlichen Differenz zwischen dem Datum des letzten Verbrauchs und dem aktuellen Zeitpunkt. Handlungsbedarf besteht bei Materialien, die bezüglich beider Kennzahlen hohe Werte aufweisen.

Empfehlenswert ist es, die Lagerhüteranalyse nach den verschiedenen Materialarten (Rohstoffe, Halbfabrikate und Fertigmaterialien) zu untergliedern. Auch eine Kombination mit der ABC-Klassifizierung ist hier sinnvoll, da Artikel mit einem hohen Materialwert priorisiert bereinigt werden sollten.

Filtern Sie unbedingt vor der Analyse Ersatzteile heraus, weil diese anderen Bevorratungsstrategien unterliegen. So ist es vielfach notwendig, zum Beispiel aufgrund von Wartungsverpflichtungen, Ersatzteile längere Zeit verfügbar zu haben, auch wenn über einen längeren Zeitraum hinweg kein Verbrauch festgestellt worden ist.

18.4.4 Kennzahl »Bestandswert«

Die Analyse mit der Kennzahl *Bestandswert* basiert auf dem Wert des bewerteten Bestands eines Materials und ermöglicht die Selektion von Materialien mit einer hohen Kapitalbindung (siehe Abbildung 18.7). Der Kurvenverlauf zeigt den Bestandswert des selektierten Materials und im Verhältnis dazu den durchschnittlichen Lagerverbrauch (gestrichelte Linie) an.

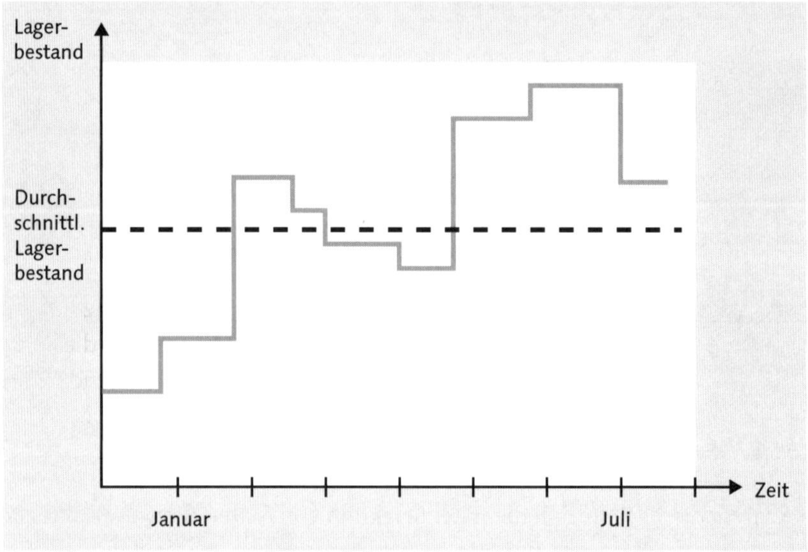

Abbildung 18.7 Kennzahl »Bestandswert«

Für die Analyse können Sie den aktuellen oder den mittleren Lagerbestand heranziehen. Der aktuelle Bestandswert bestimmt sich aus dem Produkt von Lagerbestand und aktuellem Preis. Der durchschnittliche Bestandswert errechnet sich aus dem Produkt von durchschnittlichem Lagerbestand und aktuellem Preis.

18.4.5 Kennzahl »Bodensatz«

Unter *Bodensatz* wird der Teil des Lagerbestands verstanden, der über einen bestimmten Zeitraum der Vergangenheit nicht bewegt wurde (siehe Abbildung 18.8). In der Abbildung ist der Bodensatz im grau unterlegten Bereich zu erkennen. Dieser Lagerbestand wurde im selektierten Zeitraum nicht benutzt.

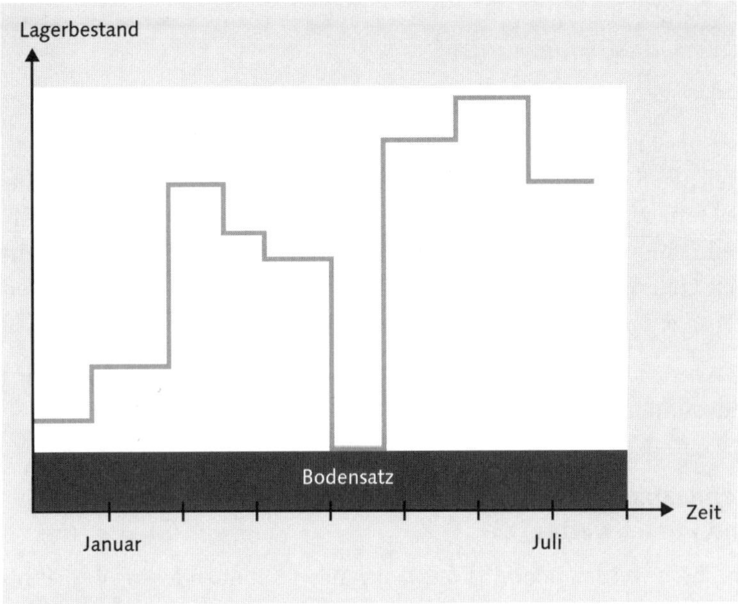

Abbildung 18.8 Kennzahl »Bodensatz«

Der Wert des Bodensatzes ergibt sich aus dem Produkt von Bodensatz und aktuellem Preis. Eine Analyse zur Kennzahl *Bodensatz* ermöglicht Ihnen die Selektion von Materialien mit ineffizientem Bestandsanteil. Zu hohe Bestände eines Materials werden sichtbar, und wichtige Steuerparameter wie zum Beispiel der Sicherheitsbestand können überprüft werden.

Der Betrachtungszeitraum für die Bodensatzanalyse hängt vom Produktlebenszyklus ab, empfehlenswert ist jedoch mindestens ein Betrachtungszeitraum von einem Jahr oder länger. Grundsätzlich gilt allerdings: je länger der Betrachtungszeitraum, desto geringer der gefundene Bodensatz. Die Wahl des Betrachtungszeitraums ist also wesentlich für die Bodensatzanalyse. Die Differenz zwischen Bodensatz und Sicherheitsbestand kann als Potenzial zur Bestandsoptimierung angesehen werden. Ist der Bodensatz wesentlich größer als der Sicherheitsbestand, so wurde der Sicherheitsbestand nicht benötigt und kann damit reduziert werden. Liegt der Bodensatz weit unter dem Sicherheitsbestand oder ist er sogar Null, so sind wahrscheinlich Stock-out-Situationen im Betrachtungszeitraum aufgetreten. Die Verfügbarkeit hat gelitten.

In der Regel tritt Bodensatz in folgenden Fällen auf:

- zu lange Dispositionsrhythmen
- zu große Sicherheitsbestände

- zu große Losgrößen
- falsche Wiederbeschaffungszeiten
- nicht bedarfsgerechte Beschaffung

Sortieren Sie das Ergebnis der Bodensatzanalyse nach absteigendem Bestandswert. Vergleichen Sie anschließend die Bodensatzmenge mit relevanten Steuerungsparametern wie Sicherheitsbestand, Losgrößen, Sicherheitszeiten, Rundungswerten oder den Mindestlosgrößen. Zuletzt vergleichen Sie die tatsächlichen Lieferzeiten Ihrer Lieferanten bei Ihren Kaufteilen, da auch verfrühte Lieferungen in der Praxis oft ein Grund für Bodensatz sind.

Insgesamt lässt sich sagen, dass diese Kennzahl sehr wichtig für die Erkennung von Bestandsoptimierungspotenzialen ist.

18.4.6 Kennzahlen »Mittlerer Bestand«, »Verbrauch« und »Reichweite«

Diese Kennzahlen werden benötigt, um Kennzahlen miteinander ins Verhältnis zu setzen und so Aufschluss über den Bestand zu bekommen. Sie werden in den folgenden Kennzahlen verwendet:

- absolute Reichweite
- absoluter Bestand
- Sicherheitsbestand
- Meldebestand
- absoluter Verbrauch
- Höchstbestand
- Wiederbeschaffungszeiten

Für die Ermittlung des mittleren Bestands (siehe Abbildung 18.9) können die vier folgenden Formeln verwendet werden:

1. **Einmal-Berechnung**
   (Anfangsbestand + Endbestand)/2

   Diese Formel ist am leichtesten zu ermitteln, da der Bestand nur zweimal gemessen werden muss. Die Kennzahl ist dadurch aber nicht aktuell und ungenauer als bei den anderen Formeln.

2. **Einmal-Berechnung**
   (Anfangsbestand + n Monatsendbestände)/(n + 1)

   Diese Formel benötigt deutlich mehr Daten und ist dadurch auch genauer als Formel 1. Allerdings leidet die Aktualität des Ergebnisses, weil die Berechnung nicht rollierend stattfindet.

3. **monatlich rollierende Berechnung**
   (Bestand Monat 1 + Bestand Monat 2 + ... Bestand Monat 12)/12

   Diese Formel benötigt ebenfalls eine große Datenmenge, ist dadurch sehr genau und wesentlich aktueller, weil Sie im Gegensatz zu Formel 2 auf rollierender Basis stattfindet.

4. **monatlich rollierende Berechnung, aber nur der letzten 3 Monate**
   (Bestand Monat 1 + Bestand Monat 2 + Bestand Monat 3)/3

   Diese Formel benötigt zwar wesentlich weniger Daten als Formel 3, ist bei einer hohen Umschlagshäufigkeit aber nicht ungenauer als diese und zudem aktueller, da nur die letzten drei Monate als Datenbasis herangezogen werden. Die Monate davor werden nicht betrachtet, somit werden also bei Formel 4 die letzten drei Monate höher gewichtet als bei Formel 3.

   Es empfiehlt sich in der Regel, die Formel 3 zu verwenden, da diese am genauesten ist. In manchen Fällen bietet allerdings Formel 4 das bessere Ergebnis.

Diese Unterscheidungen können auch bei den übrigen Kennzahlen getroffen werden, allerdings beschränken wir uns hier auf eine einzige Berechnungsweise.

Die Formel für den mittleren Verbrauch lautet:

Mittlerer Verbrauch = Gesamtverbrauchsmenge / Anzahl der Gesamtverbräuche

Die Formel für die mittlere Reichweite eines Bestands lautet:

Mittlere Reichweite = mittlerer Bestand / (mittlerer Gesamtverbrauch/Tag)

Der mittlere Bestand ergibt sich dabei aus der halben Summe von Anfangs- und Endbestand im Analysezeitraum. Der mittlere Gesamtverbrauch errechnet sich aus dem Quotienten von Gesamtverbrauch und Anzahl der Tage im Analysezeitraum (siehe Abbildung 18.9).

Sie können Materialien bezüglich der Kennzahlen *Wert des mittleren Bestandes bei Zugang* und *Reichweite des mittleren Bestandes bei Zugang* in Klassen einteilen. Auf diese Weise erkennen Sie Zusammenhänge zwischen den beiden Kennzahlen und können Problembereiche identifizieren, beispielsweise Materialien, die bezüglich beider Kennzahlenwerte in den oberen Klassen liegen. Außerdem können Sie erkennen, welche Materialien eine höhere Kapitalbindung verursachen als andere. Des Weiteren können Sie auch den Sicherheitsbestand mit dem mittleren Bestand vergleichen und so größere Unterschiede feststellen.

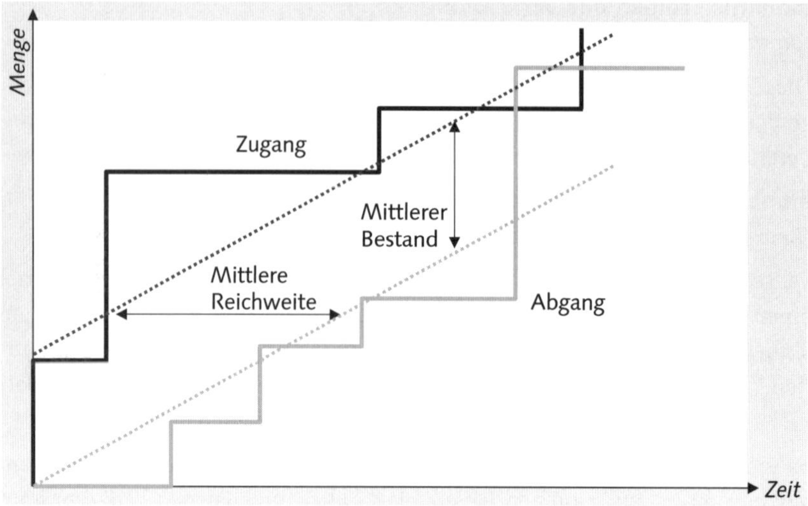

Abbildung 18.9 Kennzahlen »mittlere Reichweite« und »mittlerer Bestand«

18.4.7 Kennzahl »Zugangswert bewerteter Bestand«

Der *Zugangswert des bewerteten Bestands* ergibt sich aus der gelieferten Menge an Bestand, der mit dem Standardpreis oder dem gleitenden Durchschnittspreis bewertet ist. Bei einem Wareneingang zur Bestellung ergibt sich der Zugangswert aus der mit dem Bestell-Nettopreis bewerteten gelieferten Menge. Ist zur Bestellung eine Rechnung vor Wareneingang gebucht worden, wird zur Bewertung der Rechnungspreis herangezogen.

18.4.8 Kennzahl »Sicherheitspolster«

Die beiden Kennzahlen *Reichweite des mittleren Zugangs* und *Reichweite des mittleren Bestandes bei Zugang* repräsentieren das Sicherheitspolster und werden bei der Analyse gegenübergestellt.

Die Vermeidung von Fehlmengen ist ein wichtiges Ziel der Bestandsführung. Um dieses Ziel zu erreichen, können Sie zwei Strategien verfolgen:

1. hoher Sicherheitsbestand und damit ein hoher mittlerer Bestand bei Zugang
2. große Losgröße und damit eine hohe Reichweite bei Zugang

Haben Sie sich für die erste Strategie entschieden, sollten Sie überprüfen, ob die Losgröße und damit der mittlere Bestand bei Zugang reduziert werden kann.

Haben Sie sich aus Kostengründen für eine große Losgröße entschieden, sollten Sie eine Senkung des Sicherheitsbestands und damit des mittleren Bestands erwägen.

Besondere Beachtung verdienen Merkmalswerte, die hinsichtlich beider Kennzahlen hohe Werte aufweisen: Das gemeinsame Auftreten einer hohen Losgröße (Reichweite des mittleren Zugangs) und eines hohen Sicherheitsbestands (Reichweite des mittleren Bestands bei Zugang) deutet auf eine fehlerhafte Disposition hin. Denn wird eine hohe Losgröße angestrebt, so genügt in der Regel ein geringer Sicherheitsbestand. Wird dagegen ein hoher Sicherheitsbestand angestrebt, genügen geringere Losgrößen. Empfehlenswert ist folglich die Verwendung nur einer Strategie, also entweder eine hohe Losgröße oder ein hoher Sicherheitsbestand.

18.4.9 Kennzahl »Sicherheitsbestand«

Aus dem Vertrieb kommt oft die Forderung nach einer hundertprozentigen Lieferbereitschaft. Dies würde bedeuten, dass jede eingehende Kundenanforderung ohne zeitliche Verzögerung erfüllt wird. In der betrieblichen Praxis ist jedoch im Allgemeinen davon auszugehen, dass die Erfüllung einer hundertprozentigen Lieferbereitschaft mit nicht mehr zu rechtfertigenden Kosten verbunden wäre. Je höher der angestrebte Lieferbereitschaftsgrad gewählt wird, desto niedriger sind zwar einerseits die möglichen Fehlmengenkosten, desto höher sind aber andererseits auch die mit den hohen Beständen verbundenen Lagerkosten. Der Servicegrad im Unternehmen hängt daher von der Bestandshöhe ab, die die Bestandskosten darstellen. Soll ein Lager für ein Material zu jedem Zeitpunkt zu 100% lieferbereit sein, würde dies bedeuten, dass wegen des nicht auszuschließenden Voraussagefehlers ein sogenannter Sicherheitsbestand in beträchtlicher Höhe und zu den entsprechenden Kosten bereitzuhalten wäre. Der Sicherheitsbestand soll diese Unsicherheit abdecken und ist daher abhängig von den folgenden Faktoren:

- dem gewünschten Lieferbereitschaftsgrad
- der tatsächlichen Wiederbeschaffungszeit
- der erreichten Prognosegüte

Zu weiteren Bestandsoptimierung nach dem Sicherheitsbestand werden die Kennzahlen *Wert mittlerer Bestand bei Zugang* und *Bestandsfaktor* gegenübergestellt.

Die Kennzahl *Bestandsfaktor* ergibt sich aus dem Quotienten von mittlerem Bestand bei Zugang und Sicherheitsbestand. Sie sollte im optimalen Fall bei »1« liegen.

Um Bestände zu optimieren und gleichzeitig den Sicherheitsfaktor zu beachten, ist es sinnvoll, den mittleren Bestand bei Zugang auf den Sicherheitsbestand zu senken. Ein Optimum liegt dann vor, wenn die Kennzahlen *Mittlerer Bestand bei Zugang* und *Sicherheitsbestand* identisch sind. Ist der mittlere Bestand bei Zugang größer als der Sicherheitsbestand, wird unnötig viel Bestand gehalten, ist er kleiner, so besteht die Gefahr einer Unterdeckung. Um den mittleren Bestand bei Zugang zu optimieren, sollten Sie folgende Fragen klären:

- Entspricht die Durchlaufzeit im Materialstamm der tatsächlichen Durchlaufzeit?
- Liefern Prognose oder Planung realistische Bedarfe?

Bei der Bestellpunktdisposition wird immer dann eine Bestellung ausgelöst, wenn der Meldebestand unterschritten wird. Der Meldebestand setzt sich zusammen aus dem Sicherheitsbestand und dem Verbrauch in der Lieferzeit. Ist zum Beispiel der mittlere Bestand bei Zugang stets höher als der Sicherheitsbestand, so kann dies ein Hinweis darauf sein, dass die Lieferzeiten falsch geschätzt wurden, dass zu früh bestellt wird oder aber der Sicherheitsbestand zu hoch ist.

Achten Sie auf Materialien, die bezüglich der beiden Kennzahlen stark voneinander abweichen und einen Bestandsfaktor aufweisen, der deutlich über 1 liegt. Verbesserungspotenziale liegen hier unter anderem in der Verbrauchsprognose oder in der Lieferzeiteinstellung.

SAP Consulting-Tool »Simulation von Sicherheitsbeständen«

Da diese Faktoren je nach Artikel unterschiedlich sein können, wäre es von Vorteil, den Sicherheitsbestand simulieren zu können. Leider bietet SAP diese Möglichkeit der Simulation nicht; es ist nur möglich, den Sicherheitsbestand auf Basis vorher festgelegter Parameter wie WBZ, Prognosegüte und Lieferbereitschaftsgrad zu ermitteln. Ein Tool zur Simulation von Sicherheitsbeständen hat SAP Consulting entwickelt. Die Eingabemaske für die Berechnung des optimalen Sicherheitsbestands sehen Sie in Abbildung 18.10.

Die folgenden Eingaben benötigen Sie für die Ermittlung des optimalen Sicherheitsbestands: Zunächst können Sie sich entscheiden, ob Sie den optimalen Sicherheitsbestand berechnen wollen oder nicht. Dann können Sie entscheiden, ob Sie dazu die SAP-Standardmethode aus SAP ERP oder aus SAP APO oder beide verwenden wollen. Zu jeder Methode können Sie den Lieferbereitschaftsgrad aus dem Materialstamm verwenden oder einen eigenen vorgeben. Dies kann für Simulationszwecke sehr sinnvoll sein. Damit können Sie nun berechnen, wie sich der Lagerbestand entwickeln wird, wenn Sie den Lieferbereitschaftsgrad erhöhen oder absenken wollen. Dasselbe gilt für den Prognosefehler.

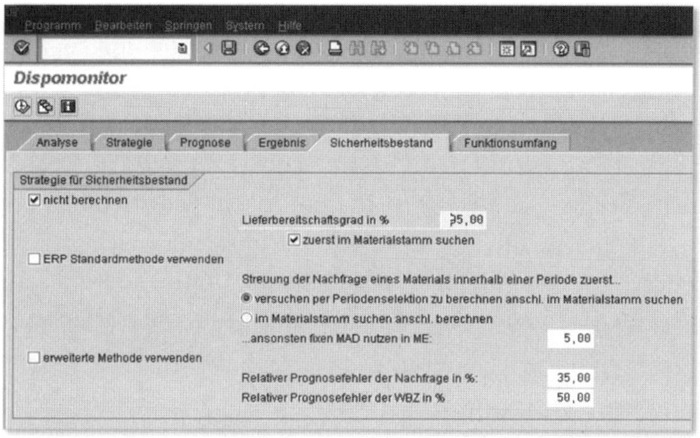

Abbildung 18.10 Selektion für die Simulation von Sicherheitsbeständen

Dieser kann aus dem Materialstamm verwendet werden, vorgegeben werden oder während der Ausführung der Simulation im Dispomonitor berechnet werden. Die Wiederbeschaffungszeiten sollten vorher analysiert und das Analyseergebnis hier mit einfließen.

Wenn Sie nun auf Ausführen klicken, erhalten Sie das Ergebnis der Sicherheitsbestandssimulation (siehe Abbildung 18.11).

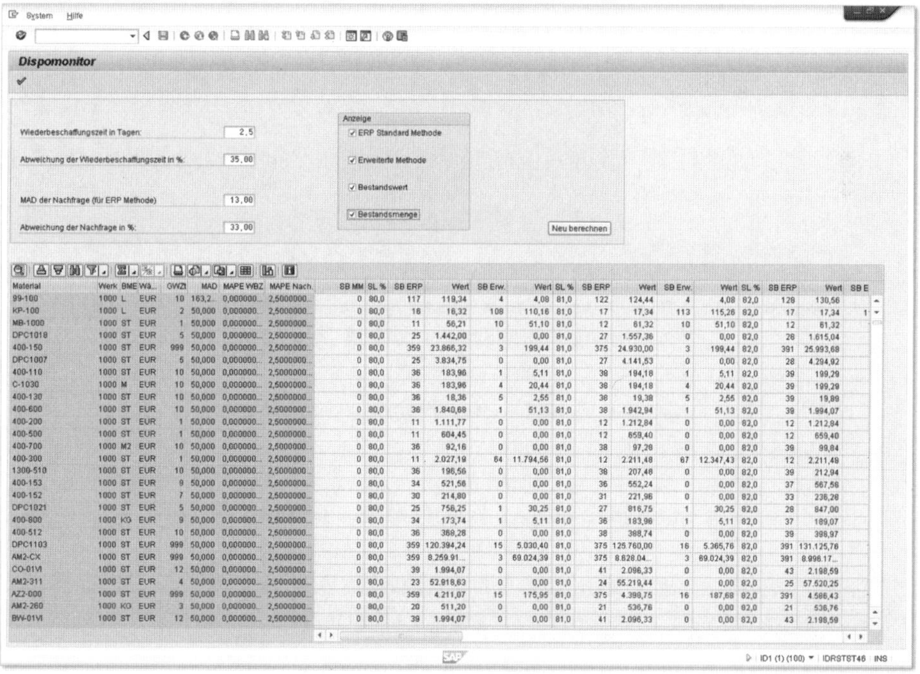

Abbildung 18.11 Ergebnis der Simulation der Sicherheitsbestände

Im oberen Bildabschnitt werden die für die Simulation verwendeten Parameter angezeigt. Diese lassen sich hier zu Simulationszwecken auch individuell verändern. So kann der Benutzer jederzeit die Wiederbeschaffungszeit in Tagen, die Wiederbeschaffungszeitgenauigkeit in Prozent, die Prognosegüte als absoluten oder relativen Wert eingeben und mit den Button NEU BERECHNEN die Sicherheitsbestände für die Servicelevel von 80–99% in Ein-Prozent-Schritten neu berechnen. So erhält er artikelindividuell die Übersicht darüber, bei welchem Servicelevel sich ein weiterer Aufbau von Sicherheitsbestand lohnt. Die Kennzahl *Servicelevel* bzw. *Lieferbereitschaftsgrad* wird im nächsten Abschnitt erläutert.

18.4.10 Kennzahl »Lieferbereitschaftsgrad«

Unter dem *Lieferbereitschaftsgrad* (LBG) versteht man die Fähigkeit, einen Bedarf termingerecht zu befriedigen. Aus Kundensicht wird die Logistikleistung eines Unternehmens anhand der Komponenten Lieferzeit, Lieferzuverlässigkeit, Lieferqualität und Lieferflexibilität gemessen. Dieser werden in der Regel unter dem Begriff des Lieferservice, des Lieferbereitschaftsgrads oder des Servicegrads subsumiert. Im Folgenden verwenden wir den Begriff des Lieferbereitschaftsgrads. Die Lieferbereitschaft kann unterschiedlich gemessen werden, je nachdem, welchen Fokus Sie setzen wollen:

Wollen Sie die Lieferbereitschaft nach der Anzahl der verkauften Stückeinheiten messen, so berechnen Sie diese nach folgender Formel:

LBG = Anzahl der termingerecht gelieferten Mengen / Anzahl der Gesamtmenge der Nachfrage

Tabelle 18.3 führt weitere Berechnungsformeln des Lieferbereitschaftsgrads (LBG) auf.

Kriterium	Formel	Service
Fehlmenge	*LBG = Anzahl der termingerecht gelieferten Mengen / Anzahl der Gesamtmenge der Nachfrage*	Mengenservice
Fehlhäufigkeit	*LBG = Anzahl der termingerecht gelieferten Kundenaufträge / Anzahl der Gesamtmenge der Kundenaufträge*	Nachfrageservice
Fehlhäufigkeit	*LBG = Anzahl der termingerecht gelieferten Kundenauftragspositionen / Anzahl der Gesamtmenge der Kundenauftragspositionen*	Nachfrageservice
Umsatzverlust	*LBG = Wert der termingerecht gelieferten Mengen / Wert der Gesamtmenge der Nachfrage*	Umsatzmengenservice

Tabelle 18.3 Möglichkeiten der Berechnung des Lieferbereitschaftsgrads

Kriterium	Formel	Service
Fehldauer	*LBG = Anzahl der Perioden (Tage) ohne Fehlbestände / Gesamtzahl der Perioden*	Periodenservice

Tabelle 18.3 Möglichkeiten der Berechnung des Lieferbereitschaftsgrads (Forts.)

Abbildung 18.12 zeigt anhand eines Beispiels, zu welchen unterschiedlichen Ergebnissen verschiedene Methoden bei der Berechnung des Lieferbereitschaftsgrads führen können.

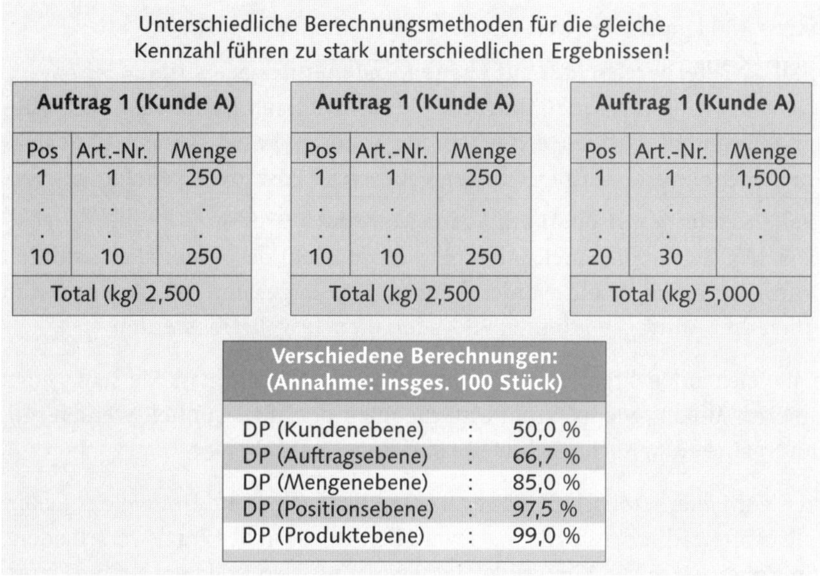

Abbildung 18.12 Berechnungsmöglichkeiten des Lieferbereitschaftsgrad

Im oberen Teil der Abbildung sehen Sie drei Kundenaufträge. Die Aufträge 1 und 2 sind vom selben Kunden »A« und umfassen jeweils zehn Auftragspositionen mit unterschiedlichen Materialien. Der Auftrag 3 ist von einem Kunden »B« und umfasst 20 Auftragspositionen.

Der Gesamtbedarf über alle Kundenaufträge beträgt 10.000 kg, wobei nur 8.500 kg befriedigt werden können, da die erste Position des letzten Auftrags nicht erfüllt werden kann. Insgesamt wurden 100 Materialien angefragt.

Die Lieferbereitschaft kann nun auf unterschiedlichen Ebenen gemessen werden und führt zu jeweils unterschiedlichen Ergebnissen:

- **Fall 1: Lieferbereitschaft auf Ebene Kunde = 50%**
  Der LBG wird berechnet, indem die Prozentzahl der Kunden ermittelt wird, deren Aufträge befriedigt worden sind. Alle Aufträge von Kunde A sind

befriedigt worden, die Aufträge von Kunde B wurden nicht vollständig befriedigt.

- **Fall 2: Lieferbereitschaft auf Ebene Kundenauftrag = 66,67%**
  Der LBG wird berechnet, indem die Prozentzahl der Kundenaufträge ermittelt wird, die befriedigt worden sind. Von drei Kundenaufträgen wurden zwei vollständig erfüllt.
- **Fall 3: Lieferbereitschaft auf Ebene Menge = 85%**
  Der LBG wird berechnet, indem die Prozentzahl der Menge ermittelt wird, die insgesamt bereitgestellt werden konnte. Von insgesamt 10.000 kg konnten 8.500 kg geliefert werden.
- **Fall 4: Lieferbereitschaft auf Ebene Kundenauftragsposition = 96,7%**
  Der LBG wird berechnet, indem die Prozentzahl der Kundenauftragspositionen ermittelt wird, die erfüllt werden konnten. Von insgesamt 40 Positionen über alle drei Aufträge hinweg konnten 39 Positionen geliefert werden.
- **Fall 5: Lieferbereitschaft auf Ebene Material = 97,5%**
  Der LBG wird berechnet, indem die Prozentzahl der Materialien ermittelt wird, die bereitgestellt werden konnte. Von insgesamt 100 Materialien in allen drei Aufträgen konnten 99 Materialien ausgeliefert werden.

Die abweichenden Ergebnisse im Beispiel verdeutlichen, dass Sie sehr genau definieren sollten, wie in Ihrem Unternehmen der LBG ermittelt werden soll, damit es eine einheitliche Sichtweise auf diese Kennzahl gibt.

Neben der Lieferbereitschaft gibt es weitere Kennzahlen im Umfeld des Lieferbereitschaftsgrads oder des Servicelevels. Da oftmals in der Praxis verschiedene Definitionen derselben Kennzahlen verwendet werden, soll kurz auf die Unterschiede der verschiedenen Lieferbereitschaftskennzahlen eingegangen werden.

Die Liefertreue beinhaltet den Grad der Übereinstimmung zwischen dem bestätigten und dem tatsächlichen Auftragserfüllungstermin (Liefertermin). Der Unterschied zwischen Lieferbereitschaft (*fill rate*) und Liefertreue (*on-time delivery*) hängt davon ab, zu welchem Termin die Auslieferung an den Kunden tatsächlich stattgefunden hat. Die Lieferfähigkeit beinhaltet den Grad der Übereinstimmung zwischen dem Kundenwunschtermin und dem bestätigten Auftragserfüllungstermin (Liefertermin). Der Lieferservicegrad (*(cycle) service level*) zeigt den Grad der Übereinstimmung zwischen dem Kundenwunschtermin und dem tatsächlichen Auftragserfüllungstermin. Der Lieferservicegrad ist somit die übergreifende Leistungsgröße, die Lieferfähigkeit und Liefertreue vereint.

Die Lieferbereitschaft wird auf Basis der Lieferfähigkeit berechnet. Ein Unternehmen ist zu dem Termin lieferfähig, zu dem es dem Kunden die Lieferung versprochen hat und den der Kunde auch akzeptiert hat. Das ist der bestätigte Liefertermin. Hält ein Unternehmen diesen Termin ein, so ist auch die Liefertreue zu 100% erreicht. Die Liefertreue sinkt, wenn der bestätigte Termin nicht eingehalten wird. Die gesamte Lieferzeit wird vom Eingang des Kundenauftrags bis zur Auslieferung errechnet (siehe Abbildung 18.13).

Die Liefertreue wird berechnet als Differenz zwischen dem tatsächlichen Auftragserfüllungstermin und dem bestätigtem Termin. Dabei ist zu beachten, dass in SAP ERP der bestätigte Termin geändert werden kann. Hier muss der erste bestätigte Termin zur Berechnung der Liefertreue herangezogen werden. Die Differenz zwischen dem tatsächlichen Auslieferungstermin und dem Kundenwunschtermin ist die sogenannte Kundenwunschtreue. In dieser wird also die Liefertreue dem Markt gegenüber gemessen, während die Liefertreue das Versprechen bewertet, das dem Kunden gegeben wurde.

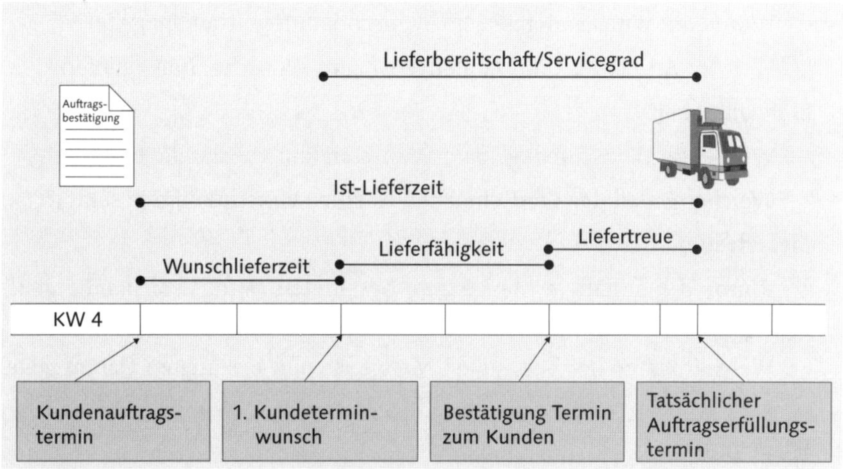

Abbildung 18.13 Lieferzeit, Lieferfähigkeit und Liefertreue

Die Liefertreue sollte immer in Kombination mit der Kundenwunschtreue betrachtet werden, da sonst die Gefahr besteht, dass die bestätigten Liefertermine zur Zielerreichung zu großzügig festgelegt werden. Großzügige Lieferterminbestätigungen verringern die Gefahr, die von der Unternehmensführung geforderte Liefertreue zu verfehlen. Der Unterschied zwischen Liefertreue und Kundenwunschtreue kann in der Praxis durchaus beachtlich sein.

Lieferfähigkeit und Liefertreue sollten unbedingt mithilfe der ABC/XYZ-Klassifizierung unterschieden werden. Es hat keinen Sinn, für alle Produkte dieselbe Lieferfähigkeit erreichen zu wollen.

SAP Consulting-Tool »Servicegradmonitor«

In SAP ERP gibt es leider keine Standardanalyse/Standardreport, der die vorgestellten Lieferservicegrade misst. Daher hat SAP Consulting ein Werkzeug zur Messung der Lieferservicegrade auf Basis von SAP ERP und SAP Netweaver entwickelt. Der Servicegradmonitor stellt eine Möglichkeit dar, die Lieferservicegrade im ERP-System, also dort, wo der Datenursprung liegt, zu ermitteln und anzuzeigen. Der Servicegradmonitor ermittelt zu den ausgewählten Kundenauftragspositionen alle Bestätigungen und Lieferungen. Zusätzlich zu Kundenaufträgen können auch für Umlagerungsbestellungen Servicegrade ermittelt werden. Es wird zusammengestellt, welche Mengen zu welchen Terminen bestätigt und geliefert wurden.

Folgende Kennzahlen werden ermittelt und ausgegeben:

- **Lieferservice**
  - Wurde die Wunschmenge zum Wunschdatum vollständig geliefert?
  - Welcher Anteil der Wunschmenge ist zum Wunschdatum geliefert?
- **Lieferfähigkeit**
  - Wurde die Wunschmenge zum Wunschdatum vollständig bestätigt?
  - Welcher Anteil der Wunschmenge ist zum Wunschdatum bestätigt?
- **Liefertreue**
  - Wurde die bestätigte Menge zum bestätigten Datum vollständig geliefert?
  - Welcher Anteil der bestätigten Menge ist zum bestätigten Datum geliefert?
- **Ist-Lieferzeit**
  - Welche Lieferzeit wurde tatsächlich benötigt?
- **Offene Aufträge**
  - Welche Aufträge sind noch offen?

Zu jeder Kennzahl gibt es pro Auftragsposition eine Ja-/Nein-Angabe und eine prozentuale Angabe. Damit können Teil- und Volllieferungen ausgewertet werden. Die Zahlen können auch pro Auftrag, Kunde oder Material verdichtet werden. Ausgewertet werden alle Kundenaufträge und Umlagerungsbestellungen, die zu den eingegebenen Selektionskriterien passen. Bei der Ausgabe erscheint zunächst eine nach Perioden aggregierte Darstellung der Kennzahlen (siehe Abbildung 18.14).

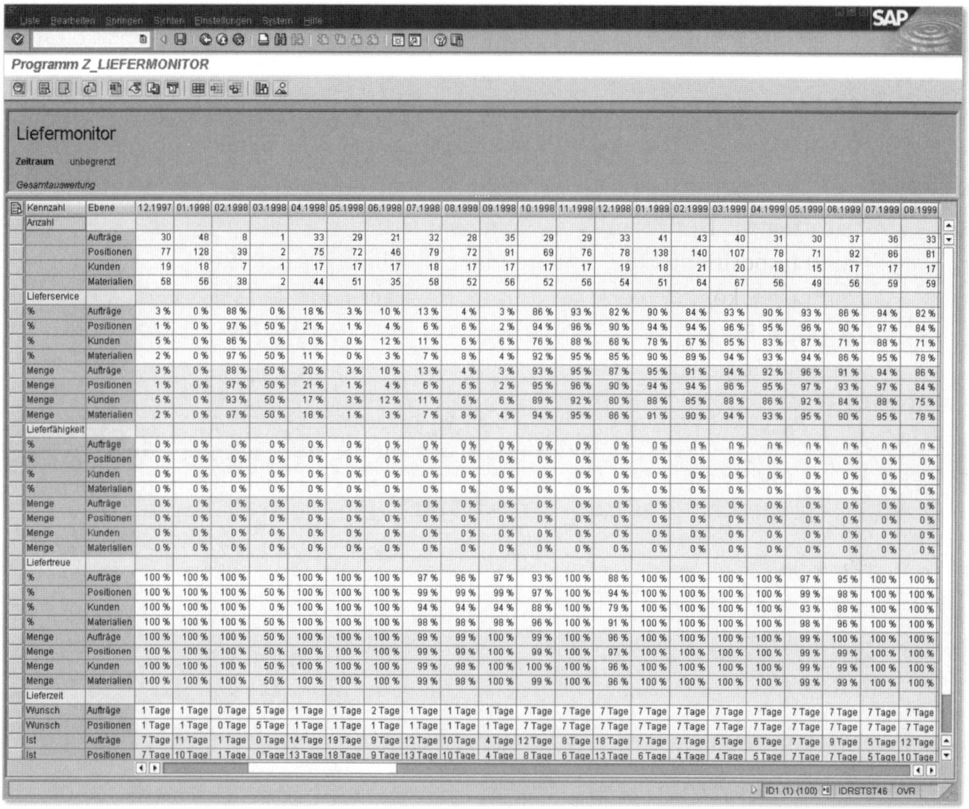

Liste Bearbeiten Springen Sichten Einstellungen System Hilfe

Programm Z_LIEFERMONITOR

Liefermonitor

Zeitraum unbegrenzt

Gesamtauswertung

Kennzahl	Ebene	12.1997	01.1998	02.1998	03.1998	04.1998	05.1998	06.1998	07.1998	08.1998
Anzahl										
	Aufträge	30	48	8	1	33	29	21	32	28
	Positionen	77	128	39	2	75	72	46	79	72
	Kunden	19	18	7	1	17	17	17	18	17
	Materialien	58	56	38	2	44	51	35	58	52
Lieferservice										
%	Aufträge	3 %	0 %	88 %	0 %	18 %	3 %	10 %	13 %	4 %
%	Positionen	1 %	0 %	97 %	50 %	21 %	1 %	4 %	6 %	6 %
%	Kunden	5 %	0 %	86 %	0 %	0 %	0 %	12 %	11 %	6 %
%	Materialien	2 %	0 %	97 %	50 %	11 %	0 %	3 %	7 %	8 %
Menge	Aufträge	3 %	0 %	88 %	50 %	20 %	3 %	10 %	13 %	4 %
Menge	Positionen	1 %	0 %	97 %	50 %	21 %	1 %	4 %	6 %	6 %
Menge	Kunden	5 %	0 %	93 %	50 %	17 %	3 %	12 %	11 %	6 %
Menge	Materialien	2 %	0 %	97 %	50 %	18 %	1 %	3 %	7 %	8 %
Lieferfähigkeit										
%	Aufträge	0 %	0 %	0 %	0 %	0 %	0 %	0 %	0 %	0 %
%	Positionen	0 %	0 %	0 %	0 %	0 %	0 %	0 %	0 %	0 %
%	Kunden	0 %	0 %	0 %	0 %	0 %	0 %	0 %	0 %	0 %
%	Materialien	0 %	0 %	0 %	0 %	0 %	0 %	0 %	0 %	0 %
Menge	Aufträge	0 %	0 %	0 %	0 %	0 %	0 %	0 %	0 %	0 %
Menge	Positionen	0 %	0 %	0 %	0 %	0 %	0 %	0 %	0 %	0 %
Menge	Kunden	0 %	0 %	0 %	0 %	0 %	0 %	0 %	0 %	0 %
Menge	Materialien	0 %	0 %	0 %	0 %	0 %	0 %	0 %	0 %	0 %
Liefertreue										
%	Aufträge	100 %	100 %	100 %	0 %	100 %	100 %	100 %	97 %	96 %
%	Positionen	100 %	100 %	100 %	50 %	100 %	100 %	100 %	99 %	99 %
%	Kunden	100 %	100 %	100 %	0 %	100 %	100 %	100 %	94 %	94 %
%	Materialien	100 %	100 %	100 %	50 %	100 %	100 %	100 %	98 %	98 %
Menge	Aufträge	100 %	100 %	100 %	50 %	100 %	100 %	100 %	99 %	99 %
Menge	Positionen	100 %	100 %	100 %	50 %	100 %	100 %	100 %	99 %	99 %
Menge	Kunden	100 %	100 %	100 %	50 %	100 %	100 %	100 %	99 %	98 %
Menge	Materialien	100 %	100 %	100 %	50 %	100 %	100 %	100 %	99 %	98 %
Lieferzeit										
Wunsch	Aufträge	1 Tage	1 Tage	0 Tage	5 Tage	1 Tage	1 Tage	2 Tage	1 Tage	1 Tage
Wunsch	Positionen	1 Tage	1 Tage	0 Tage	5 Tage	1 Tage	1 Tage	1 Tage	1 Tage	1 Tage
Ist	Aufträge	7 Tage	11 Tage	1 Tage	0 Tage	14 Tage	19 Tage	9 Tage	12 Tage	10 Tage
Ist	Positionen	7 Tage	10 Tage	1 Tage	0 Tage	13 Tage	18 Tage	9 Tage	13 Tage	10 Tage

Kennzahl	Ebene	09.1998	10.1998	11.1998	12.1998	01.1999	02.1999	03.1999	04.1999	05.1999	06.1999	07.1999	08.1999
Anzahl													
	Aufträge	35	29	29	33	41	43	40	31	30	37	36	33
	Positionen	91	69	76	78	138	140	107	78	71	92	86	81
	Kunden	17	17	17	19	18	21	20	18	15	17	17	17
	Materialien	56	52	56	54	51	64	67	56	49	56	59	59
Lieferservice													
%	Aufträge	3 %	86 %	93 %	82 %	90 %	84 %	93 %	90 %	93 %	86 %	94 %	82 %
%	Positionen	2 %	94 %	96 %	90 %	94 %	94 %	96 %	95 %	96 %	90 %	97 %	84 %
%	Kunden	6 %	76 %	88 %	68 %	78 %	67 %	85 %	83 %	87 %	71 %	88 %	71 %
%	Materialien	4 %	92 %	95 %	85 %	90 %	89 %	94 %	93 %	94 %	86 %	95 %	78 %
Menge	Aufträge	3 %	93 %	95 %	87 %	95 %	91 %	94 %	92 %	96 %	91 %	94 %	86 %
Menge	Positionen	2 %	95 %	96 %	90 %	94 %	94 %	96 %	95 %	97 %	93 %	97 %	84 %
Menge	Kunden	6 %	89 %	92 %	80 %	88 %	85 %	88 %	86 %	92 %	84 %	88 %	75 %
Menge	Materialien	4 %	94 %	95 %	86 %	91 %	90 %	94 %	93 %	95 %	90 %	95 %	78 %
Lieferfähigkeit													
%	Aufträge	0 %	0 %	0 %	0 %	0 %	0 %	0 %	0 %	0 %	0 %	0 %	0 %
%	Positionen	0 %	0 %	0 %	0 %	0 %	0 %	0 %	0 %	0 %	0 %	0 %	0 %
%	Kunden	0 %	0 %	0 %	0 %	0 %	0 %	0 %	0 %	0 %	0 %	0 %	0 %
%	Materialien	0 %	0 %	0 %	0 %	0 %	0 %	0 %	0 %	0 %	0 %	0 %	0 %
Menge	Aufträge	0 %	0 %	0 %	0 %	0 %	0 %	0 %	0 %	0 %	0 %	0 %	0 %
Menge	Positionen	0 %	0 %	0 %	0 %	0 %	0 %	0 %	0 %	0 %	0 %	0 %	0 %
Menge	Kunden	0 %	0 %	0 %	0 %	0 %	0 %	0 %	0 %	0 %	0 %	0 %	0 %
Menge	Materialien	0 %	0 %	0 %	0 %	0 %	0 %	0 %	0 %	0 %	0 %	0 %	0 %
Liefertreue													
%	Aufträge	97 %	93 %	100 %	88 %	100 %	100 %	100 %	100 %	97 %	95 %	100 %	100 %
%	Positionen	99 %	97 %	100 %	94 %	100 %	100 %	100 %	100 %	99 %	98 %	100 %	100 %
%	Kunden	94 %	88 %	100 %	79 %	100 %	100 %	100 %	100 %	93 %	88 %	100 %	100 %
%	Materialien	98 %	96 %	100 %	91 %	100 %	100 %	100 %	100 %	98 %	96 %	100 %	100 %
Menge	Aufträge	100 %	99 %	100 %	96 %	100 %	100 %	100 %	100 %	99 %	100 %	100 %	100 %
Menge	Positionen	100 %	99 %	100 %	97 %	100 %	100 %	100 %	100 %	99 %	99 %	100 %	100 %
Menge	Kunden	100 %	100 %	100 %	96 %	100 %	100 %	100 %	100 %	99 %	99 %	100 %	100 %
Menge	Materialien	100 %	99 %	100 %	96 %	100 %	100 %	100 %	100 %	99 %	99 %	100 %	100 %
Lieferzeit													
Wunsch	Aufträge	1 Tage	7 Tage	7 Tage	7 Tage	7 Tage	7 Tage	7 Tage	7 Tage	7 Tage	7 Tage	7 Tage	7 Tage
Wunsch	Positionen	1 Tage	7 Tage	7 Tage	7 Tage	7 Tage	7 Tage	7 Tage	7 Tage	7 Tage	7 Tage	7 Tage	7 Tage
Ist	Aufträge	4 Tage	12 Tage	8 Tage	18 Tage	7 Tage	7 Tage	5 Tage	6 Tage	7 Tage	9 Tage	5 Tage	12 Tage
Ist	Positionen	4 Tage	8 Tage	6 Tage	13 Tage	6 Tage	4 Tage	4 Tage	5 Tage	7 Tage	7 Tage	5 Tage	10 Tage

ID1 (1) (100) IDRSTST46 OVR

Abbildung 18.14 Servicegradmonitor – Kennzahlensicht

Von dieser Liste aus kann in die folgenden Ansichten verzweigt werden:

- in ein Popup mit grafischer Darstellung der Daten einer Zeile
- in eine Positionsliste mit den Daten zu den Einzelaufträgen (siehe Abbildung 18.15)

Mit dem Servicegradmonitor können Sie die wichtigsten Servicegradkennzahlen *Kunden* und *Material* in das ERP-System integriert auswerten. Die Auswertung erfolgt auf der Grundlage von Kundenaufträgen aus SD oder Umlagerungsbestellungen aus MM. Im Gegensatz zu einer Auswertung mit SAP NetWeaver BW können Sie bis auf Belegebene navigieren, um den Servicegrad zu analysieren. Sie können die Reports auch in BW anzeigen lassen, allerdings nicht von dort aus auf die Belegebene im ERP-System navigieren. Ein Vorteil des Liefermonitors ist außerdem, dass kein Customizing notwendig ist.

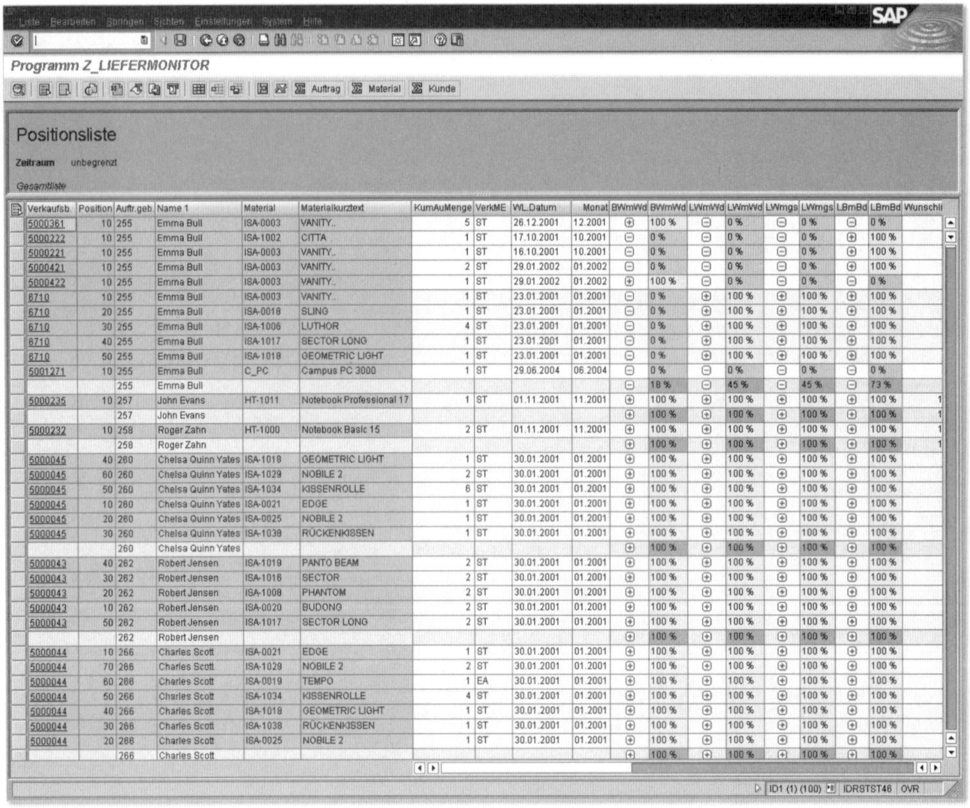

Abbildung 18.15 Servicegradmonitor – Positionsliste

18.4.11 Kennzahl »Zugangsbestand«

Hier werden die Kennzahlen *Reichweite des mittleren Bestandes bei Zugang* und *Wert des mittleren Bestandes bei Zugang* gegenübergestellt.

Erfolgt ein Materialzugang regelmäßig zu einem Zeitpunkt, zu dem noch eine große Menge des Materials im Lager vorhanden ist, wird ein unverhältnismäßig hoher mittlerer Bestand aufgebaut, der hohe Kosten zur Folge hat.

Die Höhe des Bestands bei Zugang kann jedoch nur im Verhältnis zum Verbrauch beurteilt werden. Maßgebende Kennzahl ist deshalb die *Reichweite des mittleren Bestandes bei Zugang*.

Ein unnötig hoher Bestand bei Zugang entsteht, wenn zu früh beschafft oder zu früh produziert wird. Sie sollten folgende Überprüfungen vornehmen, um die Ursache für einen überhöhten Bestand bei Zugang zu finden:

- Entspricht die Durchlaufzeit im Materialstamm der tatsächlichen Durchlaufzeit?
- Bei manuell eingegebenem Sicherheitsbestand: Kann der Sicherheitsbestand reduziert werden?
- Bei berechnetem Sicherheitsbestand: Ist der vorgegebene Servicegrad gerechtfertigt?
- Liefern Prognose bzw. Planung realistische Bedarfe?

Materialien, die sowohl eine große Reichweite des mittleren Bestands bei Zugang als auch einen hohen Wert des mittleren Zugangs aufweisen, haben gemessen am Verbrauch hohe Lagerbestände bei Zugang und sollten deshalb genauer überprüft werden.

18.4.12 Kennzahl »Losgröße«

Für diese Kennzahl werden die Kennzahlen *Reichweite des mittleren Zugangs* und *Wert des mittleren Zugangs* gegenübergestellt.

Wird ein Material in zu großen Losgrößen bestellt oder produziert, so führt dies zu einem überhöhten mittleren Bestand, der unnötige Kosten verursacht. Die Losgröße muss jedoch im Verhältnis zum Verbrauch gesehen werden: Ein hoher Verbrauch rechtfertigt eine hohe Losgröße. Aus diesem Grund braucht man eine Kennzahl, die sowohl die Losgröße als auch den Verbrauch berücksichtigt: die *Reichweite des mittleren Zugangs in Tagen*. Ist die Reichweite des mittleren Zugangs groß, kann die Losgröße und damit der mittlere Bestand verringert werden.

Auffällig sind Materialien, die bezüglich beider Kennzahlen den oberen Klassen zugeordnet sind, die also eine hohe Reichweite des mittleren Zugangs besitzen und einen hohen mittleren Zugangswert aufweisen. Empfehlenswert ist in einem solchen Fall die Reduzierung der Losgröße, da die bisherige Losgröße über einen hohen Zugangswert zu einem hohen Bestandswert und damit zu einer hohen Kapitalbindung führte.

18.5 Hilfsmittel zur Bestandsanalyse

Für eine Verbesserung in der Disposition müssen Sie sich zunächst einen Überblick über Ihr Teilesortiment verschaffen und es segmentieren. Dazu wurden in Kapitel 3, »Artikelklassifizierung als Basis für Dispositionsentscheidungen«, bereits Analyseverfahren wie die ABC-Analyse und die XYZ-Analyse vorgestellt. Im Folgenden wird auf weitere Verfahren eingegangen.

18.5.1 LMN-Analyse

Die LMN-Analyse ist mit der ABC-Analyse zu vergleichen, nur dass hierbei nicht nach Wertigkeit, sondern nach Volumen klassifiziert wird. Diese Analyse nennt man daher auch Lagervolumenanalyse:

- L = großvolumiges Teil
- M = mittelvolumiges Teil
- N = kleinvolumiges Teil

Sowohl in der Disposition als auch in der Logistik ist von Interesse, ob ein kleinvolumiges Teil (z.B. eine Schraube) oder ein großvolumiges Teil (z.B. einen Motor) eingelagert, disponiert oder transportiert wird. Hat zum Beispiel die Reichweitenanalyse ergeben, dass ein C-Teil mit einer Reichweite von fünf Monaten disponiert werden soll, würde der Disponent laut Reichweitenstrategie auch für ein großvolumiges Teil eine entsprechende Menge bevorraten. Dies ist jedoch aus logistischer Sicht nicht sehr sinnvoll: Die Lagerhaltungskosten würden enorm ansteigen, und im schlechtesten Fall wäre für A- oder B-Teile nicht mehr ausreichend Lagerplatz verfügbar. Deshalb ist es wichtig, neben der ABC- und der XYZ-Analyse auch die LMN-Analyse durchzuführen. Von der Logik wird sie genauso durchgeführt wie die ABC-Analyse.

18.5.2 Flussdiagramme für die Materialflussanalyse

Durchlaufdiagramme wurden von Prof. Wiendahl entwickelt. Sie basieren auf der gleichen Darstellungsform wie Fortschrittszahlen. Ein Durchlauf- oder Flussdiagramm mit seinen Kennzahlen ist in Abbildung 18.16 zu sehen.

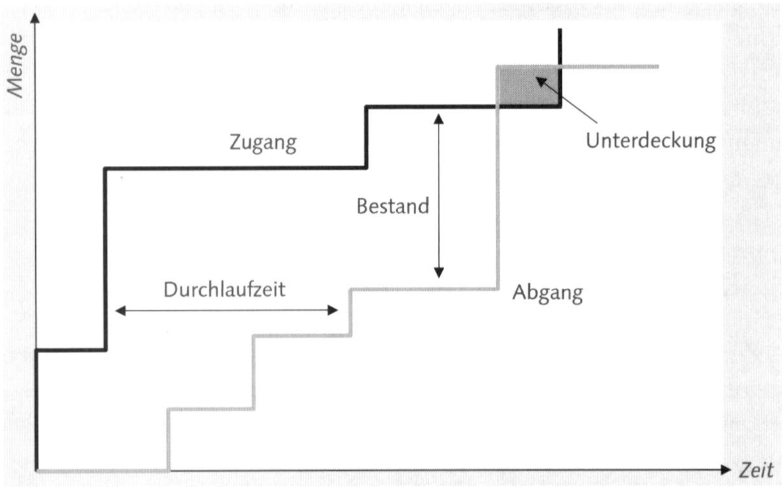

Abbildung 18.16 Flussdiagramm – Kennzahlen für die Materialflussanalyse

Ausgehend vom Anfangsbestand werden für jeden Zeitpunkt alle Warenzugänge und Warenabgänge eingetragen. Die Durchlaufzeit ist der waagrechte Abstand zwischen der Abgangskurve der Quellressource und der Zugangskurve der Zielressource. Der Lagerbestand ist der senkrechte Abstand zwischen der Zuflusskurve und der Abflusskurve eines Artikels, einer Artikelgruppe oder eines gesamten Sortiments.

Liegt die Zugangskurve über der Abgangskurve, besteht eine Überdeckung. Liegt die Abgangskurve über der Zugangskurve, besteht eine Unterdeckung. Soll-Vorgaben des Managements können mithilfe von Flussdiagrammen mit der tatsächlichen Ist-Leistung verglichen werden, sodass der Betrachter erkennt, ob die Vorgaben erfüllt werden.

Die Termintreue geht aus einem Vergleich der Soll- und Ist-Termine der Zugänge hervor (siehe Abbildung 18.17). Negative Flächen kennzeichnen Verzug, positive Flächen verfrühte Lieferungen, durch die ein sogenannter zeitlicher Puffer entsteht.

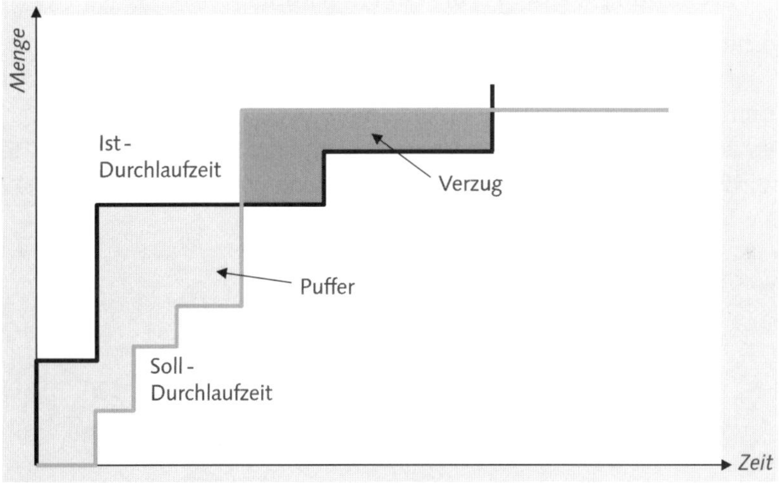

Abbildung 18.17 Flussdiagramm – Termintreue

Die Darstellung im Flussdiagramm zeigt auch, ob Disposition, Produktion und Logistik aufeinander abgestimmt arbeiten. Sie gibt einen Überblick über Abteilungs- und Unternehmensgrenzen hinweg und ist besonders bei virtuellen Partnern wichtig. Sind Puffer zwischen den Partnern einmal erkannt, können sie minimiert und dadurch Risiken abgebaut werden. Die Durchlaufzeit kann entlang der gesamten Supply Chain visualisiert und mit der Lieferzeit verglichen werden (siehe Abbildung 18.18).

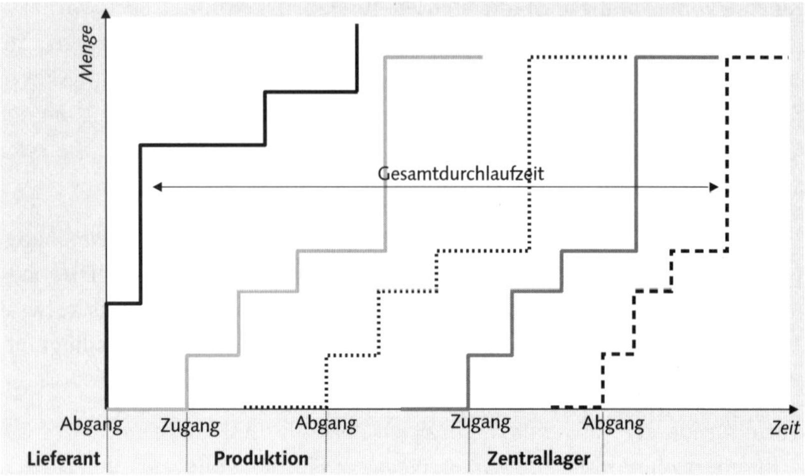

Abbildung 18.18 Flussdiagramm – Gesamtdurchlaufzeit

18.5.3 Beschaffungs- und Verbrauchsrhythmus

Die Synchronisation des Beschaffungs- und Verbrauchsrhythmus für bestimmte Artikel sollte kontinuierlich überwacht und abgeglichen werden. Der Beschaffungsrhythmus ist dabei die Zeitspanne, in der Artikel beschafft werden, zum Beispiel alle 14 Tage. Der Verbrauchsrhythmus ist die Zeitspanne, in der die Artikel verbraucht werden, zum Beispiel jede Woche. Abbildung 18.19 zeigt eine beispielhafte Gegenüberstellung.

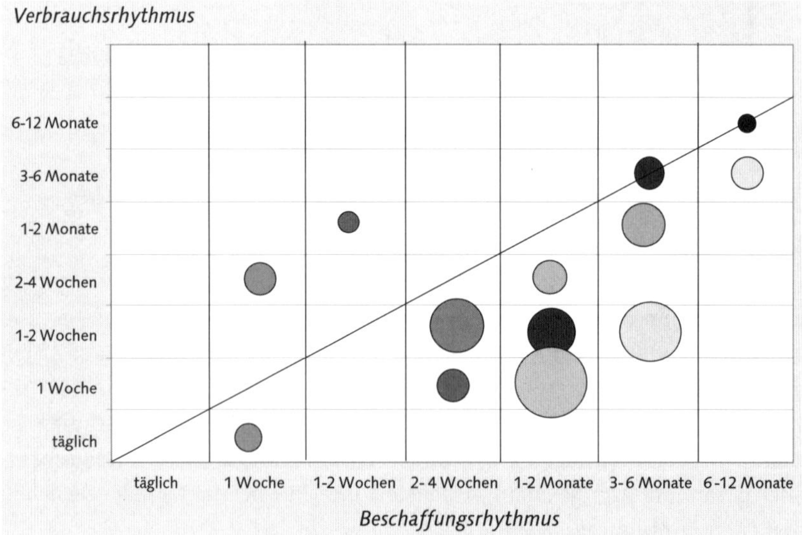

Abbildung 18.19 Beschaffungs- und Verbrauchsrhythmus

Der Beschaffungsrhythmus ist auf der unteren Bildleiste, der Verbrauchsrhythmus auf der linken Bildleiste dargestellt. Die Größe der Kreise stellt die Anzahl der Artikel dar. So weisen die meisten Artikel einen Verbrauchsrhythmus von einer Woche auf, werden jedoch nur alle ein bis zwei Monate beschafft. Grund hierfür ist meist die Bündelung von einzelnen Bestellungen zu einer Gesamtbestellung, etwa um Bestellkosten zu minimieren.

Eine solche Matrix lässt schnell einen Handlungsbedarf im Bestandsmanagement und in der Disposition erkennen. Bei Artikeln, die oberhalb der Diagonalen liegen, also einen längeren Verbrauchs- als Beschaffungsrhythmus aufweisen, sollte das Dispositionsverfahren überprüft werden. In der Praxis liegt die letzte Überprüfung des Dispositionsverfahrens oft schon mehrere Jahre zurück, und das Verbrauchsverhalten hat sich in der Zwischenzeit verändert.

Liegen die meisten Artikel, wie im Praxisbeispiel oben dargestellt, unterhalb der Diagonalen, sollten Sie mithilfe der ABC-Analyse feststellen, ob darunter auch A-Artikel sind. A-Artikel sollten möglichst verbrauchssynchron beschafft werden, also möglichst auf der Diagonalen liegen – im Einzelfall auch darüber.

18.6 Bestandsüberwachung in SAP ERP

In SAP ERP können Sie im Logistik-Informationssystem (LIS) Auswertungen zu Bestandsinformationen über das Bestandscontrolling machen. Gehen Sie dazu im SAP Menü zu Logistik • Logistik-Controlling • Bestandscontrolling • Standardanalysen. Dort können Sie Standardanalysen zum Werk, zu Ihren Lagerorten, Ihren Materialien und Ihren Chargen vornehmen. In Abbildung 18.20 sehen Sie den Aufruf einer Materialanalyse im SAP-Menü über Logistik • Logistik Informationssystem • Standardanalysen • Material.

In der Feldgruppe Merkmale geben Sie die Merkmale an, die Sie für Ihre Analyse auswählen wollen. Sie können die Selektion nach Werken, Lagerorten, Materialien oder Chargen eingrenzen. In unserem Beispiel werden alle Materialien des Werks 1000 selektiert.

In der Feldgruppe Materialgruppierungen können Sie weitere Einschränkungen vornehmen, wenn Sie zum Beispiel nur Materialien einer bestimmten Warengruppe selektieren möchten.

Mit dem Analysezeitraum geben Sie an, welche Perioden Sie für die Analyse auswählen wollen.

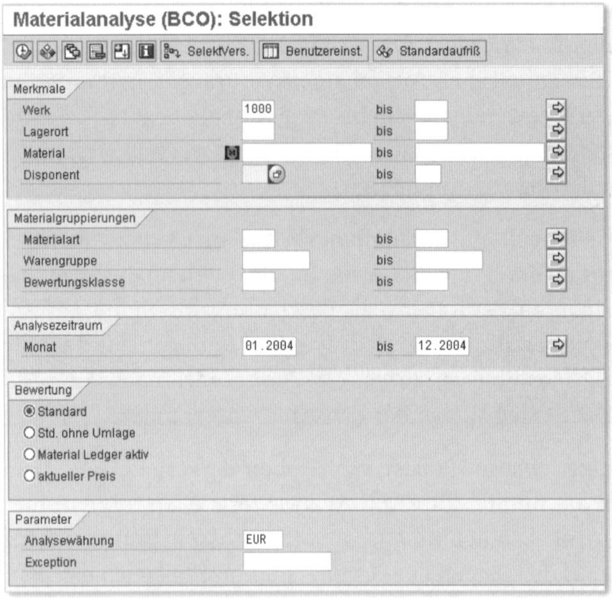

Abbildung 18.20 SAP ERP – Selektion für die Materialanalyse

Für die Ermittlung von Bestandswerten müssen Sie in der Feldgruppe Bewertung angeben, wie der Bestandswert für die Analyse ermittelt werden soll. In diesem Beispiel wird die Standardbewertung genutzt.

Zuletzt können Sie noch die Analysewährung angeben und ob Ihnen das System bei Überschreitungen von vorher definierten Schwellwerten (Exceptions) Hinweise geben soll. Abbildung 18.21 zeigt das Ergebnis Ihrer Bestandsanalyse.

Sie sehen eine Reihe von Bestandskennzahlen, zum Beispiel den Gesamtverbrauch, die aktuelle Bestandsmenge, das Datum des letzten Bestandsabganges, die mittlere Reichweite in Tagen, den mittleren Bestand, die aktuelle Bestandsreichweite sowie die Umschlagshäufigkeit des Bestands. Über den Button Weitere Kennzahlen können Sie beliebig viele weitere Kennzahlen einblenden.

Detailinformationen können Sie sich auch grafisch oder tabellarisch anzeigen lassen. Zusätzlich können Sie in die Bestandsübersicht der Bestandsführung verzweigen.

Zu den oben genannten Kennzahlen können Sie sich für einen Merkmalswert ein Zugangsdiagramm, ein Abgangsdiagramm und ein Diagramm über den Bestandsverlauf anzeigen lassen. Navigieren Sie dazu im Menü unter Springen ins das Zu- und Abgangsdiagramm. In diesem Diagramm erhalten Sie einen Überblick über den Bestandsverlauf und die kumulierten Zugangs- und Abgangsdaten pro Material (siehe Abbildung 18.22).

Materialanalyse (BCO): Grundliste

Aufriß wechseln... Top N...

Anzahl Material: 68

Material	Gesamtvbr	Menge GB	Letzt.Abg.	Mi Rw BB	MiBestand BB	RwGesBest	UhGesBest
Summe	17.842,040 ***	49.935,640 ***		972	47.367,535 ***	1.024	0,38
100-100	3.332 ST	169 ST	21.12.2004	36	327,615 ST	19	10,17
100-101	14 ST	234 ST	19.11.2004	4.118	157,538 ST	6.117	0,09
100-110	328 ST	270 ST	14.12.2004	303	271,846 ST	301	1,21
100-120	869 ST	1.900 ST	18.11.2004	803	1.906,462 ST	800	0,46
100-130	6.952 ST	1.453 ST	07.09.2004	77	1.456,308 ST	76	4,77
100-200	3 ST	1.177 ST	22.12.2004	99.999	964,385 ST	99.999	0,00
100-210	370 ST	524 ST	07.09.2004	528	533,692 ST	518	0,69
100-300	611 ST	604 ST	13.09.2004	286	477,308 ST	362	1,28
100-301	0 ST	37 ST		99.999	37 ST	99.999	0,00
100-302	0 ST	1.000 ST		99.999	1.000 ST	99.999	0,00
100-310	980 ST	1.554 ST	07.09.2004	590	1.579,846 ST	580	0,62
100-400	4 ST	628 ST	28.11.2003	57.462	628 ST	57.462	0,01
100-401	0 ST	1.000 ST		99.999	1.000 ST	99.999	0,00
100-410	0 ST	980 ST	13.12.2002	99.999	846,385 ST	99.999	0,00
100-420	0 ST	980 ST	13.12.2002	99.999	846,385 ST	99.999	0,00
100-430	0 ST	1.345 ST	13.12.2002	99.999	991,385 ST	99.999	0,00
100-431	0 ST	1.032 ST	13.12.2002	99.999	898,385 ST	99.999	0,00
100-432	0 ST	1.842 ST	13.12.2002	99.999	1.575,077 ST	99.999	0,00
100-433	0 ST	3.010 ST	13.12.2002	99.999	2.608,923 ST	99.999	0,00
100-500	611 ST	2.296 ST	13.09.2004	1.295	2.162,385 ST	1.375	0,28
100-510	980 ST	1.468 ST	07.09.2004	590	1.579,154 ST	548	0,62
100-600	617 ST	4.467 ST	19.11.2004	2.634	4.440,538 ST	2.650	0,14
100-700	391,04 M2	6.314,64 M2	13.09.2004	5.750	6.142,997 M2	5.910	0,06

Abbildung 18.21 Materialanalyse – Kennzahlensicht

Sie können für jeden Merkmalswert eine Tabelle mit den Lagerbewegungen für die oben genannten Kennzahlen anzeigen lassen. Die Tabelle zeigt die Bewegungen, die im Analysezeitraum der Standardanalyse stattgefunden haben. Für jeden Tag können Sie sich durch einen einfachen Doppelklick die Einzelbewegungen des Tages mit der entsprechenden Belegnummer anzeigen lassen. Durch erneuten Doppelklick auf die Belegnummer verzweigen Sie in den Beleg.

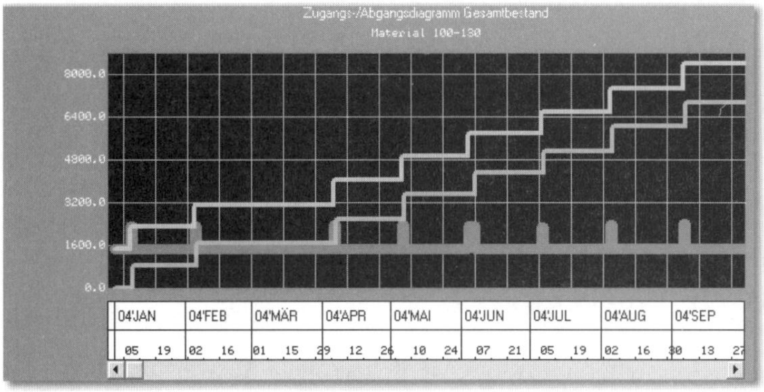

Abbildung 18.22 Zugangs- und Abgangsdiagramm in SAP ERP

Zusätzlich können Sie folgende Kennzahlen tabellarisch anzeigen lassen:

- Anfangsbestand
- Mittelwert

- Minimum
- Maximum
- Endbestand
- Letzter Verbrauch
- Mittlere Reichweite
- Umschlag
- Nullbestand
- Anteil Bodensatz in %

Diese Detailanalyse sehen Sie in Abbildung 18.23.

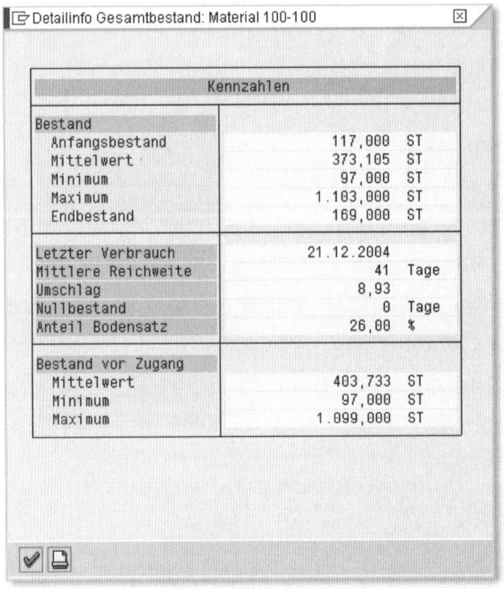

Kennzahlen		
Bestand		
Anfangsbestand	117,000	ST
Mittelwert	373,105	ST
Minimum	97,000	ST
Maximum	1.103,000	ST
Endbestand	169,000	ST
Letzter Verbrauch	21.12.2004	
Mittlere Reichweite	41	Tage
Umschlag	8,93	
Nullbestand	0	Tage
Anteil Bodensatz	26,00	%
Bestand vor Zugang		
Mittelwert	403,733	ST
Minimum	97,000	ST
Maximum	1.099,000	ST

Abbildung 18.23 SAP ERP – Detailinformationen zum ausgewählten Material

18.7 Bestandscontrolling mit SAP APO und SAP NetWeaver BW

Für ein sinnvolles Bestandscontrolling werden aktuelle Auswertungsdaten der Bestände, aber auch der Servicegrad-, Dispositions-, Prognose- und Produktionskennzahlen benötigt. Zu diesem Zweck stehen sowohl in SAP ERP als auch in SAP SCM Werkzeuge zur Verfügung, die in den vorangehenden Abschnitten bereits vorgestellt wurden. Allerdings beschränken sich die Auswertungsmöglichkeiten meistens auf den aktuellen Zeitraum. Auswertungen von Daten eines längeren Zeitraums sind zwar möglich, erfordern aber spezielle Einstellungen und belasten das System durch die Selektion großer Datenmengen.

Die Datenmenge ist aber gerade in den letzten Jahren durch die weltweite Vernetzung von Unternehmen immer weiter angestiegen. Dies hatte zum einen zur Folge, dass vorhandene Daten nicht ausgewertet werden konnten, da sie in unterschiedlichen Systemen abgelegt waren, zum anderen war das Datenvolumen schlicht zu groß für Auswertungen.

Mit SAP NetWeaver Business Warehouse (BW) kann diesem Problem begegnet werden, denn mit seiner Hilfe sind Auswertungen über einen längeren Zeitraum ohne Performanceprobleme möglich. Mit BW lassen sich Daten aus verschiedenen Quellen zusammenführen, analysieren und die Ergebnisse in Reports darstellen. BW wird ab Release 5.0 standardmäßig mit SAP SCM ausgeliefert.

In diesem Abschnitt erfahren Sie nun, wie Sie BW für die Bestandsoptimierung einsetzen können und welche Werkzeuge dafür zur Verfügung stehen. Darüber hinaus stelle ich Ihnen den relevanten SAP Business Content vor.

18.7.1 Auswertungsmöglichkeiten für Bestandsinformationen

SAP bietet im Bereich SAP APO unterschiedliche Möglichkeiten der Auswertung von Bestandsinformationen an. Diese unterscheiden sich erheblich in der Art der Auswertung, der Flexibilität der Anwendung und der Art der Verwendung, um nur einige Unterschiede zu nennen. Grundsätzlich kann man die Auswertungen durch das System, in dem sie gemacht werden, unterscheiden.

Die im Folgenden beschriebenen Auswertungen werden alle im sogenannten OLTP-System (Online Transaction Processing) durchgeführt. Das bedeutet, dass der Datenzugriff online auf aktuelle Daten erfolgt. Im Gegensatz zum Online Transaction Processing (OLTP) steht bei OLAP (Online Analytical Processing) die Durchführung komplexer Analysevorhaben im Vordergrund, die ein sehr hohes Datenaufkommen verursachen. Das Ziel ist, durch multidimensionale Betrachtung dieser Daten ein entscheidungsunterstützendes Analyseergebnis zu gewinnen.

Die verschiedenen Auswertungsmöglichkeiten im APO-System sind:

OLTP-System

- direkte Auswertung in den jeweiligen Transaktionen
- Kennzahlen im Alert Monitor
- Kennzahlen im Plan Monitor

OLAP-System

- Auswertungen in BW

Auswertungen über Kennzahlen im Plan Monitor

Der Plan Monitor bietet eine Möglichkeit zur Auswertung der Produktionszahlen. Um mit dem Plan Monitor arbeiten zu können, müssen Sie im Vorfeld ein sogenanntes Kennzahlenschema im Customizing anlegen, in dem Sie die Kennzahlen, die Sie erhalten wollen, definieren. Dieses Schema muss dann noch in die verschiedenen Profile für die einzelnen Anwendungen eingetragen werden.

SAP bietet zu den folgenden fünf Bereichen vordefinierte Kennzahlen zur direkten Verwendung an:

- Ressourcen (z.B. Ressourcen-Produktionszeit)
- Mengen (z.B. Anzahl Aufträge)
- Zeiten (z.B. Auftrags Durchlaufzeit)
- Auftragszuordnung (z.B. rechtzeitige Mengen)
- Bestände (z.B. Bestandsreichweite)

In allen Fällen ist genau auf die Definition der Kennzahlen zu achten, da Unterschiede zwischen der Kennzahldefinition der SAP AG und den Anwendern auftreten können. Die angebotenen Kennzahlen können dann im Plan Monitor über Punktwerte gewichtet werden. Wird hier nichts an den Standardeinstellungen geändert, ist der Kennzahlenwert gleich dem Punktwert. Wünscht der Kunde eine Gewichtung, kann diese über Formeln definiert werden. Eine eigene Definition von Kennzahlen ist nicht vorgesehen.

Der Aufruf des Plan Monitors kann einerseits über den Menübaum erfolgen (Transaktion /SAPAPO/PMON • Plan Monitor) oder andererseits aus verschiedenen Funktionen in SAP APO, wie zum Beispiel der Feinplantafel oder der Produktplantafel.

Der Unterschied besteht in der Selektion der Daten. Beim direkten Aufruf des Plan Monitors werden die Einstellungen bezüglich des Zeithorizonts oder der Objektauswahl aus dem Kennzahlenschema verwendet. Beim Aufruf zum Beispiel aus der Feinplantafel geschieht diese Selektion bereits mit dem Aufruf der Feinplantafel (Zeithorizont) bzw. mit dem Markieren von Objekten in der Feinplantafel. In beiden Fällen können die Daten in andere Formate (HTML, Excel, RTF) heruntergeladen werden.

Im folgenden Beispiel werden Auswertungen mithilfe des Plan Monitors vorgenommen. Abbildung 18.24 zeigt ein Termin-Alert in der Produktsicht.

Rufen Sie nun den SAP APO Alert Monitor über einen Doppelklick auf den Termin-Alert auf, sehen Sie die Sicht auf diesen Alert aus dem Alert Monitor (siehe Abbildung 18.25).

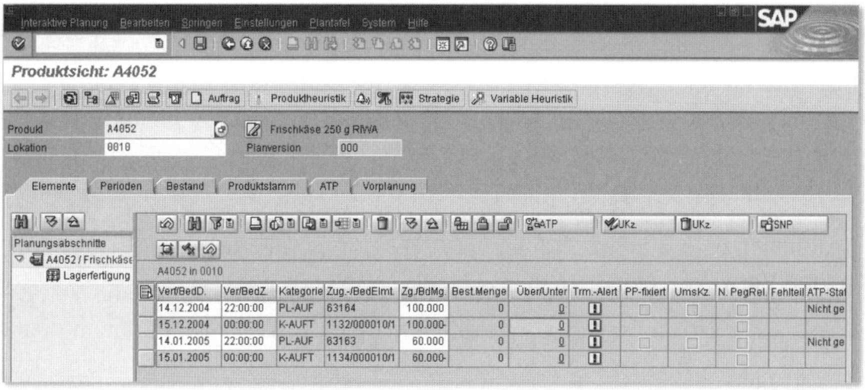

Abbildung 18.24 Termin-Alert in der Produktsicht

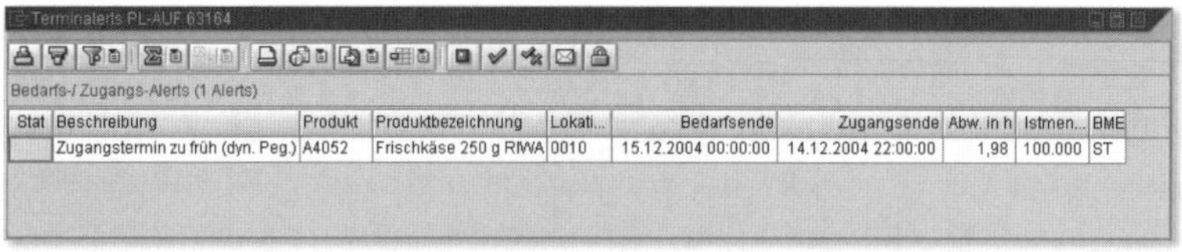

Abbildung 18.25 Termin-Alert im Alert Monitor

Diesen Termin-Alert können Sie nun auch im über das Kontextmenü im Plan Monitor ansehen (siehe Abbildung 18.26).

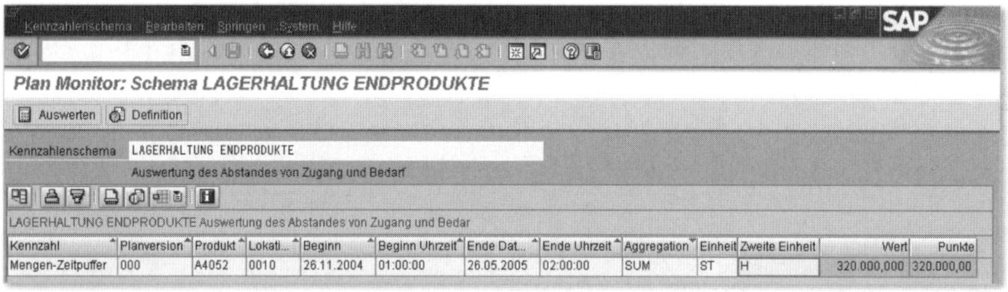

Abbildung 18.26 Termin-Alert im Plan Monitor

Im Plan Monitor erkennen Sie rechts, dass es Detailinformationen zu diesem Termin-Alert gibt, nämlich die Bewertung des Termin-Alerts in Form von Werten und Punkten. Dadurch lassen sich Termin-Alert kumulieren und miteinander vergleichen; hier liegt der große Vorteil des Plan Monitors

18.7.2 Überblick über SAP NetWeaver BW

SAP NetWeaver BW ist eine Data-Warehouse-Lösung, mit der große Datenmengen aus verschiedenen Quellsystemen performant analysiert und dargestellt werden können. Die Daten werden dabei aus heterogenen SAP- und Nicht-SAP-Quellsystemen bereitgestellt. Außerdem werden die OLTP, auf denen üblicherweise die Daten analysiert werden, durch den separaten BW-Server und die dadurch ausgelagerte Datenanalyse entlastet. Es müssen nicht nur verschiedene technische Plattformen verbunden werden, sondern es muss auch eine abweichende Stamm- und Bewegungsdatensemantik konsolidiert werden. Damit bietet das Data Warehouse eine einheitliche Plattform für das Erstellen von Reports und Analysen. Durch eine standardisierte Strukturierung der Daten sind schnelle und aktuelle Datenzugriffe möglich, und die Verlässlichkeit der Daten durch unternehmensweite einheitliche Definitionen bleibt gewahrt. Außerdem muss ein Data Warehouse flexible Strukturen und Schichten zur Verfügung stellen, um schnell auf neue Unternehmensentwicklungen reagieren zu können (etwa auf geänderte Ziele, Fusionen und Übernahmen).

Im SAP NetWeaver BW können Sie über eine zentrale Anwendungsumgebung, die *Administrator Workbench*, einfach auf die Daten zugreifen, weil diese zentral in einer separaten Datenbank vorgehalten werden. Die Workbench umfasst die Datenmodellierung (Modellierung von InfoProvidern), die Datenbereitstellung (Definition der Quellen und Übertragungsmechanismen) und die Transformation der Daten bis hin zur Datenverteilung. Für das Berichtswesen stehen Analysetechniken und Visualisierungswerkzeuge für die unterschiedlichen Auswertungszwecke zur Verfügung.

In der Datenmodellierung können Sie zur Übertragung, Fortschreibung und Analyse von Daten notwendige Objekte und Regeln der Administrator Workbench anlegen und bearbeiten sowie damit in Zusammenhang stehende Funktionen ausführen. Die Objektdarstellung in der Modellierung erfolgt in einer Baumstruktur. Abbildung 18.27 zeigt, wie die verschiedenen Objekte in BW zusammenhängen.

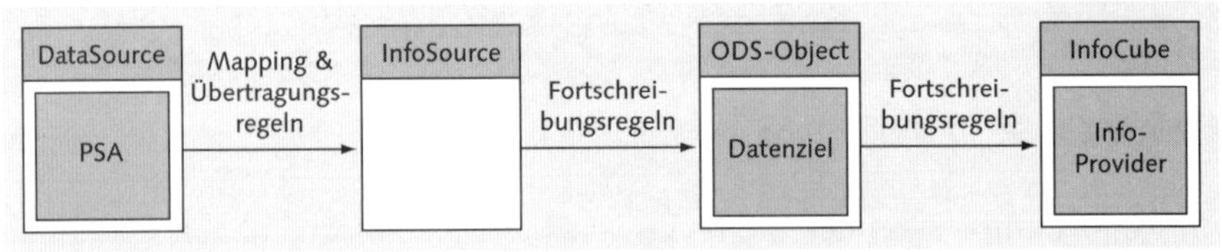

Abbildung 18.27 Datenmodellierung mit SAP NetWeaver BW (Quelle: SAP)

Im Quellsystem liegen logisch zusammengehörige Daten in Form von DataSources vor. DataSources werden zur Datenextraktion aus einem Quellsystem und zur Übertragung der Daten in das BW-System verwendet.

Die *Persistent Staging Area* (PSA) ist die Eingangsablage für Daten aus den Quellsystemen in SAP NetWeaver BW. Die angeforderten Daten werden unverändert zum Quellsystem gespeichert.

Eine InfoSource beschreibt die Menge aller verfügbaren Daten zu einem Geschäftsvorfall oder zu einer Art von Geschäftsvorfällen (z.B. Kostenstellenrechnung). In ihr werden einzelne Felder der DataSource den entsprechenden InfoObjects zugeordnet. Dabei können die Daten durch Übertragungsregeln transformiert werden. Durch die InfoObjects werden Informationen in strukturierter Form abgebildet.

Die Fortschreibungsregeln spezifizieren, wie die Daten (Kennzahlen, Zeitmerkmale, Merkmale) aus der Kommunikationsstruktur einer InfoSource in Datenziele (im Beispiel oben in ein ODS-Objekt) fortgeschrieben werden. In den Fortschreibungsregeln können die Daten auch transformiert werden.

Anschließend können die Daten in weitere Datenziele/InfoProvider (im Beispiel oben in einen InfoCube) fortgeschrieben werden. Der InfoProvider stellt die Daten zur Auswertung in Querys zur Verfügung.

Die Datenbereitstellung beschreibt den Prozess der Extraktion, der Transformation und des Ladens (ETL-Prozess) von Daten genauer. Die drei Hauptfragen im Zusammenhang mit der Datenbereitstellungsebene sind:

- Welche Quellsysteme können ausgewertet werden?
- Welche Werkzeuge stehen dafür zur Verfügung?
- Welche Schnittstellentypen können verwendet werden?

Die *Datenhaltung und -verwaltung* wird auf dem BW Server durchgeführt. Zu diesem Zweck steht die Staging Engine zur Verfügung, die den Ladeprozess der Daten steuert. Im BW Server werden die Daten in Datenbanken gespeichert. Dies gilt sowohl für die Stamm- und Bewegungsdaten als auch für die Metadaten.

Ein zentrales Werkzeug der Datenverwaltung ist die Administrator Workbench. Ihre Aufgaben gliedern sich in die Bereiche Modellierung, Scheduling und Monitoring. In diesen Bereichen sind die einzelnen Funktionen und Aufgaben abgebildet. Die Administrator Workbench umfasst acht Funktionsbereiche zur Ausführung dieser Aufgaben.

In der *Analyseebene* findet das das Online Analytical Processing (OLAP) statt. Mit dem SAP Business Explorer (BEx) stellt SAP eine Komponente mit Reporting- und Analysewerkzeugen zur Verfügung. Der SAP NetWeaver BW Business Explorer besteht aus den drei Komponenten

- BEx Analyzer (Analyse)
- BEx Web Application Designer (Einbindung in Web Szenarios)
- BEx Mobile Intelligence (Aufruf über mobile Applikationen möglich)

18.7.3 Nutzung von Business Content

Beim Business Content handelt es sich um vordefinierte, strukturierte, rollen- und aufgabenbezogene Informationsmodelle, die von der SAP zusammen mit dem BW-System ausgeliefert werden. Diese Modelle stellen neben der Erstellung eigener Strukturen eine komfortable, sichere und einfache Möglichkeit dar, schnell Auswertungen im SAP-System aufzubauen, denn alle notwendigen Komponenten von der Extraktion bis zu Reports sind bereits enthalten.

Der Business Content kann ohne Anpassung verwendet werden, durch Erweiterungen angepasst werden oder als Vorlage für kundenindividuelle Objekte dienen. Durch die Verwendung des von SAP ausgelieferten Business Contents entfällt ein Großteil des Konfigurationsaufwands für ein BW-System und damit auch für das BW im SAP APO-System. Die Administrator Workbench wird zur Aktivierung des von SAP ausgelieferten Business Contents verwendet. Im Business Content befinden sich komplette Szenarien inklusive der Stamm- und Bewegungsdaten und Auswertungen für alle großen Bereiche eines Unternehmens wie Vertrieb, Einkauf, Finanzen oder Produktion.

Der Business Content für das Supply Chain Management und insbesondere das Bestandsmanagement umfasst:

- **DataSources**
  zum Beispiel für Materialbewegungen auf Lagerort- oder Werksebene. Eine DataSource ist eine Menge von Feldern, die dem BW-System die Daten zu einer betriebswirtschaftlichen Einheit zur Datenübertragung zur Verfügung stellt. Technisch gesehen umfasst die DataSource eine Menge von logisch zusammengehörigen Feldern, die in einer flachen Struktur (Extraktstruktur) bzw. für Hierarchien in mehreren flachen Strukturen zur Datenübertragung in BW angeboten werden.
- **InfoSources**
  zum Beispiel für Materialbestände, Umbewertung in der Bestandsführung. Eine InfoSource enthält selbst keine Daten. Sie wird immer dann verwendet, wenn Sie im Datenfluss zwei (oder mehrere) Transformationen (Datentransferprozess) hintereinander durchführen wollen, ohne dass die Daten zusätzlich abgelegt werden sollen.
- **InfoCubes**
  zum Beispiel für Langsamdreher oder periodische Lagerortbestände. Ein InfoCube beschreibt einen (aus Sicht der Analyse) in sich geschlossenen

Datenbestand zum Beispiel eines betriebswirtschaftlichen Bereichs. Dieser Datenbestand kann mit der BEx Query ausgewertet werden. Ein InfoCube ist eine Menge von relationalen Tabellen, die nach dem Sternschema zusammengestellt sind: eine große Faktentabelle im Zentrum und mehrere sie umgebende Dimensionstabellen.

- **MultiProvider**
  zum Beispiel für Materialbestände und -bewegungen. Ein MultiProvider ist ein InfoProvider-Typ, der Daten aus mehreren InfoProvidern zusammenführt und sie gemeinsam für die Datenanalyse zur Verfügung stellt. Der MultiProvider enthält selbst keine Daten; seine Daten ergeben sich ausschließlich aus den zugrunde liegenden InfoProvidern, die per Union-Operation zusammengefasst werden.
- **Querys**
  zum Beispiel für Bestandsalterung oder Bestandsreichweite. Für die Datenanalyse im BEx Analyzer benötigen Sie als Data Provider Querys, mit deren Hilfe die Analysedaten gesammelt und ausgegeben werden.
- **Kennzahlen**
  zum Beispiel für Abgangsmengen, Zugangsmengen, Ausschuss etc.

Der Business Content wird über die Administration Workbench installiert und aktiviert. Beim Aufruf der Administrator Workbench über das Menü SAP APO • Absatzplanung • Umfeld • Administrator Workbench erscheint im linken Bildbereich ein Navigationsmenü (siehe Abbildung 18.28).

Nach Aufruf der Transaktion RSA1 (Administrator Workbench) und der Selektion des Funktionsbereichs Business Content muss bei der Implementierung von Business-Content-Objekten zunächst die Auswahl des geeigneten Objekts erfolgen (siehe Abbildung 18.28).

Im Funktionsbereich Business Content sind die entsprechenden Szenarien am einfachsten unter InfoProvider sortiert nach InfoAreas zu finden. Wählt man nun zum Beispiel Plan-/Ist-Vergleich der Produktionsmengen aus, so erscheint der *Business Explorer Analyzer* (kurz BEx Analyzer), in dem Sie dann die zu analysierenden Daten auswählen (z.B. welche Materialien, welches Werk).

Wird die Erzeugung neuer BW-Objekte für spezifische Anforderungen notwendig, kann diese Aufgabe problemlos mit den Funktionen der Administrator Workbench ausgeführt werden. Dies kann notwendig werden, wenn für die Absatzplanung spezielle historische Daten aus Nicht-SAP-Systemen verwendet werden sollen. Somit verfügt SAP APO mit der integrierten BW-Komponente über eine wichtige technische Basis, um sehr flexibel verschiedenste Datenquellen in SAP APO zu integrieren.

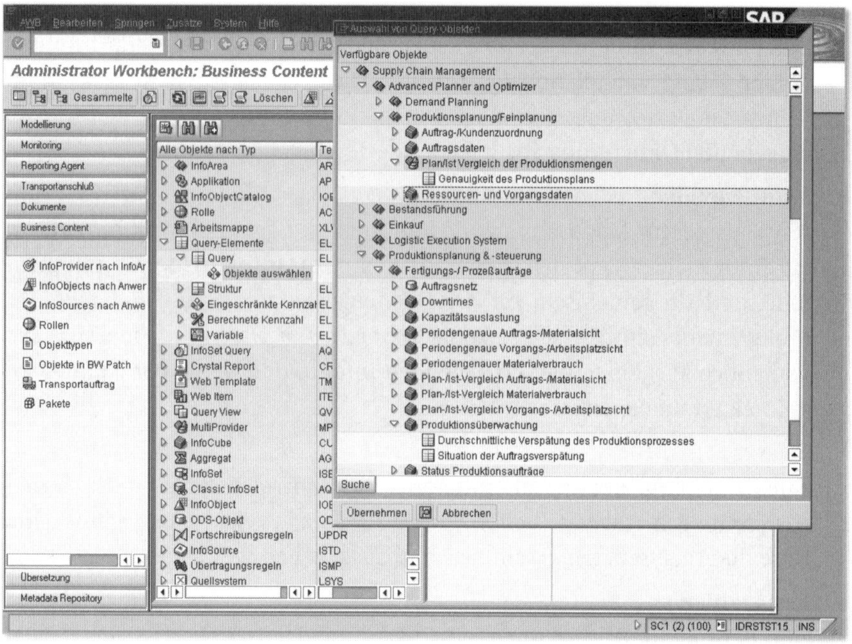

Abbildung 18.28 Administrator Workbench und Business Content Supply Chain Management

Dazu ist es notwendig, zunächst einmal InfoObjects zu definieren. InfoObjects sind die Basis-Informationsträger in SAP NetWeaver BW. Bei ihnen handelt es sich um betriebswirtschaftliche Auswertungsobjekte (Kunden, Umsätze etc.). InfoObjects untergliedern sich in Merkmale, Kennzahlen, Einheiten, Zeitmerkmale und technische Merkmale (z.B. Request-Nummer). Durch InfoObjects werden die Informationen in strukturierter Form abgebildet, die zum Aufbau von Datenzielen benötigt werden. Der Oberbegriff *InfoObjects* fasst also Kennzahlen und Merkmale in SAP NetWeaver BW zusammen.

Im SAP-Standard ausgeliefert werden BW-InfoObjects (beginnend mit »0«) und APO-InfoObjects (beginnend mit »9A«). Beim Anlegen eigener InfoObjects können Sie entscheiden, ob Sie BW- oder APO-InfoObjects anlegen wollen. Während es bei Merkmalen egal ist, wofür Sie sich entscheiden, sollten Sie bei Kennzahlen APO-InfoObjects anlegen. Andernfalls können Sie später keine Werte oder Mengen dieser Kennzahl fixieren.

Die Merkmale eines InfoObjects sind Bezugsobjekte (Schlüssel), deren Dimensionen Beziehungen herstellen (z.B. handelt es sich bei »Ort« und »Land« um geografische Dimensionen von »Kunde«). Merkmale können Stammdaten tragen (Texte, Attribute und Hierarchien), die aus den Quellsystemen geladen werden müssen. Zeitmerkmale sind Merkmale, die der Dimension »Zeit« zugeordnet sind, ihre Abhängigkeiten sind also schon bekannt, da die Zeit vordefiniert ist. Die technischen Merkmale eines InfoObjects haben nur eine organisatorische Bedeutung innerhalb von SAP NetWeaver BW. Ein Beispiel dafür ist die Request-Nummer, die beim Laden von Requests gezogen wird und dabei hilft, den Request wiederzufinden.

Die Kennzahlen eines InfoObjects bilden den Datenteil, liefern also die Werte, die ausgewertet werden sollen. Dabei handelt es sich um Mengen, Beträge oder Stückzahlen. Damit diese Werte Aussagekraft erhalten, werden noch ihre Einheiten benötigt.

Abbildung 18.29 illustriert als ein Anwendungsbeispiel den Datenfluss von ERP-LIS über das SAP NetWeaver BW in das SAP APO-System.

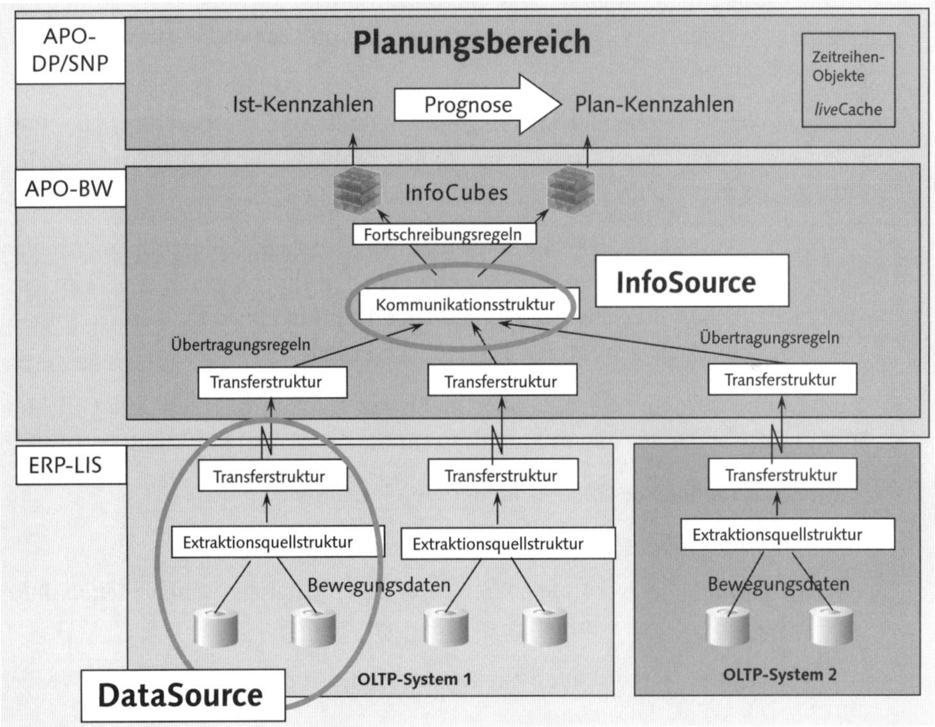

Abbildung 18.29 Datenfluss von ERP-LIS über BW in SAP APO

1. Dazu werden die sogenannten *DataSources* genutzt, die die Daten mithilfe einer Extraktionsstruktur aus den Quellsystemen (in der Abbildung SAP ERP-LIS) extrahieren und mithilfe einer Transferstruktur ins Zielsystem übertragen.

2. Unter Anwendung von Übertragungsregeln werden logisch zusammengehörige InfoObjects mithilfe einer Kommunikationsstruktur in *InfoSources* zusammengefasst. Anschließend werden die Daten gegebenenfalls mithilfe von Fortschreibungsregeln in die Datenziele (InfoCubes) fortgeschrieben.
3. Die Daten in den InfoCubes stellen die historischen Ist-Daten dar, auf deren Basis das SAP APO Demand Planning im *Planungsbereich* eine Prognose durchführen kann.

InfoCatalogs sind benutzerdefinierbar und dienen zur Organisation von Merkmalen und Kennzahlen.

Navigationsattribute dienen zur Gruppierung und zur Selektion von Ist- und Plandaten. Typische Navigationsattribute sind zum Beispiel *Disponent* oder *Kundengruppe*. Diese stellen keine eigene Planungsebene dar, sondern werden zur Gruppierung verwendet. BW-Navigationsattribute können zur Planung verwendet werden. BW-Hierarchien können Sie nur zur Auswertung über BW-Querys nutzen.

Als *Datenziele* bezeichnet man allgemein Objekte, in die Daten geladen werden. Datenziele sind die physischen Objekte, die bei der Modellierung des Datenmodells und beim Laden der Daten relevant sind.

InfoCubes sind Datenziele. Sie sind einer InfoArea zugeordnet und beschreiben einen (aus Reporting-Sicht) in sich geschlossenen Datenbestand eines betriebswirtschaftlichen Bereichs. Sie können auch InfoProvider sein, wenn auf ihnen Berichte und Analysen im BW ausgeführt werden.

InfoCubes werden aus einer oder mehreren InfoSources, aus ODS-Objekten (BasisCube) oder aus einem Fremdsystem (RemoteCube) mit Daten versorgt.

InfoAreas dienen zur Gliederung der Objekte in BW:

- Jeder InfoCube ist einer InfoArea zugerordnet.
- Auch InfoObjects können über InfoObject Catalogs verschiedenen InfoAreas zugeordnet werden.

Als Quellsystem werden alle Systeme bezeichnet, die Daten für SAP NetWeaver BW bereitstellen. Dies können sein:

- SAP-Systeme ab Basis Release 3.0D
- BW-Systeme
- flache Dateien, bei denen die Metadaten manuell gepflegt und die Daten über eine Dateischnittstelle an das BW übertragen werden

- Datenbanksysteme, in die Daten ohne Hilfe eines externen Extraktionsprogrammes über DB Connect aus einer von SAP unterstützten Datenbank geladen werden
- Fremdsysteme, bei denen der Daten- und Metadatentransfer über Staging BAPIs erfolgt

Die Art des Quellsystems legen Sie in der Administrator Workbench im Quellsystem-Baum mit der Funktion *Anlegen* fest.

Eine InfoSource in BW beschreibt die Menge aller verfügbaren Daten zu einem Geschäftsvorfall oder zu einer Art von Geschäftsvorfällen (z.B. *Kostenstellenrechnung*). Eine InfoSource ist die zu einer Einheit zusammengefasste Menge von logisch zusammengehörigen Informationen. InfoSources können entweder Bewegungsdaten oder Stammdaten (Attribute, Texte und Hierarchien) umfassen.

Eine InfoSource ist immer eine Menge von logisch zusammengehörigen InfoObjects. Die Struktur, in der diese abgelegt sind, heißt Kommunikationsstruktur.

Bei der Aktivierung einer InfoSource werden im APO-BW die Transferstruktur und die Kommunikationsstruktur erzeugt. Transferstrukturen existieren immer paarweise in einem Quellsystem und dem zugehörigen APO Data-Mart-System. Über die Transferstruktur werden Daten aus einem Quellsystem im Format der ursprünglichen Applikation in ein APO Data Mart transportiert und dort mittels Transformationsregeln an die Kommunikationsstruktur der InfoSource übergeben.

Die Kommunikationsstruktur ist quellsystemunabhängig und beinhaltet alle Felder der InfoSource, die sie im APO Data Mart repräsentiert.

Die Bewegungsdaten, die mittels Extraktoren in InfoCubes übertragen werden, können aus sehr unterschiedlichen Modulen stammen. Hierzu sind, aus Gründen historischer Entwicklungen, sehr unterschiedliche Extraktionsmechanismen notwendig.

Der Business Content beinhaltet nun Standardauswertungen und Standard-Querys, sodass der oben beschriebene Datenfluss für diese Standardobjekte im Buisness Content schon vorhanden ist. Erst für kundenindividuelle Auswertungen muss ein solcher Datenfluss modelliert und umgesetzt werden.

Nach der Aktivierung des Business Contents müssen die Daten aus dem entsprechenden Quellsystem geladen werden. Dies erfolgt mithilfe des Schedulers. Der Scheduler wird dazu verwendet, um Aufgaben (Tasks) zu vordefinierten Zeitpunkten zu starten und auszuführen. Bei geringeren Datenmengen können diese im Scheduler sofort übernommen werden.

Der BEx Analyzer

Der *Business Explorer Analyzer* (kurz BEx Analyzer) ist das wichtigste Reporting-Werkzeug in BW. Mit ihm können Sie Daten, die durch die Ausführung der Querys gewonnen werden, in Microsoft Excel präsentieren. Dazu stehen die Standardfunktionalitäten von Excel zur Verfügung und zusätzlich eine Taskleiste mit speziellen Funktionen, die im BEx Analyzer benötigt werden.

Mit der Transaktion RRMX wird der Business Explorer Analyzer direkt aus SAP APO gestartet.

Rufen Sie nach dem Start unter dem Menüpunkt OBJEKTE ÖFFNEN die Funktion QUERYS ÖFFNEN auf. Im folgenden Dialogfenster kann man dann bereits erstellte Querys (z.B. aus dem Business Content) öffnen, die nach einer festgelegten Ordnung (Historie, Favoriten, Rollen oder InfoAreas) abgelegt sind (siehe Abbildung 18.30). Außerdem können Sie neue Querys erstellen.

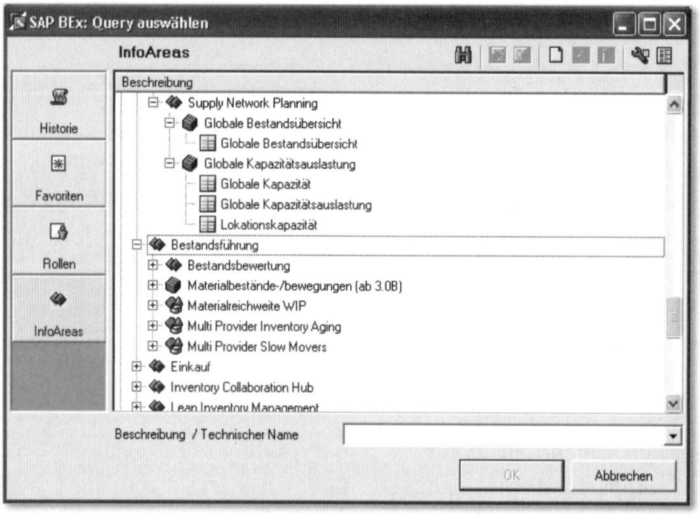

Abbildung 18.30 Business Explorer Analyzer (BEx)

Durch einen Doppelklick auf die ausgewählte Query wird diese Query ausgeführt, und es wird ein Auswahlfenster zur Selektion der Daten angezeigt. Nach der Festlegung der auszuwertenden Daten wird die Auswertung generiert und dann in Excel angezeigt.

Wie oben bereits dargestellt besteht in BW die Möglichkeit, Daten aus mehreren Systemen (SAP- und Nicht-SAP-Systeme) zusammenzuführen und in einer Auswertung darzustellen (siehe Abbildung 18.31).

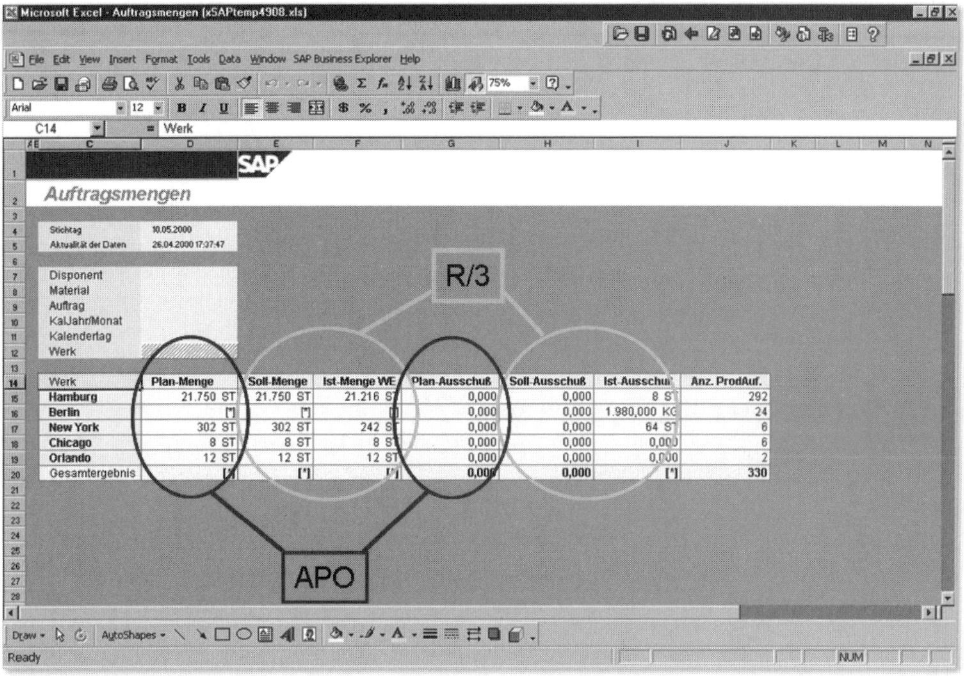

Abbildung 18.31 Produktionskennzahlen aus mehreren SAP-Systemen

Die Abbildung zeigt eine Auswertung aus dem Produktionsbereich. Kennzahlen aus SAP APO werden hier mit Kenzahlen aus dem SAP ERP-System kombiniert. Zusätzlich können auf Basis dieser Kennzahlen weitere Kenzahlen in BW berechnet werden, wie zum Beispiel die Kennzahl ganz rechts. Es wäre hier auch möglich, Datenquellen aus Nicht-SAP-Systemen einzubinden.

Im Folgenden stellen wir einige BEx-Beispielauswertungen dar, damit Sie sehen, welche unterschiedlichen Möglichkeiten es im Standard Business Content gibt.

Abbildung 18.32 zeigt die Analyse aus dem Standard Business Content zur Bestandsalterung der Artikel in den Werken 1000, 1200 und 3000 in den Jahren ab 2005.

Abbildung 18.33 zeigt den Lieferverzug von Personal Computern aus dem Standard Business Content an.

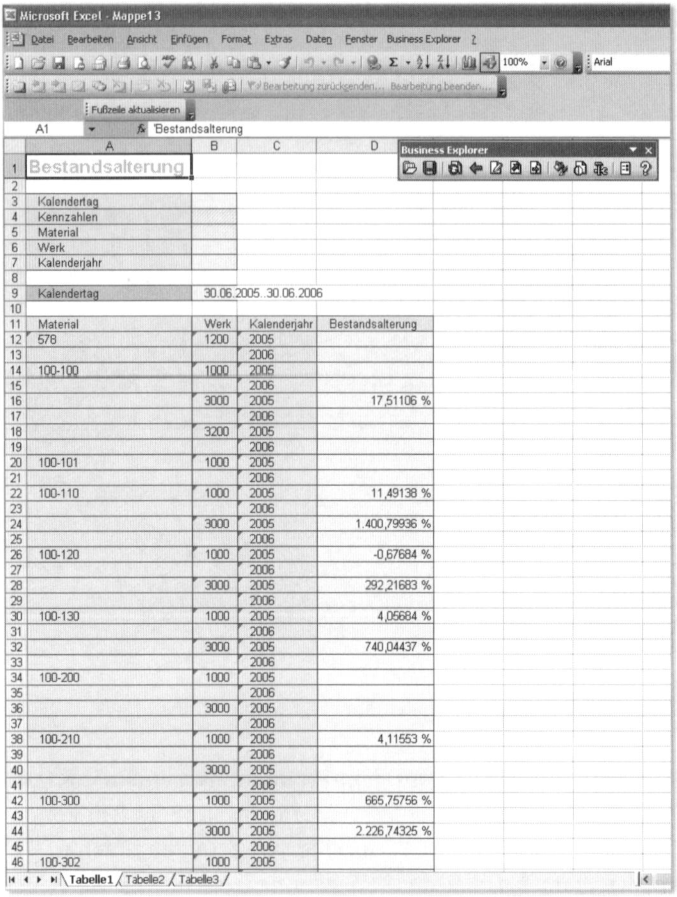

Abbildung 18.32 Bestandsalterungsanalyse

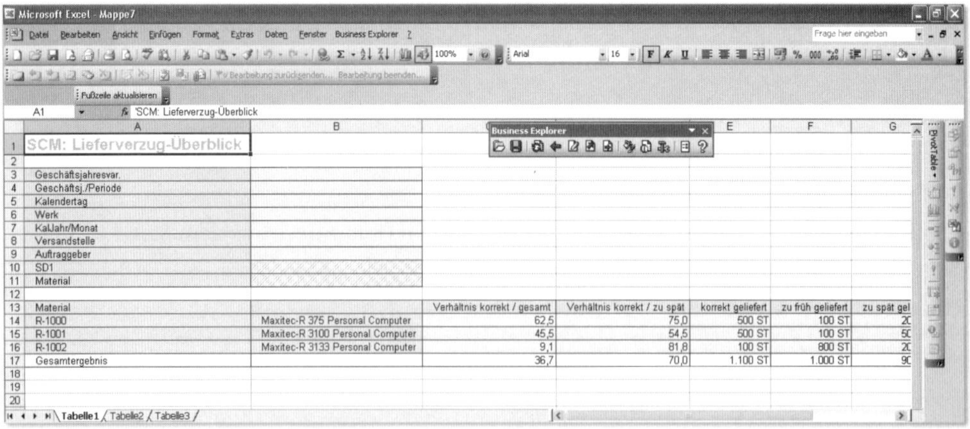

Abbildung 18.33 Lieferverzug

Abbildung 18.34 zeigt die Bestandsreichweite des WIP (Work in Process) und den dazugehörigen bewerteten Bestand an. Mit dieser Query können Sie auf der Grundlage der Bestands- und Abgangswerte anzeigen, wie viele Tage der aktuelle Bestand für die Deckung der Bestandsabgänge in der Zukunft ausreicht.

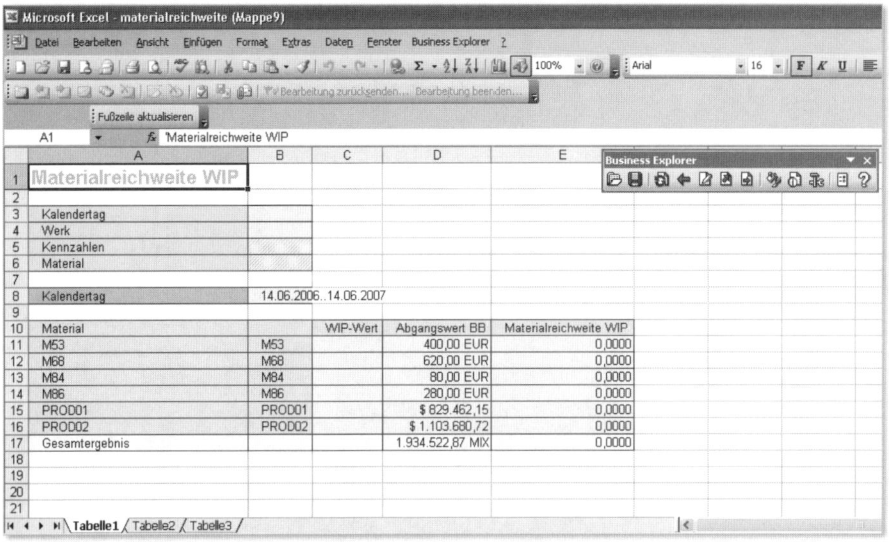

Abbildung 18.34 Bestandsreichweite

Zusätzlich zu den Standardauswertungen des Business Contents können Sie kundenindividuelle Auswertungen in BW definieren. Abbildung 18.35 zeigt ein Beispiel zur Auswertung der Termintreue von Montageteilen.

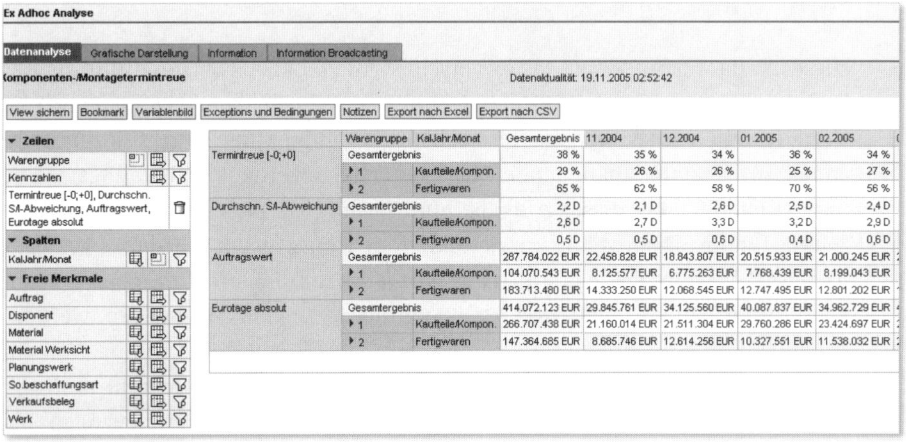

Abbildung 18.35 Termintreue von Montageteilen

Das letzte Beispiel in Abbildung 18.36 verdeutlich die Prognoseanalyse. Das Bild zeigt eine Analyse der Prognosegenauigkeit. Für ein Produkt wurde die Entwicklung des Prognosefehlers MAPE bezogen auf die Jahres-, Monats- und Halbjahresebene berechnet. Wie Sie sehen schneidet der Prognosefehler auf Jahresebene am besten ab, da hier die Abweichungen stark gemittelt werden.

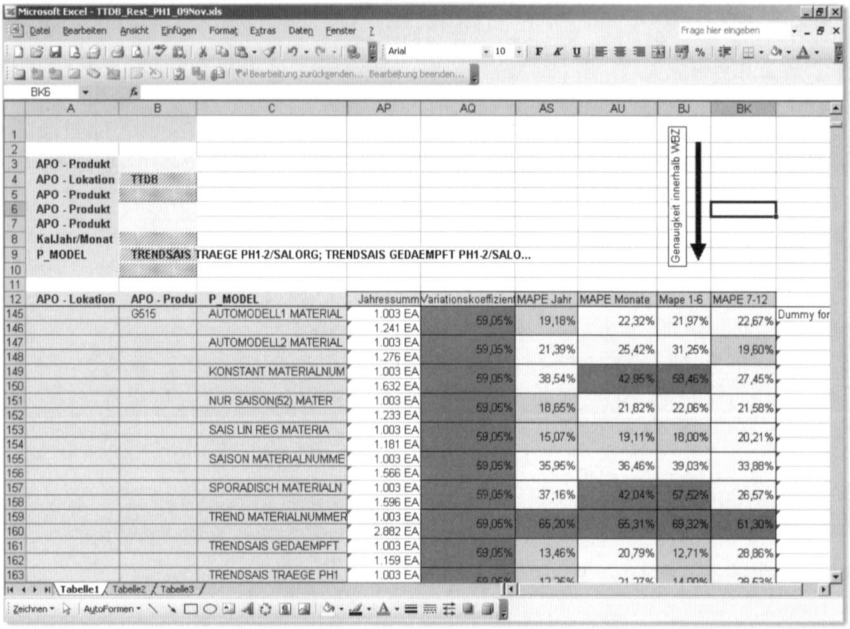

Abbildung 18.36 Prognosegenauigkeit (Praxisbeispiel)

18.8 Fazit

Dieses Kapitel hat gezeigt, das es verschiedene Ansätze zur Durchführung des Bestandscontrollings gibt. Bei allen technischen Möglichkeiten sollte jedoch im Vordergrund stehen, wie die Kennzahlen im Rahmen der Disposition miteinander im Zusammenhang stehen und berechnet werden. Controllingsysteme unterstützen Sie bei dieser Aufgabe nur. Wichtig ist, dass die richtigen Kennzahlen für die Disposition kundenindividuell ausgewählt werden – welches Analyse-Tool verwendet wird, hängt von anderen Faktoren ab. Hier müssen eher Performanceaspekte und Datenhaltungsstrategien abgewogen werden. Leider fehlt häufig ein ausgereiftes Konzept zum Bestandscontrolling. Wo ein solches Konzept in Ansätzen existiert, scheitert oftmals die Umsetzung am Tool. Zu häufig werden in der Disposition dezentrale Excelsheets herangezogen, bei denen zuletzt niemand mehr die Herkunft der Zahlen nachvollziehen kann. Bestandscontrolling ist daher ein wichtiges und noch zu wenig beachtetes Instrument des Dispositionscontrollings.

In diesem Kapitel haben wir grundsätzlich drei sehr unterschiedliche Möglichkeiten gezeigt, mit denen Daten im Bereich der Materialdisposition ausgewertet werden können:

Die *direkten und die tabellarischen Auswertungen* beziehen sich auf die Auswertung von aktuellen Bestands- oder Planungssituationen mit eher kleinen Datenvolumen. Vorteilhaft ist der schnelle, kontextabhängige Zugriff auf die Daten im Kontext der Funktionen, die der Disponent ausführen möchte. Nachteilig sind die fehlende Historie und die fehlenden Aggregations- bzw Disaggregationsmöglichkeiten.

Das *Kennzahlenschema im Plan Monitor* soll Kennzahlen für die Managementebene liefern, die später den strategischen Entscheidungen zugrunde liegen. Mit dem Kennzahlenschema können auch größere Datenbestände (z.B. Analyse der Materialbelege) ausgewertet werden. Insofern unterscheidet sich das Kennzahlenschema erheblich in seiner Nutzung und im Umfang von den schon genannten Auswertungsmöglichkeiten. Aber auch bei der Einstellung des Kennzahlenschemas gibt es große Unterschiede. So muss ein Profil erstellt werden, und die einzelnen Kennzahlen müssen definiert werden. Dafür steht allerdings ein umfangreicher Katalog mit Kennzahlen zur Verfügung. Nachteilig wirkt sich aus, dass für den Disponenten nicht immer gleich nachvollziehbar ist, wie die Kennzahlen genau definiert sind (Berechnungsgrundlagen auf Feldebene). Eigene Kennzahlen können nicht generiert werden; es können nur Kennzahlvarianten bereits vorhandener Kennzahlen definiert werden. Sie müssen darauf achten, von wo aus Sie ein Kennzahlenschema aufrufen, da bei Aufrufen aus Planungstransaktionen der jeweilige Zeithorizont gezogen wird.

Die umfangreichsten Auswertungsmöglichkeiten bietet *SAP NetWeaver BW*. Vorteile sind die Ausrichtung auf einen längeren Zeitraum, das größere Datenvolumen und die Ausweitung auf mehrere Systeme. Der Datenzugriff erfolgt auf einem OLAP-System, sodass der normale Betrieb des ERP- oder SCM-Systems nicht gestört wird. Die Dispositions- und Bestandsdaten können mehrdimensional aufbereitet werden und ermöglichen so vielseitige Auswertungen, deren Ergebnisse sowohl in der Disposition als auch in den angrenzenden Bereichen wie zum Beispiel Vertrieb oder Produktion präsentiert werden können. Die Kennzahlen des Business Contents lehnen sich häufig an die Definitionen des SCOR-Modells an, was eine internationale Vergleichbarkeit (Benchmarking) herstellt. Die Einrichtung von SAP NetWeaver BW erfordert allerdings sehr viele Einstellungen, für die auch der Disponent oder der Dispositionscontroller Fachkenntnisse benötigt. Dies schließt auch im gewissen Umfang die Aktivierung von Business Content mit ein. Die dort bereits vorkonfigurierten Szenarien, Rollen, Kennzahlen und Querys sind zwar eine gewisse Hilfe, sind aber fast immer kundenindividuell auszuprägen, sodass auf BW-Kenntnisse nicht ganz verzichtet werden kann.

Dieses Kapitel beschäftigt sich mit den praxisnahen Problemen der Disposition in SAP ERP. Es werden Schwachstellen und Potenziale aufgedeckt und anhand von Optimierungswerkzeugen und -methoden (Produktklassifizierung, Dispositionsmatrix, Controlling etc.) verschiedene Ansätze hin zu einer optimierten Disposition in Ihrem Unternehmen vorgestellt.

19 Dispositionsoptimierung

Dispositionsoptimierung ist kein einmaliges Vorgehen, um Bestände zu reduzieren, den Lieferservicegrad zu erhöhen und Stammdaten zu bereinigen. Vielmehr ist die Dispositionsoptimierung als kontinuierlicher Prozess zu verstehen, der einer Verbesserung der aktuellen Dispositionssituation dient und sich flexibel den Anforderungen anpassen kann.

In den folgenden Abschnitten werden wir Ihnen klassische Dispositionsprobleme aus der Praxis und Schwachstellen im SAP-System aufzeigen. Anhand der Beschreibung eines Dispositionsoptimierungsprojektes wollen wir Ihnen Schwerpunkte, betroffene Prozesse und notwendige Hilfsmittel vorstellen. Wie Sie mithilfe einer Produktklassifizierung Optimierungspotenziale in der Disposition erkennen, die Disposition transparenter gestallten und warum ein Regelwerk für Dispositionseinstellungen unerlässlich ist, erfahren Sie in Abschnitt 19.3, »Produktklassifizierung«.

Des Weiteren lernen Sie verschiedene Werkzeuge kennen, mit deren Hilfe Sie den Optimierungsprozess unterstützen und kontinuierlich überwachen können.

19.1 Klassische Probleme und Optimierungspotenziale

Probleme in der Disposition können verschiedene Ursachen haben. Fehlendes Fachwissen, mangelnde Systemunterstützung, intransparente Prozesse oder fehlerhafte Stammdaten sind nur ein paar Beispiele. In diesem Absatz werden wir die Hauptprobleme nennen und anhand der Bestandsproblematik durch falsche Auftragsfortschrittsmeldungen ein konkretes Problem detailliert aufgreifen.

19.1.1 Fehlendes Wissen und mangelnde Ausschöpfung des SAP-Standards

In vielen Unternehmen scheut man sich, das volle Potenzial des SAP ERP-Systems mit seinen komplexen Einstellmöglichkeiten auszunutzen. Anstatt das System nach Möglichkeit optimal zu konfigurieren und an das Unternehmen anzupassen, versucht man umgekehrt, das Unternehmen durch organisatorische Maßnahmen dem System anzupassen. Oder man versucht, durch kundenindividuelle Entwicklungen das System dem Unternehmen anzupassen. Dies ist aber nicht der Sinn einer betriebswirtschaftlichen Standardsoftware. Sie sollten immer zuerst versuchen, das ganze Potenzial von SAP ERP im Standard auszuschöpfen.

SAP ERP liefert Funktionalitäten, die es dem Anwender ermöglichen, eine optimale, auf das Unternehmen und die Materialien angepasste Materialdisposition durchzuführen. Das Hauptoptimierungspotenzial bei einer solchen umfangreichen betriebswirtschaftlichen Anwendungssoftware liegt im »Wissen« über die Funktionalitäten, die verschiedenen Einstellungsmöglichkeiten und Wechselwirkungen der Dispositionsparameter. Durch fehlendes Know-how bleibt das Potenzial der Software oft ungenutzt. Viele Unternehmen verwenden zum Beispiel keine Planungsstrategien oder Prognoseverfahren, weil ihnen das Wissen fehlt oder weil sie durch die vermeintliche Komplexität abgeschreckt werden. Dies führt zwangsläufig zu schlecht gepflegten Stammdaten und folglich zu schlechten Ergebnissen der Planung. Das fehlende Wissen und die mäßig gepflegten Stammdaten sind oft darauf zurückzuführen, dass bei der Implementierung der Software die Pflege der Materialstammdaten sowie der Disposition eine geringe Priorität zugeordnet wird. Durch den Zeitdruck bei Einführungsprojekten wird eher auf die Funktionsfähigkeit geachtet – die Optimierung der Prozesse wird dabei oft vernachlässigt.

Der Optimierungsprozess der Materialdisposition ist ein kontinuierlicher Prozess. Der Materialstamm muss regelmäßig überprüft werden. Wiederbeschaffungszeiten oder losfixe Kosten können sich schnell ändern, keine Anpassung würde zu inkonsistenten Daten und dies wiederum zu schlechteren Ergebnissen führen. Offensichtlich ist das der Grund, warum sich viele Unternehmen mit dem Thema«optimale Materialdisposition« noch nicht auseinandersetzen. Für die kontinuierliche Pflege der Stammdaten entstehen Mehrkosten, jedoch ist das Einsparungspotenzial dabei um ein Vielfaches höher.

Es ist neben der Optimierung der Systemeinstellungen genauso wichtig, die Organisationsstruktur zu verschlanken. Komplexe Planungsprobleme in komplexen Strukturen mit komplexer Software zu beherrschen, ist freilich nicht der Sinn einer Dispositionsoptimierung. Darin liegt bei vielen Implementationsprojekten eine weitere Schwachstelle. Wir empfehlen daher, bei Optimierungsprojekten darauf zu achten, dass die Prozesse nicht vernachlässigt werden. Wenn durch organisatorische Maßnahmen die Komplexität reduziert werden kann, genügen wiederum einfache Planungsmethoden, um zu einem optimalen Ergebnis zu gelangen.

19.1.2 Bestandsproblematik durch falsche Auftragsfortschrittsmeldungen

Wie wir bereits in Kapitel 4, »Ablauf der Disposition in SAP«, beschrieben haben, sind zeitnahe und korrekte Rückmeldungen des Auftragsfortschritts und Materialbuchungen von zentraler Bedeutung für den Dispositions- und den Kapazitätsplanungsprozess. Insbesondere auftragsbezogene Daten (produzierte Gutmengen, Ausschussmengen und Vorgangszeiten), materialbezogene Daten (Komponentenverbrauch und Komponentenausschuss) sowie maschinenbezogene Daten (Ausfallzeiten, Schichtzeiten und Personalzuteilung) sind wichtige Input-Faktoren, die die Grundlage der Materialbedarfsplanung und Kapazitätsplanung bilden. Eine kontinuierliche Auftragsfortschrittsbereinigung ist daher unumgänglich; sie sollte vor der täglichen Materialdisposition erfolgen, da während der Bereinigung die Materialbestände erst korrigiert werden.

Bei der Rückmeldung durch die Fertigung können erfahrungsgemäß die folgenden Probleme auftreten:

- Vertauschung von Materialnummern
- Rückmeldung falscher Mengen (z.B. bei Rückmeldung über Waagen oder Maschinenzähler durch falsche Stammdaten oder auch Tippfehler)
- Mehrfachrückmeldung eines Behälters
- fehlende Rückmeldungen von Behältern
- keine Stornierung falscher Rückmeldungen
- keine Rückmeldung von Ausschussteilen
- fehlende Lagerzugangs- oder Materialentnahmebuchung (falls diese nicht mit der Rückmeldung gekoppelt sind)

Im weiteren Verlauf kann die Dispositionsentscheidung noch beeinträchtigt werden, wenn durch den Disponenten Nachbearbeitungssätze (bei retrograder Entnahme) nicht korrekt bearbeitet werden.

Aufgrund dieser Probleme sollte ein Disponent täglich den Auftragsfortschritt seiner Fertigungsaufträge kontrollieren. Dazu ist es zum Beispiel sinnvoll, im Fertigungsauftragsinfosystem (Transaktion COOIS) eine Variante anzulegen, die alle Fertigungsaufträge eines Disponenten oder Fertigungssteuerers zeigt, die teilrückgemeldet und teilgeliefert, aber noch nicht technisch abgeschlossen sind. Dieser Arbeitsvorrat enthält alle Fertigungsaufträge, an denen die Fertigung bereits gearbeitet hat. Hierzu kann im Customizing der Fertigungssteuerung ein entsprechendes Status-Selektionsschema angelegt werden (siehe Abbildung 19.1).

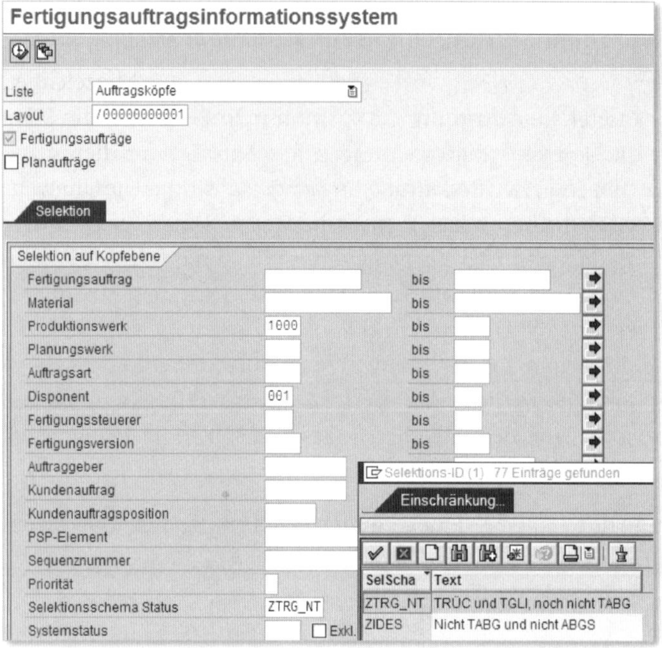

Abbildung 19.1 Fertigungsauftragsinfosystem (Transaktion COOIS)

Für die angezeigte Liste von Fertigungsaufträgen kann der Disponent nun die folgende Punkte prüfen:

- Wurden alle relevanten Arbeitsvorgänge (insbesondere mit Komponentenzuordnung bei retrograder Entnahme) zurückgemeldet?
- Sind die rückgemeldeten Gut- und Ausschussmengen bei allen Vorgängen sinnvoll?
- Sind die rückgemeldeten Vorgangsmengen mit den gelieferten Mengen im Kopf identisch?
- Wurden alle Komponenten mit ihren Mengen korrekt entnommen?
- Ist die geplante Restmenge noch zu erwarten? Andernfalls sind die Komponentenreservierungen und das Zugangselement irreführend.

Wurden in Rücksprache mit der Fertigung alle fehlerhaften Daten korrigiert und die Nachbearbeitungssätze abgearbeitet, so können die Fertigungsaufträge technisch abgeschlossen werden. Fertigungsaufträge mit dem Status »technisch abgeschlossen« (TABG) werden das nächste Mal nicht mehr in der Selektion des Fertigungsauftragsinfosystems angezeigt.

19.1.3 Bestandsproblematik durch Nachbearbeitungssätze

Mit der Rückmeldung zu einem Auftrag können automatisch im Hintergrund Entnahmebuchungen für die Komponenten durchgeführt werden, die den jeweiligen Vorgängen zugewiesen sind. Dies wird als retrograde Entnahme bezeichnet. Aus dem Auftrag werden dabei die benötigten Stücklistenmaterialien, die Mengen und der Entnahmelagerort ermittelt. Anschließend werden aus diesem Lagerort die Mengen in den Verbrauch zum Auftrag gebucht. Während des Buchens der retrograden Entnahmen können unter Umständen folgende Fehler auftreten:

- Fehler in den Stammdaten (z.B. Entnahmelagerort nicht gepflegt)
- kein ausreichender Bestand auf dem Lagerort vorhanden

In diesen Fällen werden vom System »Fehlersätze aus automatischen Warenbewegungen« erzeugt. Werden Fertigungsaufträge benutzt, so können diese Sätze mit der Transaktion COGI (Nachbearbeitung von Fehlersätzen aus automatischen Warenbewegungen) abgearbeitet werden. In der Serienfertigung ist dies mit der Transaktion MF47 (Nachbearbeitung für Komponenten zur Linie) möglich.

Alle vorhandenen Fehlersätze müssen vom zuständigen Disponenten oder Fertigungssteuerer täglich selektiert und abgearbeitet werden. Dies ist besonders wichtig, da ein Nachbearbeitungssatz eine fehlgeschlagene Entnahmebuchung ist. Wird diese nicht nachgebucht, so werden im System physisch nicht existierende Bestände angezeigt werden. Wichtig ist auch, dass die Fehlerursachen anhand der angezeigten Fehlermeldungen identifiziert und beseitigt werden. Geschieht dies nicht, so ist der Disponent ständig damit beschäftigt eine lange Liste von Nachbearbeitungssätzen für dieselben Materialien abzuarbeiten. Sind für die Sätze Probleme im logistischen Prozess oder in den Stammdaten ursächlich, so sollten diese behoben werden. Typische Ursachen hierfür sind:

- falsche Stücklistenkomponenten oder falsche Mengenangaben
- fehlender oder falscher Entnahmelagerort (hierbei muss die Logik zur Bestimmung des Entnahmelagerorts berücksichtigt werden)
- Materialbereitstellung von Komponenten vom Hauptlager an den Produktionslagerort mit oder ohne verzögerter Umbuchung im System
- fehlende oder verzögerte Stornierung von falschen Rückmeldung (eine Stornierung einer Rückmeldung mit retrograder Entnahme entspricht einer Zugangsbuchung für die Komponenten)

Sie sollten jedoch berücksichtigen, dass Nachbearbeitungssätze nicht vollständig vermieden werden können. So können aus rein systemtechnischen Gründen bei der retrograden Entnahme Fehler auftreten (z.B. Sperrung von Materialien), die zu Nachbearbeitungssätzen führen.

19.1.4 Schwachstellen der Parametrisierung in SAP ERP

Das SAP ERP-System bietet keine Unterstützung zur Parameteroptimierung, es sind nur rudimentäre Hilfsmittel vorhanden. Die Bestandsanalyse wird beispielsweise nur mittels ABC-Analyse durchgeführt. Die daraus gewonnenen Ergebnisse werden zwar im Materialstamm gepflegt, beeinflussen jedoch nicht die Art der Disposition. Es ist im SAP ERP-System auch möglich, über eine Bodensatzanalyse Materialien zu identifizieren, die hohe Bestände führen, jedoch bleiben dabei die genauen Ursachen für die zu hohen Bestände verborgen.

Neben den fehlenden Optimierungswerkzeugen wirkt sich noch ein weiterer Aspekt negativ auf die Konfiguration der Materialdisposition aus. Der Umgang des Systems mit Kann- und Muss-Feldern, der betriebswirtschaftlich nicht immer sinnvoll erscheint, birgt die Gefahr, dass der Anwender nur seine Mussfelder pflegt und die restlichen Parameter vernachlässigt. Die fehlende Differenzierung verhindert auch, dass auf spezifische Konfigurationserfordernisse eingegangen wird. Dadurch entstehen fehlerhafte Planungsdaten, beispielsweise beim Wechsel der Dispositionsart: Wurde vorher mit einem maschinellen Bestellpunktverfahren disponiert, so musste man den Melde- und Sicherheitsbestand nicht pflegen. Wechselt man auf ein manuelles Bestellpunktverfahren, verlangt das System nur die manuelle Eingabe des Meldebestands (Muss-Feld), der Sicherheitsbestand (Kann-Feld) bleibt unberücksichtigt. Das Beispiel zeigt, wie wichtig es ist, sich näher mit den SAP-Dispositionseinstellungen zu beschäftigen und Maßnahmen für die eigenen Dispositionseinstellungen zu treffen.

In Kapitel 13, »Wechselwirkungen«, haben Sie bereits unterschiedliche Wechselwirkungen und Parameterbeziehungen kennengelernt. Weitere Parameter und Auswirkungen der Parametereinstellungen finden Sie in Anhang A. Die Kenntnis der richtigen Parameter im SAP-System ist eine Grundvoraussetzung für eine Verbesserung der Disposition. Der je nach Produkteigenschaft richtige Einsatz der Parameter ist der Schlüssel zum Erfolg. Unterstützung hierzu finden Sie in den folgenden Abschnitten.

19.2 Beispielhafter Ablauf eines Optimierungsprojekts

Ziel dieses Abschnitts ist es, Ihnen einen Überblick über den Ablauf eines Optimierungsprojekts im Bereich Disposition zu geben. Dadurch soll insbesondere deutlich werden, welche Prozesse von einem solchen Projekt berührt werden.

Zunächst werden die Dispositionsstammdaten und Prozesse des zu analysierenden Unternehmens ausgewertet und das Materialspektrum nach ABC/XYZ klassifiziert. Anschließend wird über eine kompakte Dispositionsschulung den Teilnehmern das notwendige Wissen über die Disposition mit SAP vermittelt. Auf Basis der analysierten Ist-Prozesse und des vermittelten Wissens wird gemeinsam mithilfe verschiedener Werkzeuge ein Regelwerk für die Disposition erstellt. Im letzten Schritt wird für das zuvor definierte Regelwerk ein Migrationskonzept entwickelt, und es wird das Fundament für eine kontinuierliche Optimierung gelegt.

19.2.1 Schritt 1: Stammdaten- und Prozessanalyse nach ABC/XYZ

Die Stammdaten- und Prozessanalyse umfasst alle notwendigen Analysen und Schritte für eine Ist-Aufnahme des Dispositionsprozesses und für die Identifizierung der Schwachstellen im Dispositionsprozess. Dabei werden nicht nur die Prozesse mit dem Best-Practice-Ansatz verglichen, sondern es werden auch individuell nach Unternehmensgegebenheiten unterschiedliche betriebswirtschaftliche Größen analysiert (siehe Abbildung 19.2). Für den Analyseprozess wird eine Reihe von Hilfsmitteln auf Basis von SAP Add-on-Programmen verwendet. Einige Hilfsmittel wie der Dispomonitor und das Experten-Tool werden in Abschnitt 19.4, »Optimierungswerkzeuge von SAP Consulting«, noch ausführlich beschrieben.

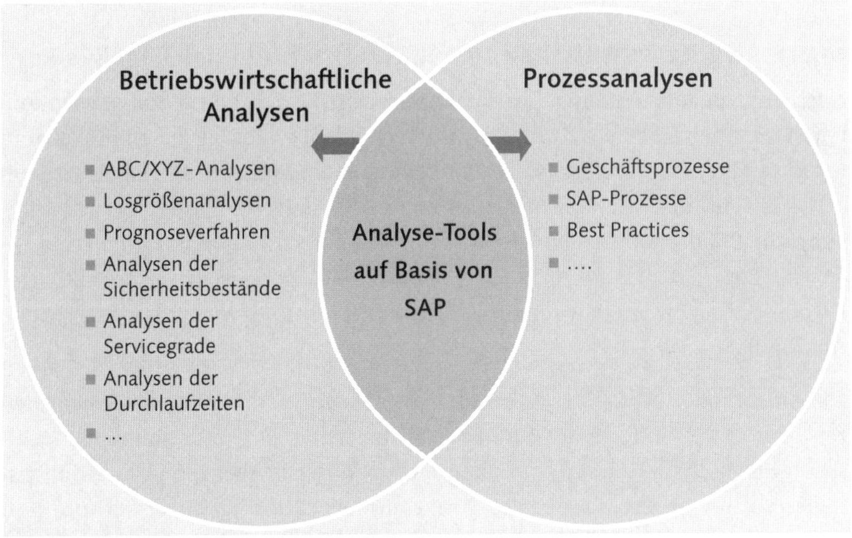

Abbildung 19.2 Stammdaten- und Prozessanalysen

Als Ergebnis der Stammdaten- und Prozessanalyse werden meist Schwachstellen in der Disposition sichtbar, welche vorher nicht offensichtlich erkennbar waren. Zu diesen Schwachstellen zählen:

- Ineffizienz in der Aufbau- und Ablauforganisation
- schlechte Stammdatenqualität
- fehlende Transparenz oder fehlende Kommunikation innerhalb des Unternehmens

Oft wissen Unternehmen, dass sie Probleme mit ihrer Disposition haben, können diese aber nicht genau identifizieren. Nach einer umfangreichen Analyse stellt sich der »Aha-Effekt« ein, und die Bereitschaft für Änderung steigt.

19.2.2 Schritt 2: Dispositionsschulung

Viele Schwachstellen in der Disposition resultieren überwiegend aus dem fehlenden Wissen der Disponenten. Auf Schulungen und ausreichende Dokumentation wird bei einer SAP-Einführung oft aus Zeit- oder Budgetgründen verzichtet und diese dann im Tagesgeschäft auch nicht durchgeführt. Darum ist bei einer Dispositionsoptimierung eine Schulung notwendig und wichtig. Diese sollte den Teilnehmern das notwendige Wissen über die Disposition mit SAP vermitteln und insbesondere die individuellen Schwachpunkte sowie Wissenslücken im Unternehmen identifizieren und beheben.

19.2.3 Schritt 3: Klassifizierung und Konzeption des Regelwerks

Nach der Voruntersuchung, den analysierten Ist-Prozessen und dem vermittelten Wissen wird gemeinsam mithilfe verschiedener Werkzeuge ein Regelwerk für die Disposition erstellt (siehe Punkt ❷ in Abbildung 19.3). Dabei wird zuerst das relevante Materialspektrum nach ABC und XYZ, unter Berücksichtigung von Sondermaterialien wie An- oder Auslaufprodukten, Schüttgut und anderen, klassifiziert und eine sogenannte »ABC/XYZ-Matrix« erstellt. Der Dispomonitor unterstützt diesen Schritt komplett und vollautomatisch (siehe Abbildung 19.3).

Die entstandene ABC/XYZ-Matrix dient als Grundlage der Dispositionsmatrizen. Auf der Grundlage der Produktklassifizierung, der unternehmensspezifischen Eigenschaften und des umfangreichen Wissens über die Dispositionsparameter kann ein detailliertes Regelwerk für die zukünftige Materialdisposition definiert werden. In Abbildung 19.4 sehen Sie den Ablauf zur Erstellung einer Dispositionsmatrix. In Schritt ❶ werden die Informationen aus der ABC/XYZ-Matrix und weiteren Analyseergebnissen aus den Stammdatenanalysen zusammengetragen.

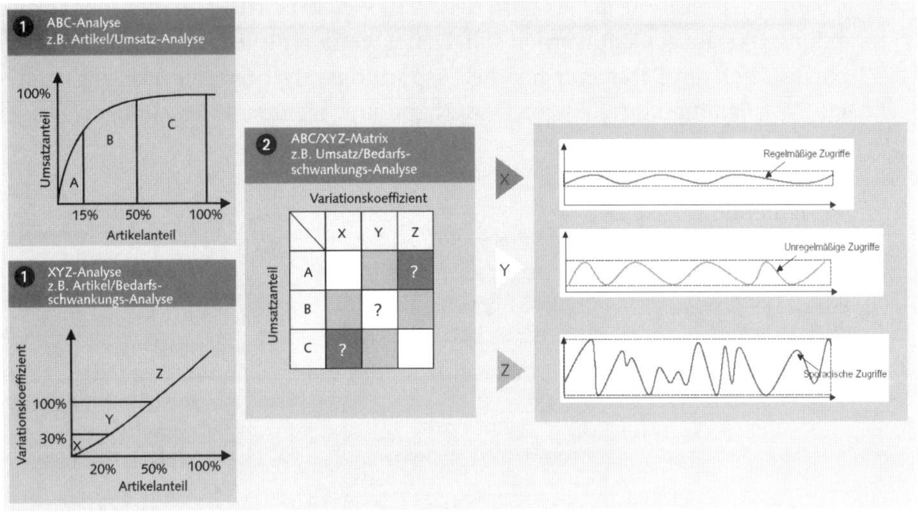

Abbildung 19.3 Vorgehen bei der Produktklassifizierung nach ABC/XYZ

In Schritt ❷ werden daraus verschiedene Dispositionsstrategien unter Berücksichtigung von Wechselwirkungen und unternehmensspezifischen Restriktionen abgeleiten. Die abgeleiteten Dispositionsstrategien werden im letzten Schritt ❸ je nach Produkteigenschaften und -klassifizierung zu einer oder mehreren Dispositionsmatrizen zusammengefasst.

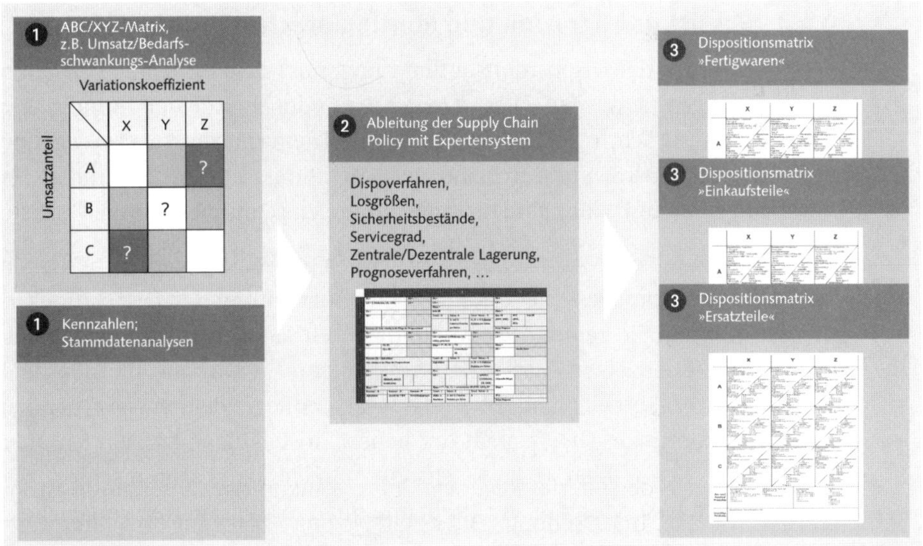

Abbildung 19.4 Vorgehen bei der Konzeption eines Regelwerks

Über die Dispositionsmatrix wird definiert, welcher Artikel mit welcher Dispositionsstrategie geplant werden soll. Dabei werden für jede Segmentierung die entsprechenden Parameter für die Dispositionsverfahren, die Planungsstrategie, Vorplanungseinstellungen, Losgrößen und weiteren Einstellungen festgelegt (siehe Abbildung 19.5).

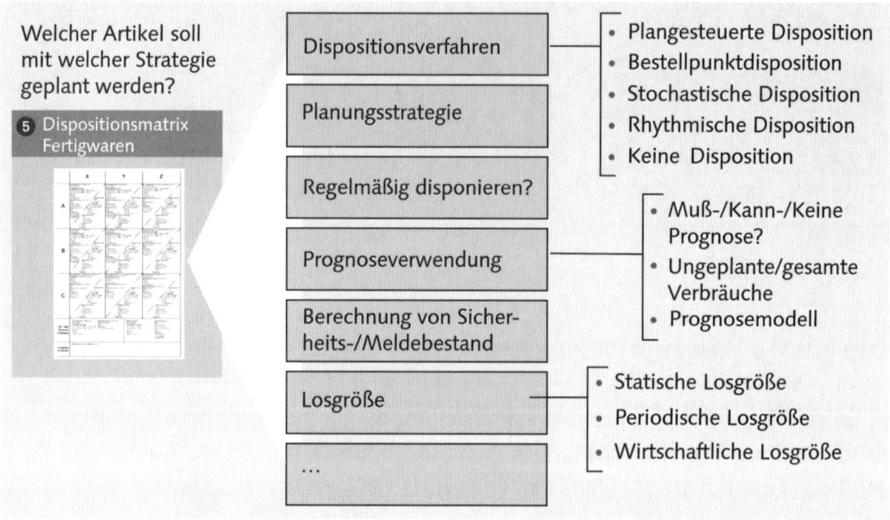

Abbildung 19.5 Regelwerk im Detail

19.2.4 Schritt 4: Migration und kontinuierliche Optimierung

Im letzten Schritt der Dispositionsoptimierung muss das erarbeitete Wissen in die Praxis umgesetzt werden. Dies ist in der Praxis der entscheidende und sicher auch schwierigste Schritt. Es ist wichtig, dass das Thema nicht vernachlässigt und zügig umgesetzt wird. Ein durchgängiger Migrationsplan und Hilfsmittel für Umsetzung und Controlling sind für eine erfolgreiche Optimierung unerlässlich.

Einige Hilfsmittel zur Massenpflege von Dispositionsdaten wurden bereits in diesem Buch besprochen (siehe Kapitel 14, »Bearbeitung der Dispositionsergebnisse«). Wenn Sie keinen Dispomonitor im Einsatz haben, können Sie beispielsweise die einzelnen Klassifizierungssegmente in Dispoprofile übernehmen und diese anschließend über die Massenpflege den entsprechenden Materialien zuordnen. Die Qualität der neuen Einstellungen können Sie über verschiedene Kennzahlen (z.B. Reichweite, Bodensatz, Lagerumschlag, Bestandswert, Lieferservicegrad) ermitteln und mit den alten Werten vergleichen.

Abbildung 19.6 zeigt Ihnen den groben Ablauf bei der Migration von Dispositionsparametern. ❶ Zuerst muss dem Unternehmen bewusst werden, wie aktuell disponiert wird und von wem die Dispositionsstammdaten gepflegt werden.

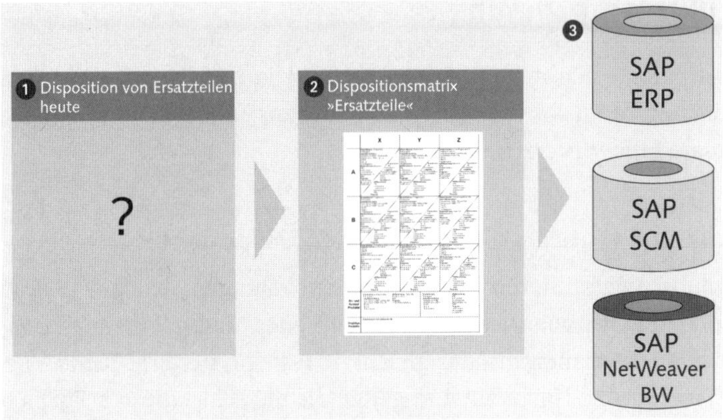

Abbildung 19.6 Vorgehen bei der Migration

❷ Ist dieser Prozess nicht transparent, muss er analysiert werden. Erst anschließend können die neu gewonnenen Informationen und Strategien aus der Dispositionsoptimierung umgesetzt werden. ❸ Eine weitere wichtige Frage ist im dritten Schritt die nach den betroffenen SAP-Systemen. Ist nur das SAP ERP-System betroffen? Muss das Reporting in SAP APO oder in SAP NetWeaver BW angepasst werden, damit ein effektives Dispositionscontrolling möglich ist?

Es gibt verschiedene Möglichkeiten, wie Sie die Dispositionsmatrix in Ihrem Unternehmen umsetzten können. Von einer schnellen und kompletten Umsetzung (Big-Bang-Implementierung) raten wir ab, da sich die Disponenten mit den möglichen neuen Verfahren und Systemverhalten erst einmal auseinandersetzen müssen. Zuerst sollten einige Szenarien im Testsystem durchgespielt werden, damit es im Produktivsystem zu keinen großen Problemen kommt. Anschließend können Sie die Umstellung pro Disponent oder Segment durchführen.

Des Weiteren sollten Sie die Auswirkungen der Umstellungen prüfen: Welche Auswirkungen hat eine neue Planungsstrategie auf meine bisherigen Aufträge und Systembelege? Werden alle relevanten Bewegungsarten bei der Fortschreibung der Materialhistorie berücksichtigt? Werden bei dem neuen Dispositionsverfahren externe Bedarfe bei der Nettobedarfsrechnung mit berücksichtigt?

Dispositionsoptimierung ist kein einmaliger Prozess, sondern sollte kontinuierlich im Unternehmen berücksichtigt werden. Klassifizieren Sie in regelmäßigen Abständen Ihr Materialspektrum neu, und messen Sie kontinuierlich die Qualität der Disposition anhand von Kennzahlen. Auch die Dispositionsmatrix ist keine feste Vorgabe, sondern eher eine Vorlage, die aufgrund von Praxiserfahrungen angepasst kann und soll.

19.3 Produktklassifizierung

Dieser Abschnitt befasst sich mit der Produktklassifizierung. Wir beschreiben die unterschiedlichen Möglichkeiten der Klassifizierung und erläutern, wie Sie damit das optimale Ergebnis erzielen.

19.3.1 Entscheidungsunterstützung für den Disponenten

In vielen Unternehmen resultieren Dispositionseinstellungen aus dem Wissen und der Erfahrung der Disponenten, die entweder jedes Material manuell konfigurieren oder alle Materialien mit der gleichen Strategie steuern. Beide Vorgehensweisen haben große Nachteile und gelten als die schlechtesten Formen der softwareunterstützten Disposition. Wird jedes Material individuell gesteuert steigen die Kosten proportional zur Anzahl der Materialien. Der Disponent ist alleiniger Wissensträger, alle Dispositionseinstellungen bleiben für Dritte undurchsichtig. Bei Urlaubsvertretung oder Einarbeitung neuer Kollegen kann meist nicht auf ein fundiertes Regelwerk zurückgegriffen werden, was auch die Qualität der Dispositionsergebnisse von Disponent zu Disponent variieren lässt. Wird jedes Material mit der gleichen Strategie disponiert, ist das Ergebnis nicht optimal und die Folgen sind einerseits zu hohe Bestände bei einem Teil der Materialien, anderseits ein zu niedriger Lieferservicegrad bei dem anderen Teil der Materialien.

Aufgrund der Fülle an Dispositionsstrategien, -parametern und Wechselwirkungen ist es für den Disponenten nicht einfach, die richtigen Einstellungen zu treffen. Klassifizierungen und Entscheidungsbäume helfen bei der Auswahl der richtigen Konfiguration der Disposition, ohne individuell jedes Material zu betrachten und dennoch unterschiedliche Materialeigenschaften mit zu berücksichtigen.

Verschiedene Hilfsmittel zur Entscheidungsfindung der optimalen Parametrisierung je nach Materialeigenschaften beschreiben wir in den folgenden Abschnitten.

Klassifizierung

Eine Unterteilung nach den Kriterien ABC und XYZ bildet in der Disposition und Bestandsanalyse oft die Grundlage einer Klassifizierung. Viele Logistiker und Beratungshäuser bedienen sich dieser Klassifizierung, da sie leicht zu verstehen und anzuwenden ist. Die notwendige Datenbasis ist meist vorhanden und kann durch die einfachen Rechenformeln schnell in das Ergebnis umgewandet werden.

Der Einsatz einer ABC/XYZ-Unterteilung eignet sich am besten für die Klassifizierung des Materialspektrums. Aus der Werthaltigkeit (ABC) und Prognostizierbarkeit (XYZ) eines Materials lassen sich viele dispositionsrelevante Entscheidungen ableiten.

In Kapitel 3, »Artikelklassifizierung als Basis für Dispositionsentscheidungen«, haben wir die ABC- und die XYZ-Analyse bereits detailliert beschrieben. Basierend auf dieser Grundlage beschäftigt sich dieser Abschnitt mit den weiterführenden Methoden (ABC/XYZ-Matrix, erweiterte Klassifizierungen, Entscheidungsbäume) und deren Vor- bzw. Nachteilen.

Nachteile der ABC-Analyse:

- **Grobe Klassifizierung**
  Eine Klassifizierung nach A, B und C ist sehr grob. Gerade wenn Sie viele Langsamdreher (Materialien mit geringer Umschlagshäufigkeit) im Materialspektrum haben, ist es sinnvoll, weiter ins Detail zu gehen und die Analyse um Klassen erweitern.

  Beispiel für eine solche Erweiterung ist die Analyse nach ABCD, wobei D-Materialien so gut wie nie umgesetzt werden. Diese Materialien spielen auf Baugruppenebene eine wichtige Rolle und stehen in Abhängigkeit von höherwertigen Materialien. Es können aber auch strategische Materialien sein, um das Produktportfolio zu komplettieren oder sich gegenüber Marktbegleitern hervorzuheben. Eine feinere Unterteilung erhöht die Komplexität und die spätere Auswahl an Dispositionsentscheidungen – dies sollten Sie bei der Klassifizierung berücksichtigen.

- **Analysezeitraum und -zyklus**
  Der Analysezeitraum und der Analysezyklus bestimmen die Nachhaltigkeit der Klassifizierung. Wird ein kurzer Analysezeitraum und -zyklus gewählt, kommt es oft zu Teilewanderungen innerhalb der Klassifizierung: Ein A-Material wird in der Folgeperiode zu einem B-Material und wechselt aufgrund einer Umsatzdelle in die Klasse C. Die Dispositionsdaten müssten also ständig angepasst werden; zudem ist weder die Nachvollziehbarkeit der Dispositionsdaten noch eine gewisse Planungsruhe gegeben.

  Ein gutes Beispiel für ein solches Fehlverhalten sind saisonale Materialien. Wird ein zu langer Analysezeitraum gewählt, kann das Ergebnis der Klassifikation nicht das aktuelle Bild des Materialstamms widerspiegeln, und Änderungen bei den Materialeigenschaften werden viel zu spät erkannt. Besonders Materialien am Anfang oder Ende eines Produktlebenszyklus werden somit falsch klassifiziert. Die Analyseperiodizität spielt ebenfalls eine Rolle, jedoch primär bei der Prognostizierbarkeit eines Materials.

Wir empfehlen grundsätzlich einen Analysezeitraum von zwölf Monaten im Zyklus von drei bis sechs Monaten. Dies kann jedoch nach Branche und Materialverhalten abweichen.

- **Konsistente Daten**
  Die Konsistenz und Qualität der Daten entscheiden über die Aussagekraft einer ABC-Analyse. Sie werden aus Ihrer ABC-Klassifizierung viele strategische Entscheidungen ableiten und sollten deshalb diesen Punkt nicht vernachlässigen. Dazu sind Entscheidungen über die Herkunft der Daten wichtig. Werden die Daten in SAP-Standardtabellen (MVER, Strukturen des Logistikinformationssystems) fortgeschrieben und nachher ausgewertet? Verwenden Sie kundeneigene Tabellen oder Infostrukturen? Welche Datenbasis wird verwendet (Verbrauch, Auftragseingang, Fakturabelege)? Welche Bewegungsarten müssen von der Klassifizierung ausgeschlossen werden? All diese Fragen müssen Sie sich stellen und anschließend sondieren.

Besonders die Datenbasis beeinflusst die Aussagekraft der späteren Klassifizierung, ebenso wie die Qualität einer historischen Zeitreihe das spätere Prognoseergebnis beeinflusst. Wenn möglich sollten Sie immer den Auftragseingang zum Wunschliefertermin als Datenbasis wählen, somit klassifizieren Sie unverfälscht nach realem Kundenbedarf. Nur nach Verbrauch zu klassifizieren ist einfach, aber nur dann exakt, wenn Sie jeden Bedarf zum Wunschliefertermin befriedigen können. Ist dies nicht der Fall, sind die Daten inkonsistent. Wird ein Material beispielsweise stark nachgefragt, aber Sie haben Lieferprobleme kann es als B-Material klassifiziert werden. Weicht der Kunde auf ein Substitutionsprodukt aus, so wird dieses Produkt als A klassifiziert. Sind die Lieferprobleme behoben, wird das Substitutionsprodukt im Verhalten zu einem C-Material, jedoch weiterhin als A disponiert. Analog ist das Verhalten bei einer Analyse auf Fakturabelegen bzw. Fakturaumsatz. Erschwerend hinzu kommen die Unterschiede zwischen Bedarfs- und Fakturazeitpunkt sowie Rabatte oder die unterschiedliche Bewertung von Intercompany- oder Kundenaufträgen.

Für die Datenbasis ist es noch wichtig zu entscheiden, welche Daten fortgeschrieben werden. Dies erkennen und steuern Sie im SAP ERP-System anhand von Bewegungsarten. Wird eine ABC-Klassifizierung pro Werk durchgeführt, müssen Intercompany-Aufträge zu anderen Werken oder Vertriebsorganisationen mit aufgenommen werden. Wird eine Klassifizierung pro Vertriebsorganisation durchgeführt, sind diese Buchungen zu vernachlässigen und nur Auftragseingänge von Endabnehmern relevant. Wird die Datenbasis anhand des Verbrauchs klassifiziert, sollten noch weitere Bewegungsarten, wie Inventurbuchungen, Verschrottungen oder andere Sonderarten, ausgeschlossen werden.

Des Weiteren sollten Sie Ihren Prozess der Auftragseingangsabwicklung bzw. Bestandsbuchung genauer unter die Lupe nehmen. In vielen Bereichen wird leider am System vorbeigearbeitet und eigene Logiken werden verwendet. So kann es schon vorkommen, dass das Wunschlieferdatum je nach Bestandssituation manuell angepasst wird oder Bestandsdifferenzen aufgrund von Ausschuss nicht auf den Prozess, sondern als Inventurdifferenz oder Verschrottungen gebucht werden. Dann hilft leider auch das beste Konzept für die Datenqualität nicht mehr. Sie müssen nicht nur wissen, woher die Daten kommen, sondern auch, wie sie entstehen.

Nachteile der XYZ-Analyse:

- **Grobe Klassifizierung**
  Eine Klassifizierung nach X, Y und Z ist sehr grob. Gerade wenn Sie viele sporadische Verbrauchsläufe oder Artikel mit einem hohen Anteil an Nullperioden (z.B. Ersatzteile) im Materialspektrum haben, ist es sinnvoll, weiter ins Detail zu gehen und die Analyse um Klassen erweitern. Oft finden Sie in der Literatur Analysen nach XYZ1Z2, um die sporadischen Materialien nochmals zu unterteilen. Auch eine Einteilung nach Z und Zn ergibt Sinn, um so Materialien mit hohem Anteil an Nullperioden zu separieren.
- **Analysezeitraum und -zyklus**
  Der Analysezeitraum sowie der Analysezyklus bestimmen die Nachhaltigkeit der Klassifizierung. Wird ein kurzer Analysezeitraum und -zyklus gewählt, kommt es oft zu Teilewanderungen innerhalb der Klassifizierung. Dabei verstärken kurze Zeiträume kleinere Schwankungen im Bedarfsverlauf, wohingegen lange Zeiträume die Verläufe glätten. Wir empfehlen grundsätzlich einen Analysezeitraum von zwölf Monaten im Zyklus von drei bis sechs Monaten. Sollten Sie mit vielen saisonalen Materialien arbeiten, ist es ratsam, den Zeitraum dem Saisonzyklus anzupassen. Dabei sollte bei einer kombinierten Analyse wie der ABC-Analyse stets der gleiche Zeitraum analysiert werden.

  Die Analyseperiodizität spielt bei der XYZ-Analyse eine wichtige Rolle. Bei der ABC-Analyse wird die Periodizität durch den Analysezeitraum nivelliert. Jedoch ist die Periodizität entscheidend für den Variationskoeffizienten, da jeweils immer Perioden miteinander verglichen werden. Ob auf Wochen-, Monats oder Planungskalenderebene der Materialverbrauch analysiert wird, müssen Sie für Ihre Analyse selbst entscheiden. Haben Sie starke Schwankungen innerhalb eines Monats, sollten Sie nicht auf Wochenebene vergleichen. Arbeiten Sie beispielsweise mit rhythmischer Disposition und kurzen Wiederbeschaffungszeiten (Retail), so ergibt eine Analyse auf Monatsebene keinen Sinn und nur eine feinere Unterteilung spiegelt die Prognostizierbarkeit der Artikel wider.

- **Konsistente Daten**
  Die Konsistenz und Qualität der Daten entscheiden über die Aussagekraft einer XYZ-Analyse. Alle wichtigen Punkte, die im Kontext der ABC-Analyse zur Datenqualität beschrieben wurden, gelten auch für die XYZ-Analyse. Ein großer Nachteil von nicht konsistenten Daten sind Bedarfsverschiebungen innerhalb einer Verbrauchsreihe. Durch sie können Schwankungen im Verbrauchsverlauf entstehen und das Klassifizierungsergebnis verfälscht werden. Sie können diesen Fehler vermeiden, indem Sie den Auftragseingang zum Wunschliefertermin als Datenbasis verwenden.

Ein weiterer Schwerpunkt bei der Datenqualität ist der Umgang mit Anlauf- und Auslaufprodukten (neue und alte Materialien). In SAP ERP gibt es die Möglichkeit, für ein neues Material ein Vorgängermaterial zu pflegen, um somit die Verbrauchsreihen des alten Materials mit zu übernehmen. SAP APO bietet für Materialien am Anfang oder Ende des Produktlebenszyklus die Möglichkeit mit Phase-In, Phase-Out oder Like-Profilen (siehe Kapitel 7, »Bedarfsermittlung durch Vorplanung und Prognosen«) zu arbeiten. Dadurch können neue Produkte sehr gut geplant und klassifiziert werden. Lässt sich der Verbrauch eines Materials nicht von anderen ableiten, so müssen Sie dies bei der Klassifizierung berücksichtigen. Wir empfehlen Ihnen, diese Materialien aus der Klassifizierung auszuschließen und erst nach einer bestimmten Anlaufzeit mit zu klassifizieren. Dies gilt auch für andere Sonderfälle wie für Materialien mit negativem Verbrauch oder Materialien mit Löschkennzeichen. Viele Analysen klassifizieren den kompletten Materialstamm ohne Auswahlkriterien – von diesen Analysen raten wir Ihnen ab.

Im SAP-Standard wird eine ABC-Analyse angeboten, mit der Sie eine Segmentierung nach ABC durchführen und in den Materialstamm schreiben können. Dies ist aber nicht ausreichend für eine moderne und optimale Disposition mit SAP, da jede Analyse einzeln betrachtet keinen echten Mehrwert für Dispositionsentscheidungen liefert. Als Grundlage für Dispositionsentscheidungen wird eine Kombination aus verschiedenen Analysen und weiterführenden Ansätzen unter Berücksichtigung von kundenindividuellen Gegebenheiten benötigt.

ABC/XYZ

Die Kombination aus ABC-Matrix und XYZ-Matrix ergibt eine zweidimensionale Kombinationsmatrix (ABC/XYZ-Matrix). Eine solche Matrix wird für die Zuordnung der unterschiedlichen Parametereinstellungen zum Material verwendet. Sie dient dem Disponenten als Hilfsmittel und Regelwerk für das Ableiten der Dispositionsstrategie und der Optimierungspotenziale. Mit einer Einteilung nach ABC/XYZ kann besser bestimmt und argumentiert werden, warum ein Material auf diese oder jene Weise disponiert werden sollte.

		Wertigkeit		
Vorhersagegenauigkeit		A	B	C
	X	▸ hoher Wertanteil ▸ konstanter Bedarf ▸ hohe Vorhersagegenauigkeit	▸ mittlerer Wertanteil ▸ konstanter Bedarf ▸ hohe Vorhersagegenauigkeit	▸ niedriger Wertanteil ▸ konstanter Bedarf ▸ hohe Vorhersagegenauigkeit
	Y	▸ hoher Wertanteil ▸ schwankender Bedarf ▸ mittlerer Vorhersagegenauigkeit	▸ mittlerer Wertanteil ▸ schwankender Bedarf ▸ mittlere Vorhersagegenauigkeit	▸ niedriger Wertanteil ▸ schwankender Bedarf ▸ mittlere Vorhersagegenauigkeit
	Z	▸ hoher Wertanteil ▸ unregelmäßiger Bedarf ▸ niedrige Vorhersagegenauigkeit	▸ mittlerer Wertanteil ▸ unregelmäßiger Bedarf ▸ niedrige Vorhersagegenauigkeit	▸ niedriger Wertanteil ▸ unregelmäßiger Bedarf ▸ niedrige Vorhersagegenauigkeit

Tabelle 19.1 ABC/XYZ-Matrix

In SAP ERP kann für den Bestand eine ABC-Analyse durchgeführt werden, die ein Material nach den oben genannten Merkmalen klassifiziert und das ermittelte Klassenmerkmal im Materialstamm hinterlegt. Eine ABC/XYZ-Klassifizierung ist jedoch nicht möglich. Aufgrund dieser Schwachstelle im Standard wurde von SAP Consulting ein Add-on-Programm entwickelt, welches diese Analyse durchführt und somit eine Grundlage für die Bestandsoptimierung schafft (siehe Abschnitt 19.4, »Optimierungswerkzeuge von SAP Consulting«).

Mithilfe der zweidimensionalen ABC/XYZ-Matrix (siehe Abbildung 19.7) kann der Materialstamm anhand von Werthaltigkeit und Prognostizierbarkeit in mindestens neun Klassen unterteilt werden. Diese feinere Unterteilung ermöglicht dem Disponenten eine bessere Steuerung der Disposition. Erfahrungen in der Praxis zeigen deutlich, dass damit erhebliche Optimierungspotenziale aufgedeckt werden können.

Mithilfe der Matrix können Sie Maßnahmen zur Bestandoptimierung ableiten. Zum Beispiel müssen AX-Materialien anders disponiert werden als CX-Materialien. Beide Segmente haben einen konstanten Verbrauch, aber einen unterschiedlichen Wertanteil. CX-Materialien tendieren zur Lagerfertigung (Planungsstrategie 10) und zu optimalen Losgrößen bezogen auf Beschaffungsfixkosten (periodische Losgrößen). Prognosen wären möglich, sind jedoch zu aufwendig, da ein maschinelles Bestellpunktverfahren auch sehr befriedigende Ergebnisse liefert und aufgrund von geringen Kapitalkosten ein höherer Durchschnittsbestand (durch den Meldebestand) die Bestandskosten nur minimal erhöht.

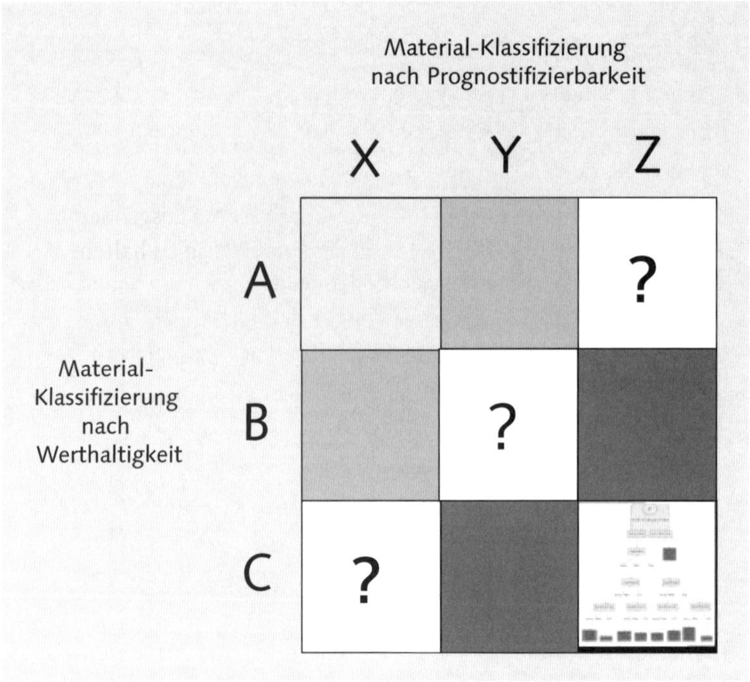

Abbildung 19.7 ABC/XYZ-Matrix

AX-Materialien werden bevorzugt plangesteuert disponiert und können bei Kundeneinzelfertigung (Planungsstrategie 20) den Sicherheitsbestand auf die Vorprodukte verlagern oder über längere Lieferzeiten abbilden. Losgrößen sollten durch die Gegenüberstellung von Beschaffungsfixkosten und Lagerkosten (optimierende Verfahren, exakte Losgröße) ermittelt werden. An diesem Beispiel können Sie schon sehen, dass durch die Anzahl der Klassifizierungsmöglichkeiten (Flexibilität) auch die Komplexität zunimmt. Ihre Aufgabe ist es, die richtige Mischung aus Flexibilität und Komplexität für Ihr Unternehmen und Tagesgeschäft zu ermitteln.

Wie eine ABC/XYZ-Klassifizierung mit SAP ERP erstellt wird und welche weiteren Möglichkeiten und Hilfsmittel SAP Consulting bereitstellt, erfahren Sie in Abschnitt 19.4, »Optimierungswerkzeuge von SAP Consulting«.

Neben der klassischen ABC/XYZ-Klassifizierung besteht die Möglichkeit diese zu erweitern und eine zusätzliche Ebene hinzuzufügen (3-D-Matrix). Ein weiteres Verfahren der Bestandsanalyse ist die LMN-Analyse (Lagervolumenanalyse), welche die Materialien anhand ihres Volumens klassifiziert. Eine Einteilung in LMN ist wichtig, um die Lagerfähigkeit eines Materials bestimmen zu können.

- *L – Materialien* sind großvolumige oder sperrige Materialien.
- *M – Materialien* sind mittelvolumige Teile.
- *N – Materialien* sind kleinvolumige Materialien.

In Tabelle 19.2 wird die vorhandene Lagerkapazität dem Materialvolumen gegenübergestellt. Sperrige Materialien sollten bei geringem Kapazitätsangebot möglichst als Nichtlagervariante disponiert oder durch kleine Losgrößen häufig umgeschlagen werden, um den Durchschnittsbestand niedrig zu halten.

	Kapazität »Gering«	Kapazität »Mittel«	Kapazität »Hoch«
L	gering	gering	mittel
M	gering	mittel	hoch
N	mittel	hoch	hoch

Tabelle 19.2 LMN-Analyse

Die Erkenntnis, ob es sich um ein klein- oder großvolumiges Material handelt, ist ebenso wichtig wie die Unterscheidung zwischen A- oder C-Materialien. Dies gilt besonders für Unternehmen mit stark begrenzten Kapazitäten oder großen Unterschieden bezüglich Volumen im Materialspektrum. Ohne die Berücksichtigung der LMN-Analyse würde man ein CZ-Material verbrauchsgesteuert und mit einer hohen Reichweite disponieren. Handelt es sich dabei um ein großvolumiges Material, könnten trotz der geringen Werthaltigkeit die Lagerkosten exponentiell steigen, und die Lagerung wichtiger Materialien könnte eingeschränkt werden.

Neben der Fokussierung auf Bestand und Material steht für viele Unternehmen der Kunde im Mittelpunkt der Disposition. In diesem Fall ist es sinnvoll, die Klassifizierung um eine Kundensegmentierung zu erweitern, um somit zwischen besonders wichtigen und weniger wichtigen Kunden unterscheiden zu können. Eine Differenzierung zwischen A-, B- oder C-Kunden erfolgt entweder über den Umsatz (analog der ABC-Bestandsanalyse) oder anhand des Lieferbereitschaftsgrads, welcher garantiert werden muss (Rahmenverträge, Restriktionen) oder von der Geschäftsleitung festgelegt wurde:

- *A- Kunden*
  haben einen Umsatzanteil von 70 bis 80 Prozent, verlangen einen hohen Lieferbereitschaftsgrad oder sind strategisch wichtige Kunden.
- *B-Kunden*
  haben einen Umsatzanteil von 15 bis 20 Prozent.
- *C- Kunden*
  sind umsatzschwache Kunden oder akzeptieren eine längere Lieferzeit.

Abbildung 19.8 zeigt eine komplexe Struktur einer 3-D-Matrix, in welcher Materialien über Werthaltigkeit, Kundensegmentierung und Prognostizierbarkeit klassifiziert werden. ie Unterteilung in 64 Klassen sollte je nach Phase im Produktlebenszyklus noch feiner differenziert werden. Diese Matrix bietet theoretisch eine starke Differenzierung, ist jedoch in der Praxis aufgrund ihrer Komplexität schwer einzusetzen.

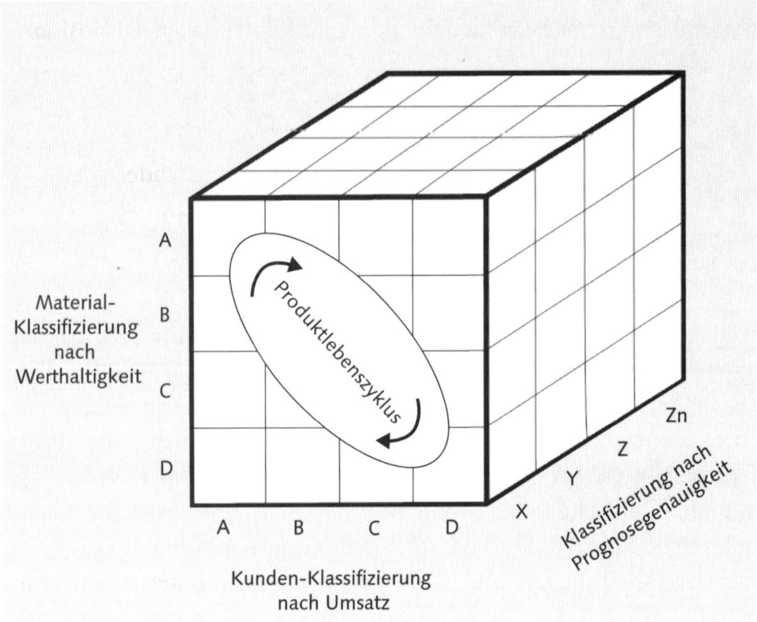

Abbildung 19.8 Abbildung in einer 3-D-Matrix

Nachteile von 3-D-Klassifizierungen

Neben den genannten Varianten kann man eine ABC/XYZ-Matrix um andere Klassifizierungen erweitern (siehe den folgenden Abschnitt »Erweiterte Klassifizierung«) und somit den Materialstamm noch stärker segmentieren. Jedoch ist dieser Vorteil zugleich der Nachteil einer dreidimensionalen Klassifizierung: Sie erhöht für den Disponenten den Analyseaufwand und die Komplexität bei der Einordnung und Steuerung seiner Produkte.

In der Praxis hat sich aufgrund ihrer geringeren Komplexität und besseren Anwendbarkeit die zweidimensionale Matrix durchgesetzt. Das bedeutet jedoch nicht, dass Sie nur eine Klassifizierung nach ABC oder XYZ verwenden sollen. Nicht durch eine weitere Ebene, sondern anhand der Unterteilung eines einzelnen Segments der ABC/XYZ-Matrix oder mithilfe verschiedener Matrizen und Entscheidungsbäume kann die Komplexität der unternehmensspezifischen Disposition überschaubar dargestellt werden.

Erweiterte Klassifizierung

Im vorhergehenden Abschnitt wurde bereits auf die wichtigsten Erweiterungsmöglichkeiten einer ABC/XYZ-Matrix eingegangen. Differenzierung nach Kunde, Lagerfähigkeit und dem Produktlebenszyklus sind Merkmale, mit denen sich fast jedes Unternehmen identifizieren und somit auch Optimierungspotenziale heben kann. In diesem Abschnitt werden wir noch weitere Unterscheidungsmerkmale beschreiben und erklären, warum man aufgrund unterschiedlicher Merkmalsausprägungen zu unterschiedlichen Dispositionsstrategien greifen muss.

Produktart

Die Materialart (Fertigerzeugnis, Halbfabrikat, Rohstoffe, Handelsware, Betriebs- und Hilfsstoffe) hebt teilespezifische Merkmale hervor und legt die Beschaffungsart fest. Eine Unterscheidung zwischen den Produktarten ist für die Materialdisposition insofern notwendig, als man über die Art des Materials seine Bedeutung und spezifischen Eigenschaften verdeutlichen kann. Die Produktart hat besonderen Einfluss auf die Planungsstrategie und das Dispositionsverfahren.

Betriebs- und Hilfsstoffe besitzen eine geringe Werthaltigkeit und können grundsätzlich auf Lager, über ein maschinelles Bestellpunktverfahren und ohne Prognoseverfahren disponiert werden. Die Unterscheidung zwischen Enderzeugnis (Fertigerzeugnis) und Vorerzeugnis (Halbfabrikat) ist bei der Wahl der Planungsstrategie wichtig und auch bei der Auswahl der anderen Verfahren von Bedeutung. Handelswaren können wie Fertigerzeugnisse geplant werden, jedoch erfolgt bei dieser Materialart keine unternehmensinterne Wertschöpfung. Der Fokus liegt auf der Absatzplanung und der geeigneten Bestellstrategie. Der Unterschied zwischen Rohstoffen und Halbfabrikaten besteht in der Beschaffungsart. Die Beschaffungsart hat jedoch keinen Einfluss auf die Optimierung der Disposition, somit werden auch Rohstoffe als Vorprodukte kategorisiert.

Eine besondere Rolle bei der Disposition spielen Engpassmaterialien. Engpassmaterialien sind wichtige Materialien, welche die gesamte Produktion stoppen können und besonders berücksichtigt werden müssen. Aufgrund des Leitsatzes der Komplexitätsreduzierung und Vollständigkeit ergeben sich somit als Auswahlmöglichkeiten »Enderzeugnis«, »Vorerzeugnis« und »Engpassmaterial«.

Individualität

Das Kriterium *Individualität* beschreibt die spezifischen Eigenschaften des Materials und hat auf jede Funktionsgruppe der Materialdisposition Einfluss. Es kann über Lager- oder Kundeneinzelfertigung somit auch über die Dispositionsart entscheiden. Auch bei der Entscheidung für oder gegen eine Prognose spielt die Individualität des Produkts eine wichtige Rolle. Bei einer geringen Individualität geht man von einer anonymen Fertigung aus, bei einer mittleren ist das Produkt gruppenspezifisch, wird also für eine bestimmte Region oder Kundengruppe gefertigt. Materialien mit hoher Individualität werden kundenspezifisch gefertigt, und eine sehr hohe Individualität weist auf auftragsbezogene Fertigungen hin.

Je höher die Individualität, desto exakter muss die Disposition erfolgen, da Überkapazitäten und Retouren nicht für neue Aufträge verwendet werden können.

Wiederbeschaffungszeit kleiner/größer akzeptierte Lieferzeit

Die akzeptierte Lieferzeit spiegelt die Zeit wider, die der Kunde bereit ist, auf ein Produkt zu warten (von Auftragsübermittlung bis Wareneingang). Die Zeiten können je nach Branche oder Produkt variieren. In Zeiten der Globalisierung ist der Kunde in der Regel nicht mehr bereit, auf Produkte zu warten, die zur Befriedigung seiner Grundbedürfnisse dienen. Es werden nur bei kundenspezifischen oder raren Produkten lange Lieferzeiten akzeptiert.

Die Wiederbeschaffungszeit bezeichnet die Zeitspanne, die von Beginn der Bearbeitung bis zur Fertigstellung eines Erzeugnisses oder bis zu seiner Beschaffung benötigt wird. Im Einzelnen bezeichnet man damit bei Eigenfertigung die Durchlaufzeit, welche sich aus Rüstzeit, Bearbeitungszeit und Liegezeit zusammensetzt. Bei der Fremdbeschaffung wird die komplette Beschaffungszeit als Wiederbeschaffungszeit bezeichnet. Je größer die Durchlaufzeit, desto kapitalbindungsintensiver ist der Wertschöpfungsprozess. Bei besonders langen Wiederbeschaffungszeiten ist auf die Parametrisierung der Horizonte zu achten. Ist die akzeptierte Lieferzeit kürzer als die Wiederbeschaffungszeit, muss eine Lagerfertigungs- oder Mischstrategie verwendet werden, damit alle Kundenbedarfe gedeckt werden und es nicht zu Lieferverzug kommt. Ist die akzeptierte Lieferzeit länger als die Wiederbeschaffungszeit, muss nicht notwendigerweise auf Lager produziert werden, wodurch eine flexiblere Planung erreicht wird.

Lieferbereitschaftsgrad

Der Lieferbereitschaftsgrad (auch Servicegrad genannt) ist Ausdruck der Lieferfähigkeit gegenüber dem Kunden und wird in Prozent angegeben. Der Prozentsatz besagt genau, in welchem Maß die jeweilig nachgefragte Menge ausgeliefert wird. In der Disposition bezieht sich der Lieferbereitschaftsgrad auf die Lieferwahrscheinlichkeit der Lieferanten (Lieferantenzuverlässigkeit). Das Kriterium *Lieferbereitschaftsgrad* gibt eine wichtige Information bei der Einstellung des Parameters *Sicherheitsbestand*. Hat man für das Material einen sehr zuverlässigen Lieferanten, so kann der Sicherheitsbestand niedrig gehalten werden.

Hinweis

Die Einteilung des Lieferbereitschaftsgrads erfolgt nach gering (50% bis 85%), mittel (85% bis 95%) und hoch (95% bis 99,9%).

Eine hundertprozentige Versorgung kann erreicht werden, jedoch würde diese Zielsetzung zu unverhältnismäßig hohen Kosten und Beständen führen und somit keine Optimierung darstellen.

Lagerkosten

Lagerkosten sind Kosten, die durch die Lagerung eines Materials entstehen. Sie werden als Prozentsatz vom Bewertungspreis im Materialstammsatz hinterlegt. Die Höhe der Lagerkosten ist abhängig von dem zu lagernden Produkt (Volumen, Werthaltigkeit, Strom, Kühlung), den Lagerräumen (Miete, Abschreibungen, Versicherung) und den Personalkosten der Lagerarbeiter. Optimierende Losgrößenverfahren greifen auf diese Kosten bei der Losgrößenberechnung zurück. Bei niedrigen Lagerkosten können größere Lose beschafft werden. Somit werden Beschaffungsfixkosten reduziert und durch die Lagerhaltung eine gewisse Planungsruhe und -sicherheit erreicht. Ist die Lagerung des Erzeugnisses relativ teuer, sollte der Lagerbestand auch bei hohem Lieferbereitschaftsgrad so gering wie möglich gehalten werden.

Beschaffungsfixkosten

Beschaffungsfixkosten (auch mittelbare Beschaffungskosten genannt) sind Kosten, die bei der Beschaffung unabhängig von der Bestellmenge entstehen. Dieser Wert wird im Materialstamm hinterlegt und neben den Lagerkosten zur Berechnung der optimalen Losgröße verwendet. Die fixen Kosten der Beschaffung setzen sich aus Verpackung, Transportkosten und Auftragsbearbeitungskosten zusammen. Hohe Beschaffungsfixkosten kommen durch lange und komplexe Transportwege oder durch technische Besonderheiten bei der Beschaffung zustande. Neben der Losgröße beeinflussen die Beschaffungsfixkosten auch die Dispositionsart und die Planungsstrategie.

Technische Besonderheiten

Neben den genannten Kriterien können auch seltene Besonderheiten die Parametrisierung der Dispositionsparameter beeinflussen. Das können zum Beispiel vorgeschriebene Verpackungsgrößen oder Bestellbedingungen eines Lieferanten sein, welche die Abnahme einer bestimmten Losgröße erfordern (EU-Palette, Tanklaster). Somit kommen Rundungsprofile oder minimale und maximale Losgrößen zum Einsatz. Andere Besonderheiten können im Zusammenhang mit der Produktion stehen, zum Beispiel beim Einsatz von speziellen Fertigungsmaschinen, welche 24 Stunden am Tag laufen und ausgelastet werden müssen, unabhängig davon, ob Überkapazitäten dadurch entstehen oder nicht.

Abbildung 19.9 gibt einen Überblick über die Zusammenhänge zwischen den Einflussgrößen und den wichtigsten Parametern der Materialdisposition.

Einflussgrößen	Parameter											
De-facto Kriterien	**1**	**2**	**3**	**4**	**5**	**6**	**7**	**8**	**9**	**10**	**11**	**12**
Produktart	X			X		X						
Produktphase	X	X		X	X	X						
Werthaltigkeit	X	X	X	X		X		X			X	X
Prognostizierbarkeit	X	X		X	X	X	X				X	X
Individualität	X	X	X	X	X	X		X			X	X
Fertigungsart	X											
WBZ > Akz. Lieferzeit	X					X				X	X	X
Lieferbereitschaftsgrad		X								X	X	X
Lagerfähigkeit	X			X		X		X	X		X	X
Variantenprodukt	X											
Relative Kriterien												
Lagerkosten	X					X	X	X	X		X	X
Beschaffungsfixkosten	X					X	X	X	X			
Rüstkosten	X					X	X	X				
Verbrauchsanalyse		X	X							X	X	X
Besonderheiten *	X			X		X	X	X	X			X

* Besonderheiten im Sinne von Lieferanten- oder Verpackungsrestriktionen

1	Planungsstrategiegruppe	7	Mindestlosgröße
2	Prognosemodell	8	Maximale Losgröße
3	Modellauswahlkennzeichen	9	Rundungsprofil
4	Dispositionsmerkmal	10	Meldebestand
5	Fixierungshorizont	11	Sicherheitsbestand
6	Dispositionslosgröße	12	Bedarfsvorlaufzeit

Abbildung 19.9 Übersicht der wichtigsten Parameter und ihrer Einflussgrößen

Die Auswahl der richtigen Merkmale für Ihr Unternehmen ist der entscheidende Schritt zur Komplettierung Ihrer Dispositionsmatrix, aber auch die Grundlage für komplexe Matrizen und Entscheidungsbäume.

Losgrößenverfahren											
Dispo-losgröße	Materialart	Produktphase	WK	PK	Individualität	Fertigungsart	WBZ > akz. Lieferzeit	Lagerfähigkeit	VP	Lager-kosten	BFK oder RK
EX	Enderzeugnis / Engpassmaterial	#	A / B	X	Hoch / Sehr Hoch	Einzelfertigung	Nein	Gering, Mittel	#	Mittel / Hoch	Gering / Mittel
ES	Enderzeugnis / Engpassmaterial	#	A / B	X	Hoch / Sehr Hoch	Einzelfertigung	Nein	Gering, Mittel	#	Hoch	Gering / Mittel
FX	#	#	B / C	X	Gering / Mittel	MF / SF	#	Mittel, Hoch	#	Gering / Mittel	#
FS	#	#	B / C	X	Gering / Mittel	MF / SF	#	Mittel, Hoch	#	Mittel / Hoch	#

Abbildung 19.10 Verfahrensmatrix, Ausschnitt »Losgröße«

In Abbildung 19.10 sehen Sie eine Verfahrensmatrix, die den SAP-Losgrößenverfahren bestimmte Merkmalsausprägungen zuordnet. Über eine solche Übersicht können Sie aus den gewonnenen Informationen Ihrer Bestandsanalysen und anderen Merkmalen eine Zuordnung zwischen Material bzw. Materialklassifizierung und SAP-Dispositionsparameter durchführen. Verfahrenmatrizen dienen als Grundlage für Entscheidungsbäume und deren programmtechnische Realisierung.

Entscheidungsbäume

Der Nachteil der in den vorigen Abschnitten erwähnten Bestandsanalysen ist, dass sie aus einer Analyse über einen längeren Zeitraum (meist ein Geschäftsjahr) resultieren. Somit handelt es sich um statische Ergebnisse. Neue Materialien werden nicht berücksichtigt und müssen gesondert behandelt werden. Wenn Sie diese Einschränkungen berücksichtigen und wissen, wie man damit am besten umgeht, können Sie mit einem geringen manuellen Aufwand die Schwachstellen beheben.

Weitere Nachteile der Klassifizierung sind die grobe Unterteilung in drei oder vier Klassen sowie die Tatsache, dass Grenzartikel falsch klassifiziert werden können. Dennoch ist die Bestandsanalyse die wichtigste Grundlage für weitergehende Untersuchungen und ein erster Anhaltspunkt dafür, wie ein Material disponiert werden sollte.

Die wohl aufwendigste, aber auch erfolgversprechendste Möglichkeit, Dispositionsparameter den Materialien unter Berücksichtigung der unternehmensindividuellen Gegebenheiten zuzuordnen, ist die Beschreibung und Konzeption von Entscheidungsbäumen. Entscheidungsbäume haben den Vorteil, dass sie komplexe Zusammenhänge abbilden könne, beispielsweise die Definition von Dispositionsstrategien anhand von Materialeigenschaften oder unternehmensspezifischen Strategien.

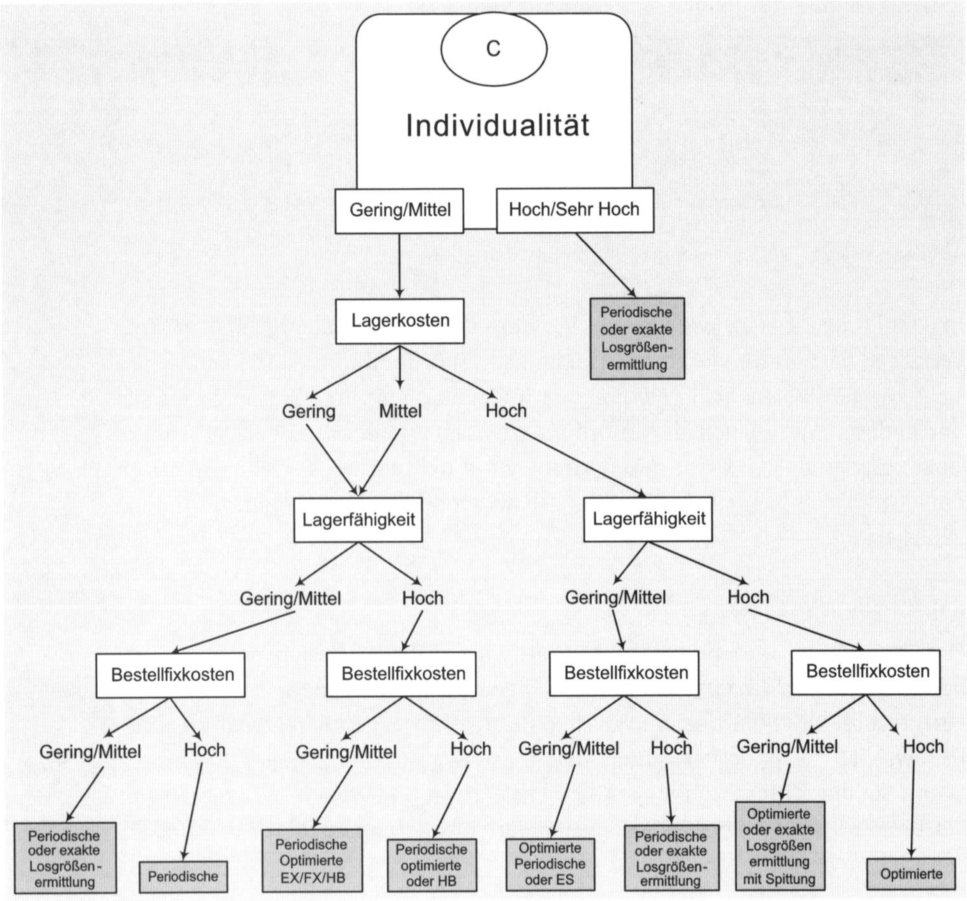

Abbildung 19.11 Beispiel eines Dispositions-Entscheidungsbaums (Losgrößenauswahl)

In Abbildung 19.11 sehen Sie einen vereinfachten Entscheidungsbaum zur Ermittlung der optimalen Losgrößenstrategie. Neben der Werthaltigkeit werden die Merkmale *Individualität*, *Lagerkosten*, *Lagerfähigkeit* und *Bestellfixkosten* mit in die Entscheidungsfindung aufgenommen. In Abbildung 19.12 finden Sie eine alternative, maschinenfreundlichere, Darstellungsmöglichkeit.

Nach dem Erstellen eines oder mehrerer Entscheidungsbäume erfolgt die programmtechnische Realisierung dieser Logik. Dieser Schritt ist unerlässlich, da sonst der immer wiederkehrende Anpassungsaufwand der Parameter, unter Berücksichtigung des Entscheidungsbaums, für den Disponenten mit einem sehr hohen manuellen Aufwand verbunden ist. Eine Umsetzung direkt im SAP-System ist das beste Vorgehen, denn so können Änderungen in den Materialeigenschaften konsistent und automatisch im Materialstamm umgesetzt werden.

Einige SAP-Beratungshäuser haben sich bereits mit dieser Thematik beschäftigt und können Sie bei der Konzeption sowie Implementierung unterstützen.

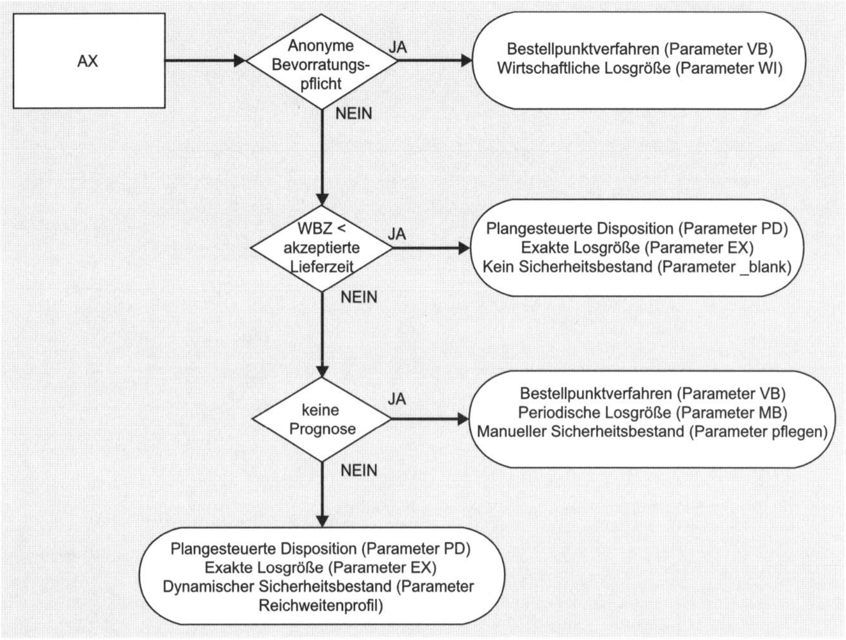

Abbildung 19.12 Beispiel eines Dispositions-Entscheidungsbaums (Flussdiagramm)

Wenn Sie sich in Ihrem Unternehmen mit dem Thema Produktklassifizierung beschäftigen, sollten Sie Aufwand gegen Nutzen abwägen. Ihre theoretischen Überlegungen müssen auch in der Praxis realisierbar und handhabbar sein. Je mehr Merkmale Sie in Ihre Klassifizierung aufnehmen, desto mehr Segmente müssen Sie betrachten und desto komplexer wird der Auswahlprozess, bei dem Sie dem Material die geeigneten Parameter zuordnen.

19.3.2 Dispositionsmatrix

In diesem Abschnitt beschreiben wir ein Ergebnis und zentrales Hilfsmittel der optimierten Disposition: die Dispositionsmatrix. Die Dispositionsmatrix ist nicht nur ein Resultat aus verschieden Bestandsanalysen, sondern ein Regelwerk für Disponenten. Mit ihrer Hilfe können Sie die geeigneten Dispositionsparameter je nach Materialausprägung und unternehmensspezifischen Gegebenheiten konfigurieren.

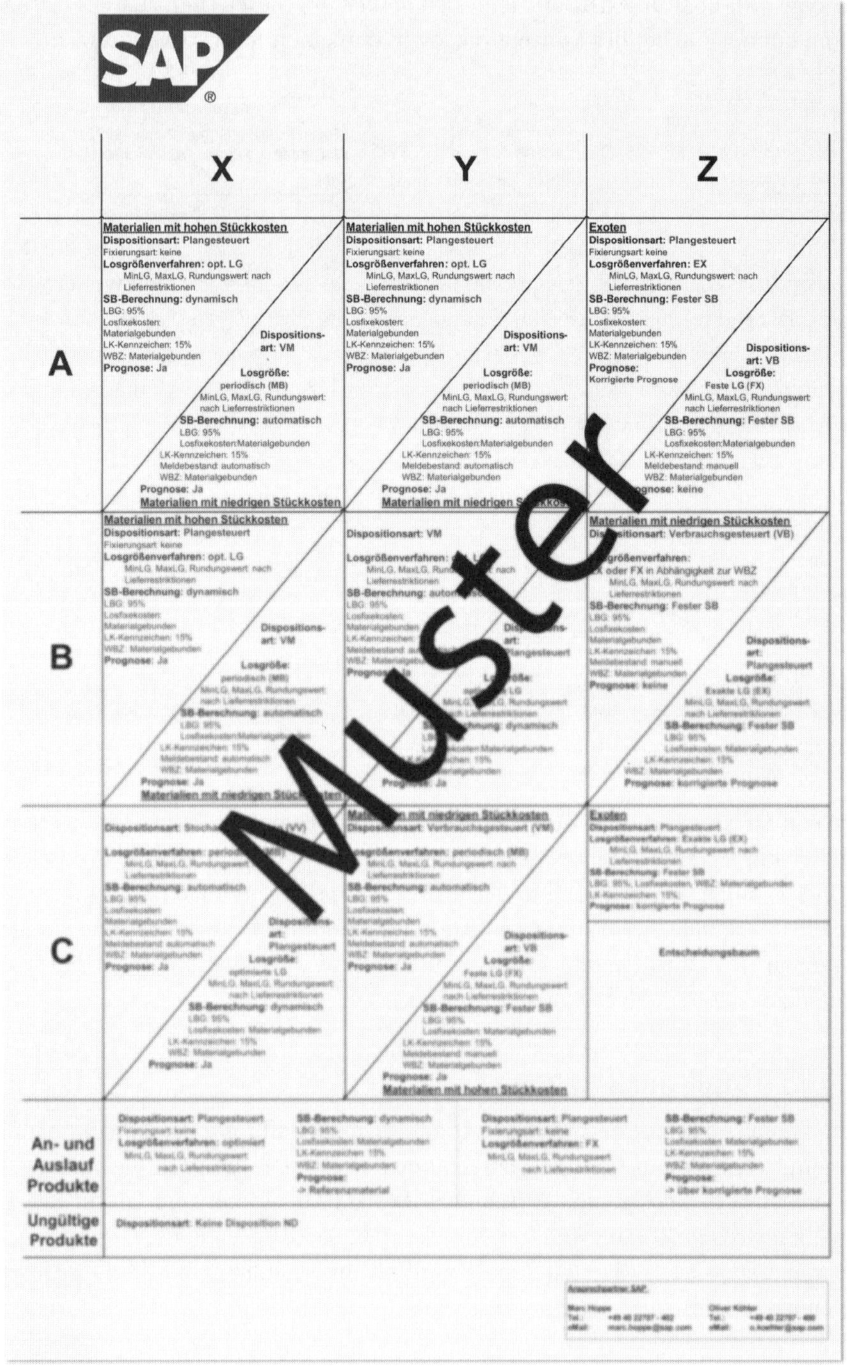

Abbildung 19.13 Dispositionsmatrix

In Abbildung 19.13 sehen Sie ein Beispiel für eine Dispositionsmatrix, die eine systematische Strukturierung des Produktspektrums darstellt. Als Grundlage dieser Matrix dient in diesem Beispiel eine ABC/XYZ-Analyse, über die der Materialstamm in neun unterschiedliche Segmente je nach Werthaltigkeit und Prognostizierbarkeit unterteilt wurde. Damit kundenindividuelle Gegebenheiten mit berücksichtigt werden, kann man die Matrix noch feiner differenzieren (siehe Abschnitt »Erweiterte Klassifizierungsmerkmale«). So spiegelt eine Matrix mit 18 Feldern die starke Varianz im Produktspektrum wider. In der Praxis ist die Dispositionsmatrix mit 18 Feldern die komplexeste Variante, da jede weitere Unterteilung Handhabbarkeit und Übersichtlichkeit erschweren. Neben den »normalen« Materialen sollten getrennt Anlauf- und Auslaufprodukte betrachtet werden. Ab wann ist die Verbrauchshistorie von neuen Produkten aussagekräftig? Gibt es Vorgaben vom Vertrieb, zum Beispiel Absatzplanung und Vorhaltemengen? Müssen alte Materialien aufgebraucht oder gleich verschrottet werden? Welche unternehmensspezifischen Sonderprozesse gibt es? Wie wird Schüttgut disponiert? Das alles sind Fragen, die eine Dispositionsmatrix beantworten muss.

Abbildung 19.14 verschafft Ihnen einen tieferen Einblick in die Dispositionsmatrix: Die Darstellung zeigt ein Segment und die daraus resultierenden Parameter.

In unserem Beispiel einer AX-Klassifizierung werden die Materialien detaillierter in AX-Materialien mit hohen und mit niedrigen Stückkosten unterteilt. Eine solche Unterteilung ist für manche Unternehmen sinnvoll, da man so hochpreisige Produkte von niedrigpreisigen Produkten mit hohen Stückzahlen trennen kann. Beide Kategorien sind AX-Materialien, jedoch sollte beispielsweise ein Motor anders disponiert werden als ein Dichtring. Neben den Standardparametern wie Dispositionsart, Losgrößenverfahren und Sicherheitsbestandsberechnung sollten Sie weitere betriebswirtschaftliche oder ablauforganisatorische Faktoren mit aufnehmen, welche die Disposition beeinflussen – zum Beispiel die Definition des Lieferbereitschaftsgrads, welcher die Höhe des Sicherheitsbestands mit beeinflussen kann. Auch Lieferantenrestriktionen wie Verpackungsgrößen oder Mindestabnahmemenge sollten berücksichtigt werden, da diese die vom System ermittelte Losgröße durch Rundungswerte oder Mindestmengen anpassen. Auch Freigebestrategien oder -grenzen sollten vermerkt: Der Disponent sollte die Möglichkeit haben, 10.000 Dichtringe zu bestellen, nicht aber 10.000 Motoren.

Neben der systemoptimalen und strategiekonformen Parametrisierung können Sie Optimierungspotenziale und Maßnahmen zur Bestandsoptimierung aus der Dispositionsmatrix ableiten. Sie können so beispielsweise ableiten, dass AX-Materialien ein hohes Rationalisierungspotenzial aufweisen, wohingegen CX-Materialien nur ein geringes Einsparungspotenzial bergen.

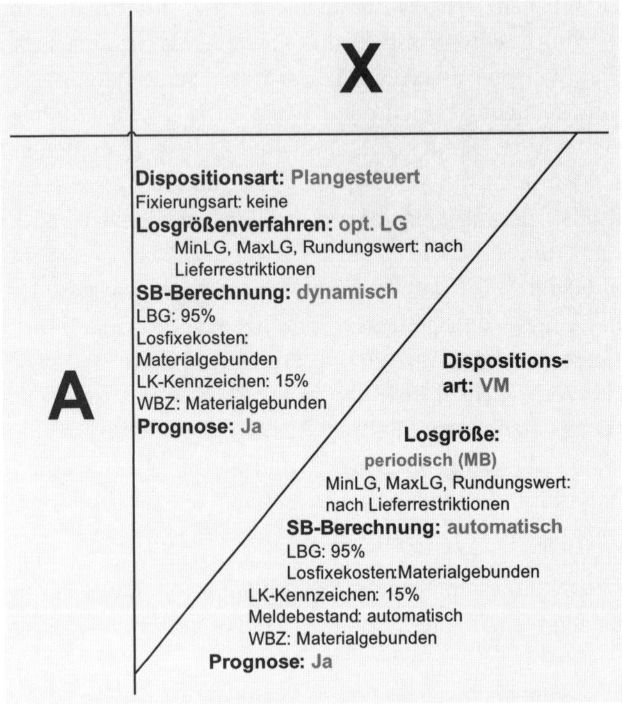

Abbildung 19.14 AX-Klassifizierung

CX- und AX-Materialien sollten vollautomatisch geplant werden, wobei das Augenmerk auf den A-Materialien liegen sollte. Der Steuerungsaufwand steigt mit sinkender Prognostizierbarkeit der Materialien. So lassen sich Z-Materialien aufgrund ihrer starken Verbrauchsschwankungen schwer automatisch planen. Eine Übersicht über die Optimierungspotenziale einer Dispositionsmatrix sehen Sie in Abbildung 19.15.

Die Vorteile einer ABC/XYZ-Matrix für Ihr Unternehmen liegen in dem einheitlichen Regelwerk und der gewonnenen Transparenz über die Dispositionsentscheidungen. Optimierungspotenziale werden verdeutlicht und schwer sowie disponierende und kritische Produkte schneller erkannt. Der überwiegende Teil des Produktspektrums soll automatisch disponiert werden.

Die Vorteile für den Disponenten liegen ebenfalls im klar strukturierten Regelwerk, nach welchem er sein Vorgehen und seine Prozesse ausrichten kann. Es entsteht ein Wandel von der quantitativen Disposition (»Feuerwehrdisposition«), bei welcher der Disponent nur damit beschäftigt ist, Dispositionsfehler schnellstmöglich zu beheben, hin zur qualitativen Disposition. Hier werden Probleme schon vor ihrem Entstehen entdeckt, und der Disponent kann sich stärker auf die Vorplanung und auf kritische Materialien konzentrieren.

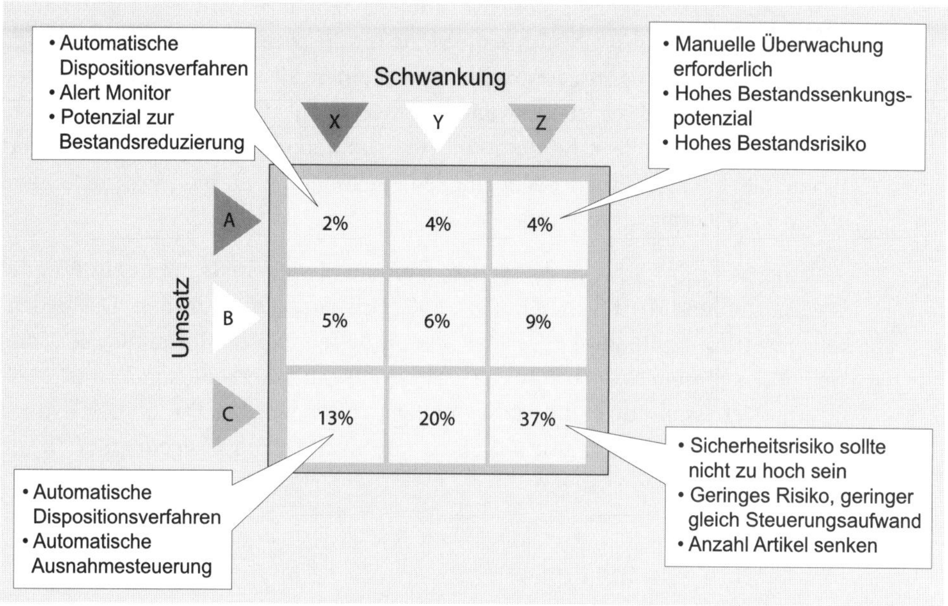

Abbildung 19.15 Maßnahmen zur Bestandsoptimierung, abgeleitet aus der Dispositionsmatrix

19.3.3 Auswirkungen der Klassifizierung auf die Vorplanung

Außer in der Disposition kann eine Klassifizierung auch im Bereich der Vorplanung eingesetzt werden. Entweder Sie definieren in Ihrer Dispositionsmatrix die Parametrisierung für die Planung oder Sie verwenden eine eigene Matrix für die Prognoseklassifizierung.

Analog der ABC/XYZ-Unterteilung in der Disposition kann über die Eigenschaften Werthaltigkeit und Prognostizierbarkeit der Materialien eine geeignete Prognoseeinstellung gefunden werden, oder Materialien können direkt von der Prognose ausgeschlossen werden. Die Prognose stark schwankender, hochwertiger Materialien ist zum Beispiel nicht sinnvoll.

Die Unterteilung nach ABC/XYZ können Sie durch weitere Merkmale differenzieren. Ein Beispiel dafür ist die Unterscheidung nach Saisonalität: Ein saisonales Material kann als X-Material klassifiziert werden. Bei der Prognose ist es jedoch von Bedeutung, ob Sie ein Konstantmodell oder ein Saisonmodell verwenden.

Die Vorteile der Prognoseklassifizierung liegen in einem strukturierten Regelwerk und der Mischung aus automatischer Parameterauswahl und individueller Anpassung der Materialien. In vielen Unternehmen wird die automatische Modellauswahl verwendet, ohne sich detailliert mit den Prognosestrategien zu beschäftigen. Das Ergebnis ist meist suboptimal, und die Anwendung der automatischen Modellauswahl führt meist zu Intransparenz und unzureichenden Ergebnissen im Prognosecontrolling. Vermeiden Sie daher die automatische Modellauswahl bei konstanten und hochwertigen Materialen nach Möglichkeit. Die individuelle Konfiguration der Parameter für jedes Material liefert Ihnen die höchste Prognosegenauigkeit, wenngleich dieses Ideal mit einem sehr hohen Aufwand verbunden ist.

Anhand einer Prognoseklassifizierung können Sie jedem Segment ein Prognoseverfahren und die relevanten Parametereinstellungen zuordnen. Das bedeutet aber nicht automatisch, dass das gewählte Prognoseverfahren für alle Materialien aus diesem Segment immer das beste Resultat erzielt, sondern dass die optimalen Einstellungen für das Segment getroffen werden. Dadurch ist es auch möglich, mit geringem Aufwand einen kontinuierlichen Pflegeprozess für die Prognose zu implementieren.

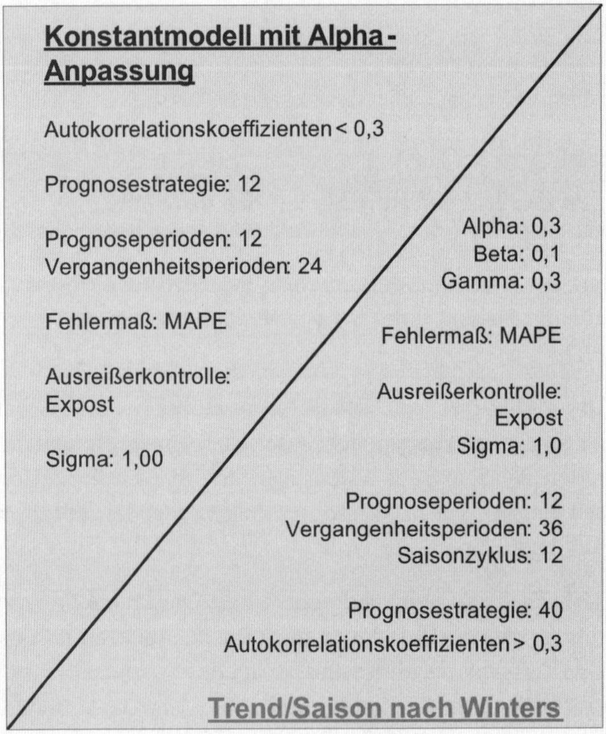

Abbildung 19.16 Beispiel für eine AX-Prognoseklassifizierung

In Abbildung 19.16 sehen Sie den Ausschnitt aus einer möglichen Prognoseklassifizierung. Als Unterscheidungskriterium wurden die Merkmale *Wert-*

haltigkeit, *Prognostizierbarkeit* und *Saisonalität* ausgewählt. Über den vom System ermittelten Autokorrelationskoeffizienten können Sie bestimmen, ob eine Saison vorliegt oder nicht.

Handelt es sich um kein saisonales Material, so wird Prognosestrategie 12 (*Konstantmodell mit automatischer Alphaanpassung*) verwendet. Ist der Autokorrelationskoeffizient größer 0,3, so handelt es sich um ein saisonales Produkt und es wird empfohlen, Prognosestrategie 40 anzuwenden.

Neben der Strategie spielen auch die Prognoseparameter eine wichtige Rolle. Diese sollten je nach Segment individuell betrachtet werden. Für X-Materialien sollte der Sigmawert für die Ausreißerkontrolle kleiner ausfallen als für Y-Materialien, damit sporadische Ausschläge stärker geglättet werden. Dasselbe gilt beim Alphafaktor: Für konstante Materialien sollten Sie einen niedrigen Alphafaktor wählen, um die komplette Zeitreihe zu glätten. Bei schwankenden Materialien sollten Sie die nähere Vergangenheit stärker gewichten, um schneller auf Bedarfsänderungen reagieren zu können.

Um optimale Ergebnisse in den Bereichen Vorplanung und Disposition zu erzielen, empfehlen wie Ihnen die Verwendung einer Produktklassifizierung und die Definition eines Regelwerks unter Berücksichtigung Ihrer individuellen Unternehmensspezifika. Neben der Schaffung dieser Grundlagen ist es wichtig, diese Optimierung kontinuierlich voranzutreiben und auf Änderungen im Produktstamm bzw. -verhalten zu reagieren. Für diese kontinuierliche Pflege existieren verschiedene Hilfsmittel im SAP-Umfeld. Ein performantes Hilfsmittel ist der Dispomonitor.

19.4 Optimierungswerkzeuge von SAP Consulting

In diesem Abschnitt werden wir Ihnen verschiedene Werkzeuge vorstellen, die alle das Ziel haben, Sie bei der kontinuierlichen Optimierung der Disposition zu unterstützen. Neben dem bereits schon oft erwähnten Dispositionsmonitor sind der WBZ-Monitor und Prognosemonitor weitere Hilfsmittel zur Entscheidungsunterstützung und Überwachung der Dispositionsqualität.

19.4.1 Dispositionsmonitor

Der Dispositionsmonitor bildet das zentrale Rückgrat der SAP Consulting-Tools zur Verankerung einer optimalen Dispositionsstrategie (siehe hierzu Kapitel 3, »Artikelklassifizierung als Basis für Dispositionsentscheidungen«). Dabei unterstützt er die Optimierung der Dispositionseinstellungen durch die folgenden drei Kernfunktionalitäten:

- ABC/XYZ-Klassifizierung
  - Berücksichtigung von Sonderfallmaterialien
  - Berücksichtigung verschiedener Datenquellen
  - Anpassung der Datengrundlage an die dispositionsspezifischen Notwendigkeiten
- Überwachung der Stammdatenqualität in der Disposition
- Bereitstellung von wichtigen Kennzahlen in der Disposition

Der Dispositionsmonitor wird als Add-on Tool mit einer eigenen Transaktion im ERP-System installiert und greift somit direkt auf ERP-Daten zurück, ohne dass diese zuvor aus dem System geladen werden müssen.

Im Zentrum der Funktionalitäten des Dispositionsmonitors steht die ABC/XYZ-Analyse. Gemäß dieser betriebswirtschaftlichen Klassifizierung werden die Verbräuche aller in einer Analyse selektierten Materialien hinsichtlich der beiden für die Disposition zentralen Eigenschaften *Bedeutung für das Unternehmen* (ABC-Klassifikation) und *Vorhersagbarkeit des Verbrauchs* (XYZ-Klassifikation) analysiert und in einem Gesamtkontext, der sogenannten ABC/XYZ-Matrix, dargestellt. Durch die Darstellung der Materialien in der ABC/XYZ-Matrix können wichtige Rückschlüsse für die Wahl von Dispositionseinstellungen gezogen werden. So sind zum Beispiel Materialien, die aufgrund ihrer unregelmäßigen aber wertmäßig hohen Verbrauchsverläufe als AZ-Materialien eingestuft wurden, eher ungeeignet für die automatisierten Dispositionsverfahren wie die Bestellpunktdisposition. Bei diesen Materialien sollte die an das System übergebene Verantwortung tendenziell zugunsten einer stärker manuellen Dispositionstätigkeit begrenzt werden, was deutliche Rückwirkungen auf die Wahl von Dispositionsparametern impliziert. Am anderen Ende des Spektrums, also bei Materialien mit regelmäßigem, aber eher geringwertigem Verbrauch empfehlen sich im Gegensatz dazu eher Dispositionseinstellungen, die dem System einen Großteil der Dispositionstätigkeiten überantworten und somit den Fokus der manuellen Tätigkeiten auf die wirklich bedeutenden Materialien bzw. auf dispositive Problemfälle lenken.

Damit stellt der Dispositionsmonitor zum einen eine erhebliche Erweiterung der Möglichkeiten im ERP-Standard dar, da dort lediglich die Durchführung einer ABC-Klassifikation möglich ist. Über die zusätzliche Funktion einer integrierten Klassifikation der Vorhersagbarkeit des Verbrauchs (XYZ-Analyse) hinaus bietet der Dispositionsmonitor jedoch weitergehende Differenzierungsmöglichkeiten, die im Rahmen der Optimierung von Dispositionseinstellungen von Bedeutung sind.

So können anders als in der ERP-Standardklassifikation Sonderfallmaterialien gesondert dargestellt und analysiert werden.

Hinweis

Sonderfallmaterialien sind Materialien, deren Dispositionseinstellungen im Rahmen einer Optimierung aufgrund spezifischer Verbrauchsgegebenheiten separat betrachtet werden müssen, um ein differenziertes Systemverhalten zu ermöglichen.

Als Sonderfälle werden im Dispositionsmonitor die folgenden Materialien betrachtet:

- Materialien ohne Verbrauch im Analysezeitraum
- Materialien mit negativem Verbrauch im Analysezeitraum
- Materialien mit Löschkennzeichen
- neue Materialien (mögliche Kriterien: Erstellungsdatum; Datum des ersten Verbrauchs)

Materialien, die diese Kriterien erfüllen, könnten zum einen das Ergebnis einer ABC/XYZ-Klassifikation verfälschen, zum anderen könnten sie durch eine Eingruppierung gemäß Standardklassifikation mit falschen Dispositionseinstellungen versehen werden, daher bietet der Dispositionsmonitor die Option, diese Materialien aus der Analyse auszuschließen und gesondert außerhalb der ABC/XYZ-Matrix als potenzielle Problemfälle darzustellen.

Eine weitere für die Disposition bedeutende Erweiterung des Dispositionsmonitors im Vergleich zur Standardanalyse ist die Ausdifferenzierung der C- sowie der Z-Gruppen innerhalb der klassifizierten Materialien. Die Gruppe der C-Materialien beinhaltet die Produkte, die im Analysezeitraum aufgrund ihres Verbrauchswerts als für das Unternehmen weniger bedeutend eingruppiert wurden. Dabei können jedoch auch Materialien eingruppiert worden sein, die aufgrund ihrer Spezifika (z.B. ein hoher Preis) eher ungeeignet für automatisierte Verfahren sind. Daher kann im Dispositionsmonitor die Gruppe der C-Materialien weiter differenziert werden: Neben den »normalen« C-Materialien werden optional alle teuren C-Materialien in eine D-Gruppe klassifiziert.

Ähnlich gelagert ist eine weitere Differenzierungsmöglichkeit, die auf Z-Materialien ausgerichtet ist. Diese Materialien weisen hohe Verbrauchsschwankungen auf und sind demnach in der Regel eher ungeeignet für automatisierte Vorhersagen von zukünftigen Verbräuchen. Da jedoch auch in dieser Gruppe ein heterogenes Materialspektrum zu finden sein kann, besteht die Möglichkeit, die Materialien nach sporadischem Verbrauch zu differenzieren, also zusätzlich das Kriterium einer hohen Anzahl von Nullverbräuchen in die Analyse einfließen zu lassen. Dies kann im Rahmen der Wahl von Dispositions- und Prognoseeinstellungen von Bedeutung sein, da die Vorhersagbarkeit dieser Materialien mit anderen Mitteln beurteilt werden muss als die der üblichen Z-Materialien. Daher wird hier analog zur C-Gruppe eine Ausdifferenzierung von Z- und sogenannten N-Materialien vorgenommen, wobei die Verbräuche der N-Materialien einen bestimmten Anteil von Nullperioden aufweisen und somit auf sporadischen Bedarf geschlossen werden kann. Somit ergibt sich aus der Analyse des Dispositionsmonitors eine zwölf Felder umfassende ABCD/XYZN-Matrix.

Eine weitere Besonderheit des Dispositionsmonitors ist die flexible Wahl der Datenquelle (siehe zur Selektion des Dispositionsmonitors Abbildung 19.17). Standardmäßig wird für die ABC/XYZ-Klassifikation die ERP-Tabelle MVER herangezogen, aus der auch im ERP-Standard die im Materialstamm einsehbaren Verbräuche gelesen werden. In vielen Fällen kann hier jedoch die Verwendung einer anderen Datenquelle sinnvoll sein. So besteht im Dispositionsmonitor die Möglichkeit, auch auf die Materialbelege zuzugreifen. Dies ist dann vorteilhaft, wenn isoliert für die Verbrauchsanalyse des Dispositionsmonitors ein anderes Customizing der Verbrauchsrelevanz von Bewegungsarten gewünscht ist, wenn also beispielsweise das System-Customizing bestimmte Bewegungsarten als Verbrauch kennzeichnet, die jedoch bei der Analyse als nicht verbrauchsrelevant angesehen werden sollen und umgekehrt. Eine weitere Option bei der Datenquelle ist die Analyse von Auftragseingängen. Hierbei bildet nicht die Höhe der Verbräuche die Grundlage der Klassifikation, sondern die Höhe der Auftragseingänge. Hier können interessante Erkenntnisse etwa über die Lieferfähigkeit gewonnen werden. So können beispielsweise die Auftragseingänge zu einem Produkt verhältnismäßig regelmäßig sein, während die Materialverbräuche sehr viel unregelmäßiger sind. Diese Diskrepanz deutet auf Probleme im Dispositionsprozess hin, die wiederum Rückwirkungen auf die zu treffenden Dispositionsparametereinstellungen haben.

Neben der Bereitstellung der Klassifikation des Materialspektrums ist auch die Stammdatenüberwachung eine hilfreiche Funktion des Dispositionsmonitors (siehe Abbildung 19.18). So bietet die Ergebnisdarstellung einen Überblick über sämtliche für die Disposition relevanten Materialstammeinstellungen. Durch Filterung und Sortierung kann das Materialspektrum ohne großen Aufwand auf Stammdatenfehler wie fehlende Eigenfertigungszeiten, falsche Dispositionsmerkmale (z.B. Bestellpunktdisposition bei eigengefertigtem AZ-Produkt) überprüft werden.

Abbildung 19.17 Beispiel einer Selektion im Dispositionsmonitor

Über die genannten Funktionen hinaus, die eher im langfristigen Optimierungsbereich angesiedelt sind, stellt der Dispositionsmonitor eine Vielzahl von Kennzahlen bereit (wie Reichweiten, Lagerbestandswerte, Autokorrelationskoeffizienten), die im Rahmen der operativen Dispositions- und Prognosetätigkeiten wichtige Erkenntnisse liefern können.

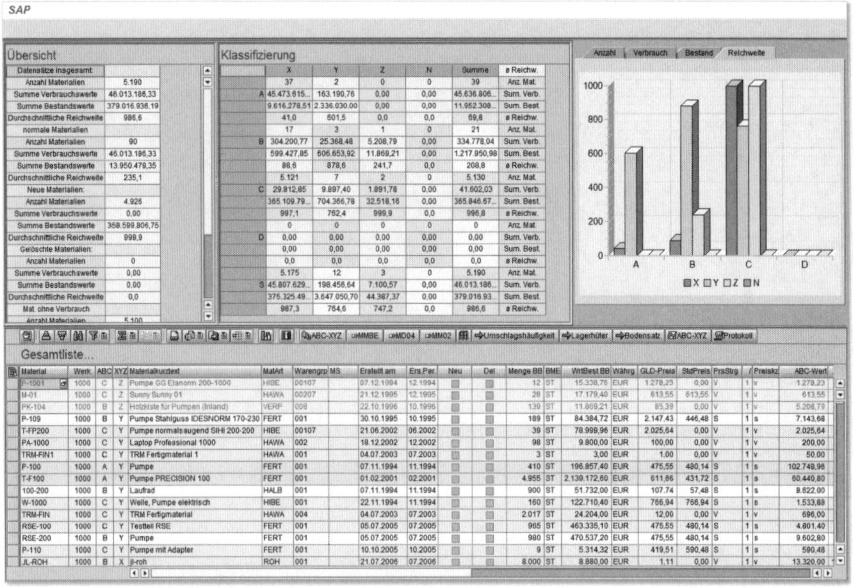

Abbildung 19.18 Ergebnisdarstellung im Dispositionsmonitor

19.4.2 Wiederbeschaffungszeit-Monitor (WBZ-Monitor)

Die Wiederbeschaffungszeit spielt in vielen Dispositionsprozessen eine zentrale Rolle. So ist beispielsweise eine fehlerfreie Funktionsweise der Bestellpunktdisposition nur bei korrekten Wiederbeschaffungszeiten gewährleistet. Ist zum Beispiel die Wiederbeschaffungszeit im System länger als in der Realität, so führt dies bei einer Berechnung des Meldebestands auf Grundlage der Wiederbeschaffungszeit zu einer zu frühen Bestellauslösung und somit zu überhöhtem Lagerbestand. Ist die im System verankerte Wiederbeschaffungszeit dagegen kürzer als die reale, so führt dies regelmäßig zu Fehlmengen und damit in mehrstufigen Stücklistenstrukturen zu Lieferproblemen.

Die enorme Bedeutung der Wiederbeschaffungszeiten in der Disposition im ERP-System gilt jedoch nicht nur für die Bestellpunktdisposition. Rückwirkungen sind an vielen weiteren zentralen Funktionalitäten des Dispositionsprozesses zu beobachten, insbesondere bei der Terminierung und der Verfügbarkeitsprüfung. Daher ist eine der Realität entsprechende Pflege der Wiederbeschaffungszeiten für eine optimierte Disposition elementar.

Der WBZ-Monitor versucht, diesem Umstand durch systematische Ermittlung der Wiederbeschaffungszeiten Rechnung zu tragen. Die relevanten Systemfelder sind hier die Eigenfertigungszeit sowie die Planlieferzeit aus dem Materialstamm, die Planlieferzeiten aus den Stammdaten des Einkaufs sowie die gegebenenfalls im Rahmen der Verfügbarkeitsprüfung eingesetzte Gesamtwiederbeschaffungszeit.

Durch eine systematische Auswertung von Systemdaten (z.B. von Aufträgen, Wareneingängen und Rückmeldedaten) werden Wiederbeschaffungszeiten der Vergangenheit ermittelt und statistisch aufbereitet. Abbildung 19.19 zeigt beispielhaft die Ermittlung von Wiederbeschaffungszeiten für den Fall der Fremdbeschaffung:

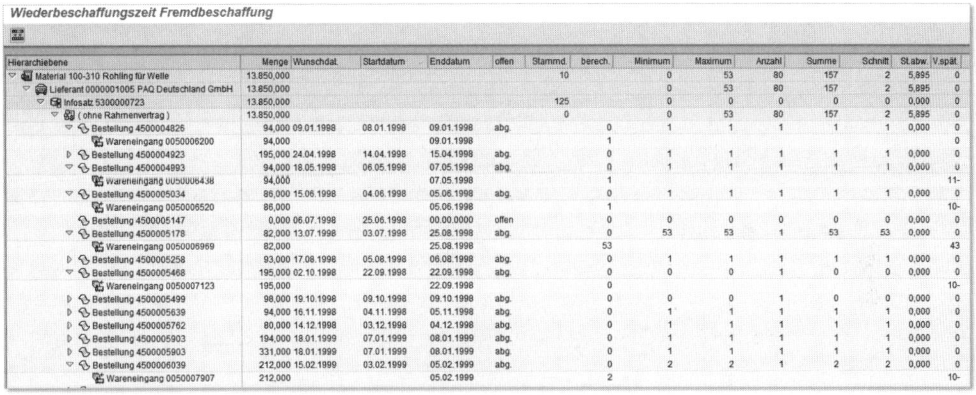
Wiederbeschaffungszeit Fremdbeschaffung

Hierarchiebene	Menge	Wunschdat.	Startdatum	Enddatum	offen	Stammd.	berech.	Minimum	Maximum	Anzahl	Summe	Schnitt	St.abw.	V.spät.
Material 100-310 Rohling für Welle	13.850,000					10		0	53	80	157	2	5,895	0
Lieferant 0000001005 PAQ Deutschland GmbH	13.850,000							0	53	80	157	2	5,895	0
Infosatz 5300000723	13.850,000					125		0	0	0	0	0	0,000	0
(ohne Rahmenvertrag)	13.850,000					0		0	53	80	157	2	5,895	0
Bestellung 4500004826	94,000	09.01.1998	08.01.1998	09.01.1998	abg.		0	1	1	1	1	1	0,000	0
Wareneingang 0050006200	94,000			09.01.1998			1							0
Bestellung 4500004923	195,000	24.04.1998	14.04.1998	15.04.1998	abg.		0	1	1	1	1	1	0,000	0
Bestellung 4500004993	94,000	18.05.1998	06.05.1998	07.05.1998	abg.		0	1	1	1	1	1	0,000	0
Wareneingang 0050006438	94,000			07.05.1998			1							11-
Bestellung 4500005034	86,000	15.06.1998	04.06.1998	05.06.1998	abg.		0	1	1	1	1	1	0,000	0
Wareneingang 0050006520	86,000			05.06.1998			1							10-
Bestellung 4500005147	0,000	06.07.1998	25.06.1998	00.00.0000	offen		0	0	0	0	0	0	0,000	0
Bestellung 4500005178	82,000	13.07.1998	03.07.1998	25.08.1998	abg.		0	53	53	1	53	53	0,000	0
Wareneingang 0050006969	82,000			25.08.1998			53							43
Bestellung 4500005258	93,000	17.08.1998	05.08.1998	06.08.1998	abg.		0	1	1	1	1	1	0,000	0
Bestellung 4500005468	195,000	02.10.1998	22.09.1998	22.09.1998	abg.		0	0	0	1	0	0	0,000	0
Wareneingang 0050007123	195,000			22.09.1998			0							10-
Bestellung 4500005499	98,000	19.10.1998	09.10.1998	09.10.1998	abg.		0	0	0	1	0	0	0,000	0
Bestellung 4500005639	94,000	16.11.1998	04.11.1998	05.11.1998	abg.		0	1	1	1	1	1	0,000	0
Bestellung 4500005762	80,000	14.12.1998	03.12.1998	04.12.1998	abg.		0	1	1	1	1	1	0,000	0
Bestellung 4500005903	194,000	18.01.1999	07.01.1999	08.01.1999	abg.		0	1	1	1	1	1	0,000	0
Bestellung 4500005903	331,000	18.01.1999	07.01.1999	08.01.1999	abg.		0	1	1	1	1	1	0,000	0
Bestellung 4500006039	212,000	15.02.1999	03.02.1999	05.02.1999	abg.		0	2	2	1	2	2	0,000	0
Wareneingang 0050007907	212,000			05.02.1999			2							10-

Abbildung 19.19 Ergebnisdarstellung des WBZ-Monitors für die Fremdbeschaffung (Beispiel)

Im Fall der Gesamtwiederbeschaffungszeit erfolgt bei Eigenfertigung eine Stücklistenauflösung und eine anschließende Propagierung der Wiederbeschaffungszeiten der untergeordneten Stücklistenstufen.

Der Nutzer kann die so durch den WBZ-Monitor ermittelten Werte der Wiederbeschaffungszeiten auf Wunsch in den Materialstamm oder in den jeweiligen Einkaufsdaten-Stammsatz wie den Infosatz fortschreiben. Eine fortwährende Aktualität der Wiederbeschaffungszeiten kann so gewährleistet werden. Der WBZ-Monitor leistet also einen wichtigen Beitrag zum reibungslosen Einsatz der Dispositionsfunktionalitäten des ERP-Systems.

19.4.3 Experten-Tool »Dispositionsoptimierung«

Das Experten-Tool »Dispositionsoptimierung« wurde für die Unterstützung bei der Konzeption der Dispositionsmatrix entwickelt. Anders als bei den Monitoren handelt es sich bei einem Experten-Tool, nicht um ein SAP-Add-on, sondern um ein Instrument zur Entscheidungsfindung bei Optimierungsprojekten. Ziel dieses Tools ist es, Vorschläge für Dispositionsstrategien auf Basis gewählter Einflussgrößen zu erstellen und anschließend aus der Wahl der Verfahren die notwendige Parametereinstellung auszugeben. Als Grundlage für die Vorschläge werden verschiedene Matrizen und Entscheidungshilfsmittel verwendet. Diese Entscheidungshilfsmittel beinhalten das Wissen über die Wirkung der verschiedenen Dispositionseinstellungen sowie deren Wechselwirkung zu abhängigen Parametern. In Abbildung 19.20 sehen Sie die Eingabemaske des Experten-Tools, welche Eingabewerte notwendig sind und wie eine beispielhafte Parameterausgabe aussehen kann.

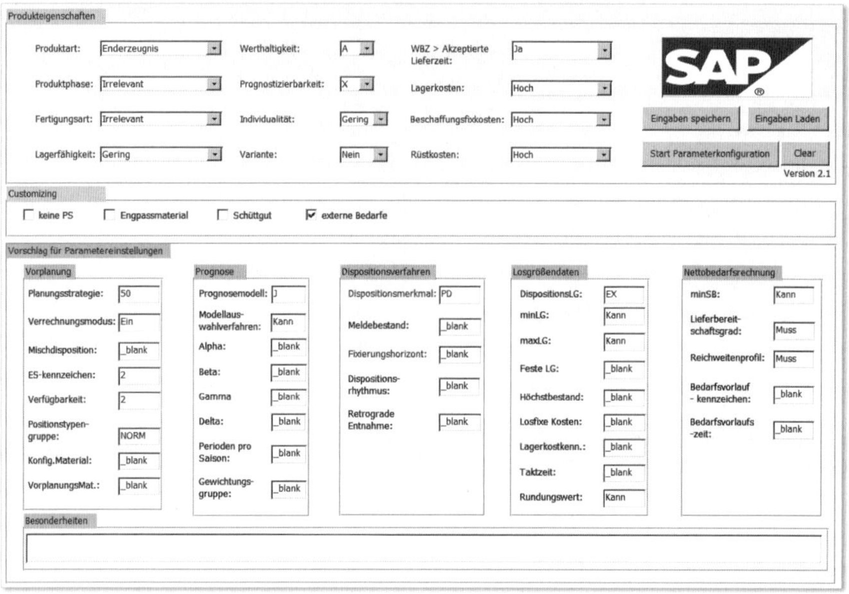

Abbildung 19.20 Experten-Tool

Die Ermittlung der optimalen Einstellung erfolgt in drei Schritten: Zuerst müssen die Eigenschaften des Produkts gepflegt werden. Anschließend werden beim Ausführen des Programms geeignete Planungsstrategien vorgeschlagen. Die Reihenfolge und welche Strategien überhaupt verwendet werden können, wird über die Produkteigenschaften und deren Gewichtung ermittelt. Das erste Verfahren ist bei den gegebenen Produkteigenschaften das zweckmäßigste. Durch die Auswahl der Planungsstrategie werden Vorschläge für die Dispositionsart erstellt. Dasselbe gilt für die Prognose, für das Losgrößenverfahren und für den Sicherheitsbestand.

Im dritten Schritt wird das Ergebnis als Vorschlag für die Parametereinstellungen ausgegeben. Im Segment Vorschlag für Parametereinstellung (siehe Abbildung 19.20) befinden sich alle wichtigen dispositionsrelevanten Parameter mit ermittelter Belegung.

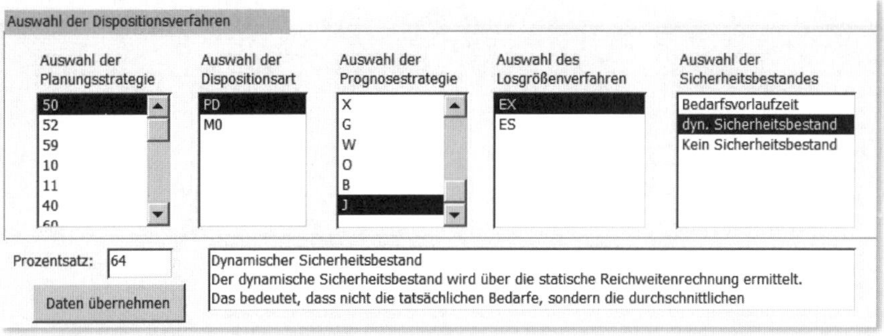

Abbildung 19.21 Auswahl der Dispositionsverfahren

Mithilfe dieses Programms können Sie schnell und einfach verschiedene Produkteigenschaften, Restriktionen und deren Auswirkungen auf die Dispositionsparameter simulieren.

19.4.4 Prognosemonitor

Für eine effiziente und genaue Überwachung der Prognosegenauigkeit der einzelnen Materialien ist ein Prognosecontrolling notwendig. Ohne Auswertungen der Prognosegenauigkeit ist eine Bewertung des verwendeten Prognosemodells nicht möglich.

In diesem Abschnitt stellen wir Ihnen ein Programm vor, das die Aufgaben eines Prognosecontrollings übernimmt und den Disponenten bei der Auswahl der richtigen Verfahren unterstützt. Der Prognosemonitor ist ein Programm zur Überwachung der Prognosegenauigkeit. Das Programm vergleicht den prognostizierten mit dem tatsächlichen Verbrauch.

Im System müssen Verbrauchs- und Prognosedaten für die gewählten Materialien, Organisationseinheiten und Zeiträume vorhanden sein. Dabei können Prognose- und Verbrauchsdaten aus unterschiedlichen Quellen gelesen werden – entweder aus Standardstrukturen oder aus kundeneigenen Tabellen.

Das Programm liest Verbrauchsdaten und Prognosedaten zu den ausgewählten Materialien im selektierten Zeitraum. Aus dem Vergleich von prognostizierten und tatsächlichen Werten wird der Prognosefehler, nach dem vorher selektierten Fehlermaß, berechnet.

Zu jeder Kombination »Material-Werk« wird die Summe der verbrauchten Mengen angezeigt sowie die prognostizierten Mengen, die Anzahl der Monate, für die Prognosewerte vorliegen, und der berechnete Prognosefehler (siehe Abbildung 19.23).

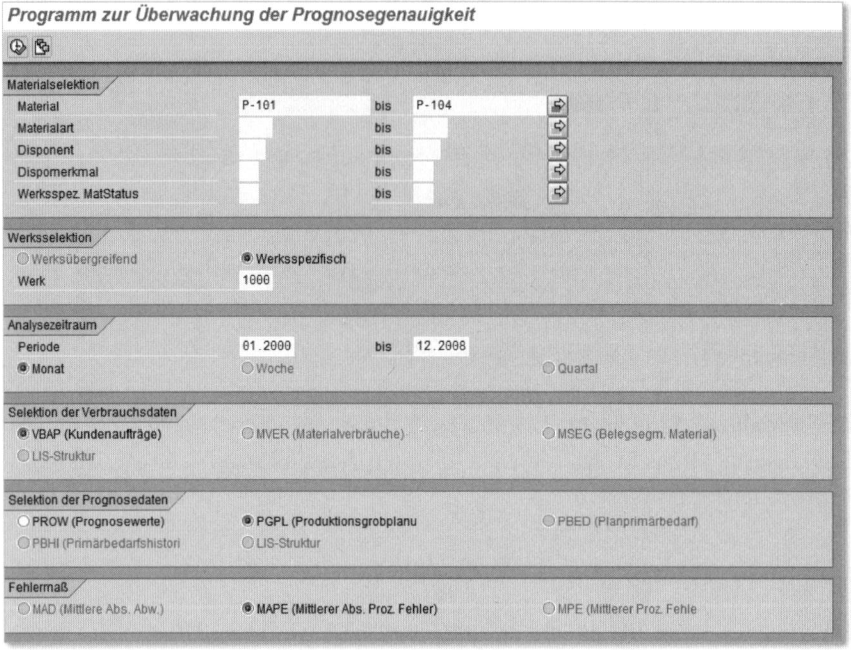

Abbildung 19.22 Selektion im Prognosemonitor

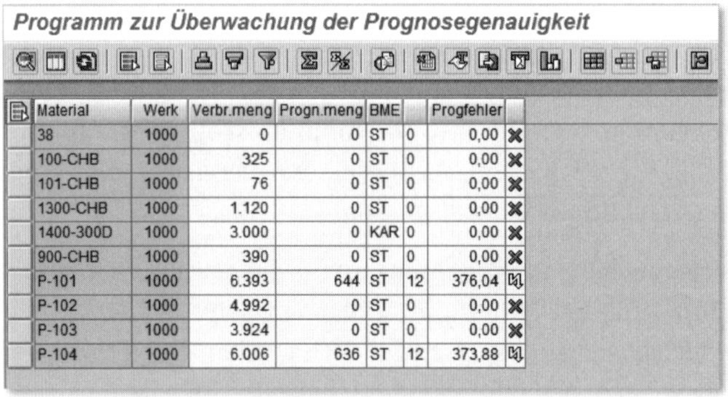
Programm zur Überwachung der Prognosegenauigkeit

Material	Werk	Verbr.meng	Progn.meng	BME		Progfehler
38	1000	0	0	ST	0	0,00
100-CHB	1000	325	0	ST	0	0,00
101-CHB	1000	76	0	ST	0	0,00
1300-CHB	1000	1.120	0	ST	0	0,00
1400-300D	1000	3.000	0	KAR	0	0,00
900-CHB	1000	390	0	ST	0	0,00
P-101	1000	6.393	644	ST	12	376,04
P-102	1000	4.992	0	ST	0	0,00
P-103	1000	3.924	0	ST	0	0,00
P-104	1000	6.006	636	ST	12	373,88

Abbildung 19.23 Überblicksliste des Prognosemonitors

Neben der Auswertung nach dem höchsten Prognosefehler erleichtern die Simulation und der Vergleich verschiedener Prognoseverfahren Auswahl der für ein Material am besten geeigneten Prognosestrategie (siehe Abbildung 19.24). Des Weiteren besteht die Möglichkeit, nach der Simulation das ausgewählte Verfahren und die optimalen Parameter mit in den Materialstamm zu übernehmen.

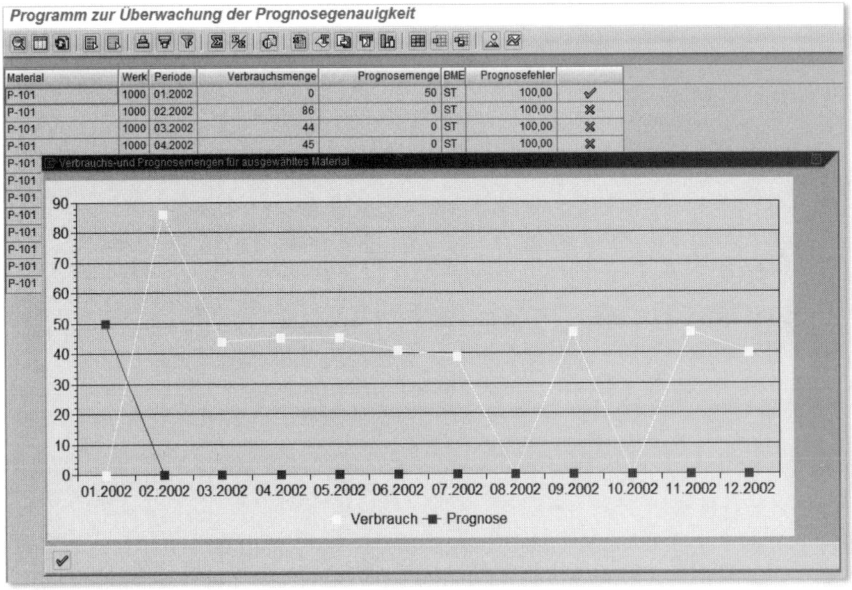

Abbildung 19.24 Simulation verschiedener Prognoseverfahren

19.5 Fazit

In diesem Kapitel haben Sie gelernt, welche Probleme bei der Disposition mit SAP auftreten, und dass diese Probleme unterschiedliche Ursachen haben können. Bevor Sie mit der Dispositionsoptimierung beginnen, müssen Sie sich der Probleme in Ihrem Unternehmen bewusst werden und Potenziale für Ihr Unternehmen erkennen. Anschließend können Sie mit der Unterstützung verschiedener Hilfsmittel den Optimierungsprozess einleiten.

Wie bereits zu Beginn erwähnt, handelt es sich bei einer Dispositionsoptimierung um einen kontinuierlichen Prozess. Damit dieser auch aktiv in Ihrem Unternehmen betrieben wird, sollten Sie alle beteiligten Personen in diesen Prozess einbinden und ein Bewusstsein für Veränderungen schaffen. Denken Sie auch an das Dispositions- und Prognosecontrolling, damit Sie die Erfolge, die Sie erzielen werden, auch messen können.

Disposition wird mit der zunehmenden Globalisierung immer komplexer: Immer mehr Beteiligte müssen in dispositionsrelevante Entscheidungen einbezogen werden. Die IT wird dabei eine wichtige Rolle übernehmen und sich zu einem entscheidenden Wettbewerbsfaktor entwickeln.

20 Ausblick

Die EDV hat in den 1970er Jahren in die Disposition Einzug gehalten. In dieser Zeit begann man, die Prozesse der Disposition mit Host-Anwendungen abzubilden. Allerdings geriet die Disposition erst in den Blick, nachdem andere Basisprozesse wie die Finanzbuchhaltung oder die Bestandsführung abgebildet worden waren. Zunächst ging es vorrangig darum, die eigenen Prozesse im Unternehmen überhaupt mit EDV-Mitteln zu bewältigen. Außerdem entwickelte sich in dieser Zeit die Zusammenarbeit zwischen Einkauf, Disposition und Konstruktion. Es wurde zunehmend Wert darauf gelegt, möglichst viele Gleichteile bei unterschiedlichen Endprodukten zu verwenden. Ende der 1970er Jahre richtete sich die Aufmerksamkeit der Disposition auf die XYZ-Analyse zur Nettobedarfsrechnung in der Materialdisposition. Zentraler Einkauf (Disposition) und Dezentralisation wurden als Alternativen diskutiert.

In den 1980er und 1990er Jahren geriet die Materialwirtschaft in eine Umbruchsituation: Führungskennzahlen sowie die Optimierung der ABC- und der XYZ-Klassifikation und Lagerreichweiten rückten in den Fokus. Außerdem hielten in der IT die Client-Server-Systeme mit moderneren ERP-Anwendungen Einzug, die in Materialwirtschaft und Einkauf die Informationsversorgung deutlich verbesserten. Integrierte Prozesse zwischen Finanzbuchhaltung und Einkauf, zwischen Vertrieb und Produktion konnten mit MRP II-basierten ERP-Systemen abgebildet werden. Die Integration der Prozesse innerhalb der Unternehmen wurde intensiv vorangetrieben und führte in hohem Maße zu mehr Transparenz, aber auch zur Möglichkeit, sämtliche Prozesse kostenseitig online zu überwachen. Make-or-Buy-Entscheidungen sowie Just-in-Time-Konzepte hielten Einzug in die Materialwirtschaft und die Disposition.

Ende der 1990er Jahre und Anfang der 2000er kam das Internet hinzu, und weitere Prozesse wurden mithilfe von Internetanwendungen implementiert. So wurden VMI-Prozesse möglich, mit deren Hilfe man Systeme von Geschäftspartnern auf einfache Weise verbinden konnte. Hinzu kam auch das Internet-Kanban, also die Abwicklung von Kanban-Prozessen zwischen Lieferanten und Herstellern. Die Integration wurde also auf die Geschäftspartner ausgeweitet. Heute gibt es die Möglichkeit, komplette Supply Chains miteinander zu integrieren. Automotive-Hersteller haben heute die Möglichkeit, nicht nur die 1st Tier Supplier, sondern auch Geschäftsprozessinformationen und -anwendungen der 2rd oder 3th Tier Supplier zu überwachen. Im Zentrum der aktuellen Entwicklung stehen also Supply-Chain-Netzwerke und nicht nur mehr nur die Beziehung zum unmittelbaren Geschäftspartner. Mittlerweile sind bei einigen Prozessen also viele Geschäftspartner involviert und liefern Informationen. Die Möglichkeiten des Internets, der mobilen Anwendungen oder von RFID sind noch lange nicht ausgeschöpft, und so werden sich in den nächsten Jahren in diesem Bereich noch weitere Optimierungspotenziale eröffnen. Besonders RFID wird Einfluss auf die Disposition haben, da es mit RFID noch wesentlich besser als heute möglich sein wird, Bestände zu überwachen und jederzeit zu wissen, wie viel Bestand exakt auf Lager liegt. Auch Bestandsdifferenzen werden künftig nicht erst beim Versuch der Entnahme , sondern schon weitaus früher registriert werden, sodass die Disposition auch hier viel früher gegensteuern kann.

Trotz dieser Entwicklungen zeichnet sich in der Praxis ab, dass insbesondere im Mittelstand die Möglichkeiten der Integration bei Weitem noch nicht ausgeschöpft sind. So lässt sich immer wieder feststellen, dass bei mittelständischen Unternehmen einfachste Prozesse wie die integrierte Planung nicht abgebildet werden. Die aktuelle Finanzkrise macht überdeutlich, wie sinnvoll eine solche integrierte Planung ist. Mit ihr kann die Geschäftsführung ihre Prioritäten weitaus schneller bis zur untersten Prozessebene weiterreichen. Ohne Integration kann es Wochen dauern, bis die Geschäftsführung im Umfeld einer solchen Krise Bestellungen von weniger wichtigen Materialien oder Dienstleistungen stoppen kann.

Die Verbreitung von Advanced-Planning-Systemen wie SAP APO ist zwar bei großen Unternehmen schon weit verbreitet, viele mittelständische Unternehmen haben hier aber noch einigen Nachholbedarf. Der Vorteil solcher Systeme ist enorm, und wer sie bereits implementiert hat, hat oftmals in Sachen Kundenzufriedenheit, Lieferzusagen und Bestandskosten die Nase vorn. So werden diese Systeme auch in den nächsten Jahren kontinuierlich an Akzeptanz gewinnen, sodass es kontinuierlich zu einer größeren Abdeckung auch im Mittelstandssegment kommen wird.

Im immer schärfer werdenden Wettbewerb wird es für Unternehmen immer wichtiger, möglichst rasch auf neue Marktanforderungen zu reagieren. Dies gilt auch für die Disposition mit ihren immer kürzer werdenden Lieferzeiten. Die

Anforderungen an den Servicegrad werden immer höher, weil auch die Konkurrenz immer besser wird. SAP hat deshalb das Konzept der *serviceorientierten Architektur* (Service-Oriented Architecture, SOA) aufgegriffen, auf dem die Business Process Platform (Geschäftsprozessplattform) aufsetzt. SAP NetWeaver dient hierbei als technologische Basis und SAP ERP als funktionaler Kern. Für die Disposition steht somit ein konkreter Bauplan für eine serviceorientierte IT bereit, mit der sich Innovationen deutlich schneller umsetzen lassen als bisher. Damit können Geschäftsprozesse im Bereich der Disposition zukünftig mithilfe von Enterprise Services modelliert werden und sind nahezu beliebig kombinierbar. Prozesslücken in der Disposition können somit schnell behoben werden, um den Servicegrad zu steigern und die Bestandskosten zu begrenzen. So lassen sich Anwendungen, Prozesse oder Daten im Bereich der Disposition unabhängig vom Betriebssystem zusammenführen. Point-of-Sales-Daten, RFID-Daten oder Informationen aus dem Internet (z.B. aktuelle Rohstoffpreise) lassen sich zukünftig sehr einfach in den herkömmlichen Dispositionsprozess integrieren. Diese Daten können anschließend ebenso von Partnern, Lieferanten oder Kunden via Internet oder Portal genutzt werden.

Im Zuge der Globalisierung und der mit ihr einhergehenden Vernetzung von Unternehmen und ganzen Wirtschaftsregionen wird die Transparenz der Beschaffungsmärkte hinsichtlich bestehender Preis- und Leistungsunterschiede zunehmen. Aus dieser Entwicklung leitet sich eine globale Beschaffungsstrategie (Global Sourcing) ab, um Preisvorteile ausländischer Anbieter zu nutzen.

Zusätzlich verändern sich durch die Globalisierung auch die Standortpräferenzen der Unternehmen. Die Schaffung einer globalen Marktpräsenz entwickelt sich zunehmend zu einer wesentlichen Voraussetzung für die Verbesserung der Marktposition im internationalen Wettbewerb. Der Weg dieser Strategie führt weniger über eine Erhöhung der Exporte als vielmehr über Direktinvestitionen. Die Errichtung neuer Produktionsstätten im Ausland soll die Nähe zu den neuen Kunden und Absatzmärkten erhöhen. Für die Disposition bedeutet dies ein immer weiter wachsendes Netzwerk an Lieferanten, Produktionsstätten und Distributionszentren. Dieses Netzwerk muss sowohl regional als auch global geplant und disponiert werden.

In der Praxis ist zudem eine Verringerung der Produktionstiefe zu beobachten. Dabei werden zunehmend ursprüngliche Fertigungsaufgaben in den Bereich der Beschaffung und in die Ebene der Zulieferer umgeschichtet. Als Folge dieses steigenden Fremdleistungsanteils in der Fertigung wachsen die Transportentfernungen ebenso wie die gegenseitigen Abhängigkeiten zwischen den Herstellern und ihren globalen Zulieferern. Die so gesteigerte Komplexität der Versorgungsprozesse verlangt nach einem neuartigen Risikomanagement, das künftig auch in der Beschaffung und Disposition erforderlich wird. Die Bedeutung eines ganzheitlichen Supply-Chain-Risk-Managements wird also steigen.

Die Disposition wird integraler Bestandteil des Supply Chain Managements bleiben; ebenso werden Bestandsoptimierung und die Verbesserung des Servicegrades weiterhin zentrale Ziele der Disposition bleiben. Mithilfe der IT werden die Optimierungspotenziale auch zukünftig umgesetzt werden.

Anhang

A Literaturverzeichnis

Akin, B.: Festlegung der Bevorratungsebene in fertigungstechnischen Unternehmen, Wiesbaden: DUV 1999.

Arnolds, H.; Heege, F.; Tussing, W.: Materialwirtschaft und Einkauf, 9. Auflage, Wiesbaden: Gabler Verlag 1996.

Ballou, R.: Business Logistics Management, 3. Auflage, London: Prentice-Hall 1992.

Bartsch, H.; Bickenbach, P.: Supply Chain Management mit SAP, Bonn: Galileo Press 2001.

Bartsch, H.; Teufler, T.: Supply Chain Management mit SAP APO, Bonn: Galileo Press 2000.

Bichler, K.; Schröter, N.: Praxisorientierte Logistik, 3. Auflage, Stuttgart: Kohlhammer Verlag 1995.

Bliesener, M.-M.: Logistik-Controlling, München: Verlag Franz Vahlen Verlag 2002.

Bronner, R.: Planung und Entscheidung, 2. Auflage, München: Oldenbourg Verlag 1989.

Brockmann, K.-H.; Friemuth, U.; Oster, M.; Sander, U. (Hg.: Luczak, H.; Eversheim, W.): Wie gut ist Ihre Logistik. Kennzahlen für Produktionsunternehmen, FIR-Leitfaden, 2., aktualisierte Auflage, Köln: Verlag TÜV Rheinland 1997.

Dittrich J.: Simulationsgestützte Analyse und Konfiguration von PPS-Stellgrößen am Beispiel ausgewählter Dispositionsparameter des Systems SAP R/3-PP, Freiburg: Inaugural-Dissertation 1997.

Dittrich, J.; Mertens, P.; Hau, M.; Hufgard, A.: Dispositionsparameter von SAP R/3-PP, 3. aktualisierte Auflage, Wiesbaden: Vieweg 2003.

Engelhardt, C.: Balanced Scorecard in der Beschaffung, München: Carl Hanser Verlag 2000.

Engelhardt, C.: Betriebskennlinien, München: Carl Hanser Verlag 2000.

Gronau N.: Management von Produktion und Logistik mit SAP R/3, 3 Auflage, München: Oldenbourg Wissenschaftsverlag 1999.

Gudehus, T.: Dynamische Disposition, Berlin: Springer Verlag 2002.

Gudehus, T.: Dynamische Disposition: Strategien und Algorithmen zur optimalen Auftrags- und Bestandsdisposition, Berlin: Springer Verlag 2006.

Hartmann, H.: Bestandsmanagement und -controlling, Gernsbach: DBV 1999.

Heuser, R.: Integrierte Planung mit SAP – Konzeption, Methodik, Vorgehen, Bonn: Galileo Press 2001.

Hoppe, M.: Collaborative Planning and Development, in: Supply Chain Management, Nr. 2/2003, Verlag IPM 2003.

Hoppe, M.: Collaborative Supply Planning & unternehmensübergreifende Zusammenarbeit mit Lieferanten, in: Dangelmaier, W.: Die Supply Chain im Zeitalter von E-Business und Global Sourcing, Paderborn: Fraunhofer ALB 2001.

Hoppe, M.; Gerbeth, M.: Bestandssenkung durch eine genaue Absatz- und Prognoseplanung, in: Supply Chain Management, Nr. 3/2004, Verlag IPM 2004.

Huhndorf, R.: DISCOVER. Neuartiges Dispositionsverfahren zur Bestandsreduzierung, Berlin: Springer Verlag 1991.

Kaplan, R. S.; Norton, D. P.: The Balanced Scorecard. Strategien erfolgreich umsetzen, Stuttgart: Schäffer Poeschel 1997.

Kleti, J.; Brauckmann, O.: Manufacturing Scorecard, Wiesbaden: Gabler Verlag 2004.

Knolmayer, G.; Mertens, P.; Zeier, A.: Supply Chain Management auf Basis von SAP-Systemen, Berlin: Springer Verlag 2000.

Küpper, H. U.: Controlling – Konzeptionen, Aufgaben und Instrumente, Stuttgart: Schäffer Poeschel 1995.

Lach, C.; Boutellier, R.: Produkteinführung, München: Carl Hanser Verlag 2000.

Lorenzen, K.D.: Strukturen für ein Integratives Logistik-Management-Informations-System (ILMIS) als Instrument des Logistik-Controlling, Dortmund: Verlag Praxiswissen 1994.

Ludwig, L.: Beiträge zur wissensbasierten Parameterinitialeinstellung von Standardsoftwarepaketen, Nürnberg: Inaugural-Dissertation 1992.

Martin, A. J.: Distribution Resource Planning, New York: Wiley 1995.

Pfohl, H.-C.: Logistiksysteme: betriebswirtschaftliche Grundlagen, 7., korrigierte und aktualisierte Auflage, Berlin u.a.: Springer Verlag 2004.

Poirier, C.C.; Reiter, S.E.: Die optimale Wertschöpfungskette, Frankfurt: Campus 1997.

Salinger, E.: Betriebswirtschaftliche Entscheidungstheorie, 5. Auflage, München: Oldenbourg Verlag 2003.

SAP Dokumentation: SAP APO Rel. 5.0/5.1, in: *help.sap.com.*

SAP Dokumentation: SAP ERP ECC Rel. 6.0, in: *help.sap.com.*

Seifert, D.: Collaborative Planning and Replenishment, Bonn: Galileo Press 2002.

Schary P.; Skjott-Larsen T.: Managing the Global Supply Chain, Copenhagen: HANDELSKOJSKOLENS FORLAG 1997.

Scheckenbach, R.; Zeier, A.: Collaborative SCM in Branchen, Bonn: Galileo Press 2003.

Schulte, C.: Logistik: Wege zur Optimierung der Supply Chain, 4., überarbeitete und erweiterte Auflage, München: Verlag Franz Vahlen 2005.

Schönsleben, P.: Integrales Logistikmanagement: Planung und Steuerung der umfassenden Supply Chain, 4., überarbeitete und erweiterte Auflage, Berlin: Springer Verlag 2004.

Sieben, H.; Schildbach, J.: Betriebswirtschaftliche Entscheidungstheorie, 4. Auflage, Heidelberg: Werner Verlag 1994.

Silver, Edward A.; Pyke, David F.; Peterson, Rein: Inventory Management and Production Planning and Scheduling, 3. Auflage, New York: Wiley 1998.

Stölzle, W.; Gaiser, C.: Logistik-Kennzahlensysteme. Kennzahlen als Instrument für den Leistungsvergleich von Distributionslagerhäusern, in: Controlling, Vol. 8 (1996), No. 1, S. 40–48.

Supply Chain Council: Supply Chain Council & Supply Chain Operations, Reference (SCOR) Model Overview (online: *http://www.supply-chain.org/html/scor_overview.cfm*), Pittsburgh 2004.

Syska, A.: Kennzahlen für die Logistik, Berlin/Heidelberg: Springer Verlag 1990.

Tempelmeier, H.; Günther, H.-O.: Produktion und Logistik, Berlin: Springer Verlag 2003

Tempelmeier, H.: Material-Logistik, Berlin: Springer Verlag 2003

Von der Heydt, A.: Handbuch Efficient Consumer Response, München: Verlag Franz Vahlen 1999.

Von Nitzsch, R.: Entscheidungslehre, Stuttgart: Schäffer-Poeschel Verlag 2002.

Weber, J.: Logistikkostenrechnung, Berlin: Springer 2002.

Weber, J.: Kennzahlen für die Logistik, in: Schäffer: Schriftenreihe der Wissenschaftlichen Hochschule für Unternehmensführung Koblenz, 3. Auflege, Stuttgart: CE Poeschel 1995.

Weber, M.: Kennzahlen – Unternehmen mit Erfolg führen – Das Entscheidende erkennen und richtig reagieren, 3. Auflage, Freiburg: Haufe 2002.

Wiendahl, H.-P. et al.: Kennzahlengestützte Prozesse im Supply Chain Management, in: Industrie Management, Vol. 14 (1998), No. 6, S. 18–24

Wildemann, H.: Produktionscontrolling, München: TCW 2002.

Zäpfel, G.; Piekarz, B.: Supply Chain Controlling: interaktive und dynamische Regelung der Material- und Warenflüsse, Wien: Überreuter Verlag 1996.

B Dispositionsparameter und Einflussgrößen

In den folgenden Tabellen finden Sie eine Übersicht über die möglichen Parametereinstellungen in SAP ERP, in den Bereichen Planungsstrategie, Dispositionsart, Prognoseverfahren, Losgrößenverfahren und Sicherheitsbestand. Neben den Verfahren werden einzelne Parameterbeschreibungen aufgeführt sowie die möglichen Einflussgrößen des Parameters auf das Systemverhalten oder andere Parameter.

B.1 Planungsstrategie

Aus den Informationen über die verschiedenen Strategiegruppen können Sie die notwendigen Parameter und Parametereinstellungen ableiten und korrekt im System einrichten.

Strategiegruppe	Parametereinstellungen
Grundsätzlich für alle	*Strategiegruppe* = Strategiegruppennummer *Positionstypengruppe* (Vertriebsorg 2) – (ob die Kundenauftragsposition mit den Vorplanungsbedarfen verrechnet werden soll) = NORM
00	Keine Planungsstrategie – Systemgrundeinstellungen verwenden
10	*Verfügbarkeitsprüfung* = 02 (Prüfung ohne Wiederbeschaffungszeit)
11	*Mischdisposition* = 2 *Verfügbarkeitsprüfung* = 02 (Prüfung ohne Wiederbeschaffungszeit)
20	–
25	*Positionstypengruppe* = 0002
26	*Pflegen Sie ein konfigurierbares Material mit den Standardkonfigurationsdaten, wie z. B. Merkmale, Klassen und Konfigurationsprofile.* *Pflegen Sie eine Variante für definierte Kombinationen von Kombinationsschlüsseln.*
30	*Verfügbarkeitsprüfung* = 01 (Prüfung mit Wiederbeschaffungszeit)
40	*Verrechnungsmodus, Verlnt Rückwärts, Verlnt Vorwärts* *Verfügbarkeitsprüfung* = 02 (Prüfung ohne Wiederbeschaffungszeit)

Tabelle B.1 Planungsstrategien und Parametereinstellungen

<table>
<tr><th>Strategie-gruppe</th><th colspan="2">Parametereinstellungen</th></tr>
<tr><td>50</td><td colspan="2">Dispolosgröße = EX (da die Losgrößenoptimierung mit der Zuordnungslogik inkompatibel sein könnte – dies könnte zu Fehlern bei der Verfügbarkeitsprüfung führen)
Weder Rundungsprofil noch Rundungswerte
Verfügbarkeitsprüfung = 02 (Prüfung ohne Wiederbeschaffungszeit)
Dispositionsmerkmal = P* oder M* (um die Komponenten in der Materialbedarfsplanung zu planen)
Einzel-/Sammelkennzeichen = 2
Verrechnungsmodus, Verlnt Rückwärts, Verlnt Vorwärts</td></tr>
<tr><td>52</td><td colspan="2">Dispolosgröße = EX (da die Losgrößenoptimierung mit der Zuordnungslogik inkompatibel sein könnte – dies könnte zu Fehlern bei der Verfügbarkeitsprüfung führen)
Weder Rundungsprofil noch Rundungswerte
Verfügbarkeitsprüfung = 02 (Prüfung ohne Wiederbeschaffungszeit)
Dispositionsmerkmal = P* oder M* (um die Komponenten in der Materialbedarfsplanung zu planen)
Einzel-/Sammelkennzeichen = 2
Verrechnungsmodus, Verlnt Rückwärts, Verlnt Vorwärts</td></tr>
<tr><td>54</td><td>Konfigurationsmaterial
Verrechnungsparameter = muss nicht gepflegt werden
Positionstypengruppe = 0002 (Beispiel)</td><td>Variantenmaterial
Verrechnungsparameter = muss gepflegt werden</td></tr>
<tr><td>55</td><td colspan="2">Pflegen Sie ein konfigurierbares Material mit den Standardkonfigurationsdaten, wie z. B. Merkmale, Klassen und Konfigurationsprofile.
Pflegen Sie eine Variante für definierte Kombinationen von Kombinationsschlüsseln.
Verrechnungsmodus, Verlnt Rückwärts, Verlnt Vorwärts</td></tr>
<tr><td>56</td><td>Materialstamm
Positionstypengruppe = 0002 (zum Beispiel)
Verrechnungsmodus, Verlnt Rückwärts, Verlnt Vorwärts</td><td>Komponenten
Einzel-/Sammelkennzeichen = 2
Nicht die Strategiegruppen 70 oder 59 verwenden.</td></tr>
</table>

Tabelle B.1 Planungsstrategien und Parametereinstellungen (Forts.)

Strategie-gruppe	Parametereinstellungen	
59	*Mischdisposition* = 1 *Verrechnungsmodus, Verlnt Rückwärts, Verlnt Vorwärts* *Sonderbeschaffung* = 50 (Dummy-Baugruppe) *Retrogr. Entnahme* = 1 (auch 2 möglich) *Einzel-/Sammelkennzeichen* = 2 (bei Anwendung mit Lagerfertigungs-umgebung)	
60	**Variantenerzeugnis** *Dispolosgröße* = EX *Verrechnungsparameter* = muss nicht gepflegt werden *Vorplanungsmaterial* = muss gepflegt werden *Dispositionsmerkmal* = P* oder M* *Einzel-/Sammelkennzeichen* = 2 *Stückliste* = erforderlich	**Vorplanungsmaterial** *Dispolosgröße* = EX *Verrechnungsparameter* = muss gepflegt werden *Dispositionsmerkmal* = P* oder M* *Einzel-/Sammelkennzeichen* = 2 *Stückliste* = erforderlich
63	**Variantenerzeugnis** *Dispolosgröße* = EX *Verrechnungsparameter* = muss nicht gepflegt werden *Vorplanungsmaterial* = muss gepflegt werden *Dispositionsmerkmal* = P* oder M* *Einzel-/Sammelkennzeichen* = 2 *Stückliste* = erforderlich	**Vorplanungsmaterial** *Dispolosgröße* = EX *Verrechnungsparameter* = muss gepflegt werden *Dispositionsmerkmal* = P* oder M* *Einzel-/Sammelkennzeichen* = 2 *Stückliste* = erforderlich
65	**Konfigurationsmaterial** *Merkmale, Klassen, Konfigurations-profil*	**Variantenerzeugnis** *Verrechnungsmodus, Verlnt Rück-wärts, Verlnt Vorwärts* ein Variantenmaterial pro tatsächliche Kombination von Kombinationsschlüsseln.
70	*Mischdisposition* = 1 *Verrechnungsmodus, Verlnt Rückwärts, Verlnt Vorwärts* *Einzel/Sammelkennzeichen* = 2 (wenn in einer Lagerfertigungsumgebung gefertigt wird)	

Tabelle B.1 Planungsstrategien und Parametereinstellungen (Forts.)

Strategiegruppe	Parametereinstellungen	
74	**Baugruppenebene** *Mischdisposition* = 3 *Verrechnungsmodus, Verlnt Rückwärts, Verlnt Vorwärts* *Einzel/Sammelkennzeichen* = 2 (wenn in einer Lagerfertigungsumgebung gefertigt wird)	**Komponentenebene** *Einzel/Sammelkennzeichen* = 2 Stückliste für Komponenten und Baugruppe

Tabelle B.1 Planungsstrategien und Parametereinstellungen (Forts.)

B.1.1 Parameter, die durch die Planungsstrategie beeinflusst werden

Werte der Planungsstrategieparameter befinden sich in der Datenbanktabelle MARC – Ausnahmen werden ausdrücklich angegeben.

Parameterbezeichnung + Parameterbeschreibung	Einflussgrößen
Planungsstrategiegruppe (Dispo 3, Feldname: STRGR) Die Strategiegruppe fasst die für ein Material möglichen Planungsstrategien zusammen. Der Materialstamm enthält die Strategiegruppe, diese wiederum die Hauptstrategie, welche bis zu sieben verschiedene Nebenstrategien besitzen kann. Diese Einstellungen können alle im Customizing vorgenommen werden. Ein Nachteil der Verwendung verschiedener Strategien in einer Gruppe ergibt sich aus der wachsenden Komplexität für den Disponenten sowie aus der Tatsache, dass die Nebenstrategie explizit beim Anlegen eines Kundenauftrags gepflegt werden muss (sonst wird vom System automatisch die Hauptstrategie gewählt). In der Praxis ist eine Strategiegruppe mit mehreren Planungsstrategien eher unwahrscheinlich.	Die Auswahl der Planungsstrategiegruppe erfolgt nach betriebswirtschaftlich sinnvollen Kriterien (Materialklassifikation, Individualität, Fertigungsart).

Tabelle B.2 Parameter, die durch die Planungsstrategie beeinflusst werden

Parameterbezeichnung + Parameterbeschreibung	Einflussgrößen
Gesamtwiederbeschaffungszeit (Dispo 3, WZEIT) Dabei handelt es sich um die Zeit, die notwendig ist, um das Produkt komplett zu beschaffen oder zu fertigen. Dies ist relevant für eine Verfügbarkeitsprüfung mit Berücksichtigung der Wiederbeschaffungszeit.	Ergibt sich aus der Summe von Eigenfertigungszeit bzw. Planlieferzeit des längsten Fertigungspfads und Wareneingangsbearbeitungszeit des Materials.
Bedarfsklassenparameter (Customizing) Sammelbezeichnung für eine Untergruppe der Planungsstrategieparameter. Die Bedarfsklasse steuert die Bedarfsplanungs- und die Bedarfsverrechnungsstrategie sowie die Dispositionsrelevanz und legt z.B. fest, ob bei Auftragsbedarfen eine Bedarfsübergabe stattfindet.	Wird über die gewählte Planungsstrategie definiert oder im Customizing einer Planungsstrategie zugewiesen.
Verrechnungsmodus (Dispo 3, VRMOD) Steuert, in welche Richtung auf der Zeitachse die Bedarfsverrechnung erfolgt (Rückwärtsrechnung und Vorwärtsrechnung).	Die Planungsstrategie entscheidet, ob eine Verrechnung der Bedarfe erfolgt. Die Verrechnungsrichtung wird vom Disponenten gewählt. Grundsätzlich ist eine Verrechnung in beide Richtungen am praktikabelsten, da sich so die Kapazitätsbelastung der Periode nicht verändert.
Mischdisposition (Dispo 3, MISKZ) Dieses Kennzeichen lässt spezielle Planungsarten zu: Um für ein Material die Baugruppenvorplanung durchzuführen oder um für ein Material die Bruttoplanung oder Duale Planung durchzuführen.	Ist abhängig von der gewählten Planungsstrategie.
Vorplanmaterial und -werk (Dispo 3, PRGRP - PRWRK) Verweist auf das Material, das dem Produkt als Vorplanungsmaterial dient.	Ergibt sich aus der Planungsstrategie und muss manuell gepflegt werden.
Verfügbarkeitsprüfungskennzeichen (Dispo 3, MTVFP) Gibt an, ob und wie das System die Verfügbarkeit prüft.	Die Planungsstrategie entscheidet, ob die Prüfung mit oder ohne Wiederbeschaffungszeit stattfindet.

Tabelle B.2 Parameter, die durch die Planungsstrategie beeinflusst werden (Forts.)

Parameterbezeichnung + Parameterbeschreibung	Einflussgrößen
Einzel-/Sammelbedarfskennzeichen (Disposition 4, ALTSL) Bestimmt, bis zu welcher Stücklisten- bzw. Dispositionsstufe eine Einzelplanung zugelassen ist. Ansonsten sind Sammelplanungen oder Loszusammenfassungen erlaubt.	Das Einzel-/Sammelbedarfskennzeichen wird durch die PS und die Beschaffungsart definiert.
Retrograde Entnahme (Dispo 2, RGEKZ) Bei Aktivierung des Kennzeichens wird die Buchung des Warenausganges erst retrograd, also bei Rückmeldung des Produktes (nach Fertigung) gebucht.	Ist abhängig von der Planungsstrategie (z.B. PS 59).
Positionstypengruppe (Vertriebsorg 2, MTPOS Tabelle: MARA) Die Positionstypengruppe legt fest, wie ein Material im Auftrag behandelt werden soll, z.B. als Konfigurationsmaterial (0002).	Die Positionstypengruppe wird von der Planungsstrategie bestimmt. In Abhängigkeit ob es sich bei dem Material um eine Konfigurationsmaterial, eine Verpackung oder ein Einzelmaterial handelt.

Tabelle B.2 Parameter, die durch die Planungsstrategie beeinflusst werden (Forts.)

B.2 Dispositionsart

Aus den folgenden Informationen können Sie die notwendigen Parameter, Parametereinstellungen und Einflüsse auf andere Dispositionseinstellungen zu der jeweiligen Dispositionsart ableiten.

Dispositionsart	Parametereinstellungen
Grundsätzlich für alle	*Dispositionsmerkmal* = Dispositionsart
PD	*Sicherheitsbestand* = manuell oder über dyn. SB *Prognosedaten* = müssen gepflegt werden
VB	*Sicherheitsbestand* = manuell oder über dyn. SB *Meldebestand* = Muss-Feld
V1	*Sicherheitsbestand* = manuell oder über dyn. SB *Meldebestand* = Muss-Feld

Tabelle B.3 Dispositionsarten und Parametereinstellungen

Dispositionsart	Parametereinstellungen
VM	*Sicherheitsbestand* = wird automatisch berechnet *Lieferbereitschaftsgrad* = Muss-Feld *Meldebestand* = Muss-Feld *Wiederbeschaffungszeit* = Muss-Feld *Prognosedaten* = müssen gepflegt werden
V2	*Sicherheitsbestand* = wird automatisch berechnet *Lieferbereitschaftsgrad* = Muss-Feld *Meldebestand* = Muss-Feld *Wiederbeschaffungszeit* = Muss-Feld *Prognosedaten* = müssen gepflegt werden
VV	*Sicherheitsbestand* = wird automatisch berechnet *Wiederbeschaffungszeit* = Muss-Feld *Lieferbereitschaftsgrad* = Muss-Feld *Prognosedaten* = müssen gepflegt werden
R1	*Sicherheitsbestand* = manuell, über dyn. SB oder BVZ *Dispositionsrhythmus* = Muss-Feld *Meldebestand* = optional *Lieferrhythmus* = optional
R2	*Sicherheitsbestand* = manuell, über dyn. SB oder BVZ *Dispositionsrhythmus* = Muss-Feld *Meldebestand* = optional *Lieferrhythmus* = optional
M*	Leitteileplanung *Wiederbeschaffungszeit* = Muss-Feld *Lieferbereitschaftsgrad* = optional
Bei Anwendung des Fixierungshorizonts	Analog dem zugrunde liegenden Verfahren *Fixierungshorizont* = manuell pflegen
ND	keine Disposition

Tabelle B.3 Dispositionsarten und Parametereinstellungen (Forts.)

B.2.1 Parameter, die durch die Dispositionsart beeinflusst werden

Werte des Bereichs *Dispositionsart* befinden sich in der Datenbanktabelle MARC – Ausnahmen werden ausdrücklich angegeben.

Parameterbezeichnung + Parameterbeschreibung	Einflussgrößen
Dispositionsmerkmal (Dispo 1, Feld: DISMM) Schlüssel, der bestimmt, ob und wie das Material disponiert wird	Wird manuell nach betriebswirtschaftlich sinnvollen Kriterien ausgewählt – meist in Abhängigkeit zur gewählten Planungsstrategie.
Meldebestand (Dispo 1, MINBE) Menge, bei deren Unterschreitung das System das Material zur Disposition vormerkt, indem es eine Planungsvormerkung erzeugt	Der Meldebestand ist nur für die Bestellpunktdisposition von Bedeutung. Wird der Materialstammsatz neu angelegt, muss der Meldebestand grundsätzlich manuell eingetragen werden.
Fixierungshorizont (Dispo 1, FXHOR) Der Fixierungshorizont legt einen Zeitraum fest, in dem keine maschinellen Änderungen am Produktionsplan vorgenommen werden. Die Fixierungsart legt fest, in welcher Weise Bestellvorschläge innerhalb des Fixierungshorizonts erzeugt werden.	Der Fixierungshorizont wird nur wirksam, wenn ein Material ein Dispositionsmerkmal besitzt, das mit einer Fixierungsart versehen ist; er wird in Arbeitstagen angegeben.
Dispositionsrhythmus (Dispo 1, LFRHY) Schlüssel, der festlegt, an welchen Tagen das Material disponiert und bestellt wird	Der Dispositionsrhythmus ist ein Planungskalender, der im Customizing der Bedarfsplanung definiert wird.
Dispositionsverfahren (Dispositionsmerkmale anzeigen) Das Dispositionsverfahren legt fest, ob es sich um eine plangesteuerte oder verbrauchsgesteuerte Disposition handelt oder um eine Leitteileplanung.	

Tabelle B.4 Parameter, die durch die Dispositionsart beeinflusst werden

Neben diesen Parametern ist die Disposition auch von Einstellungen bei Sicherheitsbestand, Wiederbeschaffungszeit und Lieferbereitschaftsgrad abhängig.

B.3 Prognoseverfahren

Aus den Informationen über die verschiedenen Prognoseverfahren können Sie die notwendigen Parameter und Parametereinstellungen ableiten und im System korrekt einrichten.

Prognose-modell	Parametereinstellungen
Grundsätzlich für alle	*Prognosemodell* = manuelle oder automatische Auswahl (J) *Periodenkennzeichen, Prognoseperioden*
D	*Alphafaktor* = manuelle Pflege
K	
T	*Alphafaktor* = manuelle Pflege *Betafaktor* = manuelle Pflege
S	*Alphafaktor* = manuelle Pflege *Gammafaktor* = manuelle Pflege *Perioden pro Saison* = manuelle Pflege
X	*Alphafaktor* = manuelle Pflege *Betafaktor* = manuelle Pflege *Gammafaktor* = manuelle Pflege *Perioden pro Saison* = manuelle Pflege
G	*Anzahl der Vergangenheitswerte* = manuelle Pflege
W	*Gewichtungsgruppe* = manuelle Pflege
O	
B	*Alphafaktor* = manuelle Pflege
N	keine Prognose – ein externes Modell kann angewendet werden
0	keine Prognose
J	maschinelle Modellauswahl – Parameter werden automatisch vom System gepflegt. *Modellauswahlverfahren* = Variante 1 oder 2 *Modellauswahlkennzeichen* = optional
Prognose mit Referenz-material	*Bezugsmaterial und -werk, Verbrauch, Multiplikator und Gültigkeits-datum*

Tabelle B.5 Prognoseverfahren und Parametereinstellungen

B.3.1 Parameter, die durch das Prognoseverfahren beeinflusst werden

Werte des Bereichs *Prognoseverfahren* befinden sich in der Datenbanktabelle MARC – Ausnahmen werden ausdrücklich angegeben.

Parameterbezeichnung + Parameterbeschreibung	Einflussgrößen
Prognosemodell (Prognose, Feld PRMOD, Tabelle MPOP) Kennzeichen, das festlegt, welches Prognosemodell das System zugrunde legt, um zukünftige Bedarfswerte des Materials zu ermitteln	Die Auswahl des Prognosemodells erfolgt nach der Analyse des Bedarfsverlaufs in der Vergangenheit. Dies kann manuell oder automatisch erfolgen (Parameter Modellauswahl).
Periodenkennzeichen (Prognose, PERKZ) Kennzeichen, das angibt, in welchen Intervallen die Verbrauchs- und Prognosewerte des Materials geführt werden	Je mehr Vergangenheitswerte einbezogen werden, desto geringer werden die Prognosefehler. Besonders bei saisonalen Verläufen ist eine Analyse über mindestens einem Jahr notwendig. Vorsicht bei zu kleinen Intervallen: SAP ECC verwendet nur maximal 60 Werte zur Prognose.
Geschäftsjahresvariante (Prognose, PERIV) Mit der Geschäftsjahresvariante wird das Geschäftsjahr festgelegt (wie viele Buchungsperioden ein Jahr hat).	
Aufteilungskennzeichen (Disposition 4, KZAUS) Kennzeichen, das festlegt, wie das System bei stochastischer Disposition und einem Periodenkennzeichen ungleich Tag den Prognosebedarf in kleinere Zeitintervalle aufteilt	
Prognoseperioden (Prognose, ANZPR, Tabelle MPOP) Anzahl der Perioden, für die eine Prognose erstellt werden soll.	Das System holt sich alle vorhandenen Vergangenheitswerte, welche jedoch nach Bedarf eingeschränkt werden können, um zum Beispiel die weiter zurückliegende Vergangenheit nicht einzubeziehen.
Perioden pro Saison (Prognose, PERIO, Tabelle MPOP) Anzahl der Perioden, die zu einer Saison gehören	relevant für Saisontest bei saisonalen Modellen
Perioden zu Initialisierung (Prognose, PERIN, Tabelle MPOP) Ist die Anzahl der Perioden der Vergangenheitswerte größer als dieser Wert, so führt das System die Ex-post-Prognose für die Werte durch, die nicht zur Initialisierung gehören.	

Tabelle B.6 Parameter, die durch die Auswahl des Prognoseverfahrens beeinflusst werden

Parameterbezeichnung + Parameterbeschreibung	Einflussgrößen
Fixierte Perioden (Prognose, FIMON, Tabelle MPOP) Anzahl der Perioden, für die das System bei der nächsten Prognose die Prognosewerte nicht neu berechnet – vermeidet zu starke Schwankungen in der Prognoserechnung.	Schafft Planungsruhe für ein Material.
Initialisierungskennzeichen (Prognose, KZINI, Tabelle MPOP) Kennzeichen, das angibt, ob das System eine Initialisierung des Prognosemodells durchführen soll. Berechnet die für das Modell notwendigen Parameter (wie Grundwert, Trendwert, Saisonindizes).	Ist notwendig bei der ersten Prognose oder bei Strukturbrüchen in der Zeitreihe.
Signalgrenze (Prognose, SIGGR, Tabelle MPOP) Die Signalgrenze wird vom System bei der Prognose mit dem Quotienten aus der Fehlersumme und der mittleren absoluten Abweichung verglichen. Dieser Quotient wird Tracking-Signal genannt. Liegt der Wert über der Grenze, wird eine Ausnahmemeldung vom System erstellt mit dem Hinweis, das Modell neu zu überarbeiten.	Ist abhängig von den Fehlersummen (MAD, etc.)
Autom. Rück (Prognose, AUTRU) Ist dieses Kennzeichen aktiv, so wird das Prognosemodell automatisch zurückgesetzt, wenn bei der Prognose die Signalgrenze überschritten wird.	Ist abhängig von der Signalgrenze.
Korrekturfaktoren (Prognose, KZKFK) Bei Aktivierung werden Vergangenheits- und Prognosewerte mit den Faktoren der jeweiligen Perioden gewichtet, die über das Customizing festgelegt werden können.	
Modellauswahlkennzeichen (Prognose, MODAW) Gibt an, nach welchem Verlauf das System die Werte untersuchen soll (Trend, Saison oder beides)	Dieses Kennzeichen ist nur bei automatischen Modellauswahlverfahren (J) relevant. Der Verlauf wird durch eine Verbrauchsanalyse ermittelt.

Tabelle B.6 Parameter, die durch die Auswahl des Prognoseverfahrens beeinflusst werden (Forts.)

Parameterbezeichnung + Parameterbeschreibung	Einflussgrößen
Modellauswahlverfahren (Prognose, MODAV) Verfahren, mit dem man festlegt, wie das System das optimale Prognosemodell bestimmen soll. Verfahren 1: anhand eines Signifikanztests; Verfahren 2: das System rechnet die verschiedenen Modelle durch und wählt das Modell mit der kleinsten absoluten mittleren Abweichung aus.	Dieses Kennzeichen ist nur bei automatischen Modellauswahlverfahren relevant.
Optimierungsgrad (Prognose, OPGRA, Tabelle MPOP) Gibt an, mit welcher Schrittweite das System bei der Parameteroptimierung vorgehen soll. Je feiner der Optimierungsgrad ist, desto genauer, aber desto zeitaufwendiger auch läuft die Parameteroptimierung ab.	
Alphafaktor (Prognose, ALPHA, Tabelle MPOP) Zur Glättung des Grundwertes. Vordefiniert in 0,2 Bei einem hohen Alphawert werden die jüngsten Vergangenheitswerte stärker berücksichtigt. Ein kleines Alpha glättet die Zeitreihen stärker und die Anpassung an Niveauverschiebungen erfolgt langsamer als bei einem hohen Alphawert.	Wird von den Materialeigenschaften beeinflusst und davon, inwieweit die nahe Vergangenheit mit in die Prognose einbezogen werden soll. Die Prognosestrategie entscheidet, ob der Alphafaktor verwendet wird.
Betafaktor (Prognose, BETA1, Tabelle MPOP) Dient zur Glättung des Trendwerts, vordefiniert ist 0,1. Ein kleiner Betawert glättet den Trendwert stärker als ein großer Betawert. Anpassungen an eine Trendveränderung werden bei einem kleinen Wert langsamer durchgeführt.	Wird von den Materialeigenschaften beeinflusst und davon, inwieweit die nahe Vergangenheit in die Prognose einbezogen werden soll. Die Prognosestrategie entscheidet, ob der Betafaktor verwendet wird.
Gammafaktor (Prognose GAMMA, Tabelle MPOP) Dient zur Glättung des Saisonindex (automatisch 0,3). Bei einem kleinen Wert wird der Saisonindex stark geglättet, Änderungen werden aber langsamer durchgeführt.	Wird von den Materialeigenschaften beeinflusst und davon, inwieweit die nahe Vergangenheit mit in die Prognose einbezogen werden soll. Die Prognosestrategie entscheidet, ob der Gammafaktot verwendet wird.

Tabelle B.6 Parameter, die durch die Auswahl des Prognoseverfahrens beeinflusst werden (Forts.)

Parameterbezeichnung + Parameterbeschreibung	Einflussgrößen
Deltafaktor (Prognose DELTA, Tabelle MPOP) Glättung der mittleren absoluten Abweichung und Fehlersumme, Defaultwert = 0,3	
Bezugsmaterial und -werk Verbrauch (Prognose, VRBMT und VRBWK) Referenzmaterial zur Prognosedurchführung. Wird vorzugsweise verwendet, wenn es sich um ein neues Produkt handelt und noch keine Vergangenheitswerte existieren (Prognose mit Bezug auf ein anderes Material).	wenn für das Material noch keine Verbrauchsstatistik vorliegt
Multiplikator (Prognose, VRBFK) Durch Angabe eines Multiplikators können Sie festlegen, dass lediglich ein bestimmter Prozentsatz der Verbrauchsmenge des Bezugsmaterials zugrunde gelegt wird.	wenn für das Material noch keine Verbrauchsstatistik vorliegt
Gültigkeitsdatum (Prognose, VRBDT) Bis zum angegebenen Gültigkeitsdatum greift das System bei der Prognose auf die Verbrauchsdaten des Bezugsmaterials zu. Ab diesem Datum legt es die eigenen Verbrauchsdaten des Materials zugrunde.	wenn für das Material nur wenige Verbrauchsdaten vorliegen

Tabelle B.6 Parameter, die durch die Auswahl des Prognoseverfahrens beeinflusst werden (Forts.)

B.4 Losgrößenverfahren

Aus den Informationen der verschiedenen Losgrößenverfahren können Sie alle notwendigen Parameter und Parametereinstellungen ableiten.

Losgrößen-kennzeichen	Parametereinstellungen
Grundsätzlich für alle	*Dispolosgröße* = Losgrößenkennzeichen *Mindestlosgröße* = optional *Maximale Losgröße* = optional *Taktzeit* = optional *Rundungsprofil und Rundungswert* = optional
EX	*Losgröße* = Unterdeckungsmenge (automatische Pflege)

Tabelle B.7 Losgrößenverfahren und Parametereinstellungen

Losgrößenkennzeichen	Parametereinstellungen
ES	*Losgröße* = Unterdeckungsmenge (automatische Pflege) *Taktzeit* = manuelle Pflege *Maximale Losgröße* = notwendig, um Splittgröße zu ermitteln
FX	*Feste Losgröße* = manuelle Pflege (weder Mindest- oder Maximallosgrößen noch Rundungsprofil und -wert notwendig)
FS	*Feste Losgröße* = manuelle Pflege *Taktzeit* = manuelle Pflege *Rundungswert* = manuelle Pflege (für Splittgröße)
HB	*Höchstbestand* = manuelle Pflege *Mindestlosgröße* = Deaktivieren (weder Mindest- oder Maximallosgrößen noch Rundungsprofil und -wert notwendig)
MB	*Losgröße* = Bedarfsmenge des Monats (automatische Pflege)
PB	*Losgröße* = Bedarfsmenge der Buchungsperiode (automatische Pflege)
PK	*Losgröße* = Bedarfsmenge des Planungskalenders (automatische Pflege)
TB	*Losgröße* = Tagesbedarfsmenge (automatische Pflege)
W2	*Losgröße* = Bedarfsmenge des definierten Zeitraums (automatische Pflege)
WB	*Dispolosgröße* = Bedarfsmenge der Woche (automatische Pflege)
GR	*Losgrößenfixe Kosten* = manuelle Pflege *Lagerkostenkennzeichen* = aktiv setzen
WI	*Losgrößenfixe Kosten* = manuelle Pflege *Lagerkostenkennzeichen* = aktiv setzen
SP	*Losgrößenfixe Kosten* = manuelle Pflege *Lagerkostenkennzeichen* = aktiv setzen
DY	*Losgrößenfixe Kosten* = manuelle Pflege *Lagerkostenkennzeichen* = aktiv setzen

Tabelle B.7 Losgrößenverfahren und Parametereinstellungen (Forts.)

B.4.1 Parameter, die durch das gewählte Losgrößenverfahren beeinflusst werden

Werte des Bereichs *Losgrößenverfahren* befinden sich in der Datenbanktabelle MARC – Ausnahmen sind ausdrücklich angegeben.

Parameterbezeichnung + Parameterbeschreibung	Einflussgrößen
Dispositionslosgröße (Dispo 1, Feld: DISLS) Schlüssel, der festlegt, nach welchem Losgrößenverfahren das System die zu beschaffende oder zu fertigende Menge im Rahmen der Disposition errechnet.	Muss manuell vom Disponenten gepflegt werden.
Mindestlosgröße (Dispo 1, BSTMI) Menge, die bei der Beschaffung nicht unterschritten werden darf. Dieser Wert wird nicht unterschritten, auch wenn die automatische Losgrößenberechnung einen kleineren Wert ermittelt, wird die Mindestlosgröße verwendet.	Die Mindestlosgröße stellt ein Kann-Feld dar und wird meist vom Disponenten gepflegt, wenn sich die Bestellung erst ab einer bestimmten Menge lohnt (Losfixe Kosten, Bestellbedingung).
Maximale Losgröße (Dispo 1, BSTMA) Menge, die bei der Beschaffung nicht überschritten werden darf. Bei der maximalen Losgröße werden zu große Lose gesplittet und getrennt beschafft.	Lagerkapazitäten und Lagerfähigkeit können zu einer Berücksichtigung der maximalen Losgröße führen.
Höchstbestand (Dispo 1, MABST) Menge des Materials, die im Werk nicht überschritten werden darf	Ist nur relevant beim Losgrößenverfahren »HB«, damit bis zu dieser Grenze aufgefüllt werden kann.
Rundungsprofil (Dispo 1, RDPRF) Schlüssel, mit dem das System die Bestellvorschlagsmengen auf lieferbare Einheiten anpasst. Überschreitet der Basiswert den Schwellenwert, wird immer auf das nächste Vielfache des Rundungswerts aufgerundet.	Ist abhängig von den lieferbare Einheiten (Auslastung der Transportlaster, Platte oder durch andere Besonderheiten).
Rundungswert (Dispo 1, BSTRF) Wert, auf dessen Vielfaches aufgerundet wird	Siehe Rundungsprofil
Losfixe Kosten (Dispo 1, LOSFX) Kosten für losgrößenunabhängige Materialien; wichtig für die Berechnung der optimalen Losgröße bei dynamischen Losgrößenverfahren	abhängig von den Bestellfixkosten des Lieferanten

Tabelle B.8 Parameter, die durch die Auswahl des Losgrößenverfahrens beeinflusst werden

Parameterbezeichnung + Parameterbeschreibung	Einflussgrößen
Lagerkostenkennzeichen (Dispo 1, LAGPR) Kennzeichen, das den Lagerkostenprozentsatz festlegt, der zur Losgrößenberechnung herangezogen wird.	Wird manuell vom Disponenten gepflegt.
Taktzeit (Dispo 1, TAKZT) Zeit, um die sich die Bestellungsvorschläge überlappen sollen; wichtig bei der Splittung von Losgrößen, damit die Bestellungen auch versetzt eintreffen	maximale Losgröße

Tabelle B.8 Parameter, die durch die Auswahl des Losgrößenverfahrens beeinflusst werden (Forts.)

B.5 Sicherheitsbestand

Aus den Informationen über die verschiedenen Arten der Sicherheitsbestandsberechnung können Sie alle notwendigen Parameter und Parametereinstellungen ableiten und im System korrekt einrichten.

Sicherheitsbestand	Parametereinstellungen
fester absoluter Sicherheitsbestand	*Sicherheitsbestand* = wird vom Disponenten manuell gepflegt *Minimaler Sicherheitsbestand* = optional
Ermittlung des Sicherheitsbestands auf Basis des Prognosefehlers und des Lieferbereitschaftsgrads	*Sicherheitsbestand* = wird vom System automatisch berechnet *Minimaler Sicherheitsbestand* = optional *Lieferbereitschaftsgrad* = Muss-Feld *Prognosedaten* = müssen gepflegt werden
Sicherheitsbestandsberechnung über das Reichweitenprofil (dyn. Sicherheitsbestand)	*Sicherheitsbestand* = wird vom System automatisch berechnet *Minimaler Sicherheitsbestand* = optional *Reichweitenprofil* = Muss-Feld *Wiederbeschaffungszeit* = Muss-Feld
Sicherheitsbestandsberechnung über die Bedarfsvorlaufzeit	*Bedarfsvorlaufskennzeichen* = aktivieren *Bedarfsvorlaufszeit* = manuell pflegen *Bedarfsvorlauf-Periodenprofil* = muss bei saisonal schwankenden Artikeln gepflegt werden, sonst optional
kein Sicherheitsbestand	Alle Parameter müssen deaktiviert sein.

Tabelle B.9 Sicherheitsbestand und Parametereinstellungen

B.5.1 Parameter, die durch den Sicherheitsbestand beeinflusst werden

Werte des Bereichs *Prognoseverfahren* befinden sich in der Datenbanktabelle MARC – Ausnahmen werden ausdrücklich angegeben.

Parameterbezeichnung + Parameterbeschreibung	Einflussgrößen
Sicherheitsbestand (Dispo 2, Feld: EISBE) Gibt die Menge an, die einen unerwartet hohen Bedarf im Eindeckungszeitraum befriedigen soll. Der Sicherheitsbestand stellt somit auch einen erhöhten Servicegrad dar, um ungeplante Bedarfe (Fehlmengen) des Kunden decken zu können. Der Sicherheitsbestand ist nicht dispositionsrelevant.	Muss manuell vom Disponenten gepflegt werden bei Wahl des festen absoluten Sicherheitsbestands.
Mindest Sicherheitsbestand (Dispo 2, EISLO) Menge, die die untere Grenze des Sicherheitsbestands angibt; notwendig zur Deckung von Mindestfehlmengen. Dieser Wert wird nicht unterschritten, auch wenn im Materialstamm der Sicherheitsbestand oder ein über ein Prognoseverfahren ermittelter Wert kleiner ist. Es wird automatisch der Mindestsicherheitsbestand gezogen.	Der Mindestsicherheitsbestand stellt ein Kann-Feld dar und wird vom Disponenten gepflegt. Er kann durch die Erfahrung des Disponenten geprägt sein, um sich nicht nur auf das Prognosenverfahren zu verlassen.
Lieferbereitschaftsgrad (Dispo 2, LGRAD) Prozentsatz, der angibt, welcher Anteil des anstehenden Bedarfs durch den Lagerbestand gedeckt werden soll. Dient dem System zur Errechnung des Sicherheitsbestands. Je höher der Prozentsatz, desto höher fällt der SB aus.	Der LBG ergibt sich aus den Unternehmenszielen und dem angestrebten Servicelevel des Unternehmens.
Reichweitenprofil (Dispo 2, RWPRO) Beinhaltet die Parameter zur Berechnung des dynamischen SB. Eine statische Berechnung auf Grundlagen von durchschnittlichen Tagesbedarfen. Die Parameter des Reichweitenprofils werden im Customizing der Bedarfsplanung gepflegt.	durchschnittlicher Tagesbedarf

Tabelle B.10 Parameter, die durch die Auswahl des Sicherheitsbestands beeinflusst werden

Parameterbezeichnung + Parameterbeschreibung	Einflussgrößen
Bedarfsvorlaufskennzeichen (Dispo 2, SHFLG) Mit diesem Kennzeichen kann in der Bedarfsplanung der Bedarfsvorlauf für ein Material eingeschaltet werden. Es bewirkt, dass Bedarfe um eine festgelegte Anzahl von Arbeitstagen terminlich vorgezogen werden. Die tatsächlichen Bedarfstermine werden nicht verändert.	Muss manuell vom Disponenten gepflegt werden, wenn anstelle des SB ein Sicherheitszeitpuffer verwendet werden soll.
Bedarfsvorlaufzeit (Dispo 2, SHZET) Datenfeld, in dem die Anzahl der Arbeitstage für die Bedarfsvorlaufsplanung gepflegt wird.	Ist nur relevant, wenn das Bedarfsvorlaufskennzeichen aktiviert ist.
Bedarfsvorlauf-Periodenprofil (Dispo 2, SHPRO) Legt ein Profil mit der in den jeweiligen Zeiträumen gültigen Bedarfsvorlaufzeit an.	Ist besonders bei saisonbedingten Bedarfsschwankungen wichtig. In nachfragestarken Perioden (Weihnachten) kann damit die Bedarfsvorlaufzeit einen höheren Wert aufweisen. Nur relevant, wenn das Bedarfsvorlaufskennzeichen aktiviert ist.
Wiederbeschaffungszeit Wird automatisch vom System über die Beschaffungszeiten bei Fremd- oder Eigenfertigung + Wareneingang berechnet. Bildet die Grundlage für die Berechnung des Sicherheitsbestands.	Wird beeinflusst von der Eigenfertigungszeit und der Bestellzeit beim Lieferanten. Diese Werte können oft variieren und sollten darum gut im System gepflegt werden.

Tabelle B.10 Parameter, die durch die Auswahl des Sicherheitsbestands beeinflusst werden (Forts.)

C Dispositionsoptimierung – Vier Schritte zur Umsetzung mit Unterstützung durch SAP Consulting

C.1 Einleitung

Sie möchten überflüssige Sicherheitsbestände reduzieren und trotzdem lieferfähig bleiben? Sie wollen Ihre Bestands- und Beschaffungskosten gleichzeitig reduzieren? Dann benötigen Sie und Ihre Disponenten Unterstützung bei der Analyse und Umsetzung Ihrer Planungs- und Dispositionsprozesse. SAP Consulting hilft Ihnen dabei, Ihr Artikelspektrum nach wichtigen Logistik-Kenngrößen zu gruppieren, Optimierungspotenziale zu analysieren und eine Dispositionsmatrix zu erarbeiten, die optimale Dispositionsparameter für die verschiedenen Artikelgruppen enthält.

C.2 Service Offering »Dispositionsoptimierung«

Die Wettbewerbsfähigkeit kann durch die Auswahl der richtigen Bestandsstrategien gesichert werden. Bei großzügigen Beständen sind Sie jederzeit lieferfähig, ineffiziente Prozesse werden aber verdeckt. Geringe Bestände sparen dafür Kosten, können aber die Lieferfähigkeit beeinträchtigen. Dieser Zielkonflikt ist bedingt durch die Unsicherheiten in Nachfrage und Beschaffung. Ziel ist es daher, durch die Analyse der Unsicherheiten und möglichst effiziente Dispositionsprozesse einen hohen Service- und Lieferbereitschaftsgrad bei geringen Beständen zu ermöglichen.

Die Auswahl der Dispositionsparameter und damit die Effizienz Ihrer Dispositionsprozesse basiert häufig auf pauschalen Regeln aus der SAP-Einführung, die von den Disponenten an neue Mitarbeiter weitergegeben werden. Bei einer SAP-Einführung wird jedoch oftmals aufgrund mangelnder Historiendaten, unzureichendem Beraterwissen oder einfach aus Zeitmangel keine analytisch fundierte Einstellung vorgenommen. Auch fehlt oft eine systematische Entscheidungshilfe zur Auswahl geeigneter Parameter, sodass die Auswahl von den Disponenten individuell gehandhabt wird und eine zielgerichtete Steuerung erschwert.

Daher bietet SAP Consulting das Service Offering der Dispositionsoptimierung an, um die Effizienz Ihrer Logistikprozesse zu steigern. Dieses Angebot besteht aus den folgenden vier Schritten:

Im ersten Schritt führen wir eine Analyse Ihrer Supply-Chain-Struktur und Dispositionsprozesse durch. Eine qualitative Analyse erfolgt durch Fragebögen und Workshops. Im Zentrum stehen hierbei insbesondere Ihre unternehmensspezifischen Anforderungen, die Strategie zur Festlegung der Bevorratungsebene und die Planungsstrategie.

Gleichzeitig führen wir eine quantitative Analyse Ihrer im SAP eingestellten Dispositionsparameter durch. Mithilfe unseres Add-on Tools, dem Dispositionsmonitor, erstellen wir eine umfangreiche Analyse Ihres Artikelspektrums, indem wir eine ABC/XYZ-Klassifizierung vornehmen und zusätzlich wichtige logistische Kenngrößen wie Bodensatz, Reichweiten, Lagerumschlagshäufigkeit und Lagerhüter messen

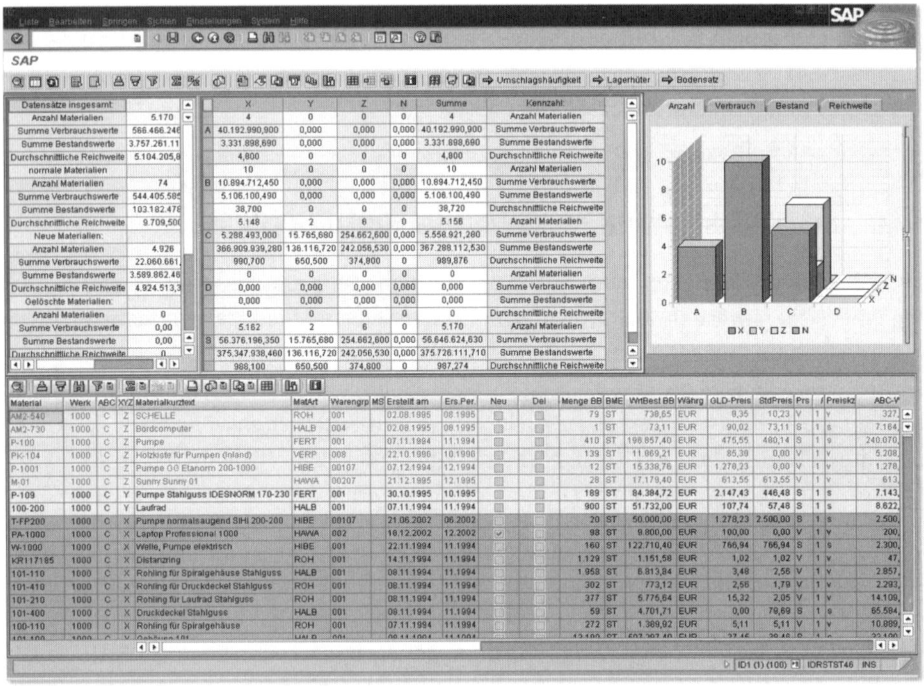

Abbildung C.1 Dispomonitor

Später ermöglicht der Dispositionsmonitor es Ihnen, auch im laufenden Betrieb regelmäßige Kontrollen der Stammdatenqualität durchzuführen und durch eine erhöhte Transparenz der aktuellen Bestandssituation ein kontinuierliches Bestandscontrolling umzusetzen.

Im zweiten Schritt zeigen wir das Optimierungspotenzial in Ihren Dispositionsprozessen auf. Anhand der qualitativen Analyse und der in Ihrem System eingestellten Parameter diskutieren wir die Schwachstellen Ihres Dispositionsprozesses. Wir hinterfragen die Gründe für die Auswahl bestimmter Parametern und zeigen auf, in welchen Bereich wir das größte Optimierungspotenzial sehen. Gleichzeitig geben wir Ihnen und Ihren Disponenten einen Überblick über die Gesamtpalette der SAP-Dispositionsparameter sowie über die Wechselwirkungen zwischen den einzelnen Parametern. Dabei werden die für Ihr Unternehmen relevanten Themen besonders vertieft. Dieses Wissen ist Voraussetzung für eine Effizienzsteigerung durch Ihre Disponenten.

In einem dritten Schritt erstellen wir Ihre persönliche Supply Chain Policy. Dazu erarbeiten wir mit Ihrem Erfahrungsschatz und unserem Prozess- und Systemwissen auf Basis der ABC/XYZ-Klassifizierung, der logistischen Kennzahlen und weiterer qualitativer Kriterien für jede Artikelgruppe eine optimale Auswahl der Dispositionsparameter. Die Parameter sollten so ausgewählt werden, dass sich die Disponenten in der täglichen Arbeit auf die Artikel mit der größten logistischen Bedeutung konzentrieren können und die restlichen Materialien weitestgehend automatisch disponiert werden. Im Rahmen der Auswahl nutzen wir zusätzlich eine auf Entscheidungsbäumen basierende Wissensdatenbank, in die unsere umfangreichen Projekterfahrungen eingeflossen sind. Das Ergebnis wird in einer für Ihr Unternehmen spezifischen Dispositionsmatrix festgehalten. Diese Matrix bietet Ihren Disponenten eine einfache Entscheidungshilfe, um eine Einstellung der Parameter im System vorzunehmen.

Im vierten Schritt erstellen wir eine auf Ihre Bedürfnisse abgestimmte Migrationsstrategie, die eine schrittweise Implementierung der Ergebnisse ermöglicht. Wenn Sie wünschen, unterstützen wir Sie am Anfang des laufenden Betriebs.

C.3 Ziele des Service Offerings »Dispositionsoptimierung«

- Analyse und Effizienzsteigerung Ihrer Dispositionsprozesse
- Festlegung optimaler Dispositionsstrategien
- Konzentration in der Disposition auf Materialien mit hoher logistischer Bedeutung
- reduzierte Bestände bei gleich bleibender Verfügbarkeit

C.4 Inhalte bei der Durchführung

- qualitative Analyse Ihrer Supply-Chain-Struktur, Ihres Materialspektrums und Ihrer Dispositionsprozesse
- quantitative Schwachstellenanalyse Ihrer eingestellten SAP-Dispositionsparameter
- Klassifizierung Ihres Artikelspektrums in eine ABC/XYZ-Matrix
- Messung zentraler logistischer Kennzahlen (z.B. Bodensatz, Lagerhüter, Umschlagshäufigkeit und Reichweite) pro Materialnummer
- umfangreiche Schulung über die SAP-Dispositionsparameter und deren Wechselwirkungen – Vertiefung der für Sie relevanten Themen
- Erarbeitung einer optimalen Dispositionsparameterauswahl bezüglich:
  - Planungsstrategie
  - Prognoseverfahren
  - Dispositionsverfahren
  - Losgrößenverfahren
  - Sicherheitsbestandsverfahren
  - Terminierungsparametern
  - Kapazitätsplanung

C.5 Vorgehensweise bei der Durchführung des Service Offerings

- Für die Optimierung Ihrer Bestände und Dispositionsprozesse stehen Ihnen SAP Consultants mit umfassender SCM-Erfahrung zur Verfügung.
- Die Dispositionsoptimierung wird – je nach Ausgangssituation – in einem Zeitrahmen von vier bis sechs Wochen in vier Workshopterminen durchgeführt.
- In der Abschlussbesprechung werden die Dispositionsmatrix und die Migrationsstrategie präsentiert.

C.6 Ergebnisse des Service Offerings

- Potenzialaussage über die Optimierung Ihrer Dispositionsprozesse
- detaillierte Dispositionsmatrix als Handlungsempfehlung zur analytischen Auswahl von optimalen Dispositionsparametern

- Migrationsstrategie zur Umsetzung der Ergebnisse
- verbessertes Wissen über die Vielfalt der Dispositionsparameter im SAP
- Tool und Strategie zur Sicherung der Stammdatenqualität
- Tool und Strategie für das kontinuierliche Bestandscontrolling durch erhöhte Bestandstransparenz

Ansprechpartner

Marc Hoppe

SAP Deutschland AG & Co. KG
marc.hoppe@sap.com

D Add-ons zu SAP ERP

D.1 Prognose-Monitor

Der Prognose-Monitor berechnet die Prognosegenauigkeit und bietet dem Endanwender eine Unterstützung bei der Absatzplanung.

Informationen erhalten Sie in Kapitel 7, »Bedarfsermittlung durch Vorplanung und Prognosen«.

D.2 Dispositionsmonitor

Der Dispositionsmonitor ermittelt eine ABC/XYZ-Klassifizierung sowie weitere Bestandskennzahlen. Er unterstützt den Disponenten bei der Auswahl der Dispositionsparameter.

Informationen erhalten Sie in Kapitel 3, »Artikelklassifizierung als Basis für Dispositionsentscheidungen«.

D.3 Wiederbeschaffungszeit-Monitor

Der WBZ-Monitor ermittelt die aktuellen WBZ aus der Fremdbeschaffung als auch der Eigenfertigung und stellt diese den Stammdaten gegenüber. Der Anwender kann die Stammdaten automatisiert durch den WBZ-Monitor pflegen lassen.

Informationen erhalten Sie in Kapitel 18, »Bestandscontrolling«.

D.4 Simulation der Sicherheitsbestände

Der Monitor zur Simulation der Sicherheitsbestände ermöglicht eine Simulation der Sicherheitsbestände über die Standard ERP Möglichkeiten hinaus. Es können Prognosefehler oder Wiederbeschaffungszeiten angepasst und der Einfluss dieser Änderungen auf die Sicherheitsbestände aufgezeigt.

Informationen erhalten Sie in Kapitel 18, »Bestandscontrolling«.

D.5 Servicegrad-Monitor

Der Servicegrad-Monitor ermittelt verschiedene Servicegrad-Kennzahlen wie Lieferfähigkeit, Liefertreue oder Servicegrad. Die ermittelten Kennzahlen werden auf verschiedenen Ebenen (Kunden, Auftrag, Position, etc.) dargestellt.

Auf diese Weise kann im Unternehmen jederzeit Transparenz über den aktuellen Servicegrad hergestellt werden.

Informationen erhalten Sie im Kapitel 18, »Bestandscontrolling«.

Ansprechpartner

Marc Hoppe

SAP Deutschland AG & Co. KG
marc.hoppe@sap.com

E Die Autoren

Ferenc Gulyássy arbeitet seit seinem Abschluss als Diplom-Kaufmann und Diplom-Volkswirt (Universität zu Köln) als SCM-Berater bei der SAP Deutschland AG & Co. KG. Schwerpunkt seiner Tätigkeit ist die kapazitierte Projekt- und Produktionsplanung. Im Rahmen der Komponenten bzw. Funktionalitäten PS, PP, PP/DS und CTM hat er eine Vielzahl von Projekten bei großen Unternehmen wie Siemens, Bosch und GEA sowie bei mittelständischen Gesellschaften wie Metabo und Samas durchgeführt. Zu seinen Aufgaben zählt neben der Implementierung von SAP-Systemen die Optimierung von Systemeinstellungen zur Umsetzung von Prozessverbesserungen. Auf diesen Erfahrungen basierend war er an der fachlichen Konzeption der Add-on Tools von SAP Consulting zur Optimierung von Dispositionseinstellungen maßgeblich beteiligt.

Marc Hoppe arbeitete als SAP-Entwickler in den Bereichen Logistik und Produktionsplanung und später als Logistikberater in nationalen und internationalen SAP R/3-Projekten. Seit 1998 ist Marc Hoppe bei der SAP Deutschland AG & Co. KG beschäftigt. Zu seinen Aufgaben zählen die betriebswirtschaftliche und die systemseitige Einführung und Optimierung von Supply-Chain-Management-Prozessen sowie das Reengineering kompletter Supply-Chain-Prozesse. Seit 2001 ist Marc Hoppe Beratungsleiter für Supply Chain Management, seit 2003 zudem Leiter der Einheit Supplier Relationship Management. Er berät sowohl große Unternehmen wie Siemens, Unilever, Gillette, Philips, die Deutsche Telekom und Philip Morris als auch mittelständische Unternehmen wie G+H Isover oder Fertiva und hat zahlreiche Fachpublikationen zum Thema Bestandsoptimierung veröffentlicht.

Martin Isermann arbeitet als SCM-Berater bei der SAP Deutschland AG & Co. KG. Seinen Abschluss als Diplom-Wirtschaftsingenieur (FH) erwarb er im Rahmen eines dualen Studiums in Kombination mit der FH Nordakademie und der Airbus Deutschland GmbH, mit Stationen in Hamburg, Toulouse und an der University of Nottingham. Anschließend absolvierte er im Rahmen eines USA-Fulbright-Stipendiums ein Master-of-Science-Aufbaustudium in Industrial and Systems Engineering an der University of Florida. Zu seinen Beratungsschwerpunkten gehören die Disposition und Produktionsplanung mit SAP ERP und SAP SCM (APO). In diesem Bereich hat er an einer Vielzahl von internationalen Projekten bei Unternehmen wie Siemens, Daimler und der Schaeffler-Gruppe mitgearbeitet. Im Bereich Prozessberatung hat er darüber hinaus mehrere Bestands- und Dispositionsoptimierungsprojekte bei mittelständischen Kunden wie der SHT Gruppe, Samas und der KHS AG durchgeführt.

Oliver Köhler arbeitet seit seinem Abschluss als Diplom-Wirtschaftsinformatiker (BA Dresden) und Bachelor für Informations- und Kommunikationstechnologie (Hogeschool Zeeland, Niederlande) als Logistik-Berater und -Entwickler bei der SAP Deutschland AG & Co. KG. Schwerpunkt seiner Tätigkeiten ist die Implementierung von SAP-Planungssystemen im SAP ERP- und SAP APO-Umfeld. Im Rahmen der Module bzw. Funktionalitäten DP, SPP, SNP, BW sowie MM und SOP hat er eine Vielzahl von Projekten bei Unternehmen wie Daimler, ThyssenKrupp, CLAAS, Sartorius und Almatis durchgeführt. Zu seinen Aufgaben zählt neben der Implementierung von SAP-Systemen die Optimierung von Prozessen und Systemeinstellungen in den Bereichen Planung und Disposition.

Index

C

D

E

F

N

O

P

Q

R

S

T

U

Y

Z

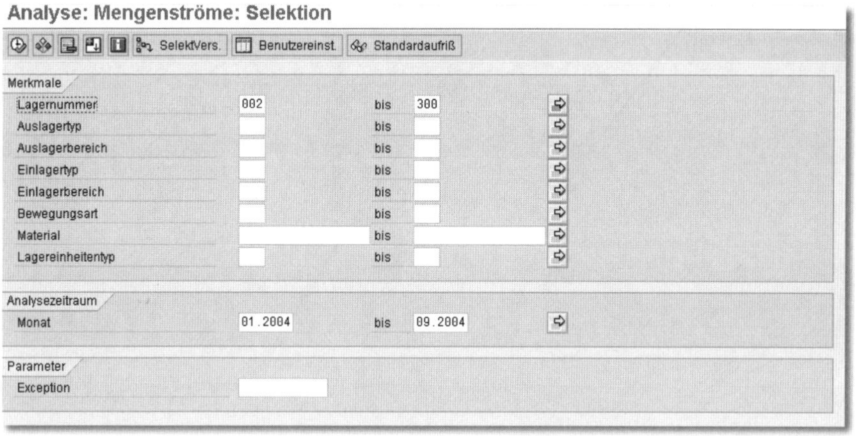

Abbildung 3.20 Selektion der Mengenstromanalyse in SAP ERP

Hier selektieren Sie als MERKMALE die Lagerorte, die Sie im Rahmen der Mengenstromanalyse auswerten möchten. Sie können auch alle Lagerorte zu einem Einlagertyp oder zu einem Material auswählen. Wichtig ist dabei natürlich der ANALYSEZEITRAUM, den Sie angeben müssen. Optional können Sie den Parameter für die Ausnahmemeldungen wie schon in der Standard-ABC-Analyse angeben.

Ein mögliches Ergebnis der Mengenstromanalyse sehen Sie in Abbildung 3.21. Angezeigt wird eine tabellarische Übersicht über alle Lagerorte und die benötigten Kennzahlen wie *Bewegte Mengen* und *Anzahl der Bewegungen*.

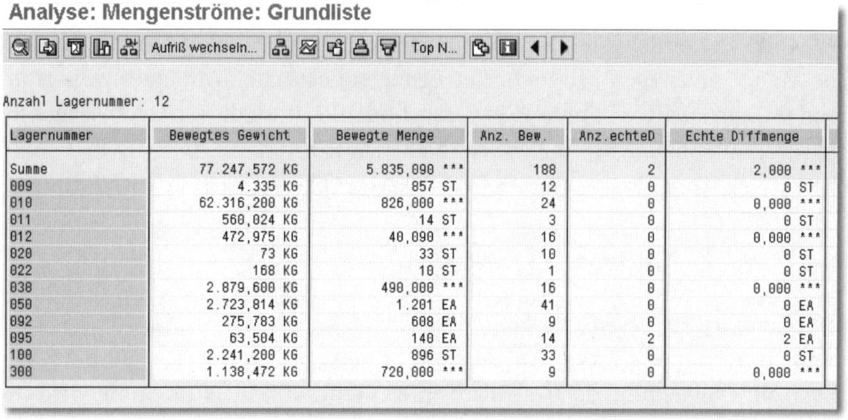
Analyse: Mengenströme: Grundliste

Aufriß wechseln... Top N...

Anzahl Lagernummer: 12

Lagernummer	Bewegtes Gewicht	Bewegte Menge	Anz. Bew.	Anz.echteD	Echte Diffmenge
Summe	77.247,572 KG	5.835,090 ***	188	2	2,000 ***
009	4.335 KG	857 ST	12	0	0 ST
010	62.316,200 KG	826,000 ***	24	0	0,000 ***
011	560,024 KG	14 ST	3	0	0 ST
012	472,975 KG	40,090 ***	16	0	0,000 ***
020	73 KG	33 ST	10	0	0 ST
022	168 KG	10 ST	1	0	0 ST
030	2.879,600 KG	490,000 ***	16	0	0,000 ***
050	2.723,814 KG	1.201 EA	41	0	0 EA
092	275,783 KG	608 EA	9	0	0 EA
095	63,504 KG	140 EA	14	2	2 EA
100	2.241,200 KG	896 ST	33	0	0 ST
300	1.138,472 KG	720,000 ***	9	0	0,000 ***

Abbildung 3.21 Ergebnis einer Mengenstromanalyse in SAP ERP

Das tabellarische Ergebnis lässt sich über den Menüeintrag SPRINGEN • PORTFOLIOMATRIX auch als Portfoliomatrix darstellen (siehe Abbildung 3.22).

```
Sicht "Strategie" ändern: Detail

🖉  Neue Einträge   📋 📑 🏚 🖺 📄 🎛

Strategie              10  Anonyme Lagerfertigung

┌ Bedarfsart der Vorplanung ──────────────────────────────────
│ Bedarfsart Vorplanung        LSF   Anonyme Lagerfertigung
│ Bedarfsklasse                100   Anonyme Lagerfertig
│  Verrechnung                     Keine Verrechn. mit Kundenbedarf
│  Planungskennz      1  Nettoplanung
└──────────────────────────────────────────────────────────

┌ Bedarfsart des Kundenbedarfs ───────────────────────────────
│ Bedarfsart Kundenbedarf      KSL   Verkauf ab Lager ohne Abbau PB
│ Bedarfsklasse                030   Verkauf ab Lager
│ Zuordnungskennz                   Keine Verrechn. mit Kundenbedarf
│ Keine Disposition     1 Bedarf wird nicht disponiert, aber an┊ ☑ Verfügbarkeitsprüfung
│ Kontierungstyp                                                   ☑ Bedarfsübergabe
│ Abrechnungsprofil                                                ☑ Bedarfsabbau
│ Abgrenzungsschlüssel
│ ┌ Montageauftrag ────────────────────────────────────
│ │ Montageart      0 Keine Montageabwicklung    Dialog Montage
│ │ Auftragsart                                  Kapazitätsprüfung
│ │                                              ☐ Verfügbarkeit Komponenten
│ └──────────────────────────────────────────────
└──────────────────────────────────────────────────────────

┌ Konfiguration ──────────────────────────────────────────────
│ Konfiguration
│ Konfigurationsverre.
└──────────────────────────────────────────────────────────
```

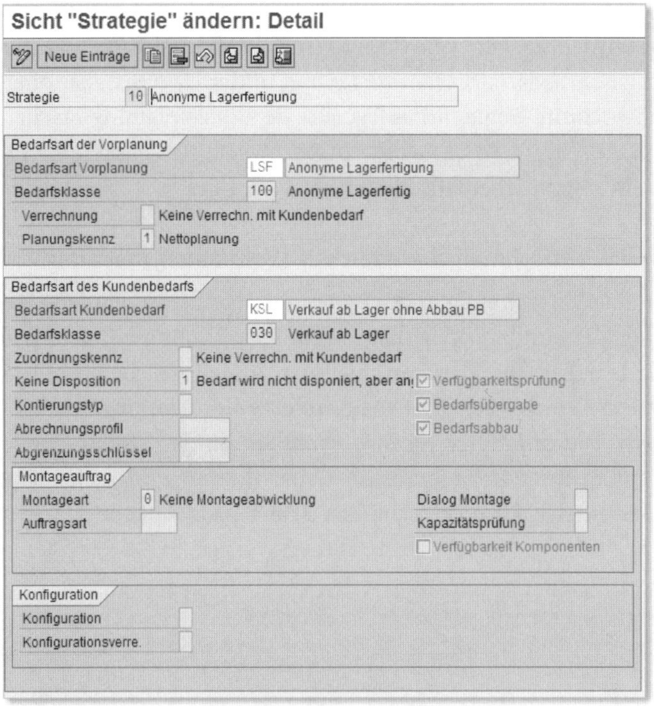

Abbildung 6.2 Customizing der Planungsstrategie

Verrechnungskennzeichen/Zuordnungskennzeichen

Voraussetzung für eine Verrechnung von Vorplanung mit Kundenbedarfen ist, dass das VERRECHNUNGSKENNZEICHEN des Planprimärbedarfs mit dem ZUORDNUNGSKENNZEICHEN des Kundenbedarfs übereinstimmt und die Verrechnung vorsieht (Werte »1«, »2« oder »3«). Überprüfen können Sie diese Werte, indem Sie in der Bedarfs-/Bestandsliste das Detail-Popup zum entsprechenden Dispoelement aufrufen (siehe Abbildung 6.3). Für Kundenbedarfe, die keine Verrechnung vorsehen (ZUORDNUNGSKENNZEICHEN »blank«) wird das Feld nicht angezeigt.

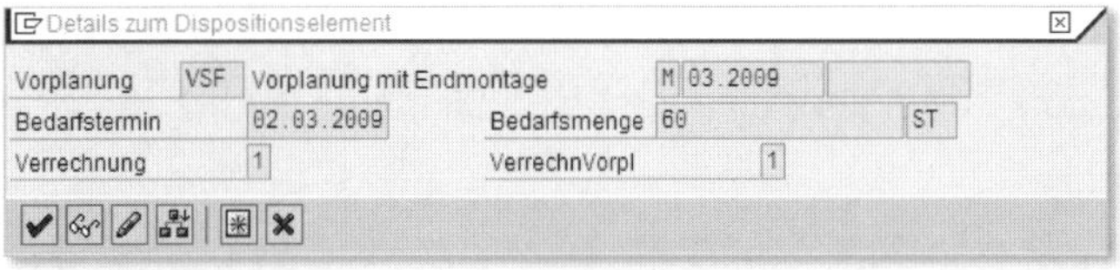

Abbildung 6.3 Pop-up in der Transaktion MD04 mit Verrechnungskennzeichen

Planungskennzeichen

Im PLANUNGSKENNZEICHEN wird festgelegt, ob eine Nettorechnung durchgeführt wird. Bei der Nettoplanung werden der dispositiv verfügbare Lagerbe-

Hier können auch zusätzlich die weiteren Vorplanungsparameter angeben werden, auf die wir im Folgenden eingehen.

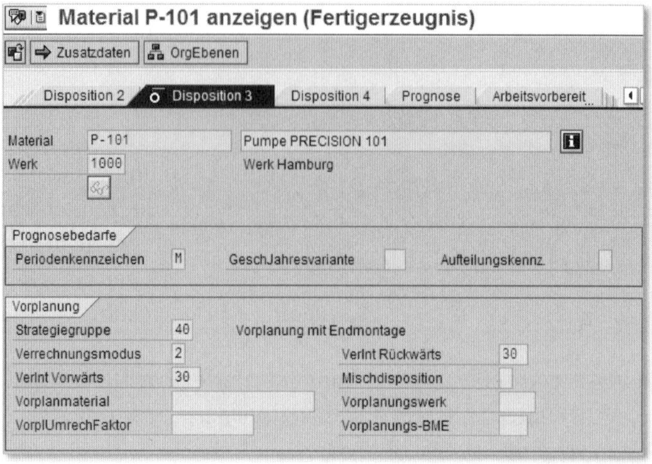

Abbildung 6.7 Parameter der Planungsstrategie im Materialstamm

Ist weder in der Dispogruppe noch im Materialstamm eine Planungsstrategie hinterlegt, so wird in der Kundenauftragsverwaltung der Komponente *Sales and Distribution* (SD) bei der Ermittlung der Bedarfsart anhand des Positionstyp und des Dispomerkmals im SD Customizing (Tabelle TVEPZ) die Bedarfsklasse ermittelt. Die Customizing-Transaktion ist in Abbildung 6.8 dargestellt.

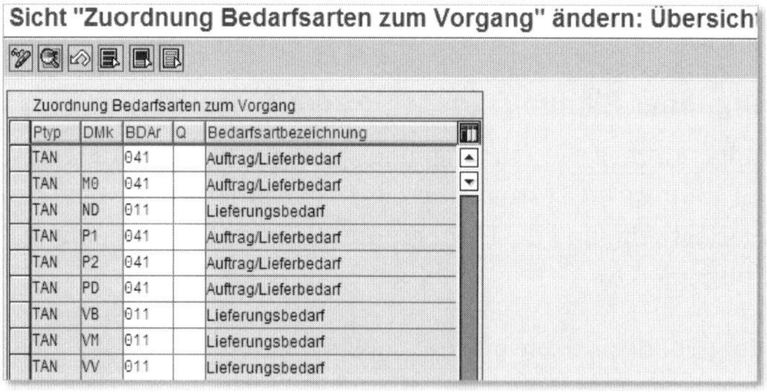

Ptyp	DMk	BDAr	Q	Bedarfsartbezeichnung
TAN		041		Auftrag/Lieferbedarf
TAN	M0	041		Auftrag/Lieferbedarf
TAN	ND	011		Lieferungsbedarf
TAN	P1	041		Auftrag/Lieferbedarf
TAN	P2	041		Auftrag/Lieferbedarf
TAN	PD	041		Auftrag/Lieferbedarf
TAN	VB	011		Lieferungsbedarf
TAN	VM	011		Lieferungsbedarf
TAN	VV	011		Lieferungsbedarf

Abbildung 6.8 SD-Customizing zur Bedarfsart (Tabelle TVEPZ)

6.1.3 Verrechnungsparameter

Die Verrechnung von Planprimärbedarfen mit Kundenbedarfen wird über die Parameter *Verrechnungsmodus* und *Verrechnungsintervalle* (rückwärts, vorwärts) gesteuert.

5. Auf Komponentenebene finden sich nun die Auftragsreservierung des Fertigungsauftrags sowie die Sekundärbedarfe der Dummy-Baugruppe für noch nicht verrechnete Vorplanungsbedarfe. Dieser Gesamtbedarf steuert nun die Produktion beziehungsweise die Beschaffung der Komponenten (siehe Abbildung 6.16).
6. Schließlich erfolgt eine Rückmeldung des Fertigungsauftrags des Endprodukts mit retrograder Entnahme der Komponenten. Dabei erfolgen folgende Schritte:
   - Abbau des Planprimärbedarfs der Dummy-Baugruppe
   - Abbau der Reservierung der Dummy-Baugruppe
   - Abbau der Reservierung der Komponenten

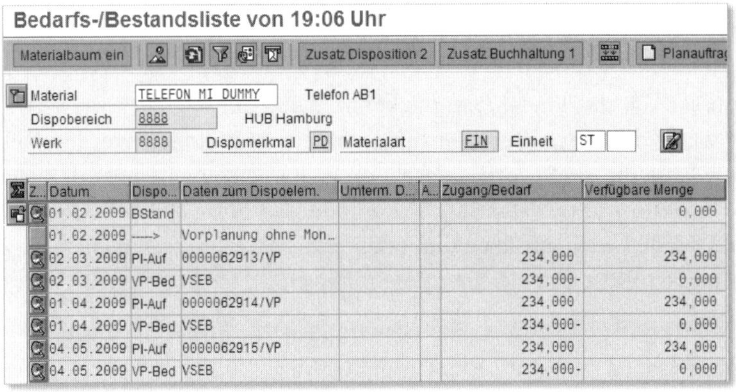

Abbildung 6.13 Vorplanungsbedarfe auf Dummy-Baugruppe

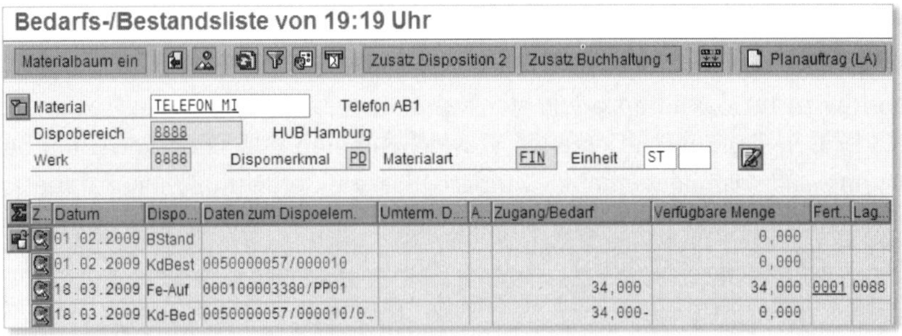

Abbildung 6.14 Erfassen des Kundenbedarfs

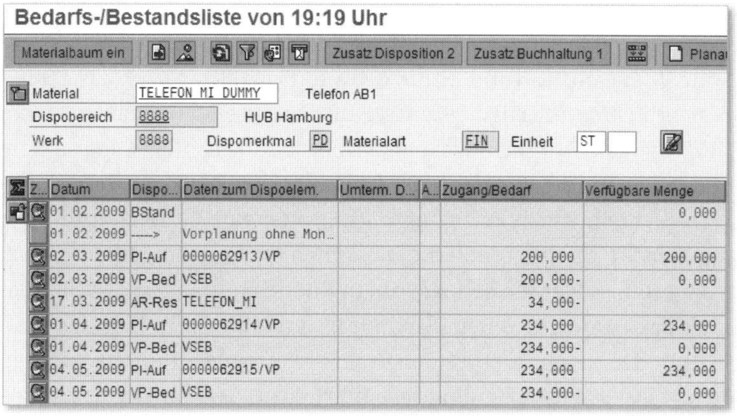

Abbildung 6.15 Verrechnung auf der Dummy Baugruppe

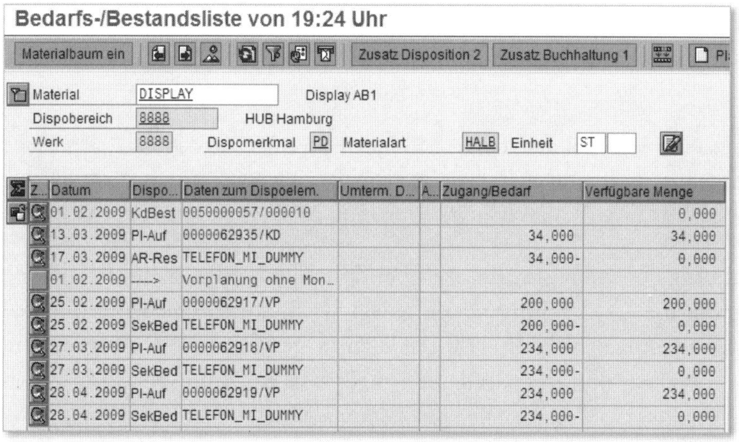

Abbildung 6.16 Bedarfssituation auf Komponentenebene

Vorplanung ohne Endmontage (Strategie 50 und Strategie 52)

Wie bei der Kundeneinzelfertigung wird auch bei der *Vorplanung ohne Endmontage* (Strategie 50) ein Produkt speziell für einen Kunden gefertigt. Zusätzlich zur auftragsgesteuerten Kundeneinzelfertigung sollen aber bestimmte Baugruppen bereits vorgefertigt oder beschafft werden. Das Material wird bis zur Fertigungsstufe vor der Endmontage produziert. Die Baugruppen und Komponenten werden also bis zum Eintreffen des Kundenauftrags auf Lager gelegt, und die Endmontage wird erst durch das Eintreffen des Kundenauftrags angestoßen. Diese Strategie bietet sich an, wenn ein Großteil des Wertschöpfungsprozesses bei der Endmontage anfällt. Zusätzlich ermöglicht diese Strategie kurze Lieferzeiten, da die Produktion bei Auftragseingang ohne Zeitverzug auf vorhandene Baugruppen und Komponenten zugreifen kann.

oder »1« eingetragen werden. In diesem Fall werden auch für die Baugruppe nur VP-Planaufträge angelegt.

- Die Nicht-Gleichteile, die nicht in der Vorplanungsstückliste enthalten sind, müssen über die Baugruppenvorplanung oder über die verbrauchsgesteuerte Disposition geplant werden.

Die Vorplanung läuft nun wie folgt ab:

1. Erfassen Sie die Vorplanungsbedarfe für das Vorplanmaterial.
2. Durch den MRP werden zur Deckung VP-Planaufträge erzeugt, die Sekundärbedarfe auf alle Baugruppen der Vorplanungsstückliste absetzen (siehe Abbildung 6.18, mit 3 Planaufrägen über 234 Stück)

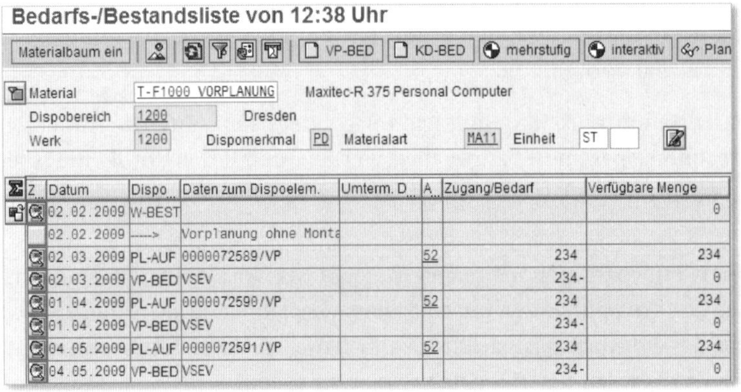

Z	Datum	Dispo	Daten zum Dispoelem.	Umterm. D	A	Zugang/Bedarf	Verfügbare Menge
	02.02.2009	W-BEST					0
	02.02.2009	--->	Vorplanung ohne Monta				
	02.03.2009	PL-AUF	0000072589/VP		52	234	234
	02.03.2009	VP-BED	VSEV			234-	0
	01.04.2009	PL-AUF	0000072590/VP		52	234	234
	01.04.2009	VP-BED	VSEV			234-	0
	04.05.2009	PL-AUF	0000072591/VP		52	234	234
	04.05.2009	VP-BED	VSEV			234-	0

Abbildung 6.18 Planungssituation des Vorplanmaterials

3. Auf den Baugruppen werden zur Deckung der Sekundärbedarfe durch den Planungslauf Beschaffungselemente angelegt oder bei Einzel-/Sammelkennzeichen ungleich »2« weitere VP-Planaufträge angelegt.
4. Auf dem Variantenerzeugnis erfassen Sie nun einen Kundenbedarf (in diesem Beispiel über 34 Stück). Dieser verrechnet sich mit den Vorplanungsbedarfen des Vorplanmaterials. Auf den Baugruppen verringern sich somit nun die Sekundärbedarfe des Vorplanmaterials um 34 Stück und die des Variantenmaterials erhöhen sich um 34 Stück (siehe Abbildung 6.19).
5. Bei Warenausgang für die Lieferung erfolgt der Abbau des Kundebedarfs auf dem Variantenerzeugnis und des Vorplanungsbedarfs auf dem Vorplanmaterial.

ren der *festen Losgröße* oder das Verfahren *Auffüllen bis zum Höchstbestand* (siehe hierzu Kapitel 9, »Beschaffungsmengenermittlung«).

Stochastische Disposition

Wie bei allen verbrauchsgesteuerten Dispositionsverfahren bildet der Materialverbrauch der Vergangenheit den Ausgangspunkt für die stochastische Disposition. Durch die Durchführung einer Prognose werden Prognosewerte für zukünftige Bedarfe ermittelt, die die Bedarfsmengen für den Materialbedarfsplanungslauf bilden.

Bei Verwendung der stochastischen Disposition sollten Sie die Prognoserechnung regelmäßig durchführen, um den maschinell ermittelten Bedarf an die aktuelle Verbrauchsentwicklung anzupassen. Die Prognoserechnung erzeugt Prognosebedarfe, die in der Ermittlung der Unterdeckungsmengen dispositiv relevant sind. Abbildung 8.4 zeigt beispielhaft eine Bedarfs-/Bestandssituation bei Verwendung der stochastischen Disposition vor der Durchführung der Materialbedarfsplanung.

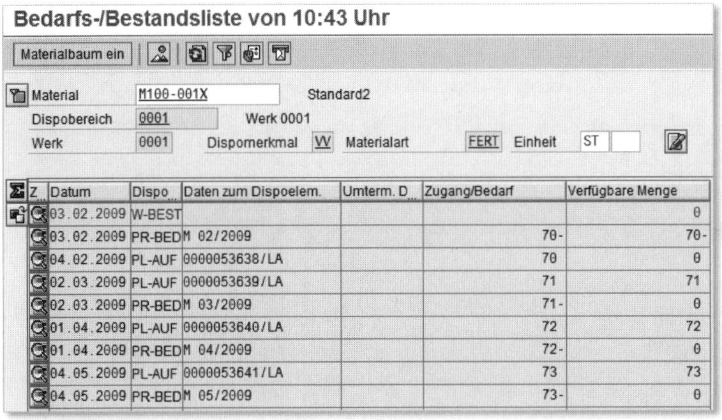
Bedarfs-/Bestandsliste von 10:43 Uhr

Materialbaum ein

Material M100-001X Standard2
Dispobereich 0001 Werk 0001
Werk 0001 Dispomerkmal VV Materialart FERT Einheit ST

Z	Datum	Dispo	Daten zum Dispoelem.	Umterm. D	Zugang/Bedarf	Verfügbare Menge
	03.02.2009	W-BEST				0
	03.02.2009	PR-BED	M 02/2009		70-	70-
	04.02.2009	PL-AUF	0000053638/LA		70	0
	02.03.2009	PL-AUF	0000053639/LA		71	71
	02.03.2009	PR-BED	M 03/2009		71-	0
	01.04.2009	PL-AUF	0000053640/LA		72	72
	01.04.2009	PR-BED	M 04/2009		72-	0
	04.05.2009	PL-AUF	0000053641/LA		73	73
	04.05.2009	PR-BED	M 05/2009		73-	0

Abbildung 8.4 Beispiel zur Transaktion MD04 bei stochastischer Disposition

Sie können für jedes Material das Zeitraster für die Prognose (Tag, Woche, Monat oder Periode laut Geschäftsjahresvariante) und die Anzahl der Vorhersageperioden individuell festlegen. Außerdem können Sie festlegen, wie viele Prognoseperioden in der Disposition berücksichtigt werden sollen. Durch Materialentnahmen wird der Prognosebedarf reduziert, damit der schon realisierte Teil des vorhergesagten Bedarfs nicht erneut disponiert wird.

Die Höhe des verfügbaren Bestands bemisst sich bei der stochastischen Disposition wie folgt:

Anteil vom Wert des zu lagernden Materials verwendet, sondern es werden die tatsächlichen Kosten für die Lagerung einer Basismengeneinheit des Produkts pro Tag verwendet. In der Transaktion /SAPAPO/TMREF können Sie den Zeitbezug auch auf andere Zeiteinheiten einstellen. Die losfixen Beschaffungskosten können ebenfalls in der Registerkarte BESCHAFFUNG des Lokationsproduktstamms festgelegt werden. Dabei kann eine Abbildung sowohl über das Feld BESCHAFFUNGSKOSTEN als auch über eine detaillierte Kostenfunktion erfolgen, wobei das System bei Doppelpflege eine höhere Priorität auf die genauer ausdifferenzierte Kostenfunktion legt. Die Kostenfunktion bietet die Möglichkeit, für verschiedene Losgrößenbereiche unterschiedliche Kosten zu hinterlegen, um beispielsweise bestimmte Rabattsysteme abzubilden. Abbildung 9.9 verdeutlicht die Optionen zur Pflege einer Kostenfunktion im APO-System.

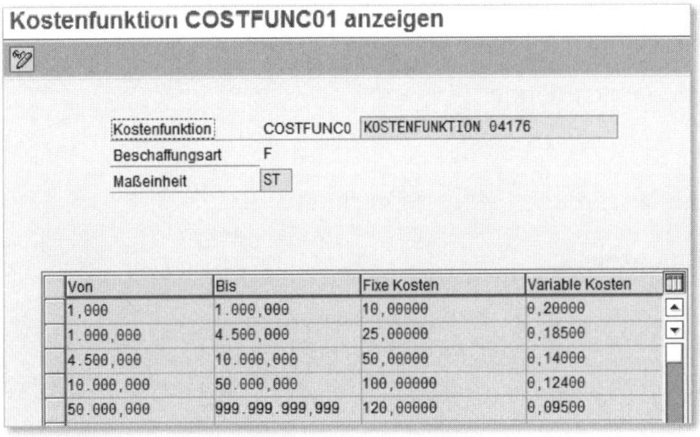
Kostenfunktion COSTFUNC01 anzeigen

Kostenfunktion COSTFUNC0 KOSTENFUNKTION 04176
Beschaffungsart F
Maßeinheit ST

Von	Bis	Fixe Kosten	Variable Kosten
1,000	1.000,000	10,00000	0,20000
1.000,000	4.500,000	25,00000	0,18500
4.500,000	10.000,000	50,00000	0,14000
10.000,000	50.000,000	100,00000	0,12400
50.000,000	999.999.999,999	120,00000	0,09500

Abbildung 9.9 Kostenfunktion für optimierende Losgrößenverfahren (Beispiel)

Die Beschaffungskosten sind mengenabhängig. In der Kostenfunktion besteht die Möglichkeit, eine mengenabhängige und eine mengenunabhängige Komponente zu verankern. Das APO-System bietet die folgenden optimierenden Verfahren mit einer eigenen Heuristik an:

Stückperiodenausgleichsverfahren (SAP_PP_005)

Beim Stückperiodenausgleichsverfahren werden aufeinanderfolgende Bedarfsmengen zu einem Los zusammengefasst, bis die Summe der Lagerkosten die Rüstkosten übersteigt. Die Beschaffungskosten werden für die zu beschaffende Menge akkumuliert. Die anfallenden Lagerkosten werden absolut und in Sekunden gemessen. Die im Produktstamm angegebenen Kosten werden also auf die Sekundenbasis umgerechnet. Zur Ermittlung der Gesamtlagerkosten werden die Lagerkosten von jedem Periodenabschnitt addiert.

- ▶ Aktivierung der automatischen SB-Berechnung im Customizing des Dispomerkmals

- ▶ Pflege des Lieferbereitschaftsgrads in der Registerkarte DISPOSITION 2

- ▶ Pflege der Wiederbeschaffungszeit im Materialstamm

- ▶ Prognose zur Ermittlung der MAD (Transaktion MPBT)

Die automatische Berechnung des Sicherheitsbestands erfolgt mit der Durchführung der Prognose. Der ermittelte Wert wird automatisch in das Feld SICHERHEITSBESTAND auf der Registerkarte DISPOSITION 2 geschrieben. Die Formel zur Berechnung des Sicherheitsbestands lautet wie folgt:

$$Sicherheitsbestand = Sicherheitsfaktor\ (LBG) \times \sqrt{\frac{WBZ\ in\ Tagen}{Prognoseperiode\ in\ Tagen}} \times MAD$$

Prognosegenauigkeit (MAD)

Bei der Durchführung der Prognose wird zusätzlich zu den prognostizierten Bedarfen auch die Prognosegüte mit der Kennzahl *mittlere absolute Abweichung* (MAD) berechnet. Die MAD wird mithilfe einer Ex-post-Prognose berechnet. Das bedeutet, dass während der Materialprognose für einen Vergangenheitszeitraum nochmals eine Prognose durchgeführt wird. Anschließend können Sie für diesen Zeitraum anhand der Prognosewerte und der wahren Verbrauchswerte die MAD berechnen. Sie können den MAD-Wert auf der Registerkarte PROGNOSE über den Button PROGNOSEWERTE einsehen (siehe Abbildung 10.6).

Grundwert	7,945	Trendwert	
MAD	5,9050	Fehlersumme	18,7310
Sicherheitsbestand	9,7880	Meldebestand	

Prognoseergebnisse

Periode	Org.VgWert	Kor.VgWert	Exp.PrWert	Org.PrWert	Kor.PrWert	Saison	F K
M 01.2008	3,0000	3,0000	11,5480				☐☐
M 02.2008	7,0000	7,0000	9,8380				☐☐
M 03.2008	6,2000	6,2000	9,2700				☐☐
M 04.2008	5,1000	5,1000	8,6560				☐☐
M 05.2008				7,9450	7,9450		☐☐
M 06.2008				7,9450	7,9450		☐☐
M 07.2008				7,9450	7,9450		☐☐

Bitte überprüfen Sie die Prognosefehlermeldungen

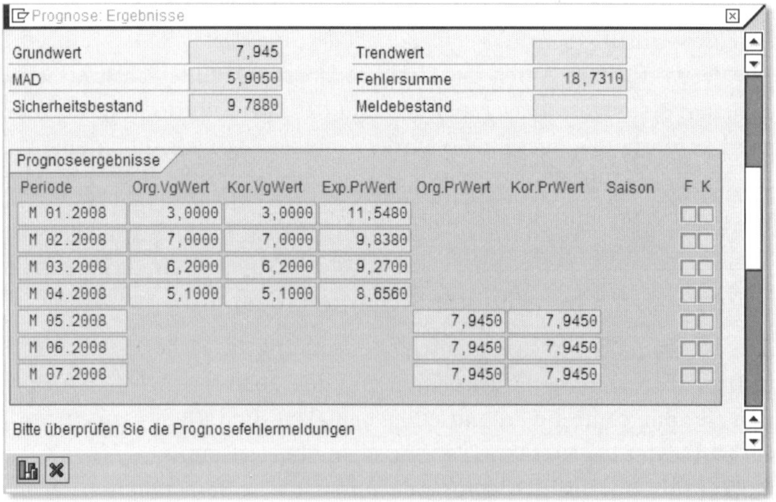

Abbildung 10.6 Prognoseergebnis mit der Kennzahl MAD

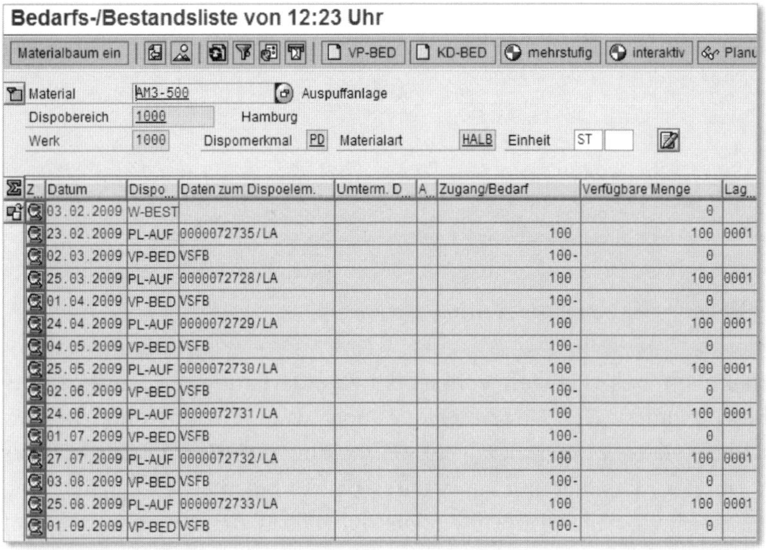

Bedarfs-/Bestandsliste von 12:23 Uhr
Materialbaum ein
VP-BED
KD-BED
mehrstufig
interaktiv
Material AM3-500 Auspuffanlage
Dispobereich 1000 Hamburg
Werk 1000 Dispomerkmal PD Materialart HALB Einheit ST
Z Datum Dispo Daten zum Dispoelem. Umterm. D A Zugang/Bedarf Verfügbare Menge Lag
03.02.2009 W-BEST 0
23.02.2009 PL-AUF 0000072735/LA 100 100 0001
02.03.2009 VP-BED VSFB 100- 0
25.03.2009 PL-AUF 0000072728/LA 100 100 0001
01.04.2009 VP-BED VSFB 100- 0
24.04.2009 PL-AUF 0000072729/LA 100 100 0001
04.05.2009 VP-BED VSFB 100- 0
25.05.2009 PL-AUF 0000072730/LA 100 100 0001
02.06.2009 VP-BED VSFB 100- 0
24.06.2009 PL-AUF 0000072731/LA 100 100 0001
01.07.2009 VP-BED VSFB 100- 0
27.07.2009 PL-AUF 0000072732/LA 100 100 0001
03.08.2009 VP-BED VSFB 100- 0
25.08.2009 PL-AUF 0000072733/LA 100 100 0001
01.09.2009 VP-BED VSFB 100- 0

Abbildung 10.8 Transaktion MD04 mit Bedarfsvorlaufzeit

Die Bedarfsvorlaufzeit wird in der Registerkarte DISPOSITION 2 des Materialstamms je Werk in Arbeitstagen gepflegt (siehe Abbildung 10.9). Mit dem Bedarfsvorlaufkennzeichen wird festgelegt, ob die Bedarfsvorlaufzeit nicht berücksichtigt werden soll (»blank«), nur im Falle von Primärbedarfen (»1«) oder bei allen Bedarfen berücksichtigt werden soll (»2«).

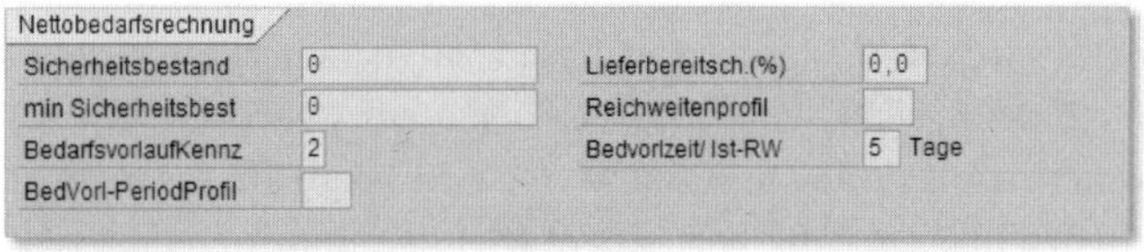

Abbildung 10.9 Stammdaten der Sicherheitszeit

Zusätzlich können Sie mithilfe eines Bedarfsvorlaufperiodenprofils frei definierbare Perioden mit abweichenden Bedarfsvorlaufzeiten definieren. So können zum Beispiel für Perioden, in denen eine spezielle Marketingkampagne durchgeführt wird oder besondere hohe Verzögerungen zu erwarten sind, längere Sicherheitszeiten definiert werden. Bedarfsvorlaufperiodenprofile können Sie ebenfalls auf der Registerkarte DISPOSITION 2 eines Materials eintragen. Die Profile müssen Sie jedoch vorher im Customizing definieren (siehe Abbildung 10.10).

Häufig tritt in Projekten das Problem auf, dass sowohl auf Endprodukt- als auch auf Baugruppenebene eine Bedarfsvorlaufzeit definiert wird.

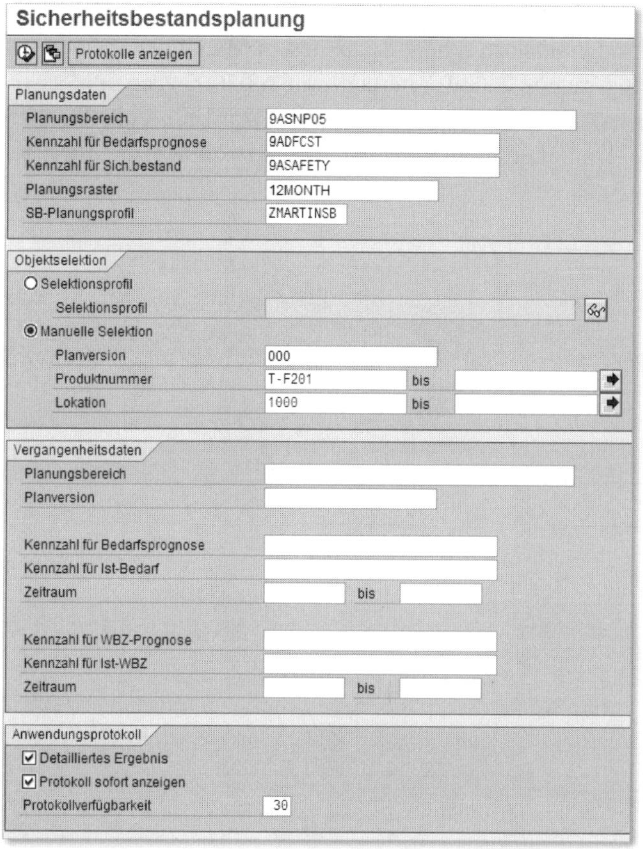

Abbildung 10.29 Transaktion zur Berechnung der Sicherheitsbestände

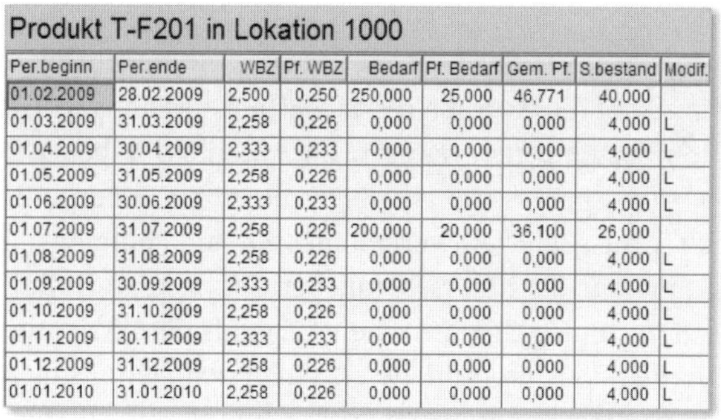

Produkt T-F201 in Lokation 1000

Per.beginn	Per.ende	WBZ	Pf. WBZ	Bedarf	Pf. Bedarf	Gem. Pf.	S.bestand	Modif.
01.02.2009	28.02.2009	2,500	0,250	250,000	25,000	46,771	40,000	
01.03.2009	31.03.2009	2,258	0,226	0,000	0,000	0,000	4,000	L
01.04.2009	30.04.2009	2,333	0,233	0,000	0,000	0,000	4,000	L
01.05.2009	31.05.2009	2,258	0,226	0,000	0,000	0,000	4,000	L
01.06.2009	30.06.2009	2,333	0,233	0,000	0,000	0,000	4,000	L
01.07.2009	31.07.2009	2,258	0,226	200,000	20,000	36,100	26,000	
01.08.2009	31.08.2009	2,258	0,226	0,000	0,000	0,000	4,000	L
01.09.2009	30.09.2009	2,333	0,233	0,000	0,000	0,000	4,000	L
01.10.2009	31.10.2009	2,258	0,226	0,000	0,000	0,000	4,000	L
01.11.2009	30.11.2009	2,333	0,233	0,000	0,000	0,000	4,000	L
01.12.2009	31.12.2009	2,258	0,226	0,000	0,000	0,000	4,000	L
01.01.2010	31.01.2010	2,258	0,226	0,000	0,000	0,000	4,000	L

Abbildung 10.30 Ergebnis der Sicherheitsbestandsberechnung

Wie Sie in der Produktsicht in Abbildung 10.31 sehen, wird erst ein Bedarf über 40 Stück zum Aufbau des Sicherheitsbestands eingeplant. Anschließend ist zum 1.3.2009 ein Zugang von 36 Stück aus dem Sicherheitsbestand angelegt,

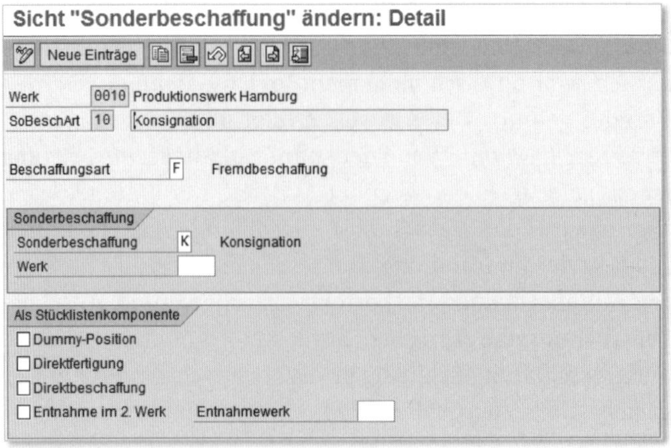

Abbildung 11.11 SOBSL für Konsignation

Direktbeschaffung

Mit der Direktbeschaffung können Stücklistenkomponenten am Lager vorbei direkt für einen Planauftrag bestellt werden. Dieses Verfahren ähnelt der Direktfertigung bei der Eigenfertigung. Die Bedarfsplanung erzeugt hierbei für Materialien Sekundärbedarfe und gleichzeitig Direktbeschaffungsplanaufträge oder Direktbeschaffungsbestellanforderungen. Diese werden in der Bedarfs-/Bestandsliste in einem separaten Direktbeschaffungsabschnitt angezeigt (siehe Abbildung 11.12).

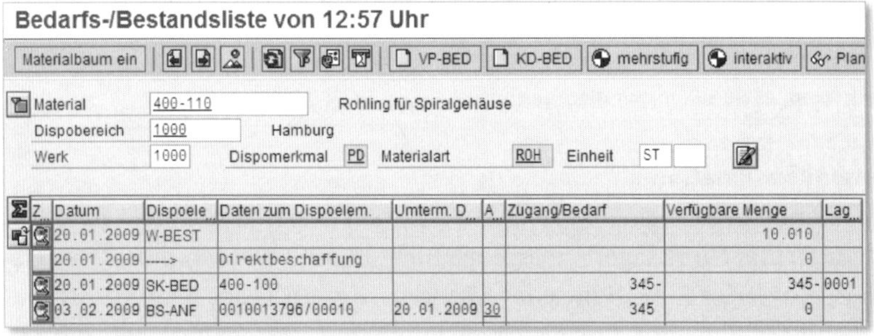

Abbildung 11.12 Transaktion MD04 bei Direktbeschaffung

Mit der Umsetzung des Planauftrags für das Enderzeugnis in einen Fertigungsauftrag werden automatisch auch alle Planaufträge für darunterliegende direktbeschaffte Komponenten in Bestellanforderungen umgesetzt. Direktbeschaffungsplanaufträge und Direktbeschaffungsbestellanforderungen werden (selbst wenn sie fixiert sind) an Termin- und Mengenveränderungen bei der übergeordneten Baugruppe angepasst, um Inkonsistenzen in der Planung zu vermeiden. Manuelle Änderungen werden damit rückgängig gemacht.

002) in der Regel die Bezugsquelle mit der höchsten Position in der Rangliste, die den Bedarfstermin garantiert (Fristeinhaltung). Wenn mit keiner der Bezugsquellen eine bedarfstermingerechte Einplanung möglich ist, wählt das System im Rahmen der automatischen Bezugsquellenfindung die Bezugsquelle mit der geringsten Verspätung aus. Das spezifische Auswahlkriterium ist demnach bei den genannten Anwendungen die Termintreue.

Abbildung 11.28 verdeutlicht den Zusammenhang der Kriterien bei der Auswahl der Bezugsquellen in der Produktions- und Feinplanung.

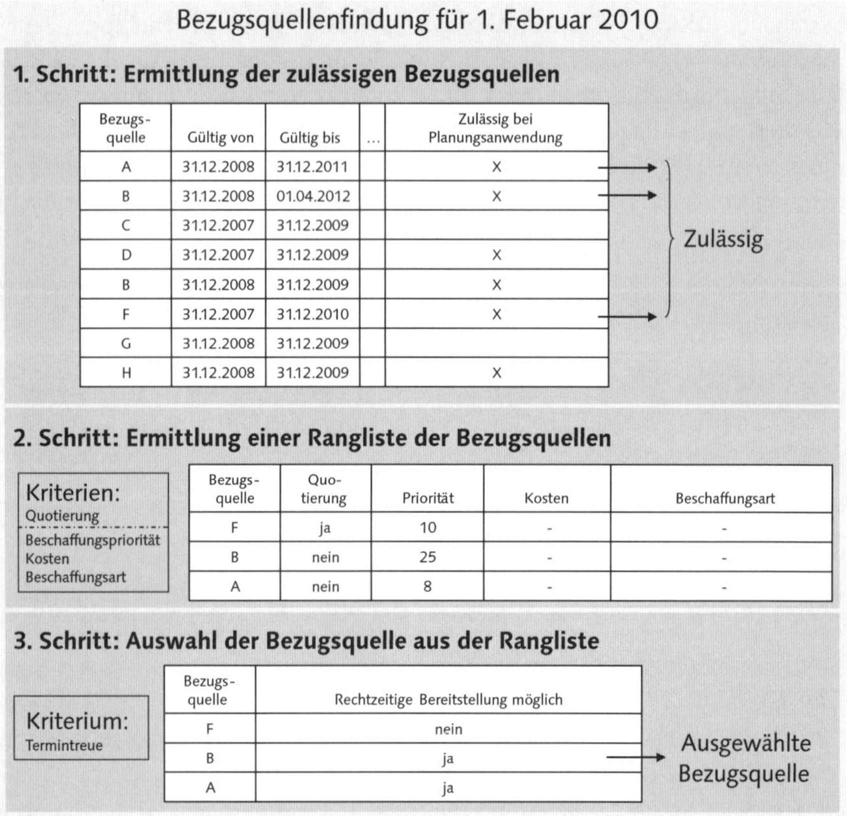

Abbildung 11.28 Bezugsquellenermittlung in der Produktions- und Feinplanung

Die Bezugsquellenauswahl interagiert im Falle der Eigenfertigung mit der Bestimmung des Auflösungszeitpunktes und der Ermittlung der gültigen Komponenten. Dieser Vorgang dient der Überprüfung, ob alle Komponenten der Bezugsquelle aufgrund ihrer Gültigkeit verwendet werden können.

Der mittels der oben dargestellten Systematik ermittelten Bezugsquelle zugeordnete Plan wird durch das APO-System zum gewünschten Endtermin aufge-

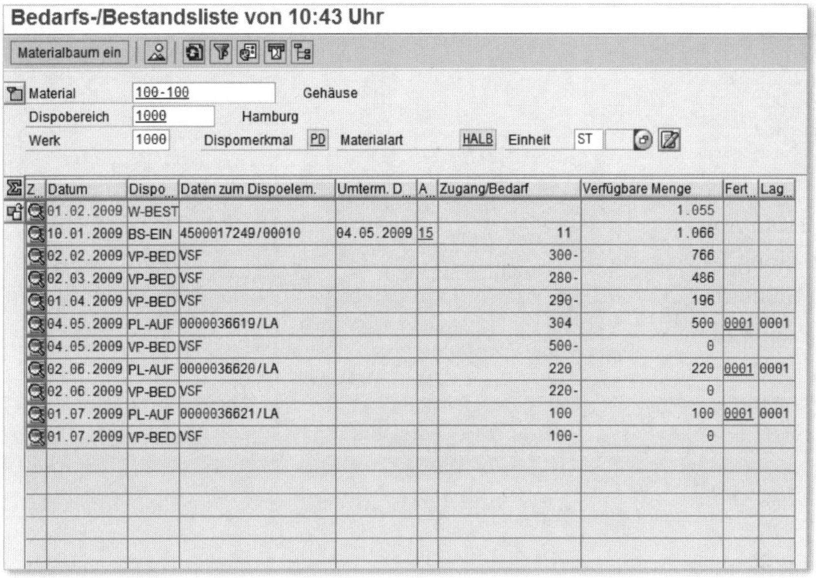

Bedarfs-/Bestandsliste von 10:43 Uhr

Materialbaum ein

Material 100-100 Gehäuse
Dispobereich 1000 Hamburg
Werk 1000 Dispomerkmal PD Materialart HALB Einheit ST

Z...	Datum	Dispo...	Daten zum Dispoelem.	Umterm. D...	A...	Zugang/Bedarf	Verfügbare Menge	Fert...	Lag...
	01.02.2009	W-BEST					1.055		
	10.01.2009	BS-EIN	4500017249/00010	04.05.2009	15	11	1.066		
	02.02.2009	VP-BED	VSF			300-	766		
	02.03.2009	VP-BED	VSF			280-	486		
	01.04.2009	VP-BED	VSF			290-	196		
	04.05.2009	PL-AUF	0000036619/LA			304	500	0001	0001
	04.05.2009	VP-BED	VSF			500-	0		
	02.06.2009	PL-AUF	0000036620/LA			220	220	0001	0001
	02.06.2009	VP-BED	VSF			220-	0		
	01.07.2009	PL-AUF	0000036621/LA			100	100	0001	0001
	01.07.2009	VP-BED	VSF			100-	0		

Abbildung 14.2 Systembeispiel: Bedarfs-/Bestandsliste

Änderungen werden sofort sichtbar und können immer wieder »aufgefrischt« werden, wobei die Informationen immer aktuell von der Datenbank gelesen werden. Die aktuelle Bedarfs-/Bestandsliste stellt eine Vielzahl von Anzeigeoptionen zur Verfügung. Sie können sich unterschiedliche Termine anzeigen lassen (den Verfügbarkeitstermin oder den Wareneingangstermin, mit oder ohne Bedarfsvorlaufzeit). Darüber hinaus können Sie mit Anzeigefiltern und Einleseregeln arbeiten, in der Periodensummenanzeige arbeiten und vieles mehr. Sie können auch aus der Liste heraus einzelne Dispoelemente bearbeiten und die Kapazitätssituation analysieren. Dazu werden Ihnen je Arbeitsplatz und Kapazitätsart das Kapazitätsangebot, der materialunabhängige Gesamtkapazitätsbedarf und der Kapazitätsbedarf dieses Materials periodenweise ausgewiesen. Abbildung 14.3 stellt die verschiedenen Funktionen der Bedarfs- und Bestandsliste dar.

Die Dispositionsliste stellt das Ergebnis des letzten Planungslaufs dar und ist damit statistischer Natur. Sie ist vom Aufbau weitgehend mit der Bedarfs-/Bestandsliste identisch. Im Unterschied zur Bedarfs-/Bestandsliste kann die Dispositionsliste mit einem Bearbeitungskennzeichen versehen werden, das der Markierung bereits abgearbeiteter Listen dient. Wie bei der aktuellen Bedarfs-/Bestandsliste ist es auch hier möglich, sich die Liste über einen Sammeleinstieg mit einer Vielzahl von Selektionskriterien individuell anzeigen zu lassen.

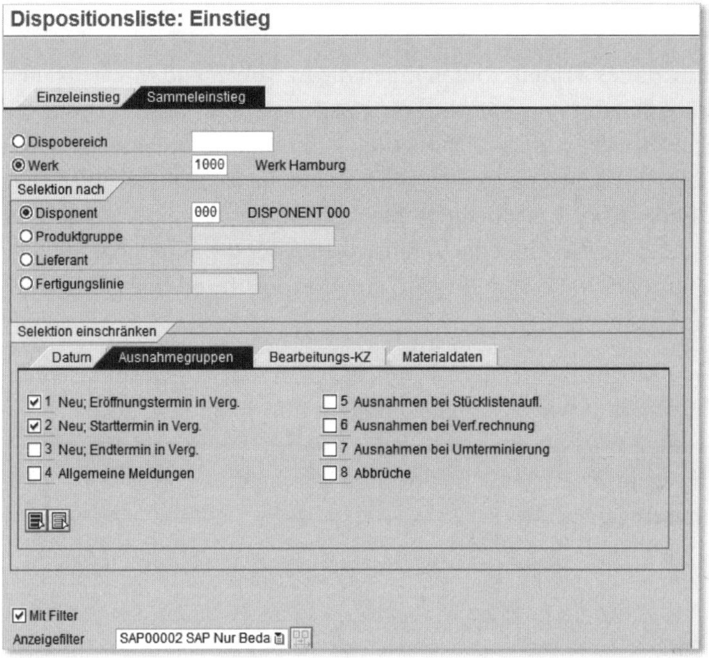

Abbildung 14.9 Sammeleinstieg in die Ausnahmemeldungen zur Dispoliste

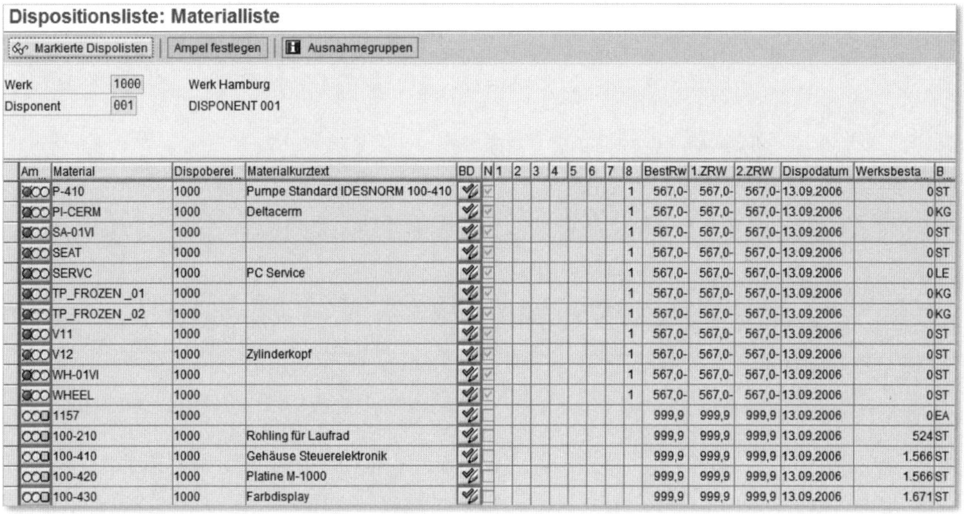

Am	Material	Dispoberei	Materialkurztext	BD	N	1	2	3	4	5	6	7	8	BestRw	1.ZRW	2.ZRW	Dispodatum	Werksbesta	B
	P-410	1000	Pumpe Standard IDESNORM 100-410										1	567,0-	567,0-	567,0-	13.09.2006	0	ST
	PI-CERM	1000	Deltacerm										1	567,0-	567,0-	567,0-	13.09.2006	0	KG
	SA-01VI	1000											1	567,0-	567,0-	567,0-	13.09.2006	0	ST
	SEAT	1000											1	567,0-	567,0-	567,0-	13.09.2006	0	ST
	SERVC	1000	PC Service										1	567,0-	567,0-	567,0-	13.09.2006	0	LE
	TP_FROZEN _01	1000											1	567,0-	567,0-	567,0-	13.09.2006	0	KG
	TP_FROZEN _02	1000											1	567,0-	567,0-	567,0-	13.09.2006	0	KG
	V11	1000											1	567,0-	567,0-	567,0-	13.09.2006	0	ST
	V12	1000	Zylinderkopf										1	567,0-	567,0-	567,0-	13.09.2006	0	ST
	WH-01VI	1000											1	567,0-	567,0-	567,0-	13.09.2006	0	ST
	WHEEL	1000											1	567,0-	567,0-	567,0-	13.09.2006	0	ST
	1157	1000												999,9	999,9	999,9	13.09.2006	0	EA
	100-210	1000	Rohling für Laufrad											999,9	999,9	999,9	13.09.2006	524	ST
	100-410	1000	Gehäuse Steuerelektronik											999,9	999,9	999,9	13.09.2006	1.566	ST
	100-420	1000	Platine M-1000											999,9	999,9	999,9	13.09.2006	1.566	ST
	100-430	1000	Farbdisplay											999,9	999,9	999,9	13.09.2006	1.671	ST

Abbildung 14.10 Bearbeitung der Dispoliste

- Minimum
- Maximum
- Endbestand
- Letzter Verbrauch
- Mittlere Reichweite
- Umschlag
- Nullbestand
- Anteil Bodensatz in %

Diese Detailanalyse sehen Sie in Abbildung 18.23.

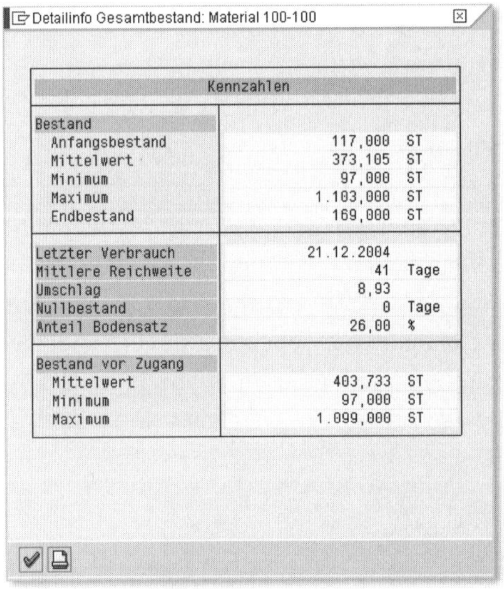
Detailinfo Gesamtbestand: Material 100-100

Kennzahlen		
Bestand		
Anfangsbestand	117,000	ST
Mittelwert	373,105	ST
Minimum	97,000	ST
Maximum	1.103,000	ST
Endbestand	169,000	ST
Letzter Verbrauch	21.12.2004	
Mittlere Reichweite	41	Tage
Umschlag	8,93	
Nullbestand	0	Tage
Anteil Bodensatz	26,00	%
Bestand vor Zugang		
Mittelwert	403,733	ST
Minimum	97,000	ST
Maximum	1.099,000	ST

Abbildung 18.23 SAP ERP – Detailinformationen zum ausgewählten Material

18.7 Bestandscontrolling mit SAP APO und SAP NetWeaver BW

Für ein sinnvolles Bestandscontrolling werden aktuelle Auswertungsdaten der Bestände, aber auch der Servicegrad-, Dispositions-, Prognose- und Produktionskennzahlen benötigt. Zu diesem Zweck stehen sowohl in SAP ERP als auch in SAP SCM Werkzeuge zur Verfügung, die in den vorangehenden Abschnitten bereits vorgestellt wurden. Allerdings beschränken sich die Auswertungsmöglichkeiten meistens auf den aktuellen Zeitraum. Auswertungen von Daten eines längeren Zeitraums sind zwar möglich, erfordern aber spezielle Einstellungen und belasten das System durch die Selektion großer Datenmengen.

E

F

G

H

I

J

K

N

O

P

Q

R

S

T

U

V

W

X

Y

Z

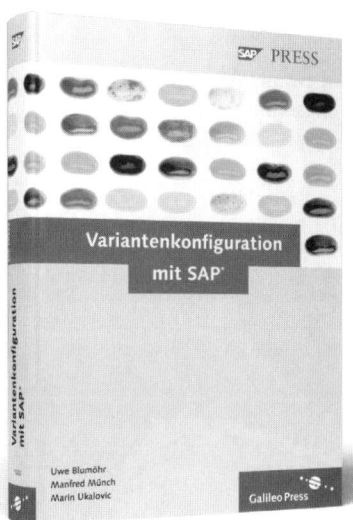

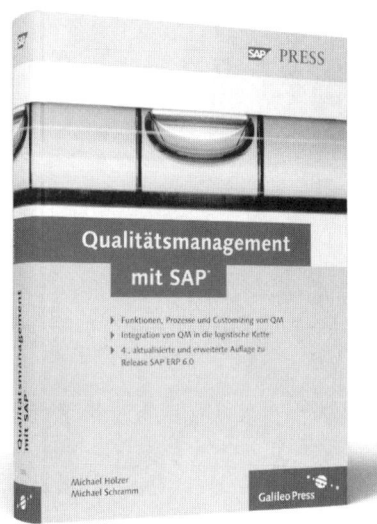

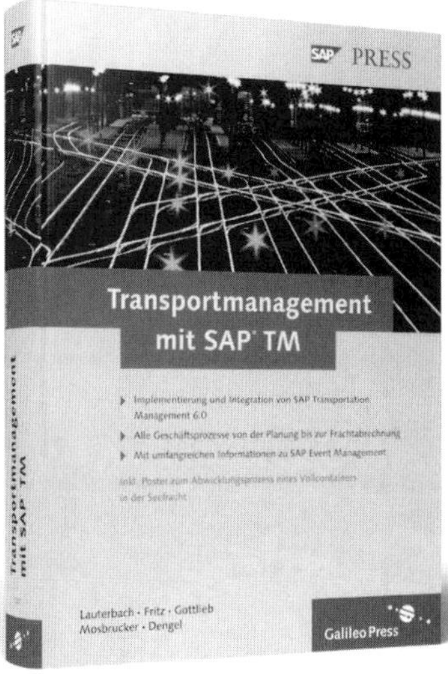

Implementierung und Integration von SAP Transportation Management 6.0

Alle Geschäftsprozesse von der Planung bis zur Frachtabrechnung

Mit umfangreichen Informationen zu SAP Event Management

Inkl. Poster zum Abwicklungsprozess eines Vollcontainers in der Seefracht

Bernd Lauterbach, Rüdiger Fritz, Jens Gottlieb, Bernd Mosbrucker, Till Dengel

Transportmanagement mit SAP TM

Dieses Buch ist Ihr umfassender Begleiter zur Implementierung von SAP Transportation Management (TM) 6.0, der neuen Transportlösung in SAP SCM. Alle Geschäftsprozesse werden ausführlich erläutert – von der Auftragsannahme über die Planung und Optimierung bis zur Frachtabrechnung. Anhand ausführlicher Praxisbeispiele wird dargestellt, wie sich komplette Prozesse optimal in TM abbilden lassen. Sie erhalten außerdem umfangreiche Informationen zu SAP Event Management sowie einen Einblick in die technologischen Grundlagen von SAP TM 6.0.

636 S., 2009, mit Poster, 69,90 Euro, 115,– CHF
ISBN 978-3-8362-1201-4

>> www.sap-press.de/1803

SAP PRESS

www.sap-press.de

Prozesse und Konfiguration von SAP RPM und cProjects

Integration mit SAP Projektsystem und weiteren SAP-Komponenten

Kundenspezifische Anforderungen und Erweiterungsmöglichkeiten

Aktuell zu Release SAP RPM 4.5 und cProjects 4.5

Stefan Glatzmaier, Michael Sokollek

Projektportfolio-Management mit SAP RPM und cProjects

Für viele Projekte gleichzeitig Termine zu planen, Budgets einzuhalten und Ressourcen optimal einzusetzen ist eine Herausforderung. Mit diesem Buch lernen Sie die SAP-Werkzeuge für das Projektportfolio-Management – SAP Resource and Portfolio Management (RPM), cProjects sowie SAP Projektsystem – kennen. Orientiert an den konkreten Geschäftsprozessen im Unternehmen erfahren Sie, wie Sie die SAP-Werkzeuge für Ihre Arbeit nutzen können. Außerdem werden Ihnen vorhandene Erweiterungsmöglichkeiten und ihre Nutzung anhand von Kundenbeispielen detailliert dargestellt. Abschließend erhalten Sie Empfehlungen für die Implementierung und Aufwandsschätzung.

358 S., 2008, 59,90 Euro, 99,90 CHF, ISBN 978-3-89842-988-7

>> www.sap-press.de/1634

SAP PRESS

Improve supply chain efficiency using non-standard SNC scenarios

Discover practical solutions for enhancing SNC

Learn from customizing examples, tips, and techniques to configure or extend the capabilities of SNC

Christian Butzlaff, Thomas Heinzel, Frank Thome

Non-Standard Scenarios for SAP Supply Network Collaboration

SAP PRESS Essentials 43

This Essentials is a detailed guide for those needing unique and new scenarios to maximize their SNC solution. Based on SAP SNC 5.1, it focuses on insightful, new information usually only available from highly experienced consultants or SAP development, such as enhanced business scenarios, and notification and authorization enhancements. The book begins with a concise review of SNC, its architecture, and standard scenarios, and then quickly moves on to the non-standard scenarios and other techniques for enhancing and customizing SAP SNC.

213 pp., 2009, 68,– Euro / US$ 85
ISBN 978-1-59229-195-3

>> www.sap-press.de/1741

SAP PRESS

SAP PRESS

MITMACHEN & GEWINNEN!

Sagen Sie uns Ihre Meinung und gewinnen Sie einen von 5 SAP PRESS-Buchgutscheinen, die wir jeden Monat unter allen Einsendern verlosen. Zusätzlich haben Sie mit dieser Karte die Möglichkeit, unseren aktuellen Katalog und/oder Newsletter zu bestellen. Einfach ausfüllen und abschicken. Die Gewinner der Buchgutscheine werden persönlich von uns benachrichtigt. Viel Glück!

▶ **Wie lautet der Titel des Buches, das Sie bewerten möchten?**

▶ **Wegen welcher Inhalte haben Sie das Buch gekauft?**

▶ **Haben Sie in diesem Buch die Informationen gefunden, die Sie gesucht haben? Wenn nein, was haben Sie vermisst?**

- ☐ Ja, ich habe die gewünschten Informationen gefunden.
- ☐ Teilweise, ich habe nicht alle Informationen gefunden.
- ☐ Nein, ich habe die gewünschten Informationen nicht gefunden. Vermisst habe ich:

▶ **Welche Aussagen treffen am ehesten zu?** (Mehrfachantworten möglich)

- ☐ Ich habe das Buch von vorne nach hinten gelesen.
- ☐ Ich habe nur einzelne Abschnitte gelesen.
- ☐ Ich verwende das Buch als Nachschlagewerk.
- ☐ Ich lese immer mal wieder in dem Buch.

▶ **Wie suchen Sie Informationen in diesem Buch?** (Mehrfachantworten möglich)

- ☐ Inhaltsverzeichnis
- ☐ Marginalien (Stichwörter am Seitenrand)
- ☐ Index/Stichwortverzeichnis
- ☐ Buchscanner (Volltextsuche auf der Galileo-Website)
- ☐ Durchblättern

▶ **Wie beurteilen Sie die Qualität der Fachinformationen nach Schulnoten von 1 (sehr gut) bis 6 (ungenügend)?**

☐ 1 ☐ 2 ☐ 3 ☐ 4 ☐ 5 ☐ 6

▶ **Was hat Ihnen an diesem Buch gefallen?**

▶ **Was hat Ihnen nicht gefallen?**

▶ **Würden Sie das Buch weiterempfehlen?**

☐ Ja ☐ Nein

Falls nein, warum nicht?

▶ **Was ist Ihre Haupttätigkeit im Unternehmen?**
(z.B. Management, Berater, Entwickler, Key-User etc.)

▶ **Welche Berufsbezeichnung steht auf Ihrer Visitenkarte?**

▶ **Haben Sie dieses Buch selbst gekauft?**

- ☐ Ich habe das Buch selbst gekauft.
- ☐ Das Unternehmen hat das Buch gekauft.